2021년도 대한민국학술원 선정 교육부 우수학술도서

밀리미터파(mmwave)를 이용한

프론트 엔드 RF 모듈 설계 및 제작 노하우

전유석 지음

밀리미터파(mmwave)를 이용한

프론트 엔드 RF 모듈
설계 및 제작 노하우

인 쇄 : 2021년 1월 4일 초판 1쇄
발 행 : 2021년 1월 11일 초판 1쇄

저 자 : 전유석
발행인 : 송 준
발행처 : 도서출판 홍릉
주 소 : 01093 서울시 강북구 인수봉로 50길 10
등 록 : 1976년 10월 21일 제5-66호

전 화 : 02-999-2274~5, 903-7037
팩 스 : 02-905-6729
e-mail : hongpub@hongpub.co.kr
http://www.hongpub.co.kr
ISBN : 979-11-5600-808-8(93560)

정 가 : 20,000원

2021년도 대한민국학술원 선정
교육부 우수학술도서

밀리미터파(mmwave)를 이용한

프론트 엔드 RF 모듈 설계 및 제작 노하우

전유석 지음

도서출판 홍릉

mmWave RF(Radio Frequency) 분야!

일반 사람에게는 잘 알려지지 않은 분야, 어떻게 정의해야 할지 막상 쉽게 떠오르지 않는 분야, 이러한 독특한 분야에서 근무한지 벌써 20년이란 세월이 흘렀습니다.

RF의 '기술적 영역'은 안테나를 포함한 "Analog RF 처리단" 전체를 의미하며, 안테나와 그 안테나로 전파를 쏘고 받기 위한 각종 회로, 구조물, 주변장치 전반을 RF라고 합니다.

특히, Micro(마이크로)의 의미(파장이 매우 작아진다) 입장에서 보면, 대략 20GHz가 넘어가면 Millimeter Wave(mmWave)로 정의하듯이, 그만큼 주파수가 높다는 의미이기도 합니다.

그러나 RF 엔지니어들 사이에서는, 3D 직업 중에서도 1등을 위협할 만큼 고된 직업이기도 합니다. 왜냐하면 설계한 대로 제작/시험하여 성능 만족을 시키기가 매우 힘들기 때문입니다.

RF 분야는 "이동통신, 중계기, 레이더, 위성통신, 전자전 등 다양한 분야가 있습니다.

이런 분야에서 제가 담당했던 것은 각각의 시스템(안테나 후단) 초단에 장착되는 Front-end module을 개발하고 제작하여 검증하는 업무였습니다. 주파수로 따지면 40GHz까지 취급을 했습니다.

모듈 종류도 "Transceiver, Up & Down Converter, Oscillator, Synthesizer, Transmitter, Broadband receiver" 등 여러 가지가 있습니다. 모듈 특성상 주파수가 높은 모듈을 설계하고 조립/시험을 하다 보니, 설계했던 대로 결과가 나오질 않을 때가 많았습니다. (대부분 설계 값보다 기대치 이하의 결과를 얻었죠. 이 때부터는 말 그대로 온갖 튜닝(Tuning)을 통해서 성능을 만족시켜야만 했죠~)

이때 문득 이런 생각이 들었습니다.

고주파 특성상 기대하는 성능(설계 값)보다 낮은 결과값을 얻어야만 하는 이유가 무엇일까? 이를 만족시키기 위해서 튜닝 및 설계변경을 통해 결국에 해결을 해야 한다면, 차리리 설계 단계에 축적된 노하우와 경험치를 반영하면 훨씬 수월할 것 같다는......

그래서, 제가 RF 분야에서 실무를 경험하면서 지금까지 쌓아 온 노하우(경험)을 정리하여 현재 RF 업계에 종사하고 있는 엔지니어와 향후 RF 업계에 입문하는 신입 엔지니어에게 조금이나마 도움이 될 수 있었으면 하는 바램에서, 이 책을 쓰려고 결심하게 된 이유입니다.

지금까지 제가 갖고 있는 연구 노트가 15권이 있는데, 1권부터 과거를 돌이켜 보면서 자료를 찾다 보니 "프로젝트 수행하면서 이럴 때도 있었구나!"하며 씁쓸하게 웃게 되네요.

지금부터 얘기하는 내용은 제가 지금까지 수행하면서 겪었던 대부분의 경험을 테마 별로 분류하여, "모듈 특성, 설계 지침, 조립 및 시험 방법, 그리고 노하우" 등을 서술하고자 합니다.

어찌 보면, 20년 경력이 나름대로 짧으면 짧을 수도 있고, 경험을 통해 얻은 지식이 부족할 수도 있습니다. 본 책을 통하여 "mmWave RF 분야"에서 공부하고 있는 학생 및 현업에서 근무하고 있는 분들께 조금이나마 도움이 되었으면 하는 바램 입니다.

더불어, 별첨 자료로 활용한 내용에서는, 학문적으로 검증을 받고자 영문저널(SCIE / SCOPUS)에 등록된 논문들과 제가 쓴 연구노트를 스캔하여 삽입 하였습니다.

저자 소개

2000년 2월: 충주대학교(현, 한국교통대학교) 전자통신공학 학사 졸업

2004년 2월: 충북대학교 일반대학원 전자공학 석사 졸업

2018년 2월: 단국대학교 일반대학원 전기전자공학부 통신 및 전자파 박사 졸업

1999년 11월: 천안 소재 ㈜디아이 무선통신사업부 입사

2000년 10월: 천안 소재 ㈜밀리트론 입사(인수 합병)

2004년: 안양 소재 ㈜브로던 사명 변경

2005년: 안양 소재 ㈜태광이엔시 브로드밴드 사업부로 인수 합병

2009년: 안양 소재 ㈜브로던 독립 분사

2009년 ~ 현재: ㈜브로던 제2연구소 팀장으로 근무 중

2018년 4월: 제55차 대한민국 엔지니어상 수상

2020년 4월: 제53회 과학의 날 정부포상 – 대통령표창 수상

2015년 ~ 현재: 정보통신기획평가원(IITP) - 평가위원

2015년 ~ 현재: 한국산업기술혁신평가단(KEIT) - 평가위원

감사의 글

"초고주파 RF front end 모듈"을 처음 접하는 학생 및 현업을 하고 있는 엔지니어 들에게 "어떻게 하면 쉽게 개념을 이해하고 실무를 배우는데 도움을 줄 수 있는 방법이 뭘 까?" 고민하면서, 1년 넘게 제가 공부했던 강의 자료 그리고 연구노트 등을 활용해서 쓴 본 도서가 아무쪼록 도움이 되었으면 합니다. 사회 초년생으로 입사하여 RF 초고주파 분야에서 업무를 하면서, 회사생활과 동시에 "석사/박사 과정"을 밟을 수 있도록 배려해주시고 이해해 주신 ㈜브로던 김연은 사장님께 먼저 깊은 감사드립니다. 또한, 다수 과제를 수행하면서 터득한 이론 및 경험치를 직/간접적으로 기회와 도움을 주신 팀원 분들과 동료들께 감사드립니다.

묵묵히 RF 실무 책을 써 내려가는 과정 속에, 묵묵히 응원과 힘이 되어준 사랑하는 아내와 아들, 딸에게도 고맙다는 말을 전합니다.

순 서

Chapter 4. 모듈 단위 - 개념 이해

Chapter 5. 모듈 단위 - 상세 설계

Chapter 1. RF 및 초고주파 분야를 이해하기 위한 기초 지식

1. 기본 지식

1.1 dB vs. dBm

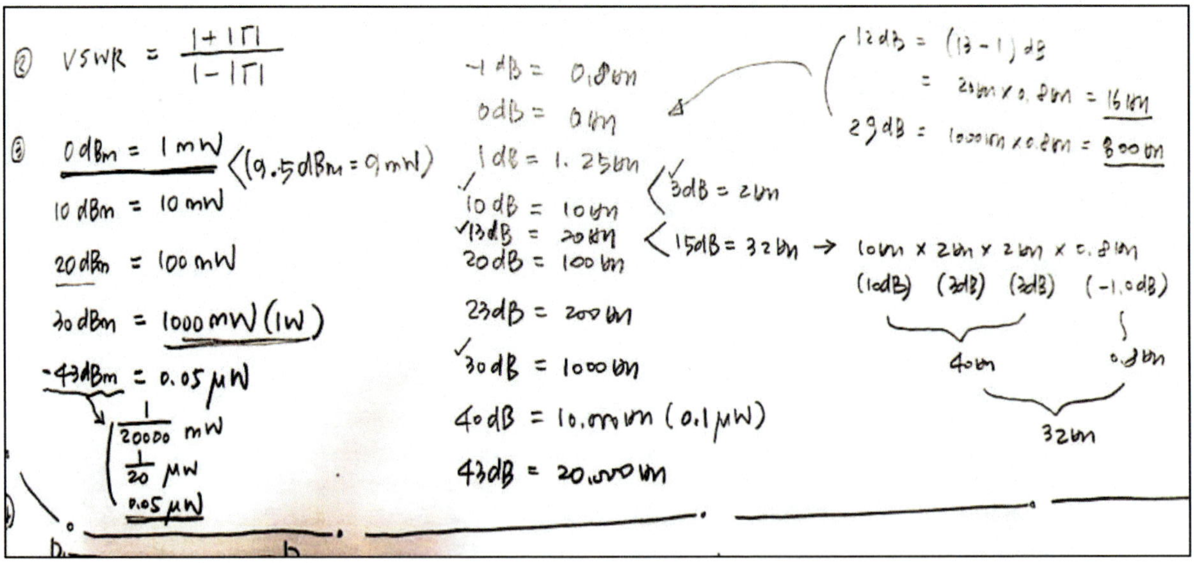

Figure 1. dB vs. dBm

dB는 입력 대비 출력의 상대값을 표현하는 반면, dBm은 절대값을 표현하는 지표임

1) 0dB는 0배를 의미하며, 1dB는 1.25배, 3dB는 2배, 10dB는 10배를 의미

2) 0dBm은 1mW를 의미하며, 10dBm은 10mW, 30dBm은 1W(1000mW)를 의미

1.2 자유공간 전파 손실(Free space propagation loss)

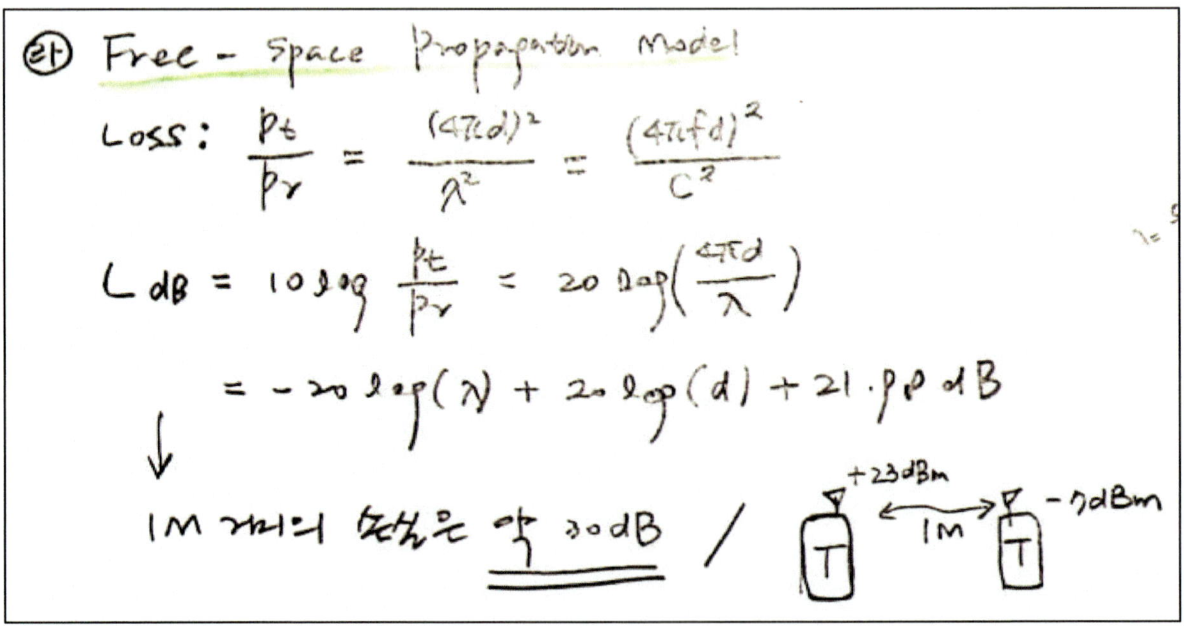

Figure 2. Free space propagation

자유공간에서 전파 손실을 계산하고자 할 때, [λ=c/f]

1) 주파수 1GHz, 거리(d) 1M 일 때,

$L_{(dB)}$ = -20*LOG(0.3)+ 20*LOG(1) + 21.98dB = 10.4 + 0 + 21.98 = 32.4 (약 30dB)

2) 주파수 10GHz, 거리(d) 1M 일 때,

$L_{(dB)}$ = -20*LOG(0.03)+ 20*LOG(1) + 21.98dB = 30.4 + 0 + 21.98 = 52.4 (약 50dB)

3) 주파수 30GHz, 거리(d) 1M 일 때,

$L_{(dB)}$ = -20*LOG(0.01)+ 20*LOG(1) + 21.98dB = 40.4 + 0 + 21.98 = 62.4 (약 60dB)

1.3 전송 기술(Transmission technology)

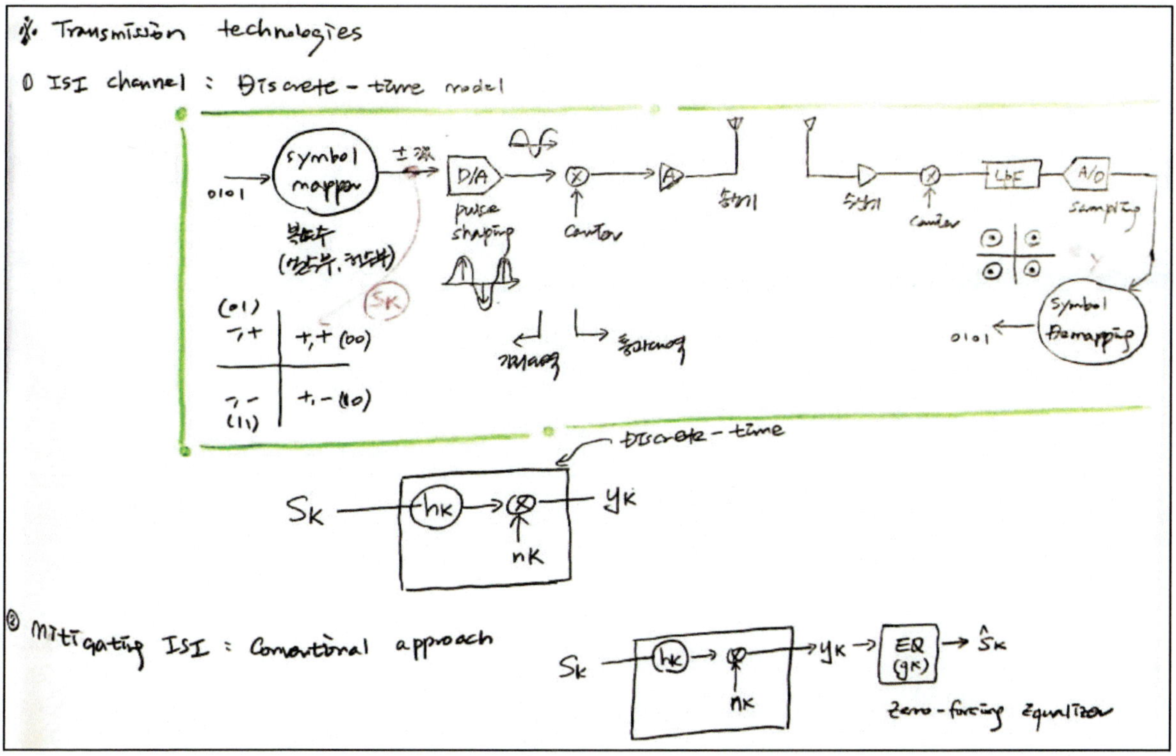

Figure 3. Transmission technology

무선통신 분야(RF 하드웨어) 전체에서는, 디지털 영역의 전송기술까지 이해할 필요는 없으나, 큰 맥락에서 이해를 하다 보면, RF 하드웨어 관점에서 무엇이 중요한지를 알 수 있다. 정보를 갖고 있는 "0101" 신호를 심볼 맵핑(복소수)을 거쳐, D/A(Digital to Analog)단에서 pulse shaping을 거친 후에 아날로그 신호로 변환시키고 상향주파수 변환부(mixer)에서 국부발진신호(LO)에 변조시켜 송신기 안테나를 통해 방사 시킨다. 정보가 실려있는 방사된 신호를 수신기 안테나에서 입력 받아 하향주파수 변환부(mixer)를 거쳐 IF신호로 변환한 후에 A/D(Analog to Digital)단에서 샘플링을 거친 후, 심볼 복원을 하여 정보가 맞는지 확인한다. 여기서 중요한 점은, RF 하드웨어 입장에서 정보를 변/복조 하는 과정에서 디지털 전송 시스템 품질에 영향을 주는 비트 오류율(BER, Bit error rate)에 영향을 적게 주도록 송신 선형성 및 위상잡음 그리고 수신단의 잡음지수 특성을 우수하게 하여야 한다.

1.4 디지털 코딩 프로세스(Digital coding process) 및 퓨리에 방정식 (Fourier equation)

디지털 코딩 프로세스는 mmWave(RF) 영역보다는 통신신호처리 분야에 대한 것으로서, DAC 또는 ADC 단에서 샘플링 주파수는 최대 주파수에 2배를 곱한 값보다 크거나 같아야 한다.

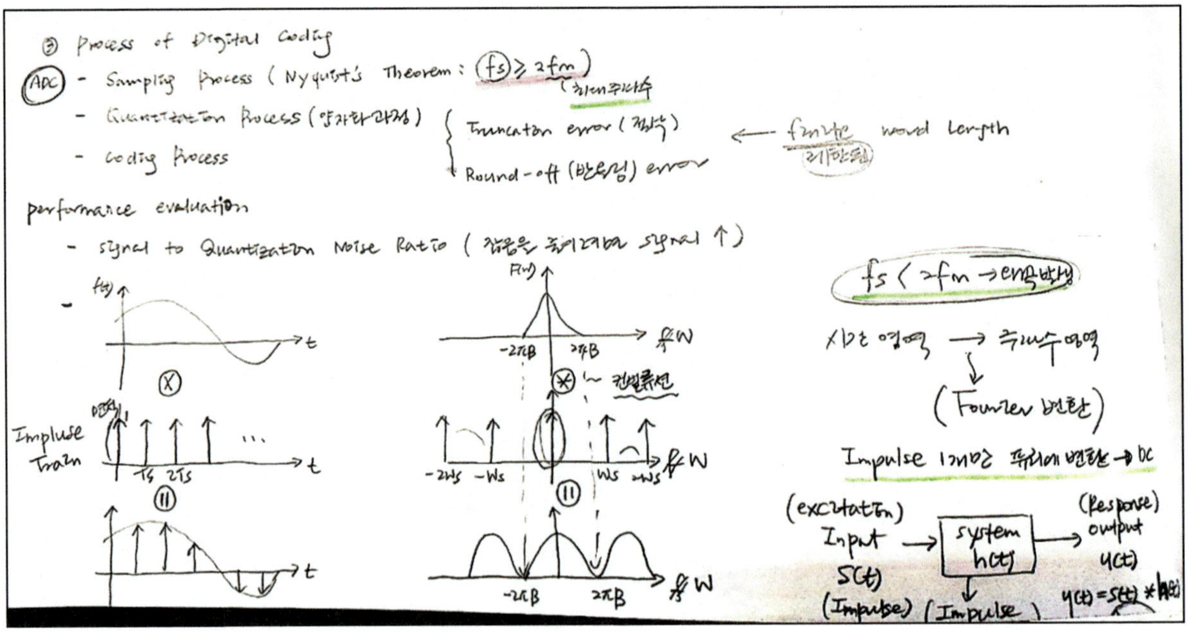

Figure 4. Digital coding process

시간 영역을 주파수 영역에서 보고자 할 때에는 퓨리에 변환을 통해 분석이 가능한데, 목적은 크기(에너지)를 계산하기 위함이다.

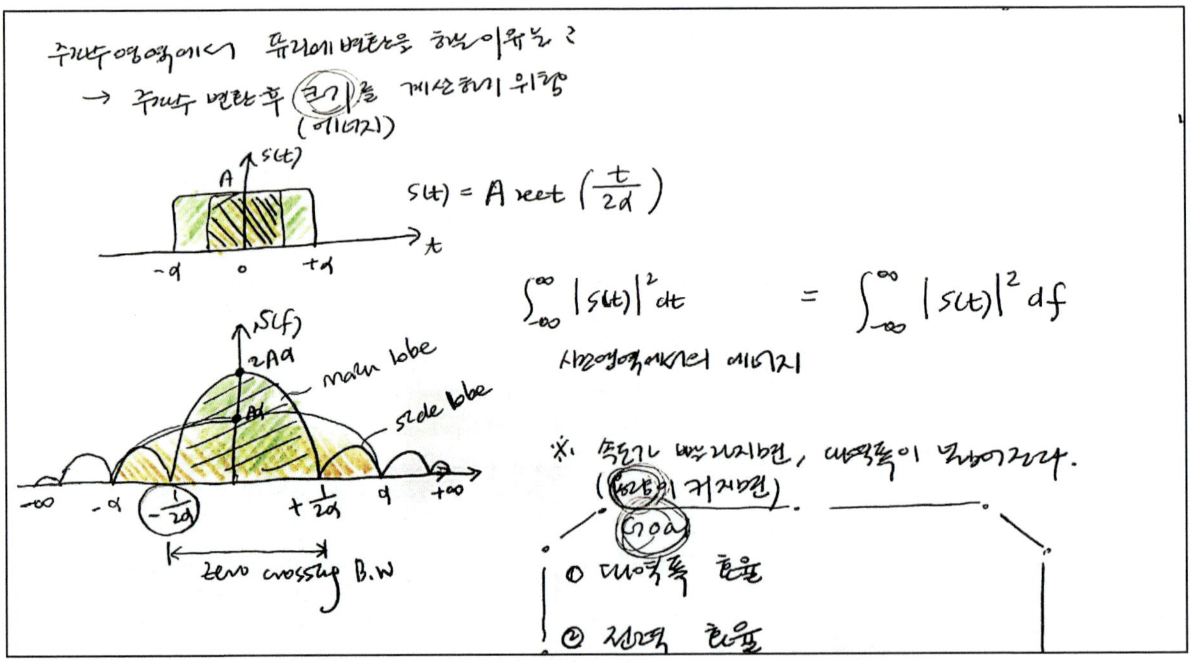

Figure 5. Fourier equation

1.5 MOSFET(RF부품) - 전원 ON/OFF 순서

RF 경로에서 "신호 증폭용"으로 사용되는 AMP MMIC는, GaAs 계열의 MOSFET(전계효과 트랜지스터)를 주로 사용한다. 이때, BJT(바이폴라 트랜지스터)와는 달리 V_{GS} (Gate-Source threshold voltage)값이 0V보다 높은 전압이 되도록 음전원을 공급해줘야 하며, V_{ds} 보다 빨리 인가되어야 한다. 이에, 전원 회로 구현 시 시퀀스회로를 별도로 구현하여야 한다. 그림 6은 일반적으로 음전원(V_{gg})과 양전원(V_{dd})을 필요로 하는 bare type MMIC의 조립 구성도이며, 그림 7은 전압 Turn-on 시 어떤 순서로 공급해야 하는지도 설명해 주고 있다. 또한, 전원 Turn-off 시에는 반대로 양전원(V_{dd})이 먼저 off된 후에, 음전원(V_{gg})이 off되도록 해야 한다. 위와 같은 순서를 지키지 않을 경우에는 FET 소손(burn-out) 및 장기간 운용 측면의 신뢰성에서 문제가 발생될 수 있다.

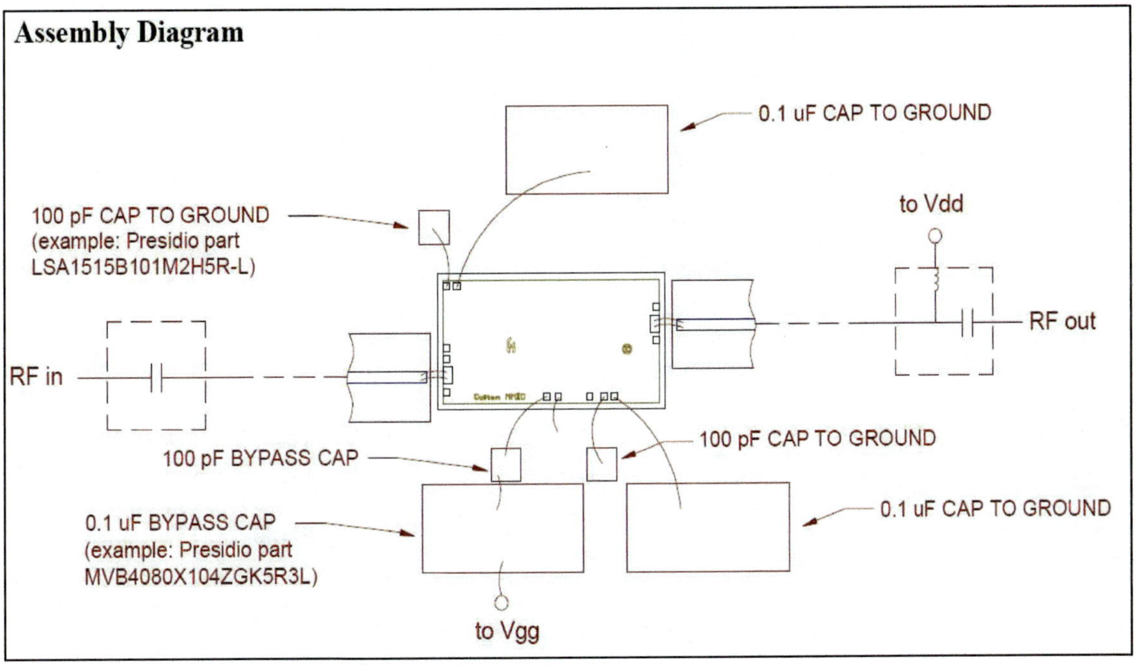

Figure 6. MMIC bonding diagram having Vdd & Vgg voltage

Turn ON procedure:

1.Apply gate voltage V_{gg} and set to -1 V

2.Apply drain voltage V_{dd} and set to +8 V

Turn OFF procedure:

1.Turn off drain voltage V_{dd}

2.Turn off gate voltage V_{gg}

Figure 7. ON/OFF procedure of MMIC

1.6 RF PCB 재질 선택

mmWave 대역(약 20GHz 이상)에서 전송 선로(Transmission line)를 구현할 때, 전송선로 종류 및 삽입 손실이 낮은 RF PCB를 선택하여야 한다. 그림 8은 동축케이블부터 도파관에 이르기까지 전송선로를 구현할 수 있는 종류들을 표시한 것으로서, 일반적으로 모듈 내에서 단층으로 구현되는 형태는 "마이크로스트립 선로"를 선호한다. 예외적으로, 다층 PCB 구조를 사용할 경우에는 CPW 선로를 사용하는 경우도 있다. 다만, 이럴 경우에는 PCB layer 중간층에 위치하는 GND 층과의 완벽한 격리 효과를 가질 수 있도록 제작에 신경 써야 한다.

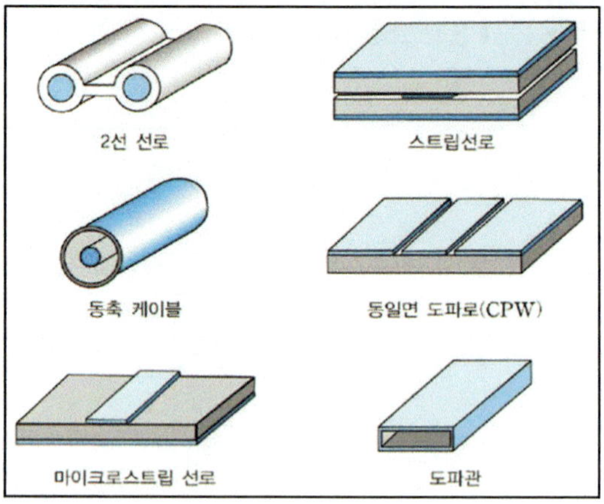

Figure 8. 전송선로 종류

PA module에 적용되는 PCB material은 유전율(dielectric constant)과 열 전도성(thermal conductivity)이 높은 PCB를 선정해야 하며, 전송선로 자체의 삽입손실(insertion loss)을 줄이기 위해서는 dissipation factor(낭비되는 요소) 값이 적은 재질을 선택해야 한다. 아래 그림 9는 PCB 재질 별로 주파수에 따른 삽입손실을 표시한 것으로서, 18GHz에서 FR4 재질(약-1.6dB@인치) 대비 RO4003 (약 -0.4dB 이하@인치) 재질에서 차이가 남을 알 수 있다. 이와 같은 이유로 FR4 PCB는 대략 5GHz 이하에서 설계/제작할 때 사용해야 한다. 또한, RO4003은 Hard 계열로서 기구물 바닥에 PCB 고정을 위한 별도의 스크류가 필요하지만, Soft 계열의 RT5880 PCB는 기구물에 에폭시 재질을 사용하여 직접 고정할 수 있기 때문에 "GND 효과" 가 우수하여 광대역을 갖는 높은 주파수에 대표적으로 사용된다.

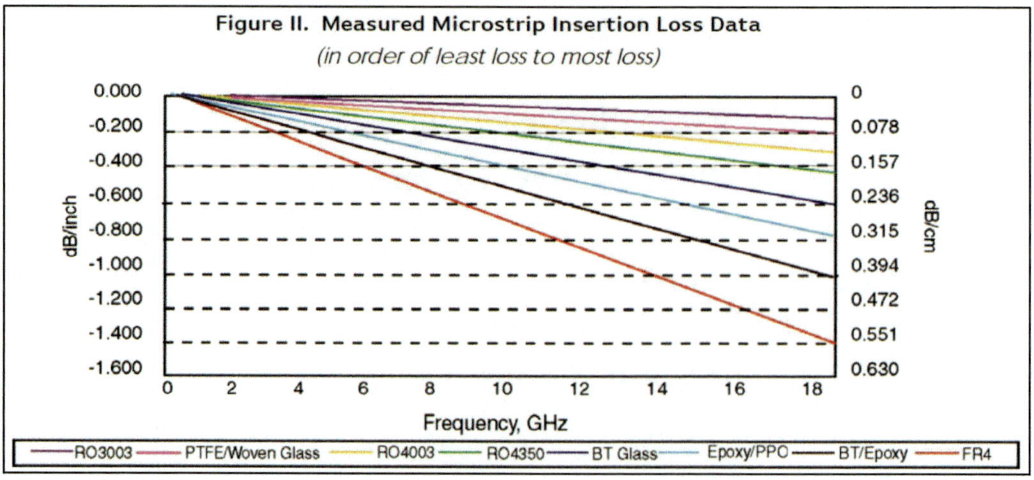

Figure 9. PCB 종류별 삽입손실 그래프

1.7 RF 부품을 Baking하는 이유

반도체 물성을 갖고 있는 RF 부품은 초기에 전기적 특성이 변하는 경우가 발생할 수 있기 때문에, 부품(IC) 내부에 과도하게 흡수된 습기를 없애고, "층간 박리 현상"을 줄이고자 하는 목적으로 그림 10과 같이 "baking을 통해 fault 구간"을 앞당기는 효과를 얻을 수 있다. (SMT 공정 전)

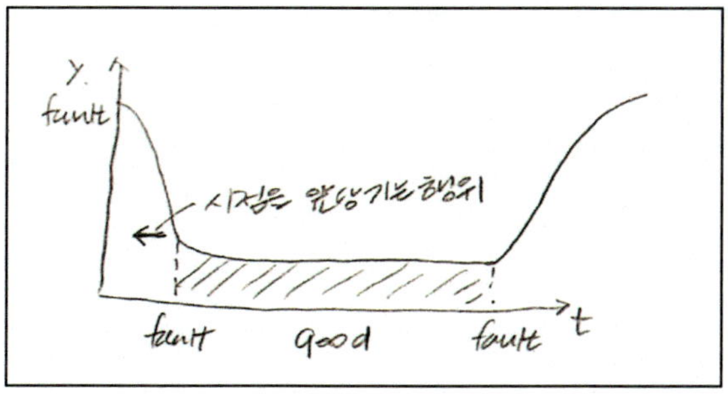

Figure 10. 일반적인 반도체 물성 부품의 시간에 따른 정상 동작 구간

그림 11은 SMD IC 패키징 부품의 Layer별 상세도로서, 층간 박리 현상을 줄이는 일반적인 솔루션은 세척 이후의 baking 시간을 늘리는 것이다.

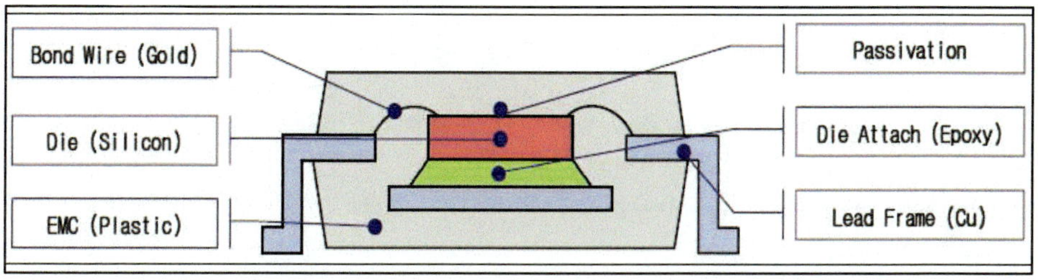

Figure 11. SMD IC 패키징 부품 내부 연결도

1.8 OFDM(Orthogonal Frequency Division Multiplexing) 정의

RF front-end 모듈 입장에서는, 정보가 실려 있는 주파수(신호)를 송신하고 왜곡없이 수신하여 신호처리 영역으로 전달(IF 주파수)하는 역할을 하기 때문에, 이동통신 분야 및 시스템 엔지니어가 아닌 이상, 굳이 CDMA / OFDM 방식을 몰라도 된다. 다만, 5G 시대가 상용화한 시점에서 "왜 OFDM 방식"이 필요한지 알아 두는 것도 나쁘지 않을 듯하여 짧게 소개하고자 한다.

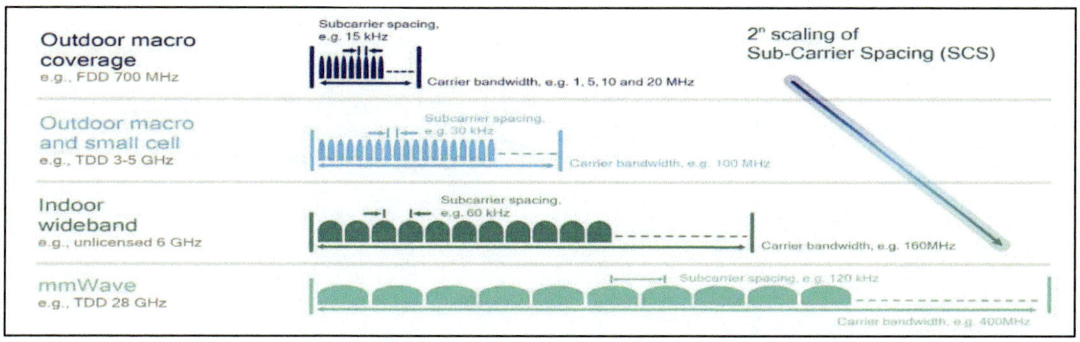

Figure 12. Scalable OFDM Multi-Tone Numerology

※ 이미지 출처 : 퀄컴 코리아, "5G NR에 담긴 5가지 혁신 기술", 2018.01.16

OFDM 방식은 유/무선 채널에서 고속 데이터 전송에 적합한 방식으로서, 상호 직교성을 갖는 복수의 반송파를 사용하므로 주파수 이용효율이 높아지는 장점이 있다. 예를 들어, 5G NR (Numerolog)은 수백 MHz에 이르는 넓은 대역폭을 갖는 밀리미터파 대역에서도 처리 복잡성이 불필요하게 증가하지 않도록 FFT 크기가 유연하게 조정된다.

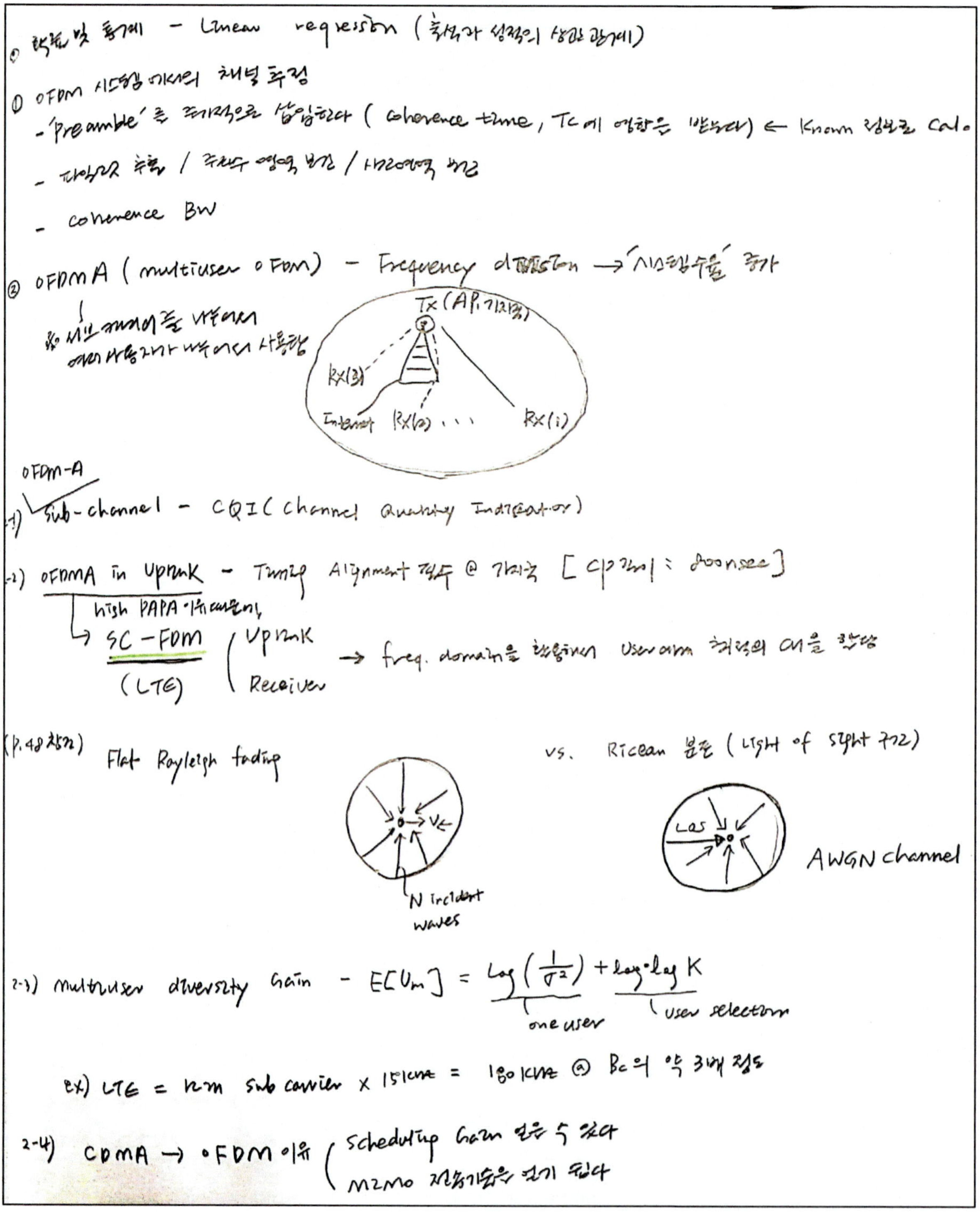

Figure 13. OFDM 정의

1.9 MIMO(Multiple Input Multiple Output) 방식

MIMO 방식은 다중 입출력이 가능한 안테나 시스템을 말한다. 즉, 이동통신에서 기지국과 사용자 단말기에 다수의 안테나를 사용하여 다중 경로로 신호를 송수신하여 간섭을 줄이고 전송 용량과 전송속도를 증가시키는 기술이다. 이때, MIMO 기술을 구현하기 위해서는 1.8절에 설명한 OFDM 기술이 필요하다.

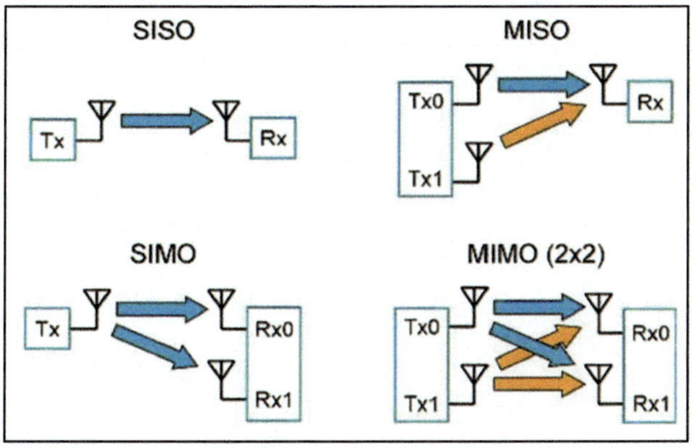

Figure 14. SISO부터 MIMO방식까지의 구성도

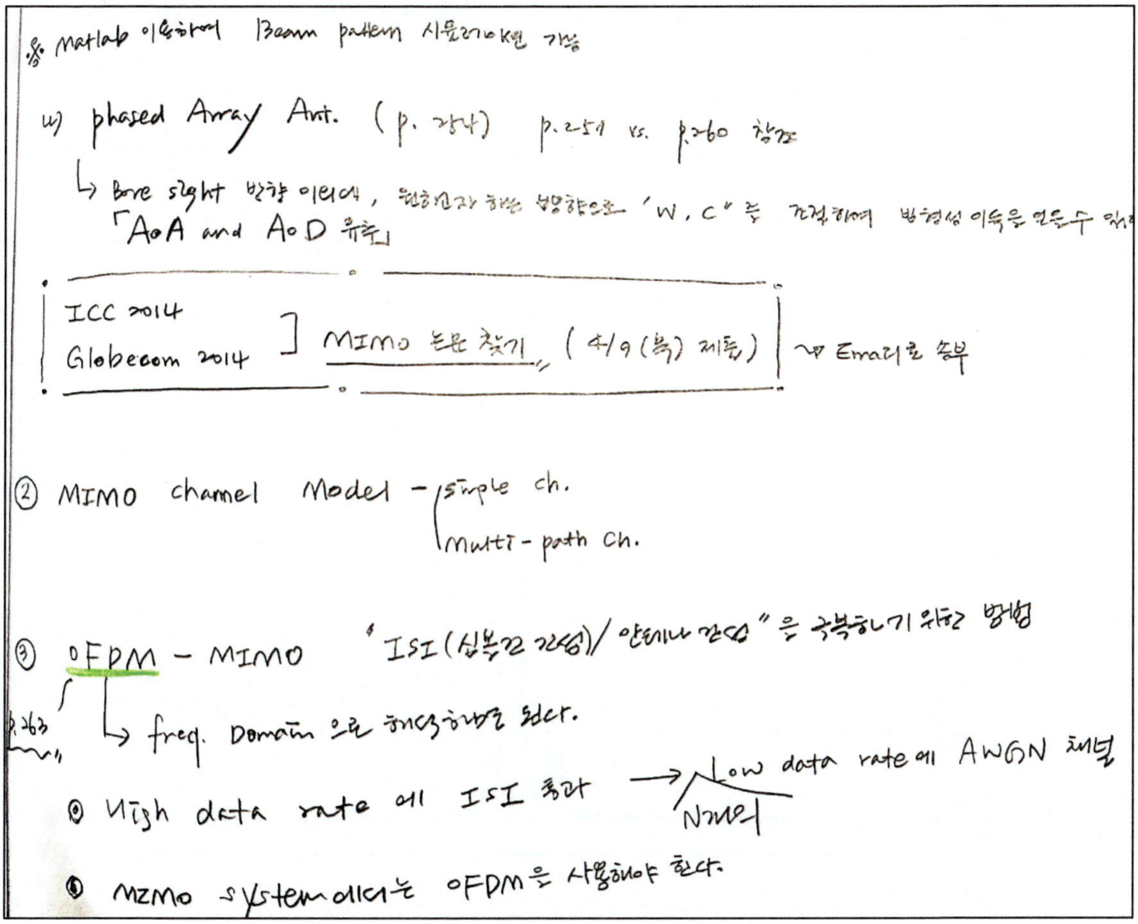

Figure 15. MIMO 정의

1.10 발진(Oscillation)이 발생하는 이유

RF 모듈을 설계하고 제작/시험을 하다 보면, 원하는 신호 이외의 다른 신호(발진)가 발생된다. 능동회로에서 입력신호가 없는데도 출력 신호가 생성되는 경우, 또는 원 신호 옆에 DC 영역의 주파수가 변조된 것처럼 보이기도 한다. 어찌되었든 발진은 출력 성분이 입력 쪽으로 돌아가는 되먹임 현상(feedback)을 말하며, 자의든 / 타의든 출력 신호가 입력으로 돌아가는 loop가 생성되면 출력의 신호는 다시 입력으로 돌아가 이득을 가지고 더 커지게 된다.

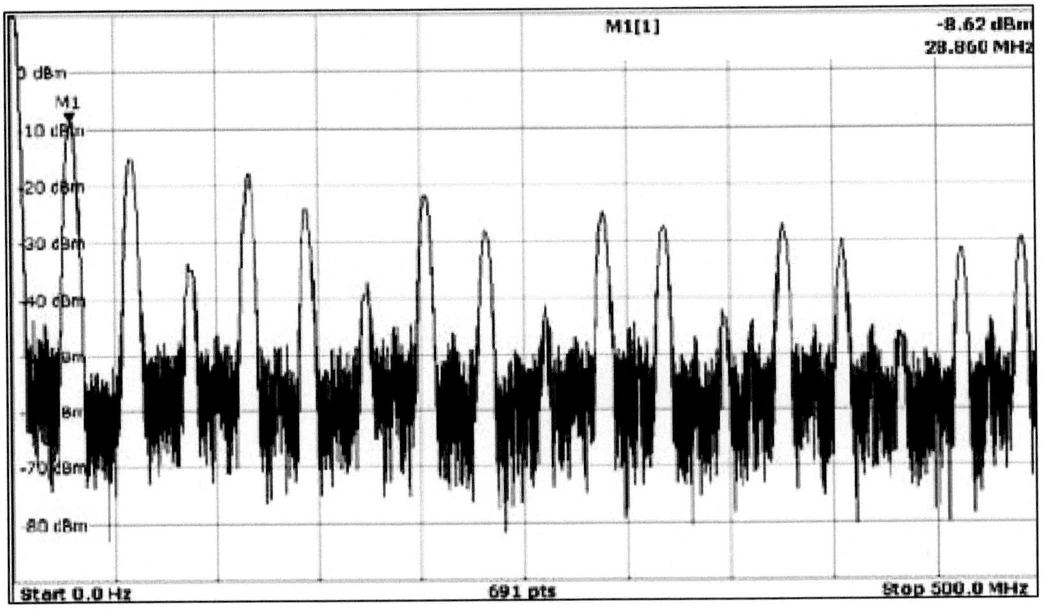

Figure 16. RF 발진 이미지

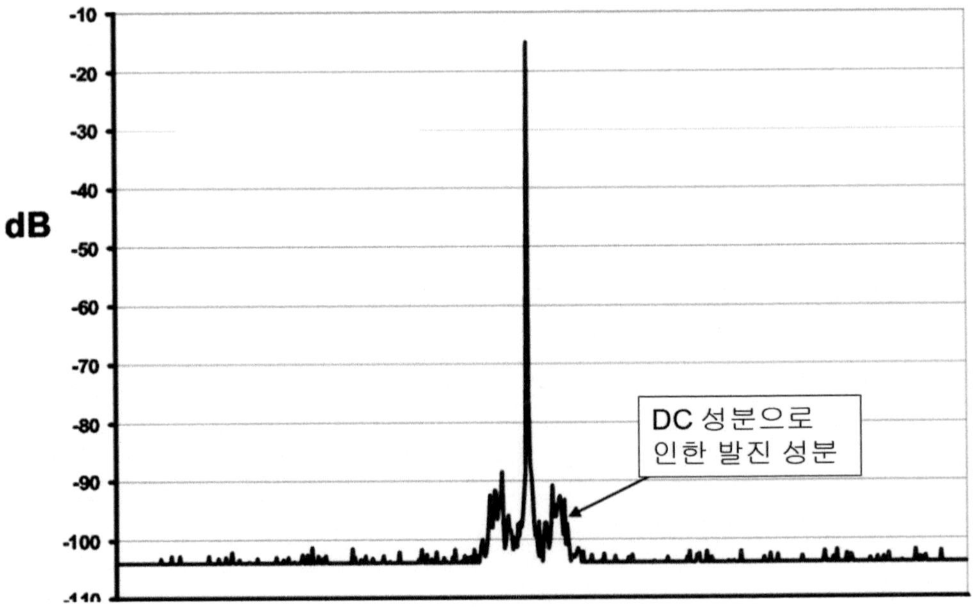

Figure 17. 메인 신호에 DC 주파수 성분 변조된 그래프

그림 18은 이득 30dB를 갖고 있는 "DRA 증폭기"가 장착된 이미지 형상으로서, AMP 주위에 GND를 확실하게 해주기 위한 스크류가 없다 보니, 자체 이득이 높아서 발진 가능성이 매우 큰 구조를 갖고 있다.

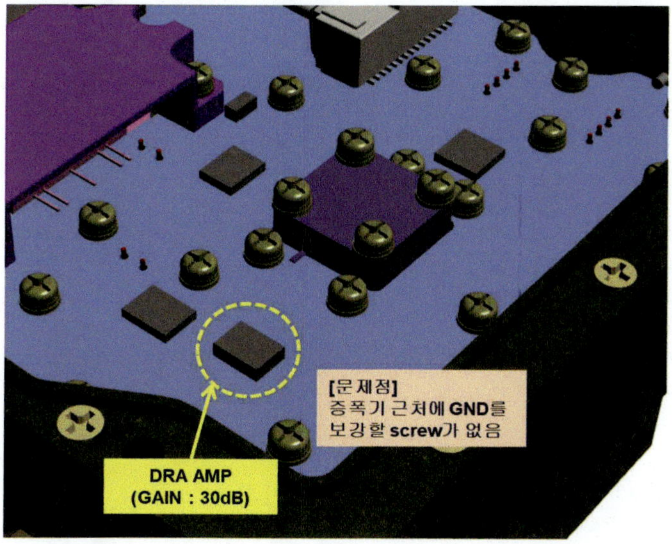

Figure 18. Hard 계열 PCB에 패키징 형태의 증폭기(부품)이 장착된 이미지

그림 19의 PCB Layout 구조를 보면, 좁은 공간 내에 3개의 증폭기 cascade로 위치해 있는 형태로 모듈 커버가 평면 형태로 제작되어 닫히게 되면, 최종 출력 신호가 초단 증폭기(DRA 1)로 궤환 되어 발진할 수 있는 구조를 보여주고 있다. 해서, 내부 기구 wall을 추가 또는 커버에서 높이를 낮춰 radiation이 되지 않도록 해야 한다.

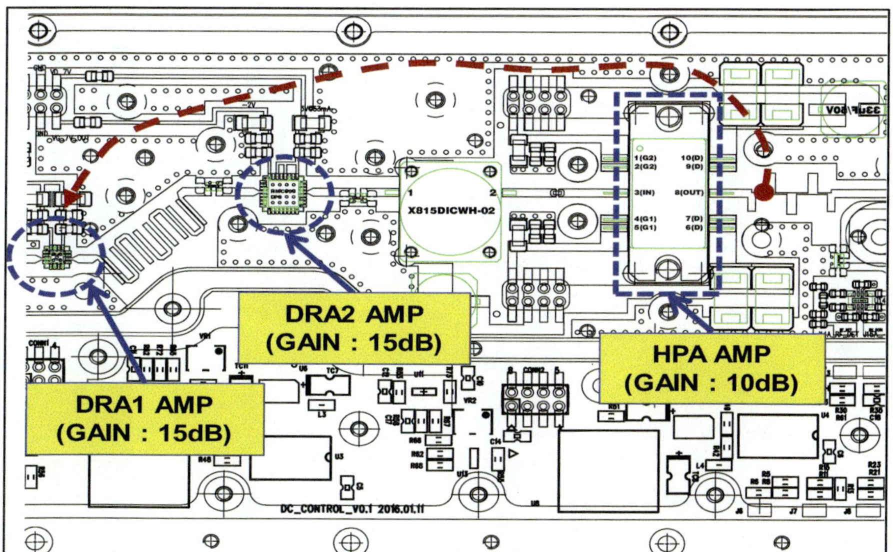

Figure 19. 여러 단의 증폭기가 좁은 공간 내에 배치된 형태

1.11 Bonding Technology for Chip & Wire process

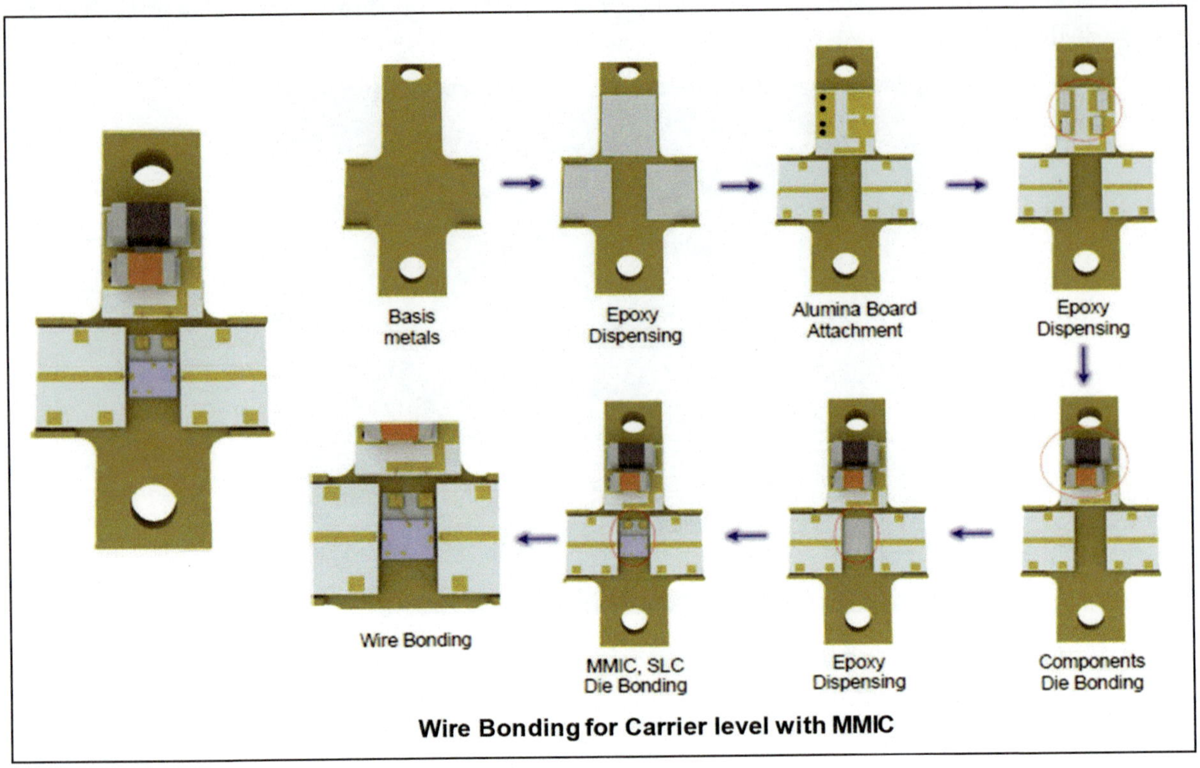

Figure 20. Wire bonding process

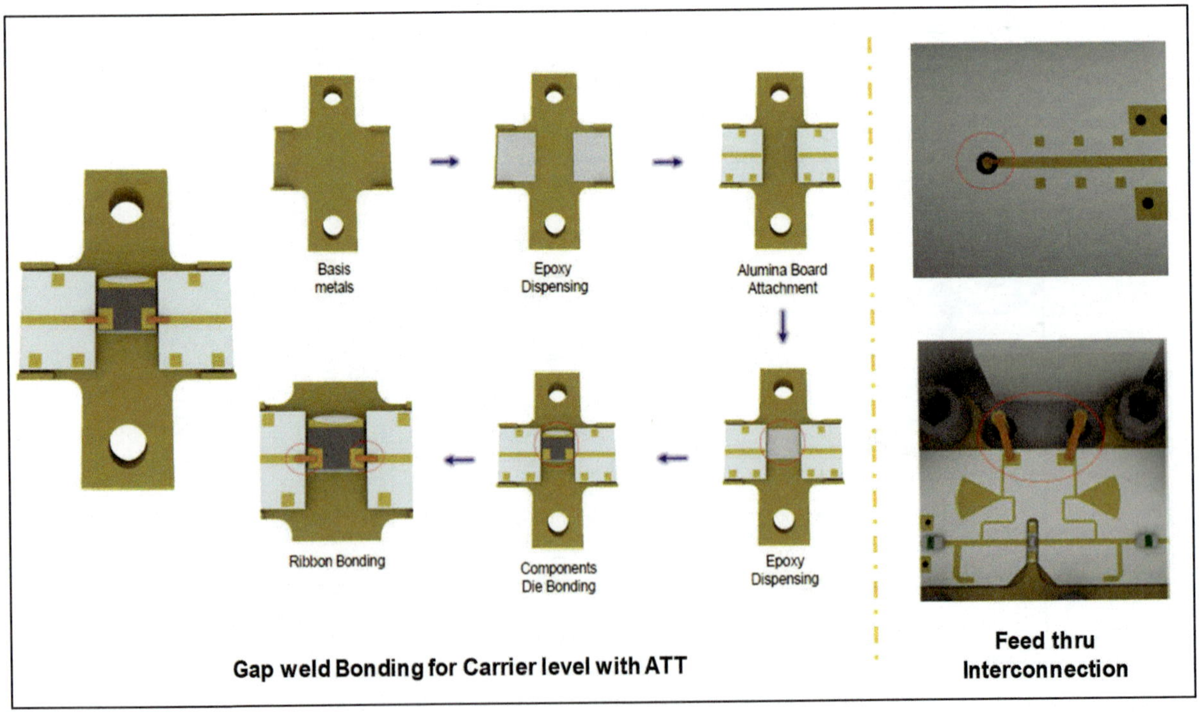

Figure 21. Weld bonding process

초고주파 대역에서의 조립 중요성은 아무리 강조를 하더라도 부족하다. 그만큼 RF 성능에 직접적으로 영향을 주기 때문이다. 주파수가 높은 밀리미터파 대역의 RF 모듈을 조립/제작하기 위해서는, 1.6항에서 언급한 PCB 재질 선택도 중요하지만, 이보다 더 중요한 요소가 조립 과정이다. Soft material PCB에 와이어 본딩을 하는 방법 외에도 다소 복잡하기는 하나, 부품 교체를 수월하게 하고자 하는 측면에서 기구 캐리어에 조립을 하는 경우도 발생한다. 아래 그림 20은 bare MMIC를 캐리어에 장착한 후 전송선로와 MMIC를 "Wire bonding"으로 연결하는 절차를 보여주고 있으며, 그림 21은 RF 신호 연결 외에 전원 공급을 위한 "Gap weld bonding" 방법의 예시를 나타내었다. 아래 그림 22 & 23은 본딩이 실제 적용된 예시 사진들이다.

Figure 22. Example picture for Wire bonding

Figure 23. Example picture for Weld bonding

※ 사진 출처 : www.google.co.kr

1.12 제어 통신 방식 (종류별 정의)

근래의 RF 모듈들은 경로 선택(ANT / BIT 경로), 감쇄량 선택, 온도에 따른 이득 변화 분을 보상해 주기 위한 "look up table"을 flash memory에 저장, 그리고 모듈의 각종 상태 정보 등을 시스템에 제공해야 한다. 이러한 요구사항을 충족시키기 위해서는, 시스템 HOST와 RF 모듈 간의 제어 통신 방식을 규정하여 서로 맞는 프로토콜에 준하여 통신을 하여야 한다. 하지만 통신 방식 그리고 모듈 내에 "제어 회로를 어떻게 설계 및 구현 하느냐"에 따라 제어 신호에 영향을 주기도 하고 노이즈로 인해 통신이 안되는 상황을 야기한다. 이에, 본 chapter에서는 통신 종류별로 장/단점을 살펴보고 실제 설계 노하우를 예를 들어 설명하고자 한다.

종류)

1. 직렬 통신 vs. 병렬 통신
2. UART
3. Serial Communication (RS232 / RS422 / RS485 / SPI)
4. LAN

1.12.1) 직렬 통신 **vs.** 병렬 통신

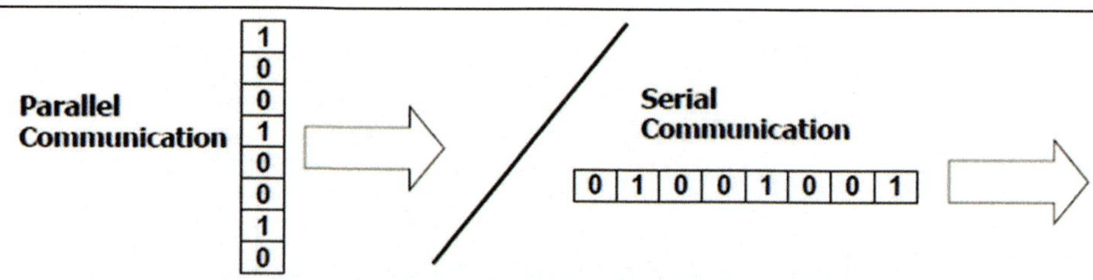

	직렬통신	병렬통신
통신거리	원거리 전송 유리 컴퓨터와 외부 장비간 통신	단거리 전송 컴퓨터 내의 디바이스 간 통신
데이터 전송량	적다	많다
기술 구현	구현 기술 단순	구현 기술 복잡
비용	구현 비용 저렴	구현 비용 고가
대표장치 예	PC의 RS232 포트	HDD IDE 케이블
사용환경	실시간의 작은 데이터 처리를 요구하는 환경	많은 양의 데이터를 처리해야 하는 환경
사용 예	산업현장의 각종 제어장비 통신에 사용	컴퓨터 내부 장치간 통신 CPU와 HDD, Memory 통신

Figure 24. 직렬 통신 vs 병렬 통신 비교 테이블

■ 직렬 통신

- 한번에 하나의 비트 정보를 전달하는 통신방식

- 마이크로프로세서와 컴퓨터 외부의 장치 간의 통신에 주로 사용

- 한번에 한 비트씩 전송되므로 주로 저속통신

- 양단간 통신 거리가 먼 경우 사용

- 대표적인 직렬 통신 장치

  : PC의 COM Port, USB, IEE1394, PCI Express 등

■ 병렬 통신

- 한번에 많은 정보를 전달하는 통신방식

- 마이크로 프로세서와 컴퓨터 내의 주변장치 간의 통신에 주로 사용

- 대량의 정보를 빠른 시간에 병렬 처리 → 컴퓨터 성능 향상

  : 마이크로프로세서 자체의 정보 처리량 증가 → 데이터 비트 수 ex. 386, 486

- 대표적인 병렬 통신 장치 → HDD, Memory, FDD, Video, Card 등

1.12.2) UART (Universal Asynchronous Receiver and Transmitter)

- 범용 비 동기식 시리얼 통신 콘트롤러

- 병렬 데이터를 1비트씩 전송하고 1비트씩 수신한 비트 정보를 모아 병렬 데이터 구성

- 컴퓨터 내무에 있는 COM1, COM2, COM3, COM4, RS-232c와 연관된 통신 콘트롤러

- 비 동기 시리얼 통신에 필요한 제어신호 생성

- 한 때 유행한 PC통신(모뎀)을 가능하게 한 장본인

1) Line Transceiver & Receiver

- UART의 출력 신호는 보통 TTL 신호레벨

  : TTL신호는 노이즈에 약하고 통신 거리에 제약

- TTL신호를 입력 받아 노이즈에 강하고 멀리 갈 수 있게 해주는 인터페이스 IC를 사용

  : 이를 LINE DRIVER/RECEIVER라 부른다.

- 대표적인 LINE DRIVER/RECEIVER는 RS232, RS422 및 RS485

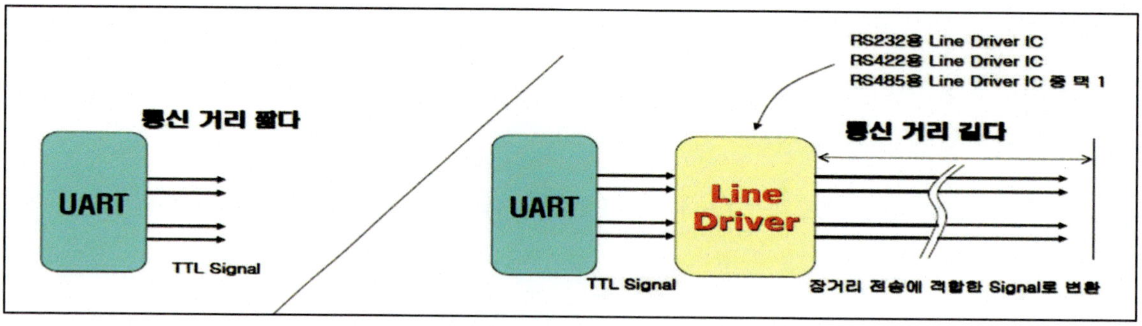

Figure 25. UART의 Line driver 유/무 적용 구성도

1.12.3) Serial Communication

■ RS-232

- 신호선(TXD, RXD), GND 2 Line 사용
- GND를 기준점으로 신호선의 크기를 정보로 사용
- 하나의 신호전송에 하나의 전송 선로가 필요 비용절감
- 노이즈에 약하며 장거리 전송에 부적합
- RS-232 전압 레벨 (-5V ~ -15V, +5V ~ +15V)

1) RS-232 통신의 신호 방식

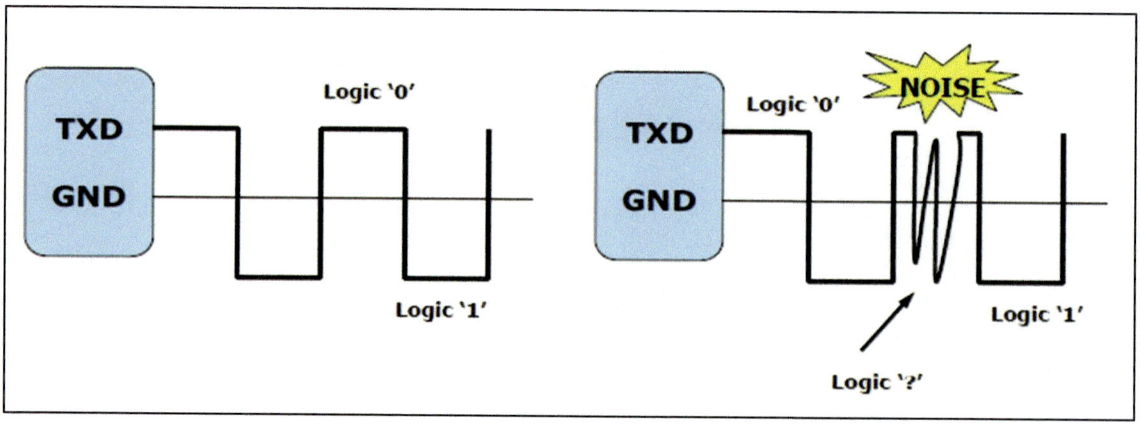

Figure 26. RS-232 통신의 신호 방식

2) RS-232 용어

- Baud rate : 초당 변조 횟수, 초당 전송 시간 = 1/Baud
- Data Bit : 데이터 길이 (7bit, 8bit)
- Parity : 데이터의 누락 발생 체크 (Even, Odd, None...)
- Start, Stop bit : 데이터의 단락 구분 (1bit, 1.5bit, 2bit)

3) RS-232 통신의 Data 전송 예 (Data 8bit, None Parity, 1 Stop bit)

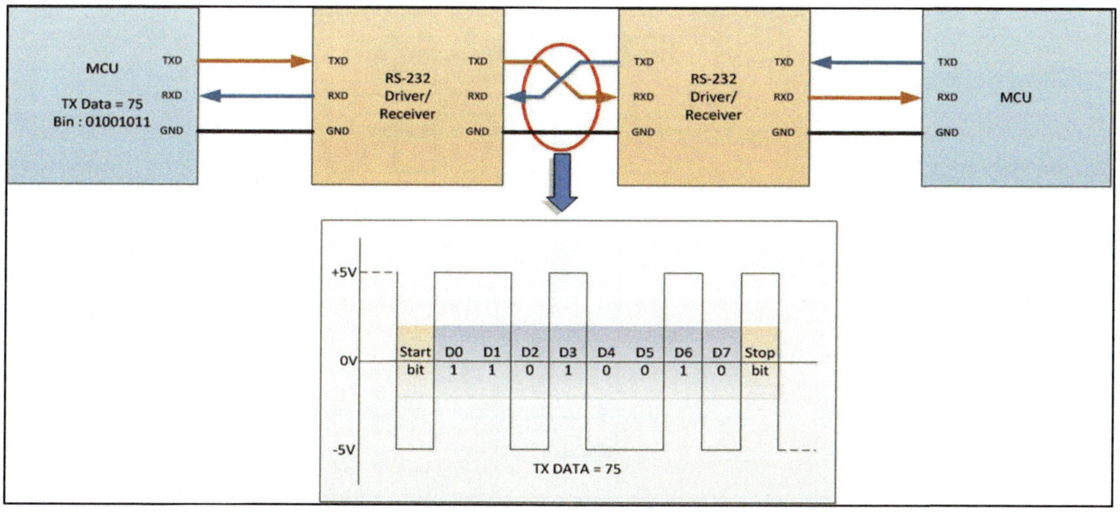

Figure 27. RS-232 통신의 Data 전송 예

■ RS-422 (Full Duplex : 양방향 통신)

- Point To Point, Multi Drop의 2가지 모드 사용

- RS-232와 달리 하나의 신호 선에 2개의 라인이 필요 (TXD-, TXD+, RXD-, RXD+)

- Differential Cabling Method : 데이터 전송 시 두 신호의 전압 차 이용(TXD-, TXD+)

1) RS422/485 통신의 신호 방식 (Balanced Signal)

- +신호선, - 신호선 2Line 사용

- +신호선과 –신호선의 신호 크기 차를 정보로 사용

- 노이즈에 강해 장거리 전송에 적합

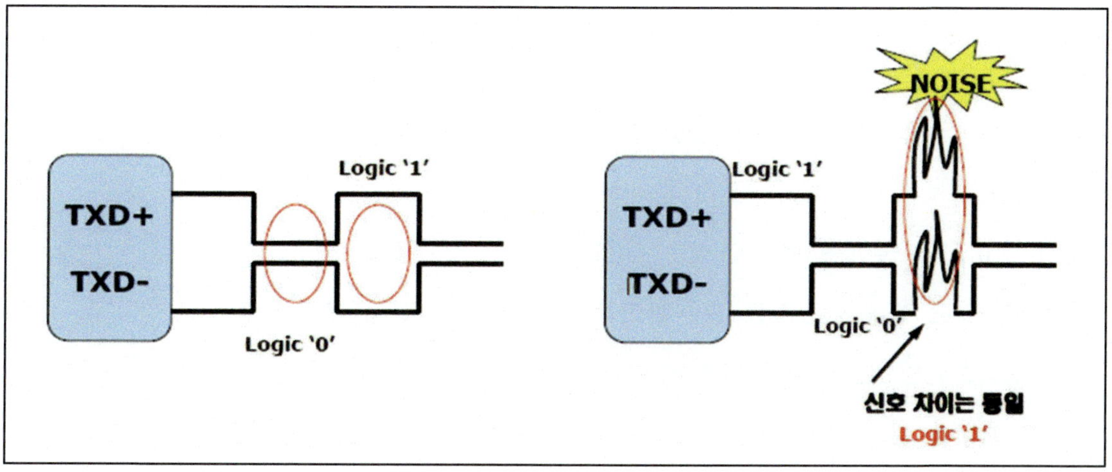

Figure 28. RS422/485 통신의 신호 방식

2) RS422 통신 데이터 전송 예

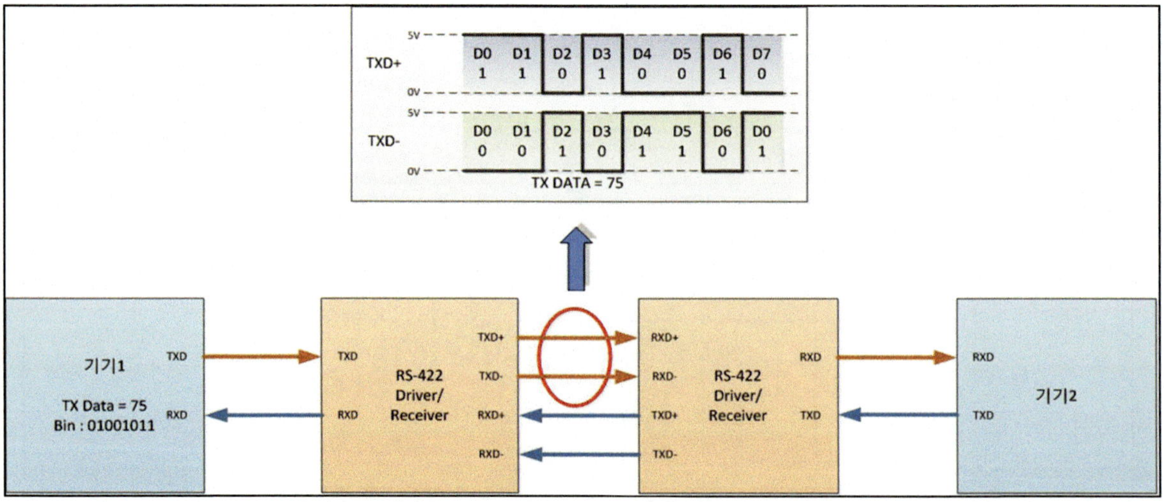

Figure 29. RS422 통신 데이터 전송 예

3) RS485 통신 데이터 전송 예

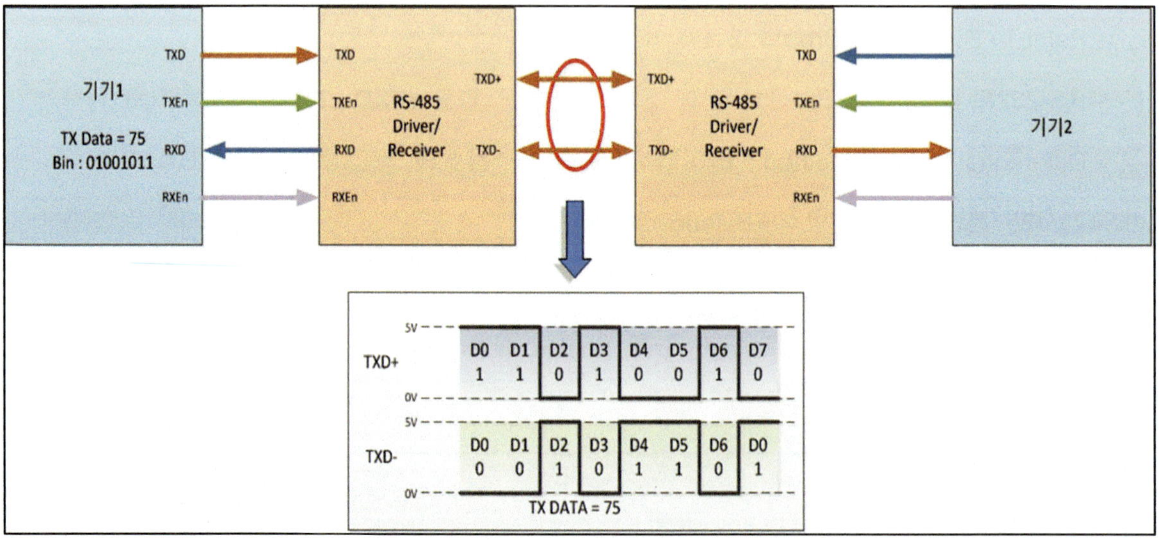

Figure 30. RS485 통신 데이터 전송 예

4) Termination

- 터미네이터를 붙이는 목적은,

  : 네트워크 상에서 신호를 흡수함으로써 다시 반향 되지 않도록 함

  : RS422/485 네트웍에는 버스 양단에 120옴 저항을 부착함

- 종단 저항을 붙임으로, 네트워크 상에서 신호를 흡수함으로써 다시 반향 되지 않도록 함

  : 반사파 없이 깨끗한 원 신호로 전달 가능하게 함

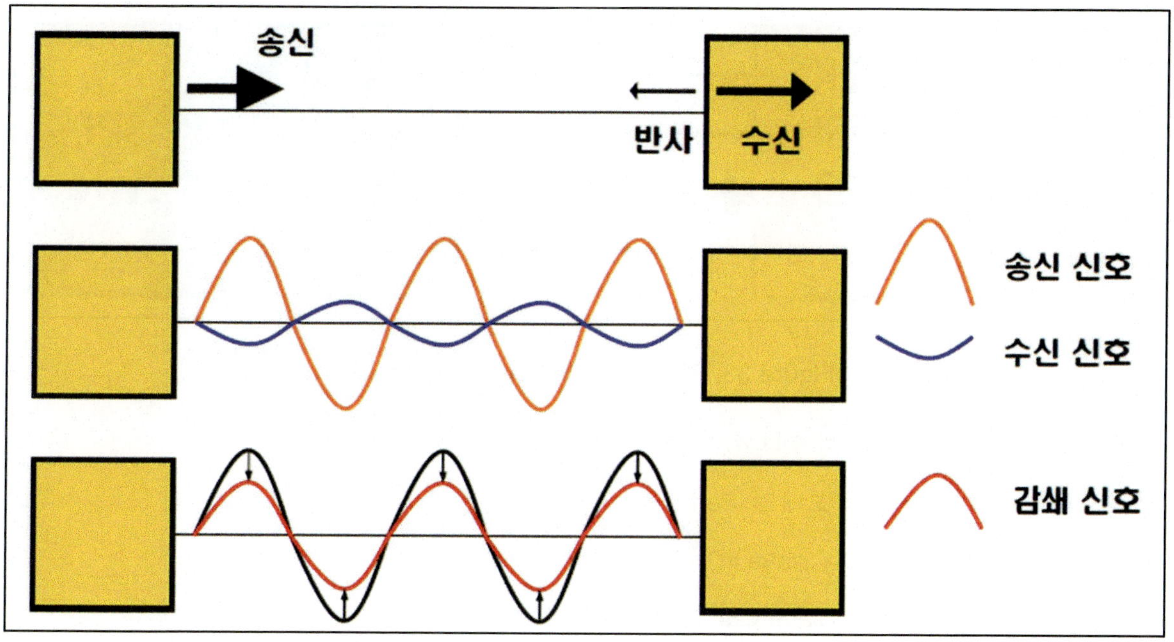

Figure 31. 종단 저항의 중요성

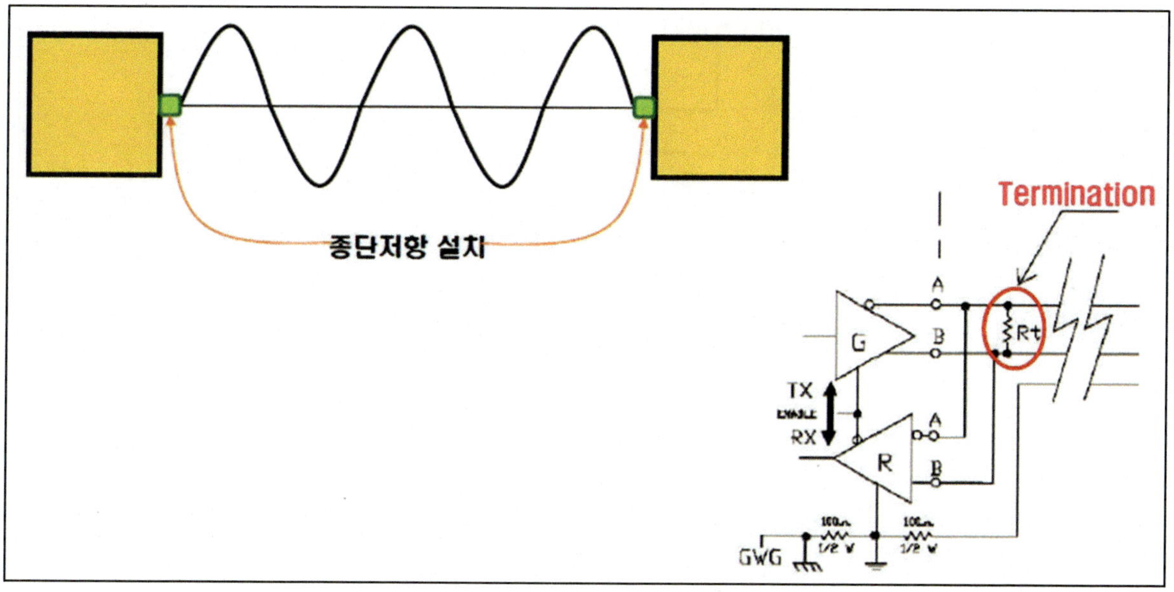

Figure 32. 종단 저항 적용 예

■ SPI (Serial Peripheral Interconnect)

클럭에 의해 동기화된 직렬 통신 방식이며 통신 속도는 Master의 SCK에 의해 결정됨 (최대 70MHz)

양방향 통신 가능, 전송 데이터 단위(8bit, 16bit 변경) 및 bit 순서(MSB <-> LSB)에 따른 제약이 없어 사용자 임의 설정 가능

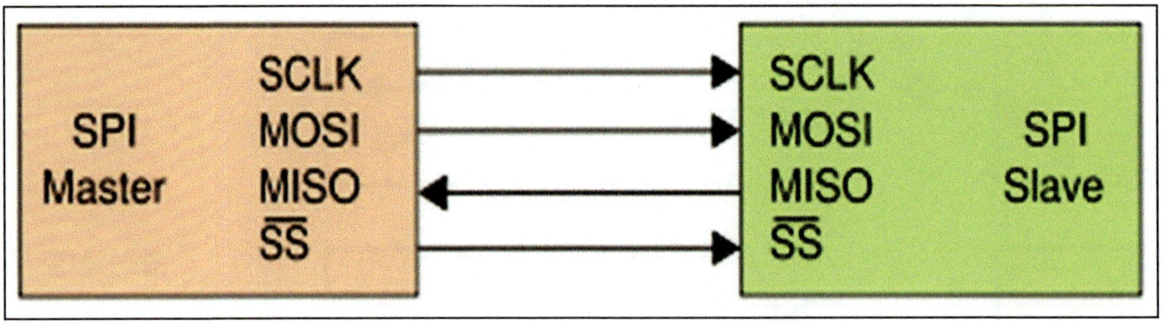

Figure 33. SPI 연결도 (Master vs Slave)

- SS : Slave Select(Active Low) 동작 허용(선택적 사용)
- SCLK : 마스터에서 보내는 Serial Clock
- MOSI : Master Out -> Slave In
- MISO : Master In <- Slave Out

1) SPI 통신 데이터 전송 예

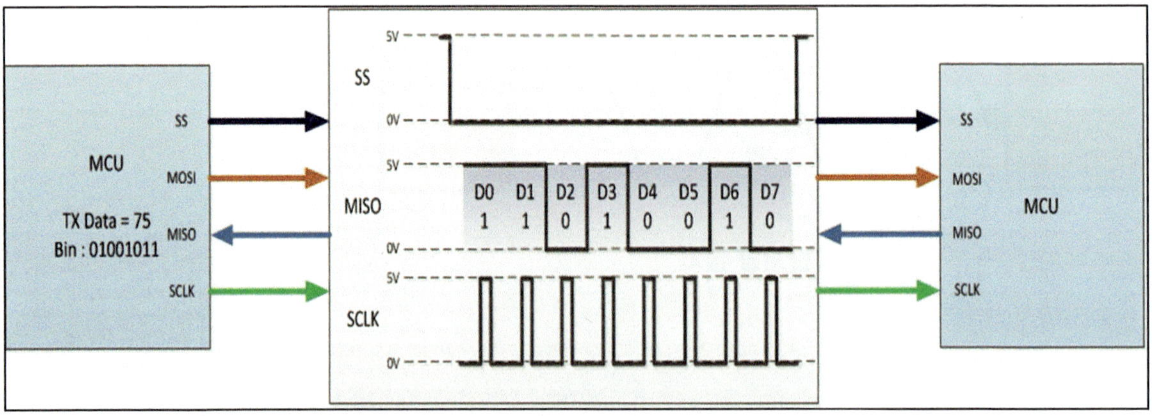

Figure 34. SPI 통신 - 전송 예

1.12.4) LAN (Local Area Network : 근거리 통신망)

LAN 이란 동일한 프로토콜을 가진 여러 대의 컴퓨터가 통신라인을 통해 서로 정보를 공유하는 통신 네트워크로서, 통신 속도는 10Mbit/s ~ 10Gbit 범위를 가짐

1) LAN의 특징

- 낮은 에러율 = 높은 신뢰도
- 다양한 데이터 처리 : Data, Voice, Video
- 제한된 지역 내의 통신

2) LAN 연결의 기본 구조 (OSI 7 Layer – ISO 표준 개방형 연결 모델)

2. 주요 파라미터 정의

2.1 이득

이득(dB)은 전력 레벨 증가를 의미하는 것으로서,

출력 전력을 입력전력으로 나누고, 로그 값을 취한 후 10을 곱해서 구할 수 있다.

아래 그림을 보면, 입력전력으로 -30dBm이 인가되고 출력전력으로 -20dBm으로 증폭된다고 할 때,

$$이득 = 10LOG_{10}\frac{Output\ Power}{Input\ Power}(dB) \qquad (1)$$

식 (1)의 공식에 의해서 10dB 이득임을 확인할 수 있다.

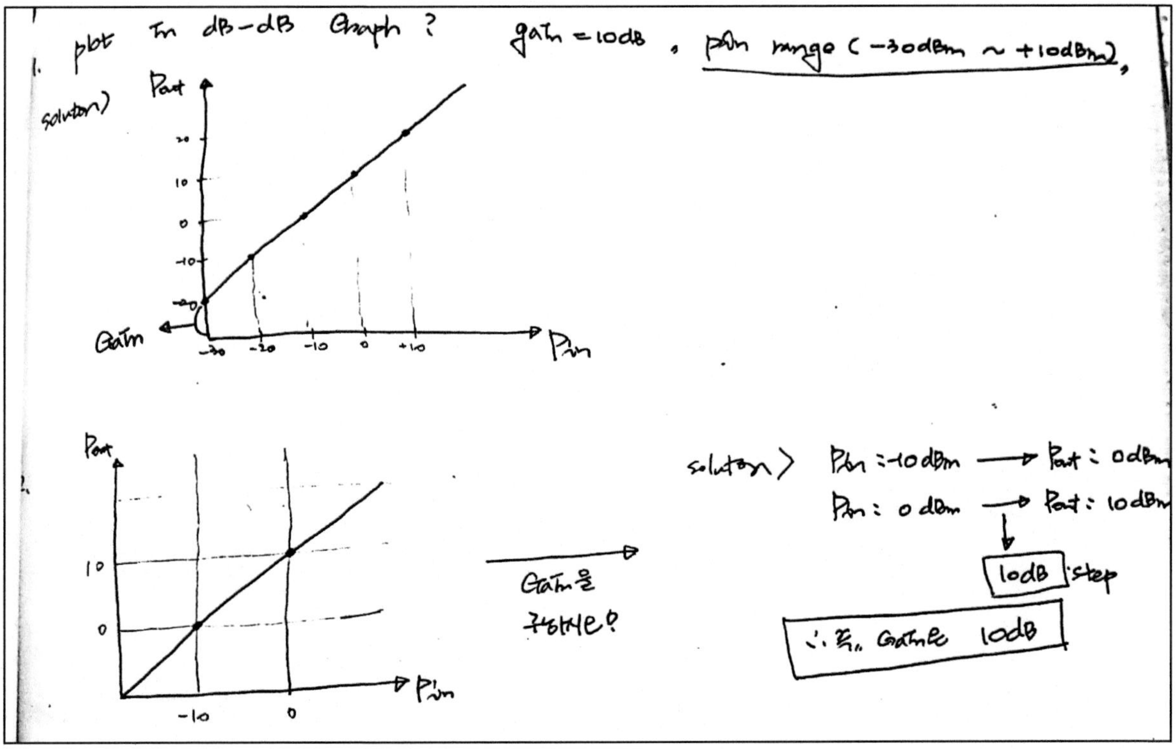

Figure 35. 이득 그래프

2.2 잡음 지수

수신기는 안테나로 수신된 잡음과 수신기 내부에서 만들어지는 두 가지 형태의 잡음이 있다. 그림 36은 부하에 전달되는 잡음전력(Pn)은 다음과 같이 구할 수 있다.

$$Pn = KTB \text{ [K: 볼츠만 상수(J/K), T: 저항 절대온도(K), B: 대역폭(Hz)]} \quad (2)$$

즉, 단위 대역폭당 동일한 잡음의 분포를 백색잡음이라 정의하며, -174dBm/Hz의 값을 갖는다.

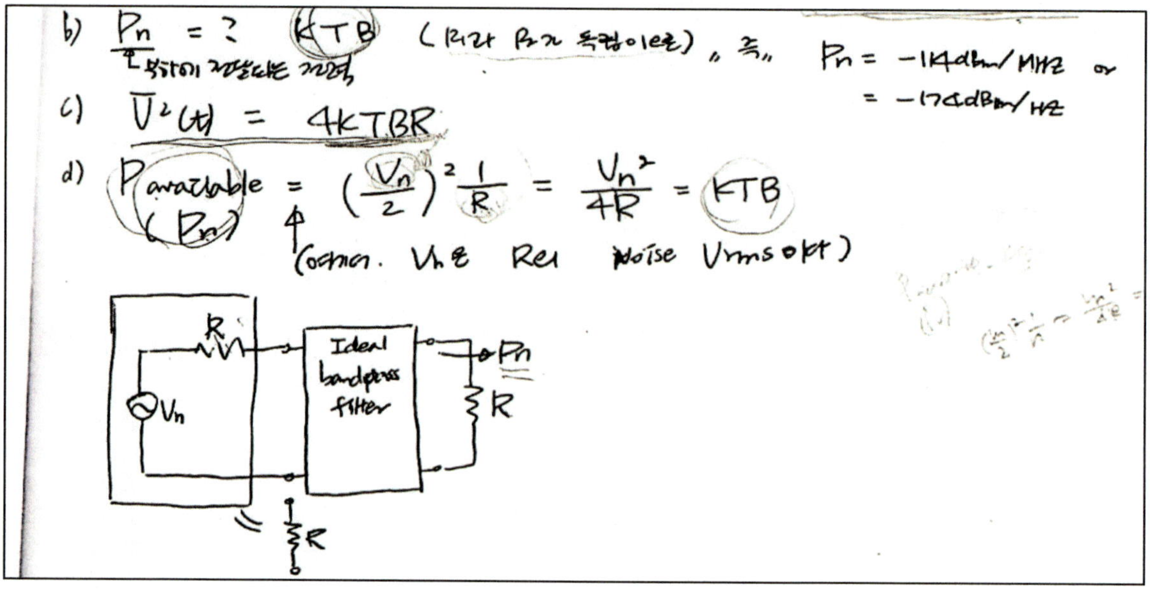

Figure 36. 백색잡음(White noise) 정의

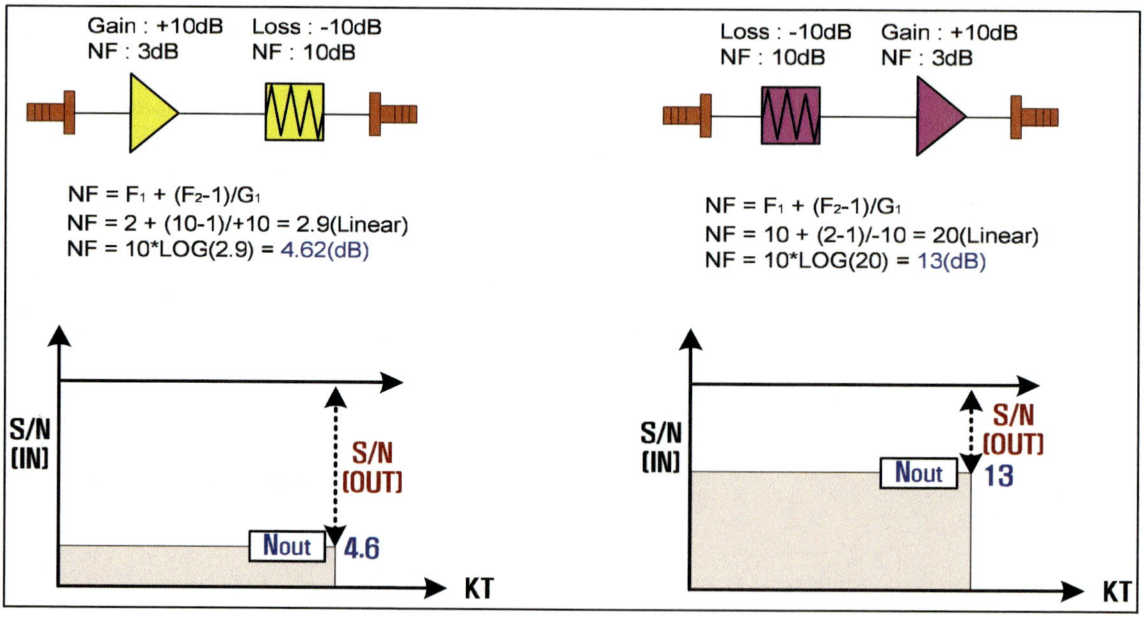

(a) 증폭기 + 감쇄기 (b) 감쇄기 + 증폭기

Figure 37. 잡음지수 vs. 신호대 잡음비 비교

수신기에서 신호를 감지하려면 신호레벨 값이 시스템의 잡음레벨 값보다 더 커야 한다. 그림 37은 증폭기와 감쇄기의 순서를 달리했을 때의 잡음지수 특성과 신호대 잡음비(SNR)를 비교한 것으로서,

(그림 37a): 수신기 초단에 증폭기가 먼저 위치한 경우로서, 잡음지수는 4.62dB

(그림 37b): 수신기 초단에 감쇄기가 먼저 위치한 경우로서, 잡음지수는 13.0dB

그림 37a 경우가 그림 37b 경로 보다 SNR가 높기 때문에, 수신기에서 필요로 하는 감지 확률이 높아져서 잘못된 경보 비율(false-alarm rate)을 줄일 수 있게 된다. 그림 38은 수신기의 잡음지수 유도 공식이다.

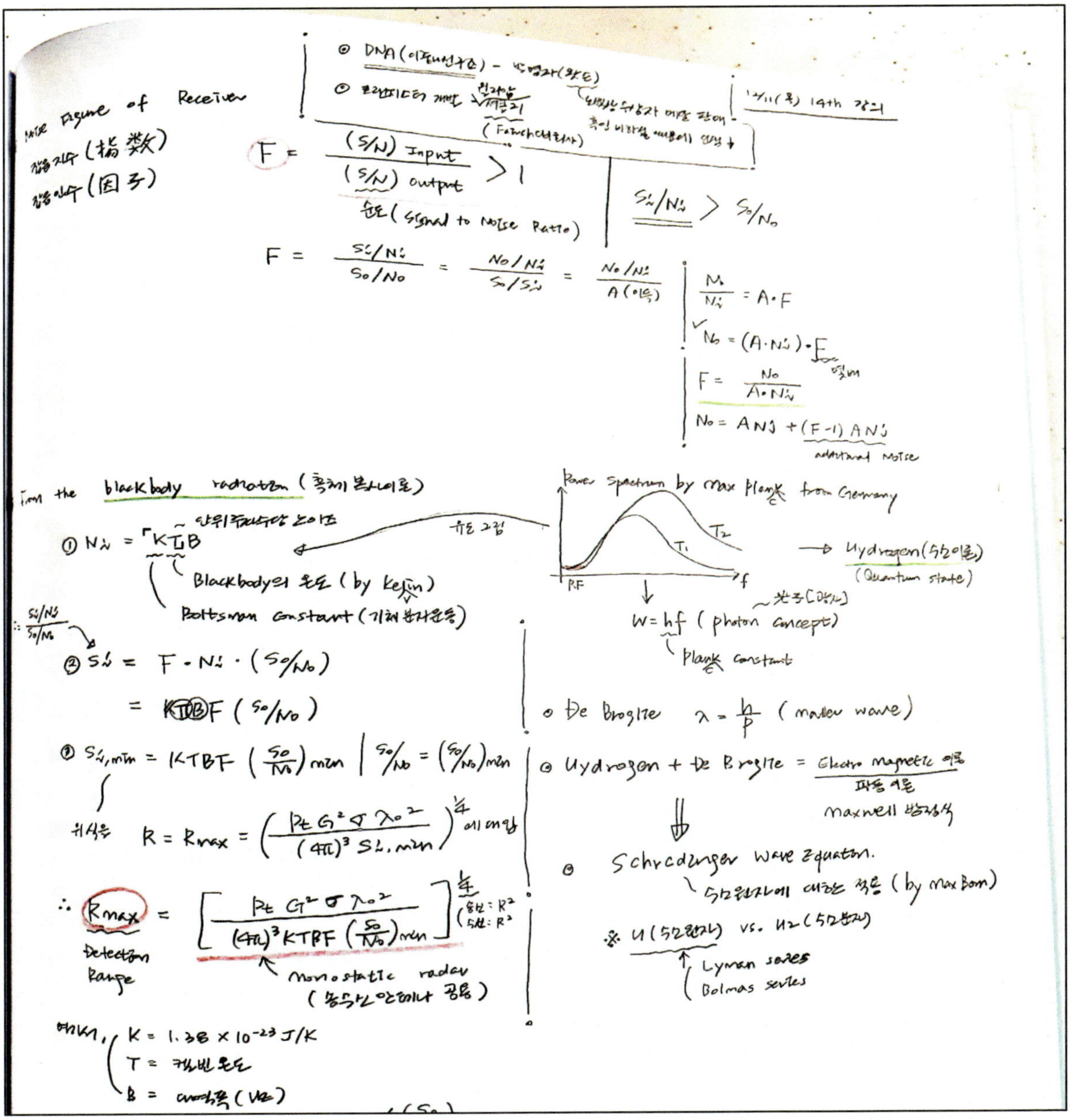

Figure 38. 수신기 잡음지수 공식

2.3 IP3 vs. P1dB 상관 관계

P1dB는 입력 전력을 증가시키면 DUT를 통과한 출력 전력은 이득만큼 증가하게 되며, 이때 입력 대 출력 전력의 기울기는 선형성을 갖는다. 선형성 영역을 지나면 입력 전력의 증가에 따라 DUT 출력 전력이 떨어져서 변환 손실이 증가하게 된다. 일반적으로 다이나믹 영역의 위쪽에서 손실이 1dB 증가하는 지점의 입력 전력 레벨을 1dB 압축 점이라 부른다.

IP3는 원하는 신호와 3차의 왜곡 신호가 같은 크기를 가지며, 시스템 선형성의 중요한 척도가 된다. 선형영역에서 입력 전력이 1dB 증가하면 DUT 출력 전력도 1dB 증가하는 반면, IM3 신호는 입력 전력이 1dB 증가하면 출력 전력은 3dB 증가한다.

일반적으로 IP3 지점의 10dB back-off 지점이 P1dB가 되는 이유는, 그림 39의 유도 공식에서 알 수 있듯이, IP3 와 P1dB 값이 약 9.6dB 차이가 나기 때문이다.

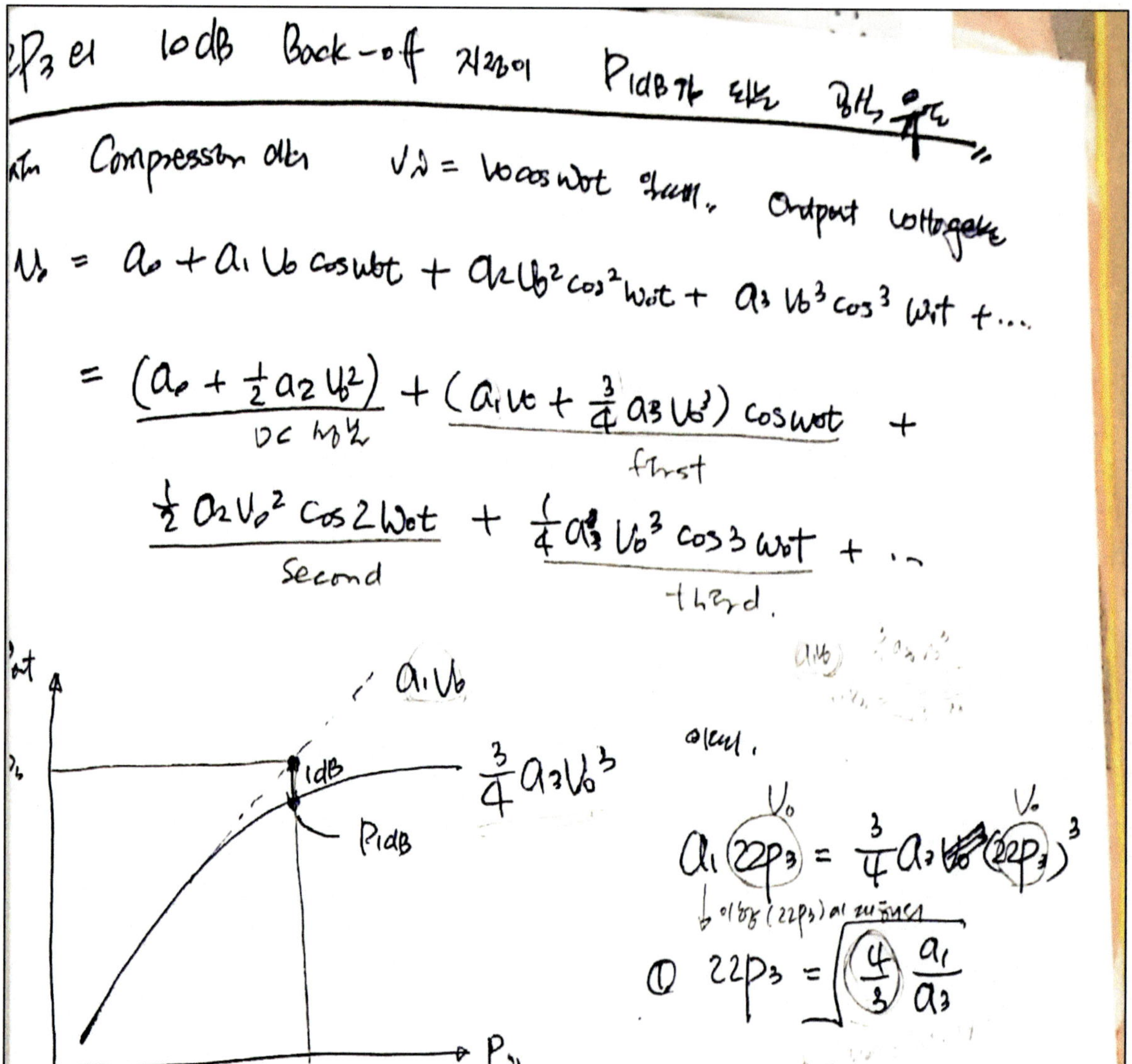

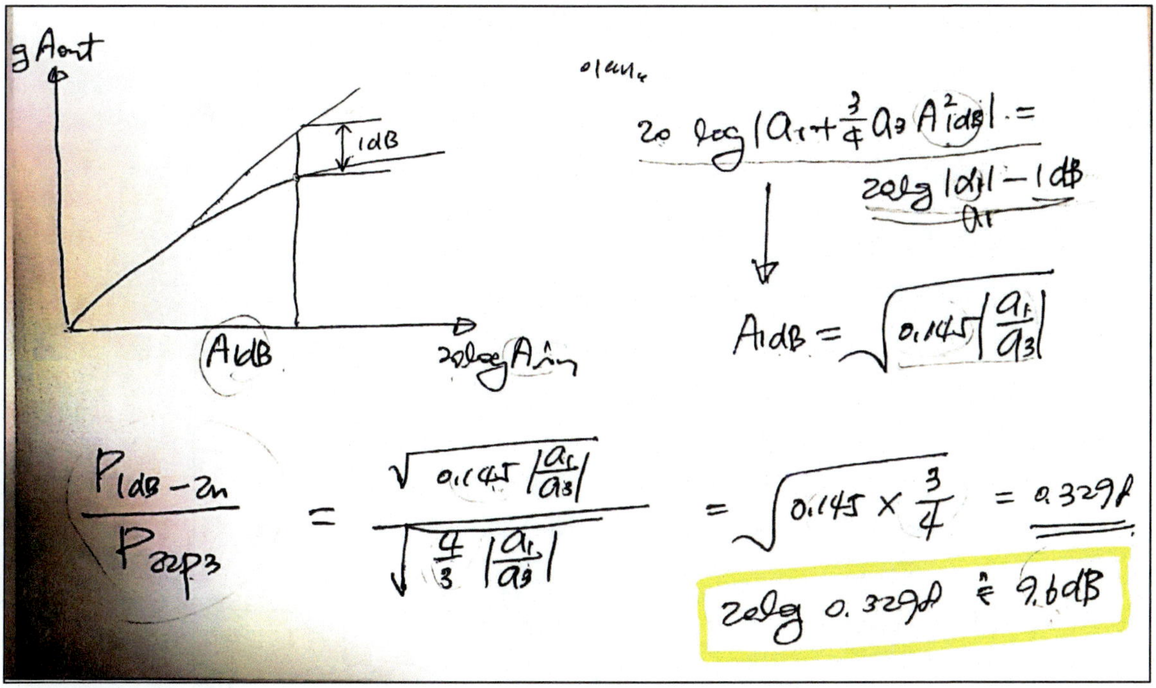

Figure 39. P1dB vs. IP3 상관 관계

2.4 동적 범위(Dynamic range)

수신기에서 왜곡없이 깨끗하게 검출할 수 있는 입력신호 전력레벨로서, 가장 작은 신호(S/N min)와 선형 구간 내에서 가장 큰 신호(Pin max)와의 크기 비율을 나타낸 것으로서, SFDR (Spurious Free Dynamic Range)로 정의한다.

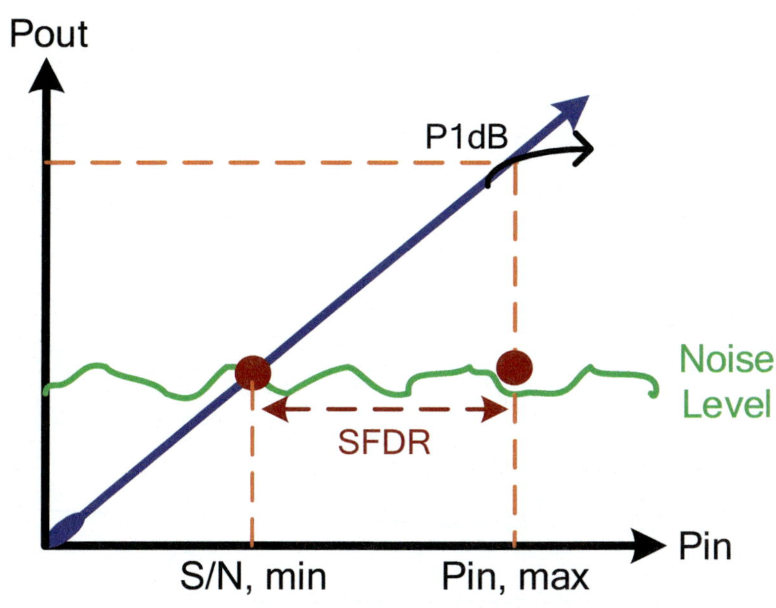

Figure 40. SFDR 범위 FOR 동적 범위

2.5 출력 전력(output power) vs. 신호 대 잡음비(S/N)

그림 41은 감쇄기와 증폭기로 구성된 cascade 구조에서 P1부터 P5까지의 각각의 부품들을 거치면서 출력 전력과 신호대 잡음비가 어떤 식으로 변화되는지를 보여주고 있다.

1) 출력 전력: -174dBm(백색잡음)을 기준으로 P5 지점에서 -167.5dBm까지 올라 갔음

2) 신호 대 잡음비: P1 지점에서 생성된 30dB 값이 P5 지점에서 동일한 30dB 값을 보여줌

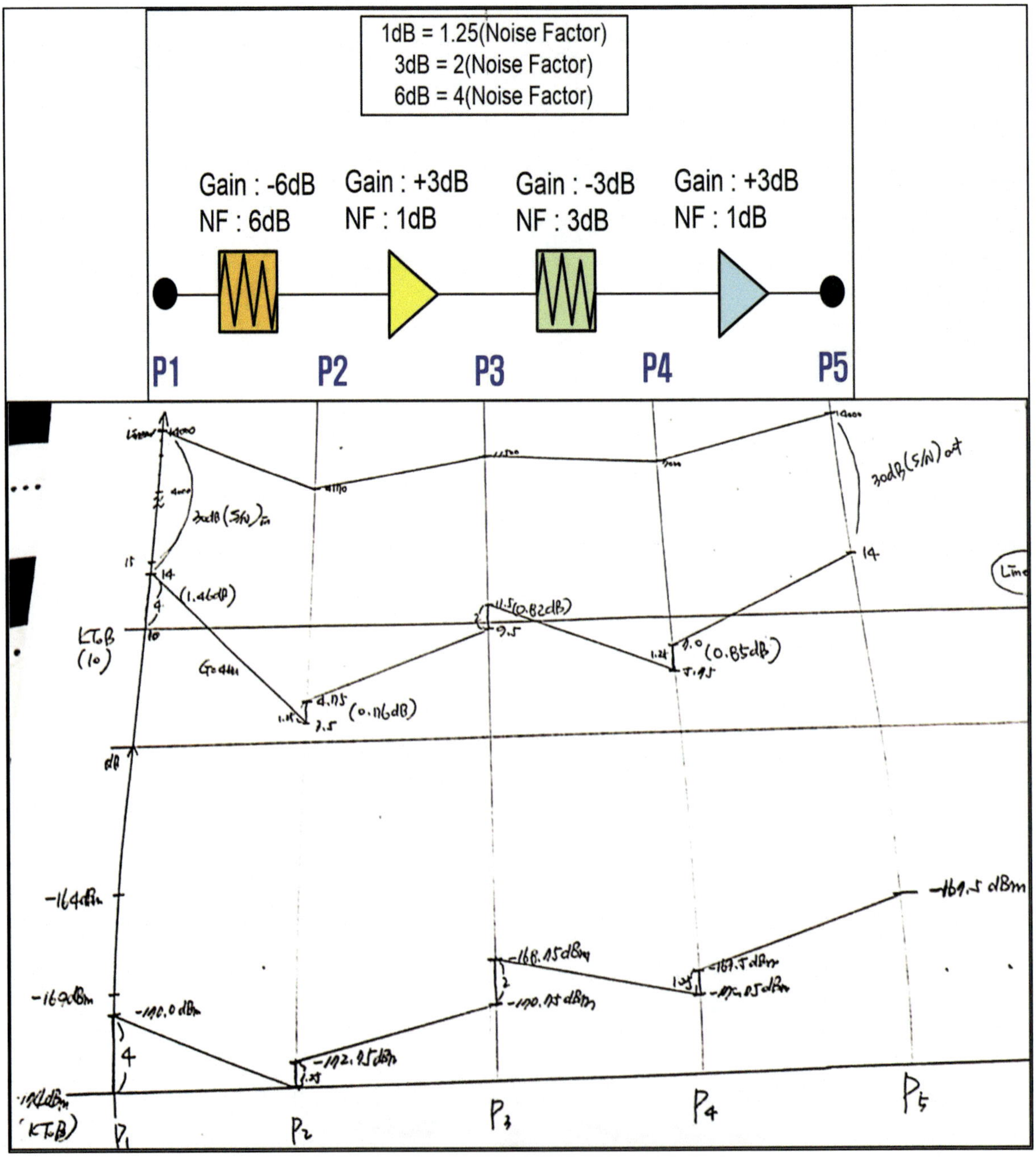

Figure 41. 출력전력(output power) vs. 신호대 잡음비(S/N)

2.6 감도(Sensitivity)

수신기에서 감도는 규정된 신호 대 잡음비(S/N)를 갖는 출력 신호를 생성하기 위한 최소 입력 신호(S_{min})로서, 아래 식 3과 같이 평균 잡음 전력을 신호 대 잡음비로서 정의된다.

$$S_{min} = \left(\frac{S}{N}\right)_{min} KT_0B(NF) \quad (3)$$

또한, 안테나와 연결된 시스템 레벨에서의 감도는 최소 운영 감도(MOS, minimum operational sensitivity)로서 아래 식 4와 같다.

$$MOS = \left(\frac{S}{N}\right)_{min} KT_0B(NF)/GAIN \quad (4)$$

1) Analog Receiver: SNR for RF signal level

2) Digital Receiver: BER for RF signal level

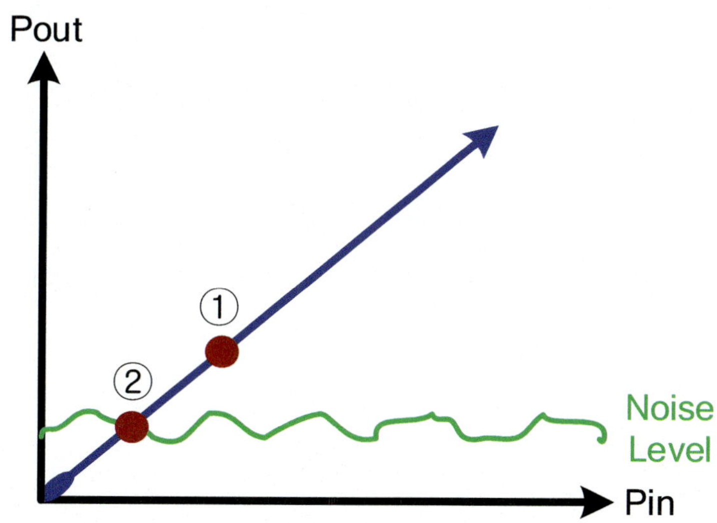

Figure 42. 감도 그래프

① : 시스템 레벨에서 검출할 수 있는 최소 신호

② : 잡음 레벨에 묻혀서 검출할 수 없을 때까지의 크기를 감도라고 함

Chapter 2. RF 필요성 및 적용 시스템 분야

본 chapter에서는, RF(Radio Frequency)의 필요성을 시작으로 구성별 엔지니어들의 역할 그리고 각각의 시스템에 필요로 하는 특성을 살펴보고자 한다.

Table of Contents

✓ 왜, 시대가 변화할 수록 밀리미터파 대역(mmW)의 높은 주파수가 필요할까요?

1. 스마트 하이웨이-도로 IT : 34GHz
2. 차량용 추돌방지 시스템 : 24GHz / 77GHz
3. 5G 통신용 / AI기반 : 통신 기술 – 28GHz / 39GHz
4. 군수용 :

   4.1 레이더 / 위성 분야 : X대역(10GHz) ~ Ka대역(40GHz)

   4.2 전자전 분야 : 0.5-2 / 2-6 / 6–18GHz (18 – 40GHz option)

✓ 또한, RF front-end 모듈이 "시스템 용도"에 따라 다른 특성들을 요구하고 있기 때문에 application에 따라 RF 모듈 설계도 달라져야 함

Figure 43. 밀리미터파 대역의 필요성

✓ RF(특히, 밀리미터파 대역)를 활용한 시스템에서, 안테나 후단에 장착(front-end) 되는 RF 모듈(제품 또는 장치)은 절대적으로 필요함

✓ 이에, 규격을 검토하고 "개발 / 조립 / 시험"을 하는 과정에서 고려되어야 할 사항들이 다수 존재함

✓ 특히, 주파수가 높은 밀리미터파 대역의 RF모듈을 개발한다는 것은, 예측하지 못한 결과에 대해서 해결책을 찾아야 함은 물론, 문제점을 어떤 식으로 풀어 나가야 할지 모르는 상황이 빈번하게 발생함

✓ 해서, 그 동안 습득한 설계 방법과 경험을 통한 노하우(Knowhow)를 바탕으로, RF 분야의 실무 업무에 도움이 되기를 희망하며 세미나(교육)을 계획함

Figure 44. RF모듈 노하우 필요성

■ RF(Radio Frequency) = 무선(Wireless)

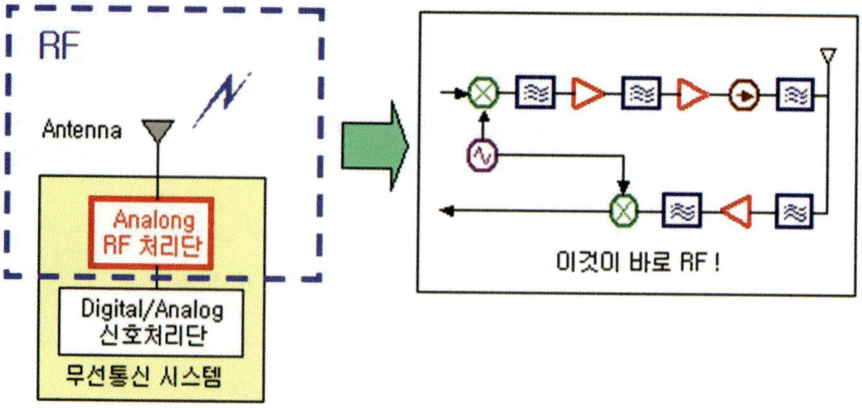

※ RF의 '기술적 영역' 은 안테나를 포함한 "Analog RF 처리단" 전체를 의미

※ 정보가 실린 변조 신호를 고주파로 올려서 각종 증폭, 필터링 등의 과정을 거쳐 보내고 받는 정밀한 아날로그 회로

※ 안테나와 그 안테나로 전파를 쏘고 받기 위한 각종 회로, 구조물, 주변장치 전반이 바로 RF

※ 이미지 출처 : www.google.co.kr

Figure 45. RF 기초 개념(1)

■ 무선이란 게 성립하려면, 전선이 아닌 공기 중으로 신호를 보내고 받아야 하는데, 바로 그러한 역할을 하는 게 전파이며, 학문적으로 정의하면 전자기파 (Electromagnetic Wave)라고 부르는 전자기적 파동에 의해, 정보가 선 없이도 오갈 수 있게 된 것임

■ 주파수를 사용해야 할 무선장치는 수도 없이 많은데, 주파수라는 것은 제한되어 있다는 점

■ 어렵게 느껴지게 되는 가장 큰 원인은, RF에서 다루는 주파수가 매우 높은 고주파가 많기 때문이며, 주파수가 높으면 파장이 짧아지고 그 때문에 선로간 간섭도 심해지며 선로길이 하나하나가 회로소자로 동작해 버리면서 설계가 점점 어려워짐

동작주파수 : ~ 3GHz

동작주파수 : ~ 18GHz

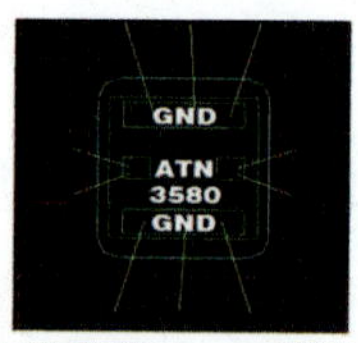

동작주파수 : ~ 50GHz

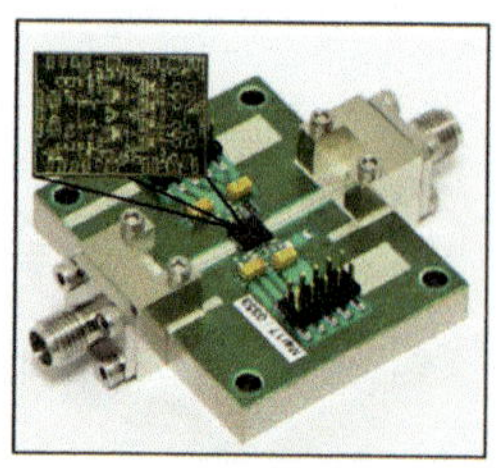

Package 부품
: ~ 40GHz

■ 즉, 고주파 아날로그 RF에서는 설계된 그대로 동작하는 경우가 드물기 때문에, 제작 후에 특성을 조율하는 단계인 '튜닝'이 아주 필수적인 코스임

Figure 46. RF 기초 개념(2)

▣ 통상 고주파라 많이 불리는 Microwave는 300MHz ~ 300GHz의 주파수 대역을 말함. (순수 학문적 용어)

▣ 여기서 Micro(마이크로)의 의미는, 파장이 매우 작아진다라는 의미로서, 대략 20GHz가 넘어가면 Millimeter wave라고 정의함.

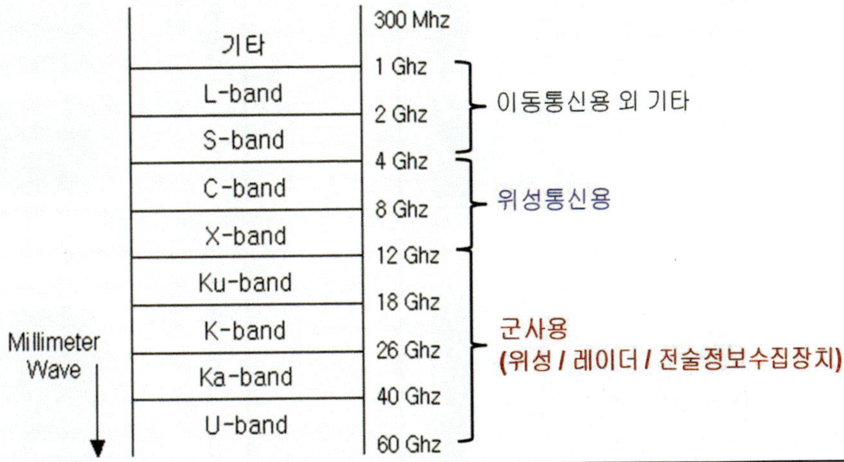

Figure 47. RF 기초 개념(3)

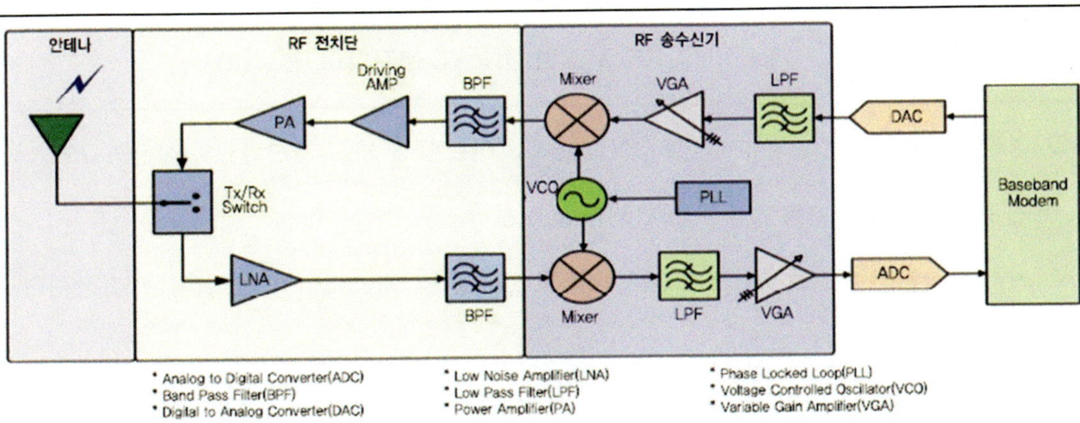

✓ 엔지니어 분야

1. 안테나부터 신호처리까지 설계하고 분석하는 시스템 엔지니어
2. 각 분야(기능)별 설계 엔지니어 [H/W]
3. 부품단위 설계 엔지니어 [H/W]
4. 신호처리 설계 엔지니어 [S/W]

※ 이미지 출처 : www.google.co.kr

Figure 48. RF 시스템 기능별 엔지니어 분야(1)

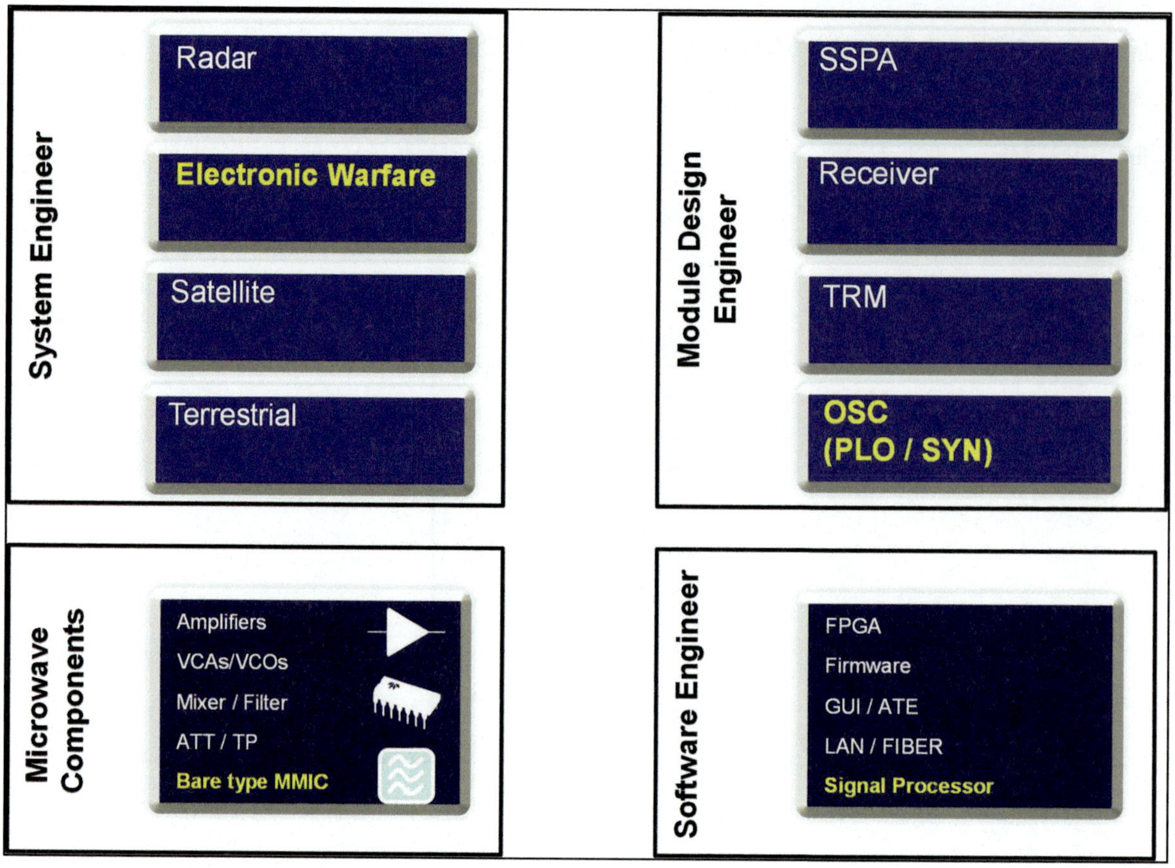

Figure 49. RF 시스템 기능별 엔지니어 분야(2)

❑ 여러분들은 어느 시스템 분야에서, 어떤 엔지니어로 일을 하고 계신가요? (싶은가요?)

어느 위치에서 무슨 일을 하든지 어려움은 존재하나,

✓ 시스템 엔지니어는 전체적으로 설계/분석할 능력을 갖고는 있으나, 분야(기능)별 상세한 기술을 모르고…

✓ 분야(기능)별 엔지니어는 중간 위치에서 "시스템 및 부품단위"를 대략적으로나마 모두 알아야 모듈 설계를 할 수 있고…

✓ 부품단위 설계 엔지니어는 실제 RF회로 이론을 설계에 적용해야 하고…

✓ 신호처리 설계 엔지니어는 RF 엔지니어와는 다소 별개라서 생략…

"나"라고 가정하면,

분야별 엔지니어로 실무 경험을 축적한 후에 시스템 엔지니어로 성장하고자 노력하지 않을까?!!!

Figure 50. RF 시스템 기능별 엔지니어 분야(3)

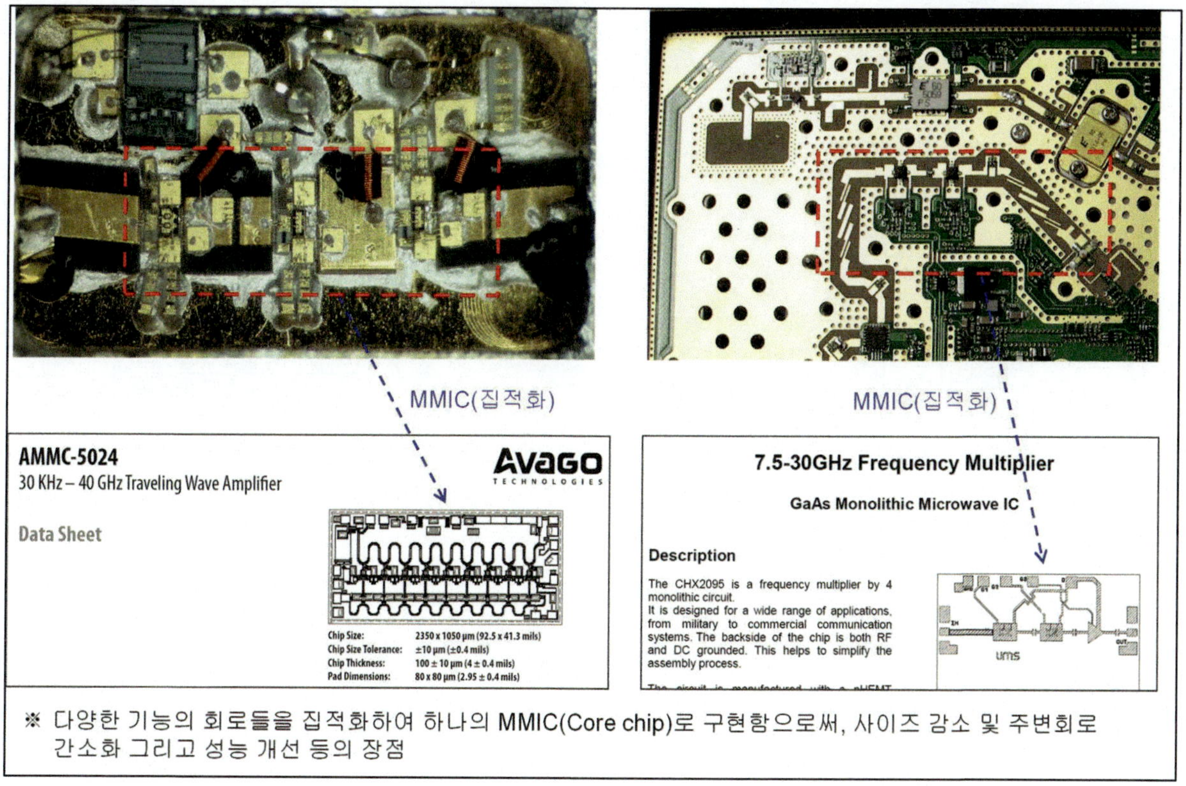

Figure 51. 기존 HEMT 구조의 회로가 MMIC 단일칩으로 변경(LNA, Multiplier)

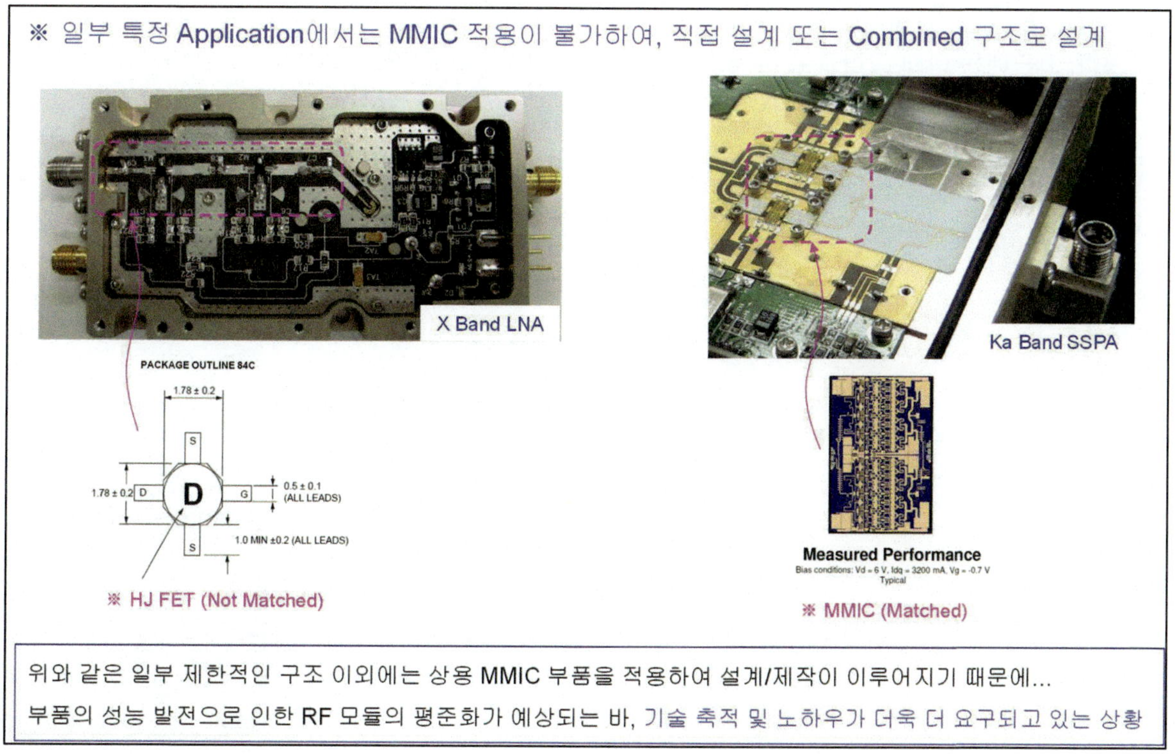

Figure 52. MMIC 부품 적용을 할 수 없는 예외 사항(NF / High power)

▣ Resonator를 이용하여 발진기를 구현한 예로서, 부피가 크고 회로가 복잡한 단점을 "하나의 패키지 (QFN series package) 부품"으로 대체되고 있음

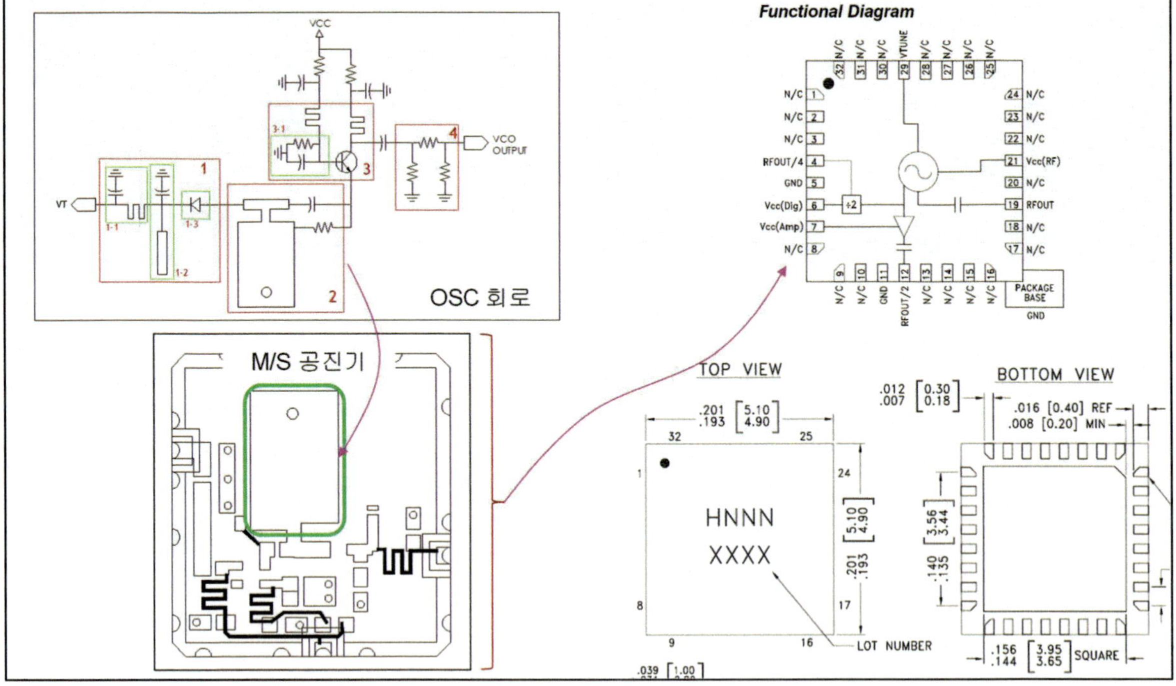

Figure 53. 전형적인 하이브리드 회로를 패키지 타입의 단일칩으로 대체(VCO)

※ Passive 영역의 설계에서 사이즈를 줄이고자 유전율이 높은 알루미나 PCB를 사용하여 설계하였으나, 최근에는 아래 그림과 같이 "MMIC Type으로 HPF / LPF / PD / DC"의 상용 부품이 개발되어 있음

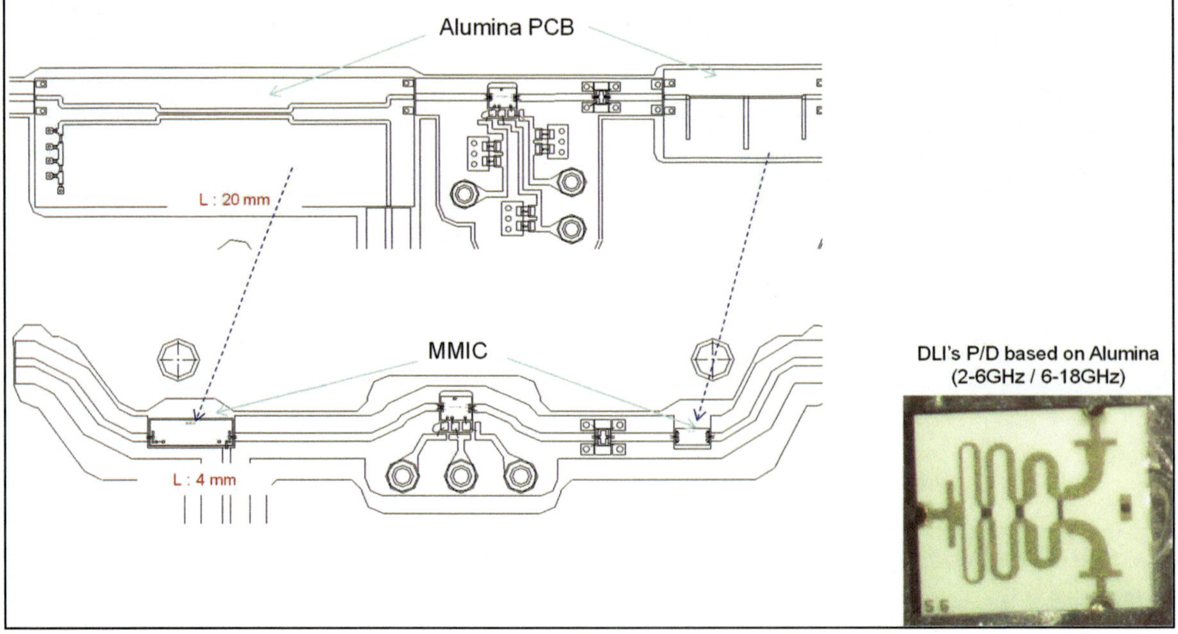

Figure 54. 알루미나 PCB가 MMIC 형태로 대체(Coupler, LPF)

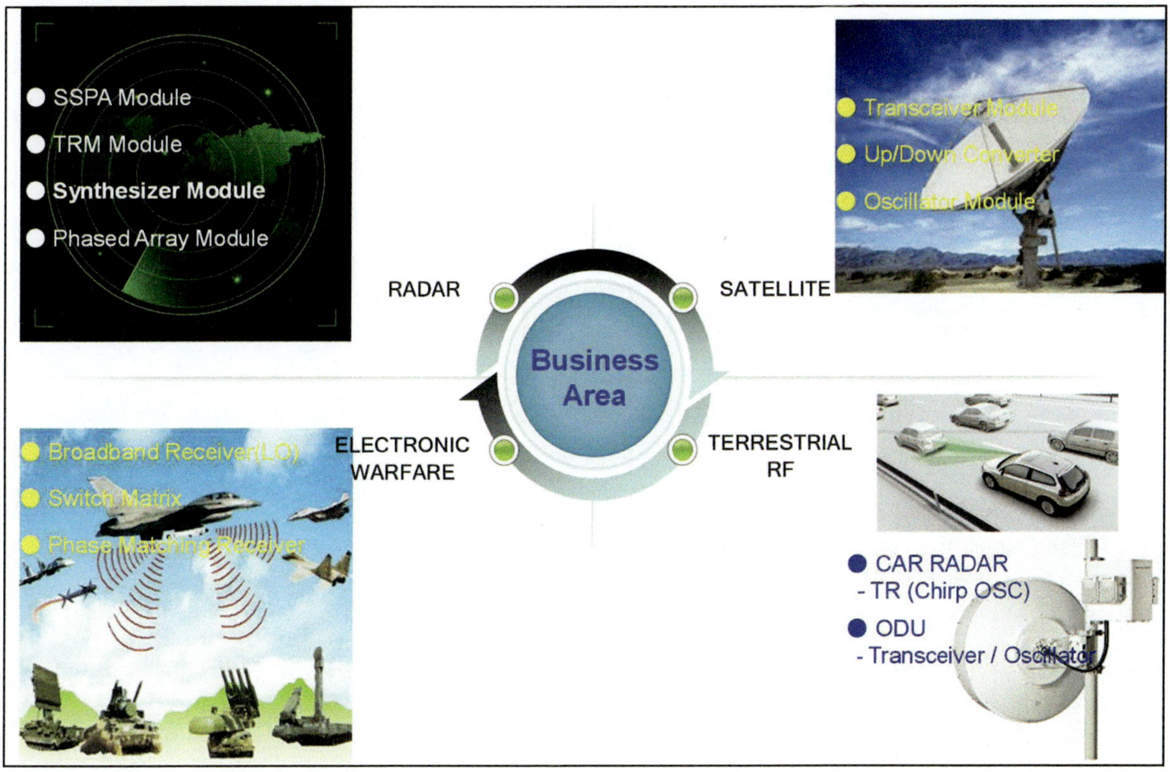

Figure 55. Front End Module이 적용되는 시스템 분야(1)

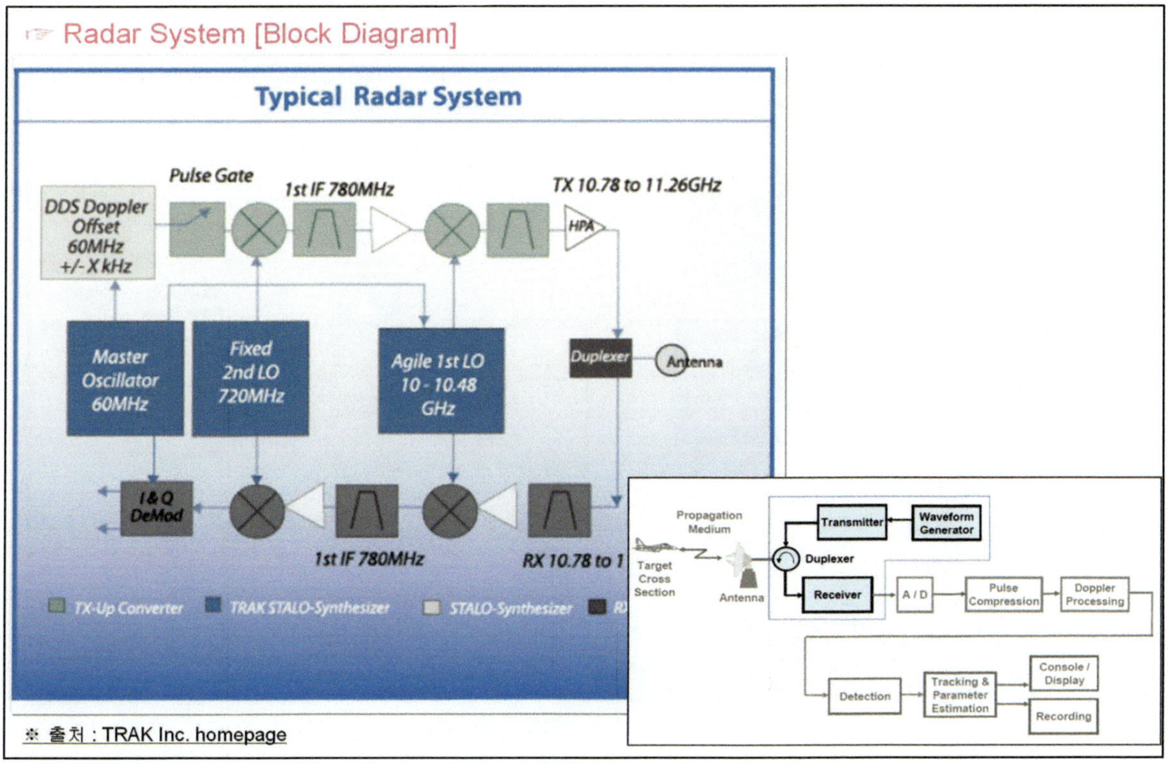

Figure 56. Radar system 분야(1)

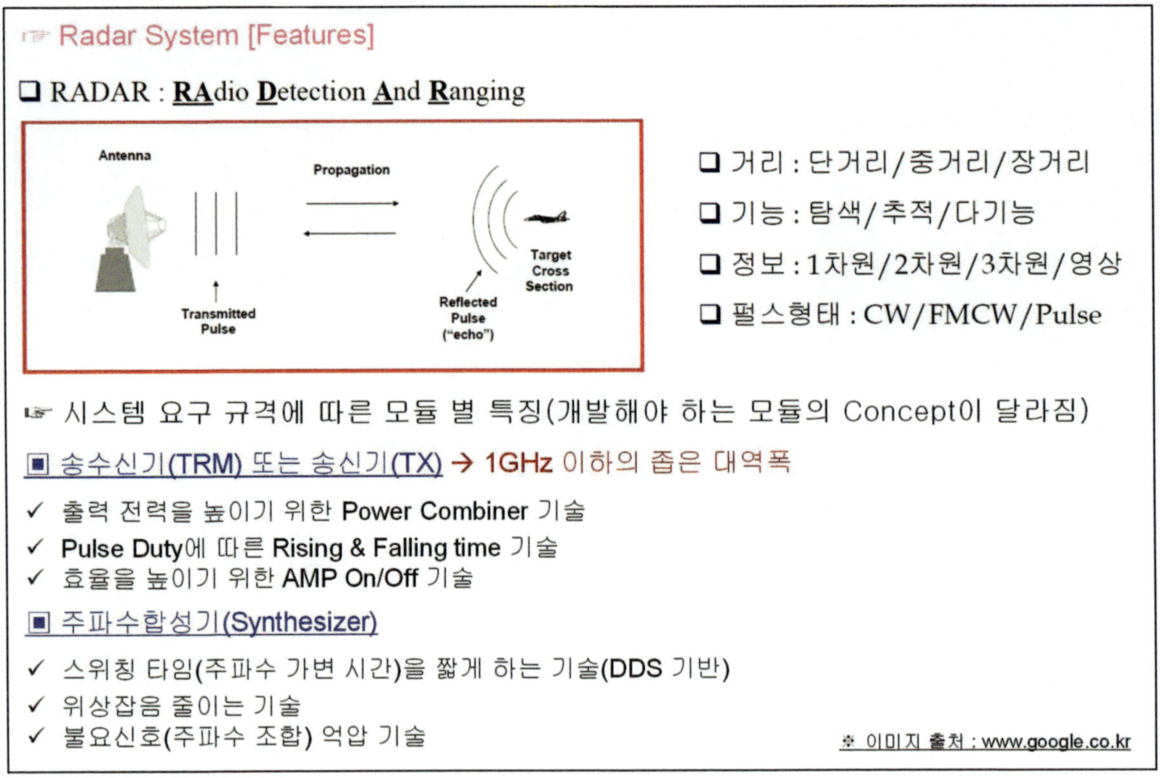

Figure 57. Radar system 분야(2)

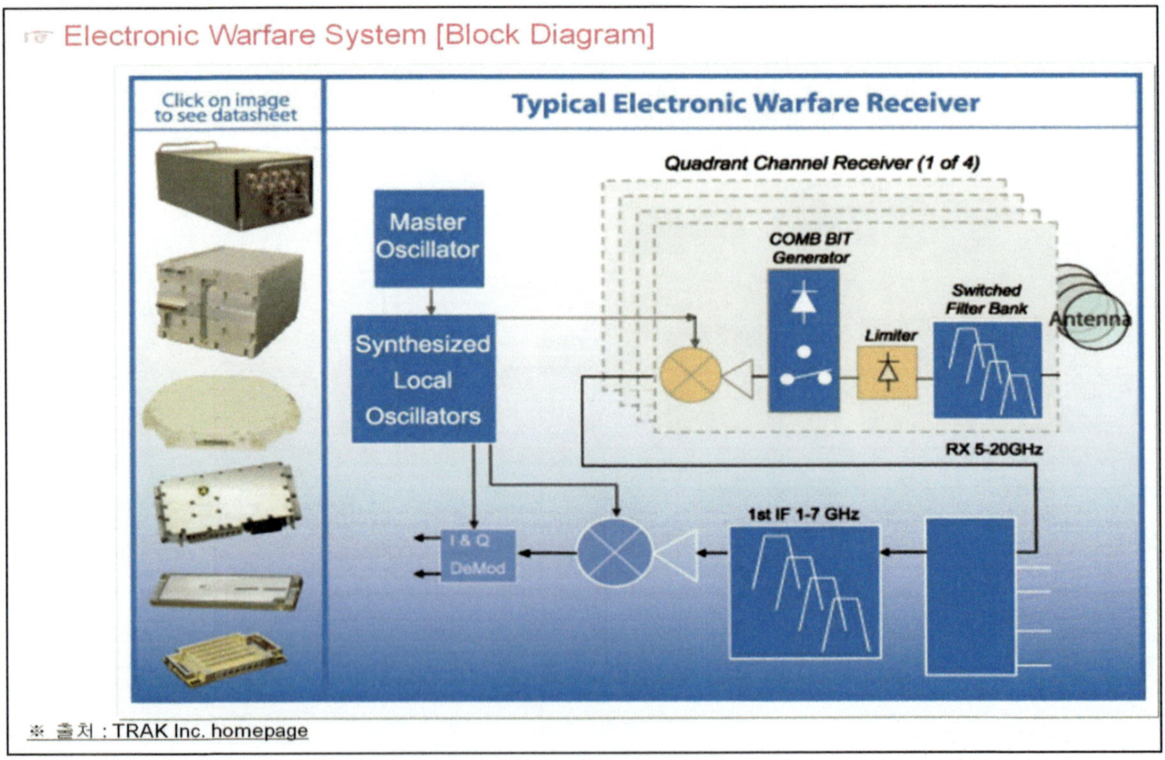

Figure 58. 전자전 시스템 분야(1)

☞ Electronic Warfare System [Features]

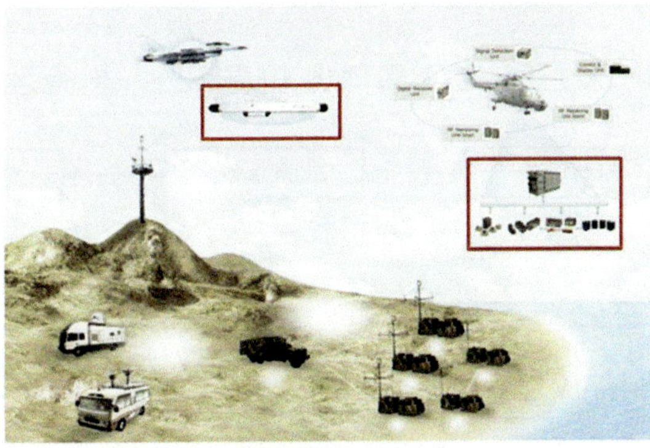

전자지원(ES) 장비가 탑재된
비행체 및 육상통신 운영 개념도

☞ 시스템 요구 규격에 따른 모듈 별 특징

■ 광대역 수신기(Broadband Receiver) → 초 광대역 필요

- ✓ 광대역 주파수(0.5-2GHz / 2-6GHz / 6-18GHz) 특성을 확보하기 위한 기술
- ✓ 채널간 위상정합 기술 (진폭정합 포함) → Chip & Wire 조립 기술 필수
- ✓ 소형 / 경량화를 위한 모듈 사이즈 축소 기술(부품 단위의 소형화 필수 - MMIC)

■ 주파수합성기(Synthesizer)

- ✓ 넓은 주파수 대역을 확보하는 기술
- ✓ 스위칭 타임(주파수 가변 시간 – DDS 기반) 및 위상잡음 줄이는 기술
- ✓ 불요신호(주파수 조합) 억압 기술

Figure 59. 전자전 시스템 분야(2)

☞ Satellite System [Block Diagram]

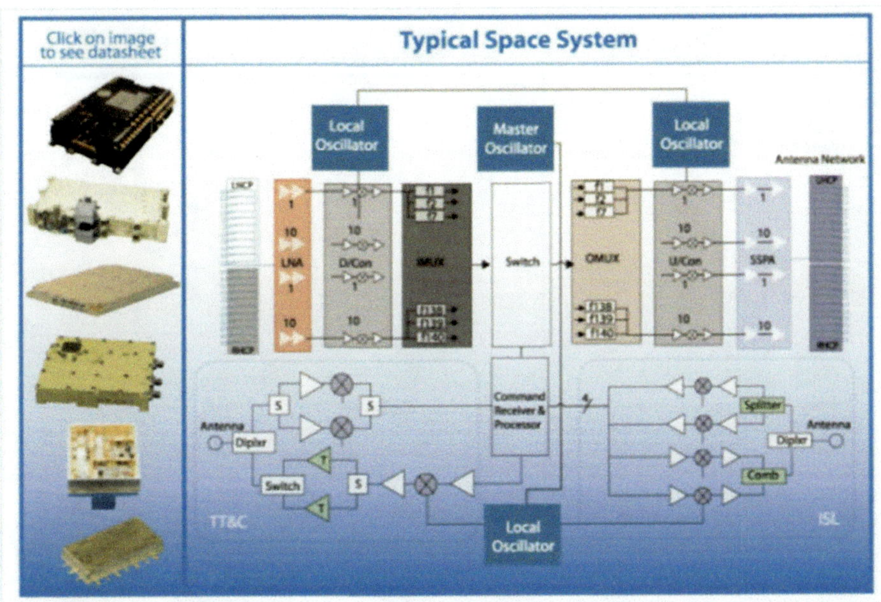

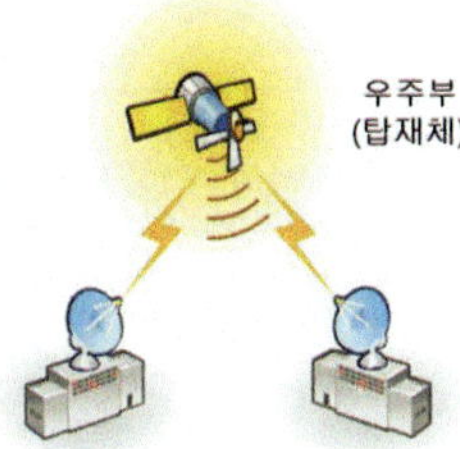

※ 출처 : TRAK Inc. homepage

Figure 60. 위성 시스템 분야(1)

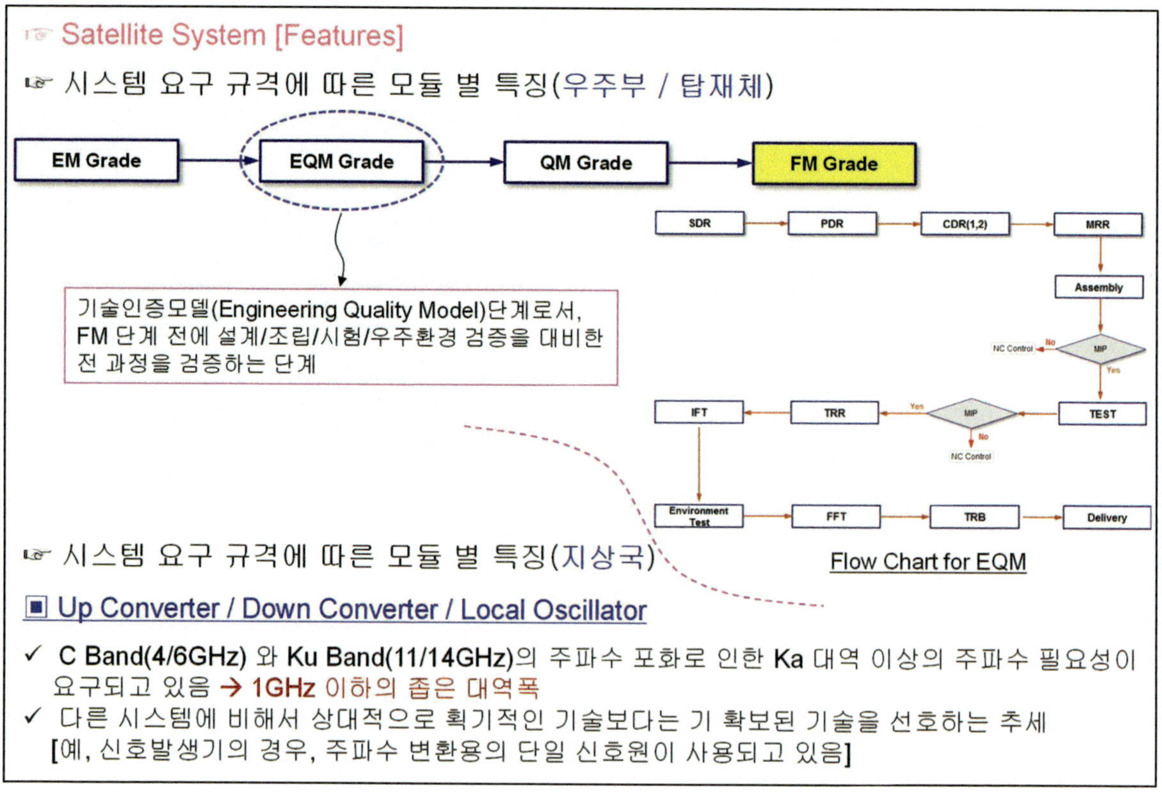

Figure 61. 위성통신 시스템 분야(2)

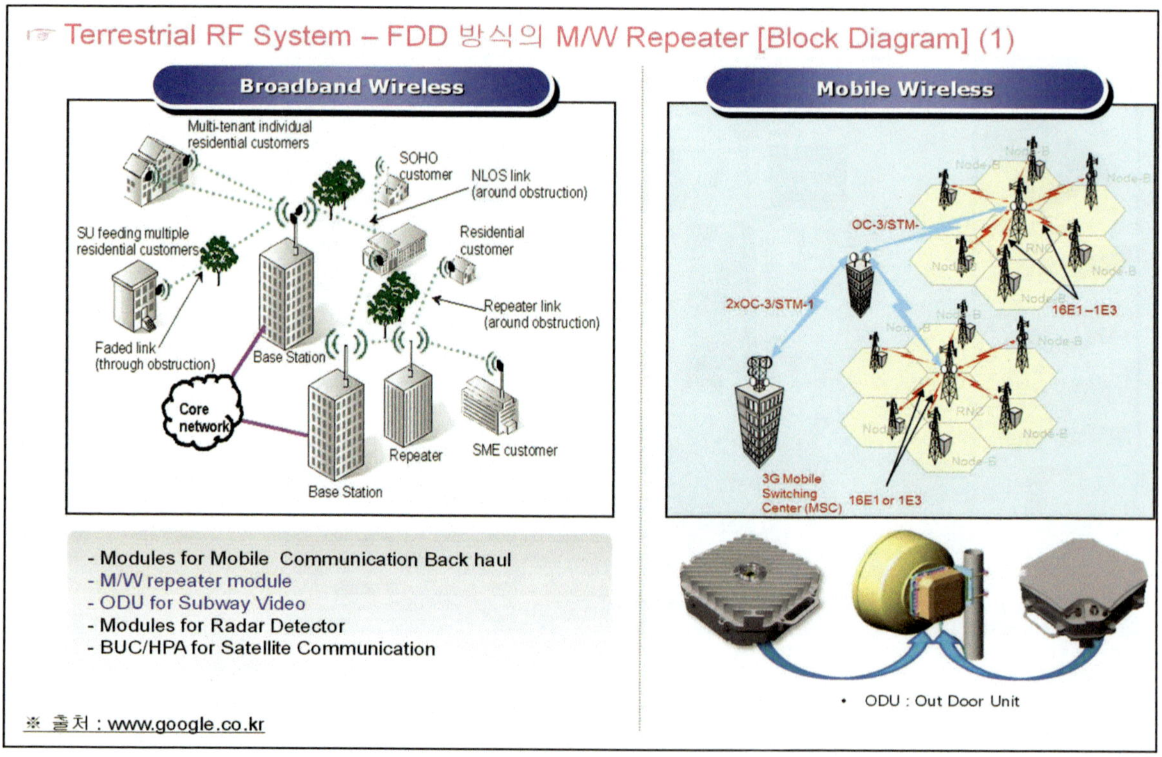

Figure 62. 지상통신 시스템 분야(1)

☞ Terrestrial RF System – FDD 방식의 M/W Repeater [Features] (1)

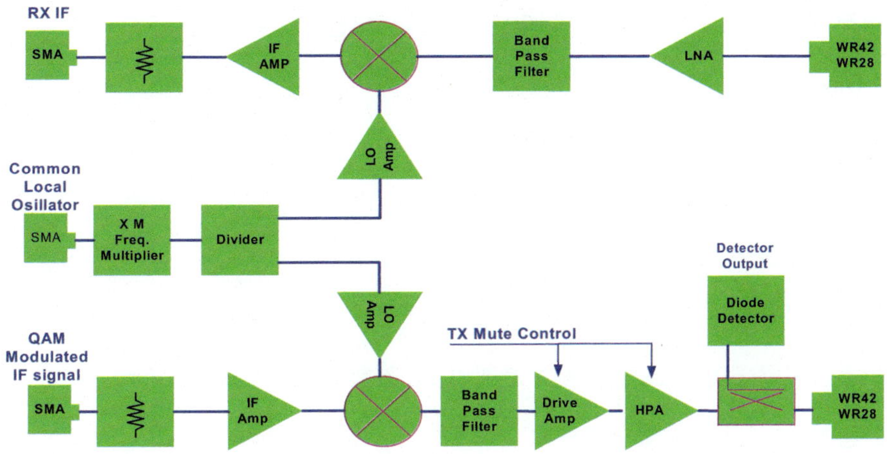

☞ 시스템 요구 규격에 따른 모듈 별 특징

▣ 송수신기(Transceiver) → 1GHz 정도의 대역폭

✓ IP3 – Distortion / Fixed LO

✓ Noise Figure – Image Rejection, Input Return Loss, Tx Noise Density

✓ Spurious – Out of band [Regulation], In-band [Performance]

Figure 63. 지상통신 시스템 분야(2)

☞ Terrestrial RF System – TDD 방식의 5G mmWave TR [Concept] (2)

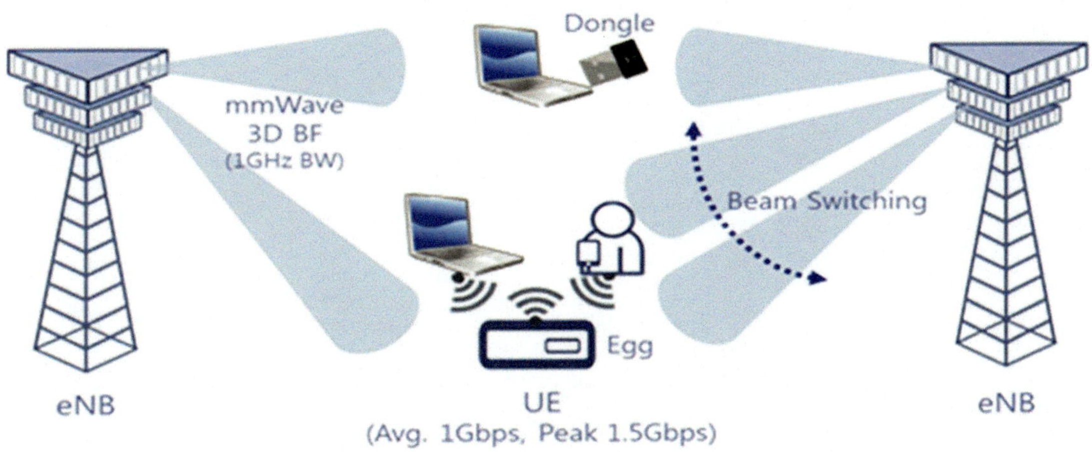

※ 출처 : www.google.co.kr

Figure 64. 지상통신 시스템 분야(3)

Chapter 3. 부품 단위 설계

1. 부품 단위 (1) – 전자회로에 필요한 주요 부품

1.1 Diode

1.2 BJT (Bipolar Junction Transistor)

1.3 FET (Field Effect Transistor)

1.4 Op-Amp

2. 부품 단위 (2) - 초고주파 RF 선로에 대한 기능별 회로

2.1 결합기 / 하이브리드 / 전력분배기 & 결합기

2.2 공진기 / 필터 / 멀티플렉서

2.3 아이솔레이터 / 서큘레이터

2.4 검파기 / 믹서

2.5 스위치 / 위상천이기 / 감쇠기

2.6 발진기 / 증폭기

2.7 주파수 체배기 / 분배기

3.1 부품 단위 (1) – Diode, BJT, FET and Op-Amp

주요 부품을 이용하여 회로를 설계할 때, 초고주파 RF 선로를 제외한 전원 회로 및 특정한 기능을 필요로 하는 회로에 사용된다. (다만, FET 부품의 일부는 RF 선로의 증폭기 단에 사용될 수 있다)

더불어, 처음 사용해 보는 부품의 경우에는 Datasheet에서 보여지는 정량화된 값만으로 선택해야 하기 때문에 실제 회로를 구현했을 경우의 돌발 상황에 대해서는 예측하기가 어렵기 때문이다.

회로를 구성하고 있는 부품 단위의 특성을 파악하는 것은, RF 모듈을 설계 및 제작할 때 고려되어야 할 많은 변수들을 사전에 식별할 수 있기 때문에 검증된 회로라고 할 수 있다.

해서, 부품 별로 그리고 용도 별로 세분화하여 이해하기 쉽게 적용된 예시 회로를 추가하였다.

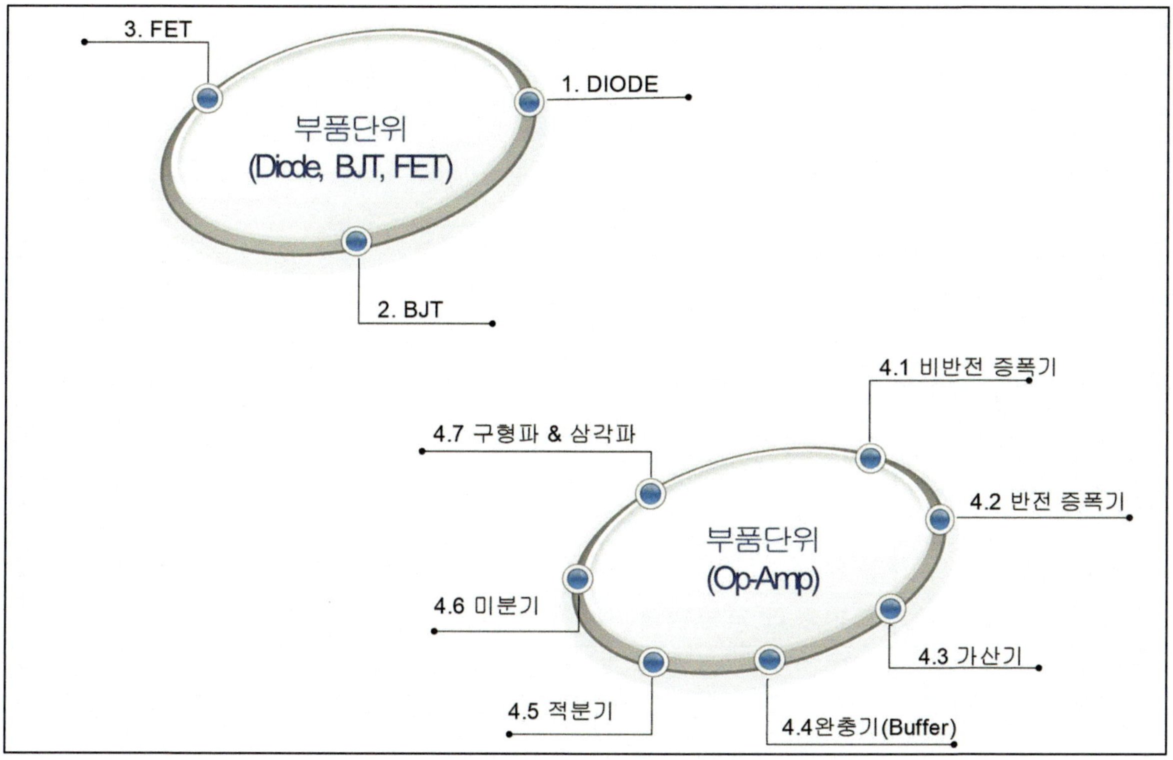

Figure 65. 부품 단위 분류

1.1 Diode

Diode는 전자회로 및 RF 기능별 회로를 구현할 때 없어서는 안되는 부품으로서,

1) 전자 회로: 정전압 회로 및 ESD protection 회로에 사용

2) RF 회로: 주파수 체배기, 발진기의 튜닝 단자, 리미터, 스위치 회로에 사용

다만, 회로마다 요구하는 특성(조건)이 다르기 때문에 특성에 맞는 다이오드 종류를 사용하여 설계를 해야 한다. 아래 그림 66은 전자 및 RF 회로에 사용되는 다이오드 종류를 보여준다.

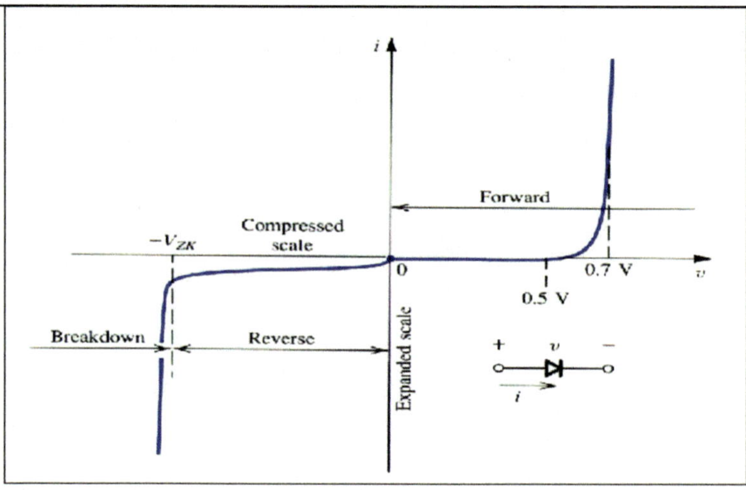

Diode 종류	특징	App 분야
Schottky	낮은 Vf (Forward Voltage,순전압), 0.2V~0.4V	RF
Zenor	역방향에서 일정전압을 유지	정전압기
Varicap	역방향에서 P-N Juction간 Capacitor 값이 변함	Radio,RF
PIN	순방향과 역방향의 R,C 차이를 이용	RF
ESD protection	순간적으로 흘릴 수 있는 전류량이 큼	Portable

Figure 66. 다이오드 종류

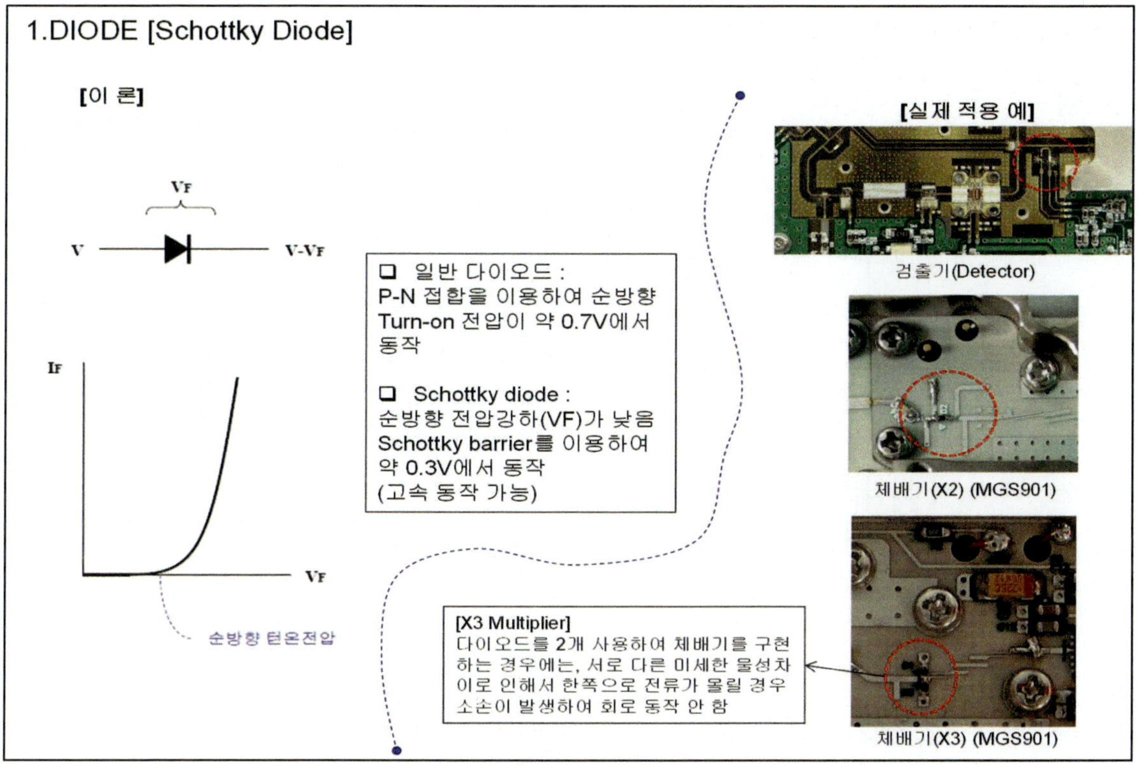

Figure 67. Schottky 다이오드 이론 및 적용 예

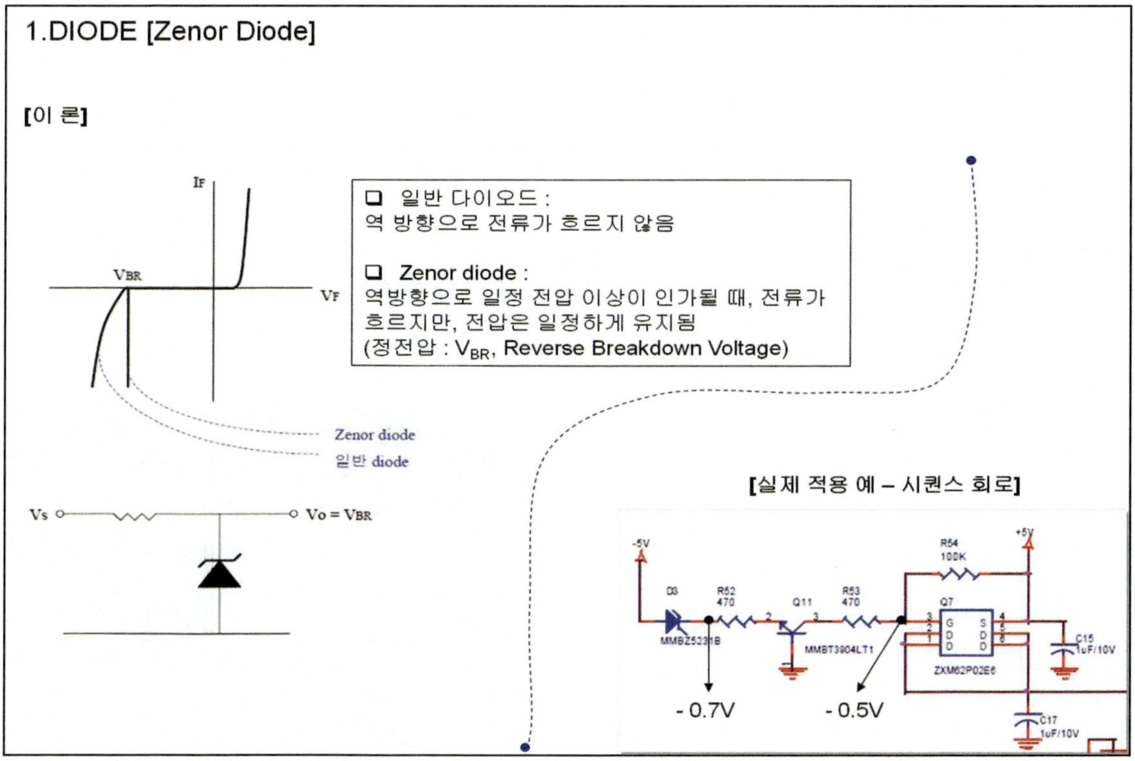

Figure 68. Zener 다이오드 이론 및 적용 예

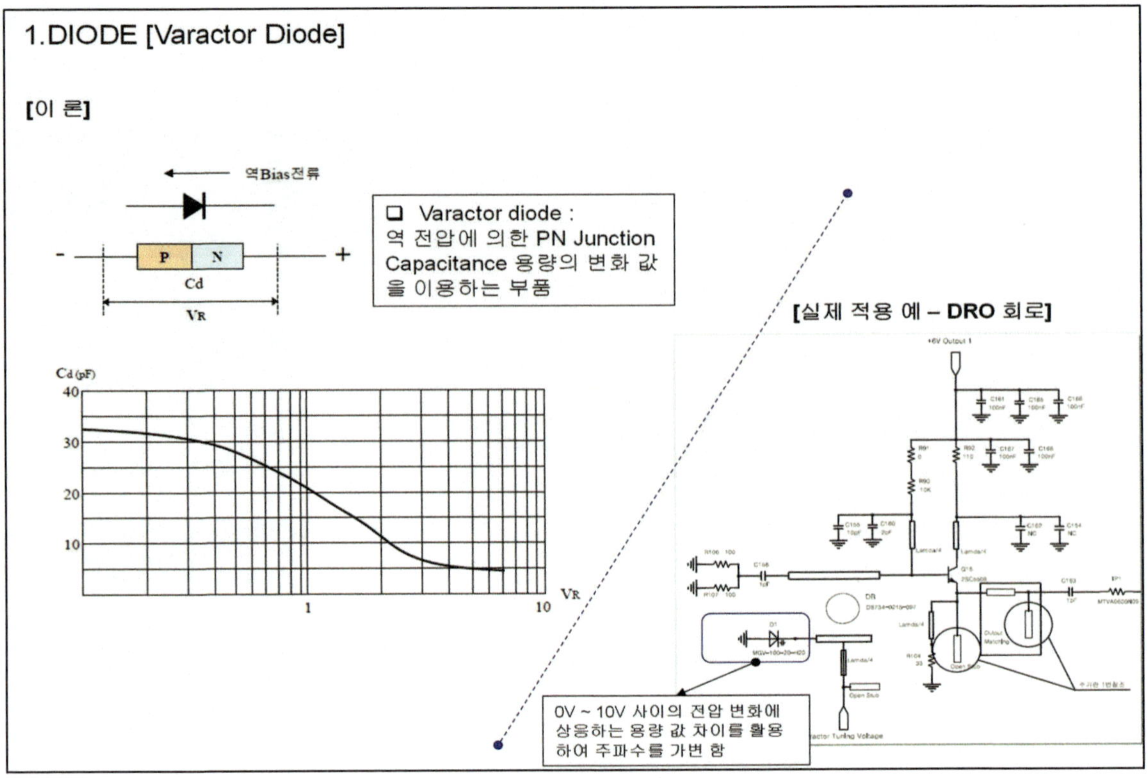

Figure 69. Varactor 다이오드 이론 및 적용 예

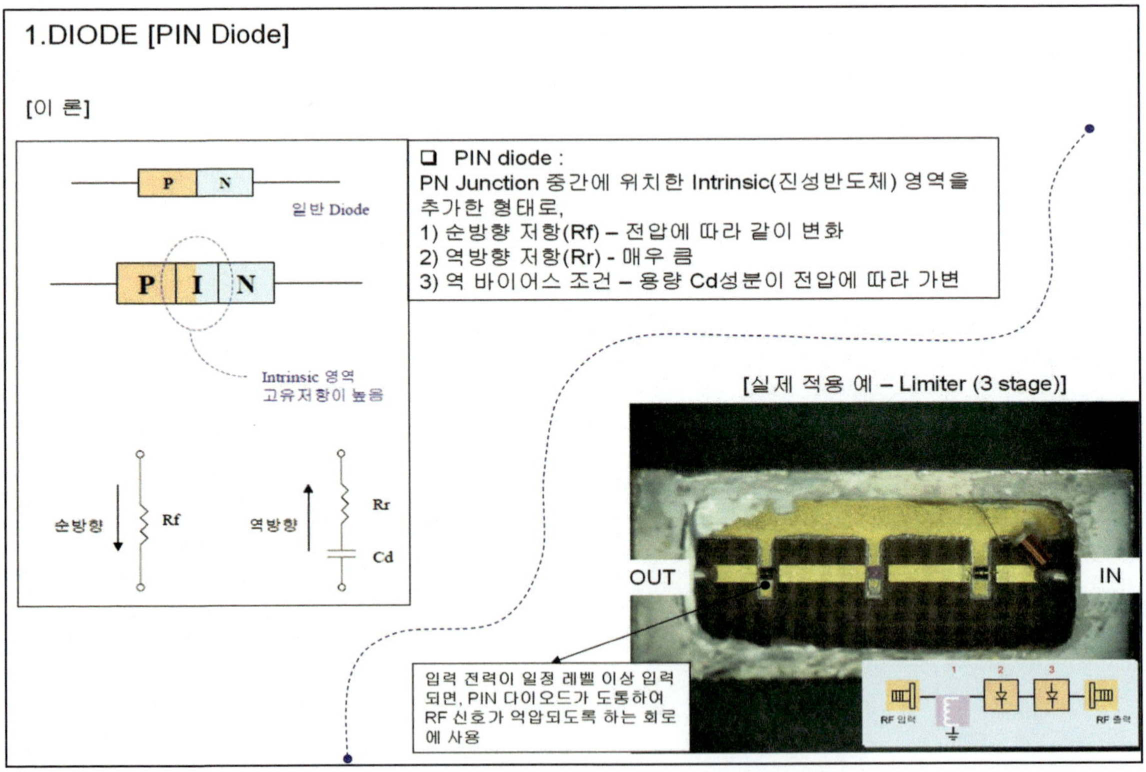

Figure 70. Varactor 다이오드 이론 및 적용 예

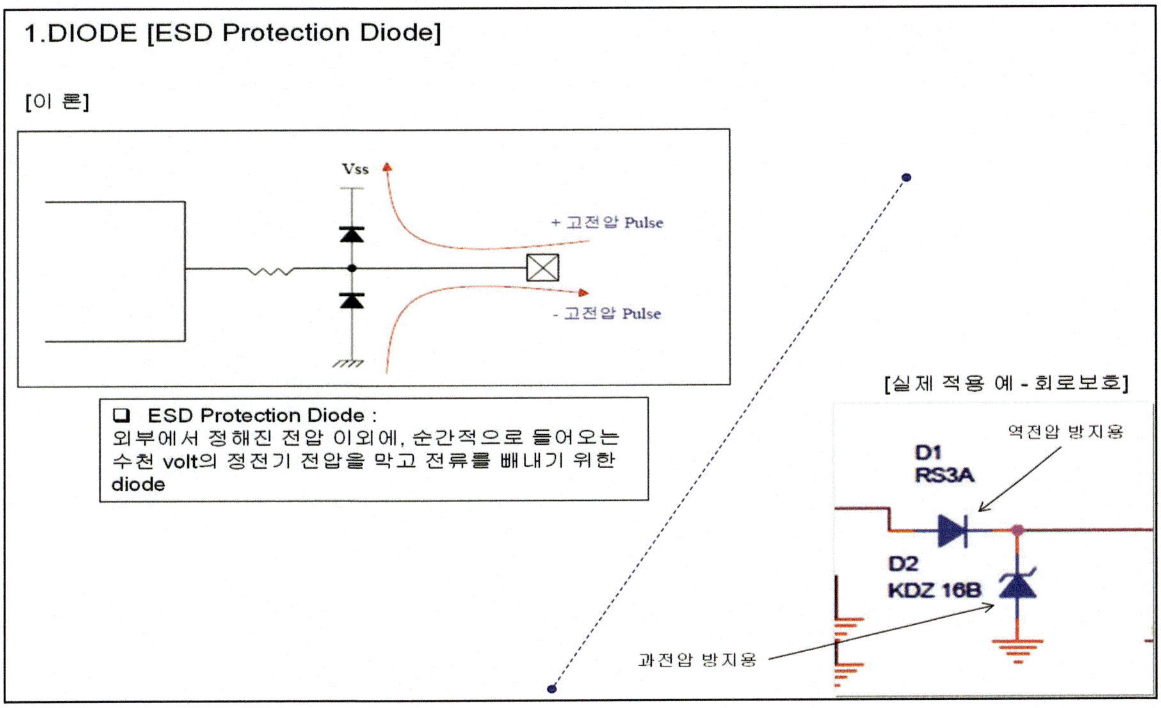

Figure 71. ESD protection 다이오드 이론 및 적용 예

1.2 BJT

BJT(Bipolar Junction Transistor)는 전자회로 구현할 때 사용되는 부품으로서, 베이스(base) 단자에 전류를 흘려 컬렉터(Collector) 전류의 흐름을 제어한다.

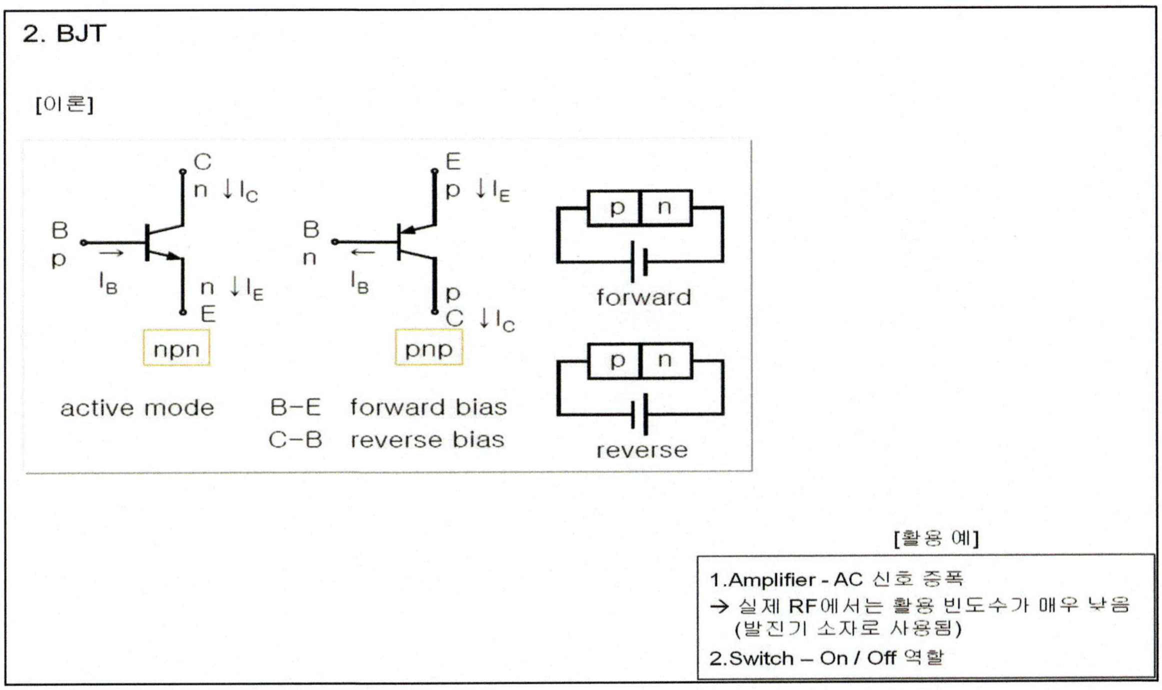

Figure 72. BJT 이론 및 활용 예(1)

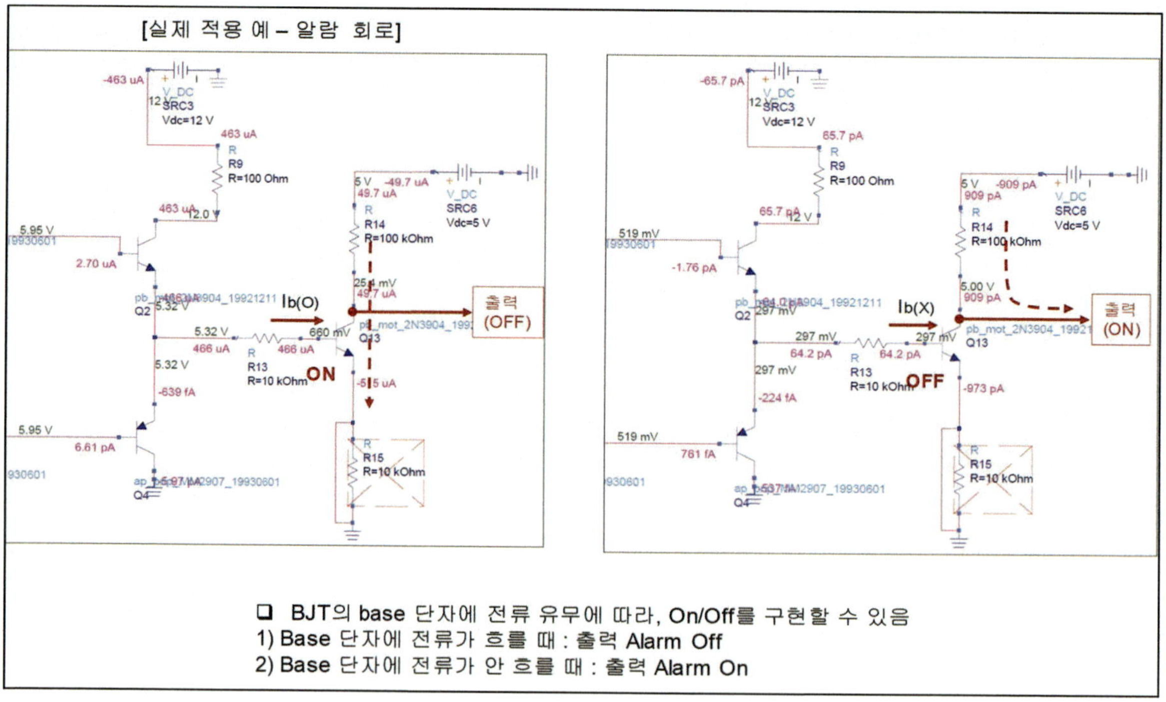

Figure 73. BJT 이론 및 활용 예(2)

1.3 FET

FET(Field Effect Transistor)는 전자회로 및 RF회로를 구현할 때 사용되는 부품으로서, 게이트(Gate) 단자에 전압을 걸어 드레인(Drain) 전류의 흐름을 제어한다.

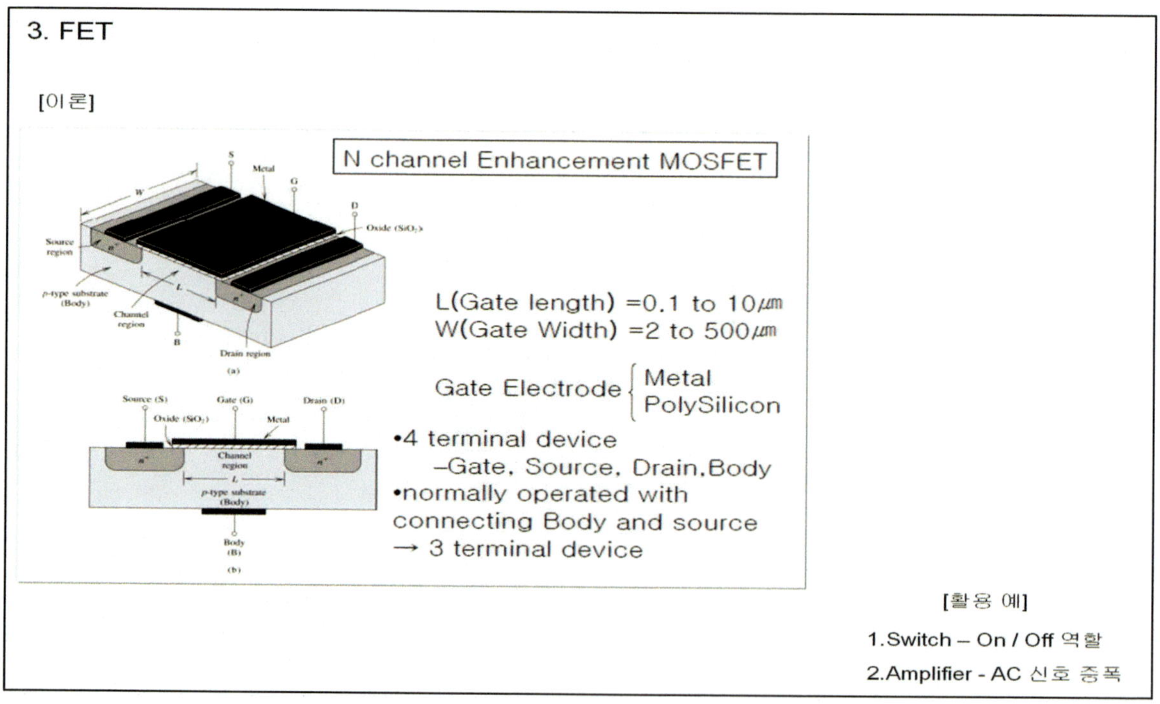

Figure 74. FET 이론 및 활용 예(1)

3.FET [스위치 On/Off]

[심벌]

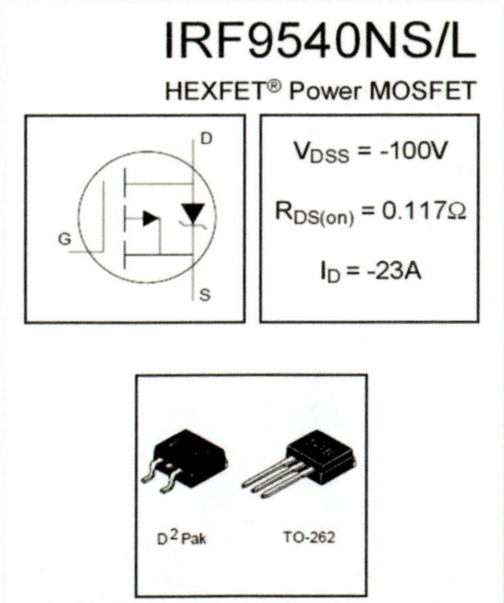

[실제 적용 예]

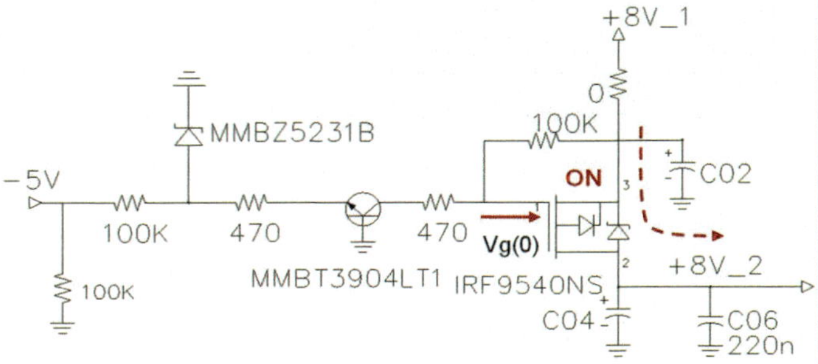

Figure 75. FET 이론 및 활용 예(2)

3.FET [RF]

[심벌 – Package type]

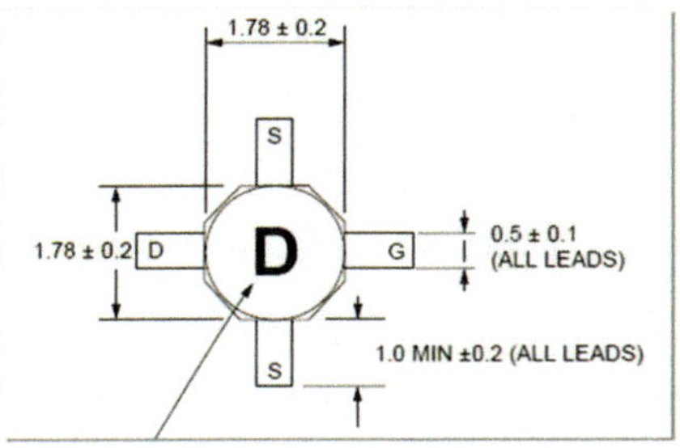

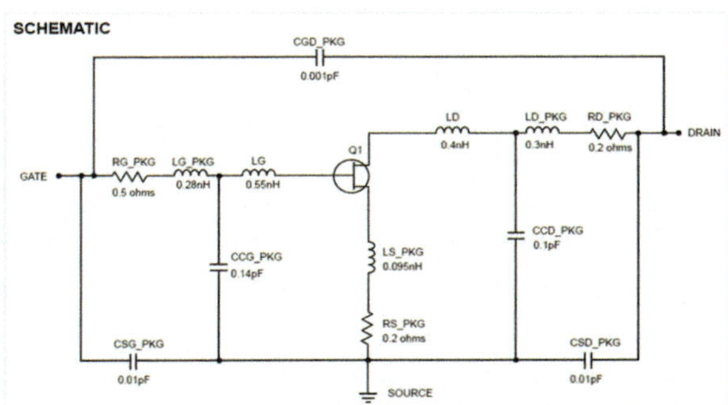

[실제 적용 예]

- FET의 이득 / 잡음지수 특성이 우수한 부품을 사용하여, LNA 및 DRA 영역을 설계하여 적용할 수 있음

Figure 76. FET 이론 및 활용 예(3)

3.FET [RF]

[심벌 - Bare type]

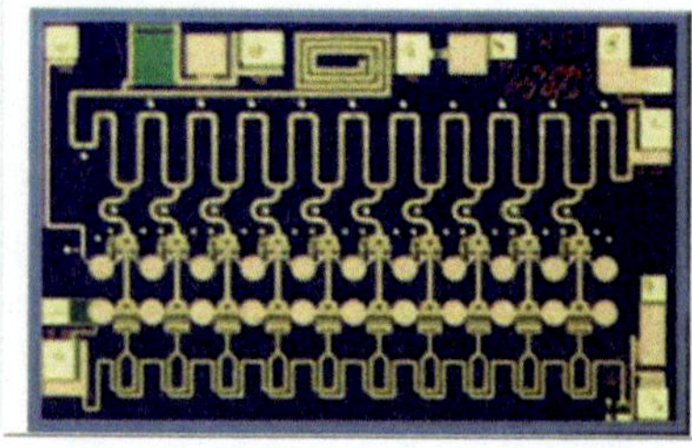

Key Features

- Frequency Range: 2-23 GHz
- 17 dB Nominal Gain
- 16 dBm Nominal P1dB
- < 2 dB Midband Noise Figure
- 0.15 um 3MI pHEMT Technology
- Nominal Bias: Vd = 5V, Id = 75 mA
- Chip Dimensions: 2.09 x 1.35 x 0.10 mm (0.082 x 0.053 x 0.004 in)

[실제 적용 예]

❑ 입출력이 정합된 FET 기반의 MMIC를 사용하여, RF 모듈에서 필요로하는 신호를 증폭시키는 이득 section에 활용될 수 있음

Figure 77. FET 이론 및 활용 예(4)

1.4 Op-Amp

연산증폭기는 RF 회로보다는 전자회로(RF주변회로)에 주로 사용되는 광범위한 용도를 갖고 있는 부품으로서, 기초적으로는 반전 & 비반전 회로 구현부터 나아가서는 적분기를 활용한 구형파 생성, 그리고 출력 LOAD의 영향을 덜 받게 하기 위한 Follower 회로, 임계점 설정 값을 기준으로 출력을 내보내는 상태 판단 회로까지 다양한 분야에서 사용되고 있다.

이에, 그림 78과 그림 79는 Op-Amp 기본 이론 및 활용 회로를 먼저 보여 준다.

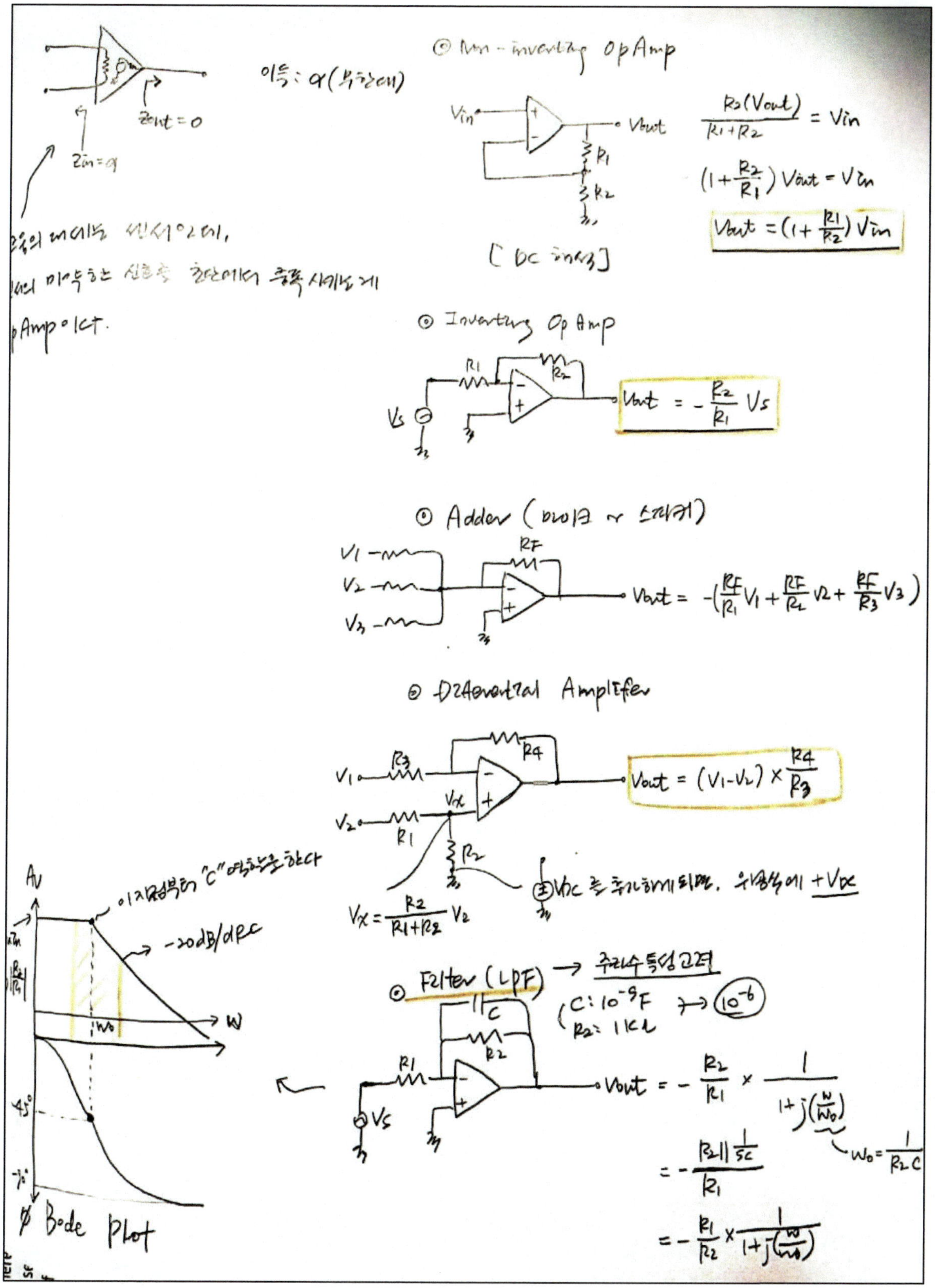

Figure 78. Op-Amp 이론(1)

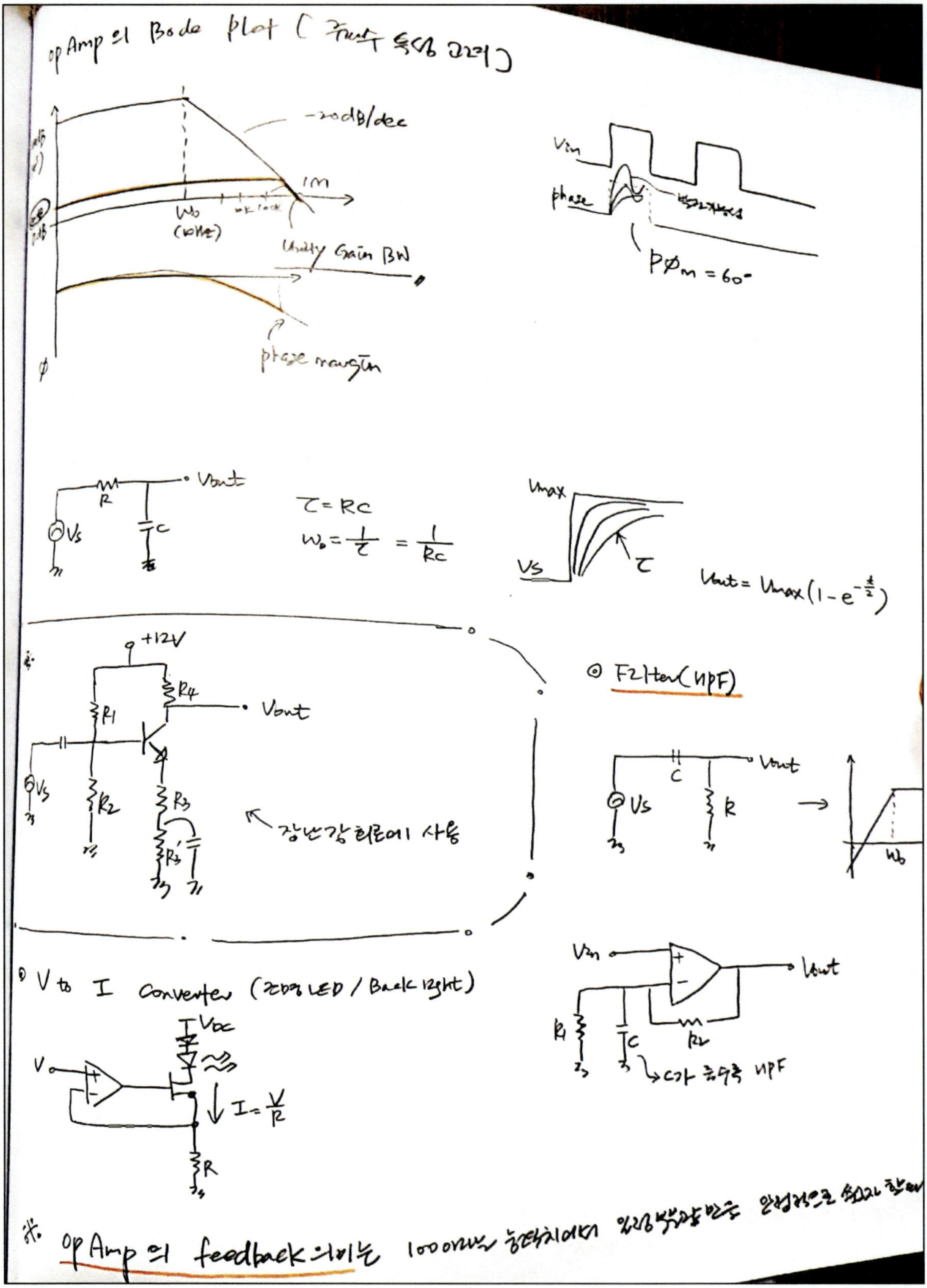

Figure 79. Op-Amp 이론(2)

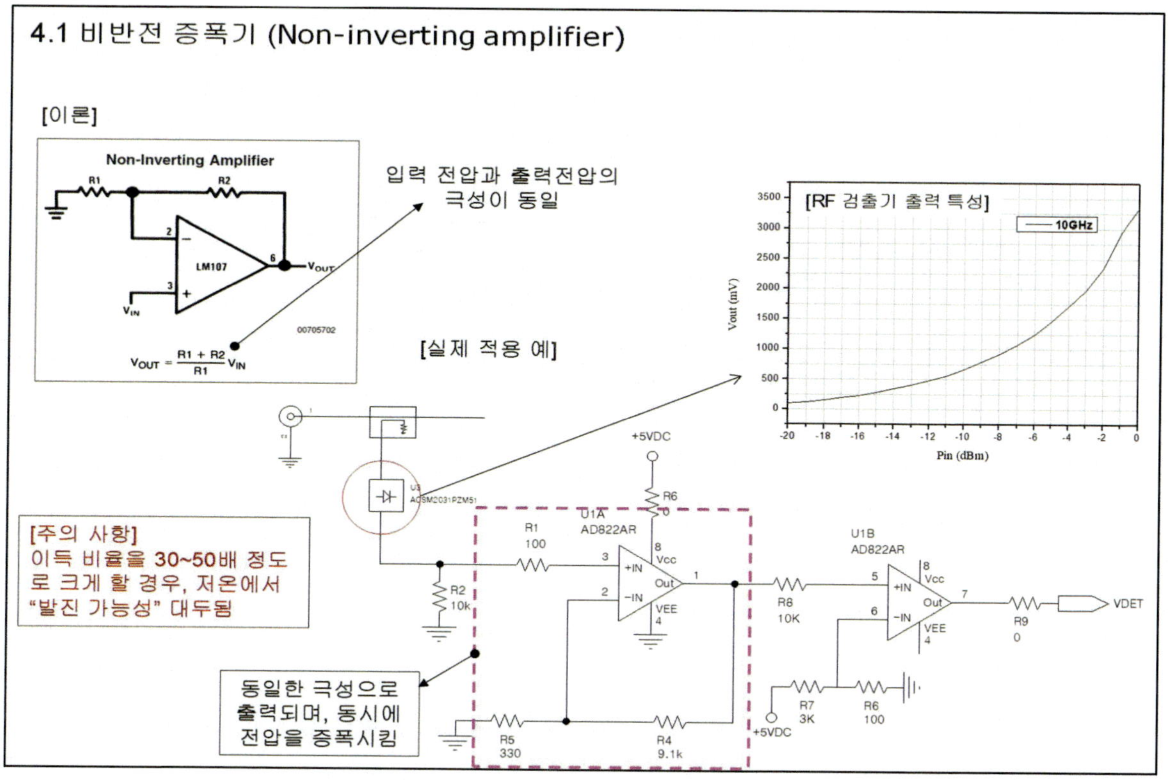

Figure 80. Op-Amp 이론 및 적용 예(1)

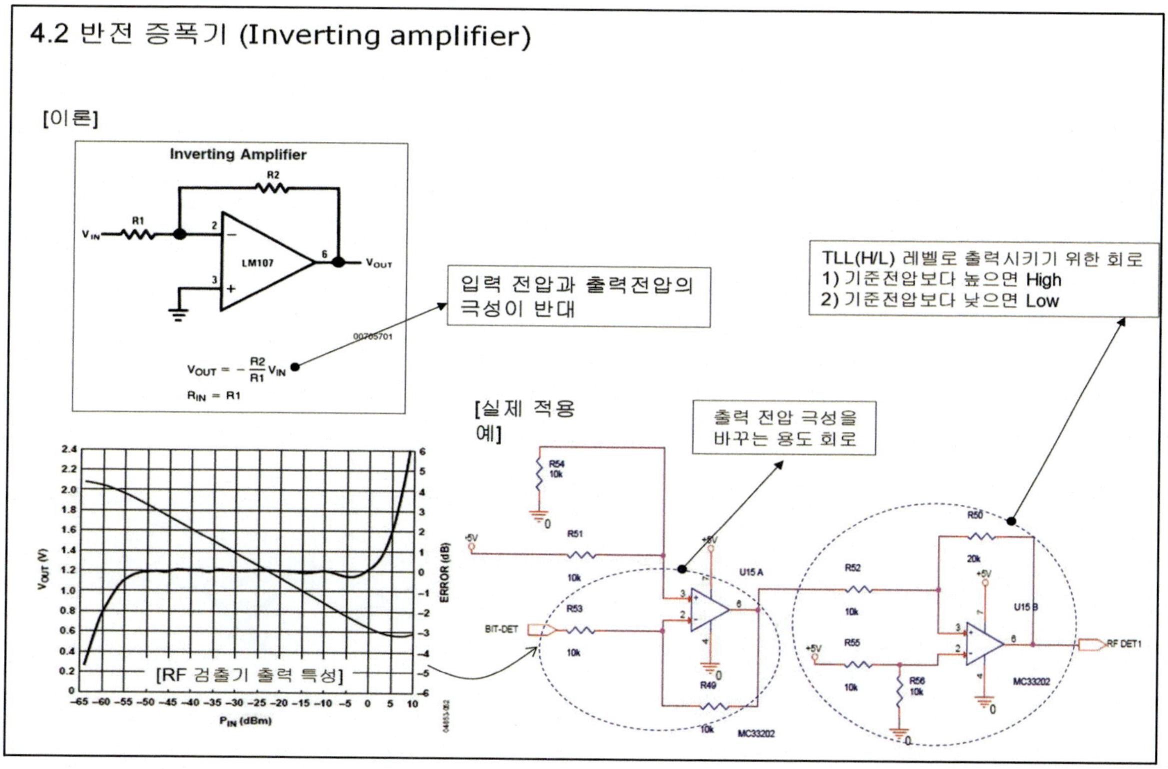

Figure 81. Op-Amp 이론 및 적용 예(2)

4.3. 가산기 (Weighted summer)

[이론]

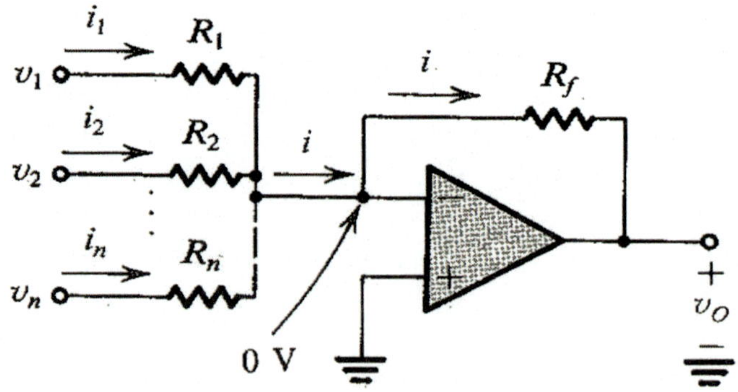

$$Vo = -(\frac{R_f}{R_1}V_1 + \frac{R_f}{R_2}V_2 + \ldots + \frac{R_f}{R_n}V_n)$$

※ 실제 RF 모듈에 적용되는 빈도수가 낮음

Figure 82. Op-Amp 이론 및 적용 예(3)

4.4 Voltage follower

[이론]

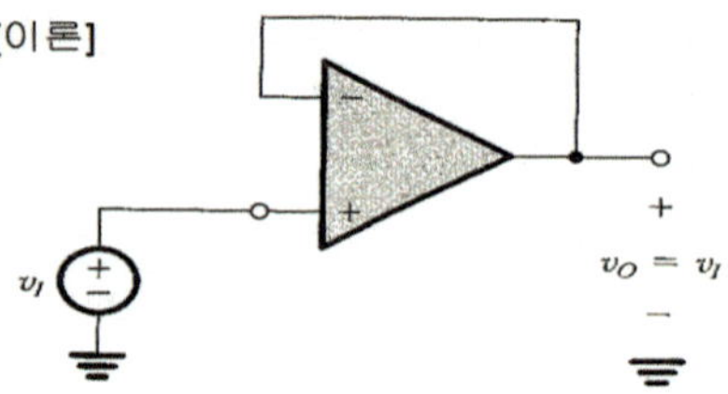

loading effect를 줄임

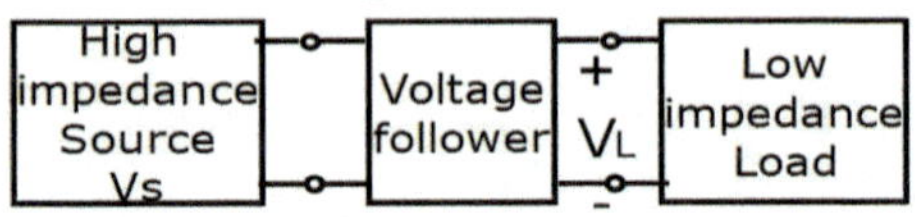

$$Vo = V_I, \boxed{R_{in} = \infty}, R_{out} = 0$$

[실제 적용 예]

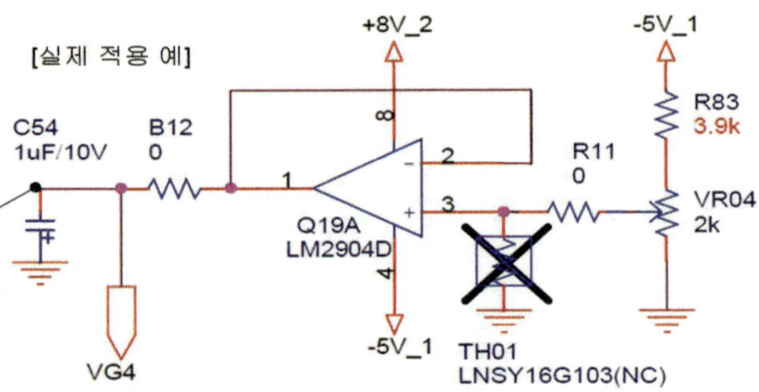

High power amp(HPA)의 음전원을 공급할 때, 동작 조건에 따라서 전류를 일시적으로 많이 소모할 경우, Vg 음전원이 흔들릴 수 있기 때문에 High 임피던스를 유지시키고자 할 때 사용함

Figure 83. Op-Amp 이론 및 적용 예(4)

4.5 적분기 (Integrator)

[이론]

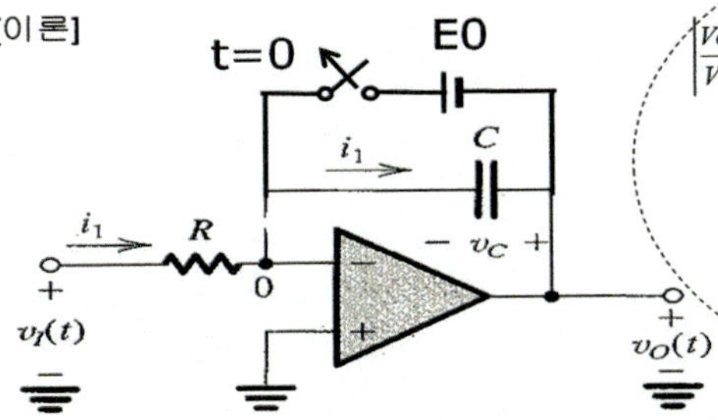

[주파수 응답 특성]

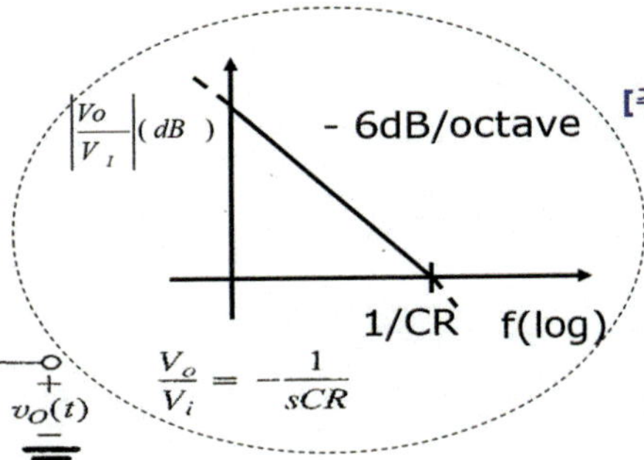

$$Vo = -\frac{1}{CR}\int_0^t V_I(t)dt - E_0$$

[실제 적용 예]

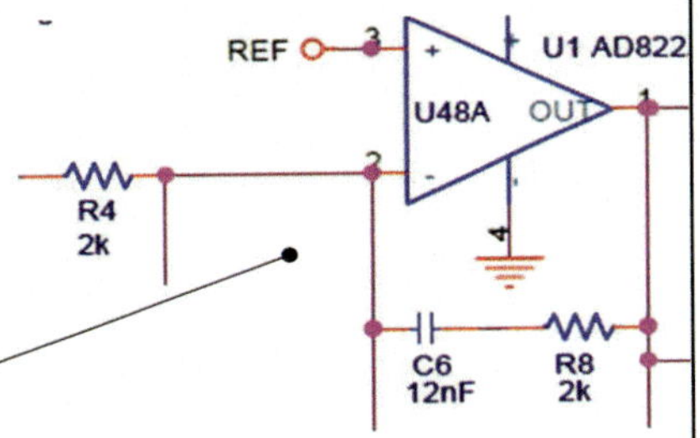

발진기 PLL 회로에서, Loop Filter를 active 형태로 설계할 때, 적분기를 사용하여 필터 특성을 갖게 함으로서 위상 비교된 전압차 성분이 Vtune 단자에 공급되도록 함

Figure 84. Op-Amp 이론 및 적용 예(5)

4.6 미분기 (Differentiator)

[이론]

[주파수 응답 특성]

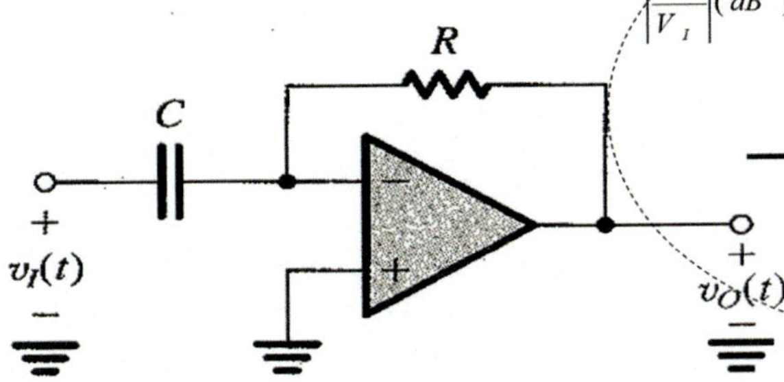

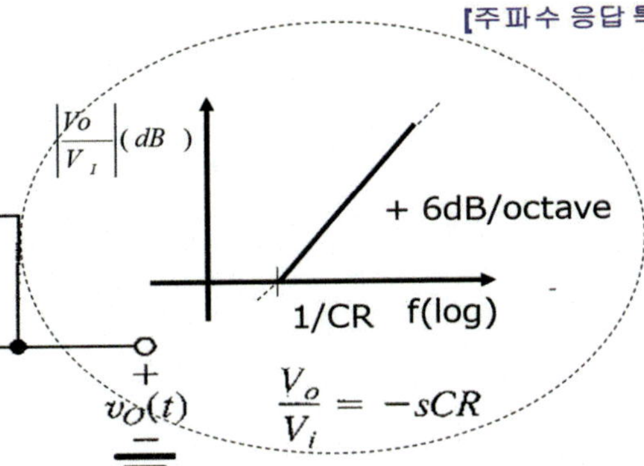

$$Vo = -CR\frac{dV_I(t)}{dt}$$

※ 실제 RF 모듈에 적용되는 빈도수가 낮음

Figure 85. Op-Amp 이론 및 적용 예(6)

4.7 구형파 (Square wave generator) & 삼각파 (Sweep generator)

[이론]
- Positive feedback 발진회로
- R,C로 T1과 T2를 조절

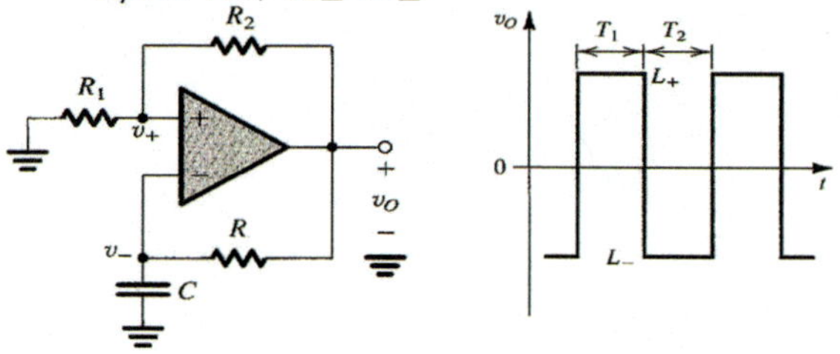

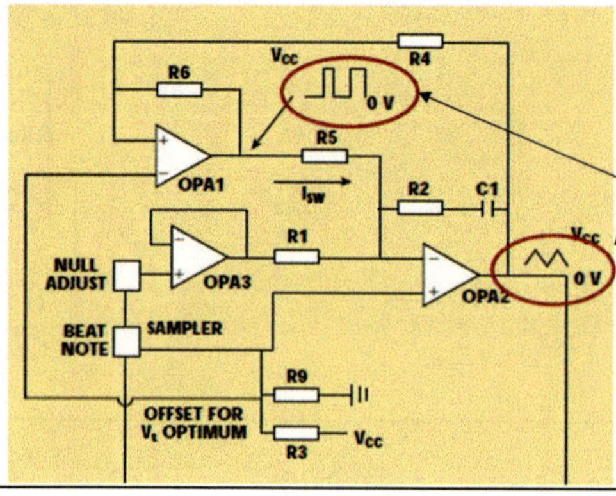

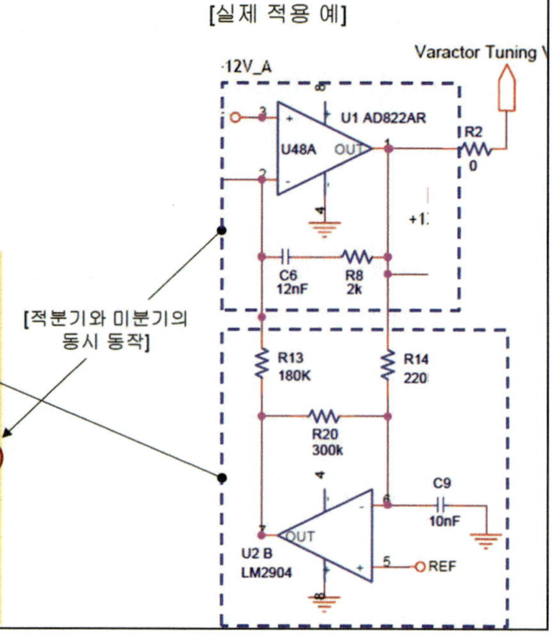

Figure 86. Op-Amp 이론 및 적용 예(7)

3.2 부품 단위 (2) – 초고주파 RF 선로에 대한 기능별 회로

Chapter 3.1장(부품단위 1)에서 살펴본 주요 부품은 전원 회로 및 특정한 기능에 대해서 살펴본 반면, 3.2장(부품단위 2)에서는 초고주파 RF 선로에 필요한 기능별 회로를 어떤 식으로 설계하는지 그리고 제작한 사진을 예시로 추가하였다.

목 차

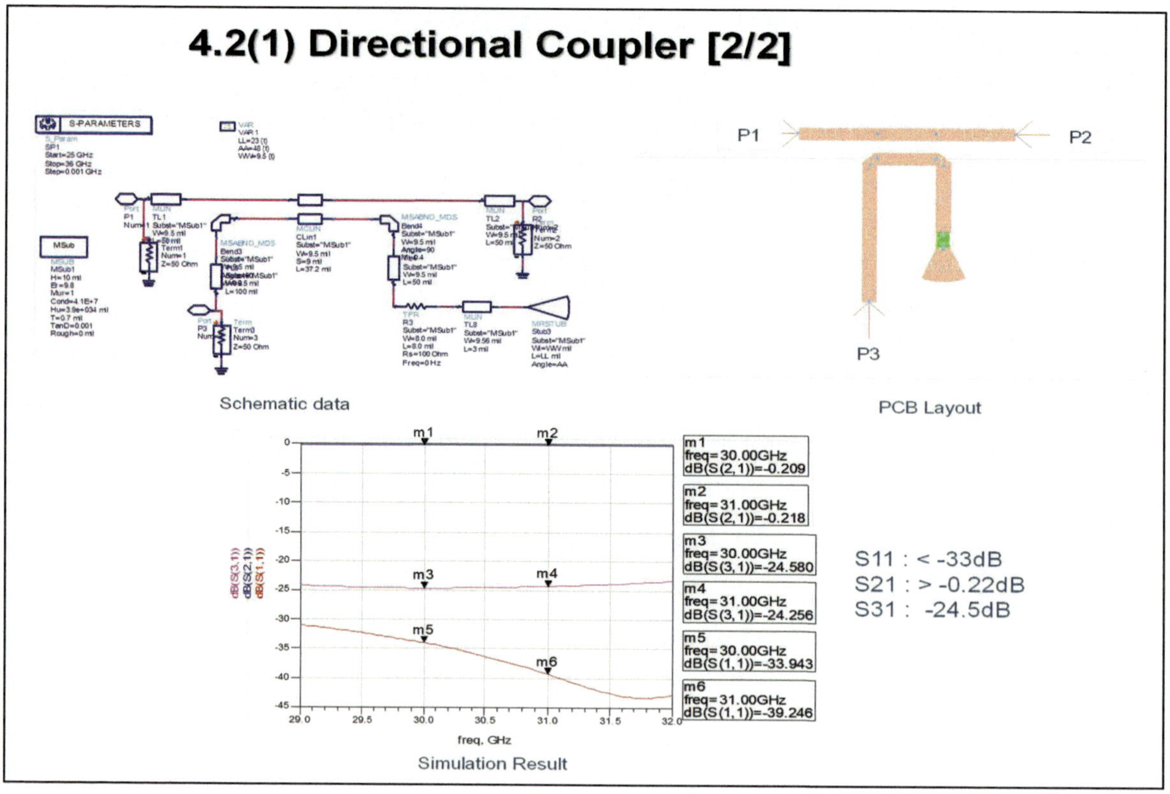

Figure 87. 방향성 결합기 시뮬레이션 결과

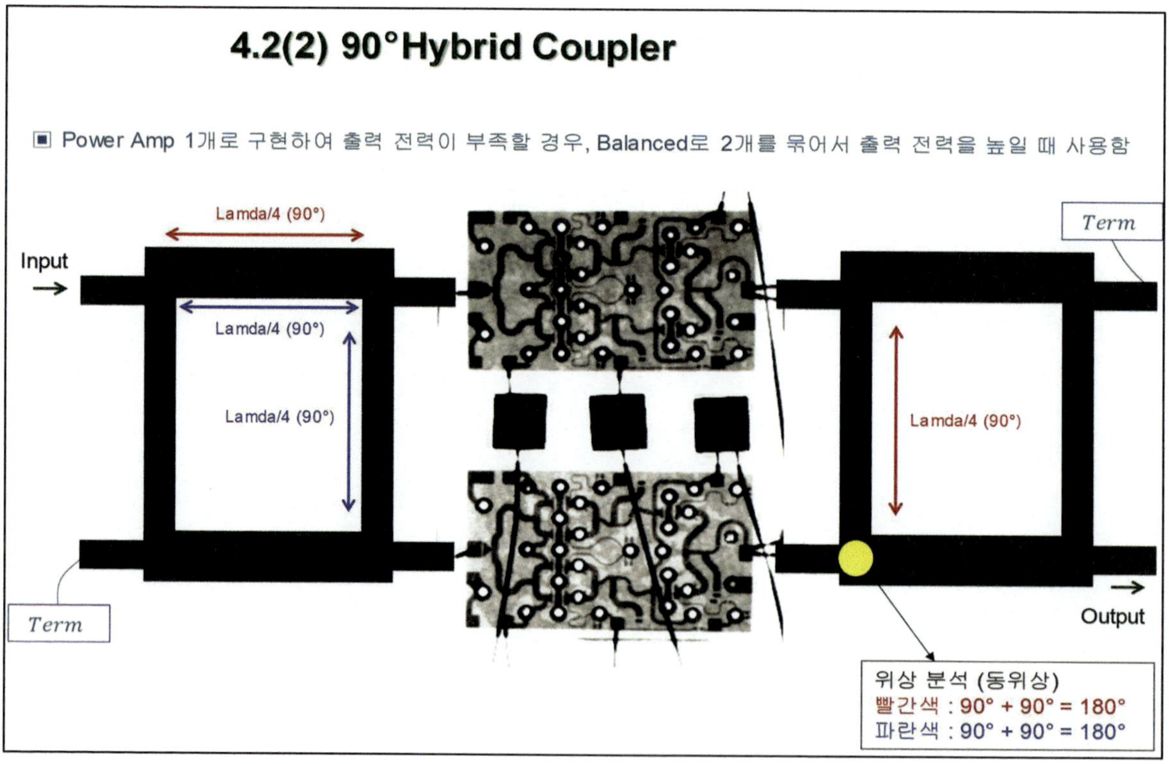

Figure 88. 90도 하이브리드 커플러 PCB Artwork

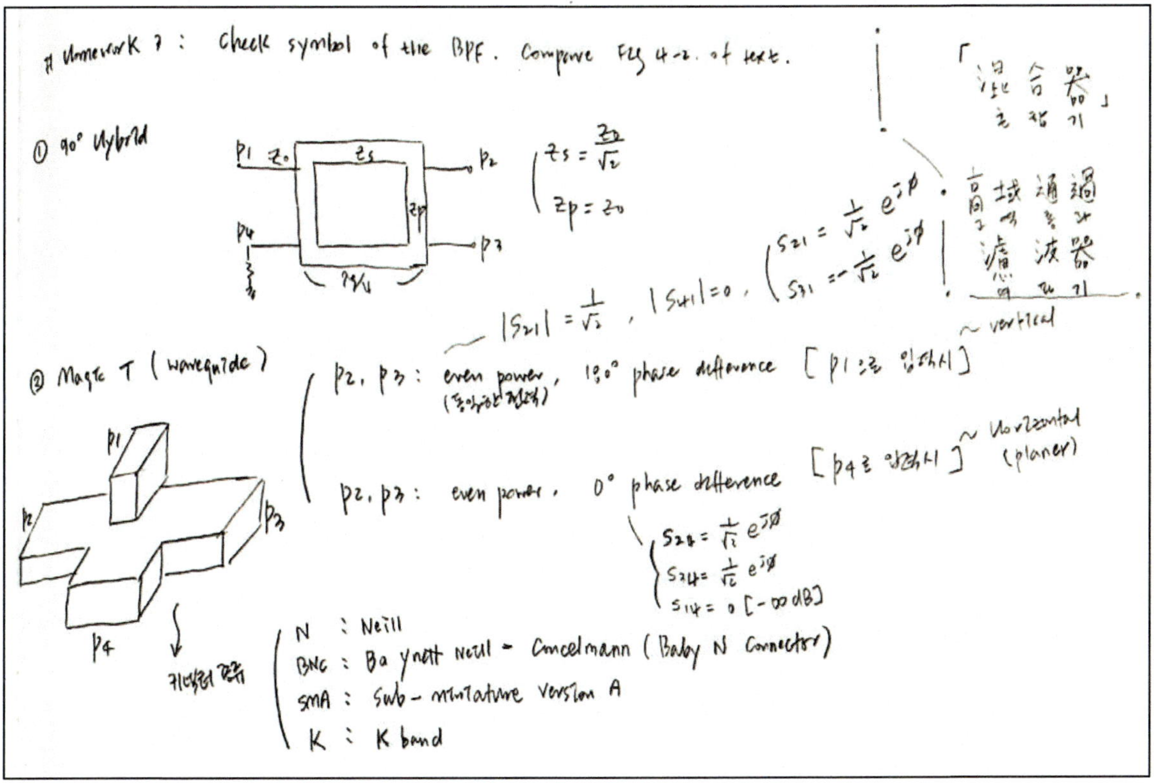

Figure 89. 90도 하이브리드 커플러 이론(연구 노트 캡쳐)

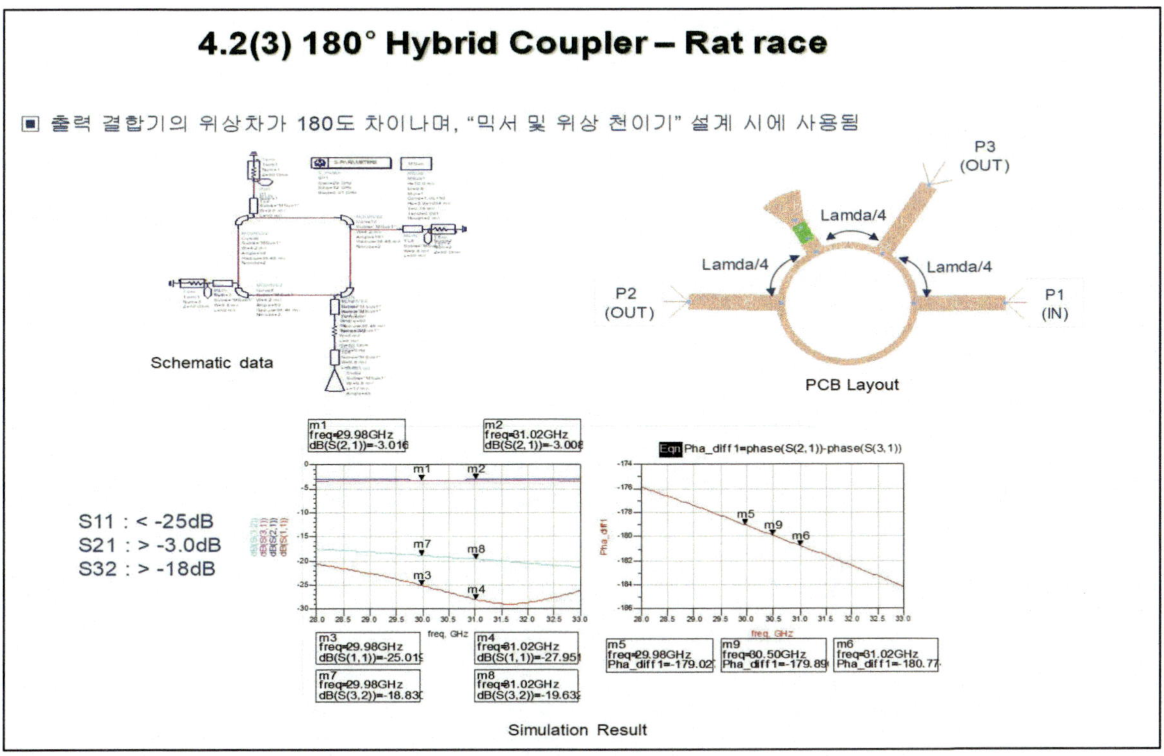

Figure 90. 180도 하이브리드 커플러 시뮬레이션 결과

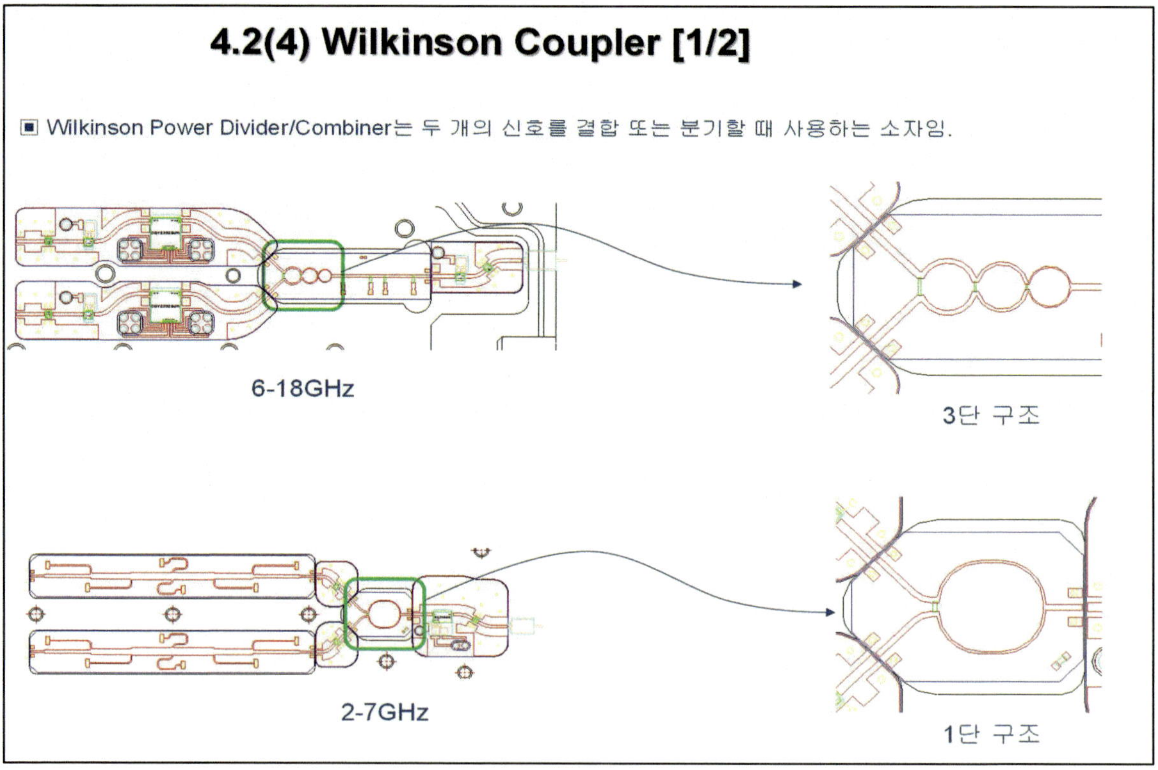

Figure 91. Wilkinson coupler PCB artwork

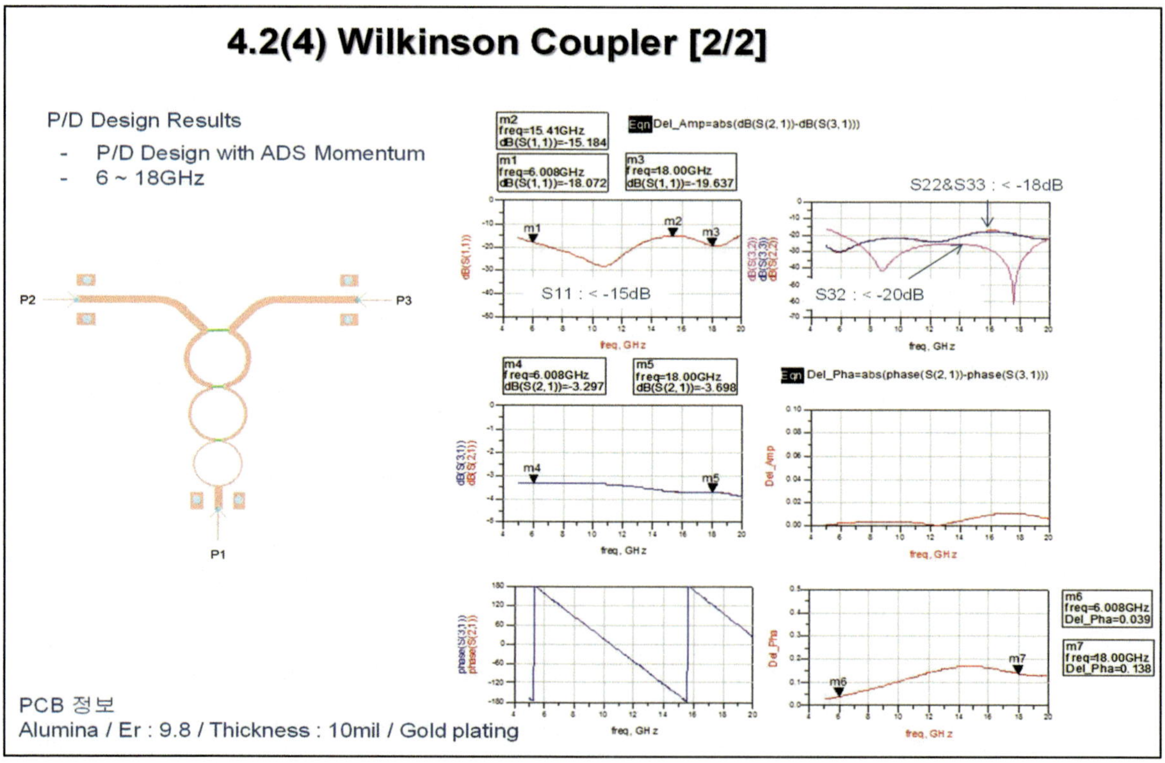

Figure 92. Wilkinson coupler 시뮬레이션 결과

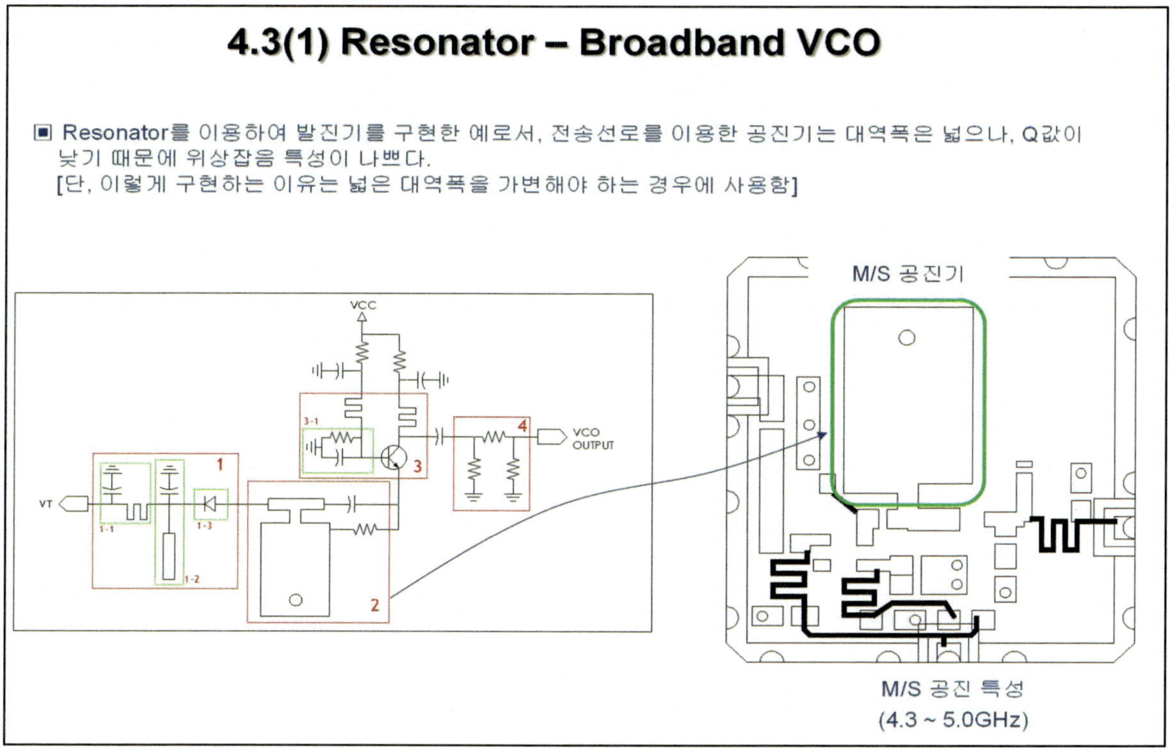

Figure 93. Broadband VCO PCB artwork

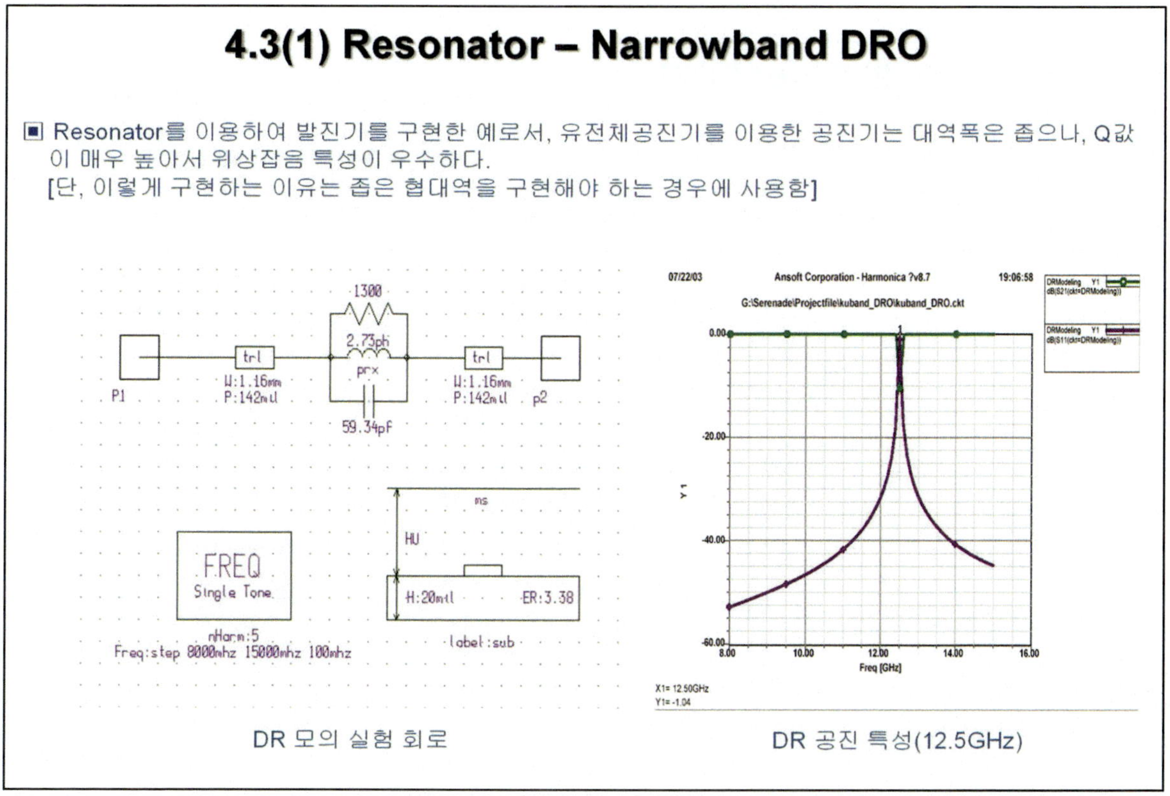

Figure 94. DRO 공진부 시뮬레이션 결과

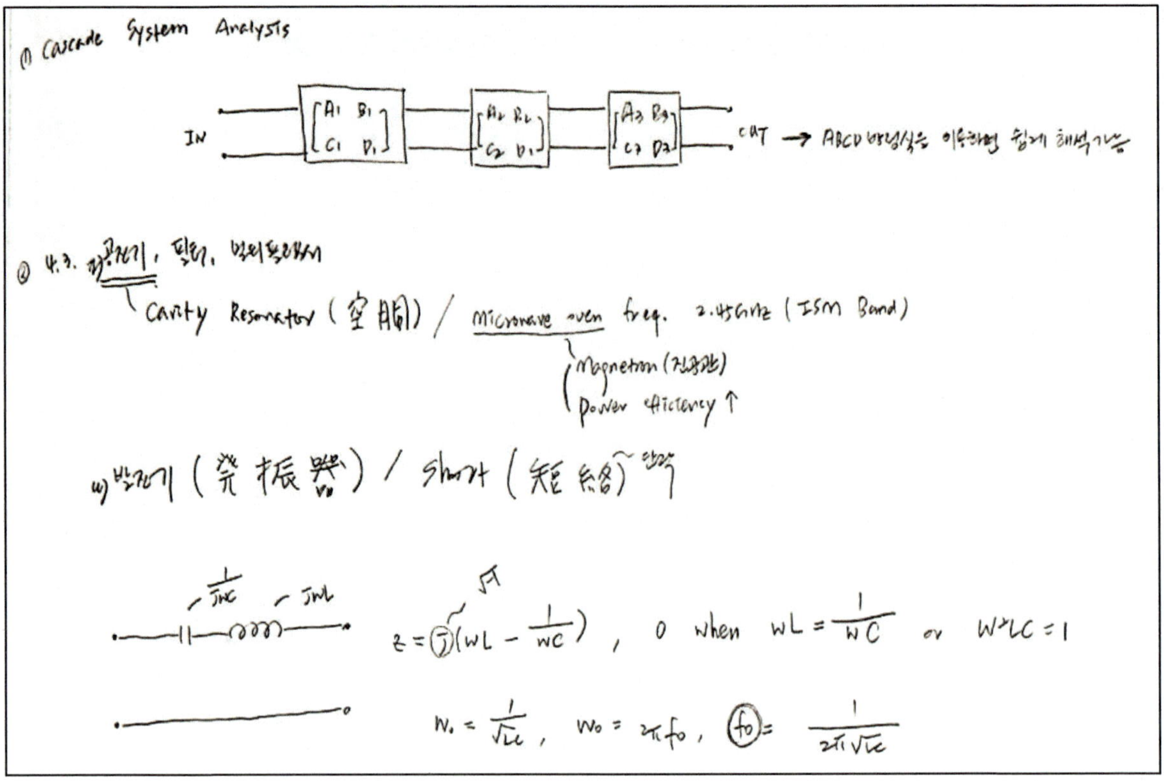

Figure 95. 공진기 이론 설명 노트

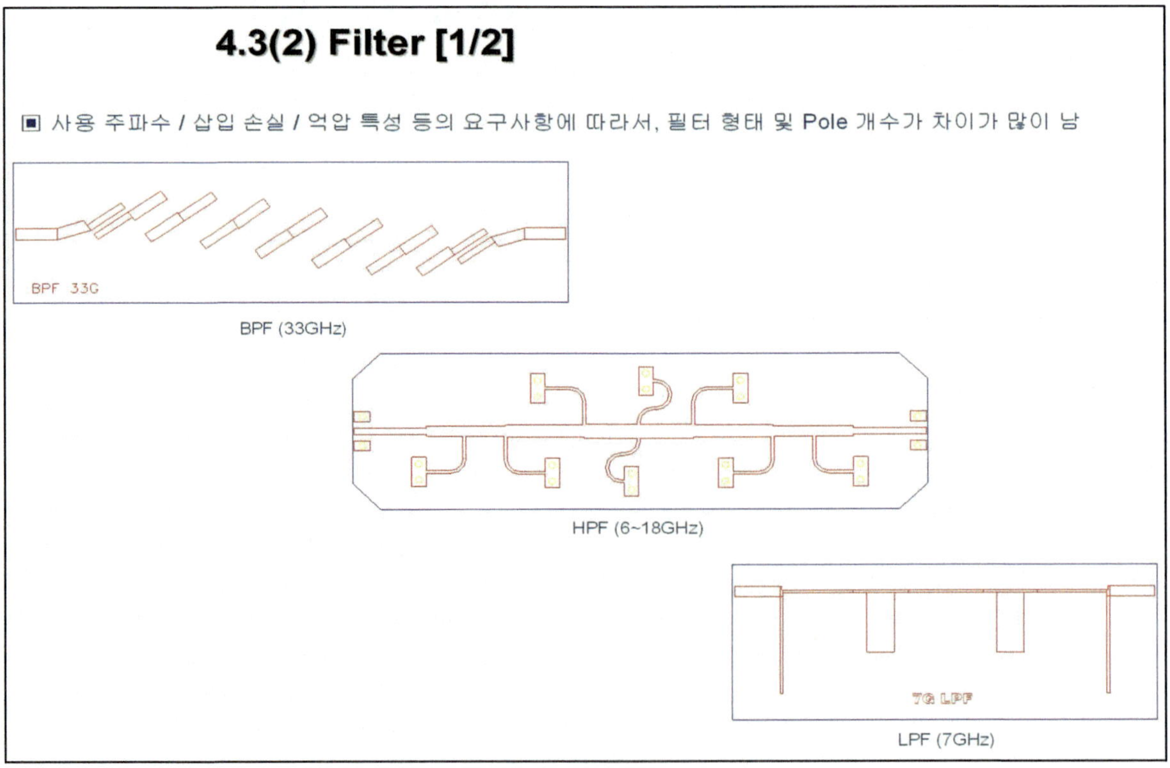

Figure 96. 필터 형태 종류(PCB Layout)

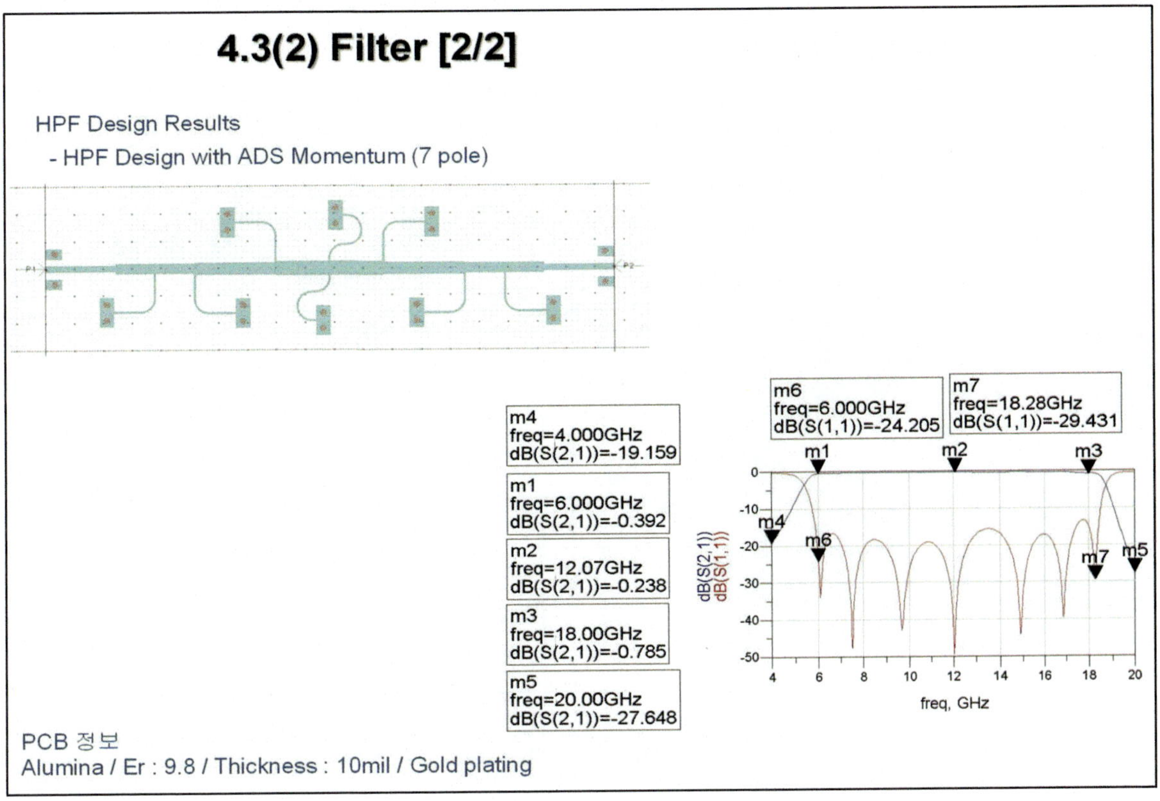

Figure 97. HPF 시뮬레이션 결과

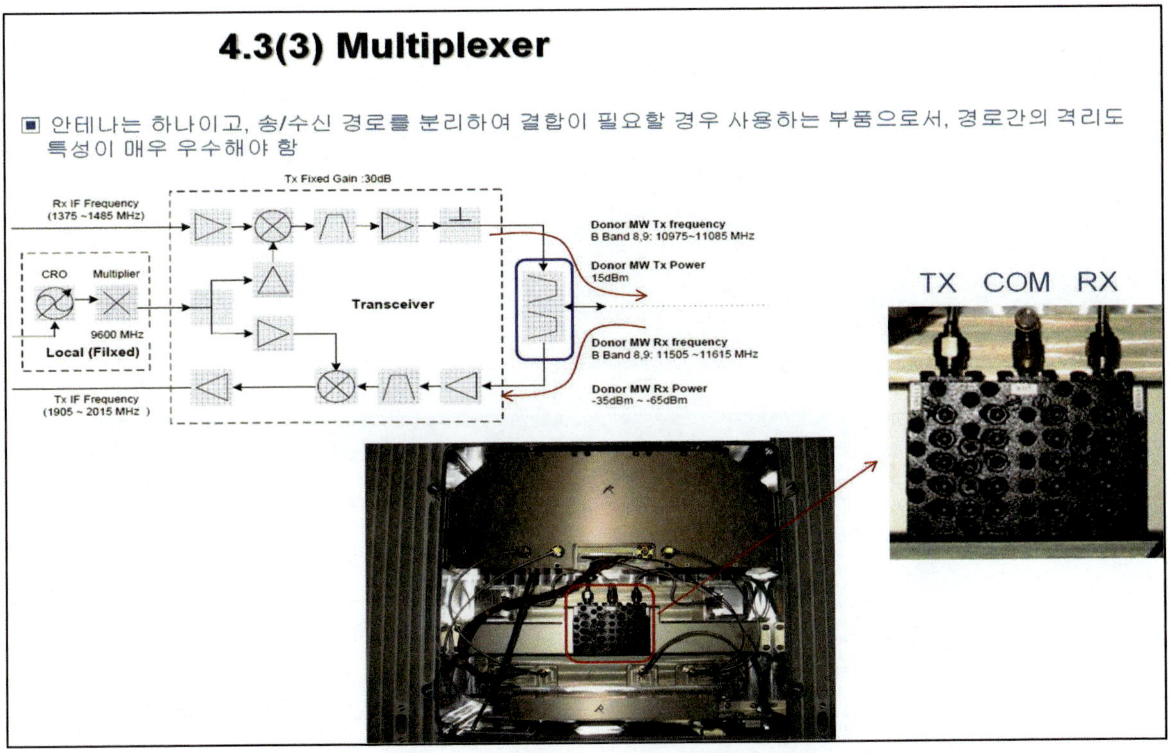

Figure 98. Multiplexer 구성도 예제 및 사진

4.4(1) Isolator

■ 전달하는 신호(S21)는 최소 손실로 통과시키지만, 반사되어 되돌아 오는(S12) 신호는 억압하는 특성

8GHz 대역

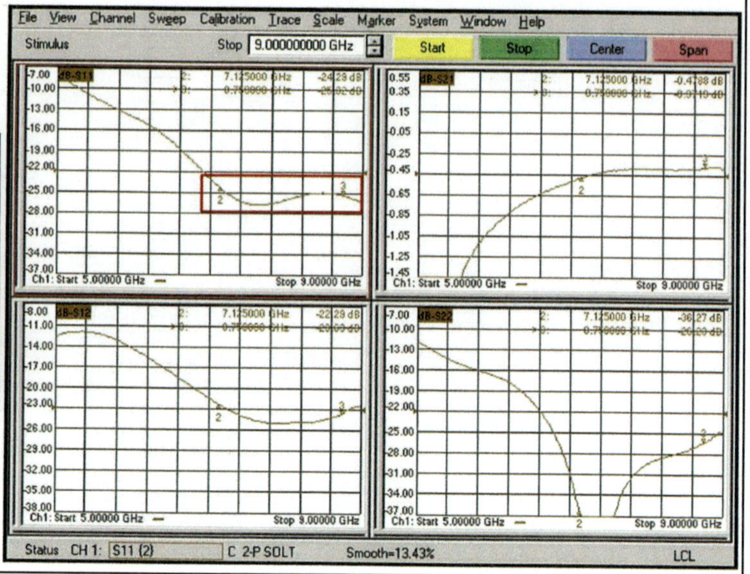

Figure 99. Isolator 사진 및 측정 결과

4.4(2) Circulator

■ 송신하는 신호(P2→P1) 경로와 수신되는 신호(P1→P3)는 최소 손실로 통과시키지만, P2와 P3 간의 격리도가 우수한 특성을 가져야 함

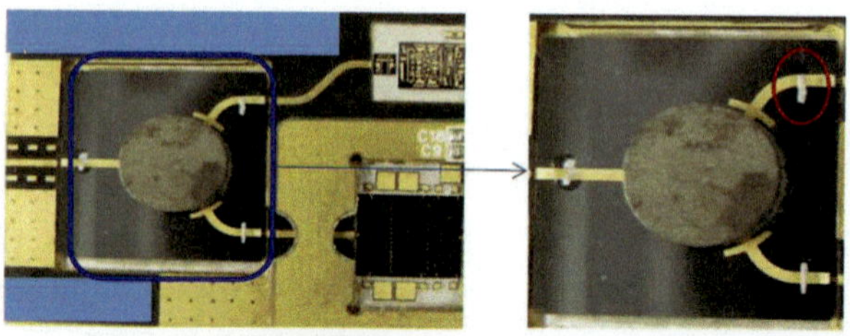

앞/뒤단의 부정합(miss-matching)으로 인해서, 실제 모듈에 장착된 이후에 최적화를 위한 튜닝이 필요함

9.5~10.5GHz 대역

FREQ. RANGE (GHz)	MODEL NUMBER	BAND WIDTH (%)	INS. LOSS dB (MAX)	ISOLATION dB (MIN)	VSWR (MAX)	FORWARD POWER (W)	LOAD POWER (W)	OPERATING TEMP. RANGE	OUTLINE #
2.10-2.60	3IMS24-3	full	0.4	20	1.2	10	1	-30° to +70° C	4.10
3.20-3.60	3IMS34-1	full	0.4	20	1.2	10	2	-30° to +70° C	4.11
3.40-3.60	3IMS35-1	full	0.4	20	1.2	10	10	-30° to +70° C	4.11
3.40-4.20	3IMS40-1	full	0.5	20	1.25	10	2	-30° to +70° C	4.11
4.40-5.00	3IMS47-1	full	0.5	20	1.25	10	5	-30° to +70° C	TBD
5.60-6.80	3IMS61-7	full	0.5	20	1.25	10	1	-30° to +70° C	4.18
5.80-7.20	3IMS65-2	full	0.5	20	1.25	10	2	-30° to +70° C	4.12
5.80-7.20	3IMS61-5	full	0.5	20	1.25	10	5	-30° to +70° C	4.17
5.80-7.10	3IMS65-5	full	0.6	16	1.4	10	10	-10° to +70° C	4.16
6.30-8.00	3IMS71-1	full	0.5	20	1.25	10	2	-30° to +70° C	4.12
7.10-8.50	3IMS78-2	full	0.5	20	1.25	10	2	-30° to +70° C	4.12
7.10-8.50	3IMS77-3	full	0.5	20	1.25	10	1	-30° to +70° C	4.19
7.10-8.50	3IMS78-3	full	0.6	16	1.4	8	2	-10° to +70° C	4.16
8.40-10.70	3IMS95-1	full	0.5	18	1.3	10	2	-30° to +65° C	4.26
8.40-10.70	3IMS95-3	full	0.5	18	1.3	10	2	-30° to +65° C	4.13
9.50-10.50	4IMS10-6	full	0.5	20	1.25	10	2	-30° to +70° C	4.13

Figure 100. Circulator 사진 및 주요 특성 표

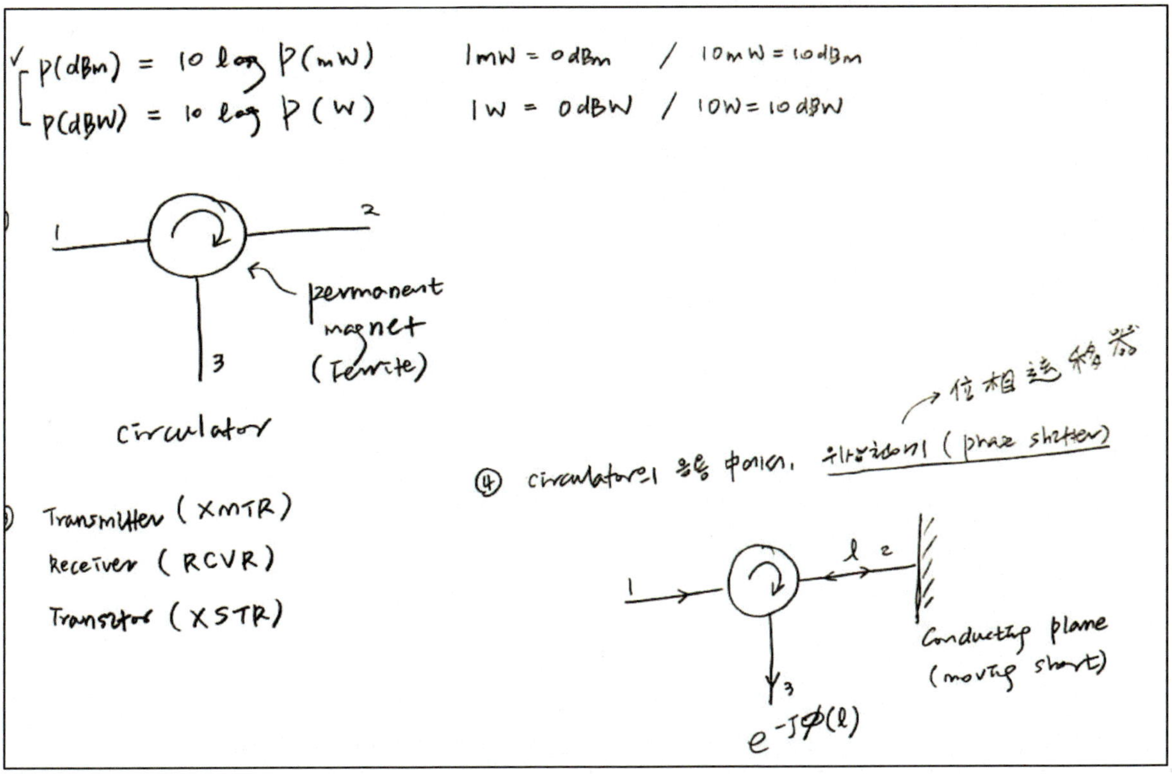

Figure 101. Isolator & Circulator 이론 설명 노트

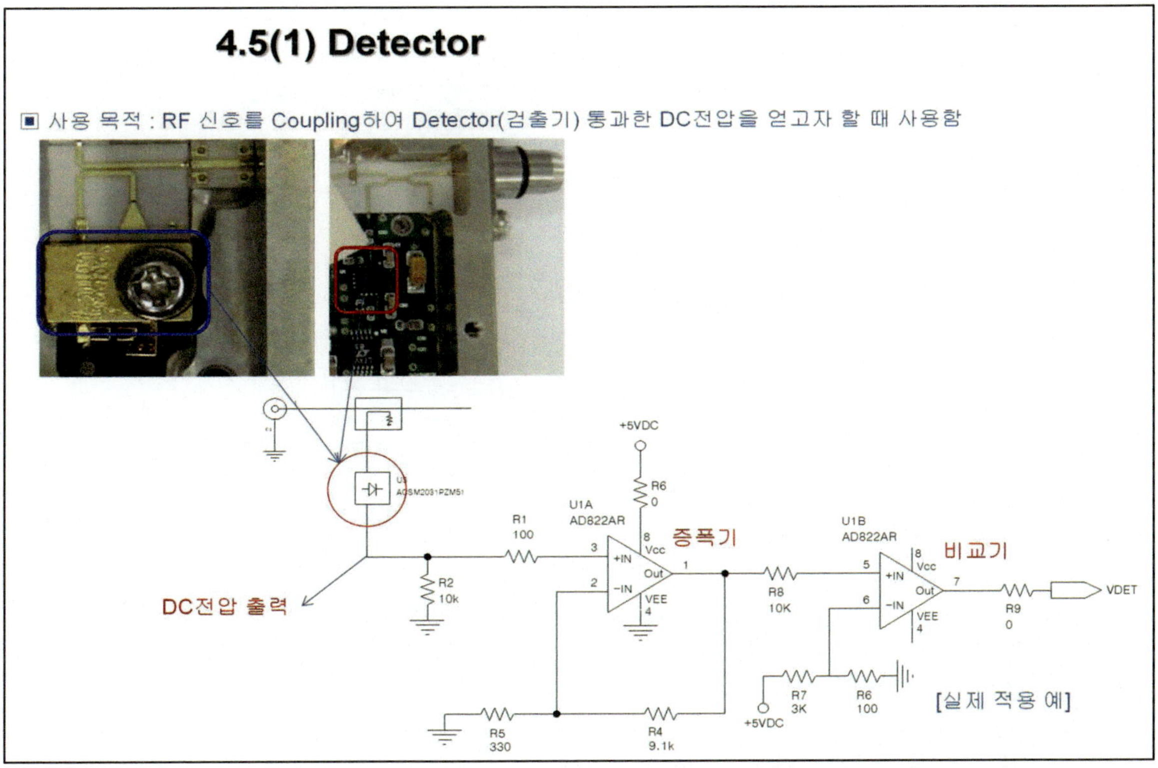

Figure 102. Detector 적용 사진 및 적용 회로 예

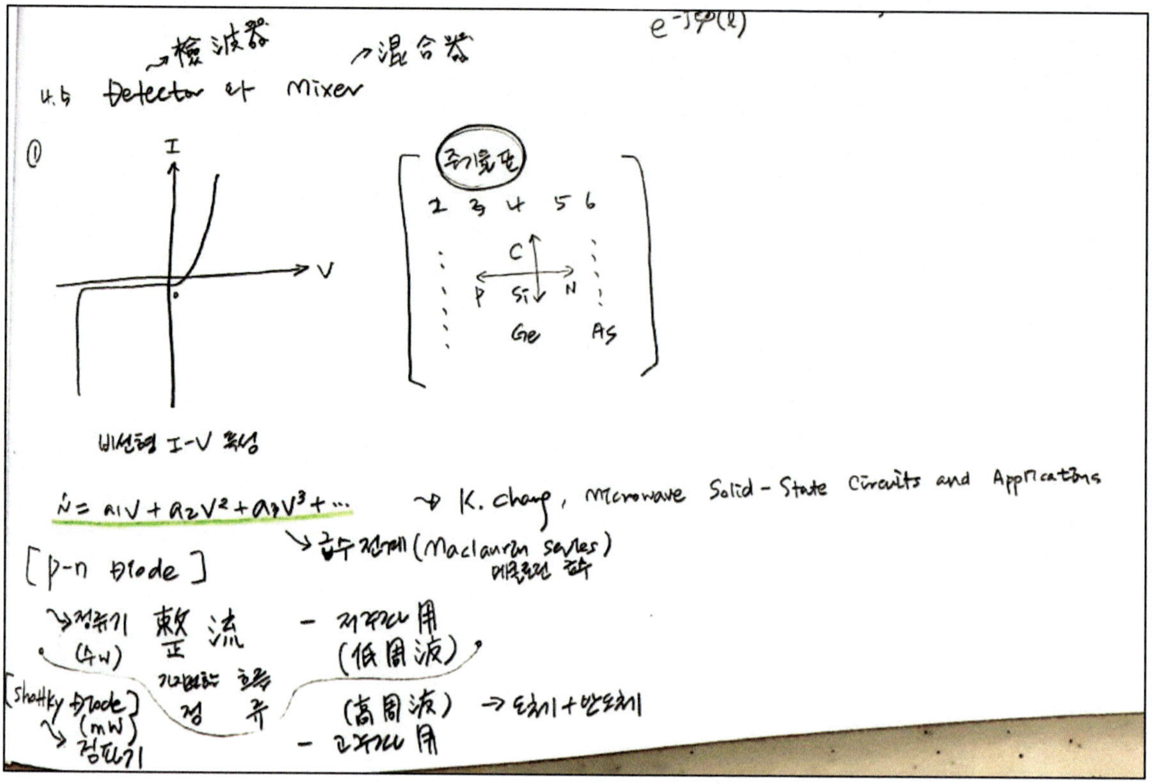

Figure 103. 검출기 비선형 특성 이론 설명 노트(1)

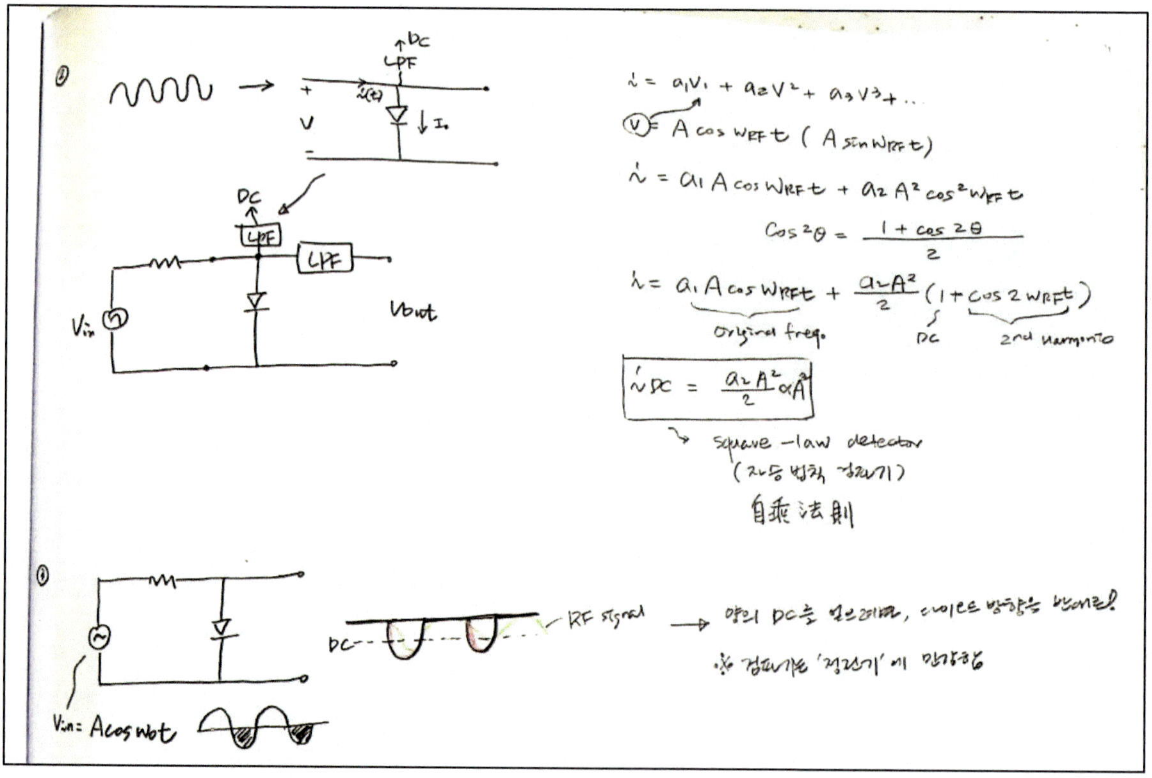

Figure 104. 검출기 비선형 특성 이론 설명 노트(2)

4.5(2) Mixer

■ 좁은 대역 외에, 광대역 수신 신호(18-40GHz)를 중간주파수(IF)로 변환하고자 할 때, 광대역 Mixer 사용함

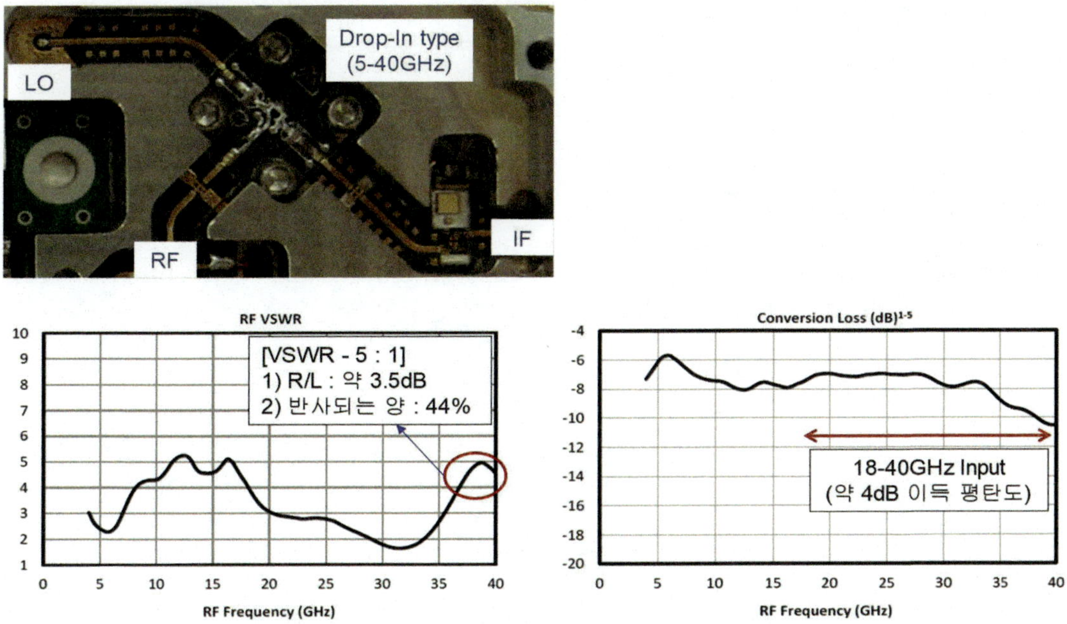

Figure 105. Mixer 적용 예시 및 주요 특성

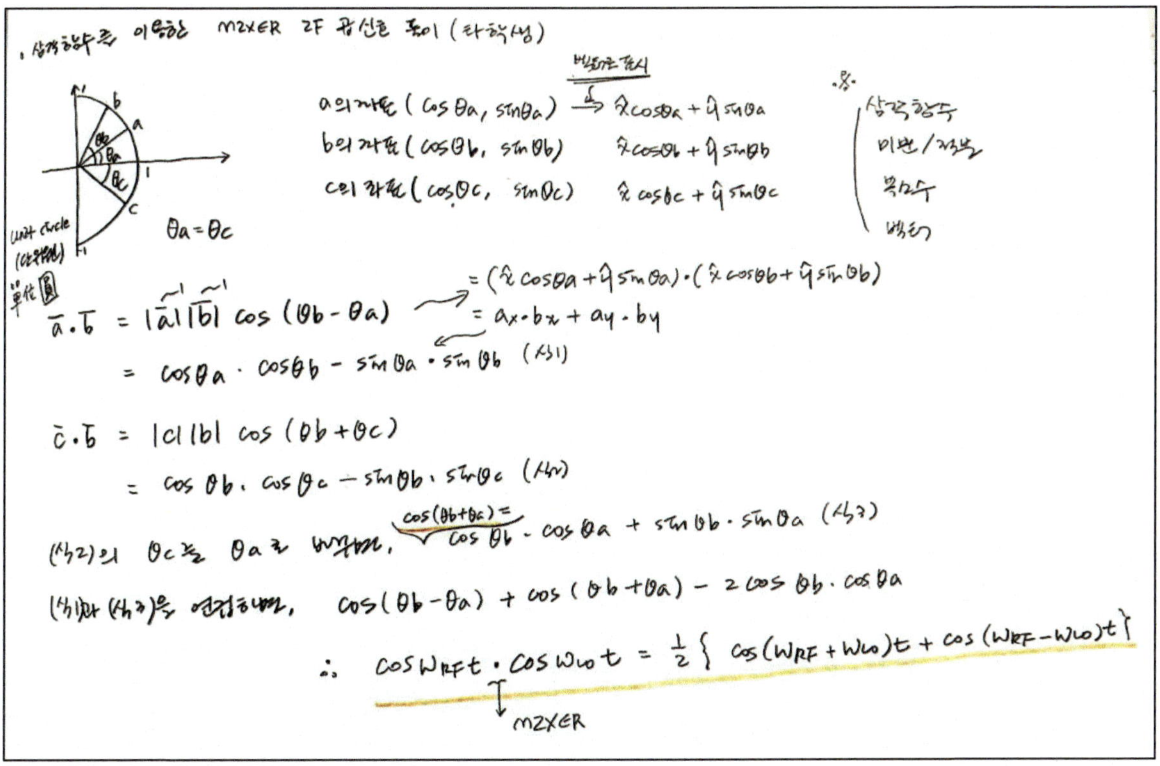

Figure 106. 믹서 특성 이론 설명 노트

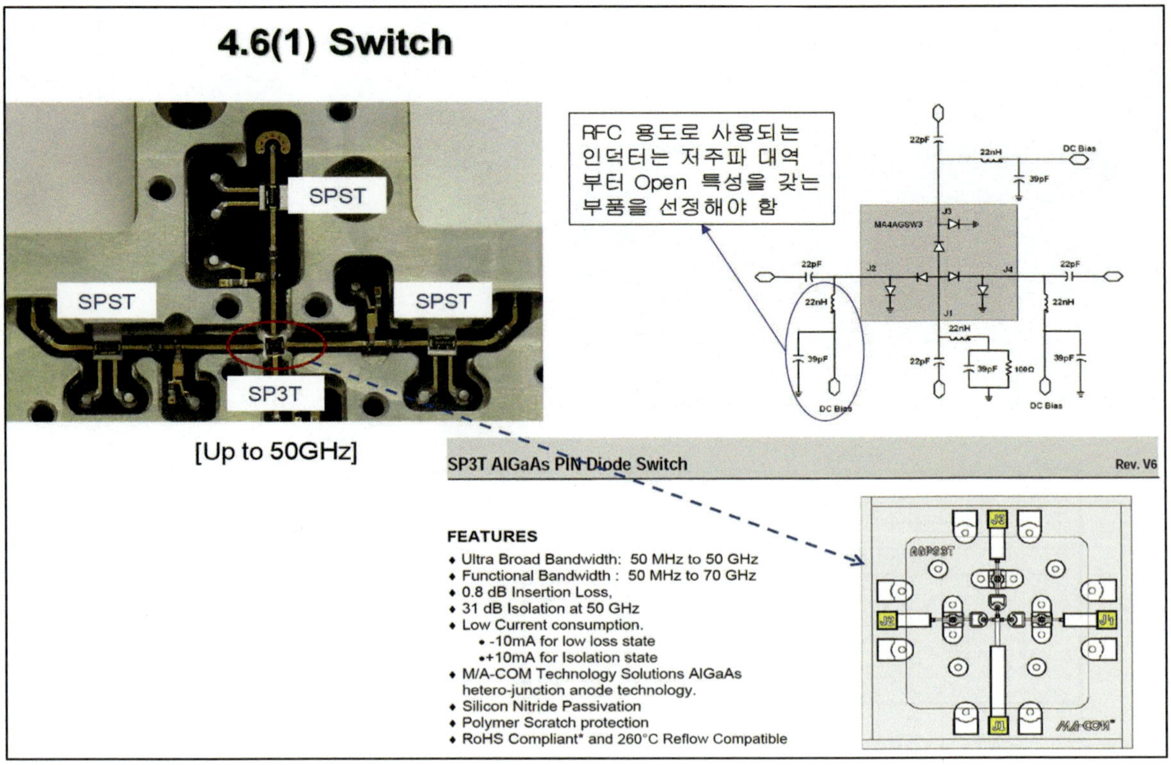

Figure 107. . 스위치 적용 예시 및 주요 특성

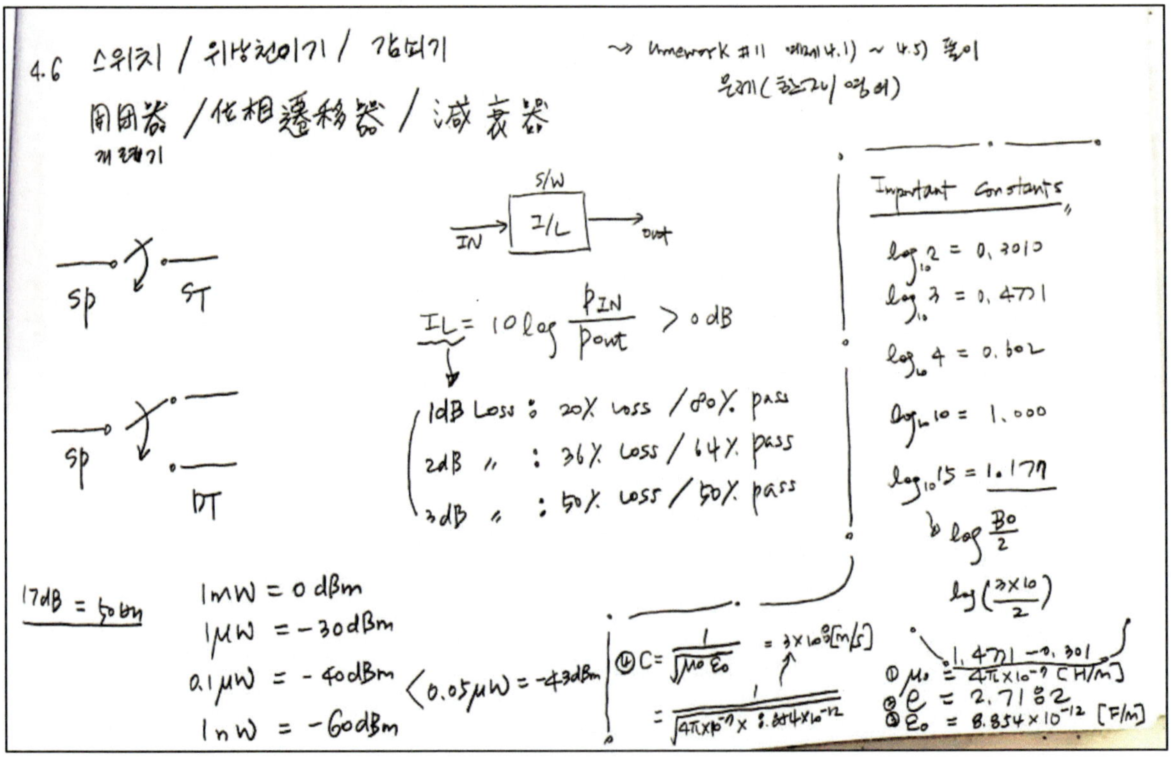

Figure 108. 스위치 이론 설명 노트

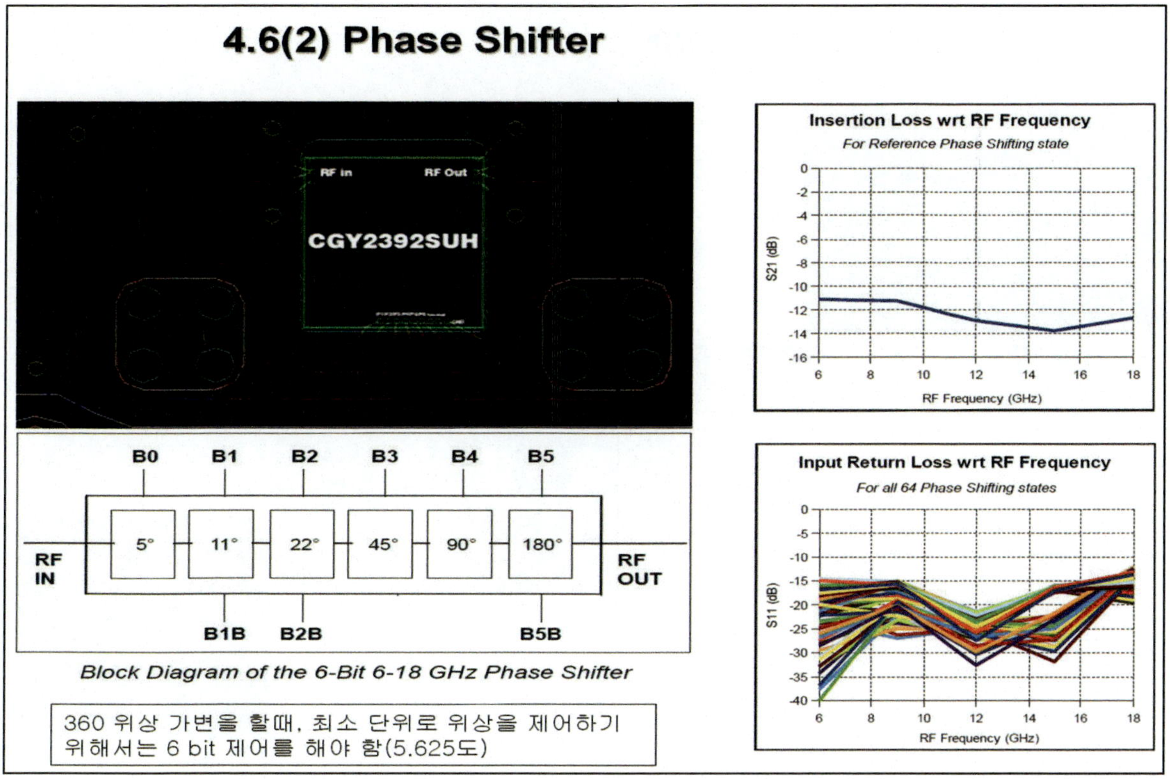

Figure 109. 위상 천이기 적용 예시 및 주요 특성

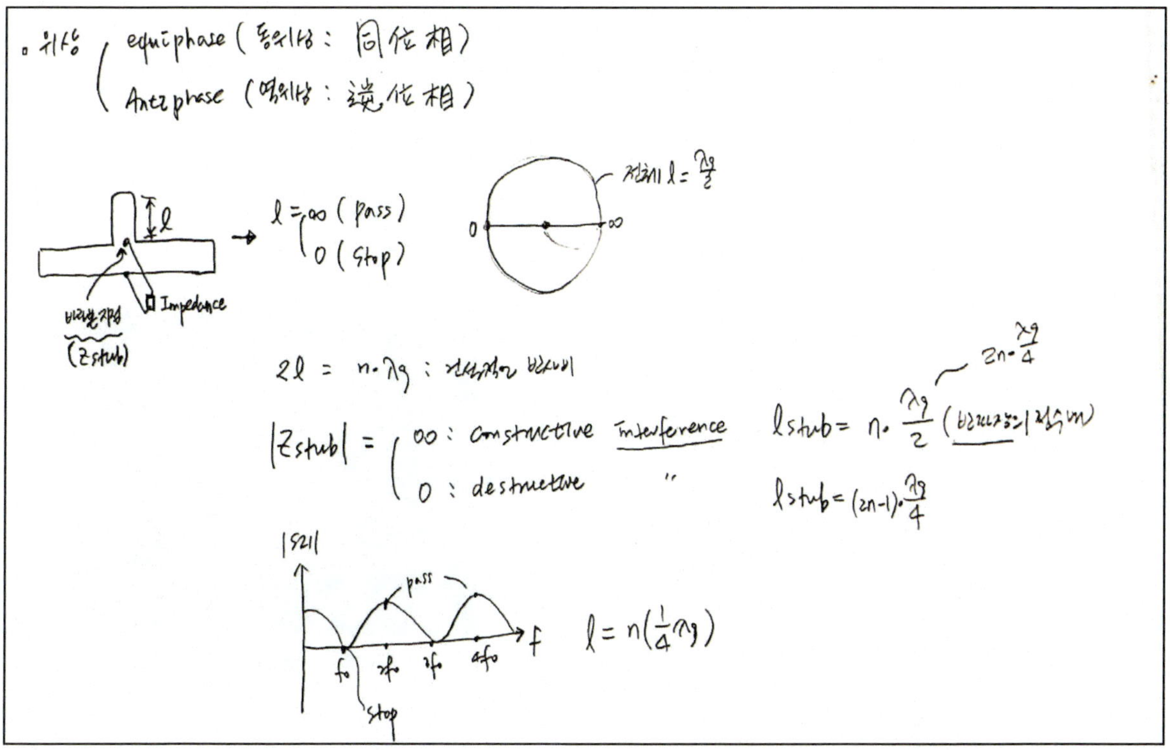

Figure 110. 위상 천이기 이론 설명 노트

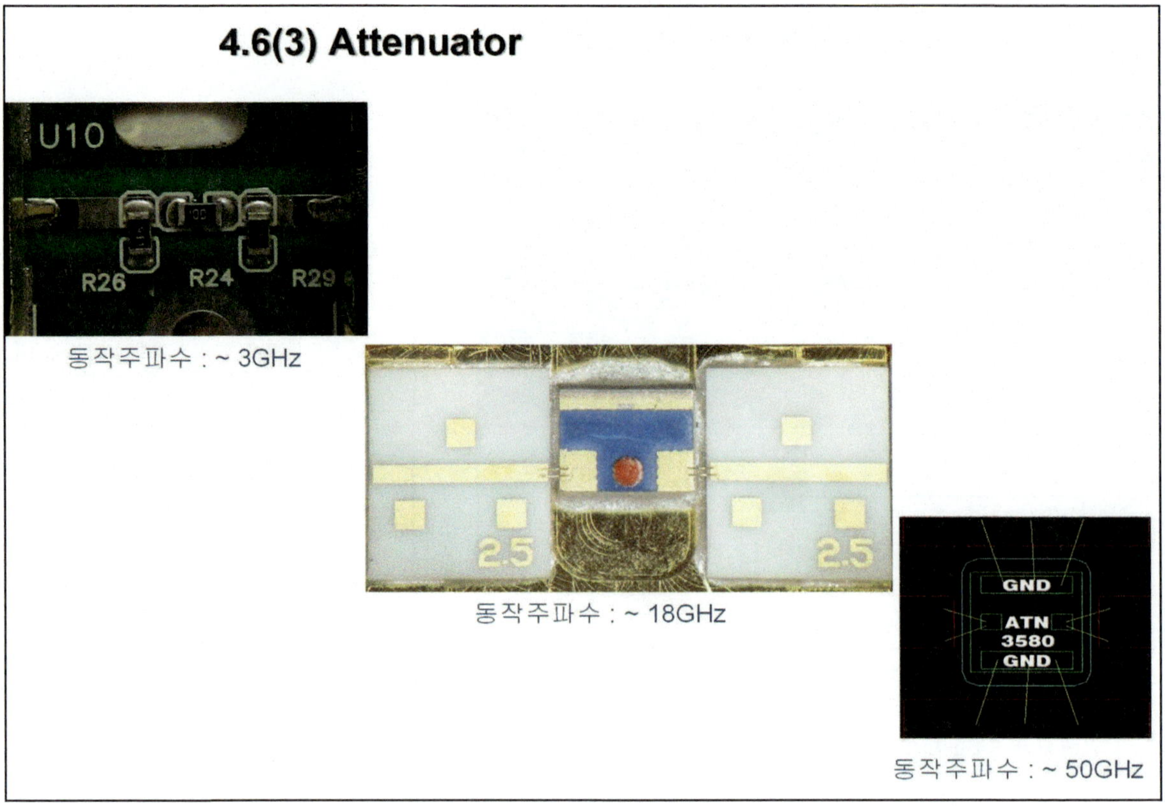

Figure 111. 감쇄기 타입별 적용 예

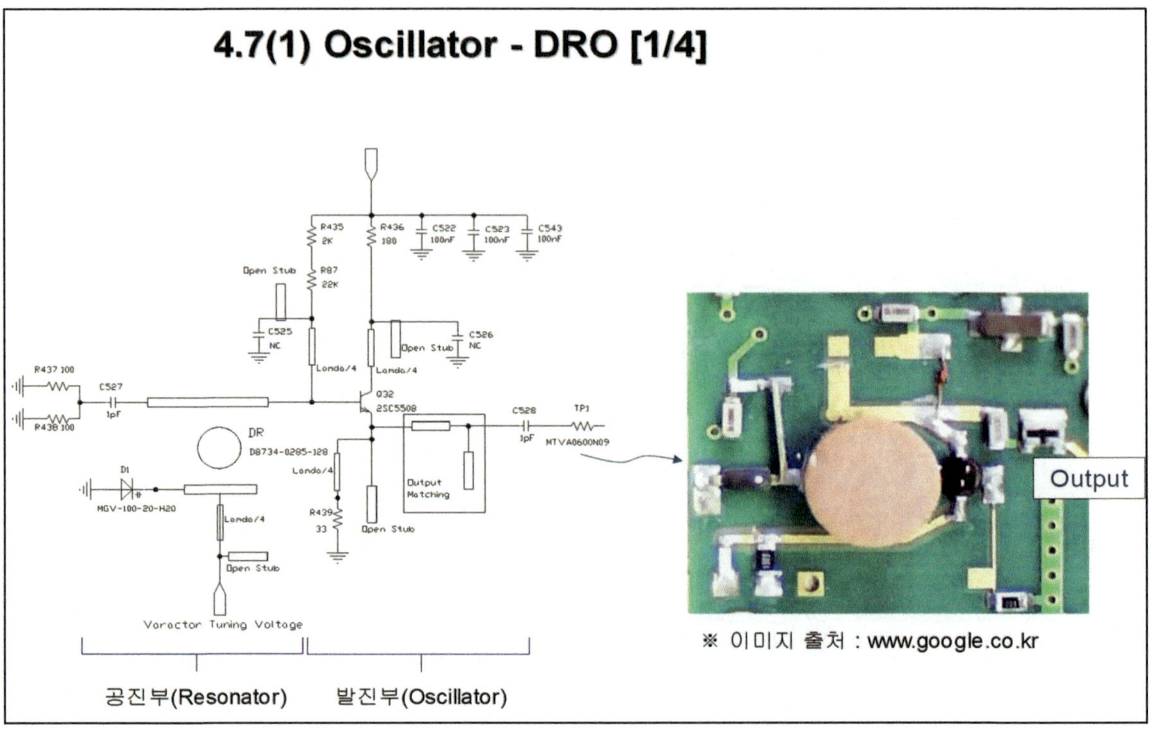

Figure 112. 유전체 발진기 회로 및 적용 사진

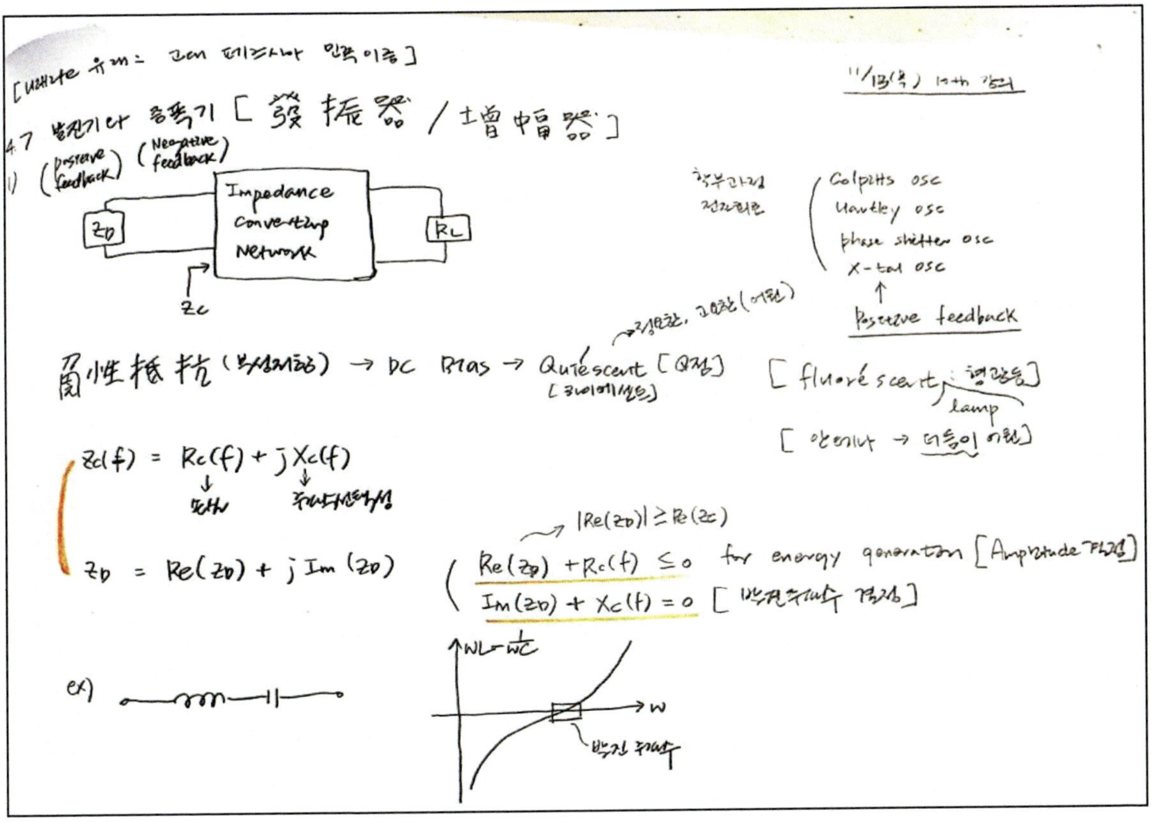

Figure 113. 발진기 이론 설명 노트

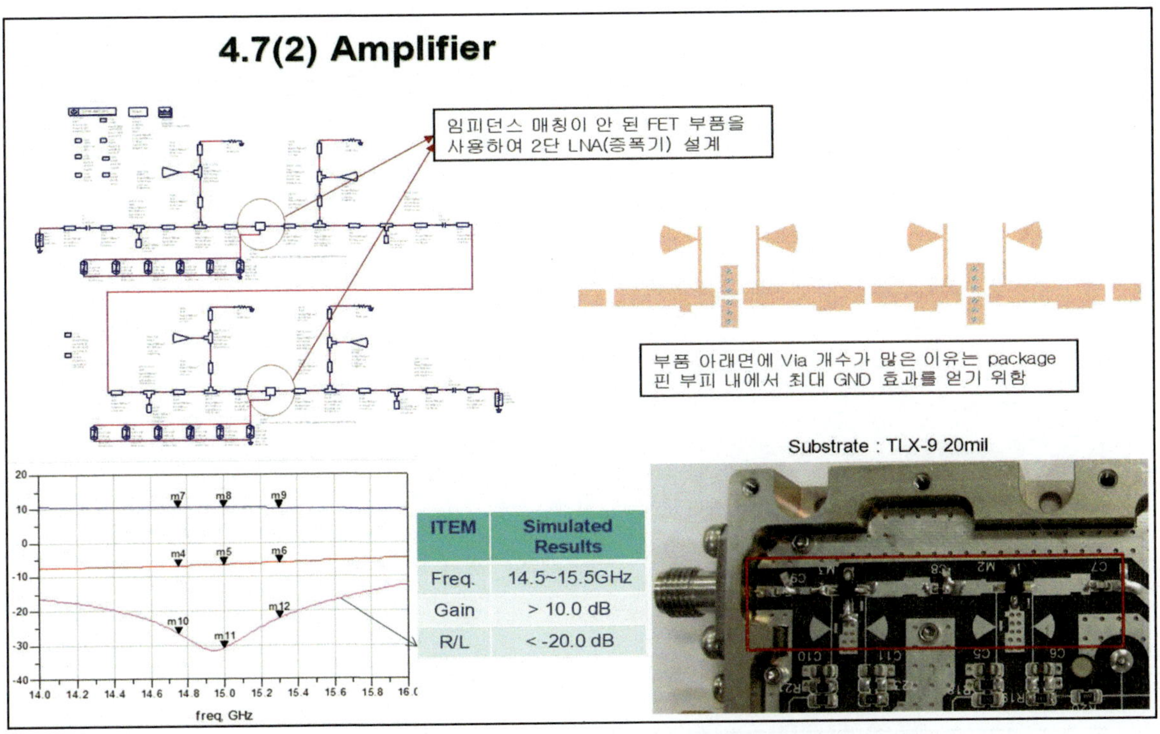

Figure 114. 증폭기 회로 설계 및 적용 예시

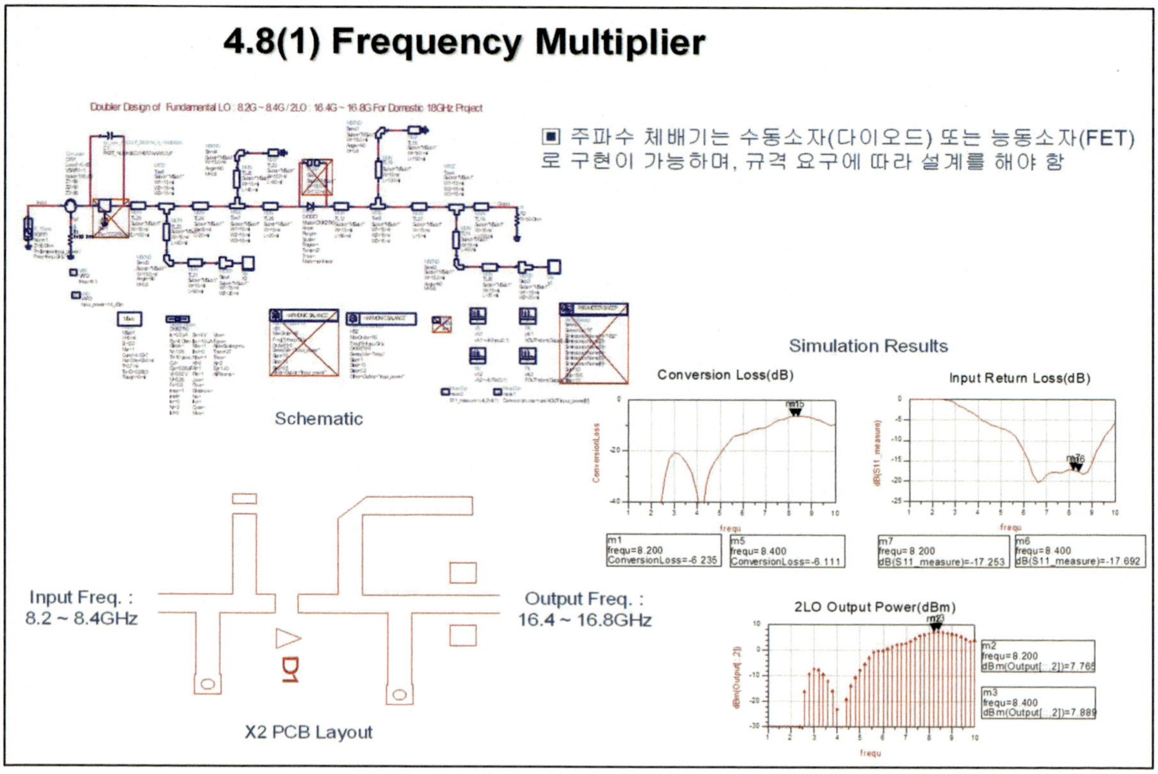

Figure 115. 체배기 회로 설계 및 시뮬레이션 결과

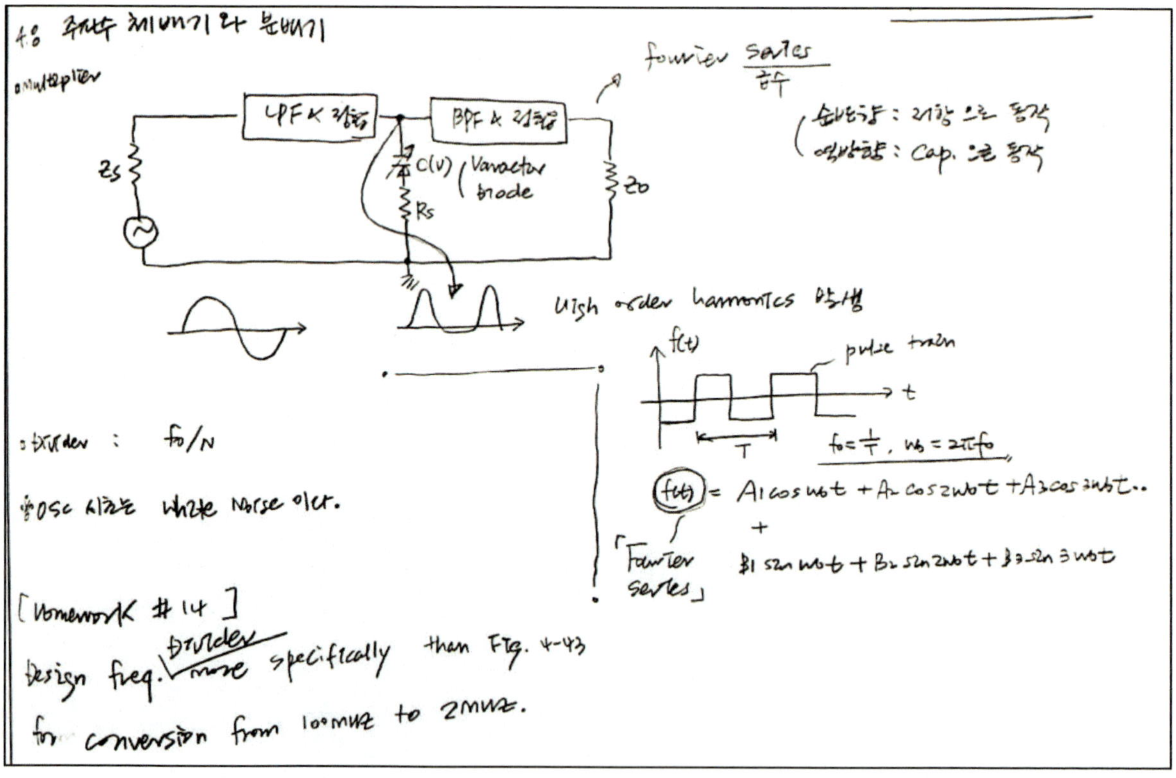

Figure 116. 주파수 체배기 이론 설명 노트

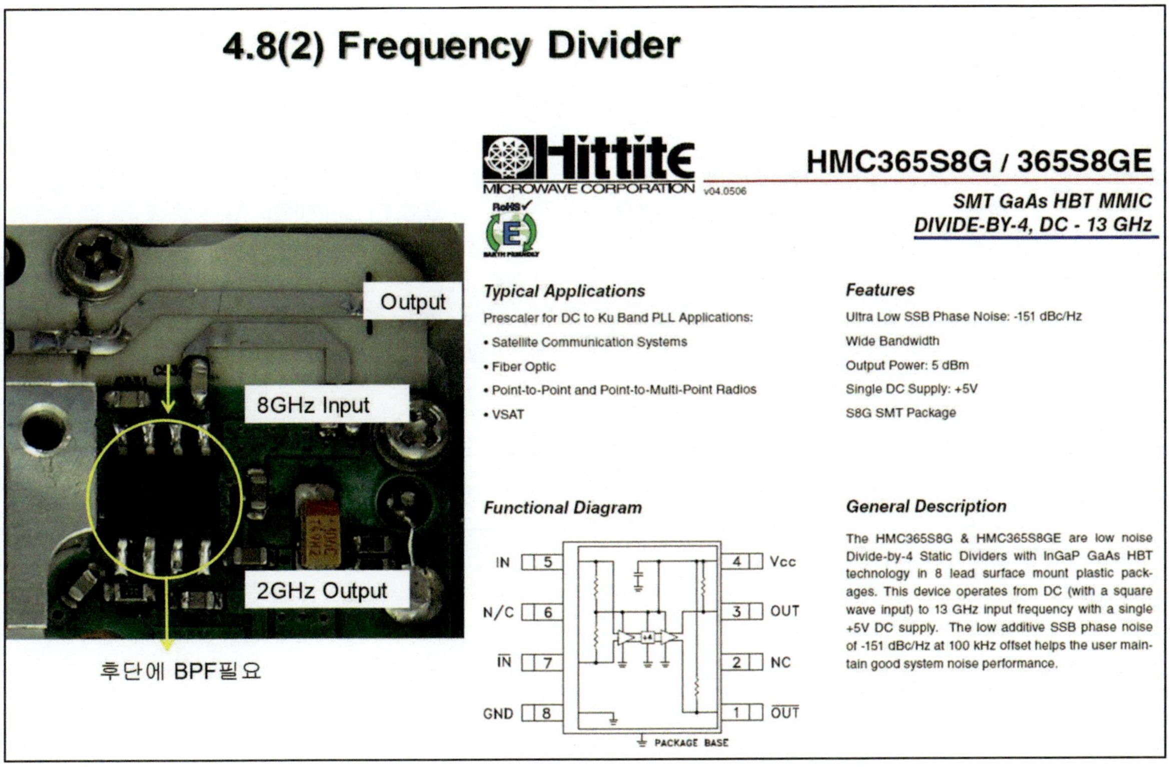

Figure 117. 주파수 분배기 적용 예시 및 주요 특성

Chapter 4. 모듈 단위 - 개념 이해

4.1. Understanding for SSPA and TRM

RF 모듈 종류 중에서, SSPA(Solid State Power Amplifier) 및 TRM(Transmitter and Receiver Module)은 일반적으로 레이더(RADAR) 시스템 최종 단에 위치하여 전자기파를 방사하고 표적에서 반사된 신호를 수신하는 RF front-end 단에 사용되는 모듈이다. 레이더 시스템에서 핵심 역할을 하는 모듈이기 때문에 레이더 개념 이해는 물론 “모듈의 개념 이해 및 구조 파악” 측면에서 자료를 마련하였다. 특히, 레이더 시스템에서 필요로 하는 송신기 및 수신기 모듈은 사용 주파수 대역 별로 설계 및 구현 방법을 달리해야 하며, 출력 전력을 높이기 위한 별도 방법 및 송신 전력이 임피던스 부정합으로 인하여 수신 경로에 영향을 주는 것을 보호하기 위한 보호회로 기능도 언급하였다.

그림 118부터 그림 121까지는 SSPA 및 TRM 모듈이 주로 사용되는 레이더 시스템의 이론을 먼저 이해하기 편하도록 연구노트를 삽입하였다.

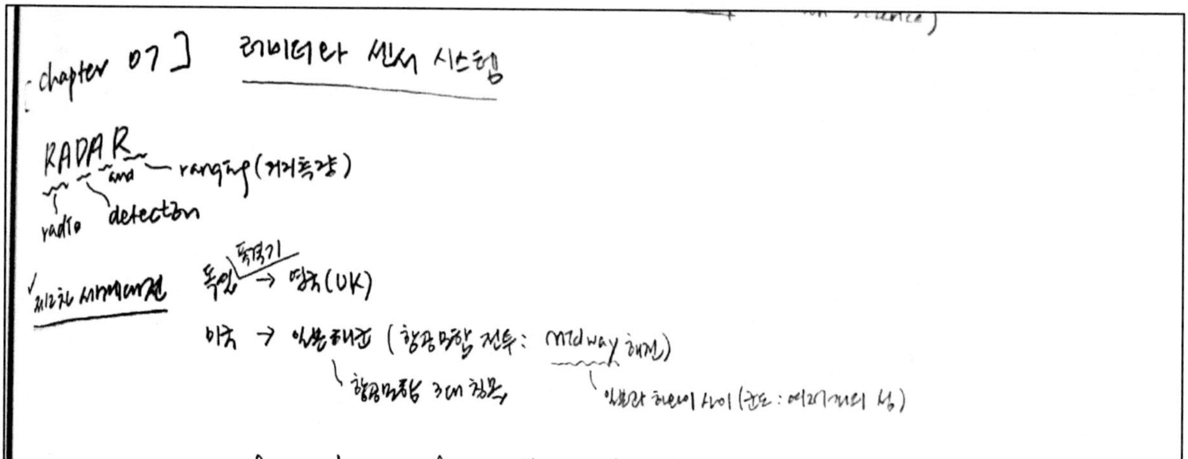

Figure 118. 레이더 이론

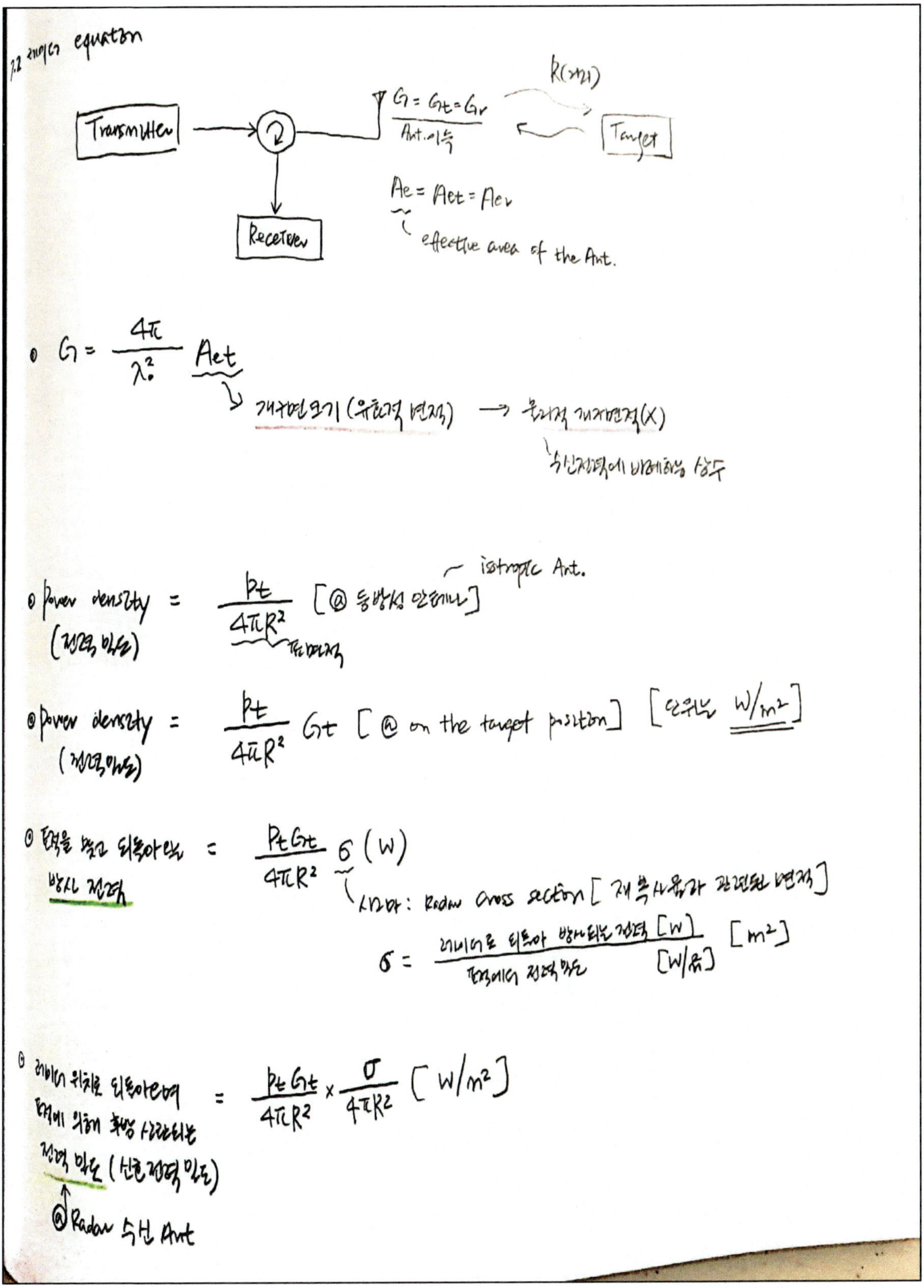

Figure 119. 레이더 공식(1)

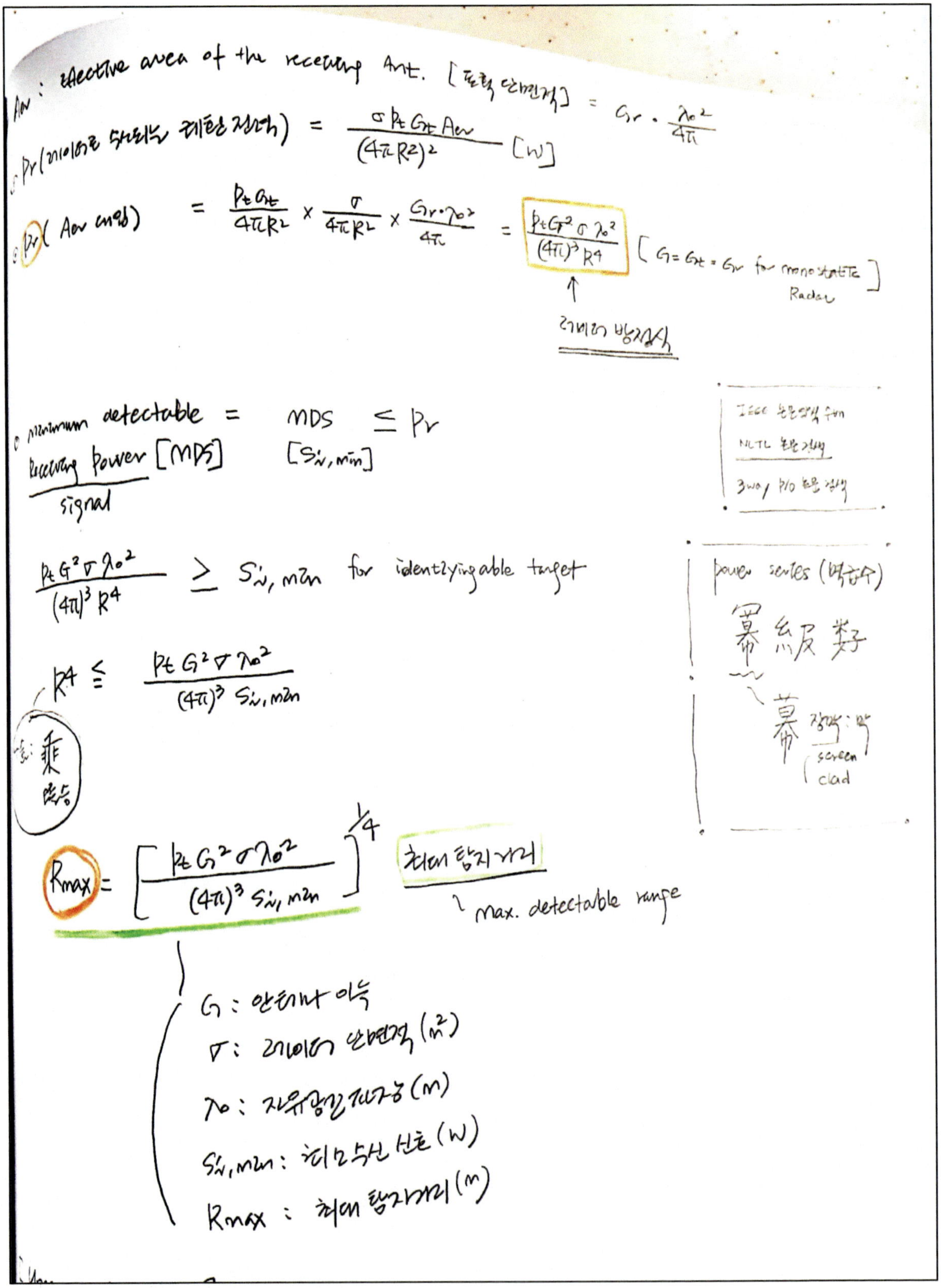

A_{er} : effective area of the receiving Ant. [유효 단면적] $= G_r \cdot \frac{\lambda_0^2}{4\pi}$

P_r (레이더로 수신되는 재방사 전력) $= \frac{\sigma P_t G_t A_{er}}{(4\pi R^2)^2}$ [W]

P_r (A_{er} 대입) $= \frac{P_t G_t}{4\pi R^2} \times \frac{\sigma}{4\pi R^2} \times \frac{G_r \cdot \lambda_0^2}{4\pi} = \frac{P_t G^2 \sigma \lambda_0^2}{(4\pi)^3 R^4}$ [$G = G_t = G_r$ for monostatic Radar]

↑ 레이더 방정식

minimum detectable receiving power [MDS] signal $=$ MDS [$S_{i,min}$] $\leq P_r$

IEEE 논문 검색 ...
NLTL 논문 검색
3way P/O 논문 검색

$\frac{P_t G^2 \sigma \lambda_0^2}{(4\pi)^3 R^4} \geq S_{i,min}$ for identifying able target

power series (멱급수)
冪級數
幕 장막: 막 (screen, clad)

$R^4 \leq \frac{P_t G^2 \sigma \lambda_0^2}{(4\pi)^3 S_{i,min}}$

乘 (승)

$R_{max} = \left[\frac{P_t G^2 \sigma \lambda_0^2}{(4\pi)^3 S_{i,min}} \right]^{1/4}$ 최대 탐지 거리 (max. detectable range)

G : 안테나 이득
σ : 레이더 단면적 (m^2)
λ_0 : 자유공간 파장 (m)
$S_{i,min}$: 최소 수신 신호 (W)
R_{max} : 최대 탐지 거리 (m)

Figure 120. 레이더 공식(2)

어느 레이더는 다음과 같은 파라미터를 갖는다.

$P_t = 16KW(peak)$, $f = 35GHz$, $T = 290K$ (Noise Temp., $17° + 273°$), $B = 20MHz$

$PRF = 100KHz$ (1주기: 10μsec), $F = 6dB$, 펄스폭 $\tau = 0.05\mu sec$, 스캔율 $= 60°/sec$, $L_{sys} = 10dB$

안테나 = 2m 접시 (직경 = 2m)

표적(항공기) RCS = 30 m^2 (Radar Cross Section)

안테나 효율 = 55%

탐지 확률 = 0.998

오경보율 = 10^{-8}

Average:	16W	160W
peak:	16KW	16KW
Duty Cycle:	$\frac{1}{1000}$	$\frac{1}{100}$

$T: \frac{1}{100\times10^3} = \frac{10^{-3}}{100} = 0.01\times10^{-3} = 10\times10^{-3}\times10^{-3} = 10\mu sec$ (PRF(100KHz))

a] 최대 탐지 거리(Km)를 구하시오.

b] 표적이 레이더에서 140Km 일 때 수신기 출력 SNR

c] 첨두 전력이 160KW로 증가한다면 최대 탐지거리(km)를 계산하시오.

a]
$$R_{max} = \left[\frac{P_t \cdot G^2 \cdot \sigma \cdot \lambda_0^2 \cdot n}{(4\pi)^3 KTBF\left(\frac{S_o}{N_o}\right) L_{sys}}\right]^{\frac{1}{4}}$$

$$= \left[\frac{16000 \times (295338)^2 \times 30 \times (0.857\times10^{-2})^2 \times 498}{(4\pi)^3 \times 1.38\times10^{-23} \times 290 \times 20\times10^6 \times 3.98 \times 39.8\times10}\right]^{\frac{1}{4}}$$

$$= 0.28\times10^6 m \ (280 Km)$$

$$G = 0.55\left(\frac{\pi D}{\lambda_0}\right)^2 = 0.55\left(\frac{\pi\times2\times100}{0.857}\right)^2 = 295338 \ (\fallingdotseq 54.7dB)$$

$$\lambda_0 = c/f = \frac{3\times10^8}{35\times10^9} = 0.857 cm$$

$$n = \frac{\theta_B \times PRF}{\theta_s} = \frac{0.299° \times 100\times10^3}{60°} = 498$$

$$\theta_B = 70\times\frac{\lambda_0}{D} = 70\times\frac{0.857}{2\times100} = 0.299°$$

b]
$$\frac{(S_o/N_o)}{(S_o/N_o)_{min}} = \left(\frac{R_{max}}{R}\right)^4 = \left(\frac{280}{140}\right)^4 = 16$$

$$\frac{S_o}{N_o} = 16\left(\frac{S_o}{N_o}\right)_{min} = 16\times40 = 640 \ (\fallingdotseq 28dB)$$

c]
$$R_{max} \propto (P_t)^{\frac{1}{4}}$$

$$R_{max}' = (10)^{\frac{1}{4}} R_{max} = (10)^{\frac{1}{4}} \times 280 km = 497.3 Km$$

Figure 121. 레이더 공식(3)

Table of Contents

1. Radar - 시스템 구조 및 요구사항

❖ Radar System

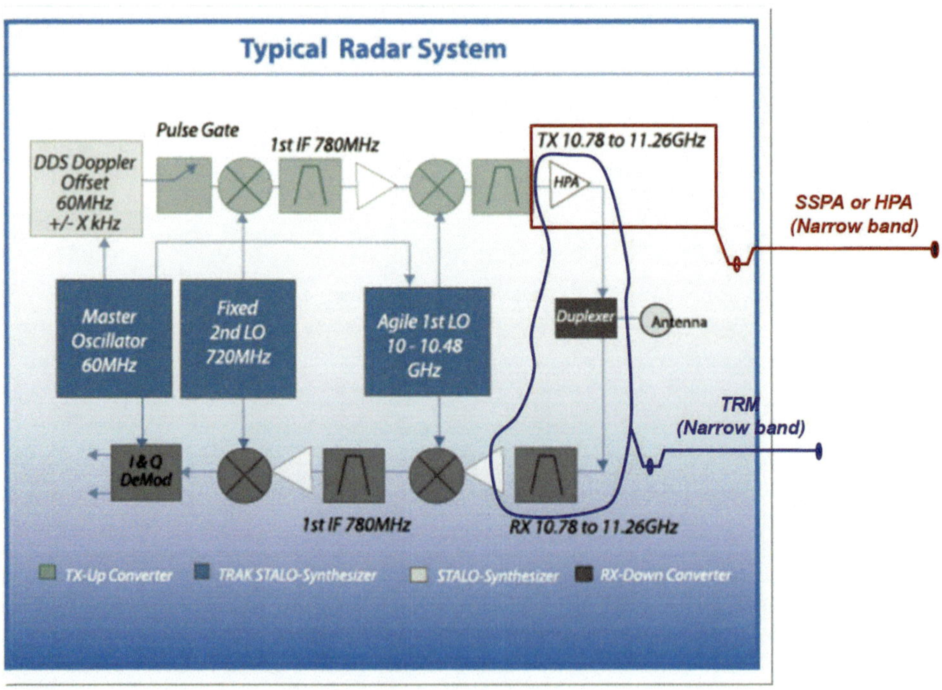

※ 출처 : TRAK Inc. homepage

Figure 122. 레이더 공식(3)

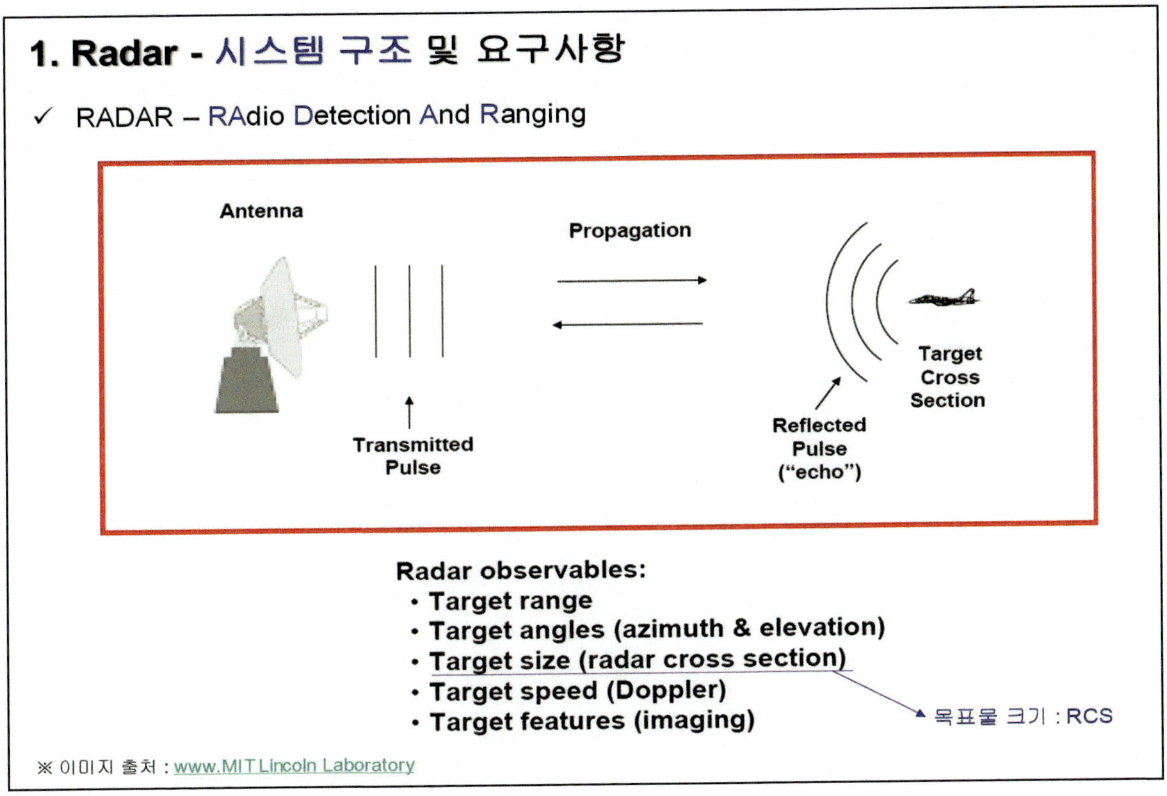

Figure 123. 레이더 공식(3)

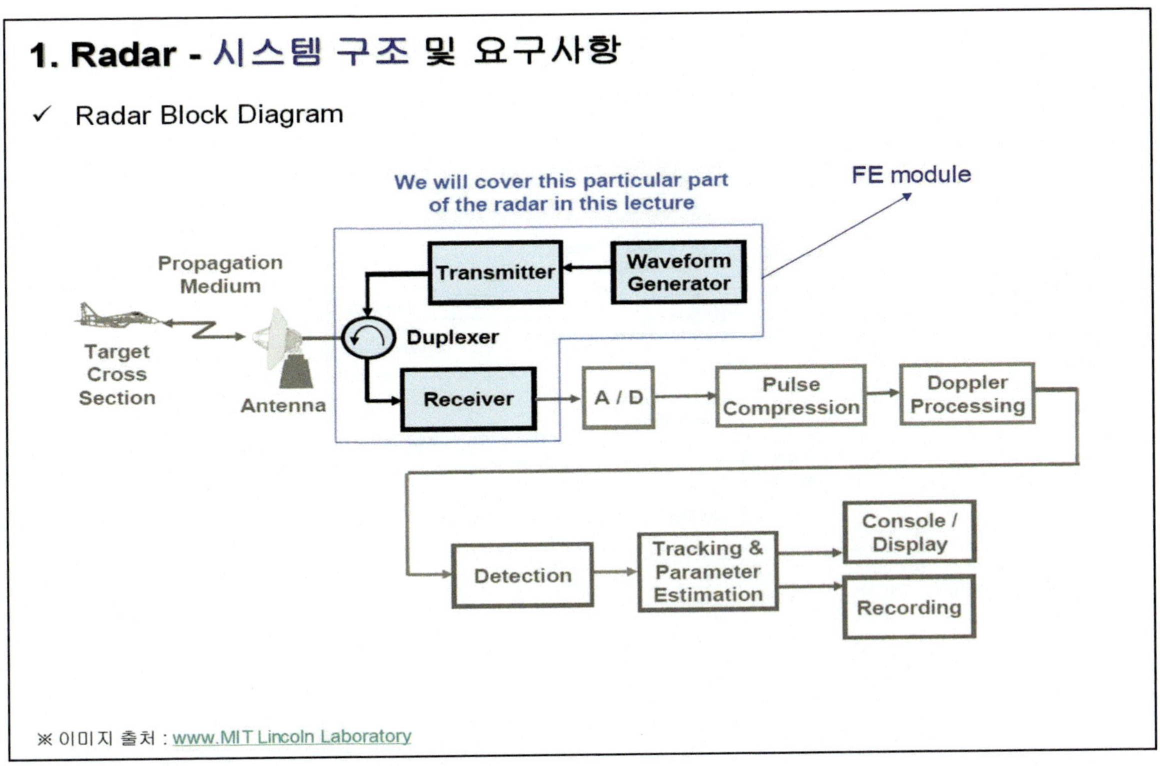

Figure 124. 레이더 공식(3)

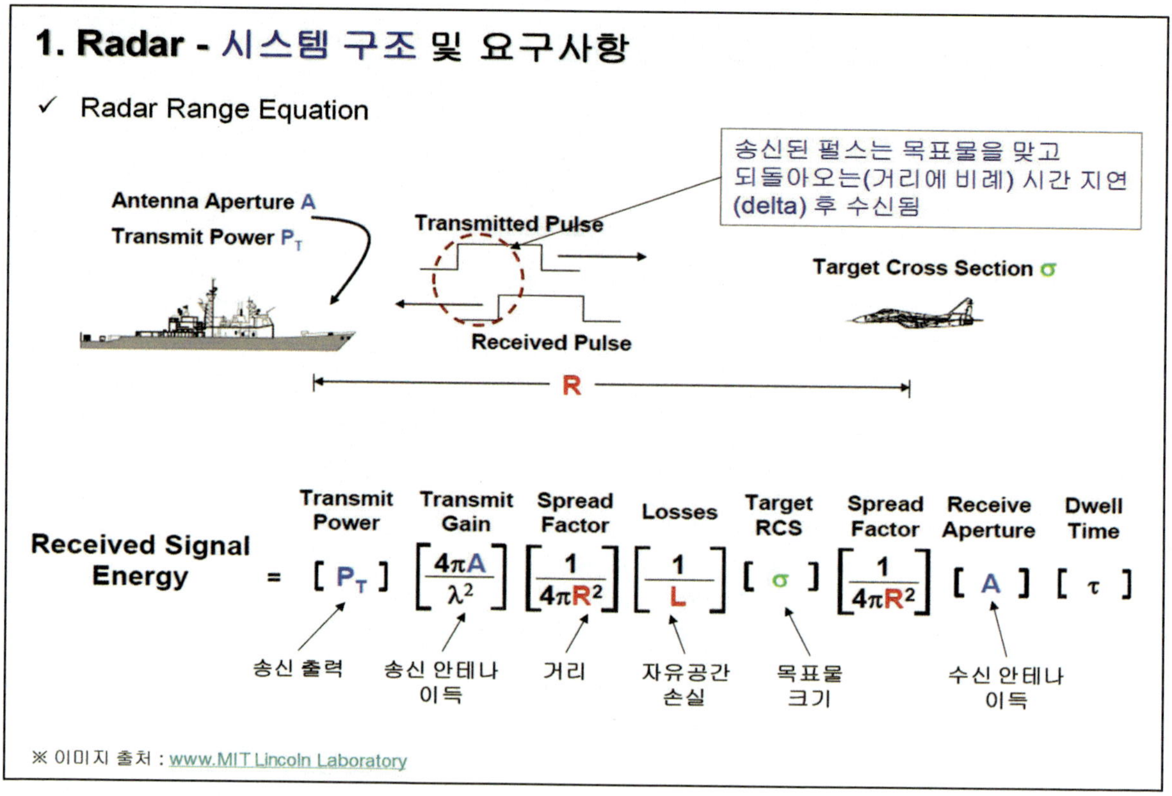

Figure 125. 레이더 공식(3)

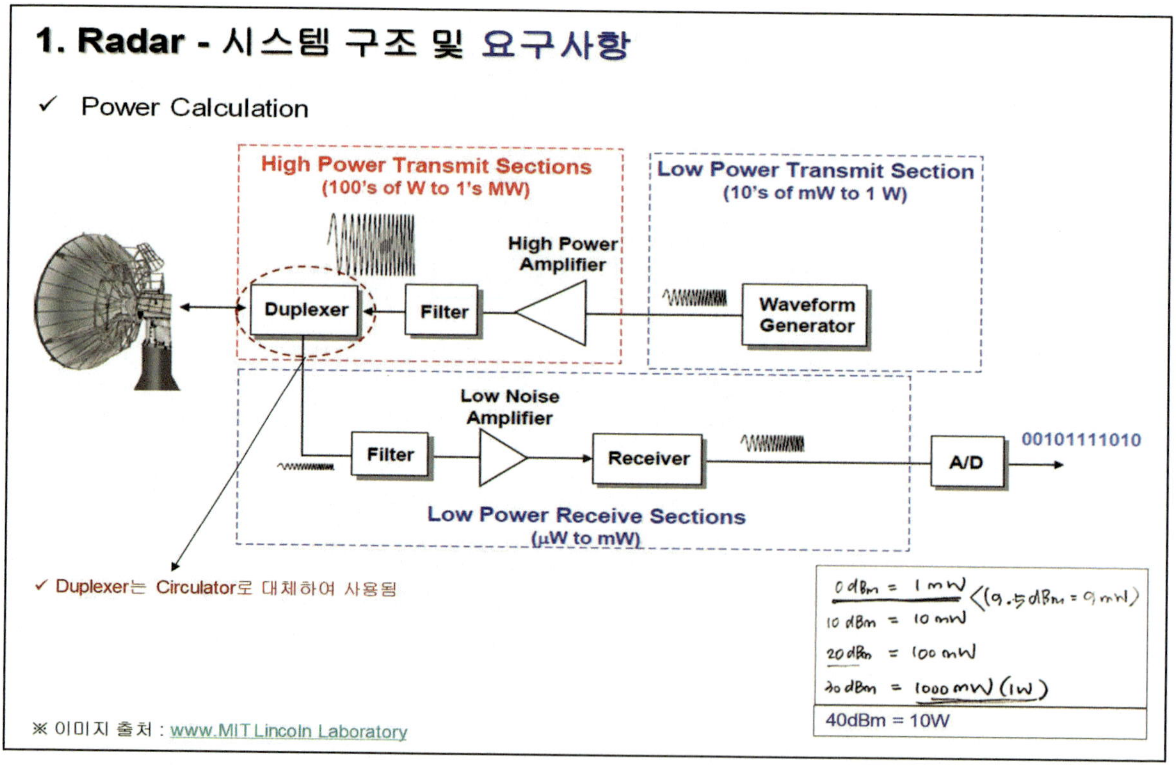

Figure 126. 레이더 공식(3)

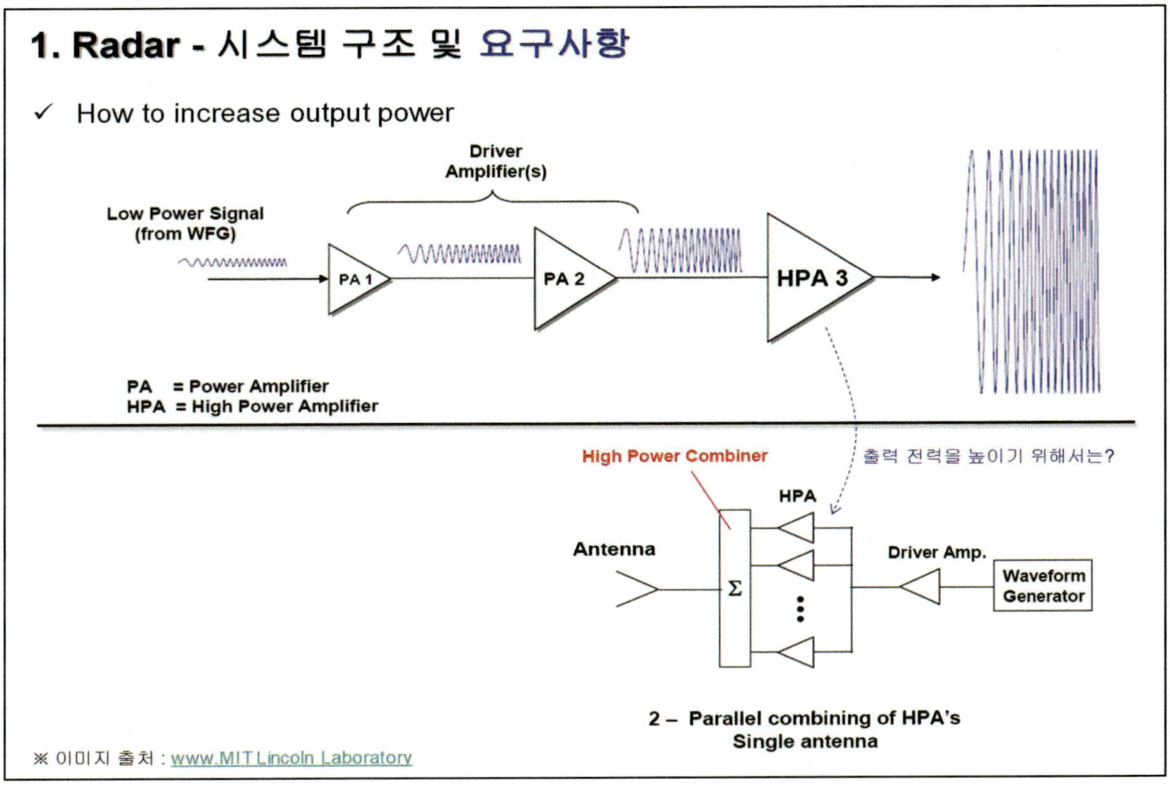

Figure 127. 레이더 공식(3)

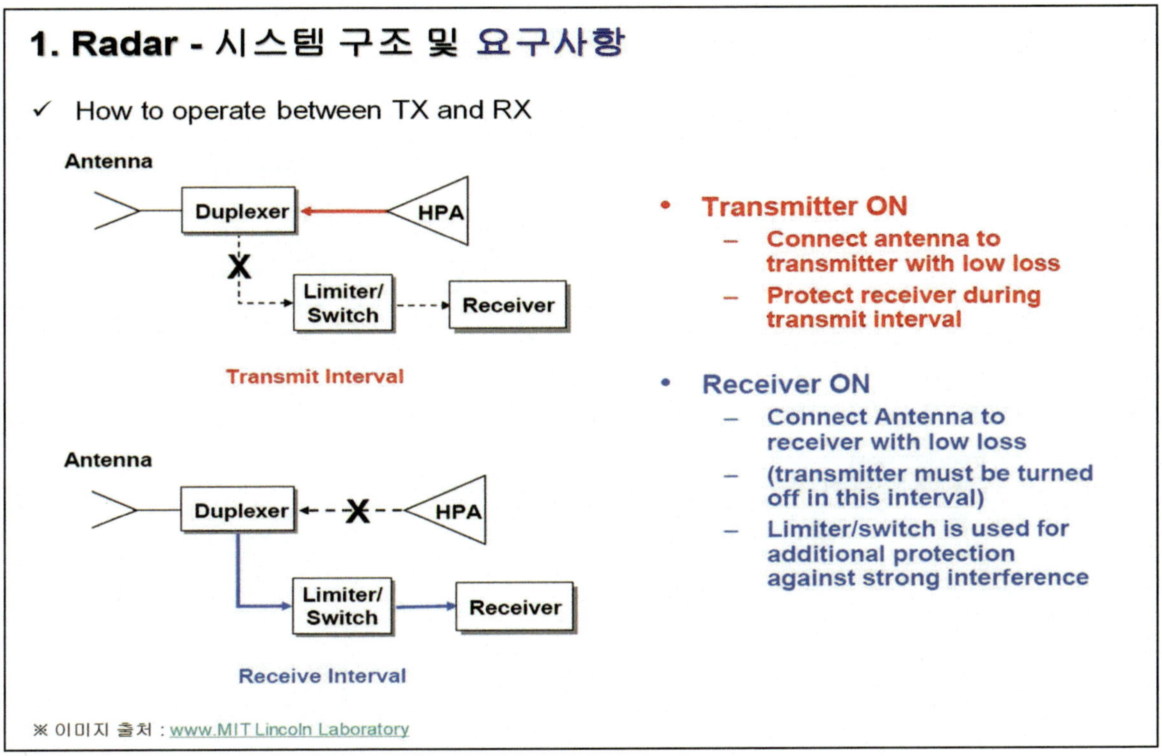

Figure 128. 레이더 공식(3)

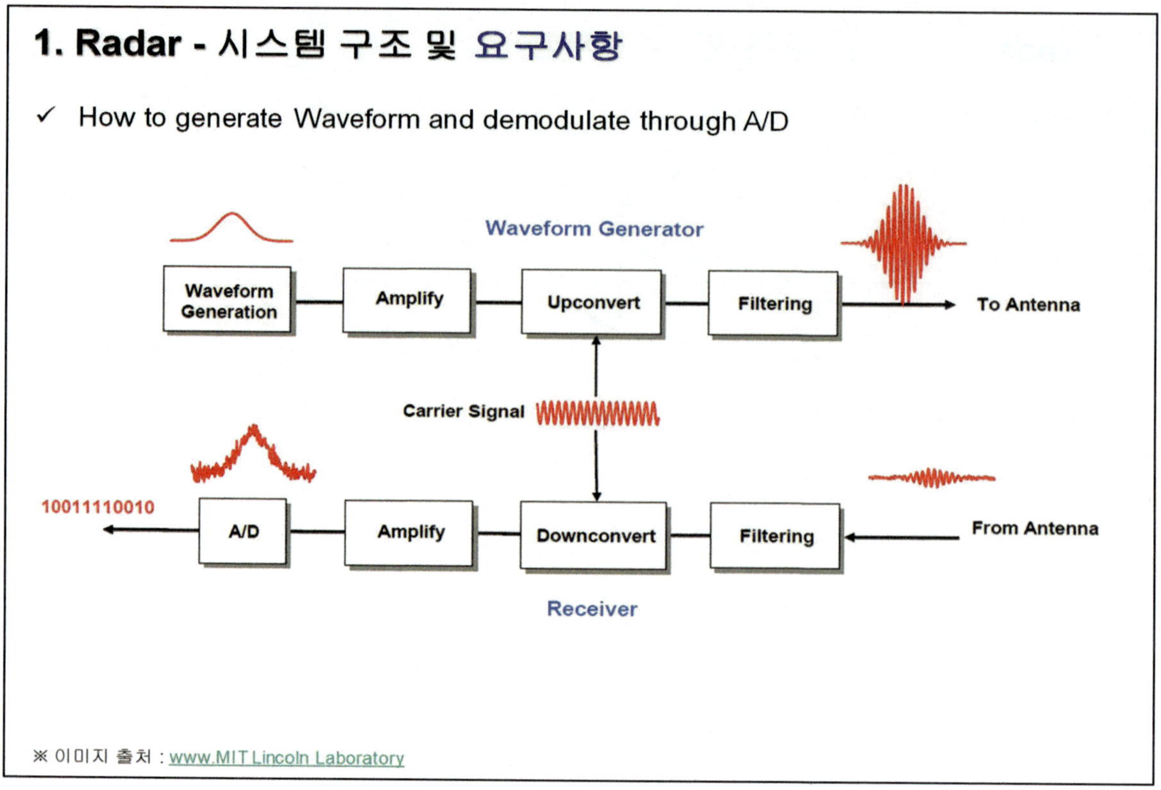

Figure 129. 레이더 공식(3)

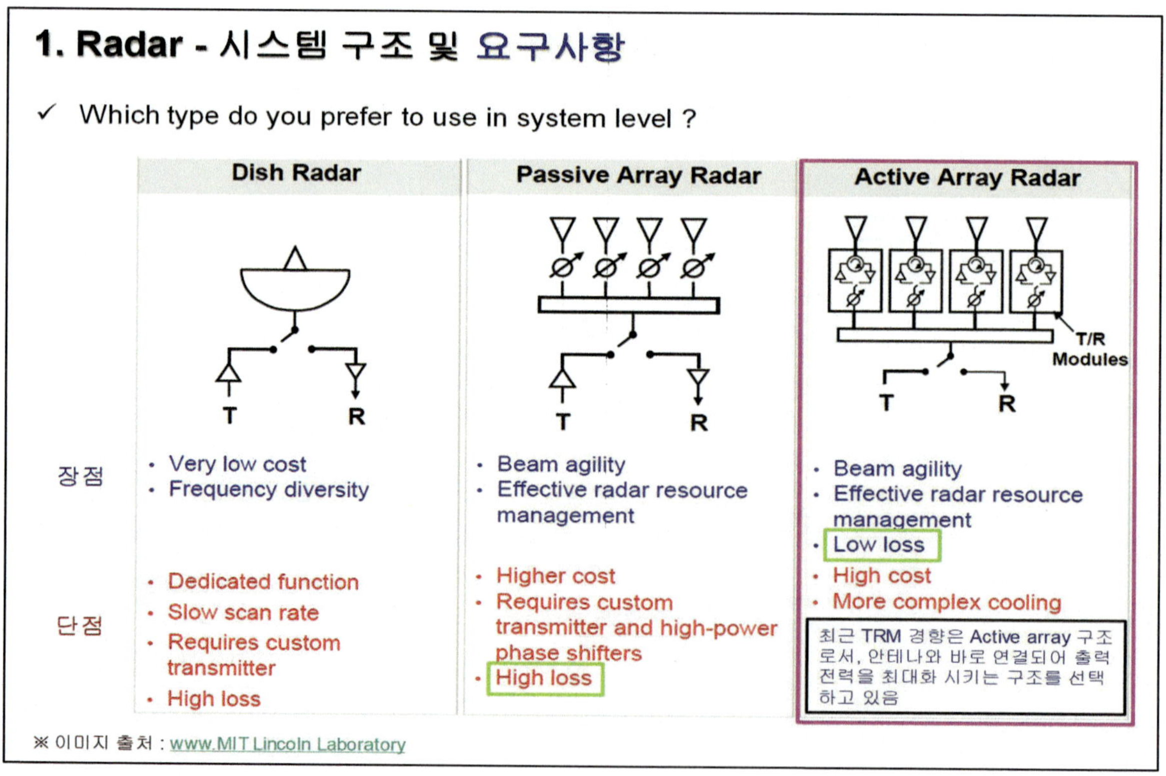

Figure 130. 레이더 공식(3)

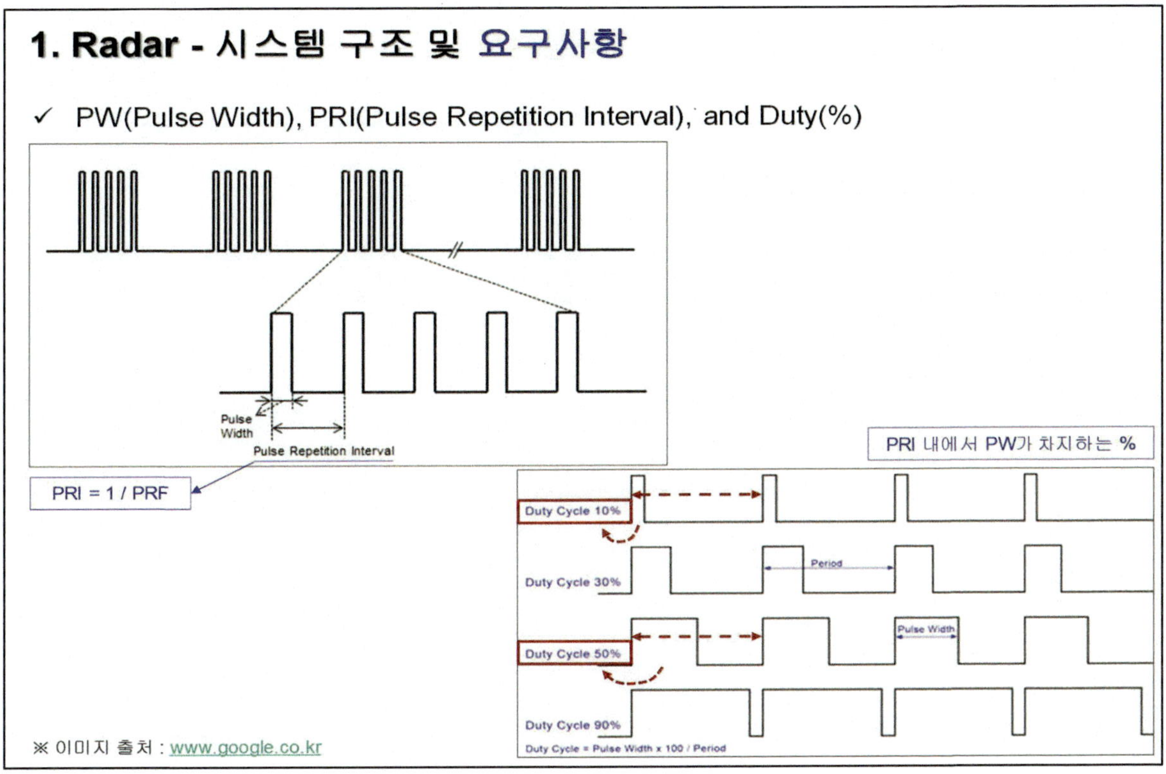

Figure 131. 레이더 공식(3)

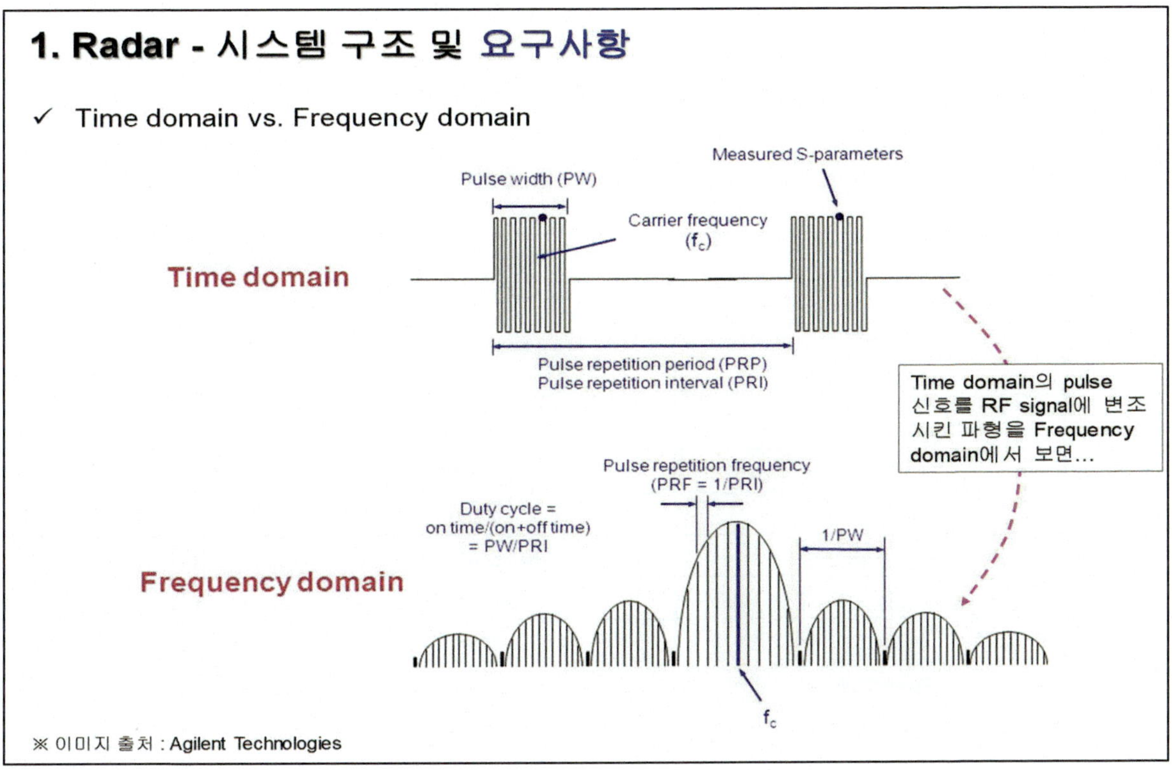

Figure 132. 레이더 공식(3)

1. Radar - 시스템 구조 및 요구사항

✓ How to select control line in order to fast switching time between Vd and Vg

1) TX 경로를 선택할 때, RX LNA - OFF
2) RX 경로를 선택할 때, TX HPA - OFF

일반적은 HPA를 OFF 하기 위해서는 Vd 전압을 이용하여 On / Off를 하게 되는데, 이럴 경우, Vd 라인에 병렬로 연결되어 있는 전원 노이즈 제거용 Capacitor 용량이 커서 충/방전 시간 때문에 switching time이 느려지게 된다. 해서, 아래 회로와 같이 Vd 전압을 제어하지 않고, Vg 전압을 제어하여 극복할 수 있다.

예) Vg ON 전압(-1V), Vg OFF 전압(-4V)라고 가정하면…

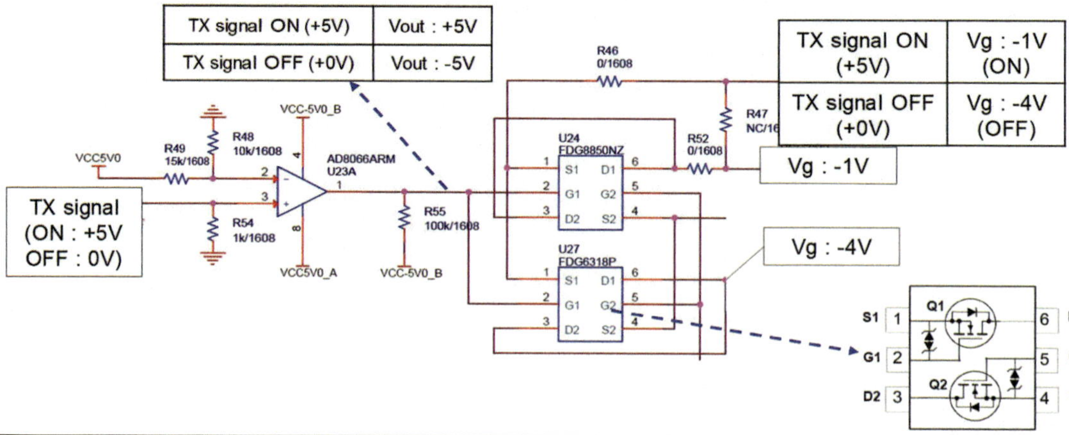

Figure 133. HPA Vd & Vg ON/OFF 방법

2. S band TR Module – 규격 분석

✓ General Specification for S band TRM(TR Module)

Item		Requirement	Remark
RF Parameters Specification (송수신모듈)			
주파수		X.X GHz ~ X.X GHz	대역폭 : 1GHz 이하
출력 신호		≥ 150W	1개 채널당
이득	송신	50dB ±2dB	
	수신	25dB ±2dB	
수신단 NF		≤ 3.5dB	TBD
위상변위/오차		6 bit / 5° rms이하	TBD
이득 조절 범위/오차		5 bit / 1.0 dB	TBD
DUTY		10%	TBD
Pulsed Width		200uS	TBD
Pulsed Droop		±0.5dB	TBD

Figure 134. S band TR 모듈 – 규격

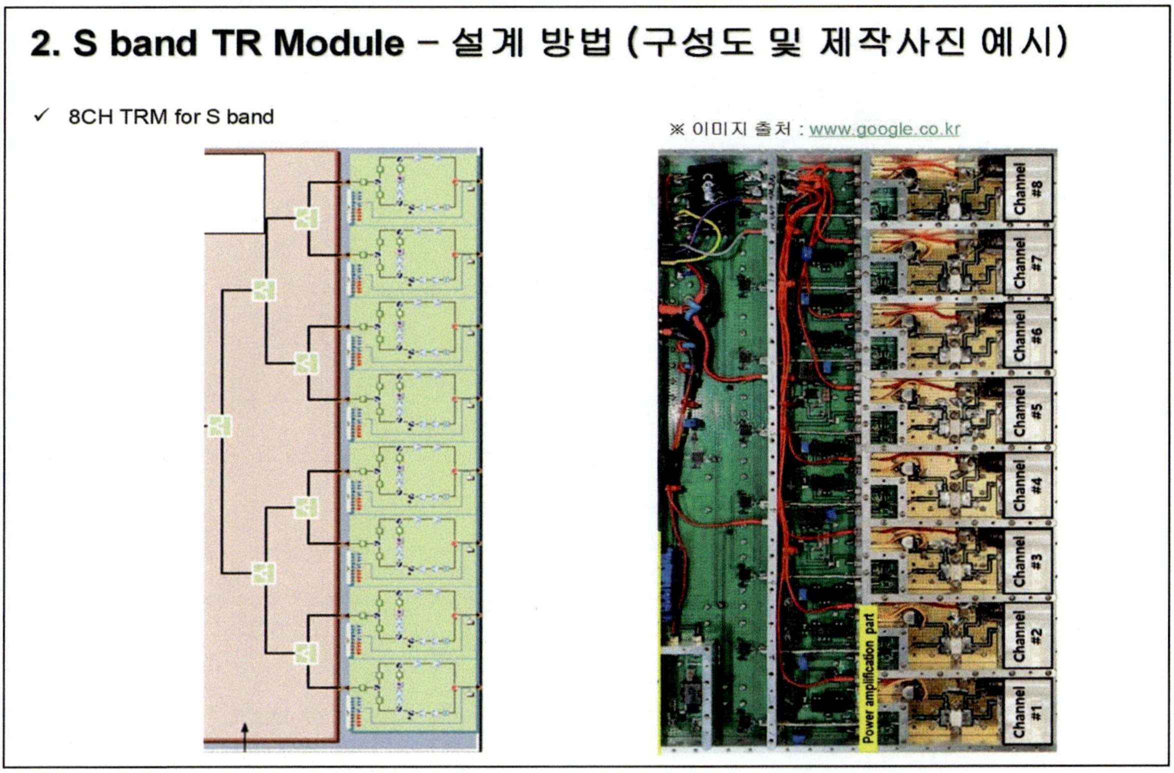

Figure 135. S band TR 모듈 – 구성도 및 제작사진(예시)

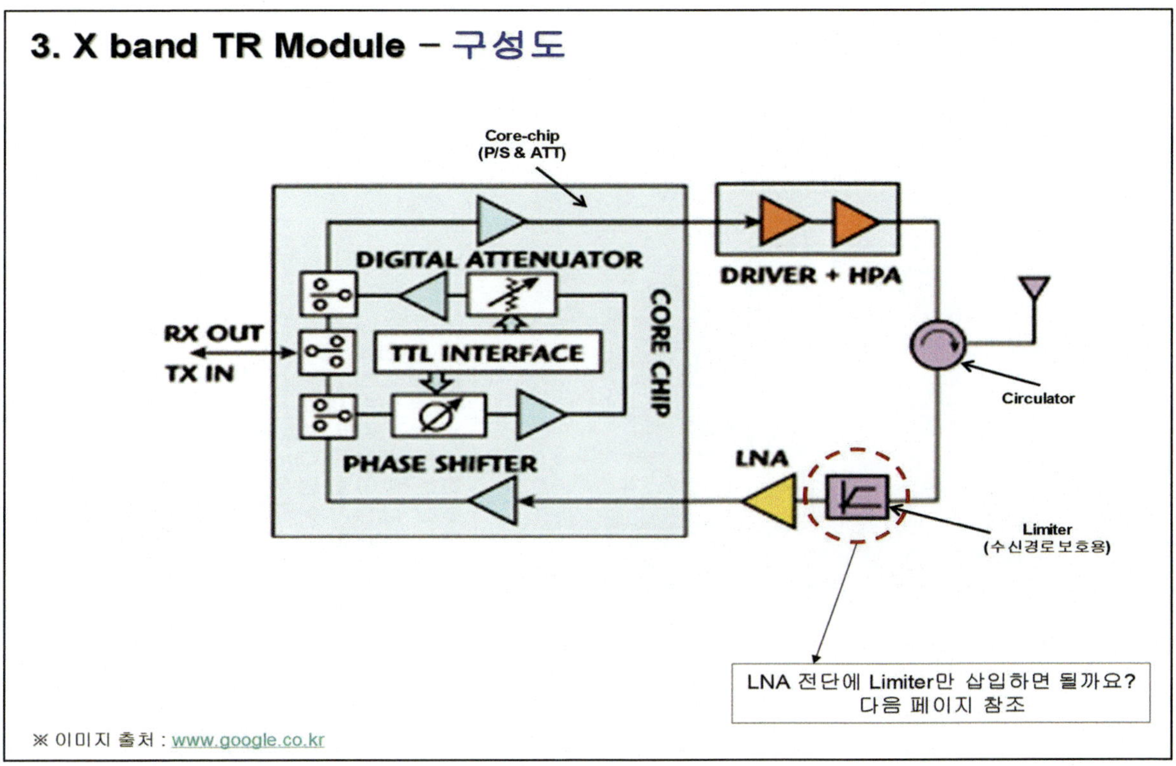

Figure 136. X band TR 모듈 – 구성도

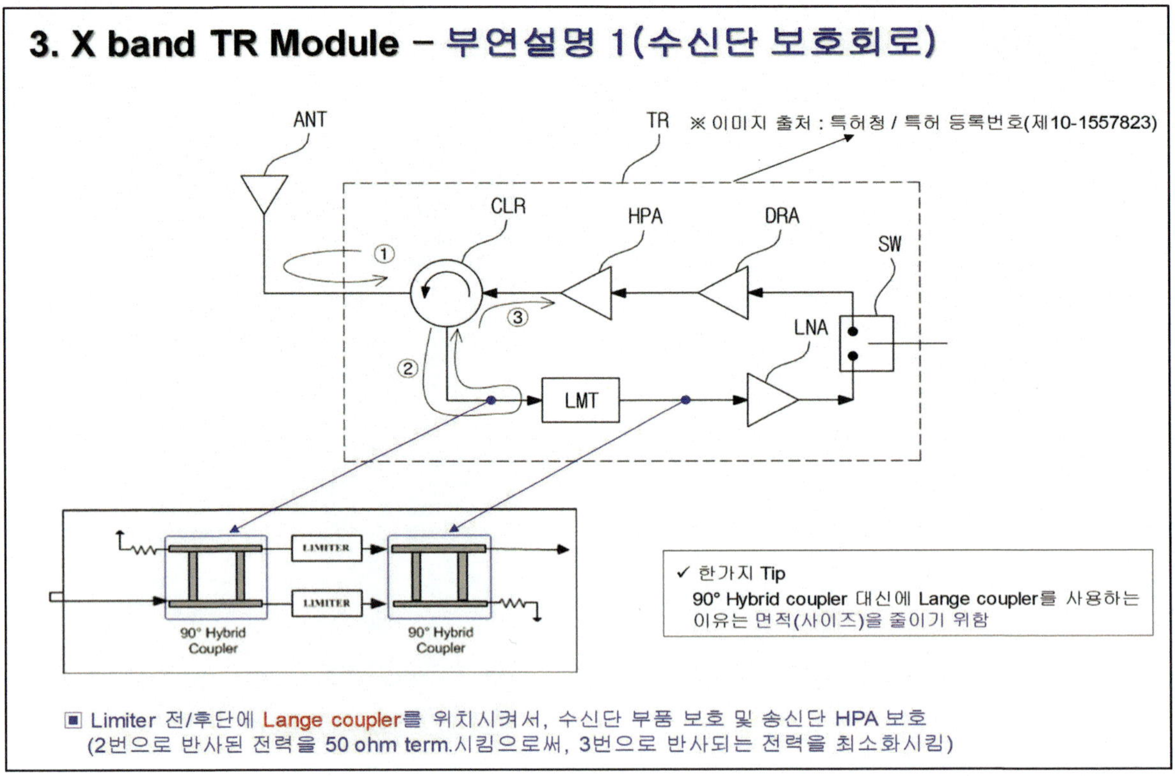

Figure 137. X band TR 모듈 – 수신단 보호회로(1)

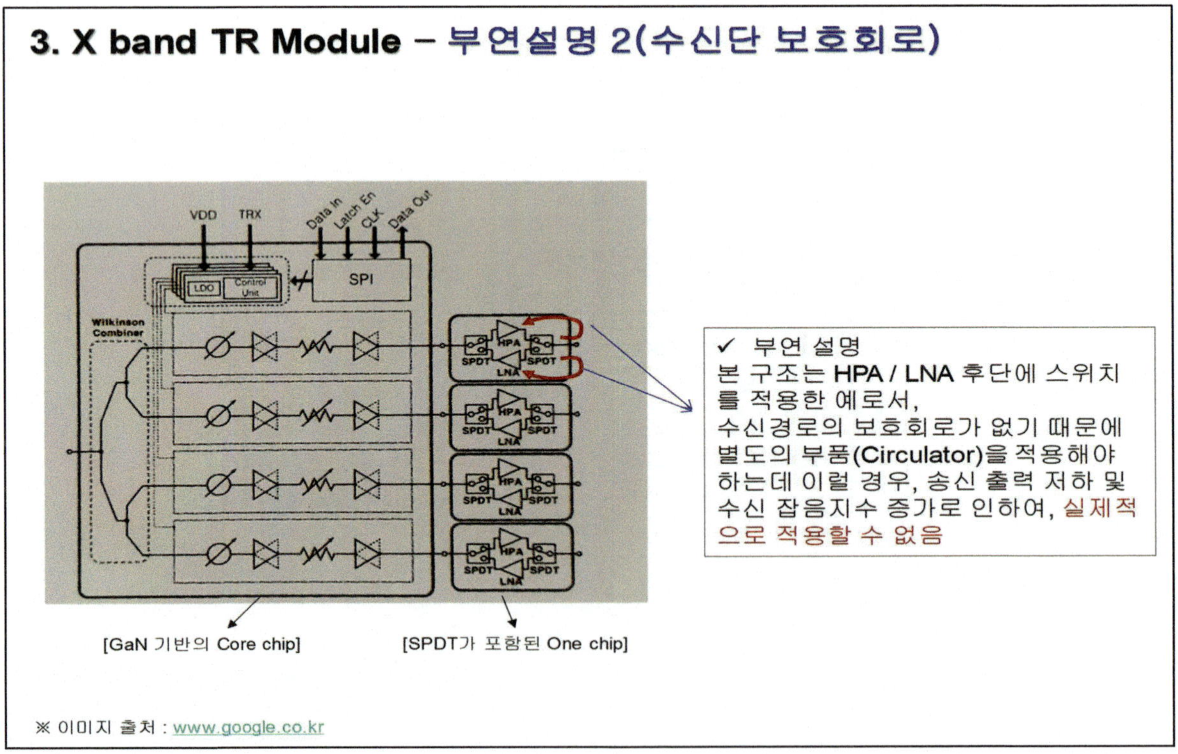

Figure 138. X band TR 모듈 – 수신단 보호회로(2)

3. X band TR Module – 제작 사진 (예시)

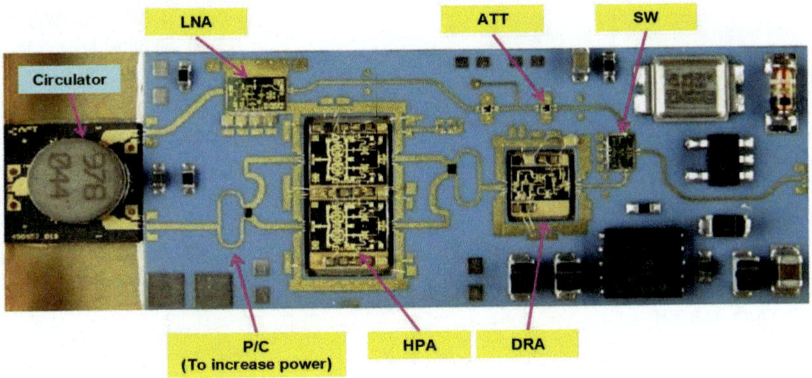

✓ 전형적인 X band TRM 구조로서,

1. 출력 전력을 높이고자 HPA를 2개 사용하여 결합한 구조 → 부품 수 증가 / 조립성 어려움
2. LNA 초단에 수신 보호회로 없음(리미터) → 출력단의 LOAD에 따라 LNA 부품 손상 가능성
3. Core-chip(P/S + ATT) 역할을 하는 부품 없음 → Active array 구조로 동작될 수 없음

※ 이미지 출처 : www.google.co.kr

Figure 139. X band TR 모듈 – 제작 사진

4. K band SSPA Module – 구성도

✓ 8CH SSPA with 10W output for K band

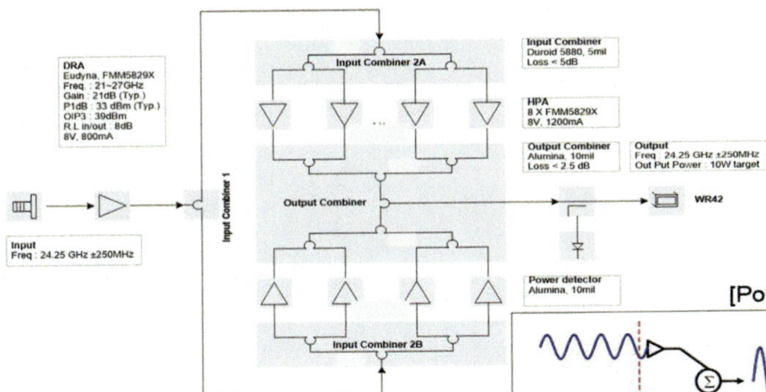

[Power combiner 설계 시 유의사항]

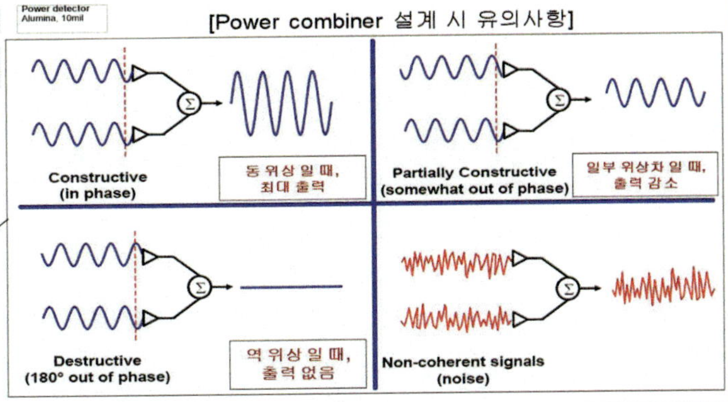

※ 이미지 출처 : www.MIT Lincoln Laboratory

Figure 140. K band SSPA 모듈 – 구성도(2)

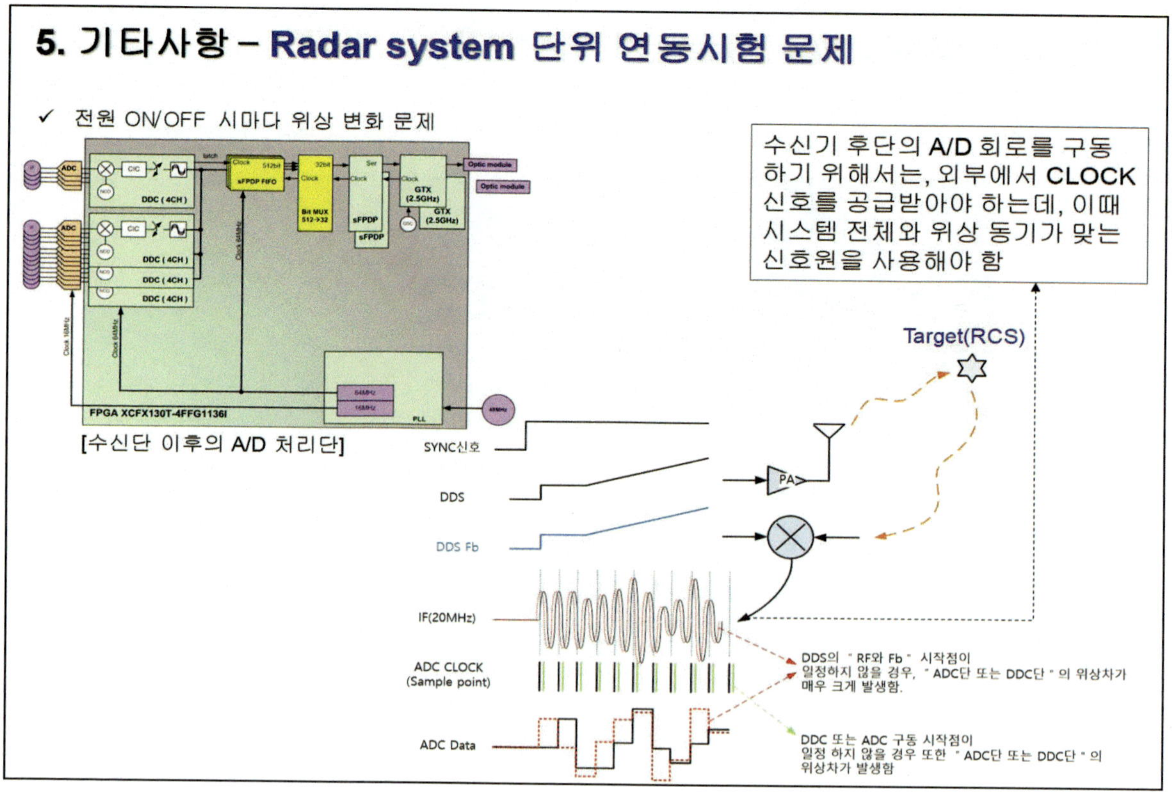

Figure 141. 레이더 연동시험 시 유의 사항

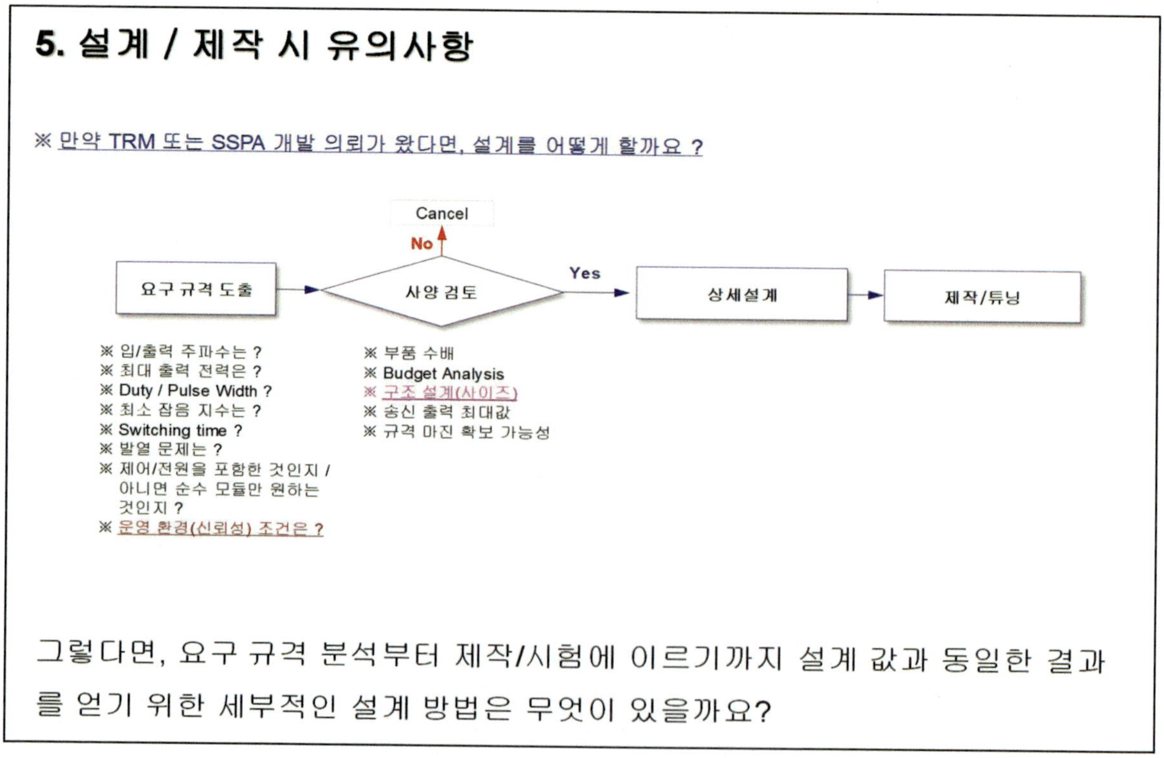

Figure 142. 제작 설계 시의 유의 사항

4.2. Understanding for Broadband Receiver

RF 모듈 종류 중에서, 광대역 수신기는 일반적으로 전자전(EW) 시스템 초단에 위치하여 자유 공간을 통해 수신되는 신호를 수집 및 분석하는데 필수적인 모듈이기 때문에 “개념 이해 및 구조 파악” 측면에서 자료를 마련하였다. 특히, 전자전 시스템에서 필요로 하는 광대역 수신기는 최소 4개 이상의 동일한 RF 경로를 필요로 하며 RF 경로 간의 위상 정합 및 진폭 정합이 필수적으로 구현되어야 한다.

목 차

Table of Contents

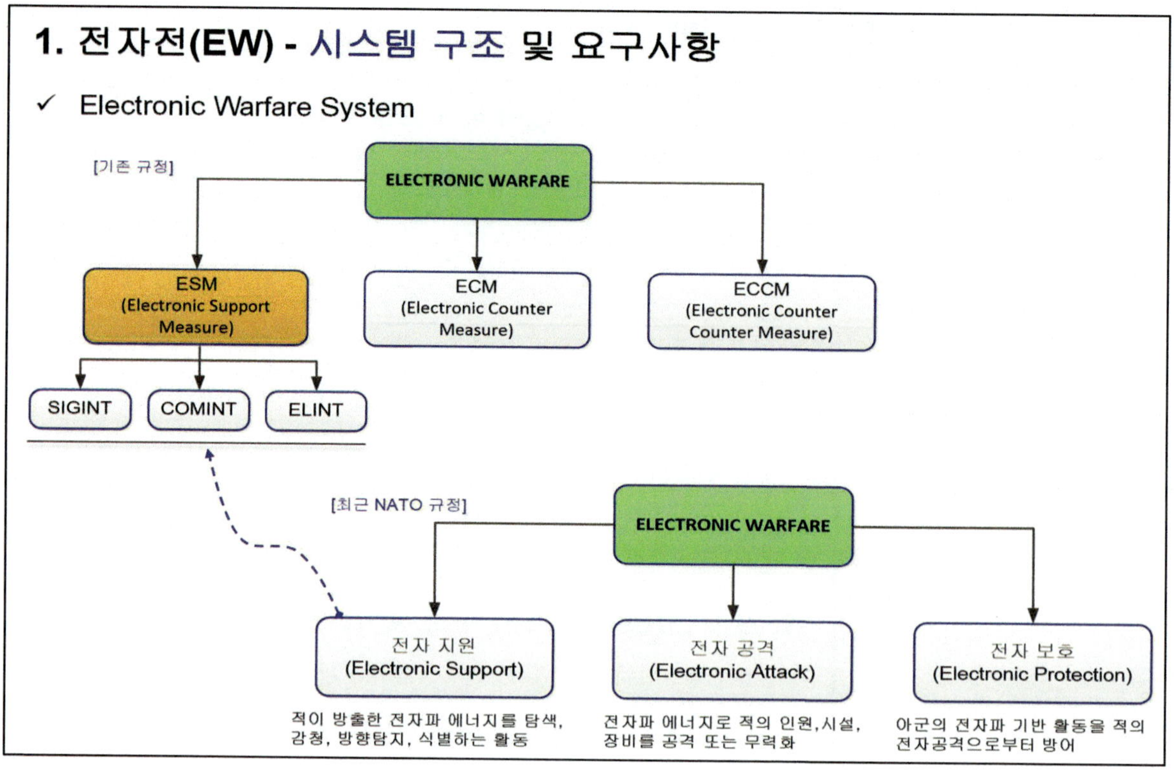

Figure 143. 전자전 시스템 구조(세부 분야)

Figure 144. 전자전 시스템 구조(전자지원분야 - 적용 사례)

1. 전자전(EW) - 시스템 구조 및 요구사항

❖ Electronic Warfare System

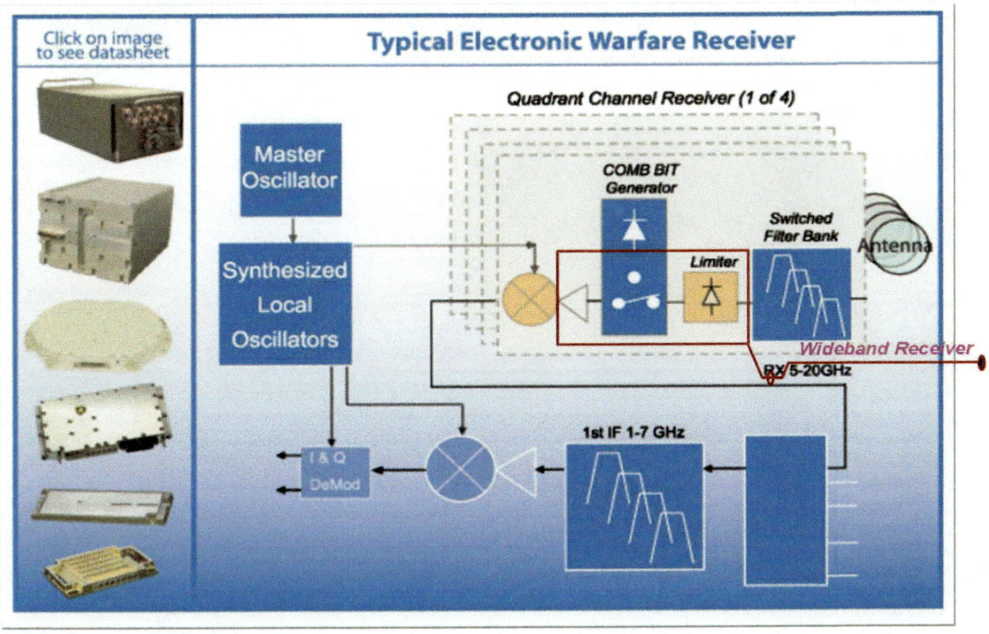

※ 출처 : TRAK Inc. homepage

Figure 145. 일반적인 전자전 수신기 구조

1. 전자전(EW) - 시스템 구조 및 요구사항

✓ Receiver Block Diagram

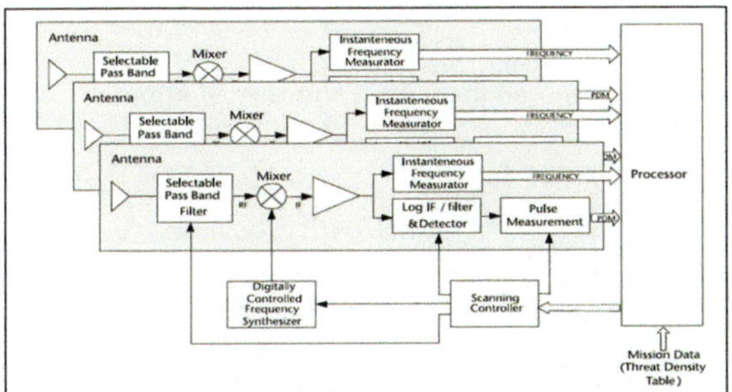

Figure 3.13 Schematic block diagram of a LB SH.

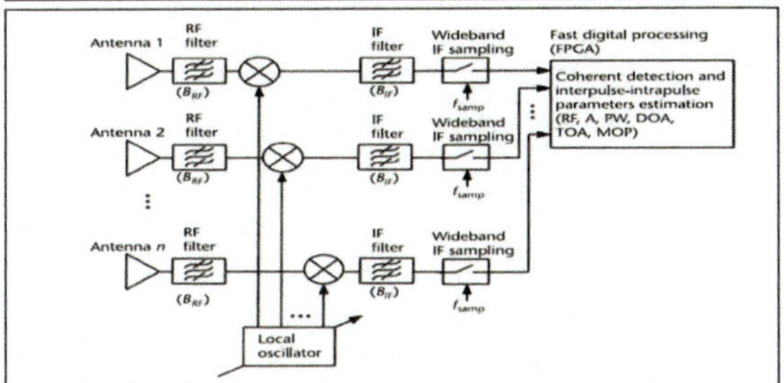

Figure 3.23 SH Receiver.

ESM 분야에 적용되는 수신기 형태는,
국부발진신호(LO)를 포함하고 있는 슈퍼 헤테로다인 수신기(SH receiver)를 사용하는데...
적의 레이더에서 발생한 신호를 검출하기 위해서는 도착방향(DOA, direction of arrival)을 알아야 하는데, 이때 필요한 것이 신호를 검출하고 방향을 알아낼 때 필요한 것이 진폭 비교와 위상비교이다.

※ 이미지 출처 : Introduction to Modern EW systems by Andrea

Figure 146. 일반적인 전자전 수신기 구성도

1. 전자전(EW) - 시스템 구조 및 요구사항

✓ Amplitude comparison and Phase comparison (1/2)

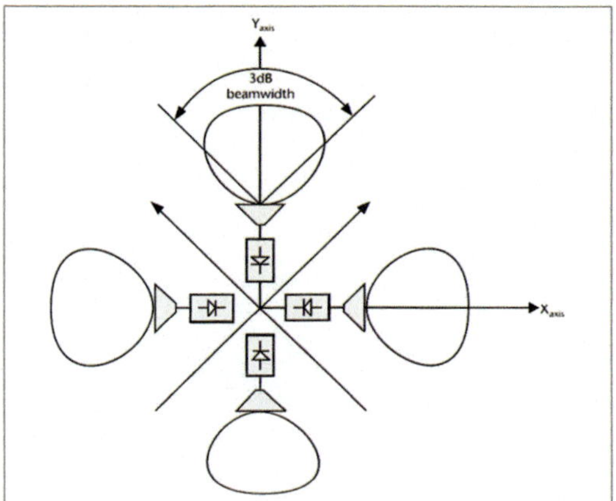

Figure 4.3 Arrangement of the four antennas for the DF amplitude comparison monopulse method.

자유공간을 통해 방사되는 적군의 신호를 어느 방향에서 제일 센 신호가 들어오는지를 알기 위해서는, 수신기 내에 존재하는 **다수 채널(예,4개 채널)간의 자체 진폭 정합**이 되어 있어야 한다.

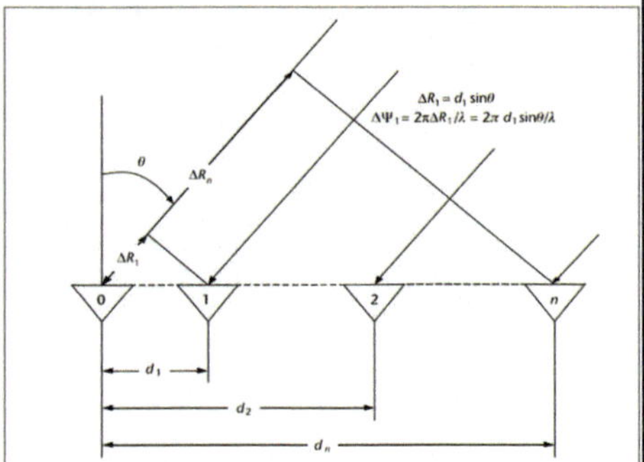

Figure 4.8 Principle of phase DF method (linear array).

수신되는 신호가 기준 안테나(Ref. ANT)로부터 거리에 따라 위상 차이가 발생되는 점을 이용하여 도착방향(DOA)을 알아내게 되는데, 이때 수신기 내에 존재하는 **다수 채널간의 자체 위상 정합**이 되어 있어야 한다. (허용 값은 약 10도 이내)

※ 이미지 출처 : Introduction to Modern EW systems by Andrea

Figure 147. 전자전(전자지원) – 수신기 정합 조건

1. 전자전(EW) - 시스템 구조 및 요구사항

✓ Amplitude comparison and Phase comparison(2/2)

Table 4.1 Amplitude Comparison Monopulse Accuracy (°) with an Increasing Number of Antennas Covering 360° Azimuth

Number of Antennas	*3 dB Beam Width (°)*	*Error for Antenna Parameters*	*Error for Noise at SNRM=13 dB*	*Total Accuracy (°)*	*Error for Noise at SNRM=20 dB*	*Total Accuracy (°)*
4	90	6.03	14.51	15.71	6.49	8.86
6	60	4.02	9.67	10.48	4.33	5.91
8	45	3.02	7.26	7.86	3.24	4.43
12	30	2.01	4.84	5.24	2.16	2.95

위 표에서 분석된 값을 보면, [13dB SNR 조건]

안테나 개수가 4개일 때는 전체 정확도가 15.71도

안테나 개수가 12개 일 때는 전체 정확도가 5.24도 로서,

안테나 개수가 늘어날 수록 도착방향(DOA)을 식별해 낼 수 있는 정확도가 높아짐을 알 수 있다.

※ 이미지 출처 : Introduction to Modern EW systems by Andrea

Figure 148. 전자지원 - 안테나 배열 개수에 따른 정확도

1. 전자전(EW) - 시스템 구조 및 요구사항

✓ how to match between CH for ANT and BIT path

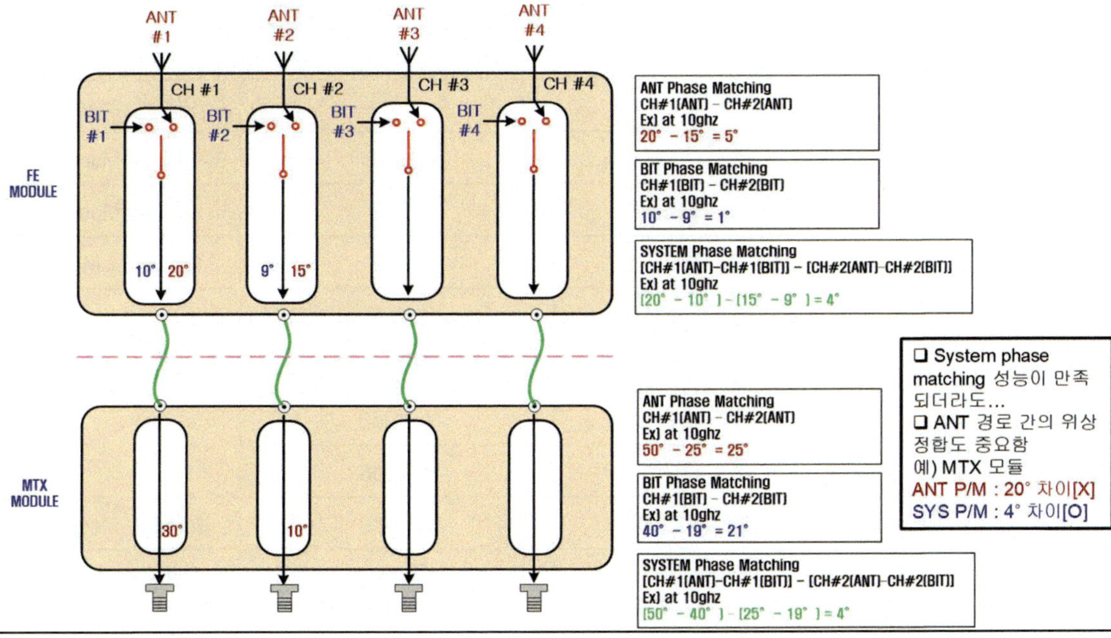

Figure 149. 전자지원 – 수신기 채널 간의 위상 정합 이해

2. 광대역 수신기 – 규격 분석 (1)

✓ General Specification for 0.5 ~ 18GHz Broadband Receiver

Item	Requirement		Remark
Freq.	0.5 – 18 GHz		3EA sub-module
GAIN	0.5 – 2GHz	20dB	Need equalizer to compensate positive slope
	2 – 6GHz	20dB	
	6 – 18GHz	20dB	
Noise Figure	0.5 – 6GHz	< 5dB	Main parameter
	6 – 18GHz	< 6dB	
VSWR	0.5 – 6GHz	< -14dB	
	6 – 18GHz	< -12dB	
Phase Matching	0.5 – 6GHz	±3 °	Main parameter
	6 – 18GHz	±4 °	
Amplitude Matching	0.5 – 6GHz	< 0.5dB	
	6 – 18GHz	< 0.8dB	

※ "18-40GHz 초고주파 대역의 수신기"의 요구 사항 및 설계/제작 방법은 "한국전자파학회 영문저널(JEES) 참조" 할 것
→ (Appendix. 1) Y.S JEON, "Front-End Module of 18–40 GHz Ultra-Wideband for Electronic Warfare System" [VOL.18, NO.3, 188~198, JUL.2018]

Figure 150. 광대역 수신기 일반적인 규격

2. 광대역 수신기 - 규격 분석 (2)

✓ General Specification for 0.5 ~ 18GHz Down-Converter

Item	Requirement		Remark
Freq.	0.5 – 18 GHz		3EA sub-module
GAIN	0.5 – 2GHz	20dB	Direct Mode
	2 – 6GHz	20dB	Direct Mode
	6 – 18GHz	20dB	Converter Mode
Noise Figure	0.5 – 6GHz	< 6dB	Main parameter
	6 – 18GHz	< 7dB	
VSWR	0.5 – 6GHz	< -12dB	
	6 – 18GHz	< -10dB	
Amplitude Matching	0.5 – 18GHz	< 1.0dB	Between Modules
Spurious	In-band	< -90dBm	Because of LO

Figure 151. 광대역 하향변환기 일반적인 규격

3. 광대역 수신기 - 설계 방법 (구성도)

✓ 0.5-18GHz (3EA Sub-band)

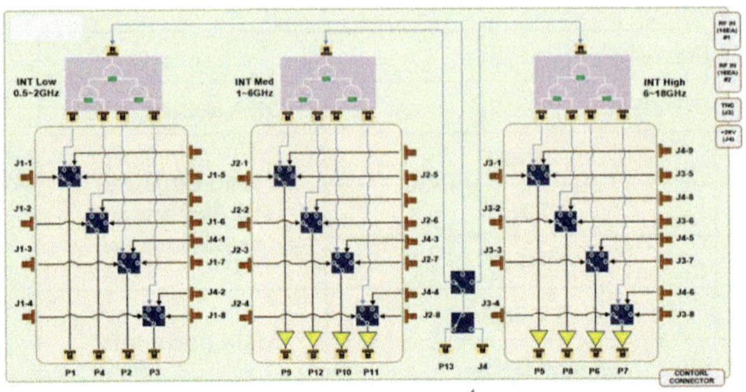

LB (0.5-2GHz) MB (2-6GHz) HB (6-18GHz)

※ "0.5-18GHz 광대역 매트릭스 박스"의 요구 사항 및 설계/제작 방법은 "한국전자파학회 영문저널(JEES) 참조" 할 것
→ (Appendix. 2) Y.S JEON, "Design of 0.5-18GHz Wideband Switching Matrix BOX for Electronic Support Measure System" [VOL.20, NO.4, 293~301, OCT.2020]

✓ 2-18GHz (2EA Sub-band) – Redundancy

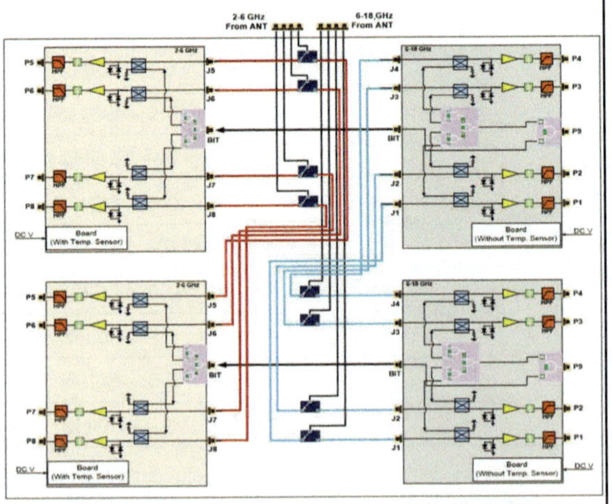

MB (2-6GHz) HB (6-18GHz)

Figure 152. 광대역 수신기 – 일반 구성도

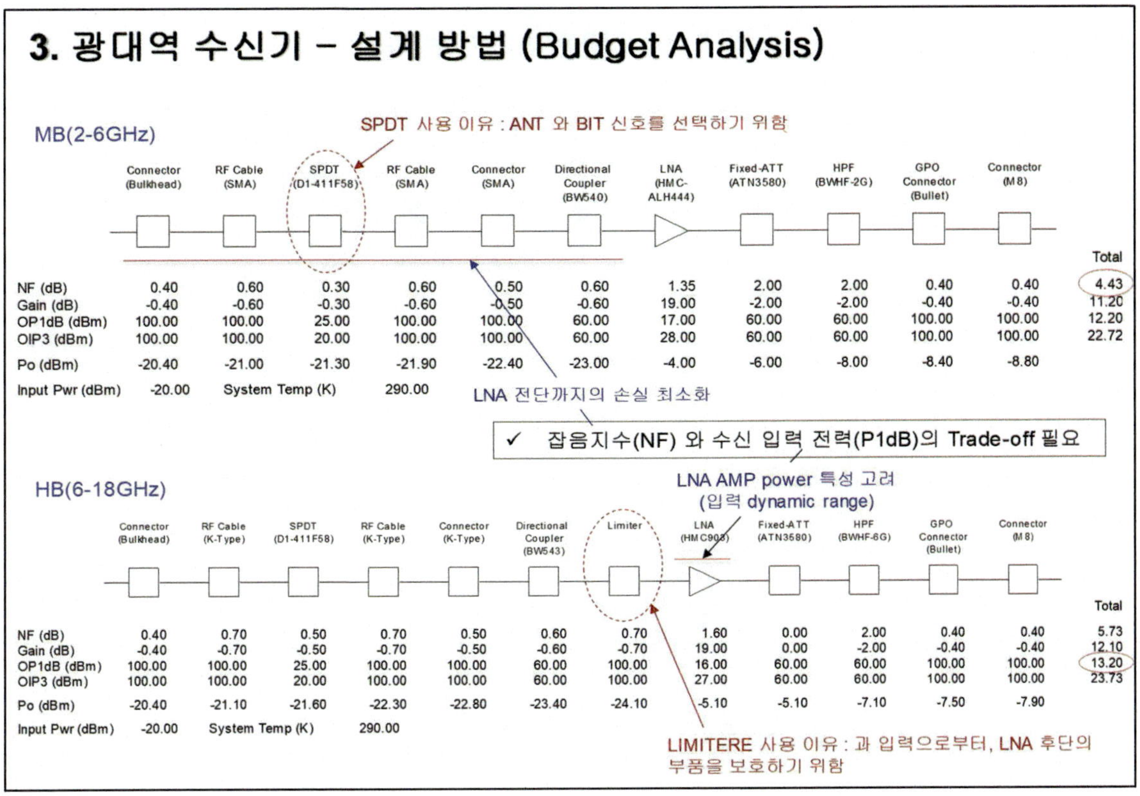

Figure 153. 광대역 수신기 – Budget Analysis

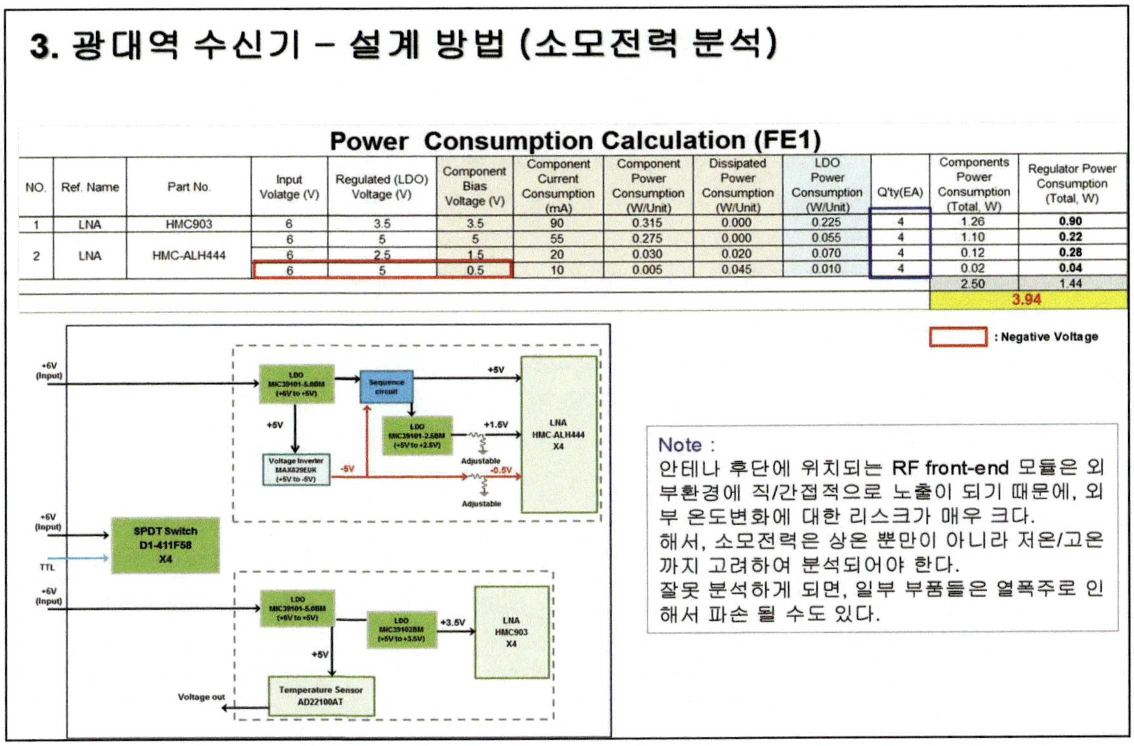

Figure 154. 광대역 수신기 – 소모전력 분석

3. 광대역 수신기 – 설계 방법 (불요신호 분석)

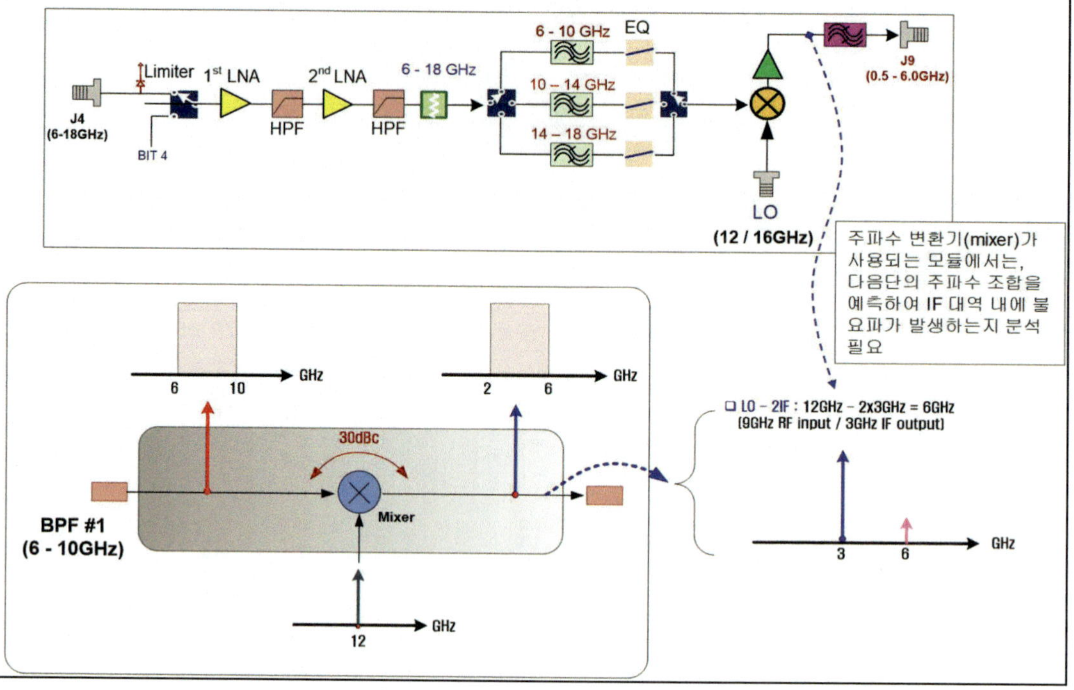

Figure 155. 광대역 수신기 – 불요신호 분석

3. 광대역 수신기 – 설계 방법 (FILTER BANK-1)

✓ 수신기에서 필터 뱅크가 필요한 이유

- 수신기 모듈은 RF 입력신호가 주파수 혼합기(mixer) 전에 이미지 신호를 제거하지 못하면, 믹서에서 동일한 입력 신호로 인지하여 상호변조 신호(intermodulation signal) 발생 및 잡음 지수 특성이 열화 됨
- 이러한 현상을 방지하기 위하여, 믹서 전단에 이미지 억압 필터를 삽입하여 RF 신호 이외의 이미지 신호를 억압하는 것이 매우 중요함
- 주파수 대역이 좁은 경우 → 마이크로스트립 라인 형태의 필터로 구현
- 주파수 대역이 매우 넓은 경우 → 통과 대역을 유지하면서 이미지 주파수 대역에서 원하는 억압 특성을 설계 및 구현하기가 쉽지 않기 때문에, 억압 특성이 우수하면서 삽입 손실이 적은 Suspended type의 필터를 선택

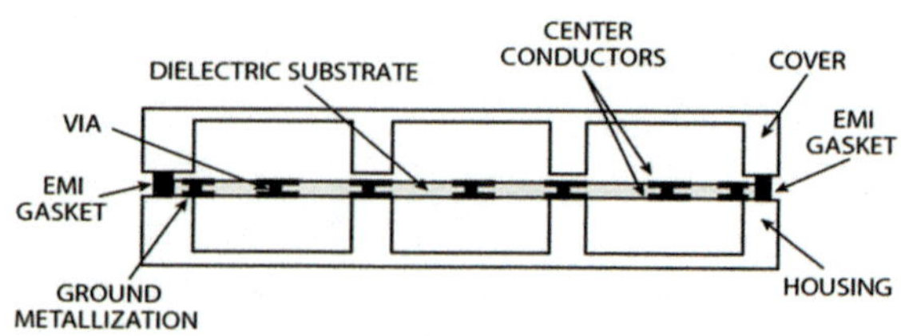

(General suspended structure)

※ 이미지 출처 : www.google.co.kr

Figure 156. 광대역 수신기 - 필터뱅크 필요성

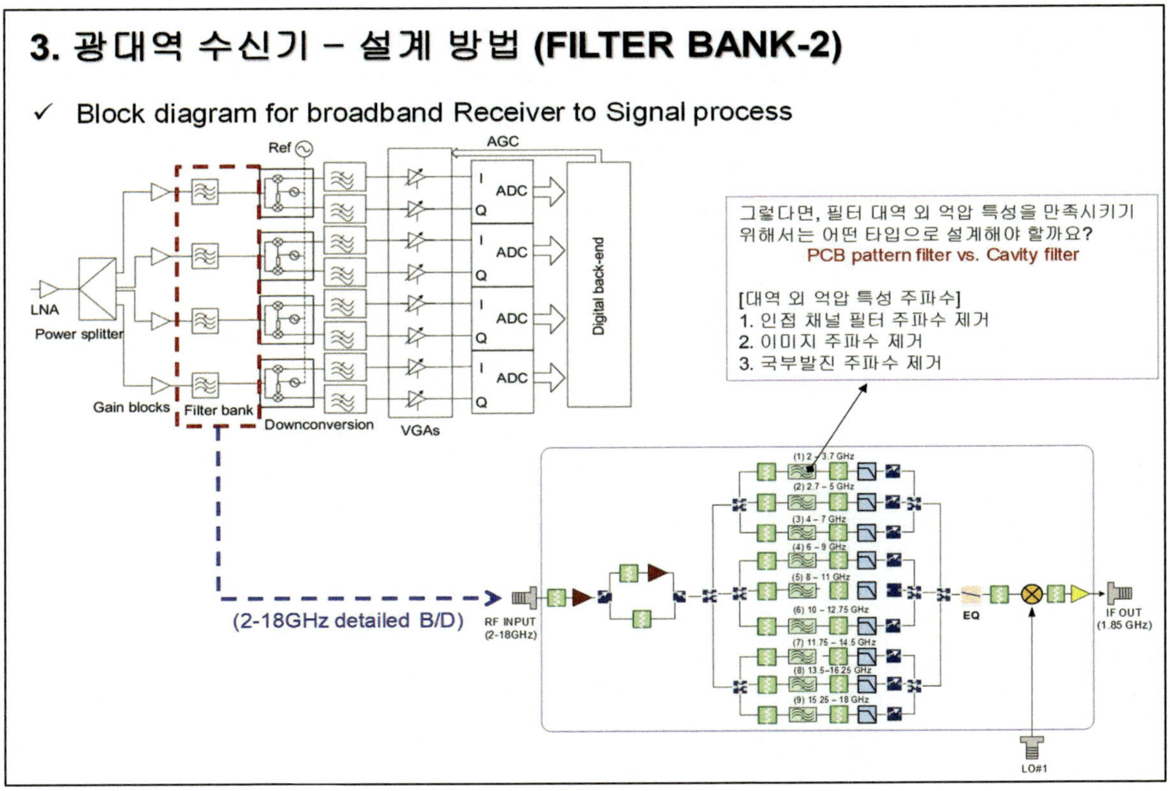

Figure 157. 광대역 수신기 - 필터뱅크 구성도

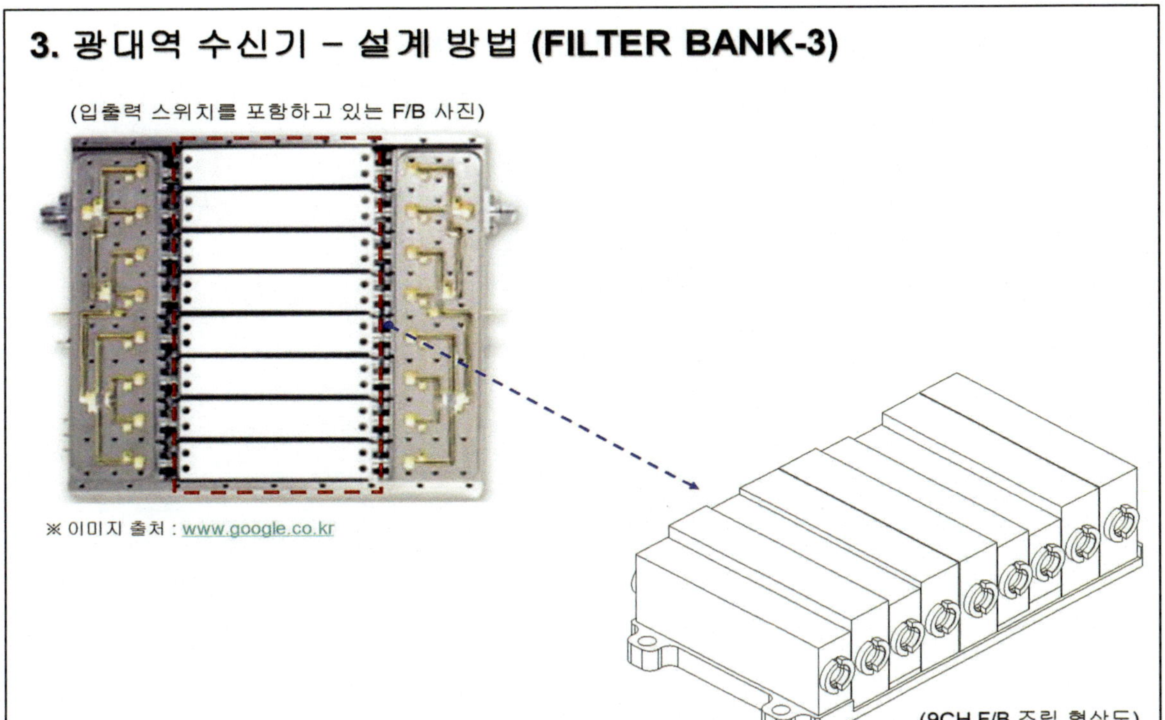

Figure 158. 광대역 수신기 - 필터뱅크 형상

3. 광대역 수신기 – 설계 방법 (FILTER BANK-4)

✓ PCB Layout of BPF for 13.5-16.25GHz having Coupled line structure(5 pole)

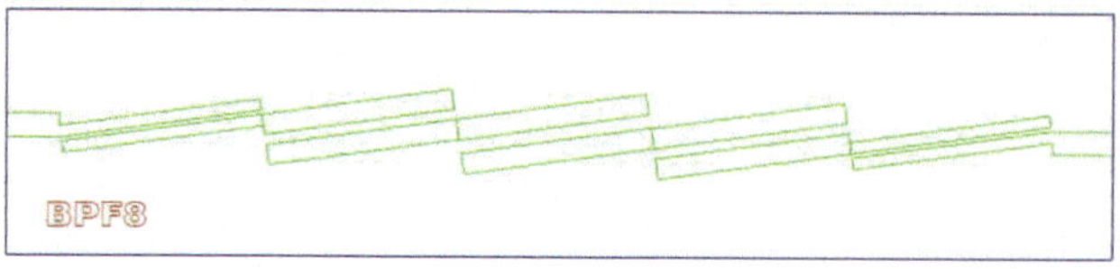

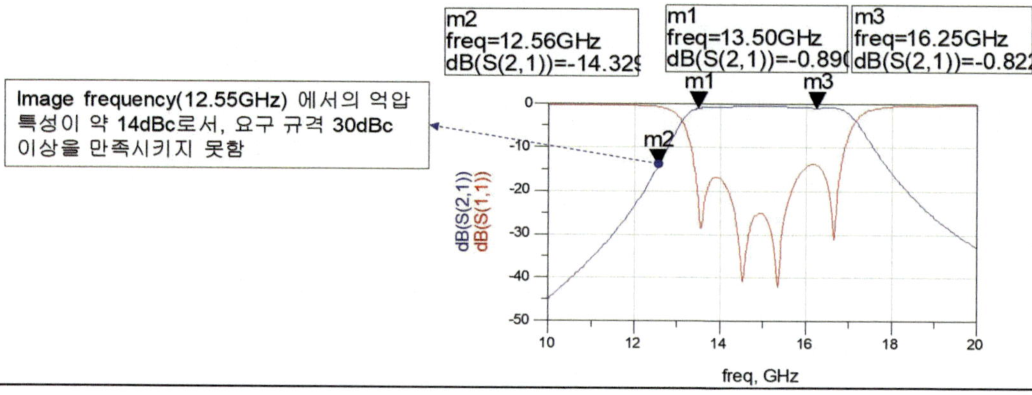

Figure 159. 광대역 수신기 – Coupled line BPF

3. 광대역 수신기 – 설계 방법 (FILTER BANK-5)

✓ Internal picture of BPF for 13.5-16.25GHz having Suspended structure

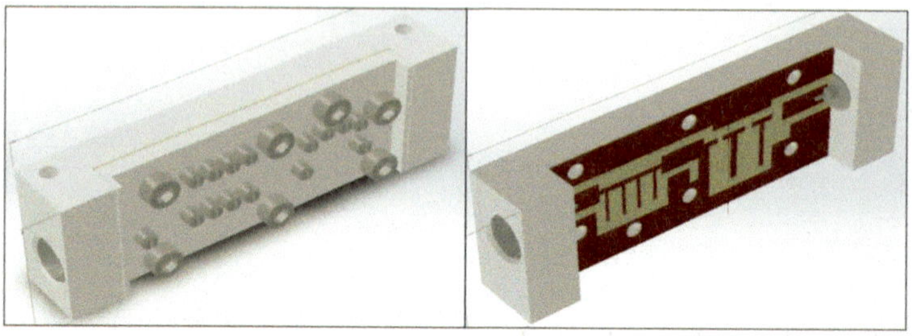

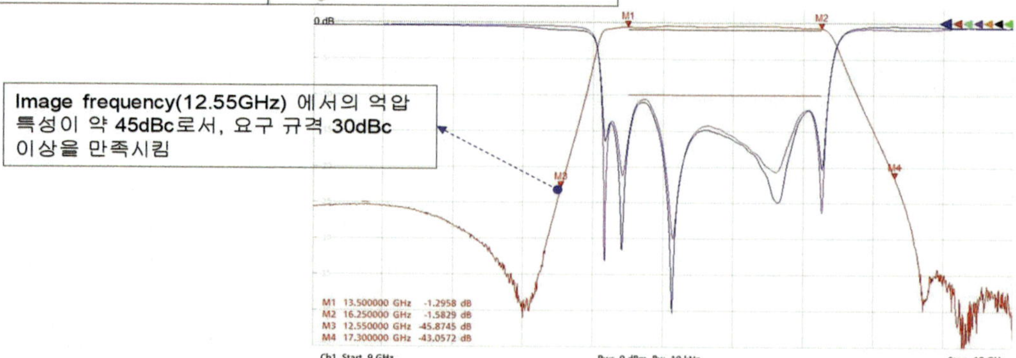

Figure 160. 광대역 수신기 – Suspended BPF

4. 광대역 수신기 – 제작 기술 (부품 선정 기준)

※ Selection criteria for RF PCB

✓ Hard 계열의 RF PCB를 사용할 경우, 기구물에 PCB를 장착하기 위한 스크류가 필요하게 되는데, 적재적소의 위치에 균일하게 적용할 수가 없음

✓ 이로 인한, GND effect 효과가 부족하여 RF 성능 열화 발생

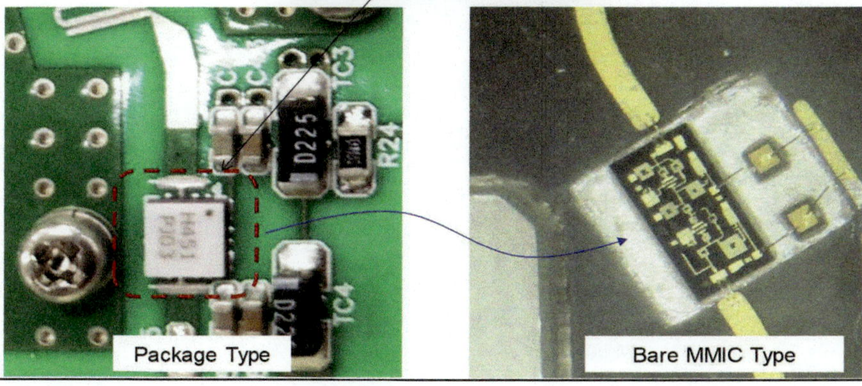

Bare type 부품과 Soft 계열의 RF PCB를 사용할 경우, 별도의 스크류 없이 에폭시 재질로 기구물에 PCB를 장착할 수 있기 때문에, 사이즈 축소 및 GND effect 효과가 매우 우수함

Figure 161. 광대역 수신기 – 부품선정 기술

4. 광대역 수신기 – 제작 기술 (커넥터 조립 기술)

※ Connection technology between coaxial and M/S line

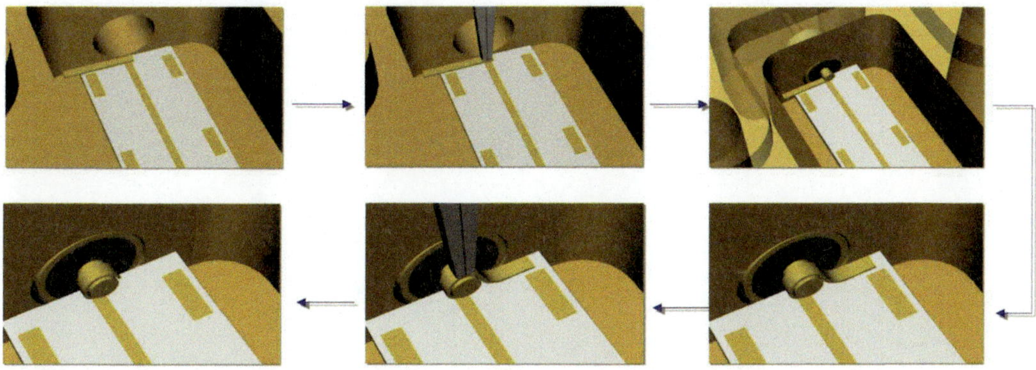

✓ SMA 커넥터와 전송선로 연결 방법

1. 일반적인 방법 : 속심과 전송선로를 납땜하여 연결함 → 주파수가 높아질수록 삽입손실 증가과 반사계수가 열화 될 뿐만 아니라, 신뢰성 문제가 발생함(진동 중)
2. 개선 방법 : 속심과 전송선로를 위 그림과 Wrap & Tag 공정을 사용하여 연결함 → 주파수가 높아지더라도 삽입손실 및 반사계수가 특성을 유지할 수 있으며, 전송선로에 속심이 바로 놓여지는 구조가 아니기 때문에 진동 중에도 완충이 가능함

Figure 162. 광대역 수신기 – RF 커넥터 조립 기술

5. 설계 / 제작 시 유의사항 (주파수 대역별 AMP 선택)

❖ AMP(TQP3M9028) for LB (0.5-2GHz) – 설계 자료

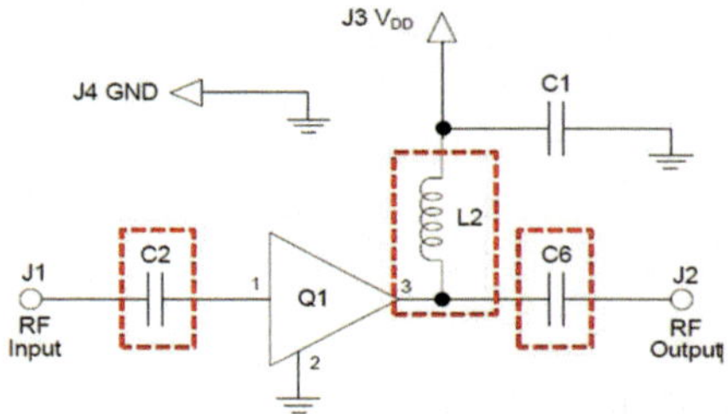

Bill of Material – TQP3M9028-PCB_RF

Reference Des.	Value	Description	Manuf.	Part Number
n/a	n/a	Printed Circuit Board	TriQuint	1075825
Q1	n/a	High Linearity LNA Gain Block	TriQuint	TQP3M9028
C2, C6	100 pF	CAP, 0603, 5%, 100V, NPO/COG	various	
C1	0.01 uF	CAP, 0603, 5%, 50V, X7R	various	
L2	68 nH	IND, 0603, 5%	CoilCraft	0603CS-68NXJL
B1	0 Ω	RES, 0603	various	
L1, D1, C3, C4	DNP	n/a	n/a	n/a

Reference Designation	Frequency (MHz)			
	500	2000	2500	3500
C2, C6	100 pF	22 pF	22 pF	22 pF
L2	82 nH	22 nH	18 nH	15 nH

- ✓ L2의 인덕터는 Coil Craft 0603 series 22nH를 적용
- ✓ C2와 C6에는 0603 MLCC Type의 100pF 적용

Figure 163. 설계 제작 시 유의사항 – AMP 선택(LB) (1)

5. 설계 / 제작 시 유의사항 (주파수 대역별 AMP 선택)

❖ AMP(TQP3M9028) for LB (0.5-2GHz) – 측정 결과 (Gain & Flatness)

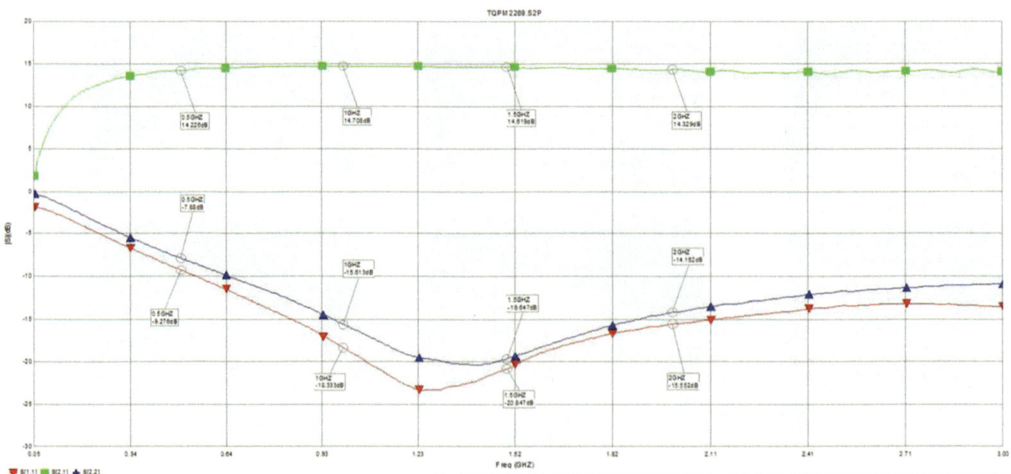

Gain Flatness : 0.48dB ←

	0.5GHz	1.0GHz	1.5GHz	2.0GHz
S21 [dB]	14.23	14.71	14.62	14.33
S11 [dB]	-7.88	-15.61	-19.65	-14.16
S22 [dB]	-9.28	-18.33	-20.85	-15.55

Figure 164. 설계 제작 시 유의사항 – AMP 선택(LB) (2)

5. 설계 / 제작 시 유의사항 (주파수 대역별 AMP 선택)

❖ AMP(TQP3M9028) for LB (0.5-2GHz) – 측정 결과 (NF & P1dB)

[Noise Figure 측정값]

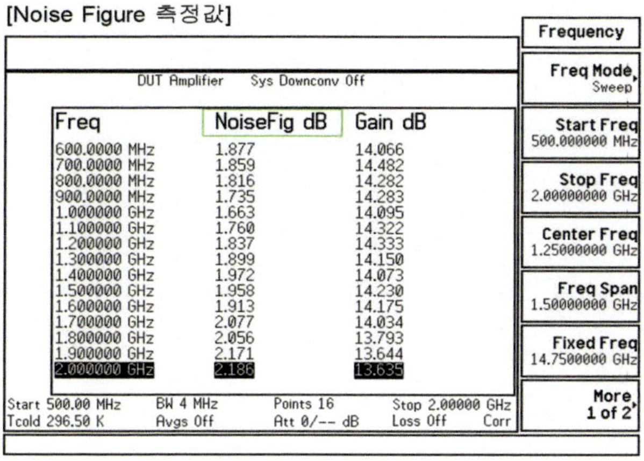

DUT Amplifier Sys Downconv Off

Freq	NoiseFig dB	Gain dB
600.0000 MHz	1.877	14.066
700.0000 MHz	1.859	14.482
800.0000 MHz	1.816	14.282
900.0000 MHz	1.735	14.283
1.000000 GHz	1.663	14.095
1.100000 GHz	1.760	14.322
1.200000 GHz	1.837	14.333
1.300000 GHz	1.899	14.150
1.400000 GHz	1.972	14.073
1.500000 GHz	1.958	14.230
1.600000 GHz	1.913	14.175
1.700000 GHz	2.077	14.034
1.800000 GHz	2.056	13.793
1.900000 GHz	2.171	13.644
2.000000 GHz	2.186	13.635

Start 500.00 MHz BW 4 MHz Points 16 Stop 2.00000 GHz
Tcold 296.50 K Avgs Off Att 0/-- dB Loss Off Corr

Frequency | Freq Mode Sweep | Start Freq 500.000000 MHz | Stop Freq 2.00000000 GHz | Center Freq 1.25000000 GHz | Freq Span 1.50000000 GHz | Fixed Freq 14.7500000 GHz | More 1 of 2

- ✓ Min : 1.66dB @1GHz
- ✓ Max : 2.19dB @ 2GHz

[P1dB 측정값]

	0.5GHz	1.0GHz	1.5GHz	2.0GHz
OP1dB [dBm]	20.33	20.33	20.50	20.17
IP1dB [dBm]	+7	+8	+8	+8

Figure 165. 설계 제작 시 유의사항 – AMP 선택(LB) (3)

5. 설계 / 제작 시 유의사항 (주파수 대역별 AMP 선택)

❖ AMP(CMD244) for MB (2-6GHz) – 설계 자료

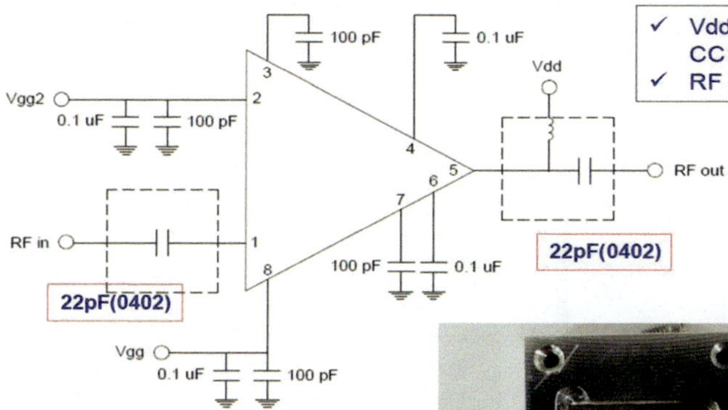

- ✓ Vdd의 인덕터는 Conical CC19T40K240G5-C (700mA)를 적용
- ✓ RF 출력 0402 MLCC Type의 22pF 적용

Figure 166. 설계 제작 시 유의사항 – AMP 선택(MB) (1)

5. 설계 / 제작 시 유의사항 (주파수 대역별 AMP 선택)

❖ AMP(CMD244) for MB (2-6GHz) – 측정 결과 (Gain & Flatness)

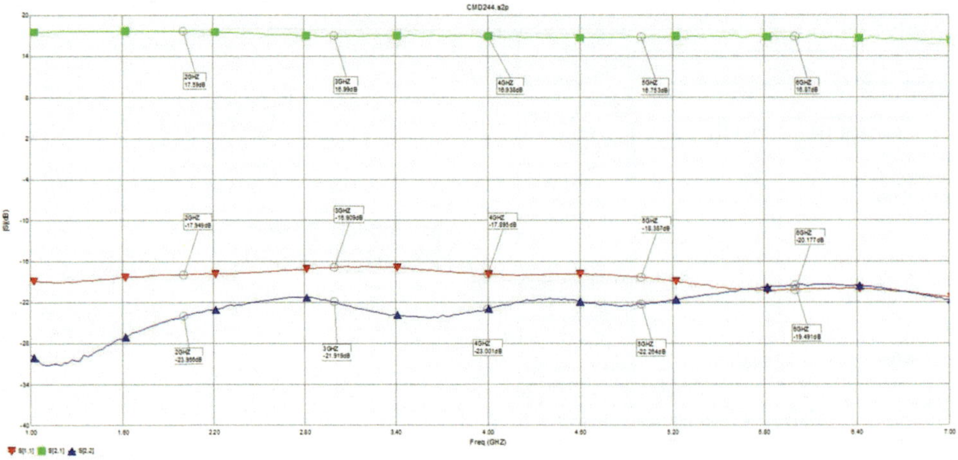

Gain Flatness : 0.84dB ←

	2GHz	3GHz	4GHz	5GHz	6GHz
S21 [dB]	17.59	16.99	16.94	16.75	16.87
S11 [dB]	-17.95	-16.91	-17.89	-18.39	-20.18
S22 [dB]	-23.96	-21.92	-23.00	-22.26	-19.49

Figure 167. 설계 제작 시 유의사항 – AMP 선택(MB) (2)

5. 설계 / 제작 시 유의사항 (주파수 대역별 AMP 선택)

❖ AMP(CMD244) for MB (2-6GHz) – 측정 결과 (NF & P1dB)

[Noise Figure 측정값]

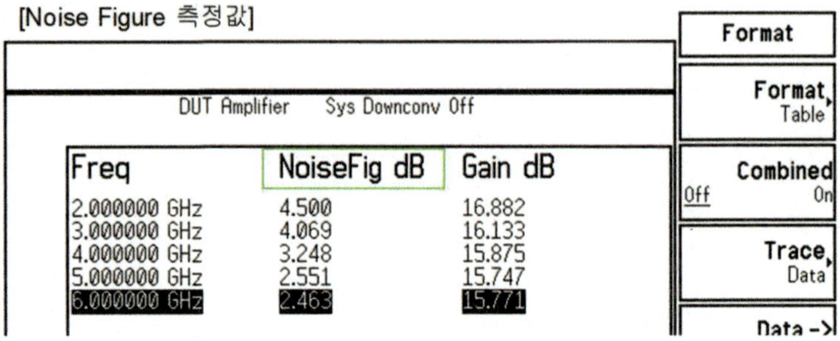

✓ Min : 2.46B @ 6GHz
✓ Max : 4.5dB @ 2GHz

[P1dB 측정값]

	2GHz	3GHz	4GHz	5GHz	6GHz
OP1dB [dBm]	28.17	26.67	25.50	26.00	25.83
IP1dB [dBm]	+9	+10	+9	+10	+10

Figure 168. 설계 제작 시 유의사항 – AMP 선택(MB) (3)

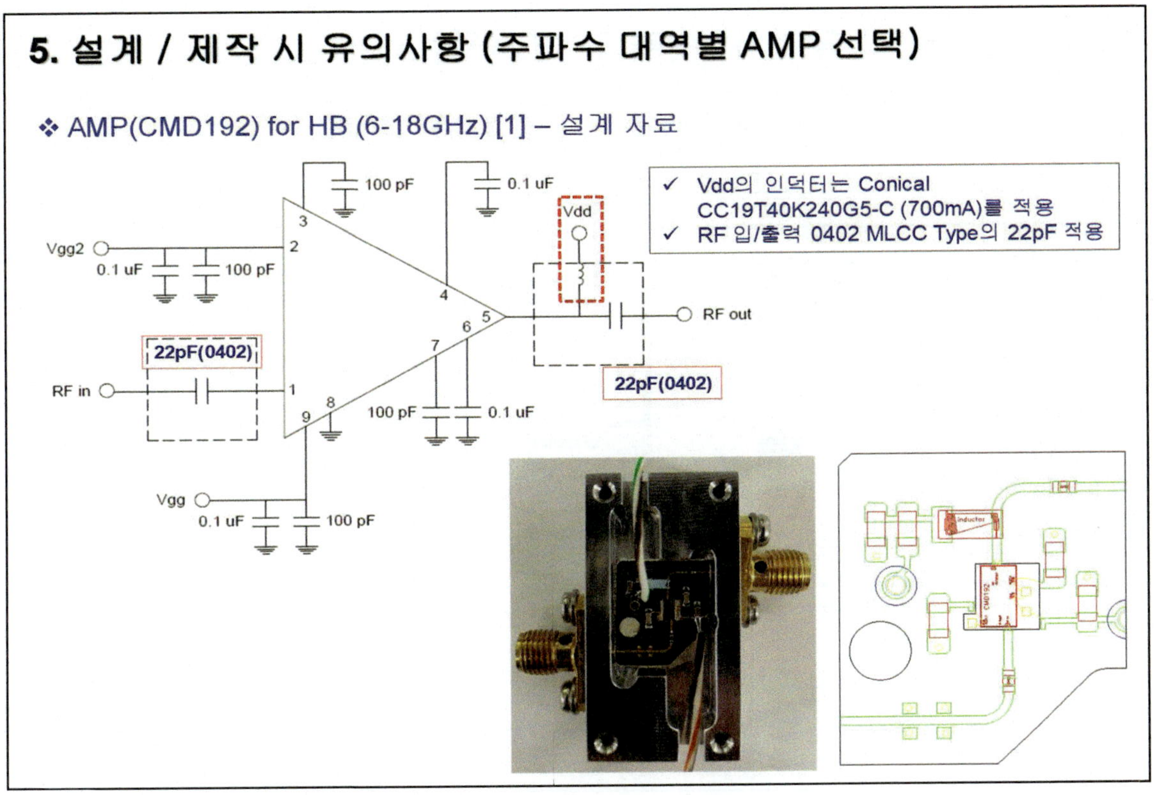

Figure 169. 설계 제작 시 유의사항 – AMP 선택(HB #1) (1)

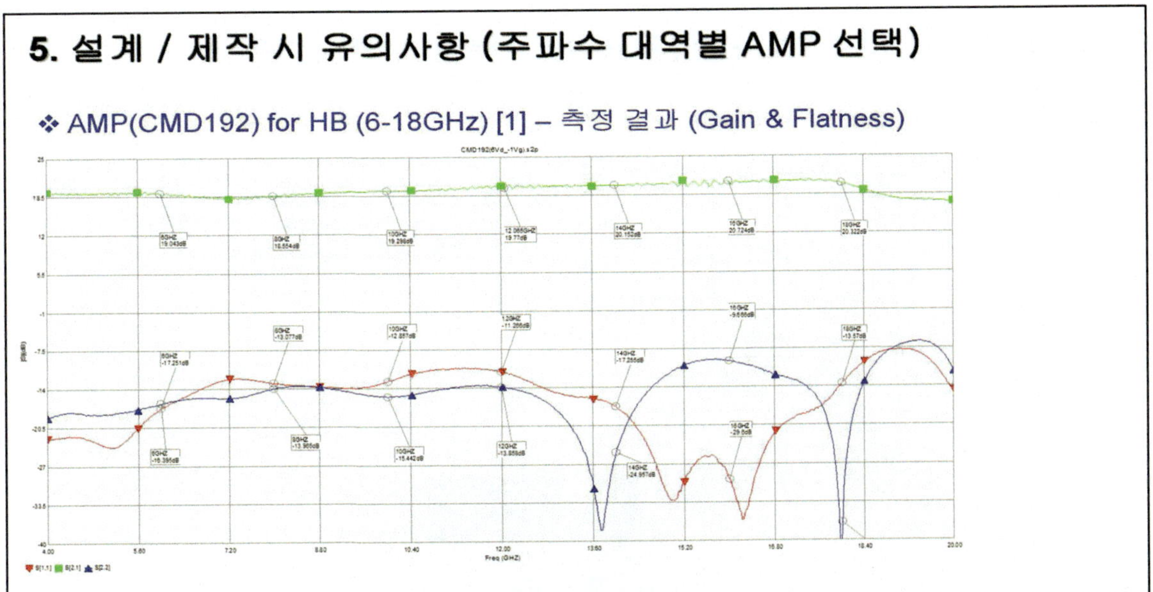

	6GHz	8GHz	10GHz	12GHz	14GHz	16GHz	18GHz
S21 [dB]	19.04	18.55	19.30	19.77	20.15	20.72	20.32
S11 [dB]	-16.40	-13.08	-12.86	-11.27	-17.26	-29.60	-13.57
S22 [dB]	-17.25	-13.97	-15.44	-13.86	-24.96	-9.67	-36.99

Figure 170. 설계 제작 시 유의사항 – AMP 선택(HB #1) (2)

5. 설계 / 제작 시 유의사항 (주파수 대역별 AMP 선택)

❖ AMP(CMD192) for HB (6-18GHz) [1] – 측정 결과 (NF & P1dB)

[Noise Figure 측정값]

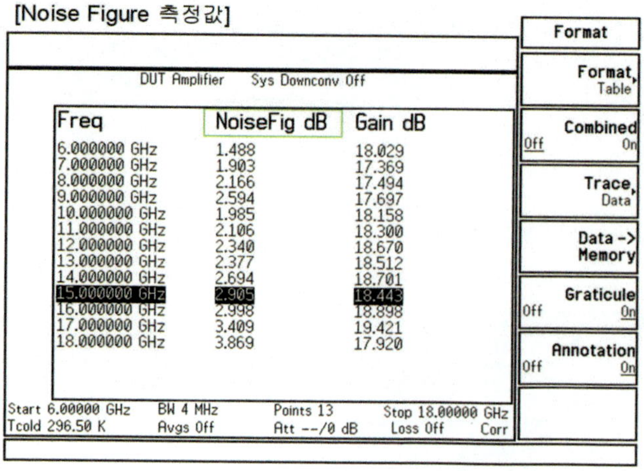

Freq	NoiseFig dB	Gain dB
6.000000 GHz	1.488	18.029
7.000000 GHz	1.903	17.369
8.000000 GHz	2.166	17.494
9.000000 GHz	2.594	17.697
10.000000 GHz	1.985	18.158
11.000000 GHz	2.106	18.300
12.000000 GHz	2.340	18.670
13.000000 GHz	2.377	18.512
14.000000 GHz	2.694	18.701
15.000000 GHz	2.905	18.443
16.000000 GHz	2.998	18.898
17.000000 GHz	3.409	19.421
18.000000 GHz	3.869	17.920

- ✓ Min : 1.49dB @6GHz
- ✓ Max : 3.87dB @ 18GHz

[P1dB 측정값]

	6GHz	8GHz	10GHz	12GHz	14GHz	16GHz	18GHz
OP1dB [dBm]	22.33	22.67	22.33	21.17	18.33	18.17	16.83
IP1dB [dBm]	+5	+5	+4	+2	+2	+1	0

Figure 171. 설계 제작 시 유의사항 – AMP 선택(HB #1) (3)

5. 설계 / 제작 시 유의사항 (주파수 대역별 AMP 선택)

❖ AMP(HMC994A) for HB (6-18GHz) [2] – 설계 자료

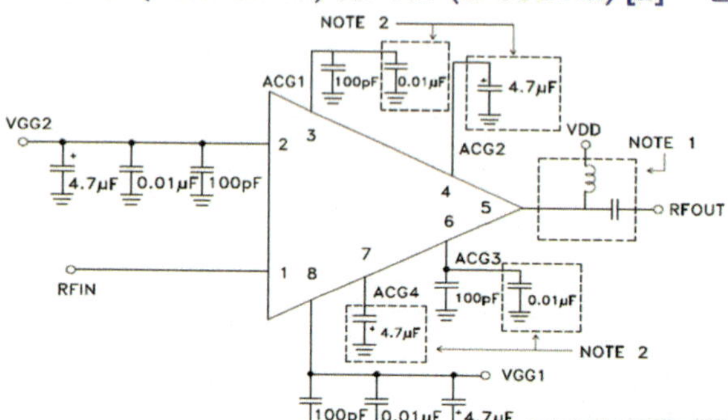

- ✓ Vdd의 인덕터는 Conical CC19T40K240G5-C (700mA)를 적용
- ✓ RF 출력 0402 MLCC Type의 22pF 적용

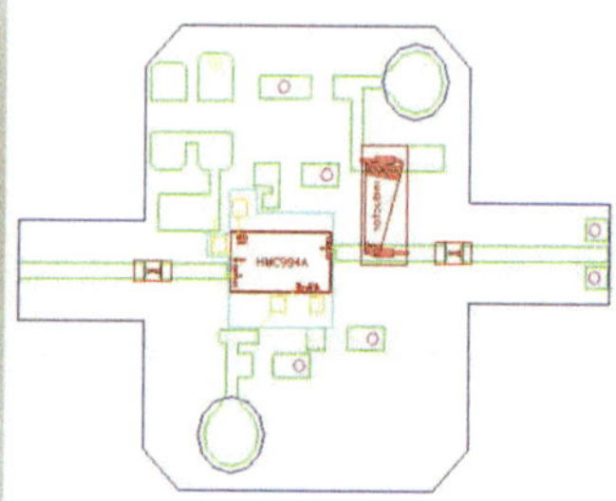

Figure 172. 설계 제작 시 유의사항 – AMP 선택(HB #2) (1)

5. 설계 / 제작 시 유의사항 (주파수 대역별 AMP 선택)

❖ AMP(HMC994A) for HB (6-18GHz) [2] – 측정 결과 (Gain & Flatness)

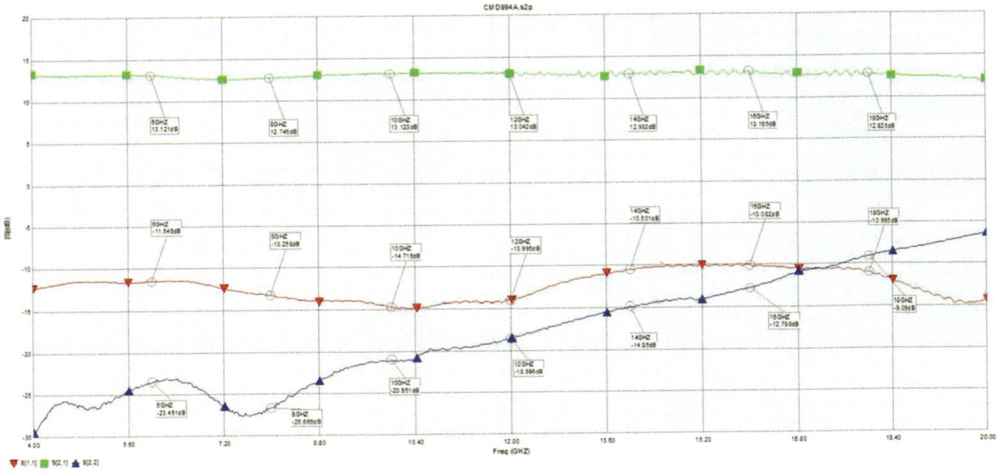

Gain Flatness : 0.42dB ←

	6GHz	8GHz	10GHz	12GHz	14GHz	16GHz	18GHz
S21 [dB]	13.12	12.75	13.12	13.04	12.93	13.17	12.83
S11 [dB]	-11.55	-13.26	-14.72	-13.99	-10.50	-10.08	-10.99
S22 [dB]	-23.45	-26.67	-20.95	-18.60	-14.85	-12.79	-9.09

Figure 173. 설계 제작 시 유의사항 – AMP 선택(HB #2) (2)

5. 설계 / 제작 시 유의사항 (주파수 대역별 AMP 선택)

❖ AMP(HMC994A) for HB (6-18GHz) [2] – 측정 결과 (NF & P1dB)

[Noise Figure 측정값]

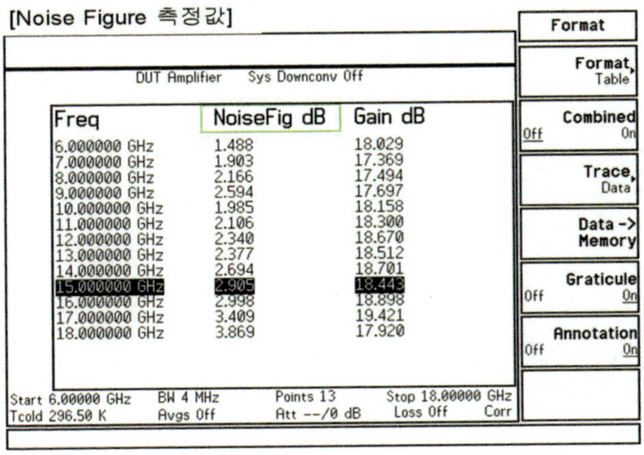

DUT Amplifier Sys Downconv Off

Freq	NoiseFig dB	Gain dB
6.000000 GHz	1.488	18.029
7.000000 GHz	1.903	17.369
8.000000 GHz	2.166	17.494
9.000000 GHz	2.594	17.697
10.000000 GHz	1.985	18.158
11.000000 GHz	2.106	18.300
12.000000 GHz	2.340	18.670
13.000000 GHz	2.377	18.512
14.000000 GHz	2.694	18.701
15.000000 GHz	2.905	18.443
16.000000 GHz	2.998	18.898
17.000000 GHz	3.409	19.421
18.000000 GHz	3.869	17.920

Start 6.00000 GHz BW 4 MHz Points 13 Stop 18.00000 GHz
Tcold 296.50 K Avgs Off Att --/0 dB Loss Off Corr

Format | Format, Table | Combined Off On | Trace, Data | Data -> Memory | Graticule Off On | Annotation Off On

✓ Min : 1.48B @6GHz
✓ Max : 3.87dB @ 18GHz

[P1dB 측정값]

	6GHz	8GHz	10GHz	12GHz	14GHz	16GHz	18GHz
OP1dB [dBm]	28.0	28.33	28.50	-	-	-	-
IP1dB [dBm]	+16	+15	+15	-	-	-	-

Figure 174. 설계 제작 시 유의사항 – AMP 선택(HB #2) (3)

5. 설계 / 제작 시 유의사항 (위상정합 측면)

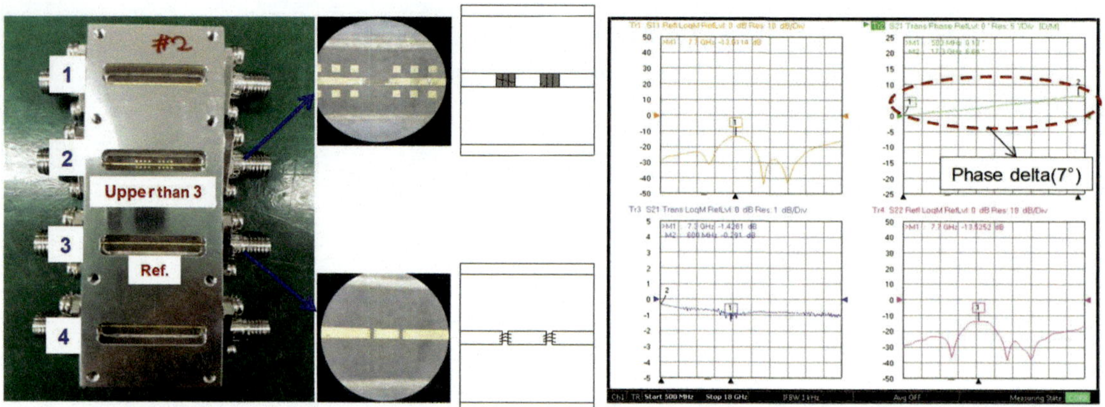

Eval. JIG

✓ 3번 포트는 Reference로서, 본딩 길이가 상대적으로 길게 설계
✓ 2번 포트는 위상을 상대적으로 짧게 하기 위해서 본딩 대신 패턴화(Ribbon) 형태로 설계
✓ 이로 인한, 포트 간의 상대적인 위상차는 약 7도 차이
✓ 이는, 채널 간의 위상정합 시에 위와 같은 방법으로 튜닝 가능성이 있음을 알 수 있음

※ RF 경로의 주요 기능 설계(필터/분배기/등화기 등)부터 채널 간 위상정합을 고려한 광대역 수신기의 설계/제작 방법은 "한국전자파학회 영문저널(JEES) 참조" 할 것

→ (Appendix. 3) Y.S JEON, "Novel new approach to improve noise figure using combiner for phase-matched receiver module with wideband frequency of 6-18 GHz" [VOL.16, NO.4, 241~247, OCT. 2016]

Figure 175. 광대역 수신기 – 위상정합 기술

5. 설계 / 제작 시 유의사항

※ 만약 Broadband Receiver 또는 Broadband Down-Converter 개발 의뢰가 왔다면, 설계를 어떻게 할까요 ?

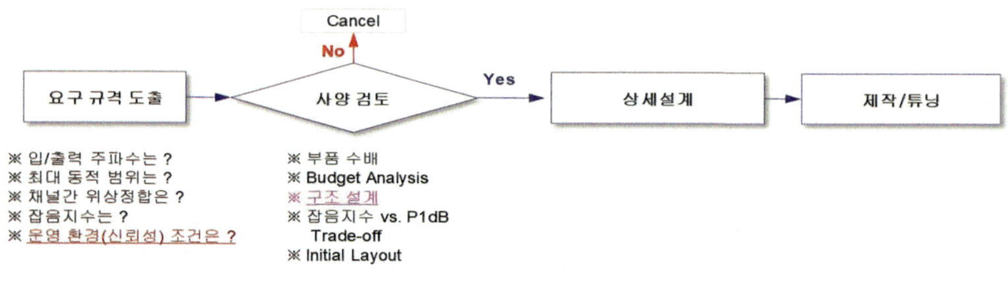

그렇다면, 요구 규격 분석부터 제작/시험에 이르기까지 설계 값과 동일한 결과를 얻기 위한 세부적인 설계 방법은 무엇이 있을까요?

→ 모듈단위(상세) Chapter에서 자세히 설명 예정

Figure 176. 광대역 수신기 – 설계 시 유의사항

4.3. Understanding for Oscillator and Synthesizer

RF 모듈 종류 중에서, front-end 단에 위치하는 송신기 또는 수신기 등의 모듈들은 정보가 실려 있는 중간주파수(IF)를 RF 주파수로 상/하향 변환하기 위해서는 주파수 변환이 필요한데 이때 필요한 것이 국부발진(Local Oscillator) 회로이다.

국부 발진 회로는 종류가 매우 다양하며, 어떤 회로 방식으로 설계 및 구현 하느냐에 따라 위상 잡음을 비롯한 특성들에 많은 차이를 나타낸다. 이는, 시스템이 요구하는 사항을 면밀히 분석하여 Fixed PLL로 설계할 지, 아니면 Variable PLLL을 사용하여 주파수 가변 용도로 구현할지 사전 파악이 중요함을 의미한다.

더불어, 발진기 및 주파수합성기는 대부분 DC 전압만 인가하면 출력 신호(주파수)를 얻는 개념의 모듈이기 때문에 발진기 원리 및 이해 그리고 구현 단계까지의 노하우가 뒷받침되지 않으면 원하는 성능을 얻지 못하는 분야이기도 하다. 해서, 본 chaper에서는 발진기 종류별 장단점을 시작으로 어렵다고 인식되는 광대역 주파수합성기 모듈까지 "발진기를 이해한다"는 목적으로 설명하였다.

목 차

Table of Contents

1. 발진기 - 종류별 장/단점

■ **PLDRO 장/단점**

※ 장점

1.1 우수한 Phase Noise(위상잡음) 특성 보유

※ 단점

2.1 단일 주파수만을 생성시킬 수 있음(Fixed Frequency)

2.2 3D 공진을 기초로 하는 발진기 구조로 인해서 신뢰성 및 안정성 문제

2.2 Ref에 해당하는 100MHz VCXO or TCXO의 사이즈가 크기 때문에 전체 모듈의 높이가 제한적임

2.3 가격이 비싸며, PLL Locking 하기가 매우 어려움

■ **PLVCO 장/단점**

※ 장점

1.1 가격이 저렴하며, PLL Locking 하기가 쉬우며, 구현하기가 용이함

1.2 단일 주파수(Fixed Frequency) / 가변 주파수(Tunable Frequency) 모두 가능

※ 단점

2.1 위상 잡음이 PLDRO보다 성능이 나쁨 → 근래에는 VCO 부품의 발달로 인해 거의 비슷한 성능을 얻음

■ **SYNTHESIZER 장/단점**

※ 장점

1.1 광대역의 주파수 가변이 가능함 / Step size 분해능이 우수함

※ 단점

2.1 위상 잡음이 단일주파수(Fixed Frequency)보다 가변 주파수이기 때문에 나쁨

→ P/N 특성이 우수한 REF를 사용하고, Loop Filter 대역폭을 넓게 설정하면 BER 특성에 영향을 주지 않을 만큼 성능을 개선시킬 수 있음

2.2 회로가 매우 복잡하고, 가격이 고가이며, 사이즈가 크고, 불요파 성분을 억압하기가 어려움

Figure 177. 발진기 종류별 장/단점

Figure 178. 국부발진 종류

2. SYSTEM에서 필요로 하는 국부발진(LO) 종류 (1)

❖ Radar System (S, X band)

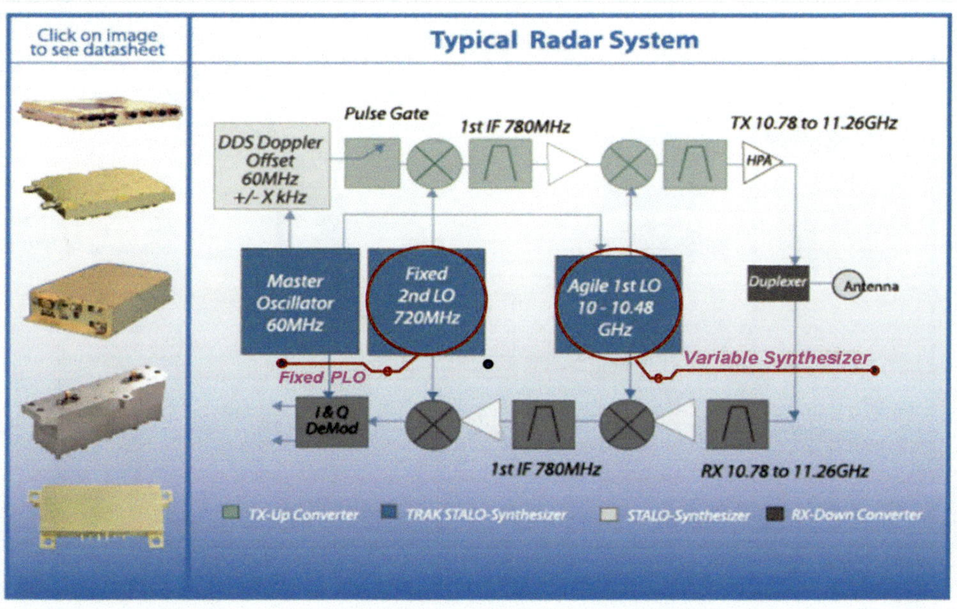

※ 출처 : TRAK Inc. homepage

Figure 179. 레이더 시스템에서 필요로하는 LO 종류

2. SYSTEM에서 필요로 하는 국부발진(LO) 종류 (2)

❖ Satellite System (X, Ku, Ka band)

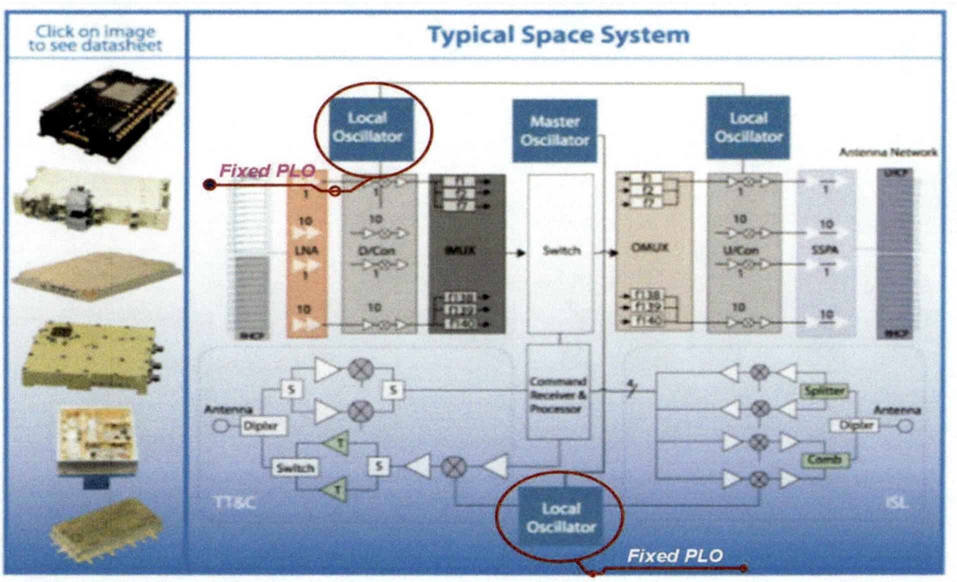

※ 출처 : TRAK Inc. homepage

Figure 180. 위성 시스템에서 필요로하는 LO 종류

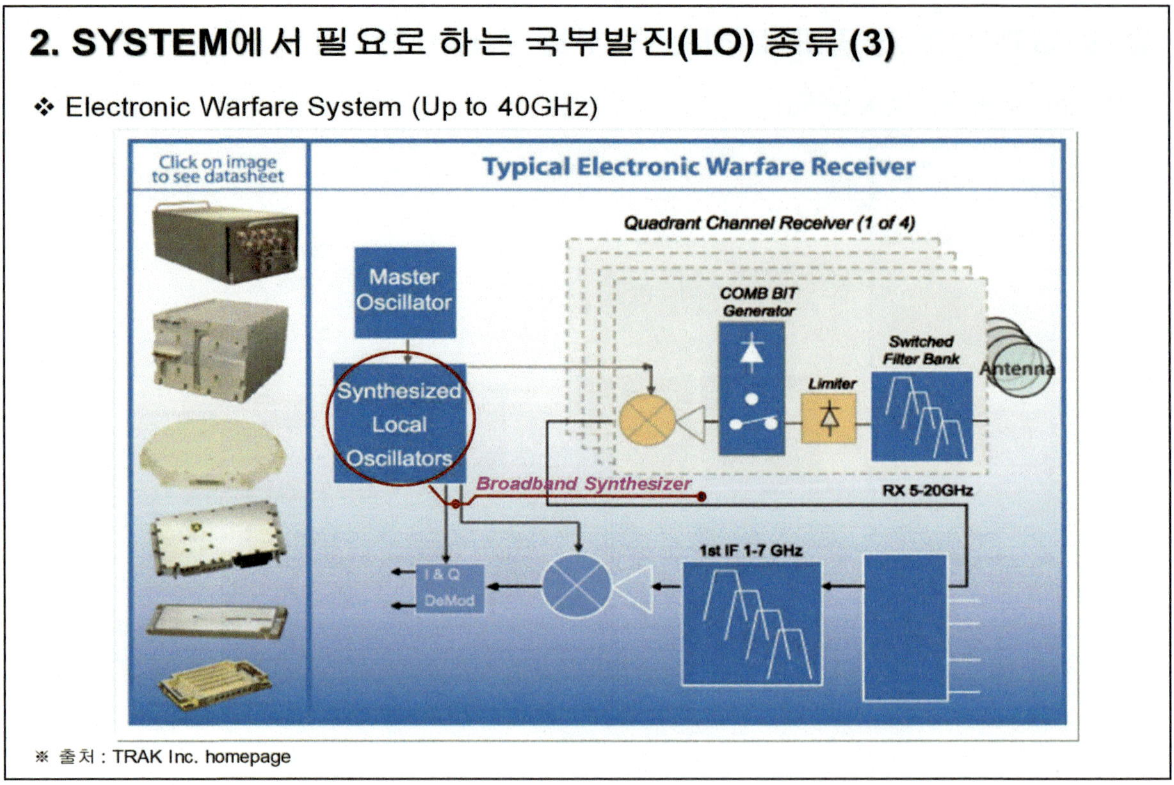

Figure 181. 전자전 시스템에서 필요로하는 LO 종류

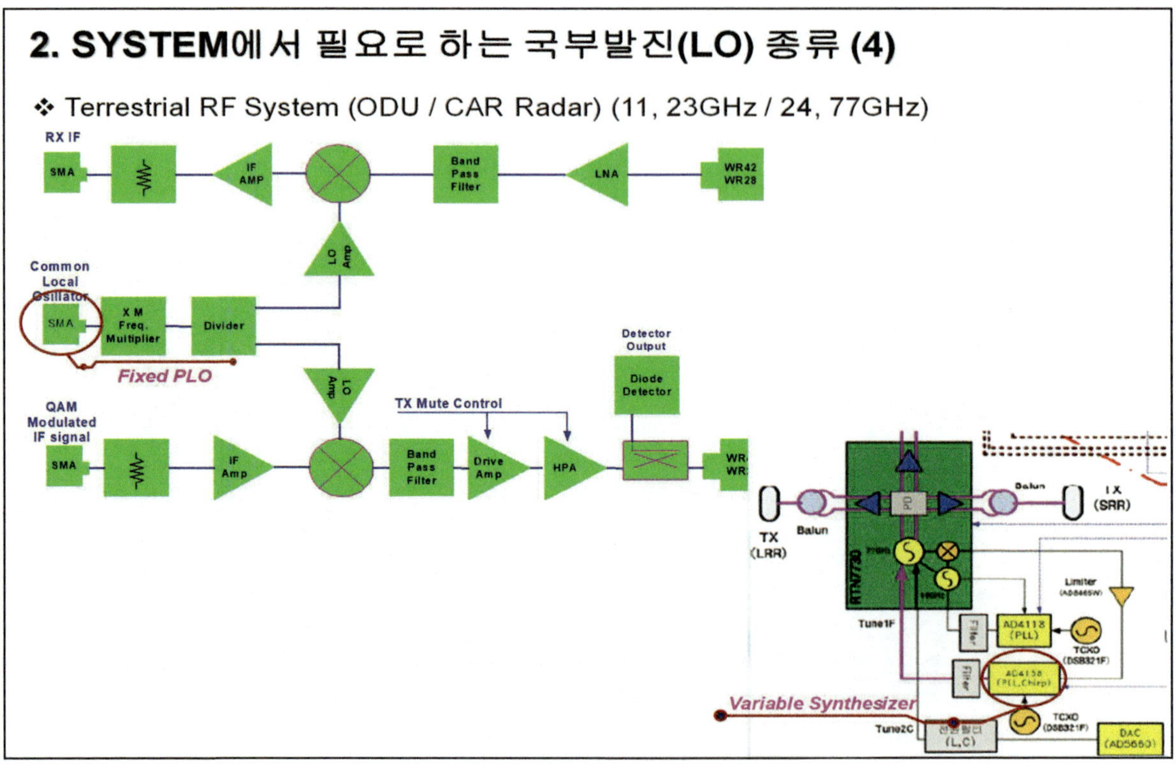

Figure 182. 지상통신 시스템에서 필요로하는 LO 종류

3. 신호발생기(OSC) - PLDRO_일반구조(1)

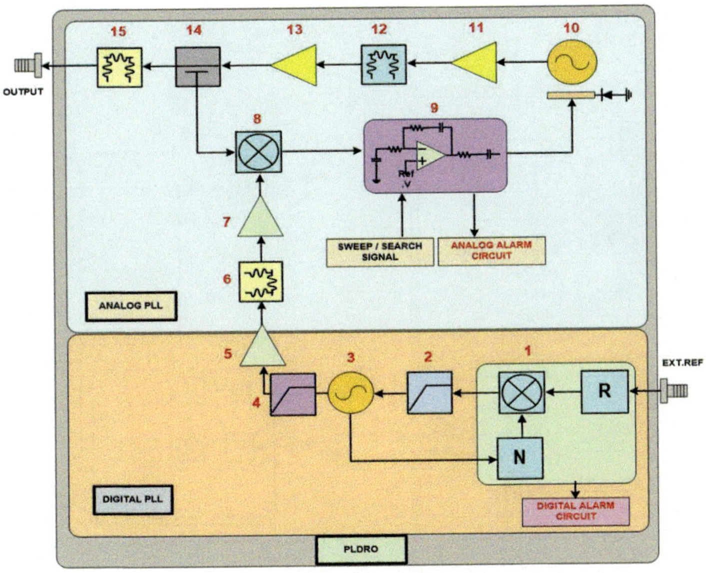

PLDRO 일반적인 구성도

Figure 183. PLDRO 일반적인 구조(1)

3. 신호발생기(OSC) - PLDRO_일반구조(2)

1. **PLL Loop** 가 **Digital** 과 **Analog PLL 2**가지 구성에 따라 외부 **Locking** 정보인 **Alarm** 기능이 **Analog PLL** 만 사용

2. **PLDRO** 전체 출력 **Phase Noise** 성능 중에서 **In-band PN**가 아래와 같은 이유 때문에 성능이 나쁨
   2.0 Analog PLL Loop filter BW에 따라 전체 출력 PN는 아래와 같이 결정됨
   2.1 Analog PLL Loop Filter BW가 80KHz 라고 가정한다면,
   2.2 80KHz 안쪽(In-band)에 해당하는 offset 주파수에서의 PN는 Ref. PN 성능을 따라감
   2.3 80KHz 바깥쪽(Out-band)에 해당하는 offset 주파수에서의 PN는 DRO PN를 따라감
   2.4 즉, Ref PN가 전체 PLDRO 출력의 In-band PN를 결정하는 중요한 부분이며, 이에 Ref PN를 결정하는 요소 중에서 10M Ref PN(N분주 이후 값)와 70M VCXO PN와 Loop Filter BW 그리고 PLL IC 전체 잡음이 이에 해당
   2.5 이때, PLLIC 내부 분주 구성에서 아래와 같은 문제점이 발생함

FOUT	REF	R	PFD	N			FOUT
69.5	10	20	0.5	139			69.5

Close-In PN for PLLIC =(Phase Noise Floor) + 10LOG(PFD) + **20LOG(N)** → -113dB

FOUT	REF	R	PFD	N			FOUT
70	10	1	10	7			70

Close-In PN for PLLIC =(Phase Noise Floor) + 10LOG(PFD) + **20LOG(N)** → -126dB

> 예) 69.5MHz PLXO 일 경우 → N분주 이후 REF PN : -122dBc/Hz @ 1KHz
> 70.0MHz PLXO 일 경우 → N분주 이후 REF PN : -148dBc/Hz @ 1KHz
> NOTE : PLDRO 출력 주파수에 따라 PLXO PN 및 주파수 한계 발생

3. Analog PLL 회로에서 위상비교기 역할을 하는 SPD는 Ref. 와 RF 주파수를 위상 비교 하게 되는데...
   이때, 위상비교를 위해서는 Ref. 주파수를 RF 주파수에 정수배가 되도록 체배를 해야 하는데, 체배수가 높을수록 Locking 조건인 Beat Gain이 적게 됨에 따라 온도에서 **Locking** 불안 및 **Free running**을 하는 구조임

Figure 184. PLDRO 일반적인 구조(2)

3. 신호발생기(OSC) - PLDRO_신규구조(1)

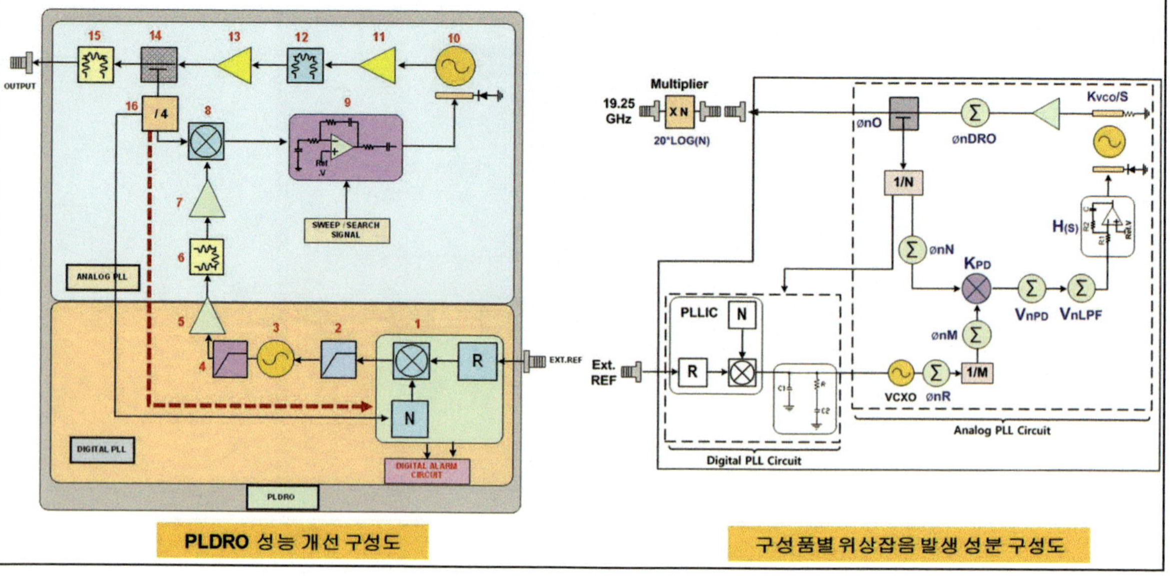

Figure 185. PLDRO 신규 구조(1)

3. 신호발생기(OSC) - PLDRO_신규구조(2)

1. **PLL Loop 가 Digital 과 Analog PLL 두 조건이 모두 만족해야 Locking이 되기 때문에 단일 Alarm 구현 가능**

2. **PLDRO 전체 출력 Phase Noise 성능 중에서 In-band PN가 아래와 같은 이유 때문에 성능우수**

   2.1 Close-In PN 개념이 아니기 때문에 N 분주 & PFD 에 PN가 영향을 받지 않음
   2.2 기준 주파수와 DRO 출력 주파수를 위상 비교하여 동위상이 되도록 VCXO Vt단자를 제어함으로써 위상동기가 가능함

   예) 6.95GHz 4분주 주파수

P	FOUT	REF	R	PFD	N	A	B	FOUT
16	1737.5	10	4	2.5	695	7	43	1737.5

3. Analog PLL 회로에서 위상비교기 역할을 하는 SPD는 Ref. 와 RF 주파수를 위상 비교 하게 되는데, 이때, 위상비교를 위해서는 Ref. 주파수를 RF 주파수에 정수배가 되도록 체배를 해야 하는데, RF 주파수가 4 분주기를 통해 입력되기 때문에 체배수가 ¼로 줄어서 그 만큼 체배 주파수가 낮아짐으로 인해서 Locking 조건인 Beat Gain이 높게 됨에 따라 온도에서 **Locking** 안정을 할 수 있는 구조임

4. **PLDRO 출력 주파수 제한 없이 구현 가능해 짐.** 예) 7.2625GHz , 6.950GHz

※ PLDRO 신규 구조에 대한 요구 사항 및 설계/제작 방법은 "한국전자파학회 영문저널(JEES) 참조" 할 것
→ (Appendix. 4) Y.S Jeon, "New Configuration of a PLDRO with an Interconnected Dual PLL Structure for K-Band Application" [VOL.17, NO.3, 138~146, JUL.2017]

Figure 186. PLDRO 신규 구조(2)

3. 신호발생기(OSC) – PLVCO(Fixed type)

※ PLVCO Module – Fixed Freq.

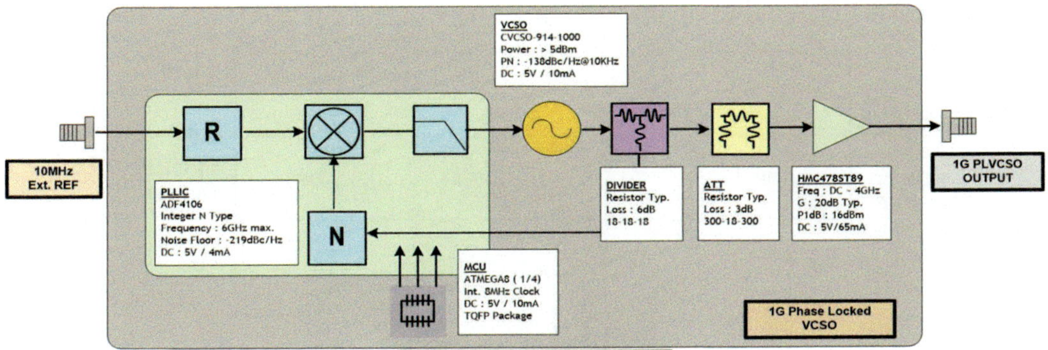

PLVCO 구성도 (Fixed Freq.)

- ✓ Fixed frequency 가 필요한 경우에 사용
- ✓ PLLIC : VCO feedback 주파수를 받아들일 수 있는 주파수
- ✓ VCO : 대역폭이 좁은 High Q를 갖는 Ceramic Resonator
  → 세라믹 물성의 한계로 10GHz 이하에서만 사용
- ✓ 외부 Ext. Freq. : 주파수 및 위상잡음 한계 발생 시 내부에 Ref. 소스원 구현 필요

Figure 187. PLVCO 구조(Variable type)

3. 신호발생기(OSC) – PLVCO(Variable type)

※ PLVCO Module - Variable Freq.

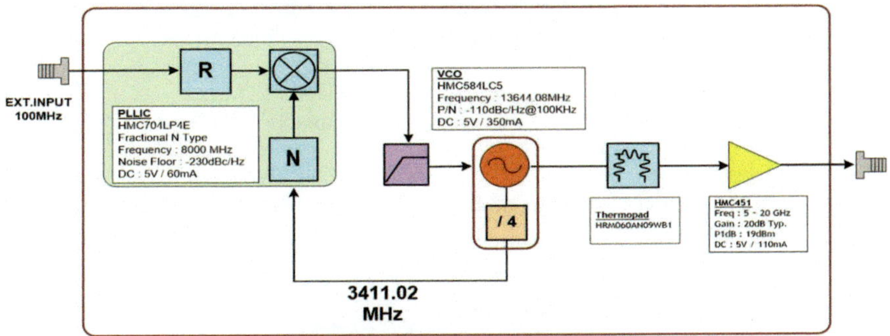

PLVCO 구성도 (Variable Freq.)

- ✓ Variable frequency 가 필요한 경우에 사용
- ✓ PLLIC : 최소 가변 step 및 소수점 이하의 난해한 주파수까지 고려하여 선정
  → Ex) HMC700 series의 Fractional N type : 3Hz까지 분해능 제공
- ✓ VCO : 1~2GHz 대역폭을 가지며, 칩 내에 분주기를 포함하고 있는 QFN package
  → GaAs 계열의 HBT 물성으로 구성되며, 10GHz 이상에서 사용
- ✓ 외부 Ext. Freq. : 최소 50MHz 이상의 기준 주파수 필요(PDF를 높게 함으로서, N분주를 낮출 수 있음)

Figure 188. PLVCO 구조(Variable type)

3. 신호발생기(OSC) - Comb Generator

※ Comb Generator Module

✓ SRD 부품의 비선형성을 이용하여 하모닉 특성을 얻는 방식 (회로 간단)

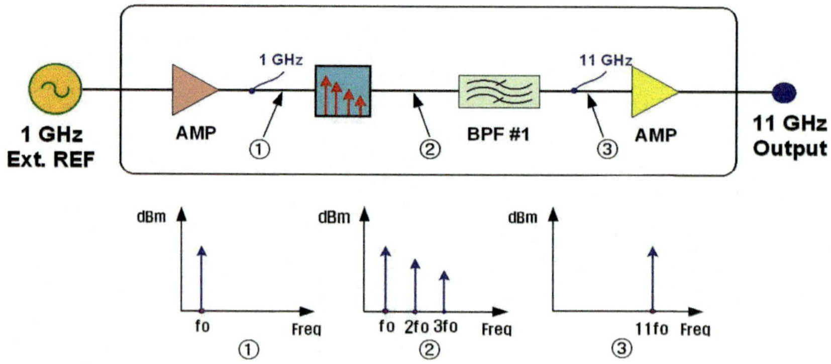

✓ 기준주파수의 정수배 출력을 원하는 경우에 사용

✓ SRD를 구동하기 위한 높은 입력 전력을 필요로 하며, 낮은 입력 임피던스 때문에 별도의 매칭 회로가 필요

✓ 외부 Ext. Freq. : 최소 1GHz 이상의 기준 주파수 필요

→ 이보다 낮을 경우, 인접한 하모닉 주파수를 필터로 억압시키기가 어려움

✓ 별도의 PLL 회로가 필요 없으며, 기준 주파수의 N 체배된 주파수를 얻을 수 있기 때문에 Locking이 안정함

Figure 189. 콤 제너레이터 방식

4. 주파수합성기(SYN) - 모듈 타입 선정 (1)

	Radar System	Satellite System	Electronic Warfare System	Terrestrial RF System
발진기 형태	1) Fixed PLO 2) Variable SYN	Fixed PLO	1) Fixed PLO 2) Variable SYN	1) Fixed PLO 2) Variable SYN
주파수 범위 및 대역폭	1) L ~ Ku Band 2) X or Ku Band (BW : 500MHz Max.)	X or Ka Band	1) X ~ K Band 2) 0.5-18GHz or 5-17GHz (Step size : xx MHz)	1) S ~ X Band 2) 24 or 77GHz (BW : 수 GHz Max.)
구현 방법	1) VCO 방식 2) DDS 방식	VCO 방식	1) VCO 방식 2) DDS - indirect 방식	1) VCO 방식 2) Chirp 방식
위상잡음 특성	1) 우수 2) 우수	보통	1) 우수 2) 우수	1) 보통 2) 보통
주파수 가변속도 (Switching Time)	1) 해당사항 없음 2) 빠름	해당사항 없음	1) 해당사항 없음 2) 빠름	1) 해당사항 없음 2) 빠름
구현(제작) 난이도	1) 보통 2) 어려움	보통	1) 보통 2) 매우 어려움	1) 보통 2) 보통

Figure 190. 주파수합성기 – 모듈 타입(1)

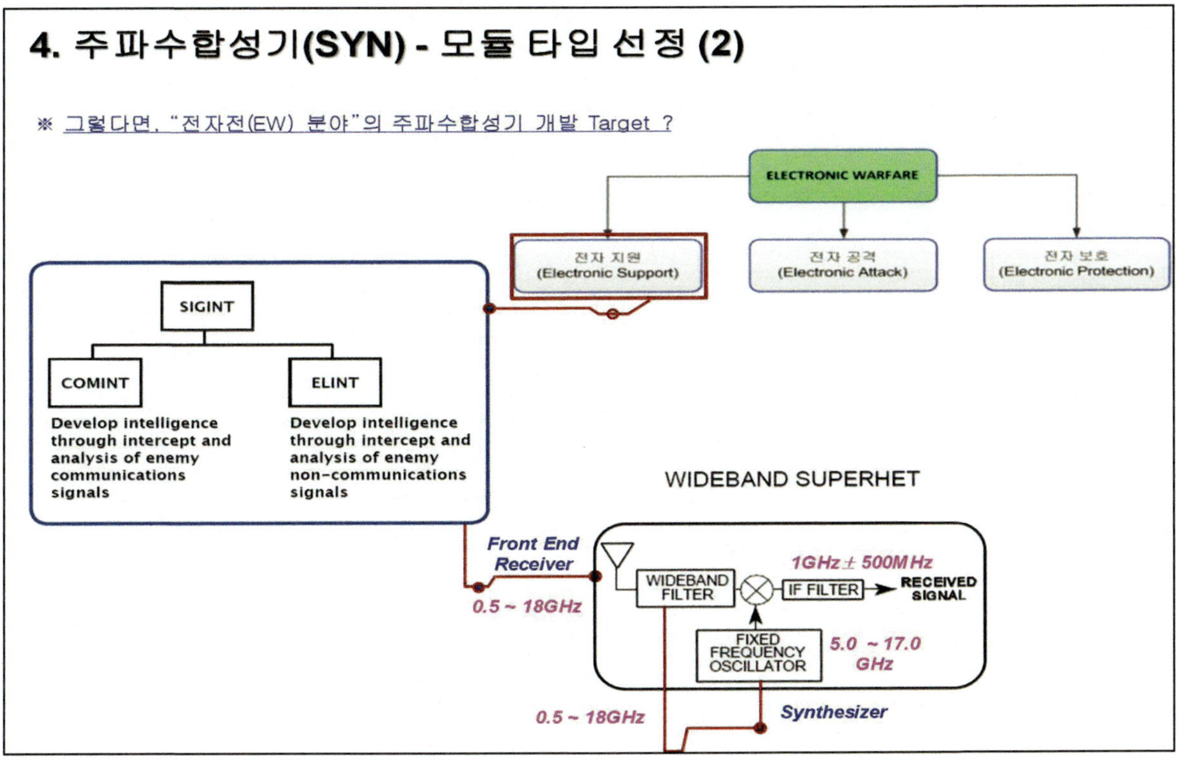

Figure 191. 주파수합성기 – 모듈 타입(2)

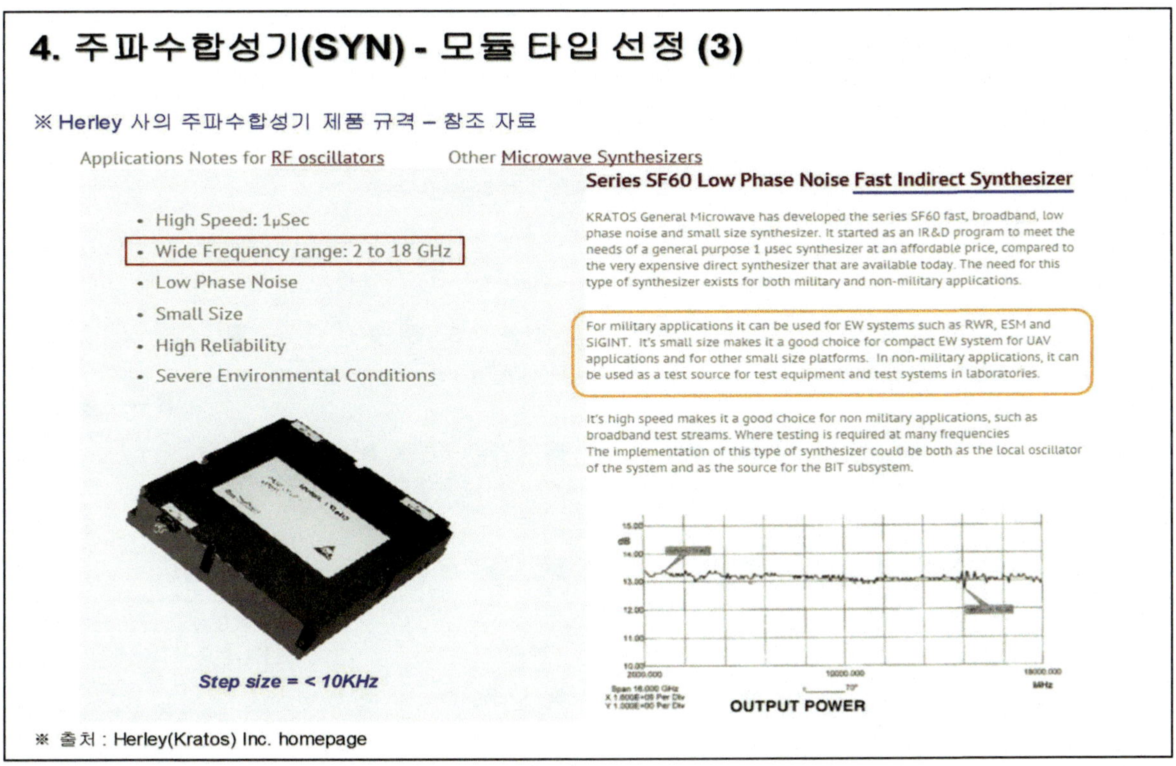

Figure 192. 주파수합성기 – 모듈 타입(3)

5. 주파수 합성기 - 규격

※ 주파수합성기 제품 규격

❖ 전기적 규격 목표

	Freq. Range	Phase Noise	Switching Time	Step Size
SYNTHESIZER (Based on DDS)	0.5 – 18 GHz	-100dBc/Hz @ 100KHz offset	< 10 usec (?)	< 100 KHz

❖ 신뢰성 규격 목표

	Environmental Qualification Tests	Remark
Temp. Altitude	MIL-STD-810C, Method 504.1	고고도 시험
Humidity	RTCA/DO-160D, Para 6.3.2	습도 시험
Vibration	RTCA/DO-160D, Test 8.5.1	진동 시험
Mechanical Shock	TBD	충격 시험
Acceleration	TBD	가속도 시험
Salt Atmosphere	TBD	염수분무 시험
EMI	TBD	전자파 시험

※ 여러 System Application(특히, 전자전 분야)에 공통으로 적용될 수 있도록 제품을 개발하고자 함이 주 목적이 있으며, 방산분야에 사용될 수 있도록 신뢰성 확보가 기본이 되도록 설계 초점을 맞춤

Figure 193. 주파수합성기 – 규격 선정

5. 주파수 합성기 - 구성도(1)-1

※ Block Diagram (CASE 1)

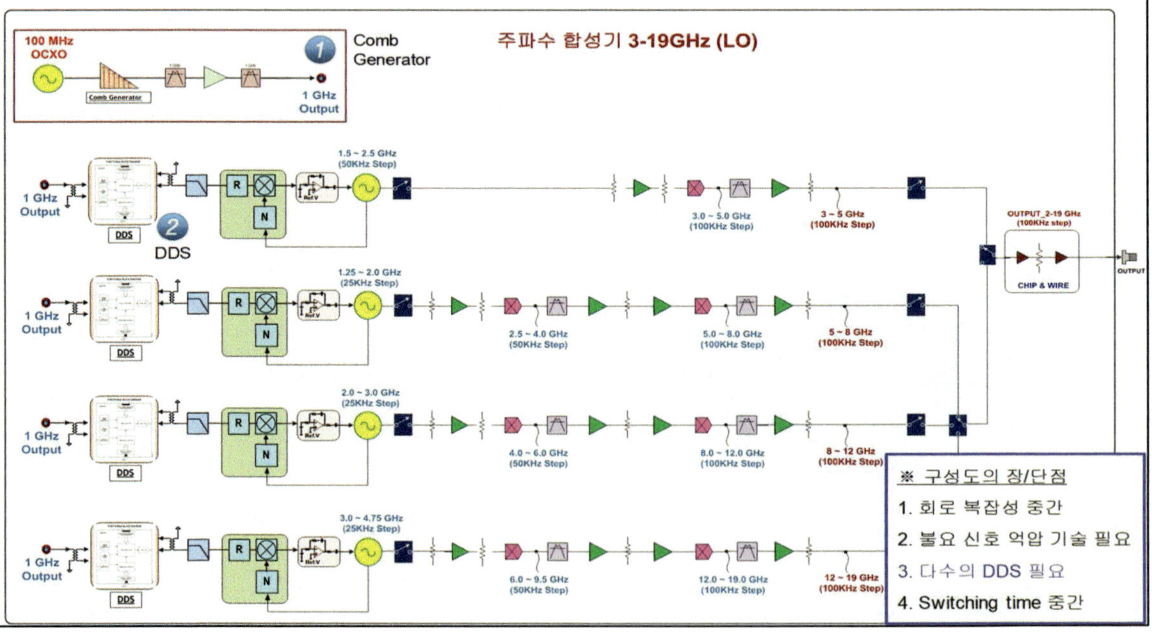

Figure 194. 주파수 합성기 – 구성도(1-1)

그림 195 페이지 내에, Comb generator와 DDS 회로의 구현 방법 설명은 "부록 - 별첨 5"를 참조하면 쉽게 이해할 수 있다.

5. 주파수 합성기 - 구성도 (1)-2

※ 세부 기능 부연 설명

①② (Appendix. 5) Comb Generator and DDS Circuit

Figure 195. 주파수 합성기 – 구성도(1-2)

5. 주파수 합성기 - 구성도 (2)-1

※ Block Diagram (CASE 2)

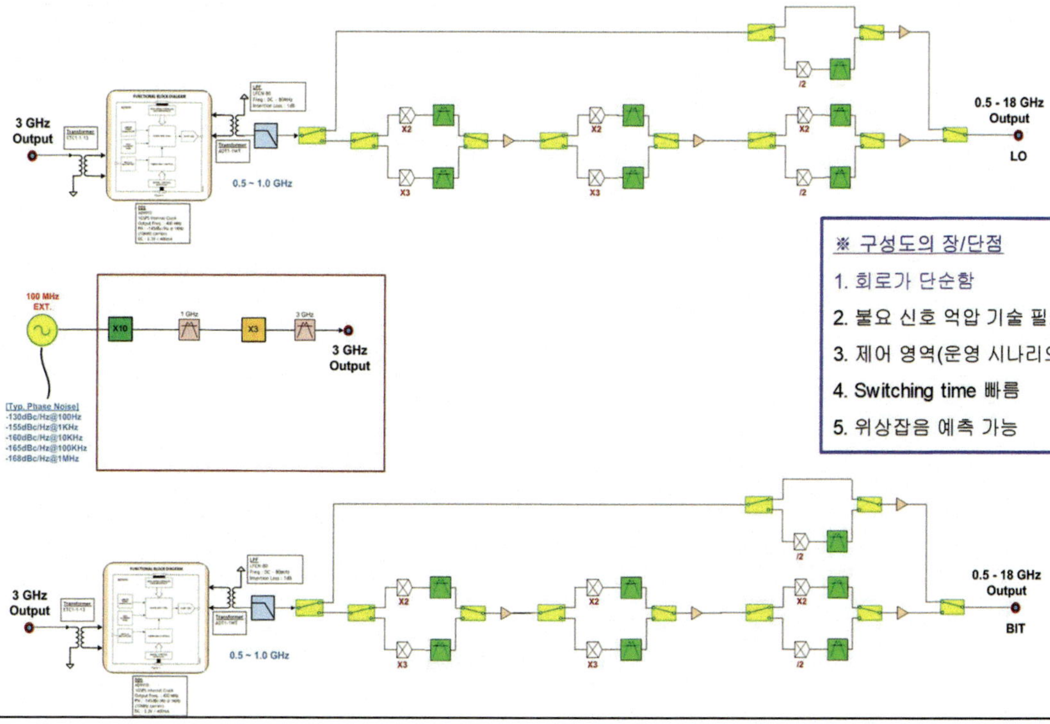

※ 구성도의 장/단점

1. 회로가 단순함
2. 불요 신호 억압 기술 필요
3. 제어 영역(운영 시나리오) 필요
4. Switching time 빠름
5. 위상잡음 예측 가능

Figure 196. 주파수 합성기 – 구성도(2-1)

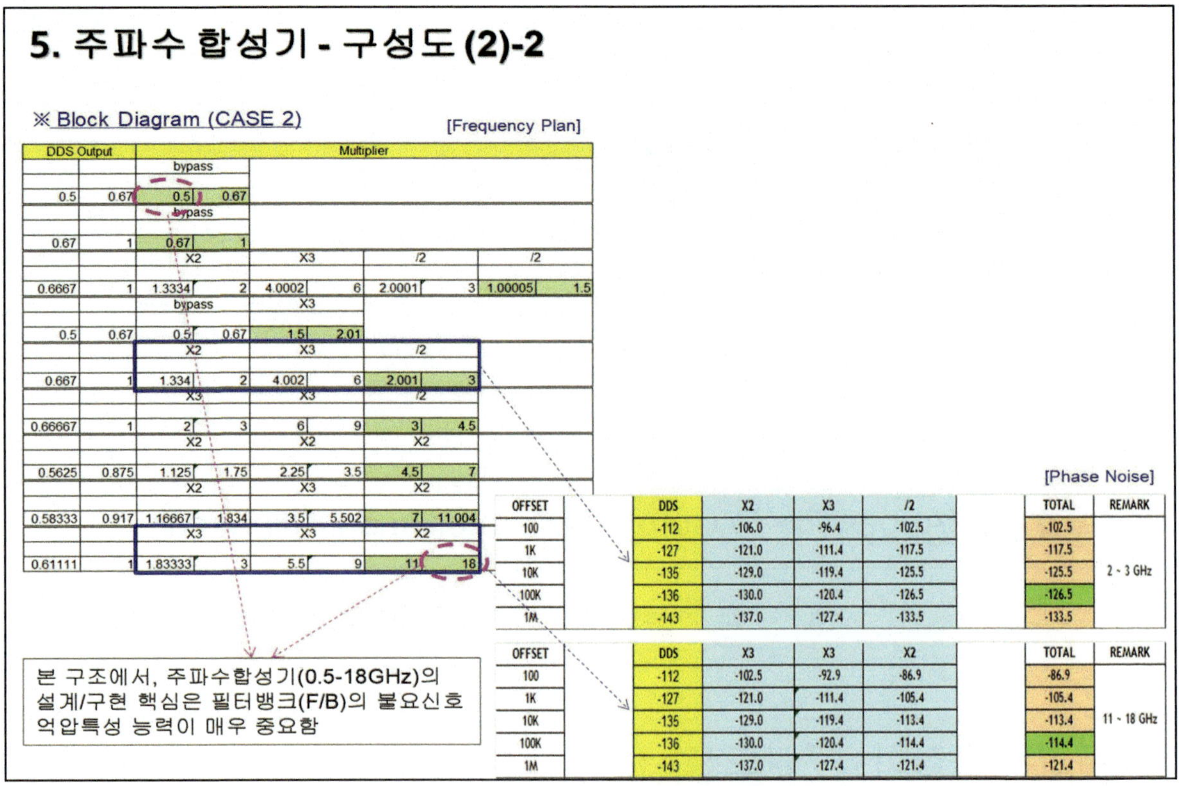

Figure 197. 주파수 합성기 – 구성도(2-2)

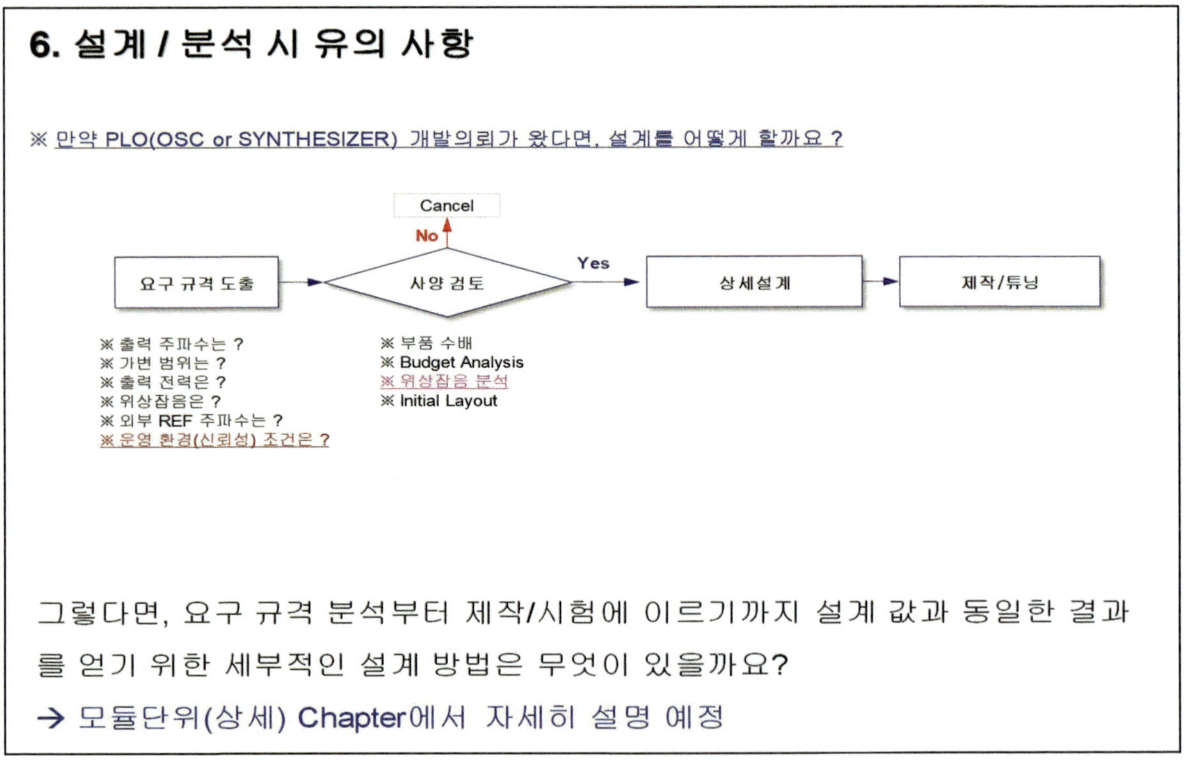

Figure 198. 발진기 설계시 유의사항

Chapter 5. 모듈 단위 - 상세 설계

1. Detailed design for Transmitter, Receiver, and Up/Down converter

Chapter 4.2에서 살펴본 front-end 모듈의 이해를 바탕으로, "모듈별 & 기능별"로 상세 설계를 살펴보고자 본 챕터를 마련하였다. 모듈 단위부터 기능별 회로까지 RF 모듈에 실제 적용되고 있는 사례들로 구성하였으며, 특히 모듈 별로 주의해야 할 사항들도 포함하였다.

Table of Contents

Ⅰ. 설계를 진행하기 전 - 고려 사항

❑ 출력 주파수는?

S, X, Ku대역인지, 아니면 Ka 대역인지...

❑ 모듈 형태는?

TX 경로만 있는지, RX 경로만 있는지, 아니면 TRX 경로가 같이 존재하는지...

또는 시스템 레벨까지를 원하는지...

❑ 모듈 별 원하는 특성은?

송신기의 경우, 출력전력은 얼마인지...

수신기의 경우, 잡음지수 및 이득 평탄도는 맞출 수 있는지...

송수신기의 경우, 포트 간 격리도를 맞출 수 있는지...

❑ 어떤 형태로 제작할지?

Package type의 부품을 SMT를 거쳐 PBA 단위로 기구물에 장착하는 형태...

Bare type의 부품과 Soft 계열의 RF PCB를 사용하여 제작해야 할지...

❑ 운영 환경(신뢰성) 조건은?

전차, 함정, 전투기 등의 장착되는 환경에 따라 설계 시에 고려해야 할 사항들이 무엇인지...

✓ 위 조건들에 따라서 설계 방법이 달라지겠죠~

Figure 199. 모듈 단위 – 고려사항

Ⅱ. 요구사항 별 - 분석 및 설계 접근 방법 [규격 분석]

Parameter	Value			Unit
	Min	Nom	Max	
Frequency				
RF Input Frequency		30 - 31		GHz
IF Output Frequency		950 - 1950		MHz
RF Input Characteristics				
Impedance		50.00		ohm
Return Loss	12.00			dB
Connector		K-connector		
IF Output Characteristics				
Impedance		50.00		ohm
Return Loss	15.00			dB
1 dB Compression Point	10.00			dBm
Third Order Intercept Point	20.00			dBm
Connector		SMA Female		
Transfer Characteristics				
Gain (minimum attenuation)		40.00		dB
Noise Figure		16.00		dB
IMD (third order)			-40.00	dBc
Amplitude Response	Full Band ± 2.50	120 MHz ± 0.50	50 MHz ± 0.40	dB
Level Stability				
Constant Temperature			± 0.50	dB/day
Operating Temperature Range			± 2.50	dB
Frequency Stability				
Constant Temperature		5.E-09		/day
Operating Temperature Range			5.E-08	
Group Delay @50 MHz				
Linear			0.03	ns/MHz
Spurious Output				
Signal Related			-60.00	dBc
Signal Independent			-70.00	dBm
Gain Adjustment				
Range			30.00	dB
Step	1.00			dB
Phase Noise Characteristics				
10 Hz			-30.00	dBc/Hz
100 Hz			-60.00	dBc/Hz
1 kHz			-80.00	dBc/Hz
10 kHz			-95.00	dBc/Hz
100 kHz			-105.00	dBc/Hz
1 MHz			-110.00	dBc/Hz
Voltage		12		VDC
Power Consumption			TBD	W

Ka BUC(Up converter)

Ka 대역의 1GHz 범위 내에서 12dB R/L를 만족시키기 위한 별도 고려 필요

TX 경로에서의 잡음지수는 수신 경로에 비해 tight하지는 않지만, IF 경로 초단(Mixer 앞단까지)에 손실 값이 많은지 확인 필요

TX 출력 전력을 "Aging 및 온도변화"에 대해 얼마만큼 일정하게 유지하는지를 규정하는 값으로서, 발열에 대한 출력전력을 감소를 최소화시키는 방법 고려 필요

위성통신에서는, 전파지연 시간에 대표되는 Group delay가 중요한 만큼, 선형구간 내에서 필터 등의 edge freq.에서 규격에 만족하는지 확인 필요

출력 신호 세기를 조정하기 위해서, 일반적으로 IF 경로에 가변 감쇄기를 삽입하여 30dB까지 제어가 될 수 있도록 기능을 구현하게 되는데, 이때 ATT이 갖고 있는 31.5dB 값의 최대값이 실제로 30dB를 만족시키기가 어렵기 때문에 규격 협의 시 고려 필요 (특히, 감쇄량이 많아질수록 Accuracy가 떨어짐)

BUC 내부에 주파수변환에 필요한 국부발진주파수를 생성하면서 필요한 위상잡음 특성을 맞출 수 있는지 분석 필요

Figure 200. 규격 분석(1)

Ⅱ. 요구사항 별 - 분석 및 설계 접근 방법 [규격 분석]

No.	Parameters		Requirements	Comply
1	Frequency	RF	15.1185GHz~15.2385GHz	14.8125GHz~15.2385GHz
		IF	1.57 GHz	1.57 GHz
		LO	13.5485~13.6685 GHz	13.2425~13.6685 GHz
2	Gain Flatness		+/-1dB	+/-1dB
3	Gain		+10dB +/-1dB	+10dB +/-1dB
4	Input power range		-10dBm	-10dBm
5	Output power range		0dBm +/-1.0	0dBm +/-1.0
6	VSWR		<1.5:1	<1.5:1
7	Output power control(미세조정)		±2.0dB /0.25dB Step	±2.0dB /0.25dB Step
8	Input power detect Range (error range)		+5~-55dBm(+/- 0.5dB)	+5~-55dBm(+/- 0.5 dB)
9	Output power detect Range (error range)		TBD	-5 ~ +10dBm(+/- 0.5dB)
10	대역 외 신호억압(harmonic,local)		<-60dBc	<-60dBc
11	상호변조(IMD)		<-50dBc	<-50dBc@-3dBm
12	위성 잡음		-75dBc/Hz @1KHz -85dBc/Hz @10KHz -95dBc/Hz @100KHz -110dBc/Hz @1MHz	-75dBc/Hz @1KHz -85dBc/Hz @10KHz -95dBc/Hz @100KHz -110dBc/Hz @1MHz
13	주파수안정도		±0.05ppm	±0.05ppm
14	PLL step		500KHz	500KHz
15	PLL alarm		Unlock 시 TTL LOW	Comply
16	RF Connectors		SMA female	Comply
17	IF Connectors		MCX female	Comply

Ku Down Converter

Ku 대역의 DNC를 만들기 위한 방법 중에서, IF가 단일주파수로서, LO 주파수를 RF대역만큼 가변 시켜야 함

RF 대역이 상대적으로 좁지만, LO 주파수를 가변 시키면서 평탄도를 맞춰야 하기 때문에 쉽지 않은 규격임

30dB 범위를 갖고 있는 가변 감쇄기를 2개를 사용하여 50dB range를 맞춰야 하기 때문에 독립적으로 동작될 수 있도록 하는 게 중요함

하향주파수변환기로서 높은 출력 전력을 원하지는 않으나, 선형 구간에서 50dBc를 만족시킬 수 있도록 부품(AMP) 선정 중요

주파수 안정도는 모듈 외부에서 REF.를 공급받는다면 문제가 없으나, 만약 내부에서 REF를 구현해야 할 경우에는 PPM 규격에 따라 TCXO 또는 OCXO 중에서 선택해야 함
(TCXO : +/-1PPM / OCXO : +/-0.05PPM)

Figure 201. 규격 분석(2)

Ⅱ. 요구사항 별 - 분석 및 설계 접근 방법 [규격 분석]

No.	항목	사양
1	입력 주파수	14.8125~15.2385 GHz
2	입력 레벨	-108~-33dBm
3	출력 주파수	입력 주파수와 동일
4	출력 레벨	+6±1.0dBm
5	이득	+39±1.0dB
6	이득 평탄도	±1.0dB
7	잡음지수	1.5dB 이하
8	상호변조	-46dBc 이상
9	출력 Coupling 값	14.5dB±1.0dB
10	VSWR	1.5:1 이하
11	과입력 보호 기능	0dBm 10 초간 입력 시
12	동작 전압	+6.5Vdc ,-5V
13	소모전력	1.1W 이하
14	역 전압 보호기능	입력전압 범위의 역 전압 5초이상 인가 시 없을 것
15	소모전력검출	정상범위를 벗어나면 ALARM(TTL_LOW)
16	RF Connectors	SMA Female
17	전원 및 Data Connector	EMI FILTER(Solder type)
18	무게	0.11kg 이하
19	크기	46 X 85 X 15 mm
20	환경규격	MIL-STD-810F
21	전자기간섭	MIL-STD-461E

Ku band LNA (주파수 변환이 필요 없는 모듈)

저잡음 증폭기 이득이 약 40dB로서, 모듈 내부에서 발진이 발생하지 않도록 구조 설계 시 고민 필요

약 400MHz 대역 내에서 2dB 이득평탄도를 맞추는 것이 쉬워 보일 수 있으나, 수신기 모듈 특성상 잡음지수에 매칭을 할 경우 평탄도 특성이 상대적으로 나빠질 수 있음을 인지해야 함

상용 부품을 사용하여, 요구되는 잡음지수를 만족시킬 수 없는 경우에는 어쩔 수 없이 HEMT 부품을 이용한 LNA 설계 필요

초단 LNA 설계시 Trade-off가 필요한 항목이 "잡음지수와 VSWR"이기 때문에 2가지 조건을 만족시키기가 매우 어렵다는 점을 인지하여 고객사와 조율 과정을 반드시 거쳐야 함

전원회로 설계 시, 역 전압 인가에 대한 보호회로를 추가할 필요 있음(일반적으로 다이오드를 사용하여 구현)

EMI 시험을 통과하기 위해서, 특히 RE 모드를 통과시킬 수 있도록 모듈 내부 신호가 외부로 방사(Radiation)되지 않도록 커버 Sealing 중요

Figure 202. 규격 분석(3)

Ⅱ. 요구사항 별 - 분석 및 설계 접근 방법 [규격 분석]

항목		성능
입출력 주파수 범위		• 30~31GHz
최대 입력 전력		• 15 dBm
출력 전력		• 8 W
Power gain		• 24 dB
입출력 VSWR		• 1.5 : 1
이득 평탄도		• ± 1 dB @ 1GHz BW (UPC부 제외)
Gain variation over Temp/day		• ± 1.5 dB @ 24 hours
Spurious at rated power		• -60 dBc 이하
Harmonic at rated power		• -40 dBc 이하 (TBD)
IMD	1.5 back off	• -13 dBc 이하
	3 back off	• -18 dBc 이하
사이즈		• 최대 217× 90 × 50 mm
소모 전력		• 120W (현재 제시 가능 사양) • 100W(목표 사양)
전원		• +12V (TBD)
무게		• 1.4 kg 이하 (TBD)
환경규격/전자기 간섭		• MIL-STD-810G / MIL-STD-461F (세부사항 TBD)
입력 Interface		• K-CONNECTOR
출력 Interface		• WR-28

Ka band SSPA (주파수 변환이 필요 없는 모듈)

Ka대역에서 8W를 출력시킬 수 있는 부품이 확보될 경우에는 출력 결합이 필요 없으나, 이보다 낮을 경우에는 출력에 전력결합기를 구현하여 출력전력을 증가시켜야 함

최대 출력 조건에서 하모닉 성분 40dBc를 만족시키기 위해서는 별도의 LPF를 삽입하여 억압시켜야 하는데, 이로 인해 출력전력 감소를 고려해야 함

HPA 부품 단독으로 선형성을 만족시키기 어려울 경우, 상호왜곡 주파수에 위상을 변화시켜 억압을 할 수 있도록 PBG 회로 적용도 검토 필요

시스템에서 공급받는 전원의 한계로 인하여, 마냥 소모전력을 증가시킬 수 없기 때문에 제한된 소모전력 대비 최대 출력전력을 낼 수 있도록 효율을 극대화 해야 함

Figure 203. 규격 분석(4)

Ⅱ. 요구사항 별 - 분석 및 설계 접근 방법[Up Converter]

❑ UPC – Ka band

- ✓ Freq. : 950-1950MHz / 20-21GHz
- ✓ PCB material : RO4003 8mil (One-board)
- ✓ RF path : LO Rejection Filter
- ✓ Cover : Inner cover @ RF path
- ✓ 100% GND가 아닌 상태에서, package 부품들과 cavity 높이에 따라 이득평탄도 규격 맞추기 어려움

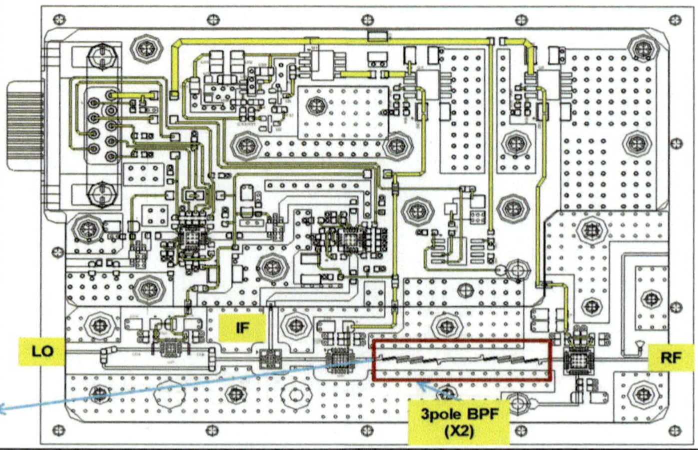

❑ LO leakage를 억압하기 위해, PCB에 coupled line filter를 2 stage로 연결한 구조에서는, 필터 간의 부정합이 발생하지 않도록 선로 길이 조율 및 단독으로 외부 임피던스가 변하더라도 특성을 유지할 수 있도록 필터 시작 근처에 별도의 변환 기능(Stub) 적용

Figure 204. 모듈 단위 – 상향 변환기

Ⅱ. 요구사항 별 - 분석 및 설계 접근 방법[Down Converter]

❑ DNC – Ka band

- ✓ Freq. : 30-31GHz / 950-1950MHz
- ✓ PCB material : RT5880 5mil / FR4
- ✓ RF path : Image Rejection Filter
- ✓ Cover : Inner cover @ Mixer 단까지
- ✓ Digital ATT을 2단으로 구현함에 따른 각각의 감쇄 량을 확보할 수 있도록 해야 함

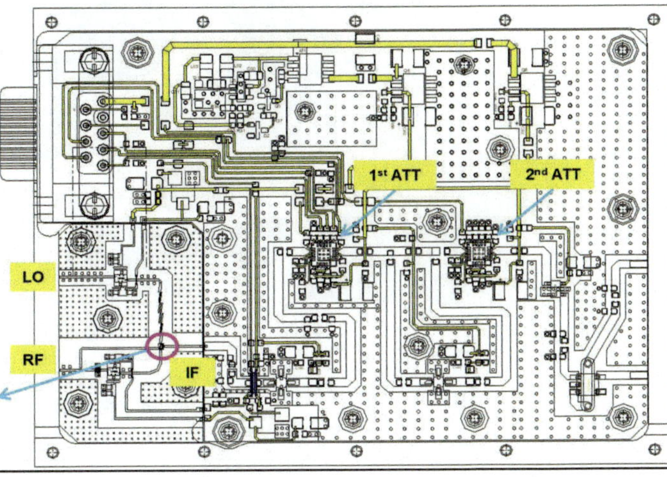

❑ 주파수변환에 필요한 주파수변환기(Mixer) 사용 시에, 믹서가 갖고 있는 나쁜 R/L 특성으로 인하여 이득 평탄도 특성이 열화 될 수 있기 때문에, 가능하다면 각각의 단자(RF/LO/IF)에 감쇄기(2~3dB)를 추가하여 완충해 줄 수 있도록 해야 함

Figure 205. 모듈 단위 – 하향 변환기

Ⅱ. 요구사항 별 - 분석 및 설계 접근 방법 [Up Converter - BUC]

❑ BUC – Ku band (1)

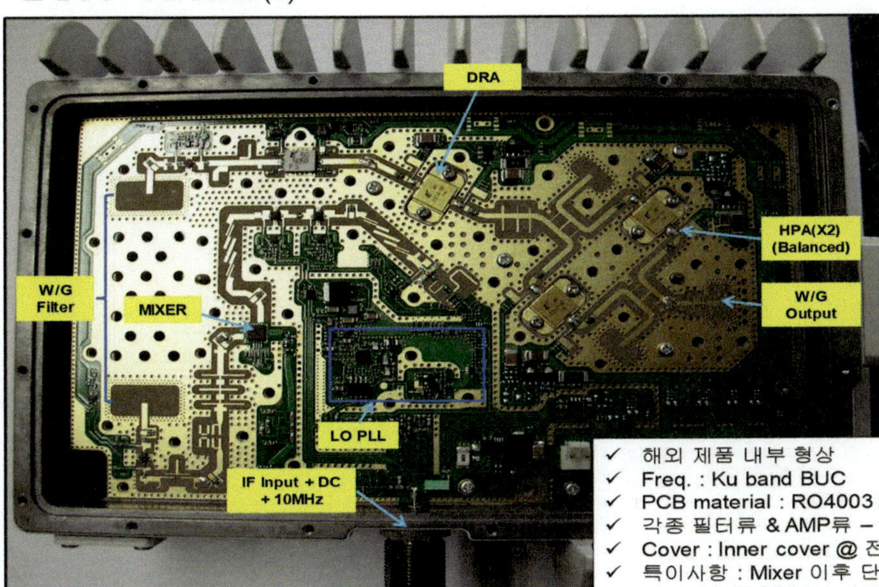

- ✓ 해외 제품 내부 형상
- ✓ Freq. : Ku band BUC
- ✓ PCB material : RO4003 20mil
- ✓ 각종 필터류 & AMP류 – 자체 설계
- ✓ Cover : Inner cover @ 전체 영역
- ✓ 특이사항 : Mixer 이후 단에 W/G 경로를 삽입하여 Low side에 존재하는 LO leakage 제거 용이

Figure 206. 모듈 단위 – BUC Ku Band(1)

Ⅱ. 요구사항 별 - 분석 및 설계 접근 방법 [Transceiver]

❑ Transceiver – Ka band for 5G (2)

image: Keysight, mmWave transceiver module

- ✓ Freq. : 28GHz for 5G mmWave
- ✓ PCB material : Multi-layer One board
- ✓ 특이사항(1) : 저가형으로 구현하기 위해 SMT 형태로 구현
- ✓ 특이사항(2) : 대역폭이 1GHz 이내로서, 축적된 기술력이 뒷받침 될 경우, 가능성 있는 접근 방법임

※ 출처 : Keysight Inc. homepage

Figure 207. 모듈 단위 – 트랜시버 Ka band 2(5G)

Ⅱ. 요구사항 별 - 분석 및 설계 접근 방법 [Transceiver]

❑ Transceiver – Phase Noise vs. EVM 계산 공식 for 5G app.

EVM Analysis [LO : 25788.16MHz] - REF 10MHz

Frequency [Hz]		10	100	1000	1.0E+04	1.0E+05	1.0E+06
Total Phase Noise		-31.9	-61.8	-86.4	-87.2	-87.3	-103.8
Multiplier	1	-31.9	-61.8	-86.4	-87.2	-87.3	-103.8
Link	1	-30.9	-60.8	-85.4	-86.2	-86.3	-102.8
CR BW(KHz)	0.01	0.0	0.0	0.0	0.0	0.0	0.0
After carrier recovery		-30.9	-60.8	-85.4	-86.2	-86.3	-102.8
slope			-2.99	-2.46	-0.08	-0.01	-1.65
Integrated segment rad^2			8.09E-03	1.10E-04	4.59E-05	4.25E-04	5.60E-04
SUM rad^2			8.09E-03	8.20E-03	8.24E-03	8.67E-03	9.23E-03
rms phase [rad]			0.09	0.09	0.09	0.09	0.10
rms phase [deg]			5.15	5.19	5.20	5.33	5.50
EVM [%]			**8.98**	**9.04**	**9.07**	**9.30**	**9.59**

	'QPSK	8-PSK	16-QAM	64-QAM	128-QAM	256-QAM
Allowed error [deg]	45	22.5	16.87	7.69	3.70	1.82
BER	0.00E+00	2.17E-05	1.08E-03	8.11E-02	2.51E-01	

일반적으로,
이동통신(4G, 5G)에서 요구하는 EVM 규격은 약 3% 이하로서, LO부를 설계하는 방법은 아래와 같다.

1) LO 출력주파수 : 25GHz 대역
2) 외부 기준주파수(10MHz) : EVM – 약 9.5%
3) 외부 기준주파수(100MHz) : EVM – 약 2.3%

즉, 위상잡음 특성을 좋게 하기 위해서는 외부 Ref. 주파수를 높여야 함

EVM Analysis [LO : 25788.16MHz] - REF 100MHz

Frequency [Hz]		10	100	1000	1.0E+04	1.0E+05	1.0E+06
Total Phase Noise		-45.8	-75.8	-94.4	-93.8	-94.5	-111.0
Multiplier	1	-45.8	-75.8	-94.4	-93.8	-94.5	-111.0
Link	1	-44.8	-74.8	-93.4	-92.8	-93.5	-110.0
CR BW(KHz)	0.01	0.0	0.0	0.0	0.0	0.0	0.0
After carrier recovery		-44.8	-74.8	-93.4	-92.8	-93.5	-110.0
slope			-3.00	-1.86	0.06	-0.07	-1.65
Integrated segment rad^2			3.28E-04	6.64E-06	9.04E-06	8.48E-05	1.07E-04
SUM rad^2			3.28E-04	3.34E-04	3.43E-04	4.28E-04	5.35E-04
rms phase [rad]			0.02	0.02	0.02	0.02	0.02
rms phase [deg]			1.04	1.05	1.06	1.19	1.33
EVM [%]			**1.81**	**1.83**	**1.85**	**2.07**	**2.31**

	'QPSK	8-PSK	16-QAM	64-QAM	128-QAM	256-QAM
Allowed error [deg]	45	22.5	16.87	7.69	3.70	1.82
BER	0.00E+00	0.00E+00	0.00E+00	3.22E-09	2.60E-03	8.49E-02

Figure 208. 모듈 단위 – 트랜시버 Ka band 3(위상잡음 분석)

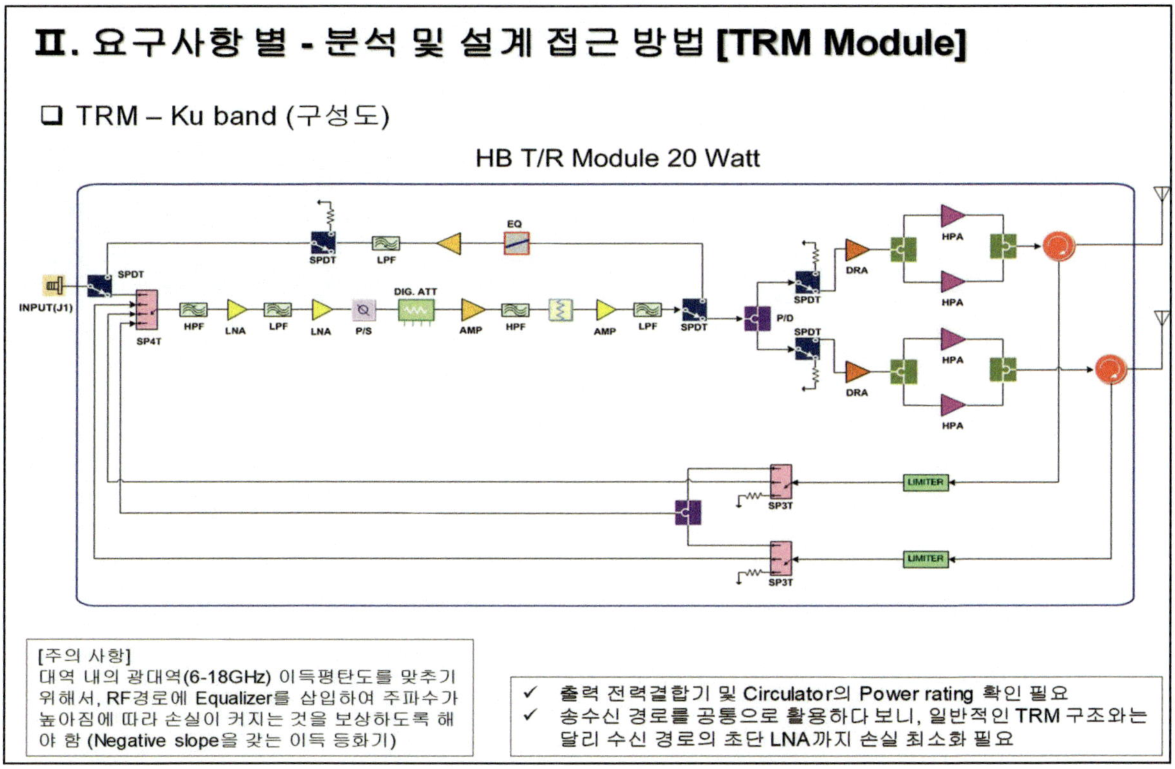

Figure 209. 모듈 단위 – TRM 모듈 1(Ku band)

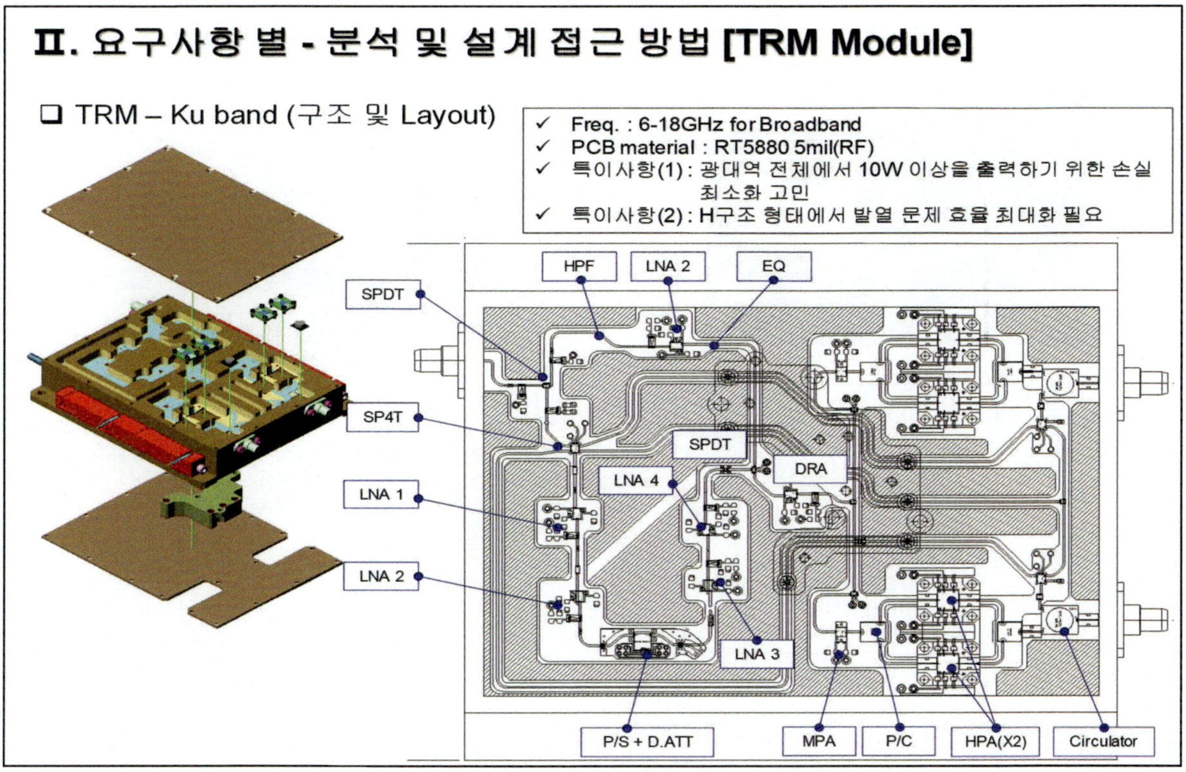

Figure 210. 모듈 단위 – TRM 모듈 2(Ku band)

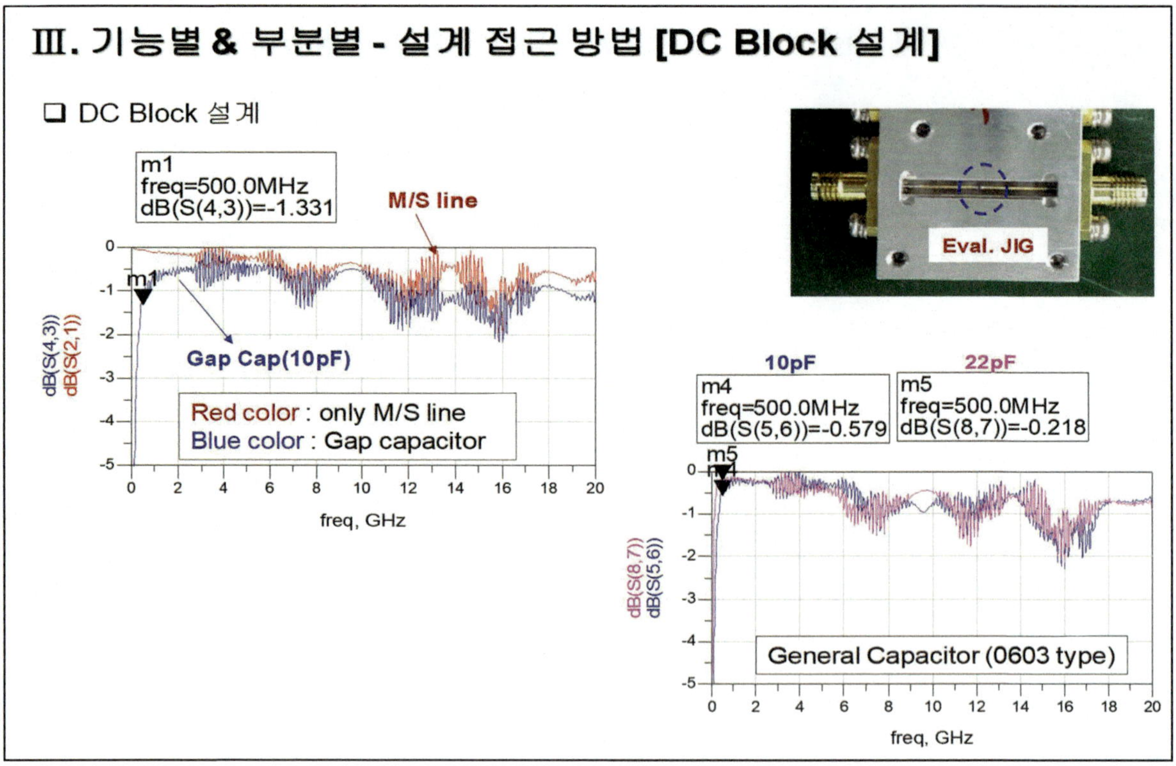

Figure 211. 기능별 설계 방법 – DC Block 설계

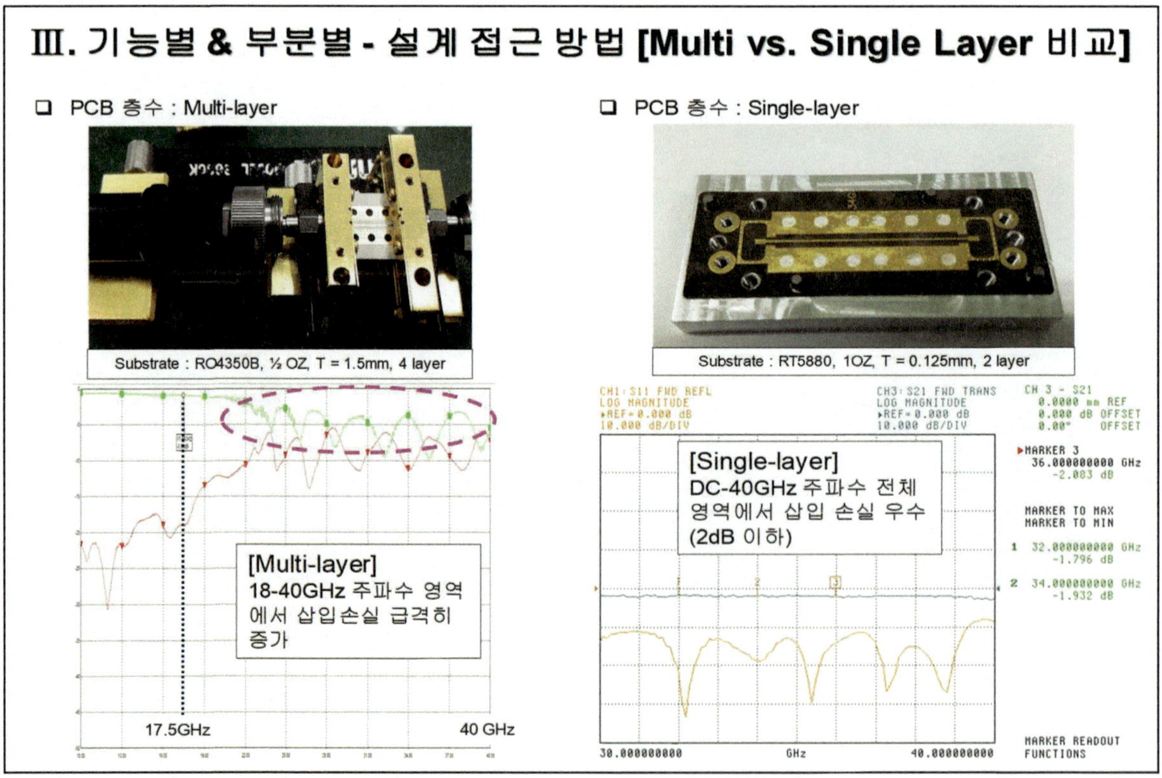

Figure 212. 기능별 설계 방법 – Multi-laye PCB 설계

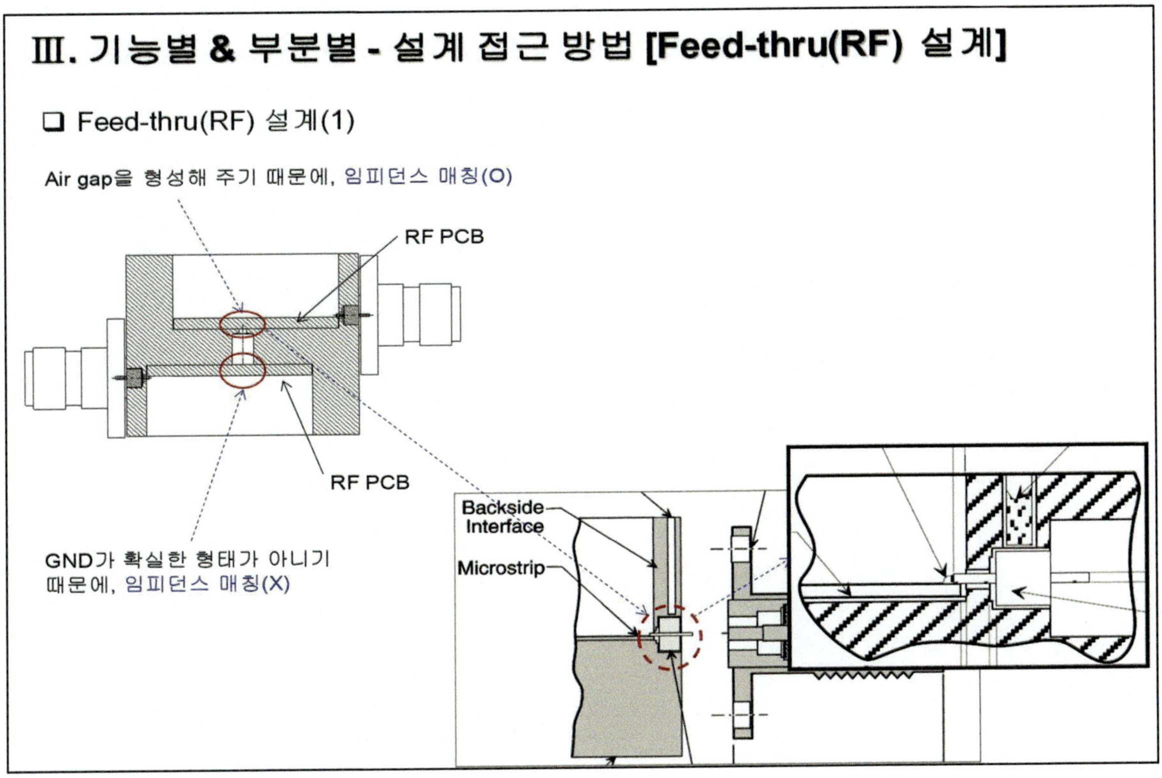

Figure 213. 기능별 설계 방법 – RF feed-thru 설계(1)

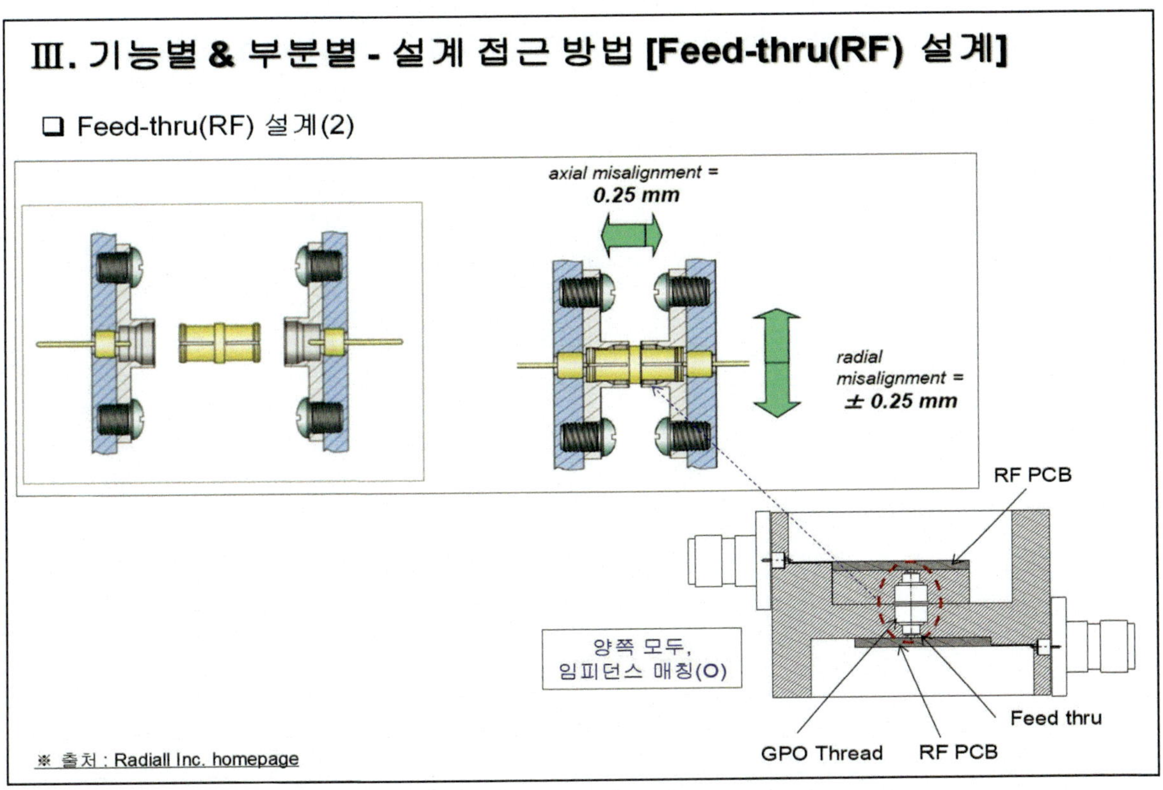

Figure 214. 기능별 설계 방법 – RF feed-thru 설계(2)

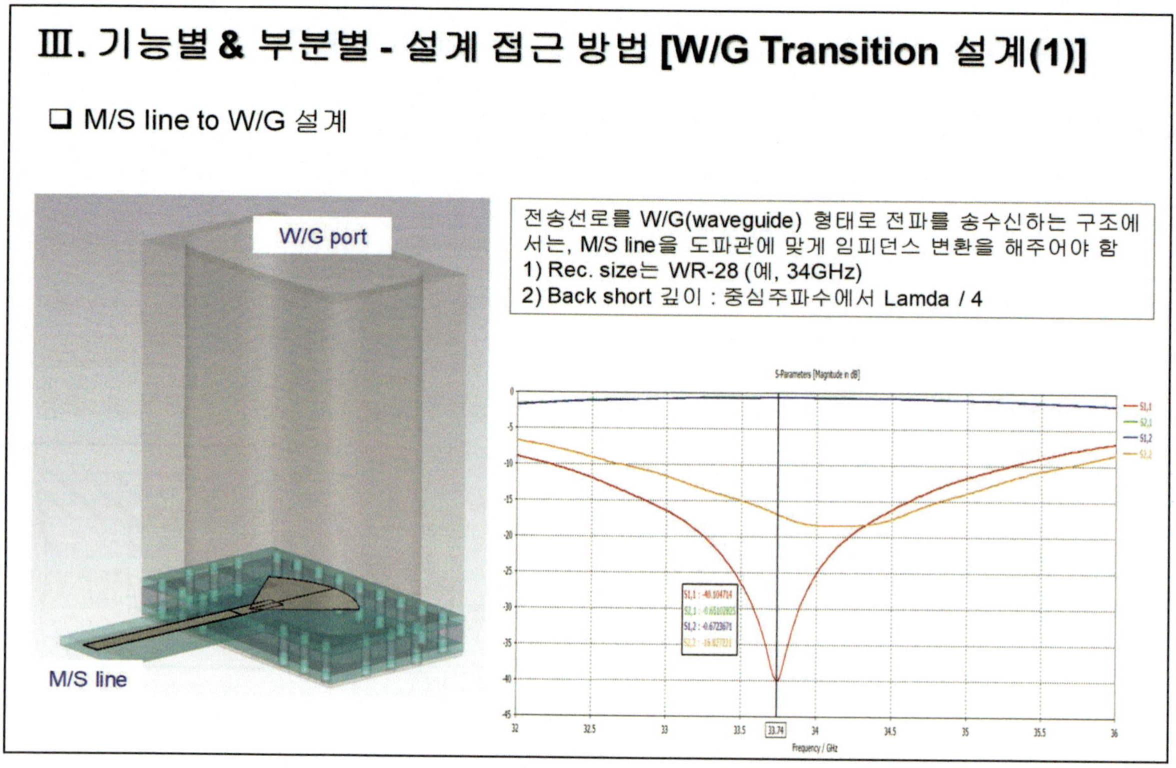

Figure 215. 기능별 설계 방법 – W/G Transition 설계(1)

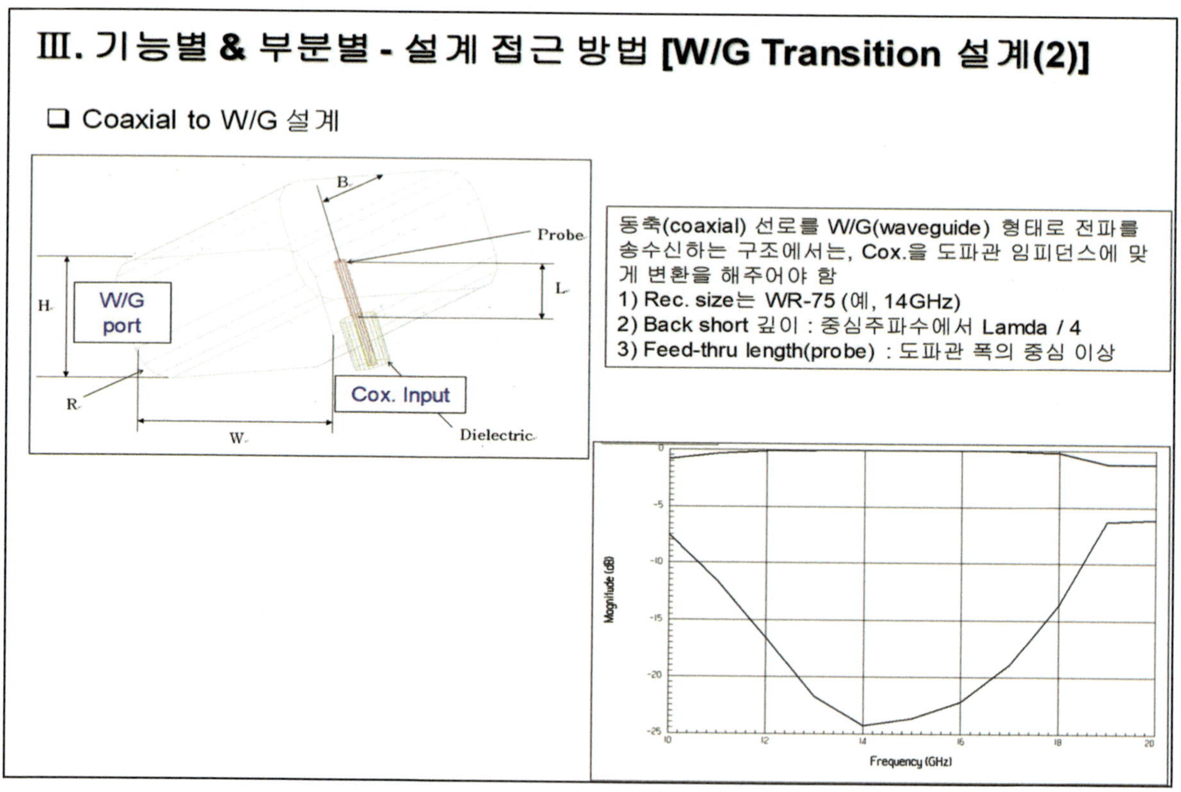

Figure 216. 기능별 설계 방법 – W/G Transition 설계(2)

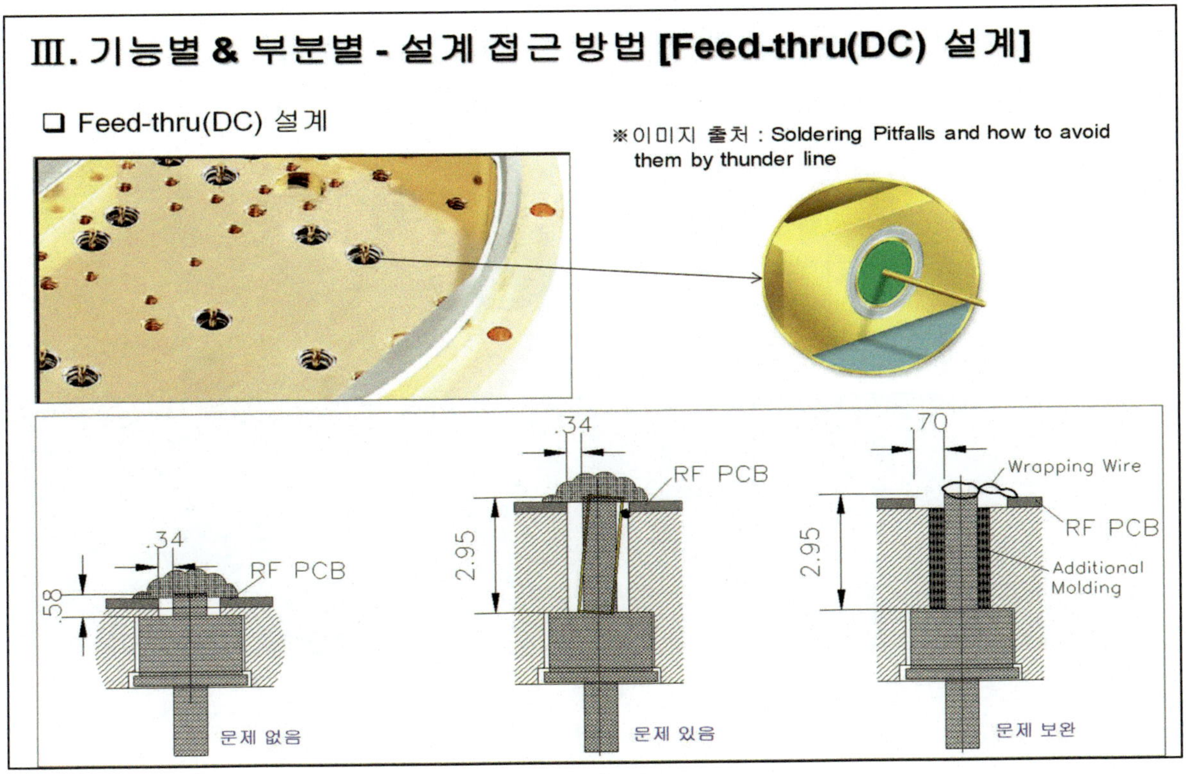

Figure 217. 기능별 설계 방법 – DC feed-thru 설계

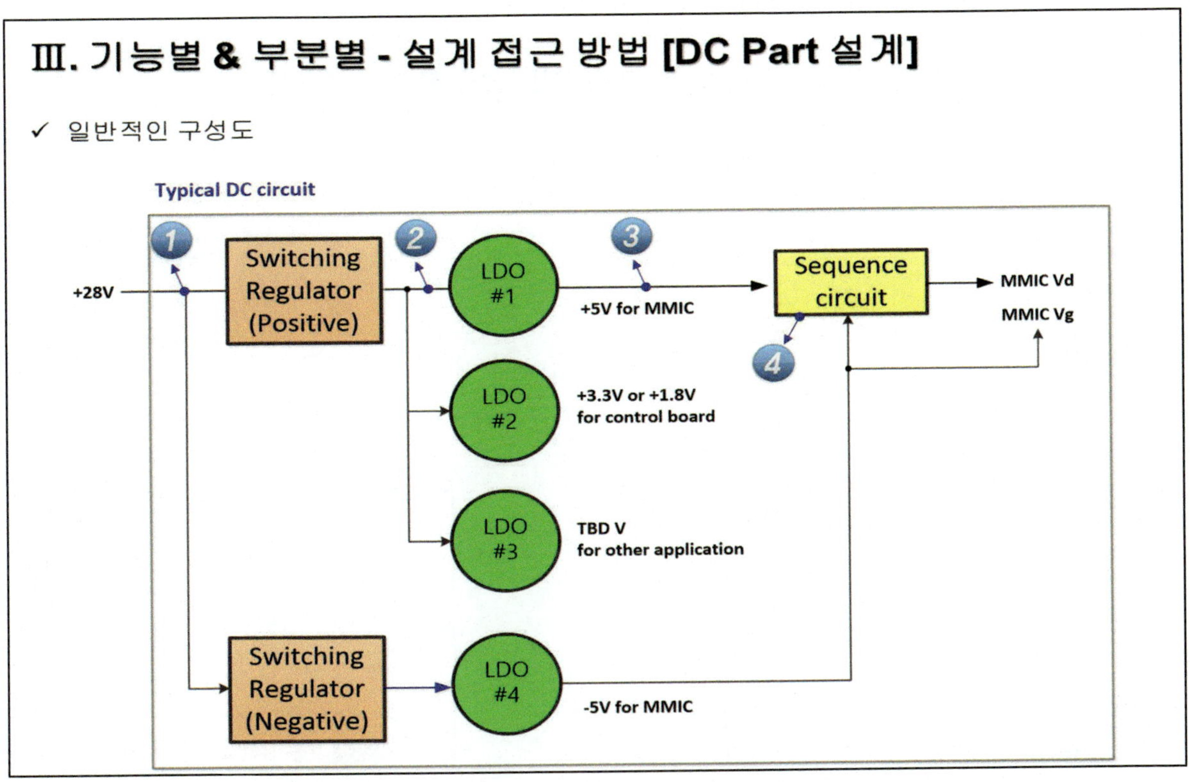

Figure 218. 기능별 설계 방법 – DC PART 설계

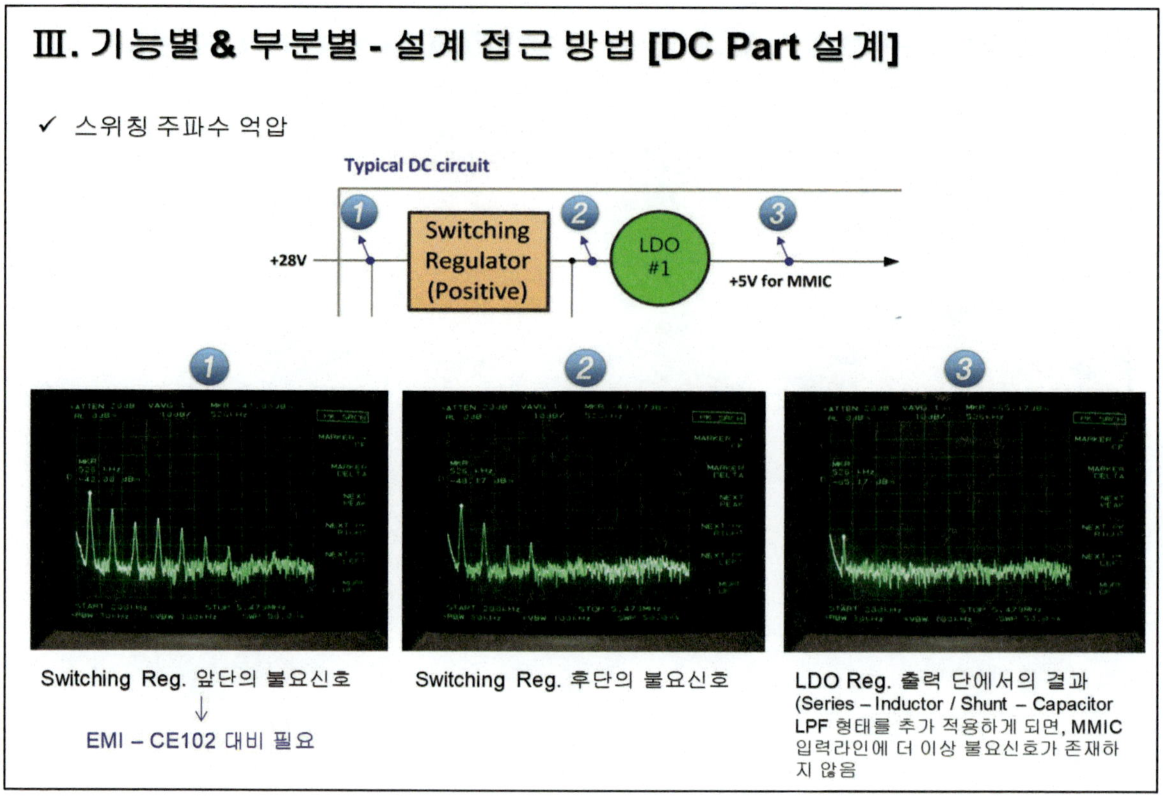

Figure 219. 기능별 설계 방법 – DC PART 설계(스위칭 주파수 억압)

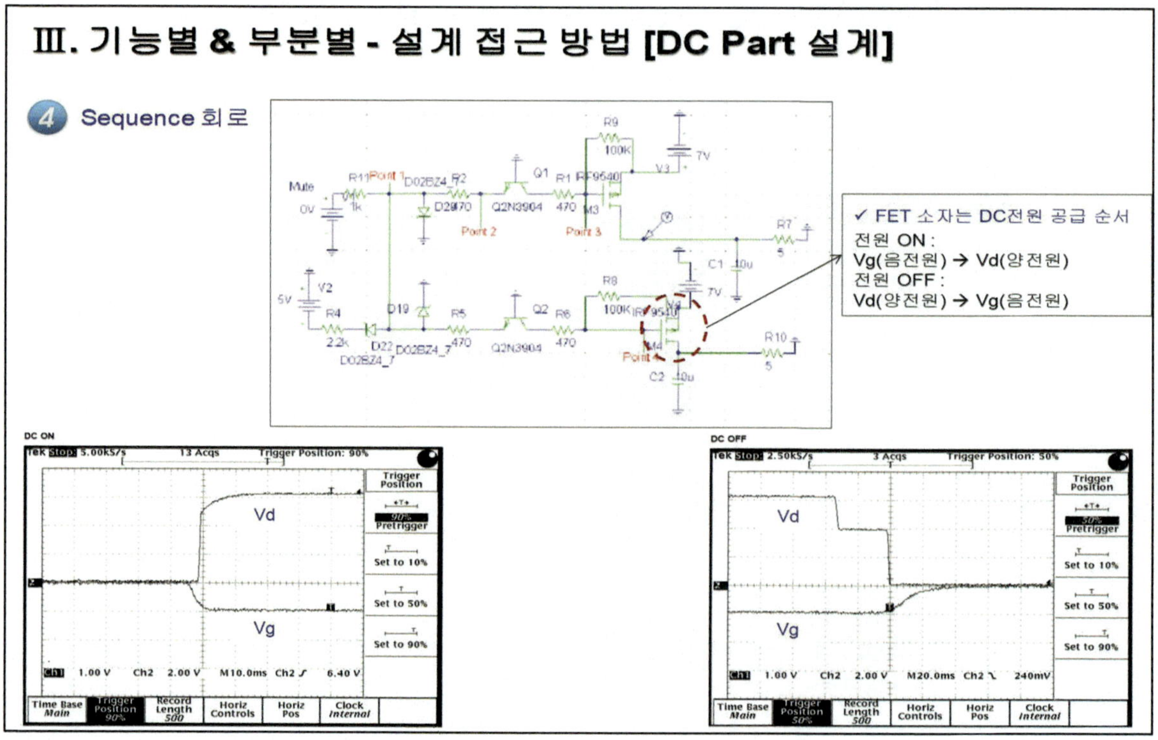

Figure 220. 기능별 설계 방법 – DC PART 설계(시퀀스 회로)

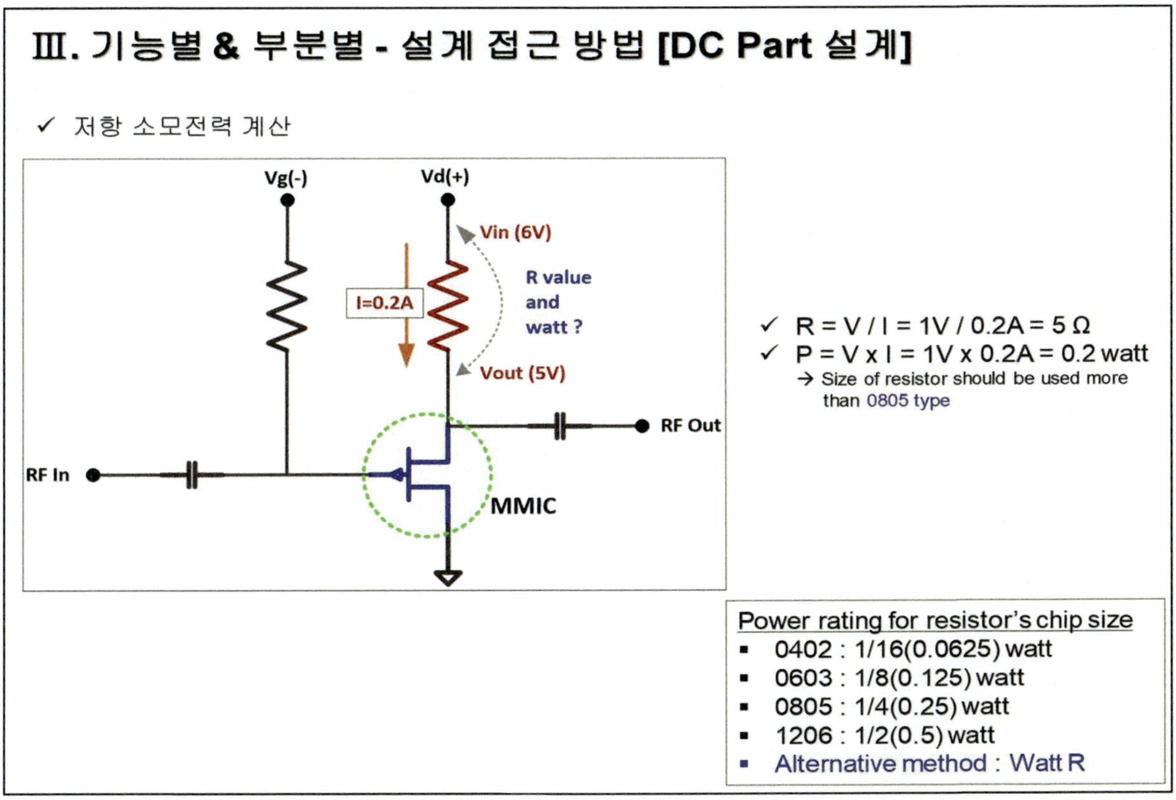

Figure 221. 기능별 설계 방법 – DC PART 설계(Vd라인 저항 계산)

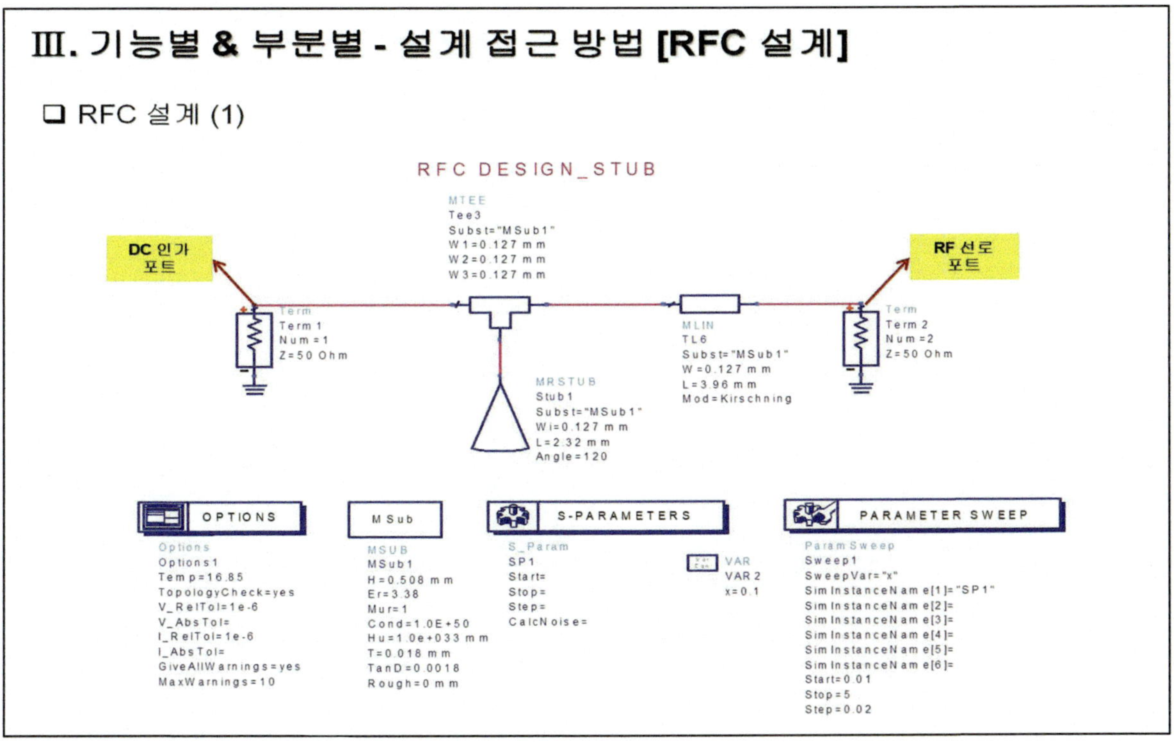

Figure 222. 기능별 설계 방법 – RFC 설계(1)

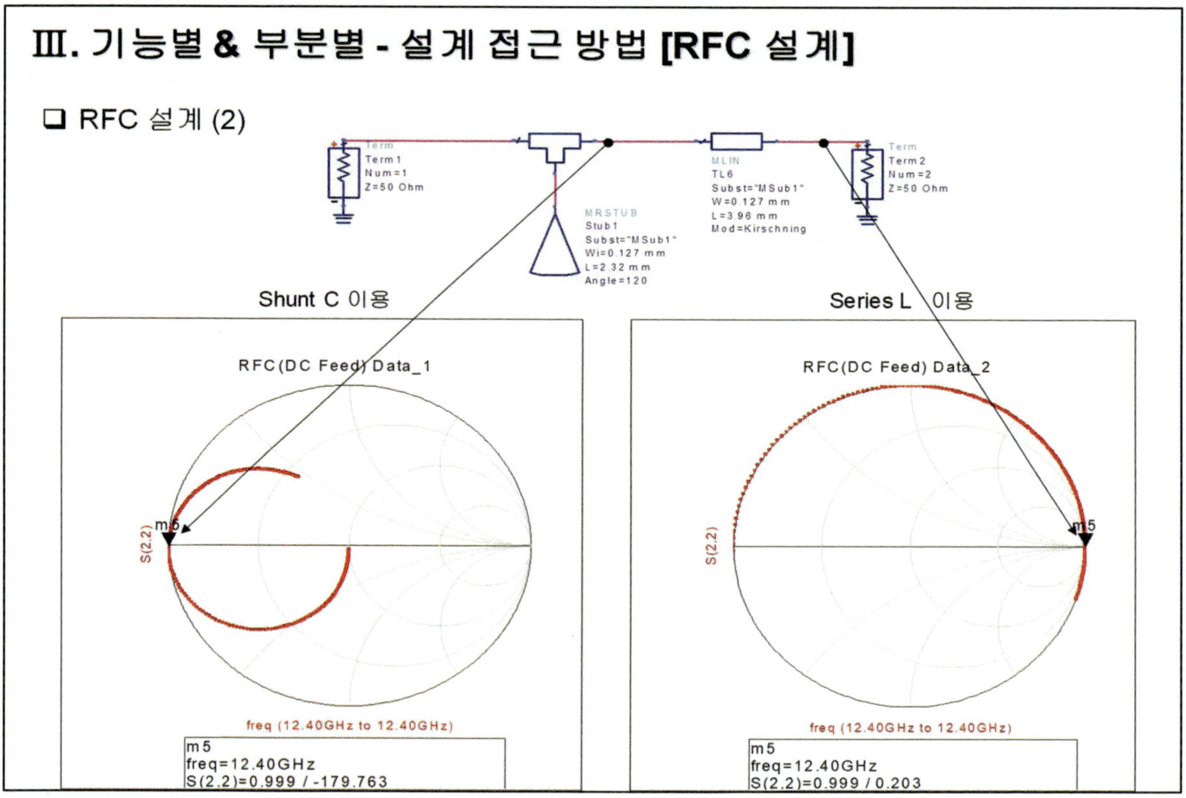

Figure 223. 기능별 설계 방법 – RFC 설계(2)

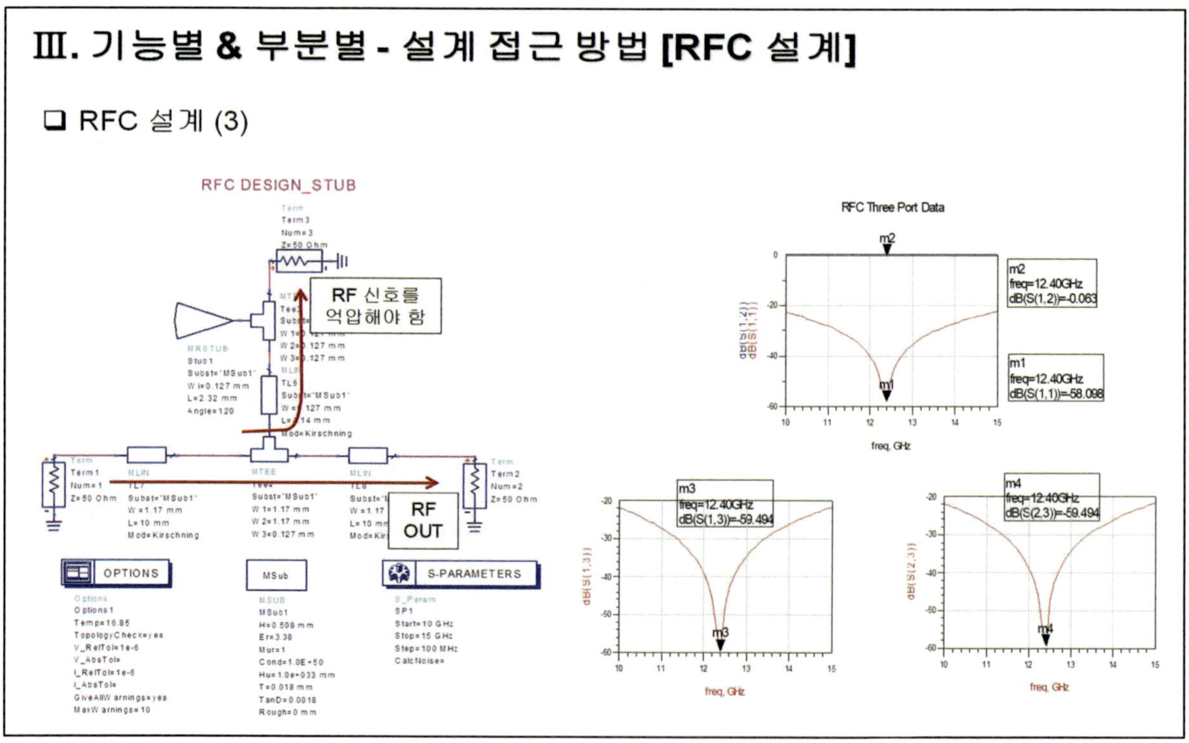

Figure 224. 기능별 설계 방법 – RFC 설계(3)

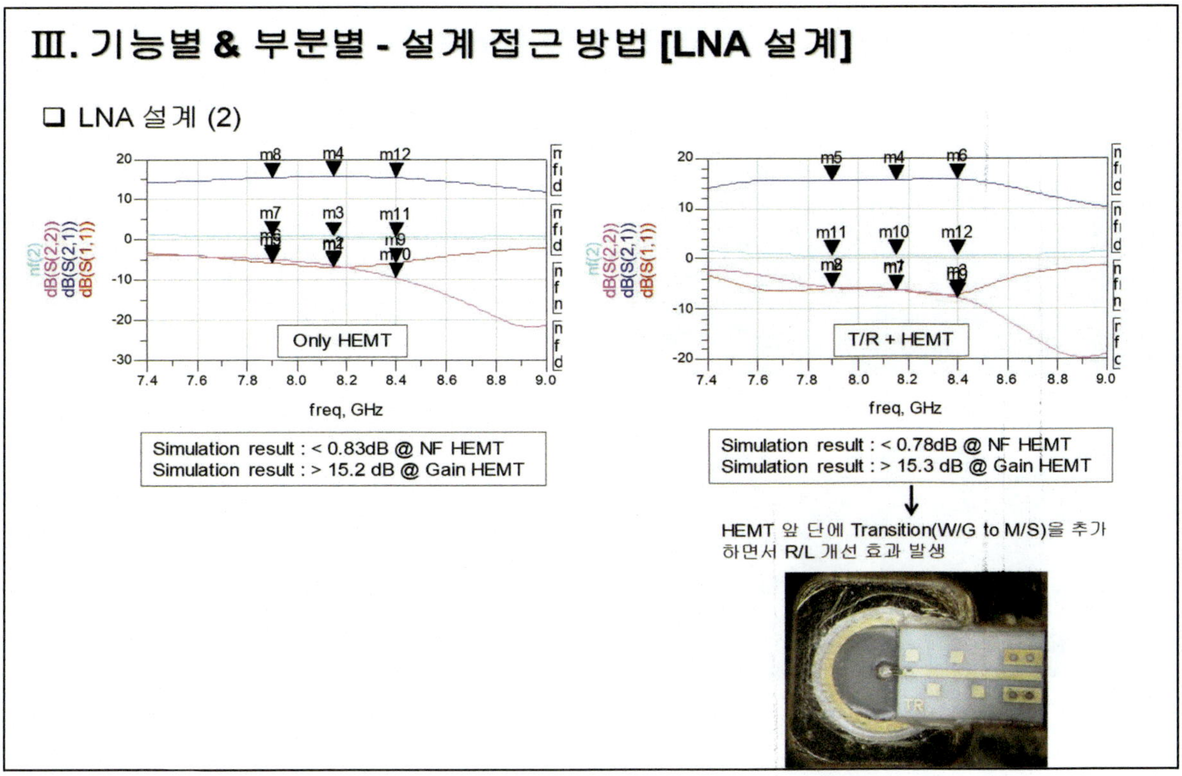

Figure 225. 기능별 설계 방법 – LNA 설계(2)

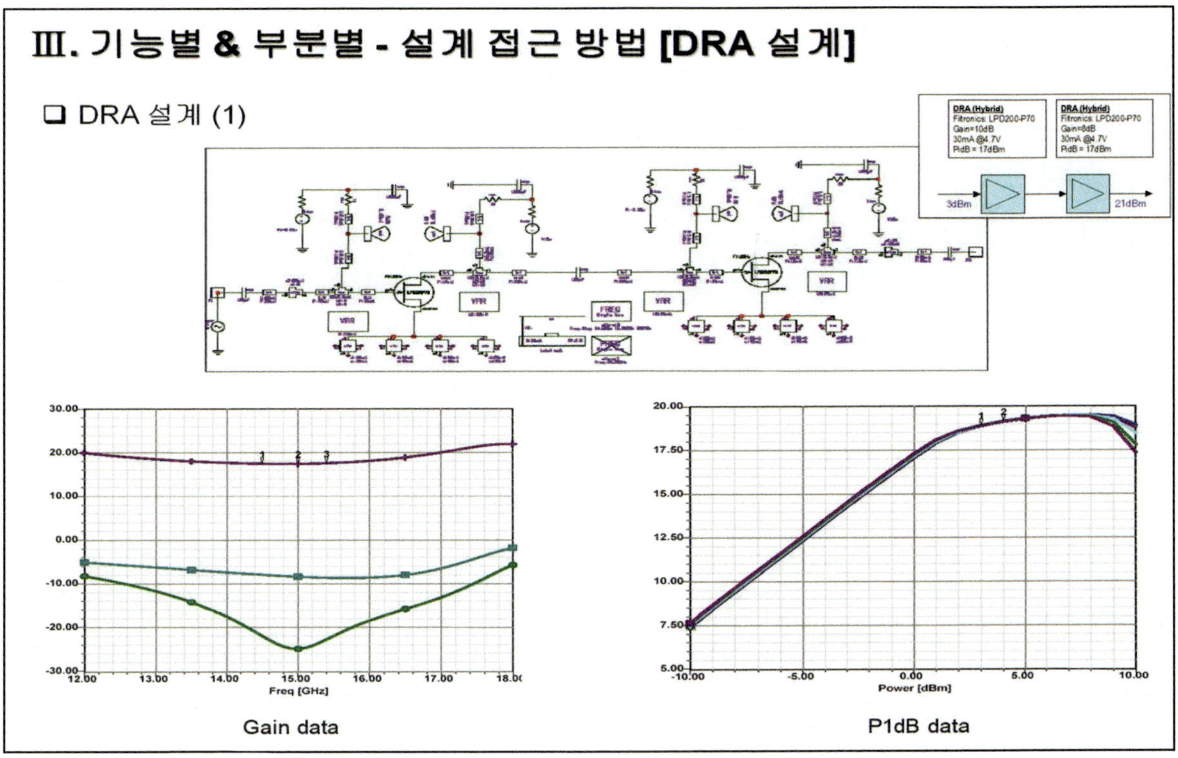

Figure 226. 기능별 설계 방법 – DRA 설계(1)

Ⅲ. 기능별 & 부분별 - 설계 접근 방법 [DRA 설계]

❑ DRA 설계 (2)

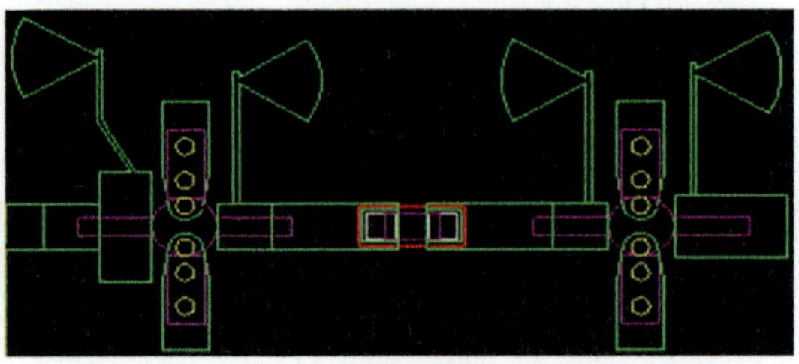

PCB Layout

1) LPD200-P70 (Package type)
2) 2 stage cascade
3) 2ea Via hole @ each pin

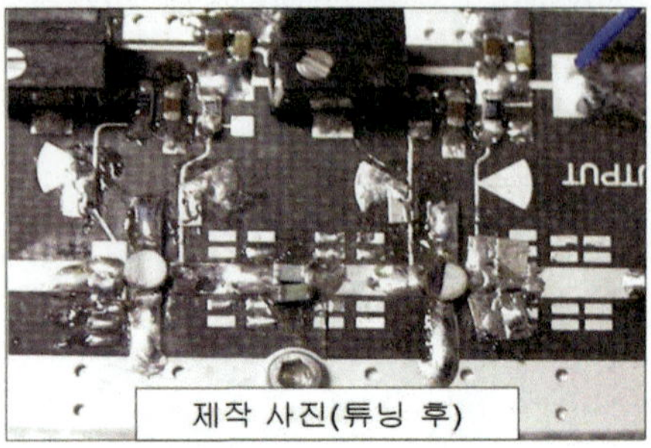

제작 사진(튜닝 후)

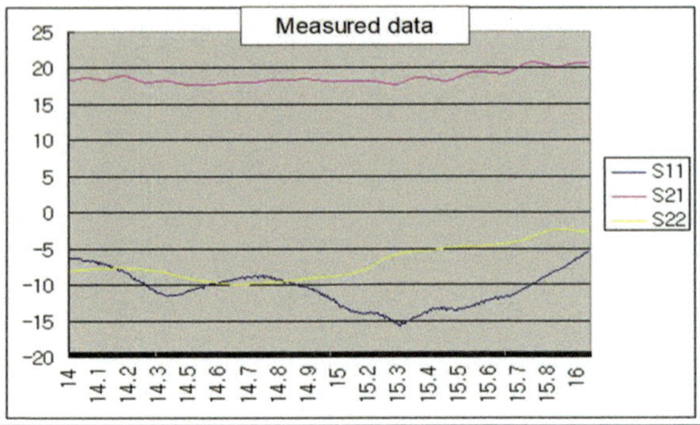

Figure 227. 기능별 설계 방법 – DRA 설계(2)

Ⅲ. 기능별 & 부분별 - 설계 접근 방법 [광대역 수신기 초단 설계]

❑ 광대역 수신기 초단 설계

HB : Limiter(TGL2217) + SW(MA4AGSW2) + AMP(CMD157)

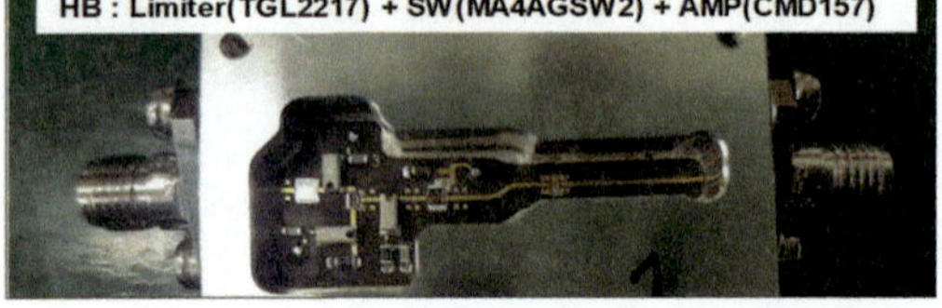

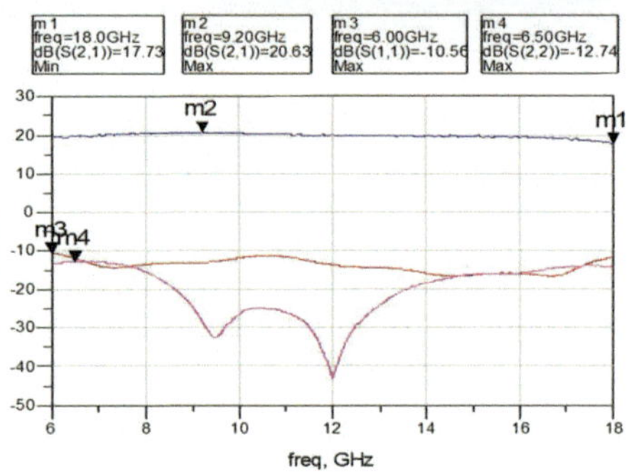

Gain	Max	20.63	Flatness	2.90
	min	17.73		
Input RL	Max	-10.56	N.F	5.81
Output RL	Max	-12.74		

HB : Limiter(TGL2217) + SW(MA4SW210B) + AMP(CMD157)

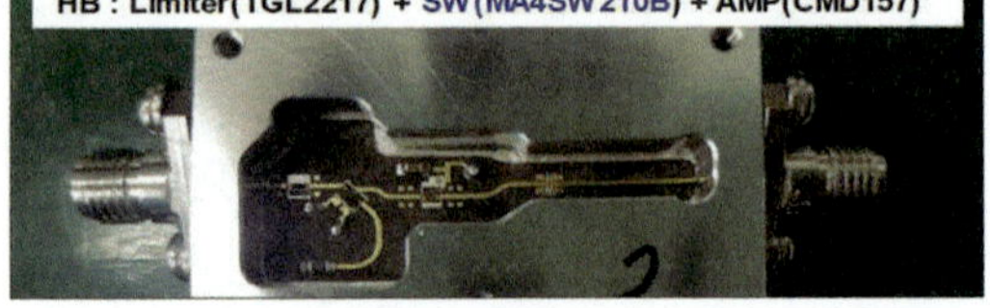

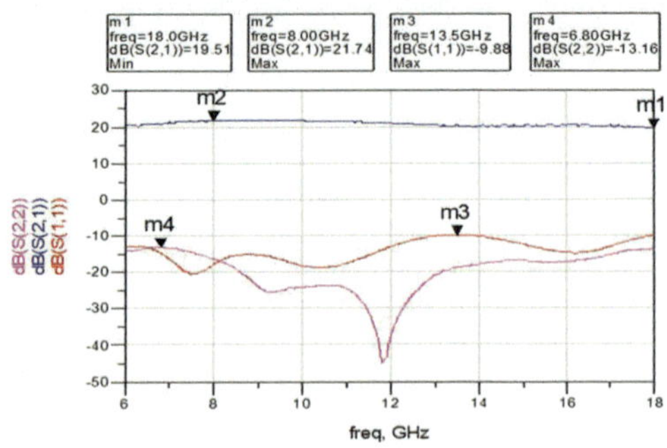

Gain	Max	21.74	Flatness	2.23
	min	19.51		
Input RL	Max	-9.88	N.F	3.94
Output RL	Max	-13.16		

Figure 228. 기능별 설계 방법 – 광대역수신기 초단 설계

Ⅲ. 기능별 & 부분별 - 설계 접근 방법 [P/C 구조-이득 vs. 전력 계산]

❑ 전력 결합기(Power Combiner) 이득 vs. 전력 계산

일반적으로 출력 전력을 높이기 위해서, HPA 후단에 Power Combiner를 사용하여 약 3dB 정도의 상승 효과를 기대하고자 사용

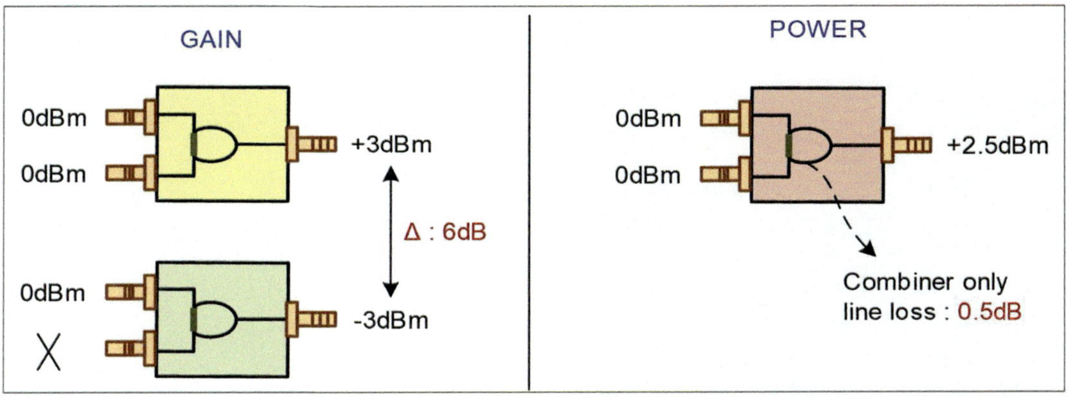

1) 2개 입력 신호가 동시에 인가될 경우 : 3dB 상승
2)1개 입력 신호만 인가될 경우 : 3dB 감소
3) 상대적인 차이 값 : 6 dB

1) 2개 입력 신호가 동시에 인가될 경우, 이론 값에 해당하는 3dB 합이 아닌, 전력 결합기 전송선로 자체 손실(약 0.5dB) 을 제외한 2.5dB 정도의 상승 예측

Figure 229. 기능별 설계 방법 – 전력결합기(P/C)_이득 VS. 전력 계산

Ⅲ. 기능별 & 부분별 - 설계 접근 방법 [주파수 대역별 RFC 설계]

❑ Freq. range : 0.5 – 2GHz

RF 경로를 선택하기 위해서 사용되는 스위치(SPST / SPDT) 중에서, 삽입손실을 적게 하기위해서는 PIN diode를 적용한 부품들이 있는데, 이를 동작시키기 위해서는 제어 라인에 RFC(Inductor)를 적용하여 순방향/역방향 전압을 인가해 주어야 한다.
이때, 중요한 파라미터가 "인덕터의 주파수 범위(SRF)" 특성이며, 이는 RF 주파수에 영향을 준다.

✓ SPST : MA4AGSW1A
✓ Inductor type : MLCC / 68nH / 1608 size

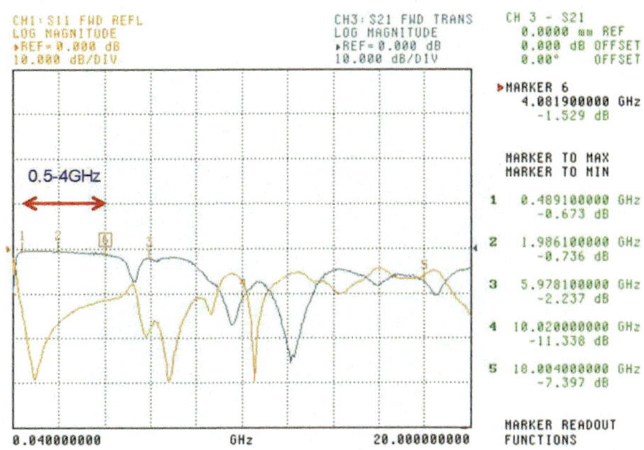

Figure 230. 기능별 설계 방법 – 주파수 대역별 RFC 설계(1)

Ⅲ. 기능별 & 부분별 - 설계 접근 방법 [주파수 대역별 RFC 설계]

❑ Freq. range : 0.5 – 6GHz

✓ SPST : MA4AGSW1A
✓ Inductor type : COIL / 68nH / 1608 size

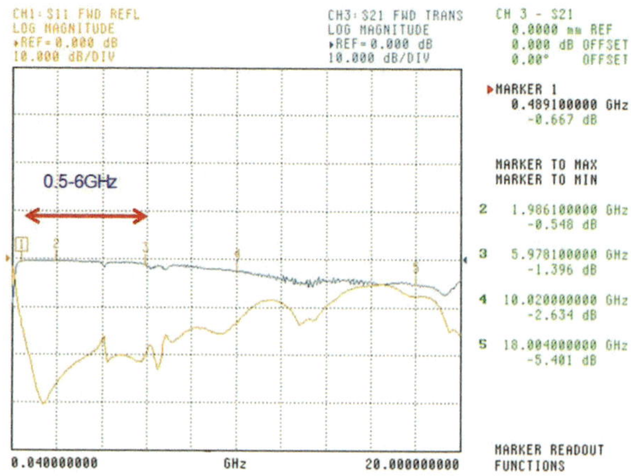

Figure 231. 기능별 설계 방법 – 주파수 대역별 RFC 설계(2)

Ⅲ. 기능별 & 부분별 - 설계 접근 방법 [주파수 대역별 RFC 설계]

❑ Freq. range : 2.0 – 18GHz

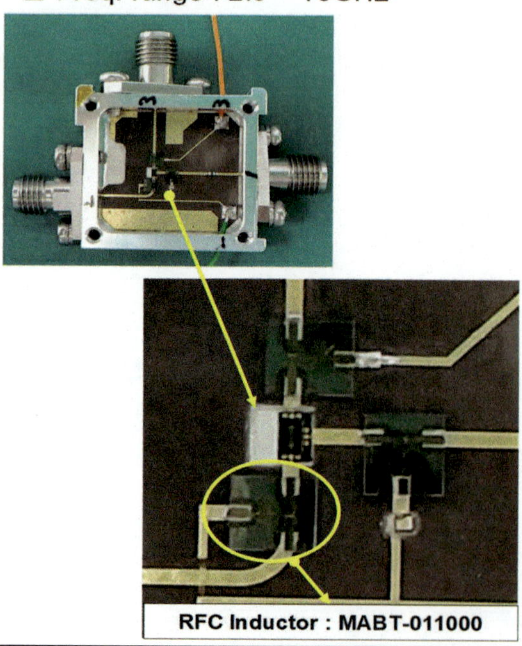

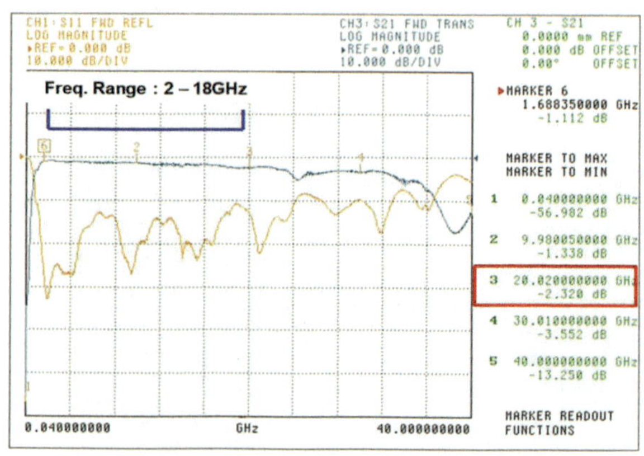

Figure 232. 기능별 설계 방법 – 주파수 대역별 RFC 설계(3)

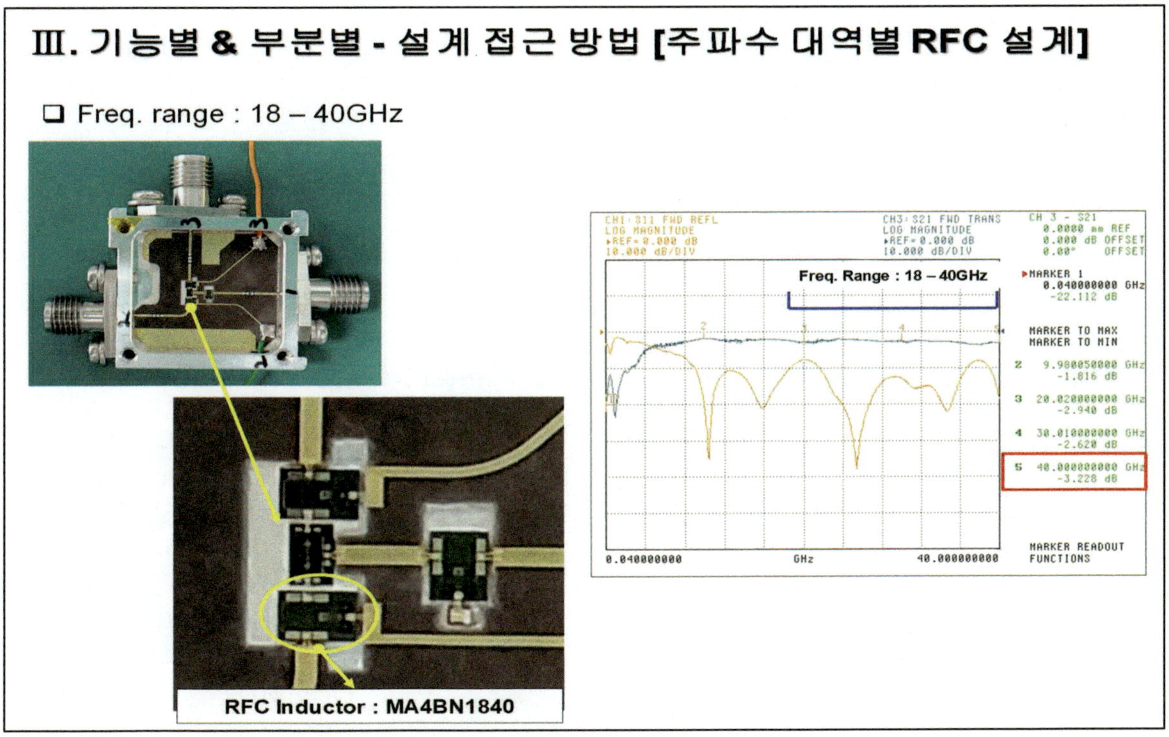

Figure 233. 기능별 설계 방법 – 주파수 대역별 RFC 설계(4)

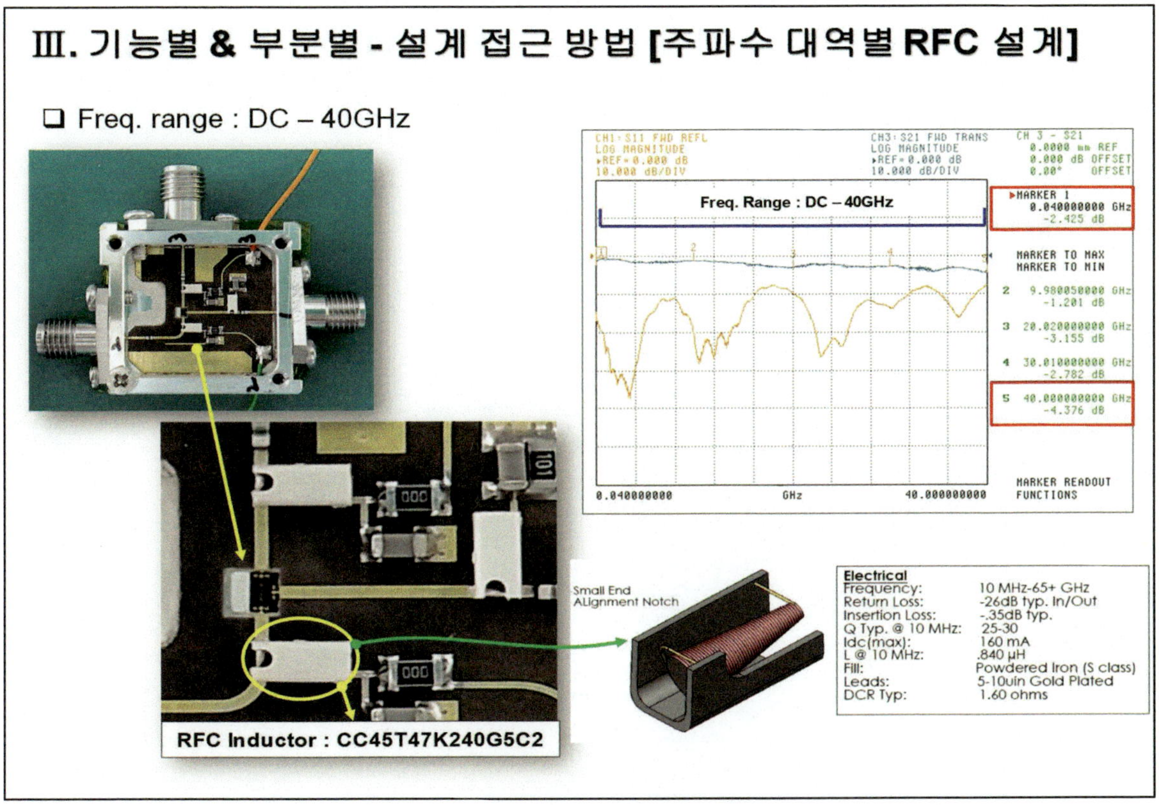

Figure 234. 기능별 설계 방법 – 주파수 대역별 RFC 설계(5)

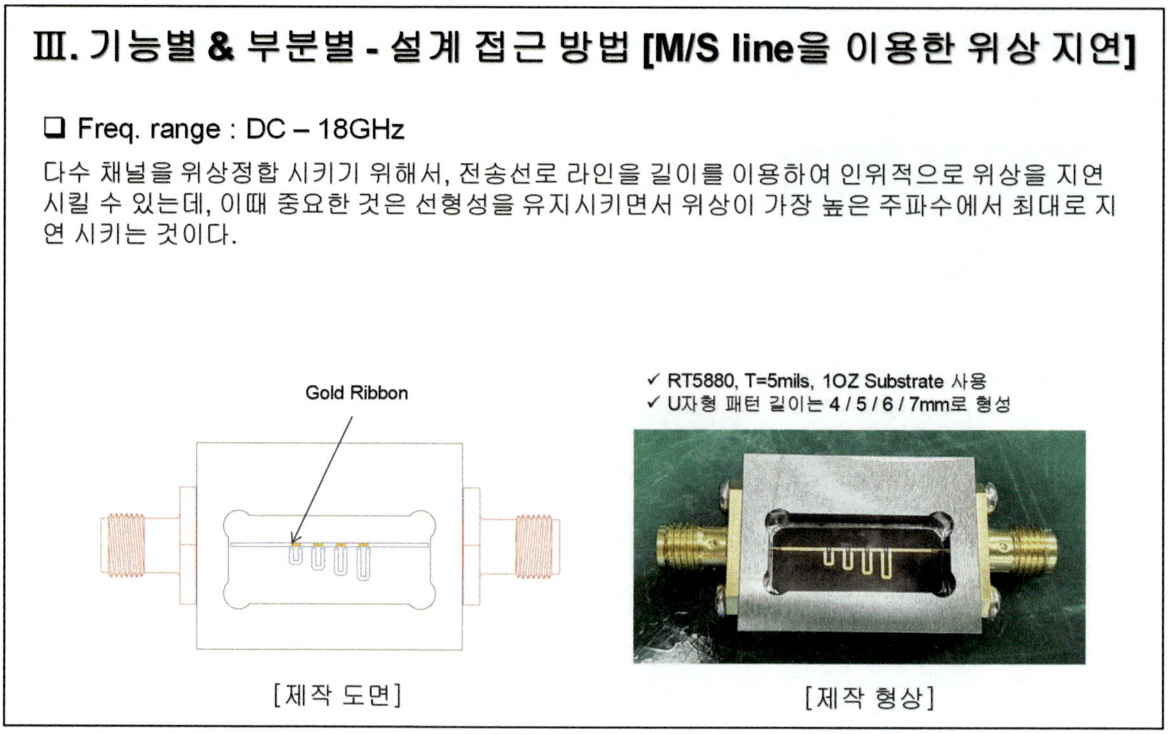

Figure 235. 기능별 설계 방법 – 전송선로 라인을 이용한 위상지연(1)

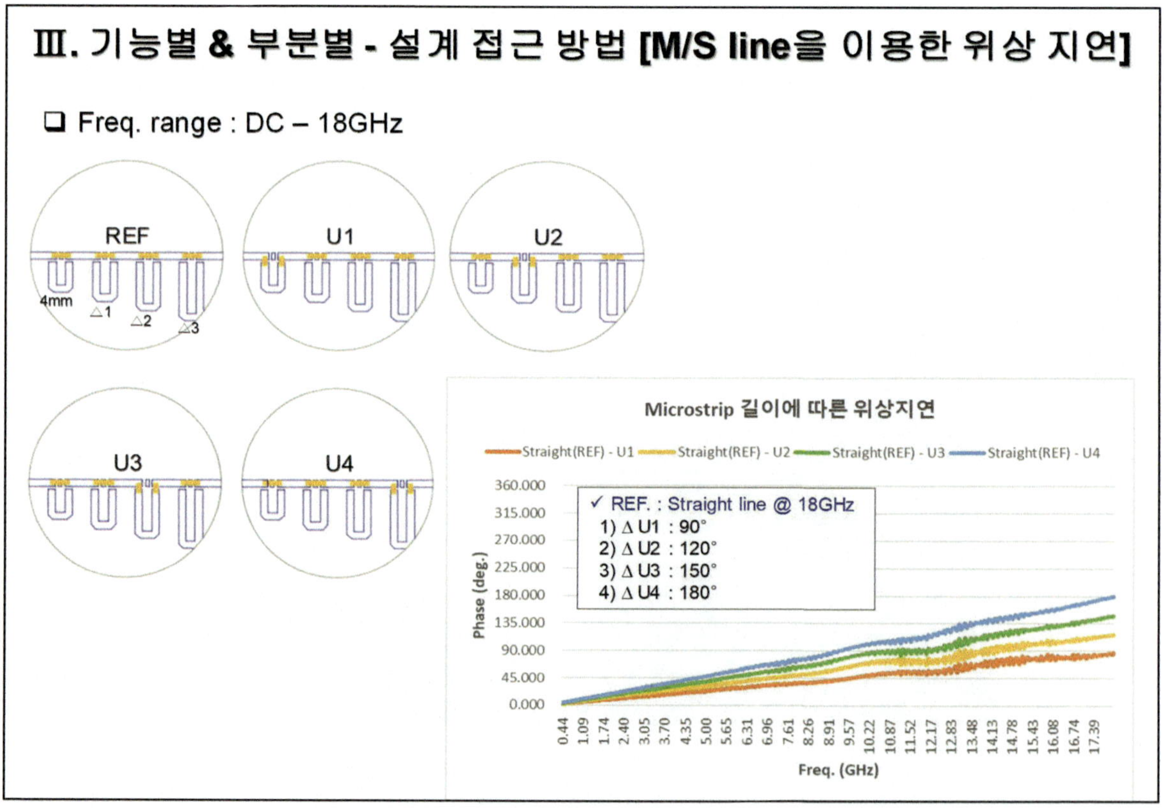

Figure 236. 기능별 설계 방법 – 전송선로 라인을 이용한 위상지연(2)

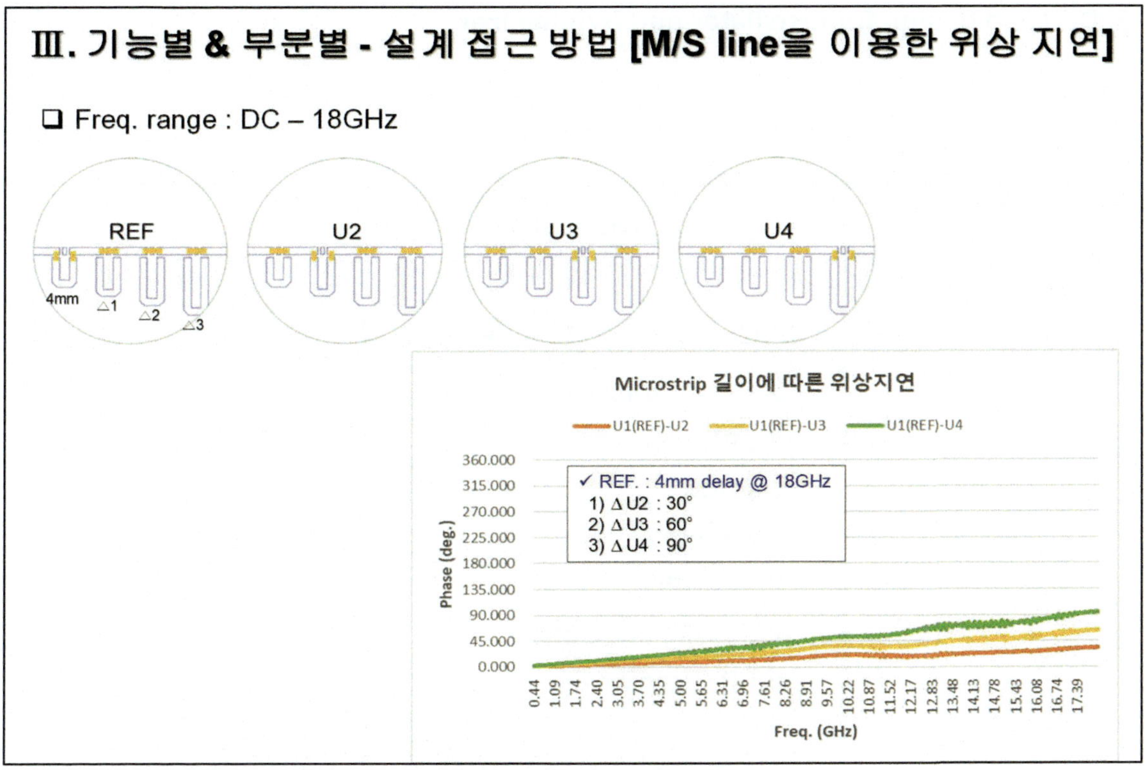

Figure 237. 기능별 설계 방법 – 전송선로 라인을 이용한 위상지연(3)

2. Detailed design for Oscillator and Synthesizer

Table of Contents

Ⅰ. 설계를 진행하기 전, 고려 사항

- ❑ 출력 주파수는?
  X대역인지, Ka 대역인지...
- ❑ 가변 범위는?
  고정 단일 주파수 인지, 광대역으로 가변 해야 하는지...
- ❑ 출력 전력은?
  일반적인 Local 용도의 전력(약+13dBm)만을 원하는 것인지...
- ❑ 위상잡음은?
  고정 주파수일 경우, PLVCO 또는 PLDRO를 사용할 것인지...
  광대역 가변주파수일 경우, DDS 또는 DDS 기반의 F/B로 구현할 것인지...
- ❑ 외부 REF 주파수 활용 또는 독립적으로 운영?
  시스템에서 사용하는 REF를 꼭 사용해야 하는지 또는 별도 공급이 없기 때문에 자체적으로 구현해서 사용해야 하는지...
- ❑ 운영 환경(신뢰성) 조건은?
  진동에 항상 노출되어 운영되는지 또는 고정형으로 장착되어 운영되는지...

✓ 위 조건들에 따라서 설계 방법이 달라지겠죠~

Figure 238. 설계 전 고려 사항

Ⅱ. 요구사항 별, 분석 및 설계 접근 방법 [규격 분석]

1. PLO Module

Parameter	Spec	
1 Reference Input		
1.1 Frequency	100MHz	외부에서 공급하는 100MHz 주파수에 PLL Locking을 해야 함
1.2 Power	0~+3dBm	PLLIC의 REF포트가 받아들일 수 있는 전력이 약 -10dBm이기 때문에 문제 없음
1.3 Phase noise		
1.3.1 1kHz	-140dBc/Hz max (TBD)	
1.3.2 10kHz	-150dBc/Hz max (TBD)	REF. P/N가 실제 PLL Loop에서 어느정도 영향을 주는지 검토 필요(PLDRO vs. PLVCO vs. Comb Generator)
1.3.3 100kHz	-155dBc/Hz max (TBD)	
2 Output		
2.1 Frequency	7GHz, 16GHz, 22GHz, 33GHz	1. REF 주파수와 출력주파수의 상관 관계 확인 필요 2. 7GHz : OSC 자체를 fundamental로 직접 설계 3. 16GHz : 8GHz 발진기 생성 후, 2 체배를 거쳐 16GHz 설계 4. 22&33GHz : 11GHz 발진기를 공통으로 생성 후, 각각의 경로에 2체배 / 3체베를 거쳐 22GHz / 33GHz 설계
2.2 Power	+/-1dB Accuracy	
2.2.1 7GHz	22dBm(Port 2EA), 17dBm(Port 1EA)	
2.2.2 16GHz	22dBm(Port 1EA), 17dBm(Port 2EA)	
2.2.3 22GHz	17dBm(Port 1EA)	
2.2.4 33GHz	22dBm(Port 1Ea), 17dBm(Port 1EA)	
2.3 Harmonic & Spurious	-80dBc max	
2.4 Phase Noise	Ref PN + 20logN + 3dB	현 요구사항은 별도의 발진기를 설계하는 형태가 아닌, REF 신호를 체배할 때의 규격으로서, 실제 규격은 다름 (100dBc/Hz @ 10KHz offset)
3 Environmental		
3.1 Operating temperature	-55+80℃	온도 규격이 tight 할 수록, PLVCO 형태로 구현되어야 함 (PLDRO는 3D 공진 구조로서, 온도 영향을 많이 받음)
4 Mechanical		
4.1 Size	150(L)*160(W)*10(H) max (TBD)	
4.2 Port type	TBD	
5 Electrical	15V/3.5A	

Figure 239. 요구사항 – 규격분석(1)

Ⅱ. 요구사항 별, 분석 및 설계 접근 방법 [규격 분석]

4. 개발기술의 세부 요구 수준성능, 규격, 범위 등 세부 스펙)

ㅇ 요구 성능/규격 :

구 분	단위	규 격	비고
Frequency range	GHz	6.3	
Output power	dBm	14 이상	
Output spurious	dBc	- 85 이하	
Output harmonics	dBc	- 55 이하	
Reference frequency	MHz	10	
Reference input power	dBm	0 +/- 3	
DC power	V	+12	
Current	mA	550이하	
Lock alarm	-	TTL "High" in-lock	
RF IN/OUT Connectors	-	SMA or SMA/K female	
Voltage/Alarm	-	Solder pin feedthru	
Phase noise	-	-52dBc/Hz 이하@10Hz -79dBc/Hz 이하@100Hz -100dBc/Hz 이하@1KHz -105dBc/Hz 이하@10KHz -114dBc/Hz 이하@100KHz -120dBc/Hz 이하@1MHz	
크기	inch	2.70"×3.00"×1.05" 이하	
무게	g	250 이하	

* 참고 사항 : 위의 표를 우선 적용하며, MITEQ(미국) PLDRO-10-6300-12, 자료를 참조.

ㅇ 환경 요구조건 :

- Operating Temperature : -32 ~70℃
- Storage Temperature : -50~100℃
- Humidity : 95% at 40℃
- Shock(survival) : 30g's, 10ms pulse
- Vibration(survival) : 20 ~ 2000Hz random to 4 g's rms

<참고 형상>

1. REF 주파수와 출력주파수의 상관 관계 확인 필요
2. 6.3GHz : OSC 자체를 fundamental로 직접 설계

LPF를 추가하여 하모닉 제거

외부에서 공급하는 10MHz 주파수에 PLL Locking을 해야 하는데, 이럴 경우 요구되는 위상잡음 규격을 만족시킬 수 있는지가 관건

진동 규격(특히, 진동 중)을 만족시킬 수 있는 구조는 VCO를 사용하여 PLL 루프를 형성해야 함 (3D 구조를 필요로 하는 DRO 형태는 배제해야 함)

Figure 240. 요구사항 – 규격분석(2)

Ⅱ. 요구사항 별, 분석 및 설계 접근 방법 [PLL] (1)

❑ PLL이란?

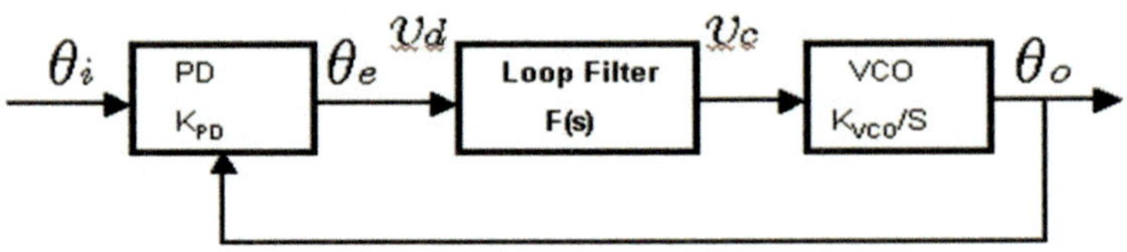

PLL의 기본구성

PD(위상비교기)에서 기준입력 신호(REF) 위상 θi 와 VCO의 출력신호 주파수 θo를 비교하여 두신호의 위상차에 상응하는 전압 Vd를 출력하고 , 출력된 Vd전압은 Feedback되어 PD의 입력으로 들어간다. 이 신호는 저역통과 필터(LF)의 특성을 갖는 루프필터로 입력되어 VCO의 출력주파수를 변화시켜 두 입력 주파수가 동일할 때까지 주파수의 추적이 이루어지며, 두 주파수가 동일하게 되면 PD로부터의 오차 출력이 0이 되어 VCO의 발진주파수가 고정되는 동기(Locked) 상태가 됨

Figure 241. 분석 및 설계 접근 방법(PLL-1)

Ⅱ. 요구사항 별, 분석 및 설계 접근 방법 [PLL] (2)

❑ PLL이란?

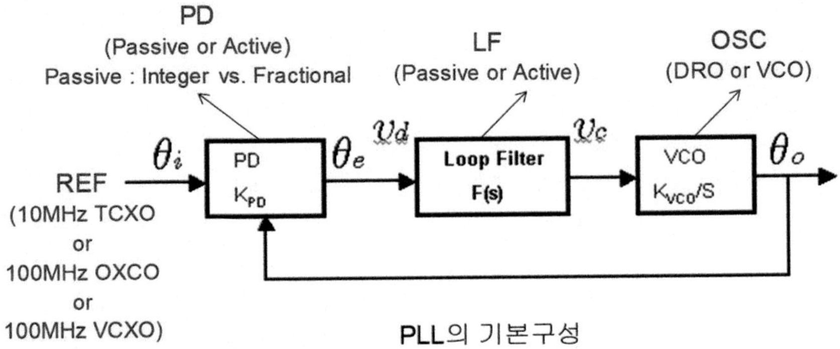

PLL의 기본구성

- ✓ REF를 외부에서 공급받아 PLL 루프를 구현할지, 외부 공급원을 받더라도 내부에 별도의 REF를 또다시 사용할지, 외부 공급원이 없기 때문에 자체적으로 구현할지 등등.
- ✓ PD(위상비교기) 회로를 구현할 때, PLLIC를 선택할 경우 위상 고정할 주파수의 난해도 및 N분주를 줄이기 위해 Integer or Fractional type 중 선택
- ✓ LF(루프필터) 회로를 구현할 때, VCO Vtune 전압에 따라 Passive or Active type 중 선택
- ✓ OCS(발진기) 회로를 구현할 때, 위상 잡음 및 출력 주파수 대역 요구 규격에 따라 DRO or VCO type 중 선택

Figure 242. 분석 및 설계 접근 방법(PLL-2)

Ⅱ. 요구사항 별, 분석 및 설계 접근 방법 [DDS] (1)

❑ DDS란?

FUNCTIONAL BLOCK DIAGRAM

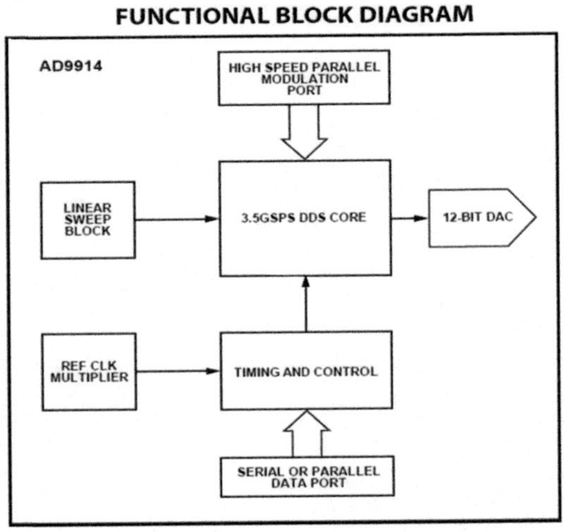

"Direct Digital Synthesizer"의 약자로서, 외부 clock 주파수만을 활용하여 주파수를 출력하는 원리로서,
출력 주파수 최대값은 외부 clock 주파수의 half(절반) 까지 사용할 수 있음
(예, 외부 clock 주파수가 3GHz일 경우, 최대 1.5GHz)
그러나, 출력주파수에서 clock freq.의 절반에 해당하는 1.5GHz가 동시에 출력되므로, 필터가 억압 가능한 수준의 최대치를 설계해야 함(최소 수백 MHz 낮게 고려)

Figure 243. 분석 및 설계 접근 방법(DDS-1)

Ⅱ. 요구사항 별, 분석 및 설계 접근 방법 [DDS] (2)

❑ DDS – 외부 CLOCK 주파수 설계 방법

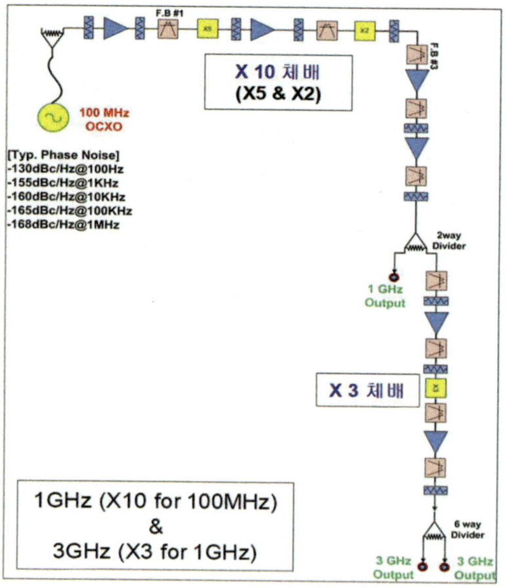

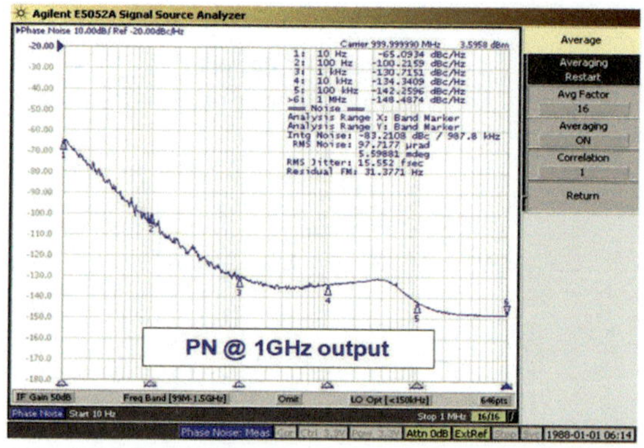

OFFSET	100 MHz (dBc/Hz)	1 GHz (dBc/Hz)	3 GHz (dBc/Hz)
100Hz	-130	-100	-90.5
1KHz	-155	-130	-120.5
10KHz	-160	-134	-124.5
100KHz	-165	-142	-132.5
1MHz	-168	-148	-138.5

20*LOG(10) = 20dB 열화 / 20*LOG(3) = 9.5dB 열화

Figure 244. 분석 및 설계 접근 방법(DDS-2)

Ⅱ. 요구사항 별, 분석 및 설계 접근 방법 [DDS] (3)

❑ DDS – 실제 구성도 및 위상잡음 분석 예

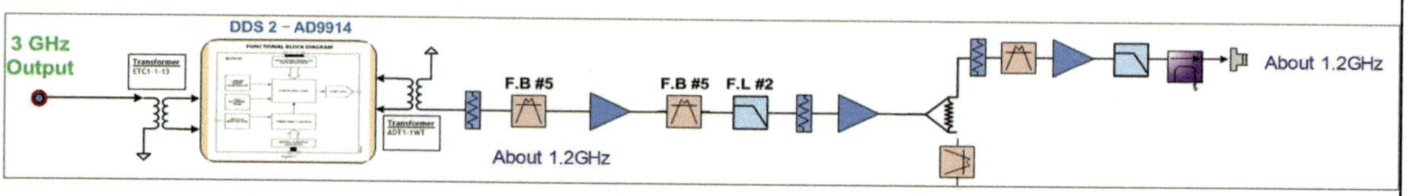

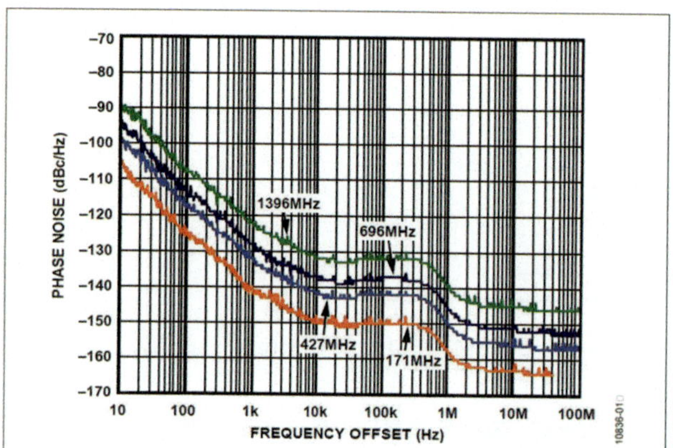

Figure 15. Absolute Phase Noise Curves of DDS Output at 3.5 GHz Operation

OFFSET	3 GHz CLK (dBc/Hz)	DDS P/N (dBc/Hz)	Delta (dBc/Hz)
100Hz	-90.5	-107	-17
1KHz	-120.5	-121	-
10KHz	-124.5	-131	-6
100KHz	-132.5	-131	-
1MHz	-138.5	-138	-

[P/N 분석 공식]
1) 20LOG(N), N = Fsys(clk) / Fout
2) Fsys(clk) = 3 GHz
3) Fout = 1.261 GHz
4) N = 2 [20LOG(2) = 6dB]
5) 즉, DDS 출력 위상잡음은 외부 CLK 위상잡음보다 약 6dB만큼 좋아져야 함

Figure 245. 분석 및 설계 접근 방법(DDS-3)

Ⅱ. 요구사항 별, 분석 및 설계 접근 방법 [DDS] (4)

❑ DDS – 프로그램(FTW, Freq. Tuning Word) 계산 방법

PFD =	Variable LO / N
DDS =	PDF X6
FTW =	ROUND(DDSX2^48 / 1GHz)

DDS OUTPUT	FTW	
1261.568000	1.183666078063E+14	@ Ext. CLK = 3 GHz
19.440000	5.471873547255E+12	@ Ext. CLK = 1 GHz

$$f_{DDS} = \left(\frac{FTW}{2^{48}}\right)f_S$$

Solving this equation for FTW yields

$$FTW = \text{round}\left[2^{48}\left(\frac{f_{DDS}}{f_S}\right)\right]$$

For example, given that f_S = 1 GHz and f_{DDS} = 19.44 MHz, then FTW = 5,471,873,547,255 (0x04FA05143BF7).

Figure 246. 분석 및 설계 접근 방법(DDS-4)

Ⅱ. 요구사항 별, 분석 및 설계 접근 방법 [DDS] (5)

❑ DDS – 실제 제작 사진

Figure 247. 분석 및 설계 접근 방법(DDS-5)

Ⅱ. 요구사항 별, 분석 및 설계 접근 방법 [PLVCO] (1)

❑ PLVCO란?

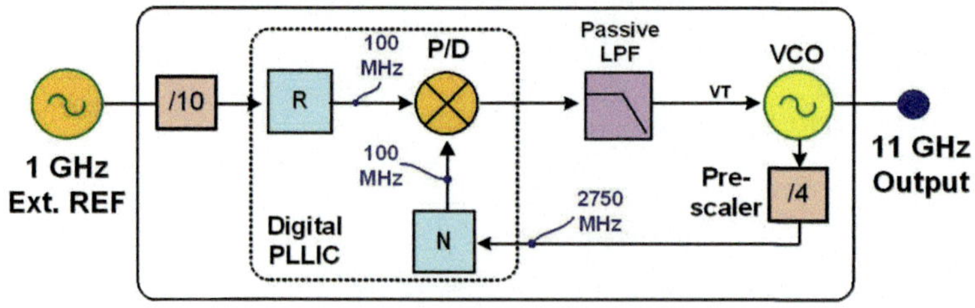

1) 위상 고정된 외부 기준주파수에 위상 동기를 맞추기 위해서, VCO의 출력주파수를 PLLIC에서 N분주 한 후 위상비교기 (PD: phase detector)에서 기준주파수와 위상을 비교한 후에 두 신호의 위상차에 상응하는 오차 전압을 출력하고, 저역통과필터의 특성을 갖고 있는 2차 수동루프필터를 통해서 VCO의 VT단자를 제어함.

2) 이때, PLLIC의 RF 포트로 입력되는 최대 주파수는 PLLIC마다 다를 수는 있으나, 일반적으로 수홈 이하이기 때문에 VCO 출력주파수를 전치분주기(pre-scaler)를 사용하여 2분주 또는 4분주 후에 입력되도록 해야 하며, 마찬가지로 외부 기준주파수가 높게 제공되더라도 PLLIC의 REF 허용되는 최대 주파수는 수백 MHz 이하이기 때문에 전치분주기(pre-scaler)를 사용하여 10분주 후에 입력되도록 한다.

Figure 248. 분석 및 설계 접근 방법(PLVCO-1)

Ⅱ. 요구사항 별, 분석 및 설계 접근 방법[PLVCO] (2)

❑ PLVCO – 일반적인 구성도 및 주파수 플랜

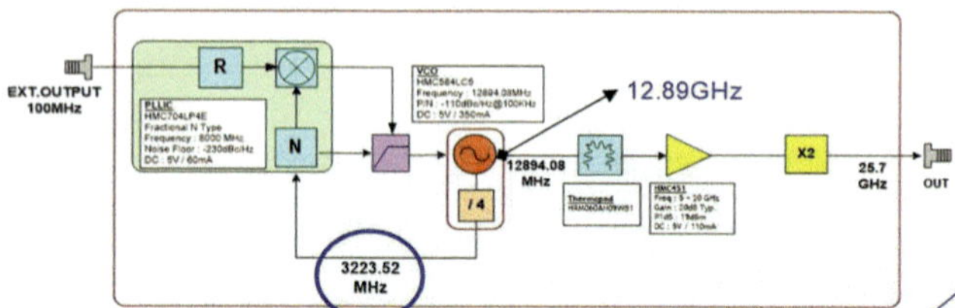

PFD(위상주파수 비교기)를 REF주파수와 동일하게 100MHz로 할 수 없는 이유는, 현존하는 PLLIC 회로 제약 조건 때문이며, 이로 인해 최대 약 60MHz까지 PFD를 설정할 수 있음

위상 비교할 주파수가 소수점 이하로 난해할 경우, PLLIC를 fractional type을 사용하게 되면 PFD를 높게 설정할 수 있기 때문에 N분주(INT) 열화를 막을 수 있으며, 이는 위상잡음을 좋게 할 수 있음

BIT	PFD	REF	INT	FRAC	P	R	MOD	Fout
		Range	36 to 65567	1 to 16777216	8	1 to 15	2 to 4095	/4
-129	50	100	64	7885681		2		3223.501161
-128	50	100	64	7885730		2		3223.501307
	...	...	...	...	...	...	...	...
-10	50	100	64	7891463		2		3223.518392
-10	50	100	64	7891512		2		3223.518538
-9	50	100	64	7891561		2		3223.518685
-8	50	100	64	7891610		2		3223.518831
-7	50	100	64	7891659		2		3223.518977
-6	50	100	64	7891708		2		3223.519123
-5	50	100	64	7891757		2		3223.519269
-4	50	100	64	7891806		2		3223.519415
-3	50	100	64	7891855		2		3223.519561
-2	50	100	64	7891904		2		3223.519707
-1	50	100	64	7891953		2		3223.519853
0	50	100	64	7892002		2		3223.519999
1	50	100	64	7892051		2		3223.520145
2	50	100	64	7892100		2		3223.520291
3	50	100	64	7892149		2		3223.520437
4	50	100	64	7892198		2		3223.520583
5	50	100	64	7892247		2		3223.520729
6	50	100	64	7892296		2		3223.520875
7	50	100	64	7892345		2		3223.521021
8	50	100	64	7892394		2		3223.521167
9	50	100	64	7892443		2		3223.521313
10	50	100	64	7892492		2		3223.521459
10	50	100	64	7892541		2		3223.521605
	...	...	...	...	...	...	...	...
128	50	100	64	7898274		2		3223.538691
129	50	100	64	7898323		2		3223.538837

Figure 249. 분석 및 설계 접근 방법(PLVCO-2)

Ⅱ. 요구사항 별, 분석 및 설계 접근 방법 [PLVCO] (3)

❑ PLVCO – 위상잡음 계산

Phase Noise Analysis - 12.89GHz VCO

	BW(kHz)	PFD(MHz)	Fo(GHz)	N		
100M REF. + VCO(PLLIC)	150	50	12.8	256		
Frequency [Hz]	10	100	1000	1.0E+04	1.0E+05	1.0E+06
VCO Phase Noise	-30	-30	-50	-80	-110	-130
Reference Phase Noise	-100	-130	-160	-165	-165	-165
Pre-scaler Phase Noise	0	0	0	0	0	0
Phase detector Phase Noise	-100.8	-100.8	-100.8	-100.8	-100.8	-100.8
High Pass Attenuation	147.0	107.0	67.0	27.0	3.5	0.0
Low Pass Attenuation	0.0	0.0	0.0	0.0	0.0	16.5
Reference Multiply	-51.8	-81.8	-111.8	-116.8	-116.8	-116.8
VCO out	-177.0	-137.0	-117.0	-107.0	-113.5	-130.0
Reference out	-51.8	-81.8	-111.8	-116.8	-116.8	-133.3
Pre-scaler out	0.0	0.0	0.0	0.0	0.0	-16.5
Phase detector out	-100.8	-100.8	-100.8	-100.8	-100.8	-117.3
Total Phase Noise	-51.8	-81.8	-100.4	-99.8	-100.5	-117.0
LO (25GHz)	-45.8	-75.8	-94.4	-93.8	-94.5	-111.0

✓ 이전 페이지의 테이블을 보면, INT(N 분주)가 64로 되어 있는데, 현재 페이지에서는 256으로 되어 있음.

✓ 이는, VCO 출력을 PLLIC로 feedback 시킬 때 사용하는 분주비(여기서는, 4 분주)는 전체 위상잡음에 영향을 주는 요소가 아니기 때문임

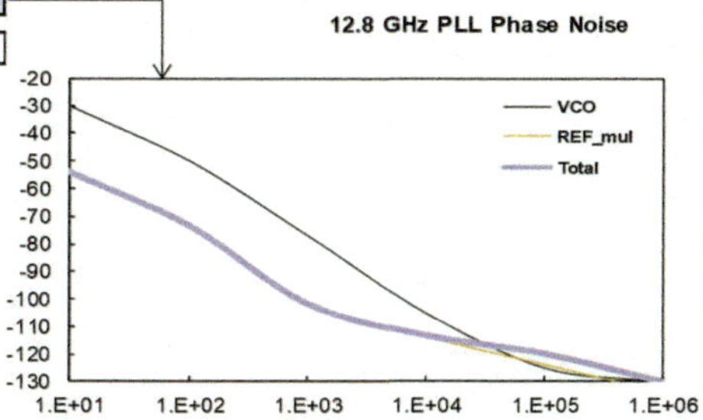

※ VCO 출력주파수 공식 및 위상잡음 분석 이론은 "한국전자파학회 영문 저널(JEES) 참조" 할 것
(Appendix 4.1) Design of Ka band Multi-Channel(25CH) Millimeter wave down converter for Singal Intelligence(SIGINT) System
[VOL.17, NO.3, 138~146, JUL.2019]

Figure 250. 분석 및 설계 접근 방법(PLVCO-3)

Ⅱ. 요구사항 별, 분석 및 설계 접근 방법 [PLVCO] (4)

❑ PLVCO – VCO 부품 선택(예, 12.9GHz)

※비고 : VCO를 선택할 때, Tuning voltage가 VCC의 중심 값에 위치해 있어야 하며, sensitivity 값이 작은 구간에서 선정되어야 함

Frequency vs. Tuning Voltage, Vcc = +5V

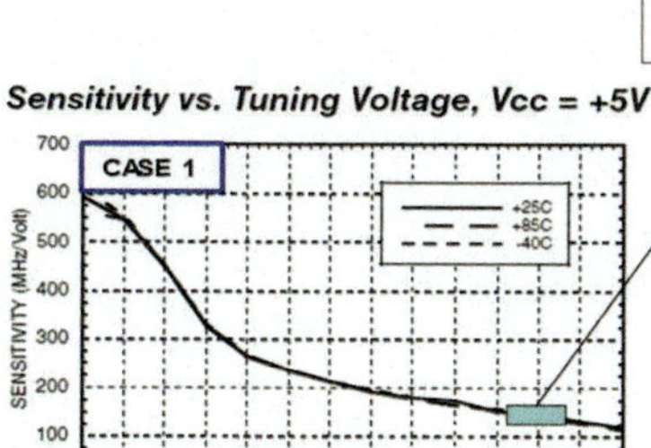

Frequency vs. Tuning Voltage, Vcc = +5V

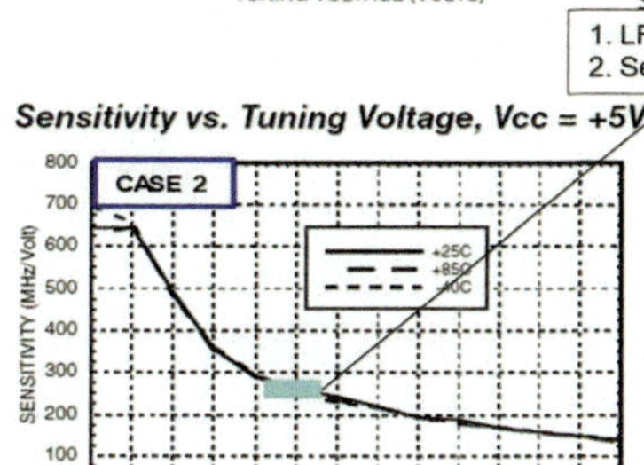

1. LF tuning voltage : 11V
2. Sensitivity : 130mV / Volt

1. LF tuning voltage : 4.5V
2. Sensitivity : 250mV / Volt

Sensitivity vs. Tuning Voltage, Vcc = +5V

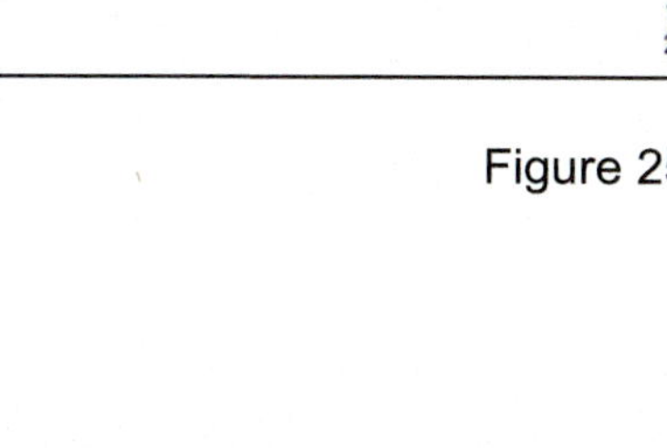

Sensitivity vs. Tuning Voltage, Vcc = +5V

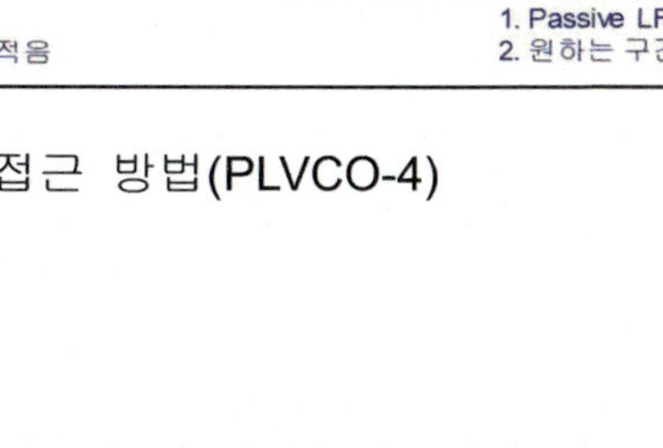

1. Active LF circuit 필요
2. 원하는 구간 내에서 변화폭이 적음

1. Passive LF circuit 필요
2. 원하는 구간 내에서 변화폭이 큼

Figure 251. 분석 및 설계 접근 방법(PLVCO-4)

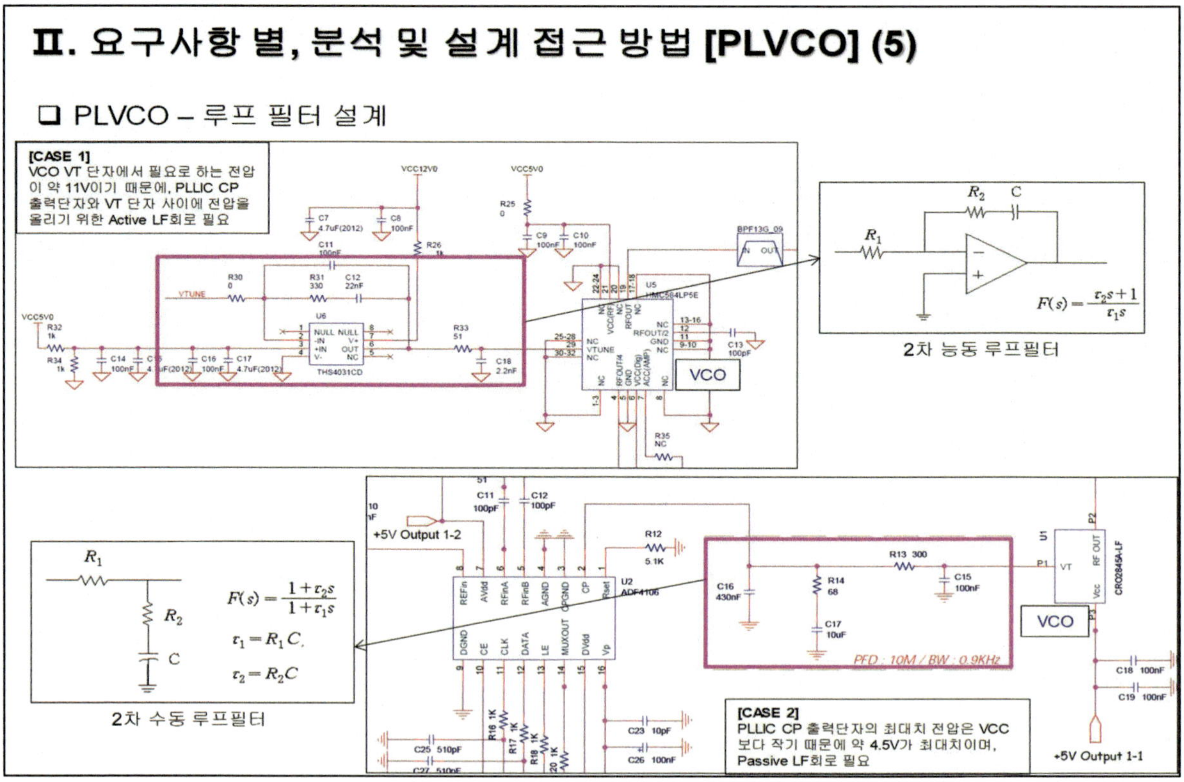

Figure 252. 분석 및 설계 접근 방법(PLVCO-5)

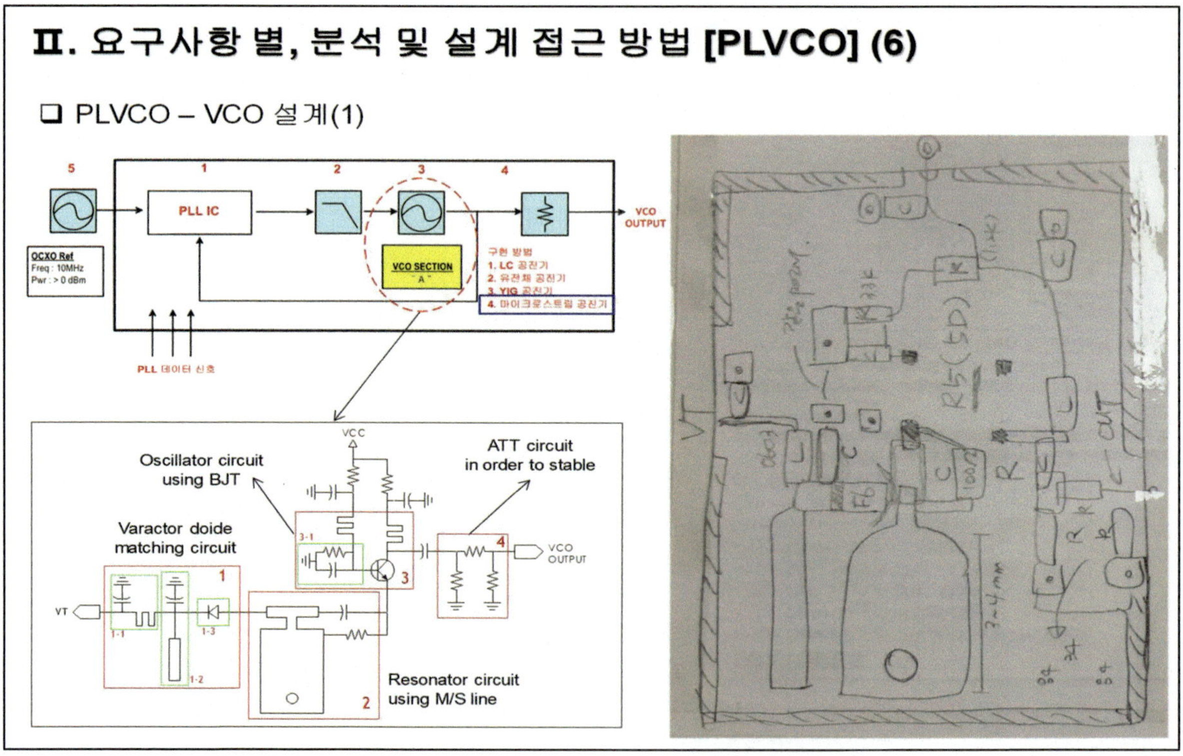

Figure 253. 분석 및 설계 접근 방법(PLVCO-6)

Ⅱ. 요구사항 별, 분석 및 설계 접근 방법 [PLVCO] (7)

❑ PLVCO – VCO 설계(2)

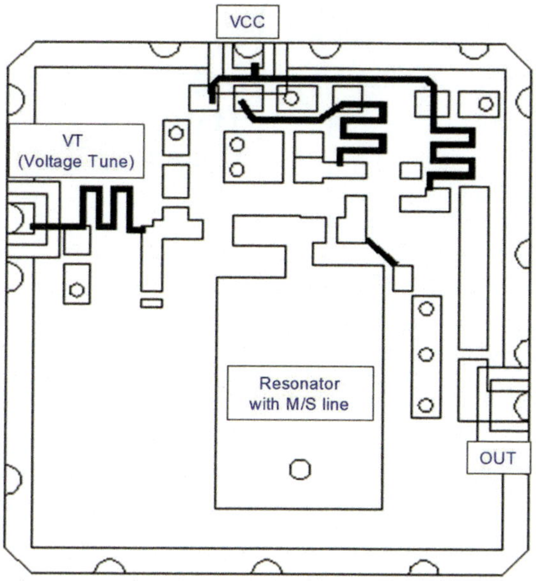

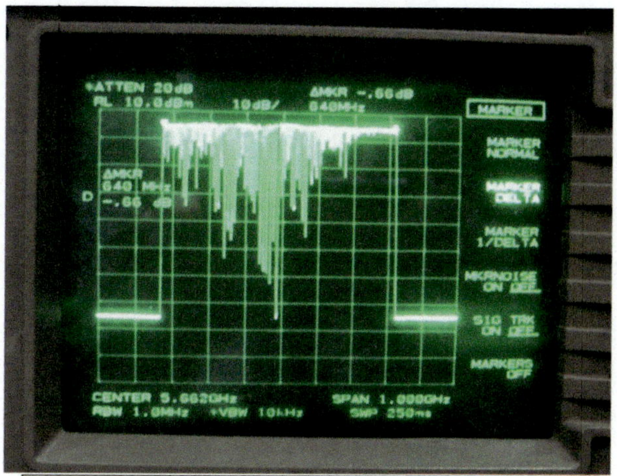

Output frequency (5.7 – 6.3GHz) having 640MHz BW

Figure 254. 분석 및 설계 접근 방법(PLVCO-7)

Ⅱ. 요구사항 별, 분석 및 설계 접근 방법 [PLVCO] (8)

❑ PLVCO – 문제 증상

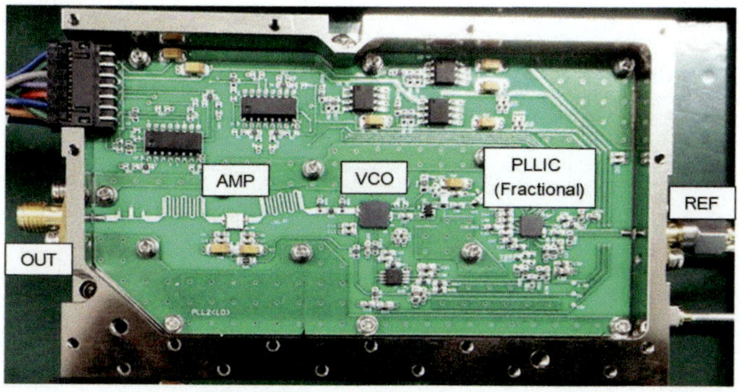

✓ PLL Locking이 안될 때,

1. 외부 REF power가 낮게 입력되는지
2. PLLIC RF port(N분주)에 VCO feedback power가 낮게 입력되는지
3. PLLIC를 구동하기 위한 “PDF / R / N / Fractional register” 등의 값이 맞는지
4. Loop Filter의 값이 초기 대역폭 대비 맞게 설정되었는지
5. 특히, VCO 출력 주파수가 Low or High로 처박혀 있을 경우, 위 경우의 수(No.1 ~ 4)를 모두 확인해야 함

✓ Phase Noise 측정 시, 1MHz offset 이내에 spurious가 존재할 때

1. 200~300KHz offset 근처에서 spike 형태로 나타날 경우 → 전원 스위칭 주파수 인지 확인 필요
2. 설계된 LF 대역폭 근처에서 산처럼 치고 올라올 경우 → 대역폭 조절 필요

Figure 255. 분석 및 설계 접근 방법(PLVCO-8)

Ⅱ. 요구사항 별, 분석 및 설계 접근 방법 [PLDRO] (1)

❑ PLDRO란?

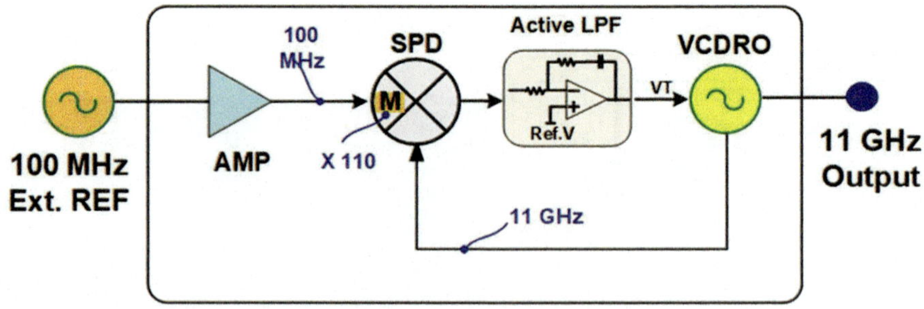

1) 외부 기준주파수 입력과 VCDRO의 출력주파수을 SPD(Sampling phase detector)에서 위상을 비교한 후 두 신호의 위상차에 상응하는 오차 전압을 출력하고, 저역통과 필터의 특성을 갖고 있는 2차 능동루프필터를 통해서 VCDRO의 VT단자를 제어하게 된다.

2) 아날로그 PLL구조는 SPD(Sampling Phase Detector)를 이용하여 기준신호 주파수를 N 체배 시켜, 그 하모닉 주파수를 Feedback된 DRO주파수와 직접적으로 위상 비교기(Phase Detector)에 적용함으로써, 루프 대역 내에서 분주기에 의한 위상 잡음이 없음.

Figure 256. 분석 및 설계 접근 방법(PLDRO-1)

Ⅱ. 요구사항 별, 분석 및 설계 접근 방법 [PLDRO] (2)

❑ PLDRO - 구성도

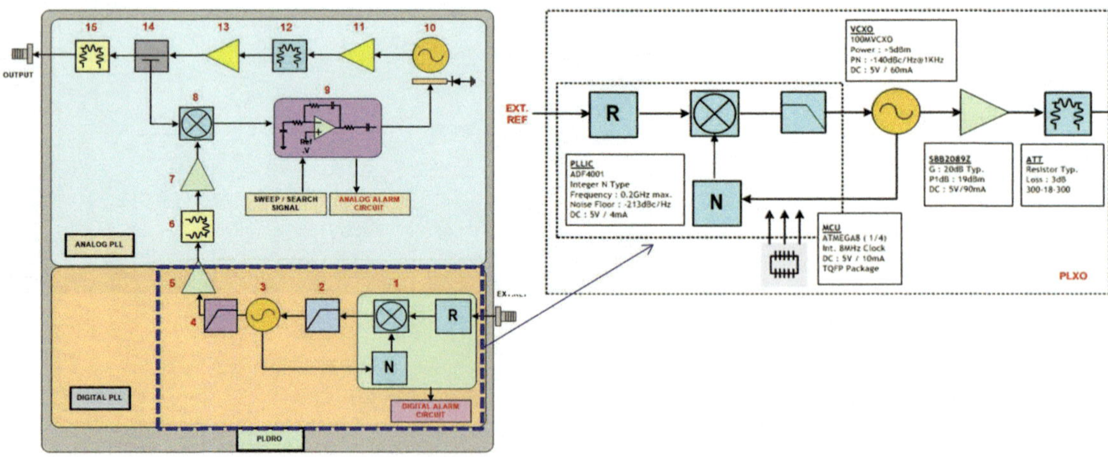

10MHz EXT.을 입력 받아 내부에서 VCXO(100MHz)와 위상 고정을 한 후에, DRO와 2차 위상비교를 하기 위해 입력

근데, 왜 10MHz를 직접 DRO와 위상 비교하면 안 될까요?

Figure 257. 분석 및 설계 접근 방법(PLDRO-2)

Ⅱ. 요구사항 별, 분석 및 설계 접근 방법 [PLDRO] (3)

❑ PLDRO – 위상잡음 분석

100M PLXO Phase Noise Analysis

1차 PN for Digital PLL

PLXO PN NEW	BW(kHz)	PFD(MHz)	Fo(GHz)	N
10M + 100M OCXO	0.1	10	0.1	10

Frequency [Hz]	10	100	1000	1.0E+04	1.0E+05	1.0E+06
VCXO Phase Noise	-85	-115	-140	-155	-160	-160
Reference Phase Noise	-100	-128	-145	-150	-155	-155
Prescaler Phase Noise	-135	-140	-145	-148	-148	-148
PD Phase Noise	-123.0	-123.0	-123.0	-123.0	-123.0	-123.0
High Pass Attenuation	20.0	0.0	0.0	0.0	0.0	0.0
Low Pass Attenuation	0.0	0.0	20.0	40.0	60.0	80.0
Reference Multiply	-80.0	-108.0	-125.0	-130.0	-135.0	-135.0
VCO out	-105.0	-115.0	-140.0	-155.0	-160.0	-160.0
Reference out	-80.0	-108.0	-145.0	-170.0	-195.0	-215.0
Pre-scaler out	-135.0	-140.0	-165.0	-188.0	-208.0	-228.0
Phase detector out	-123.0	-123.0	-143.0	-163.0	-183.0	-203.0
Total Phase Noise	-80.0	-107.1	-137.4	-154.2	-160.0	-160.0

Close-in phase noise = (Phase Noise Floor)+10log(PFD)+20log(N)

Close-in phase noise = -123.0 ADF4001

1차 digital PLL 위상 잡음 분석시, PLLIC의 close-in PN값을 먼저 분석해서 얻는 결과 값(-123dBc/Hz)을 위상비교기(PD) 값에 적용함

1차 digital PLL 위상 잡음 값이, 2차 analog PLL 위상 잡음 분석의 REF 값으로 입력됨

11G PLDRO Phase Noise Analysis

2차 PN for Analog PLL

DRO PN NEW	BW(kHz)	PFD(MHz)	Fo(GHz)	N
	50	100	11	110

Frequency [Hz]	10	100	1000	1.0E+04	1.0E+05	1.0E+06
DRO Phase Noise	-30	-50	-90	-105	-118	-120
Reference Phase Noise	-80.0	-107.1	-137.4	-154.2	-160.0	-160.0
Pre-scaler Phase Noise	0	0	0	0	0	0
PD Phase Noise	-125.0	-125.0	-125.0	-125.0	-125.0	-125.0
High Pass Attenuation	128.0	88.0	48.0	14.0	0.0	0.0
Low Pass Attenuation	0.0	0.0	0.0	0.0	6.0	26.0
Reference Multiply	-39.2	-66.3	-96.6	-113.4	-119.1	-119.2
DRO out	-158.0	-138.0	-138.0	-119.0	-118.0	-120.0
Reference out	-39.2	-66.3	-96.6	-113.4	-125.2	-145.2
Pre-scaler out	0.0	0.0	0.0	0.0	-6.0	-26.0
Phase detector out	-125.0	-125.0	-125.0	-125.0	-131.0	-151.0
Total Phase Noise	-39.2	-66.3	-96.6	-112.1	-117.1	-120.0

Figure 258. 분석 및 설계 접근 방법(PLDRO-3)

Ⅱ. 요구사항 별, 분석 및 설계 접근 방법 [PLDRO] (4)

❑ PLDRO – 위상비교기 측정 결과

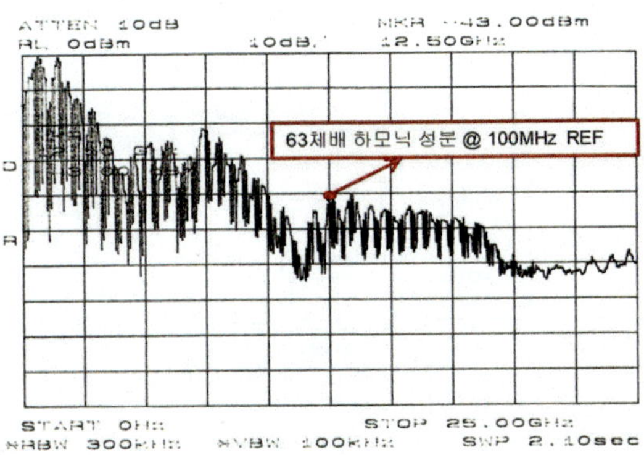

DRO 주파수와 REF 주파수를 비교할 때 사용되는 부품은 하모닉 발생 기능을 갖고 있는 SPD(Sampling Phase Detector) 부품을 사용하게 되는데, 이때 6300MHz 주파수와 비교를 할 경우....

1) 10MHz를 630번 체배 = 6.3GHz
2) 100MHz를 63번 체배 = 6.3GHz

해서, SRD의 하모닉 성분 발생 한계로 10MHz를 사용할 수 없음

Figure 259. 분석 및 설계 접근 방법(PLDRO-4)

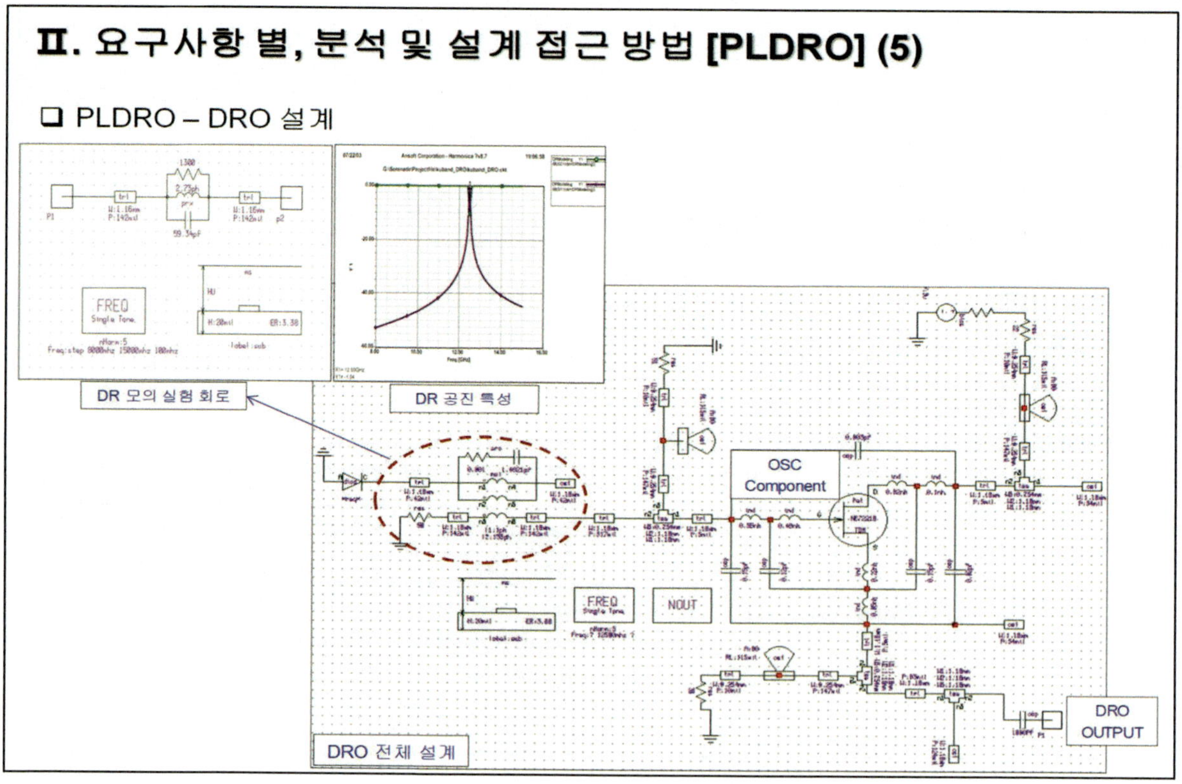

Figure 260. 분석 및 설계 접근 방법(PLDRO-5)

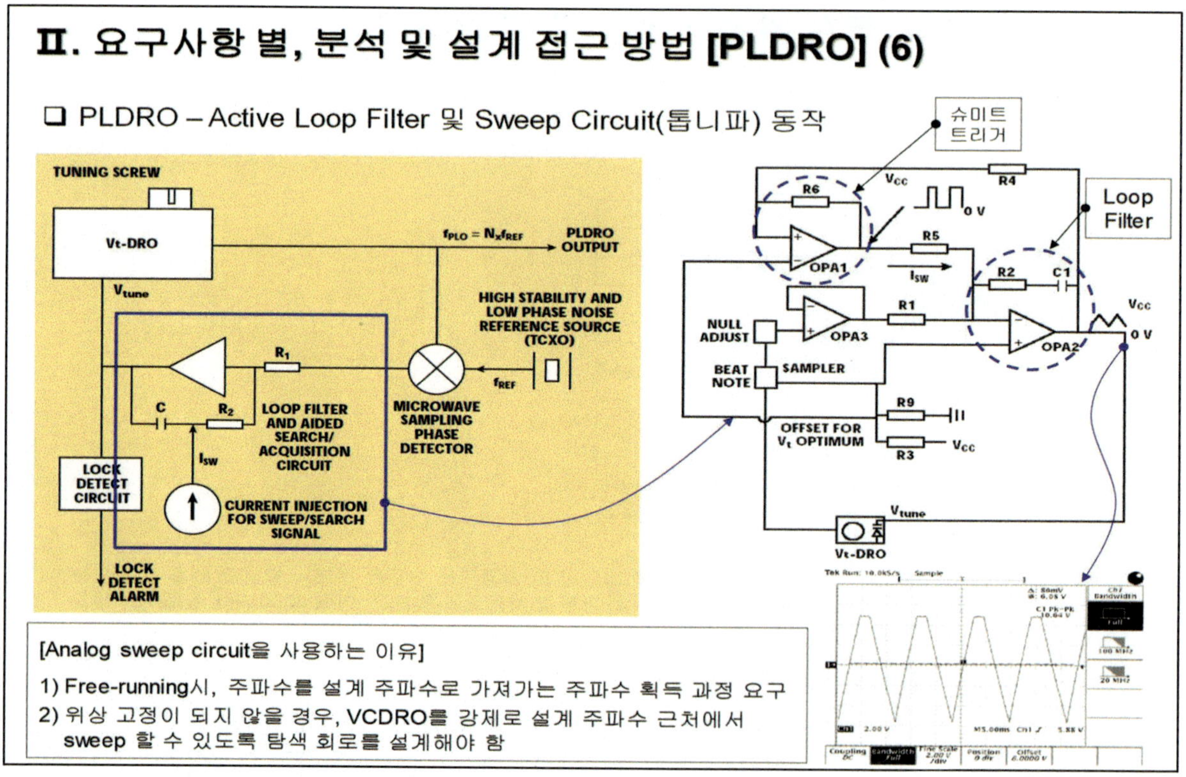

Figure 261. 분석 및 설계 접근 방법(PLDRO-6)

Ⅱ. 요구사항 별, 분석 및 설계 접근 방법 [PLDRO] (7)

❑ PLDRO – Phase Detector(SPD) 설계

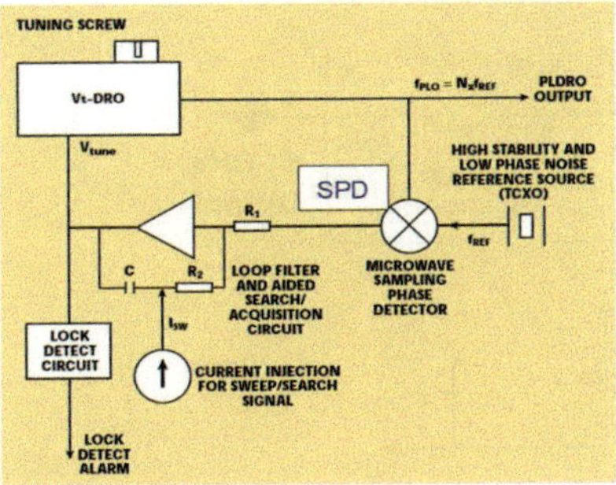

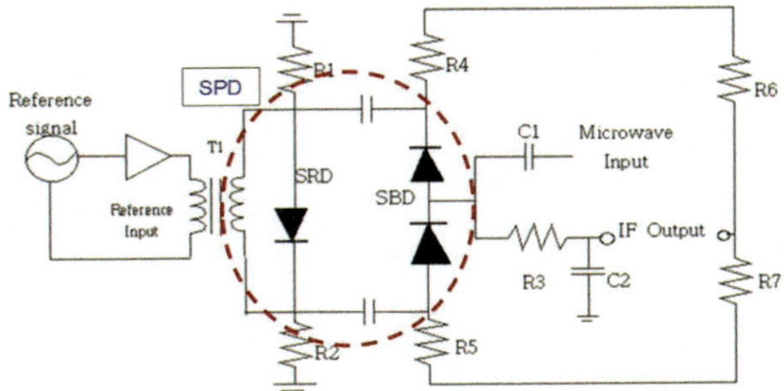

1) SPD 구성 : SRD(Step Recovery Diode), Two capacitor, Two schottky diode

2) 동작 원리 :

① SRD의 낮은 입력임피던스(10Ω)와 정합을 시켜야 하므로 balun이 요구

② Locking이 되지 않을 때의 SPD 출력은 SRD에 의해 N체배된 기준주파수의 하모닉 성분과 RF 주파수의 차에 상응하는 IF 정현파 신호를 출력

③ Locking이 되었을 때 RF신호의 동일한 전압 포인트가 샘플되고, 안정된 DC 또는 Offset voltage 생성

④ R3와 C2로 구성된 LPF는 IF출력단에서 RF 및 기준주파수를 제거하기 위함

Figure 262. 분석 및 설계 접근 방법(PLDRO-7)

Ⅱ. 요구사항 별, 분석 및 설계 접근 방법 [PLDRO] (8)

❑ PLDRO – 문제 증상

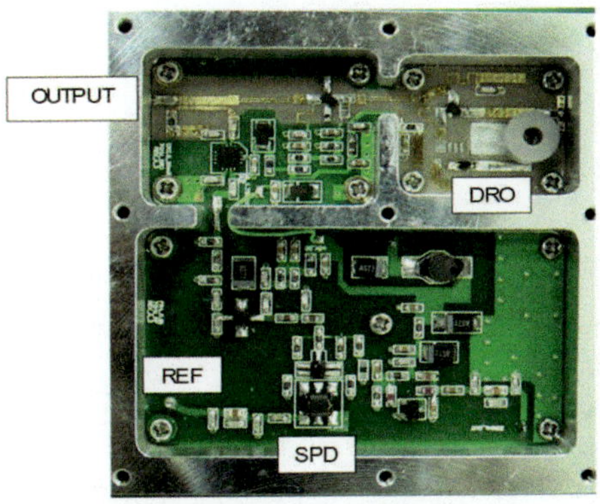

※ 이미지 출처 : www.google.co.kr

✓ PLL Locking이 안될 때

1. Digital PLL 출력(내부 REF) 전력이 SPD Ref. Input으로 인가되는 전력(+17dBm 이상)이 낮게 입력되는지
2. DRO 출력의 Coupling 된 전력이 SPD RF input로 인가되는 전력(+2dBm)이 낮게 입력되는지
3. Loop Filter 대역폭 및 Sweep circuit(삼각파) 회로가 제대로 동작하고 있는지

✓ Phase Noise 측정 시, 개선 방법

1. DRO 회로의 발진에 영향을 주는 Stub 길이를 조절해야 함
2. 100KHz 이상의 LF 대역폭을 최적화할 필요가 있음
3. Active loop filter에 사용된 Op-Amp의 노이즈 값이 작은지 확인해야 함

Figure 263. 분석 및 설계 접근 방법(PLDRO-8)

Ⅱ. 요구사항 별, 분석 및 설계 접근 방법 [Comb Generator] (1)

❑ Comb Generator 란?

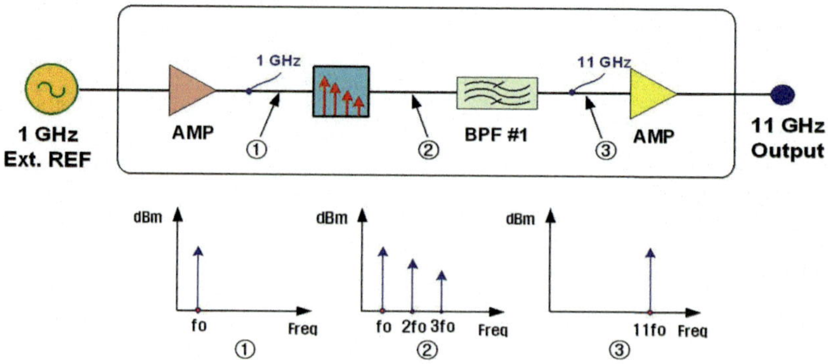

1) 콤 제너레이터를 위한 반도체 부품은 대부분 SRD(Step recovery diode) 부품을 사용해 왔으며, 위상 고정된 외부 기준주파수를 입력 받아 높은 주파수로 변환하기 위해서 주파수 체배기처럼 사용된다.

2) SRD 부품을 거치면서 입력 신호의 하모닉 성분이 출력되며, 하모닉은 입력 주파수의 정수배로 출력에 나타나게 되며, 원하는 주파수를 얻기 위해서 대역통과필터(BPF)를 사용한다[25,26]. 그림 2.9는 콤 제너레이터의 일반적인 구성도로서, SRD를 거쳐 생성된 하모닉 신호들을 BPF를 통과한 후 원하는 주파수만 통과된다.

3) 또한, N 체배 방식에 비해서 회로가 간단한 장점이 있지만, SRD를 구동하기 위한 높은 입력 전력을 필요로 하며 낮은 입력 임피던스 때문에 별도의 매칭 회로가 필요하다는 단점을 갖고 있다.

Figure 264. 분석 및 설계 접근 방법(COMB GEN.-1)

Ⅱ. 요구사항 별, 분석 및 설계 접근 방법 [Comb Generator] (2)

❑ Comb Generator – 구성도

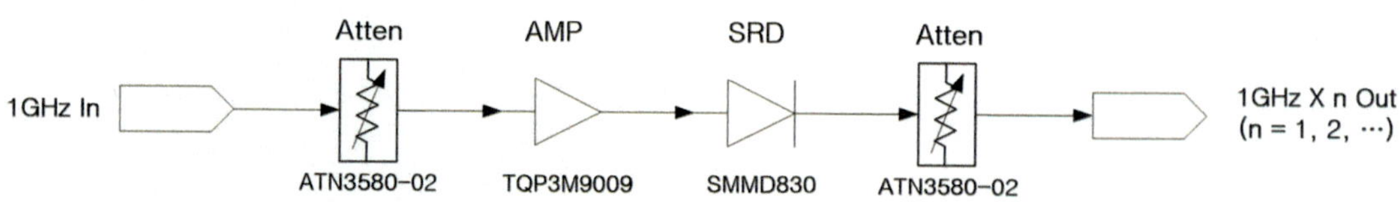

[콤 제너레이터 방식의 구성도 – 1GHz 입력 / 11GHz 출력]

❑ 외부 REF. 입력 주파수에 따라서 application이 달라질 수 있음

✓ 100MHz : 내부 기준주파수로 사용하기 어려움

✓ 1GHz : 15GHz까지 모듈 내부 기준주파수를 사용할 수 있음

✓ 4GHz : 체배 주파수인 8GHz / 12GHz / 16GHz에 국한적으로 사용할 수 있음

Figure 265. 분석 및 설계 접근 방법(COMB GEN.-2)

Ⅱ. 요구사항 별, 분석 및 설계 접근 방법 [Comb Generator] (3)

❑ Comb Generator – 설계 방법 및 결과

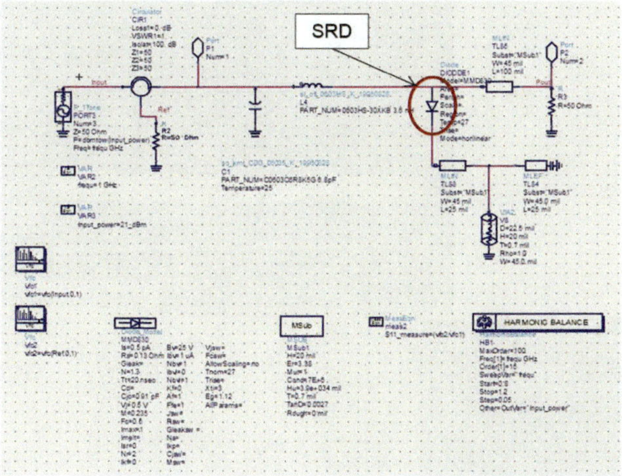

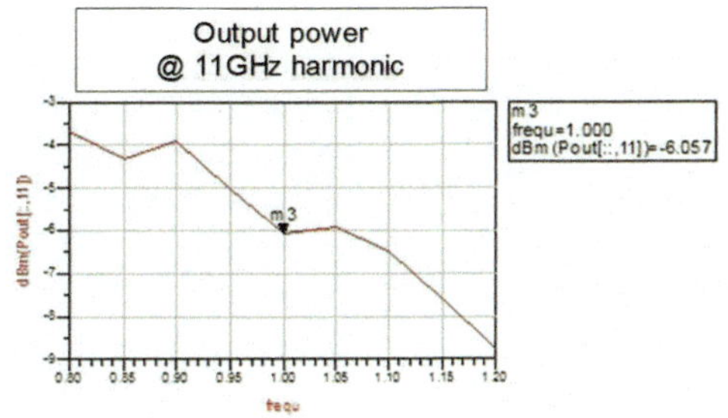

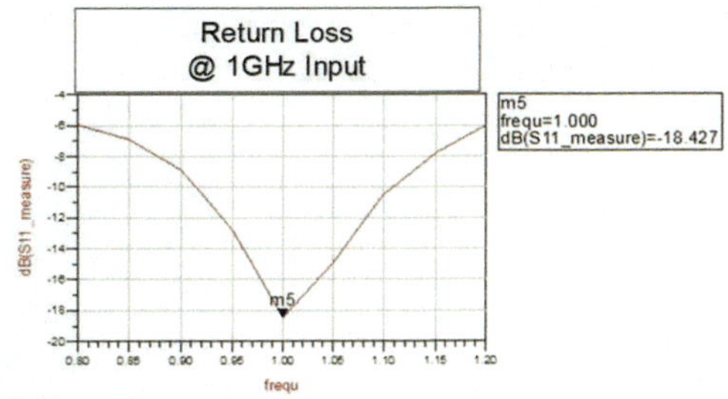

1. 입력 신호 : 1GHz / +20dBm 조건
2. 병렬 C와 직렬 L을 이용하여 SRD 입력 matching을 통해, 최대 출력 특성을 얻어야 함
3. 회로도에는 반영되지 않았으나, SRD 뒤에 Conical Inductor를 삽입하여 전류 Path를 형성해야 함
   (광대역 특성을 갖고 있는 inductor 사용 필요)

Figure 266. 분석 및 설계 접근 방법(COMB GEN.-3)

Ⅱ. 요구사항 별, 분석 및 설계 접근 방법 [Comb Generator] (4)

❑ Comb Generator – 제작 사진

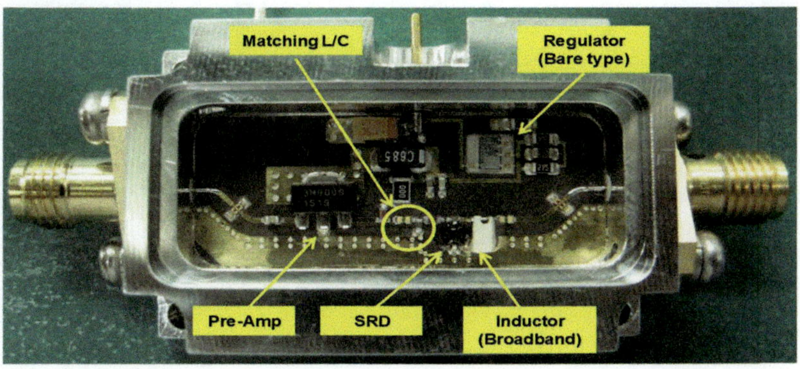

1. Duroid PCB 사용하여 검증 / 입력 신호 : 1GHz & 출력 신호 : 11GHz
2. Aeroflex사의 SRD(Step Recovery Diode) SMMD830을 이용
3. SRD 뒤에 Conical Inductor를 삽입한 이유는 전류 Path를 하기 위한 목적
   (광대역 특성을 갖고 있는 inductor 사용 필요)
4. SRD 입력단의 L/C값은 입력주파수(예,100MHz or 1GHz)에 따라서 값이 달라질 수 있음
   (SRD 입력 저항이 10ohm 이하로서 필수적으로 임피던스 매칭을 해야함)

Figure 267. 분석 및 설계 접근 방법(COMB GEN.-4)

Ⅱ. 요구사항 별, 분석 및 설계 접근 방법 [Comb Generator] (5)

❑ Comb Generator – 측정 결과

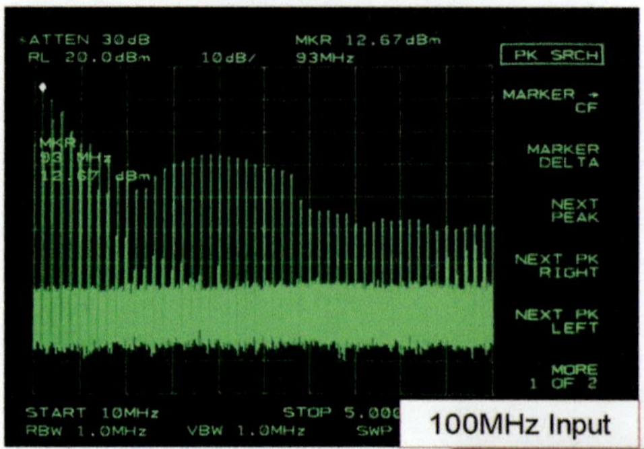

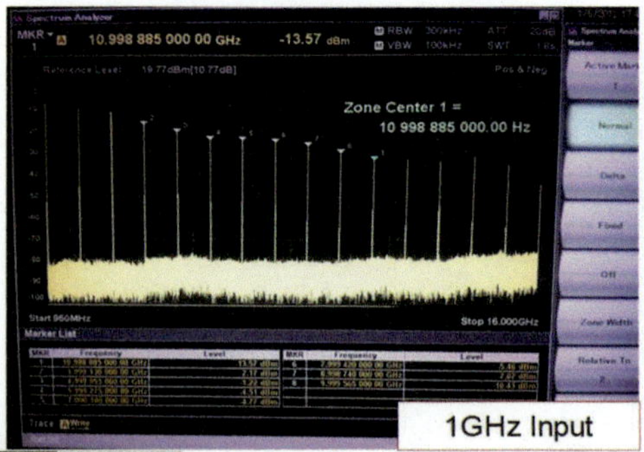

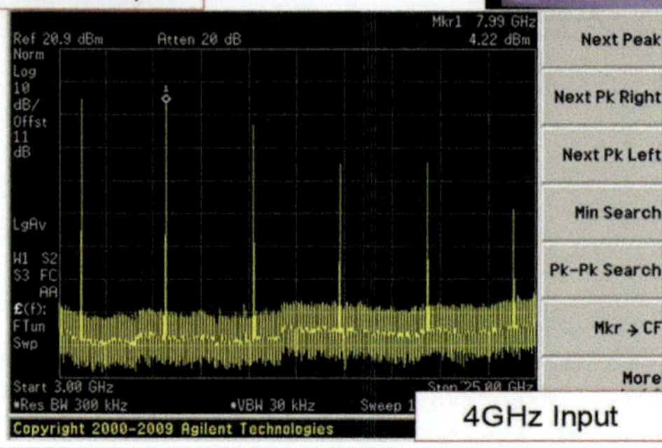

Figure 268. 분석 및 설계 접근 방법(COMB GEN.-5)

Ⅱ. 요구사항 별, 분석 및 설계 접근 방법 [REF.] (1)

❑ REF 부품 선정 및 구현 방법

[VCXO]

[TCXO]

[OCXO]

✓ VCXO (Voltage Controlled X-tal Oscillator)

10MHz 외부 REF와 1차 PLL 루프를 구현할 때 사용하며, 이는 2차 PLL 루프의 REF로 사용됨

✓ TCXO (Temperature Controlled X-tal Oscillator)

10 or 100MHz 주파수를 선택할 수 있으며, 저가형 접근방법으로 선택되며 별도의 PLL 회로 필요 없이 전원만 인가 받아서 REF 역할을 함. 다만, 온도 변화에 대한 PPM 값이 약 +/-1 ppm으로서, 온도에 따른 Frequency drift 규격을 확인해야 함

✓ OCXO (Oven Controlled X-tal Oscillator)

10 or 100MHz 주파수를 선택할 수 있으며, TCXO보다 PPM(+/-0.05ppm) 값이 월등하기 때문에 기준 신호원으로서 가장 많이 사용되고 있음. 또한 위상잡음 특성이 TCXO와는 비교할 수 없을 정도로 좋기 때문에 REF에 영향을 받는 위상잡음 특성에서는 OCXO를 무조건 선택해서 사용해야 함 (가격 고가)

Figure 269. 분석 및 설계 접근 방법(REF.-1)

Ⅱ. 요구사항 별, 분석 및 설계 접근 방법 [REF.] (2)

❑ REF(OCXO) 진동 보완 (1)

✓ OCXO는 위상고정된 최종 출력주파의 위상잡음에 직접적으로 영향을 주는 부품이기 때문에, PLO가 장착되어 운용되는 시스템에 따라서 중요성이 달라짐

✓ 이동이 없는 고정형에 장착되어 운영될 경우에는 상용 OCXO를 사용하여도 무방함

✓ 진동에 노출된 시스템(미사일, 항공기, 선박, 육상 이동체 등)에서는 진동 보완이 필수적임. 왜냐하면, X-TAL 공진기가 진동에 취약하기 때문

✓ 해서, 이러한 시스템에 장착하기 위해서는 아래 그림과 같이, 공중부양 형태의 구조 내에 OCXO를 내장시켜 외부 진동의 영향을 직접적으로 받지 않도록 구조 설계 필요

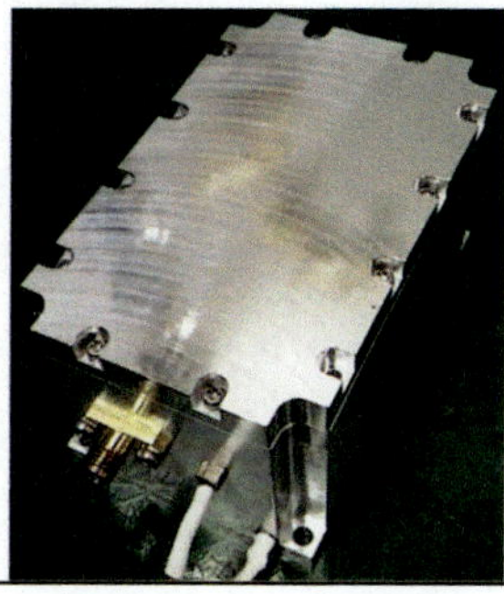

Figure 270. 분석 및 설계 접근 방법(REF.-2)

Ⅱ. 요구사항 별, 분석 및 설계 접근 방법 [REF.] (3)

❑ REF(OCXO) 진동 보완 (2)

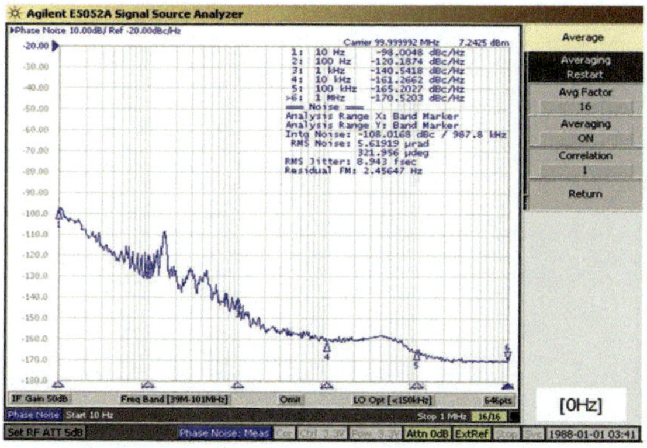

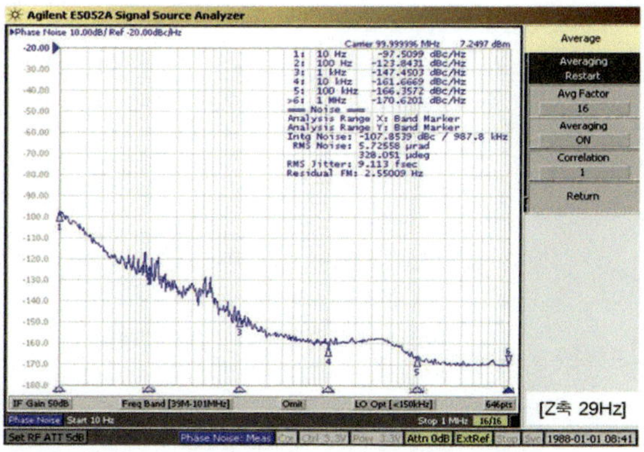

✓ 현재 구조로 제작/검증한 "OCXO 진동보완" 결과는, 위에서 측정한 결과(Z축 29Hz)처럼 선박(군함)에 창작되는 용도까지는 신뢰성 검증을 완료하였으나, 항공기 application에는 적용할 수 없음

✓ 선박 진동 조건 : 약 100Hz 이하의 낮은 진동 규격

↓

❑ 항공기(전투기) 진동 조건 : 2KHz까지의 매우 높은 주파수까지의 진동 규격을 요구하는 바, 이는, 추가적인 진동 보완이 되어야 한다는 조건을 의미함

Figure 271. 분석 및 설계 접근 방법(REF.-3)

III. 요구사항 별, 분석 및 설계 접근 방법 [주파수합성기(SYN)] (1)

❑ 설계 접근 방법

- ✓ 특히, 전자전 분야에서 요구되는 synthesizer는 신호처리 전단에서 주파수를 하향 변환(Fixed IF)시켜 신호처리단에 전달해 주어야 하기 때문에, 입력 주파수에 맞는 "광대역 주파수 합성기"가 필요함
- ✓ 또한, RF 선로의 정상유무 및 시스템 장착 전에 보정(Calibration)을 위한 FE 모듈 초단에 BIT(Built-in Test)를 RF 입력 주파수와 동일하게 입력시켜 주어야 함
- ✓ 이를 위해, 주파수합성기 단일 모듈 내에 2개의 경로(LO 용도 / BIT 용도)를 구현하기 위해 고려되어야 함
- ✓ REF 입력은 하나이기 때문에 내부에서 회로의 간략화 및 외부와의 위상 동기를 맞추기 위해서 DDS CLK에 필요한 주파수는 공용화를 해야 함
- ✓ 단일 신호원(DDS) 출력을 이용하여 0.-5-18GHz를 생성하기 위해서는 체배 형식으로 회로를 구현해야 하는 바, 경로 마다 해당 대역만 통과시킬 수 있는 필터 설계가 매우 중요함
- ✓ 이는, 일부 경로(특히, 저주파 대역)에서는 필터 사이즈의 한계로 인하여 Tunable Filter를 사용하기도 함
- ✓ DDS 출력 위상 잡음은 CLOCK 입력 주파수의 위상 잡음 특성에 좌우되므로, 외부 또는 내부 기준 주파수(100MHz)를 체배 할 때 AMP 부품 선정에 주의해야 함

Figure 272. 분석 및 설계 접근 방법(SYNTHESIZER-1)

III. 요구사항 별, 분석 및 설계 접근 방법 [주파수합성기(SYN)] (2)

❑ 주파수합성기 – 방식 선택

1.Direct Microwave Synthesizers

Direct Synthesizers are based on direct multiplications and summation of the reference oscillator. For example, if a 10 MHz reference oscillator is used, then by using multiplication factors of 1000 to 18000 a 10 GHz to 18 GHz signal source with 10 MHz step size could be generated.

Advantages:

- Very fast (down to 40 ns)
- Frequency and Phase Coherent

Disadvantages:

- Moderate Step Size
- Larger Package

2. Indirect Microwave Synthesizers

Indirect Microwave Synthesizers are based on Phase Locked Loop (PLL) topology that is locked on the reference oscillator. Since PLL loops support both integer and fractional loops the step size could be fraction of the reference frequency.

Advantages:

- Fine Step Size (below 1 Hz)
- High Speed (better than 1 μs)
- Frequency Coherent
- Frequency Modulation
- Small to Moderate Package
- Low to Moderate Cost

주파수합성기는 크게 Direct vs. Indirect 방식으로 나뉘는데,
1) Direct 방식은 외부 REF 주파수를 체배하는 방식으로서 출력 주파수 한계 및 Step size를 작게 할 수 없음
2) 이에, 많은 장점을 갖고 있는 Indirect 방식을 채택하여 REF 주파수에 내부 DDS 신호원을 위상 고정시키는 방식을 채택함

Figure 273. 분석 및 설계 접근 방법(SYNTHESIZER-2)

III. 요구사항 별, 분석 및 설계 접근 방법 [주파수합성기(SYN)] (3)

❑ 주파수합성기 – 구성도(Indirect type)

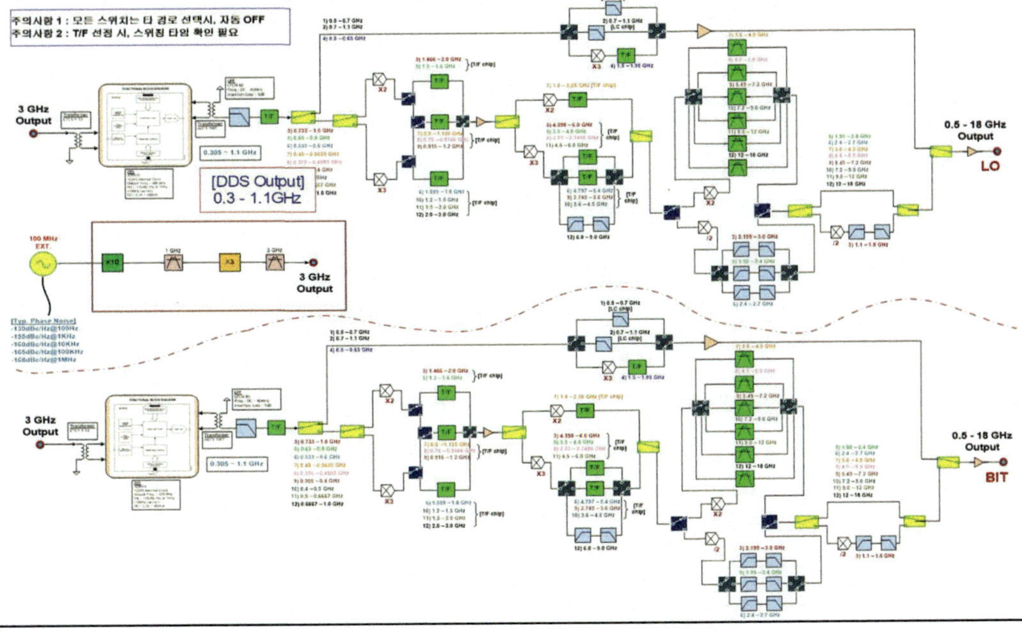

Figure 274. 분석 및 설계 접근 방법(SYNTHESIZER-3)

III. 요구사항 별, 분석 및 설계 접근 방법 [주파수합성기(SYN)] (4)

❑ 주파수합성기 – 위상 잡음 분석

OFFSET		DDS	X2	X3	/2		TOTAL	REMARK
100		-112	-106.0	-96.4	-102.5		-102.5	0.5 ~ 3 GHz
1K		-127	-121.0	-111.4	-117.5		-117.5	
10K		-135	-129.0	-119.4	-125.5		-125.5	
100K		-136	-130.0	-120.4	-126.5		-126.5	
1M		-143	-137.0	-127.4	-133.5		-133.5	

OFFSET		DDS	X3	X3	X2		TOTAL	REMARK
100		-112	-102.5	-92.9	-86.9		-86.9	3 ~ 18 GHz
1K		-127	-121.0	-111.4	-105.4		-105.4	
10K		-135	-129.0	-119.4	-113.4		-113.4	
100K		-136	-130.0	-120.4	-114.4		-114.4	
1M		-143	-137.0	-127.4	-121.4		-121.4	

설계하고자 하는 주파수합성기는 Indirect 방식으로서, 외부 또는 내부 REF에 내부 발진기(DDS)에 PLL을 구현하여 동기를 맞추는 형식이기 때문에, 위상 잡음을 예측하기 위해서는…

1) INTERNAL REF : 100MHz Phase Noise
2) CLOCK FREQ. : 3GHz Phase Noise
3) DDS OUTPUT : Phase Noise for 0.3 ~ 1.1GHz freq.
4) Multiplier or Pre-scaler after DDS : Phase noise degradation for X2, X3, /2

기준 주파수(REF)의 위상 잡음 값을 알고 있으면 위 요소들에 대해서 쉽게 계산할 수 있음

Figure 275. 분석 및 설계 접근 방법(SYNTHESIZER-4)

III. 요구사항 별, 분석 및 설계 접근 방법 [주파수합성기(SYN)] (5)

❑ 주파수합성기 – Freq. plan (1)

CH NO.	DDS Output		Multiplier							
			bypass							
1	0.5	0.7	0.5	0.7						
			bypass							
2	0.7	1.1	0.7	1.1						
			X2		X3		/2		/2	
3	0.733	1	1.466	2	4.398	6	2.199	3	1.10	1.5
			bypass		X3					
4	0.5	0.65	0.5	0.65	1.5	1.95				
			X2		X3		/2			
5	0.65	0.8	1.3	1.6	3.9	4.8	1.95	2.4		
			X3		X3		/2			
6	0.533	0.6	1.599	1.8	4.797	5.4	2.40	2.7		
			X2		X2		X2			
7	0.4500	0.5625	0.9	1.125	1.8	2.25	3.6	4.5		
			X2		X3		X2			
8	0.375	0.4583	0.75	0.9166	2.25	2.7498	4.50	5.4996		
			X3		X3		X2			
9	0.305	0.4	0.915	1.2	2.745	3.6	5.49	7.2		
			X3		X3		X2			
10	0.4	0.5	1.2	1.5	3.6	4.5	7.2	9		
			X3		X3		X2			
11	0.5	0.6667	1.5	2.0001	4.5	6.0003	9	12.0006		
			X3		X3		X2			
12	0.6667	1	2.0001	3	6.0003	9	12.0006	18		

Figure 276. 분석 및 설계 접근 방법(SYNTHESIZER-5)

III. 요구사항 별, 분석 및 설계 접근 방법 [주파수합성기(SYN)] (6)

❑ 주파수합성기 – Freq. plan (2)

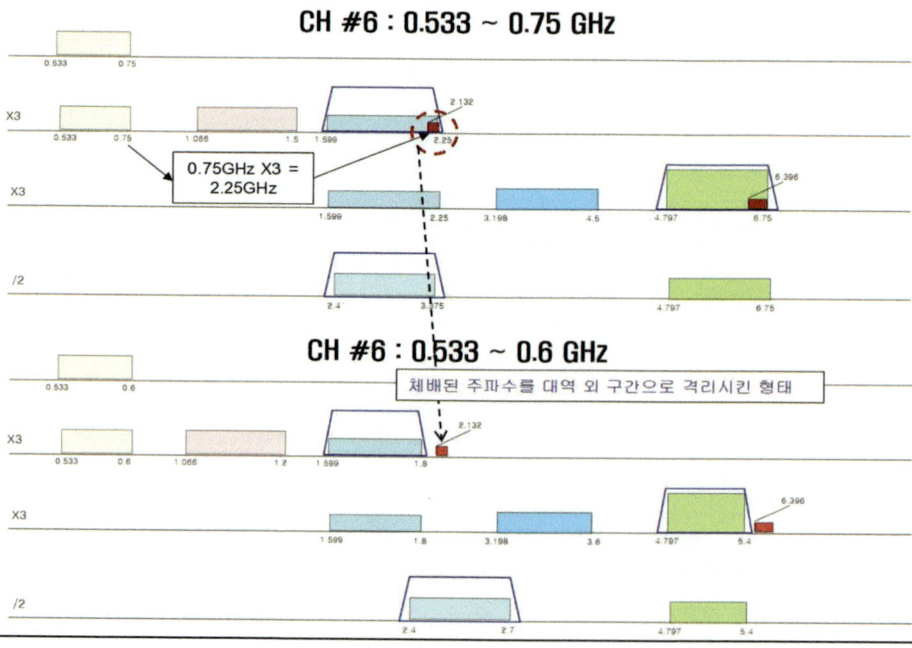

Figure 277. 분석 및 설계 접근 방법(SYNTHESIZER-6)

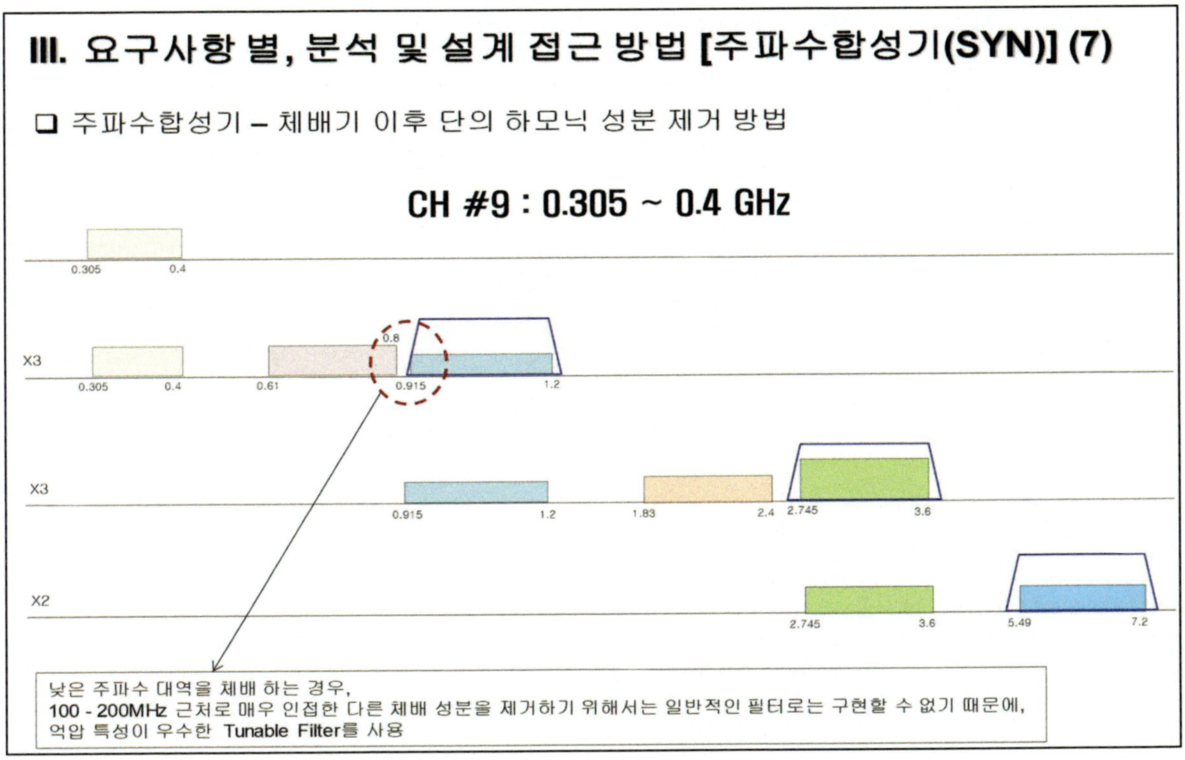

Figure 278. 분석 및 설계 접근 방법(SYNTHESIZER-7)

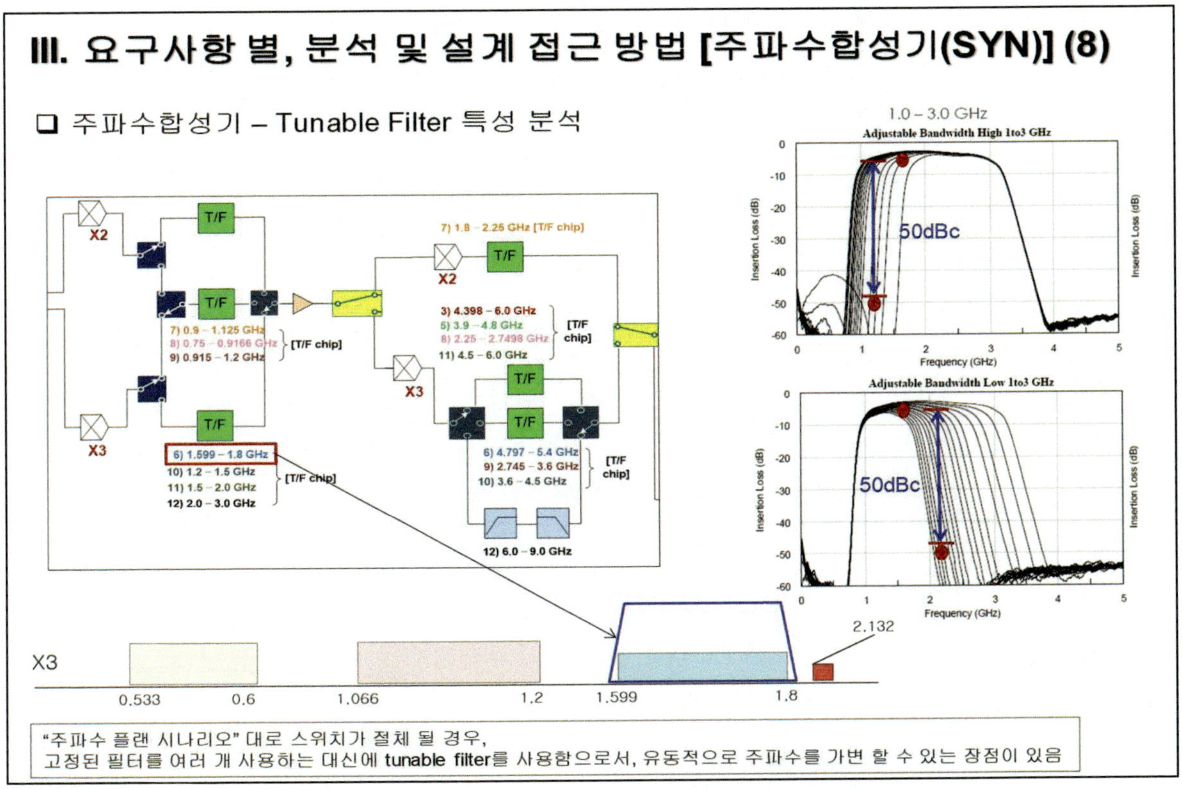

Figure 279. 분석 및 설계 접근 방법(SYNTHESIZER-8)

Chapter 6. Things to be prepared for EQT and EMI

RF front-end 모듈들은 전기적 규격을 만족시키더라도 실제 시스템(레이더/전자전 등)에 장착되어 운용되기 위해서는, 사전에 환경시험(EQT) 및 전자기시험(EMI)을 통해서 검증이 되어야 한다. 이때, 장착되는 분야(전투기/군함/지상 이동체/지상 고정체)에 따라서 요구되는 규격 또한 다르다.

EQT는 일반적인 요구 규격(온도/습도/진동)외에 항공기에 장착되는 경우에는 고고도시험을 별도로 진행해야 하며, EMI는 CE/CS/RE/RS 모드에 따라 세부적으로 요구되는 항목들을 추가로 검증해야 한다. 해서, 본 챕터에서는 환경시험과 전자기 시험의 주요 항목들을 살펴보고 주의사항이 어떤 것들이 있는지 설명한다.

Table of Contents

1. Action Items for EQT

- **Humidity**
  - ✓ Test Procedure : MIL-STD-810F, Method 507.4 / RTCA/DO-160D, test 6.3.2, category B
  - ✓ Objective : This test is conducted to determine the suitability of the UUT for use and storage under conditions of high humidity when combined with cyclic temperature changes.

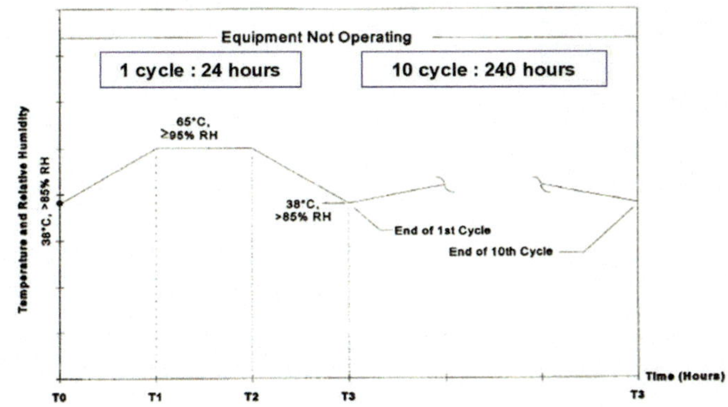

Figure 6-2 Category B - Severe Humidity Environment Test

Figure 280. EQT - Humidity

1. Action Items for EQT

- **Random Vibration – Functional (1)**
  - ✓ Test Procedure : (1) MIL-STD-810F, method 514.5 figure 514.5C-9 with F_0=113 Hz and L_0=0.1 G^2/Hz (Figure 1)
    (2) RTCA-DO/160D section B , curve C (Figure 2)
  - ✓ Objective : This test is conducted to verify the capability of the UUT to withstand exposure to vibration conditions without physical damage or deterioration in performance.

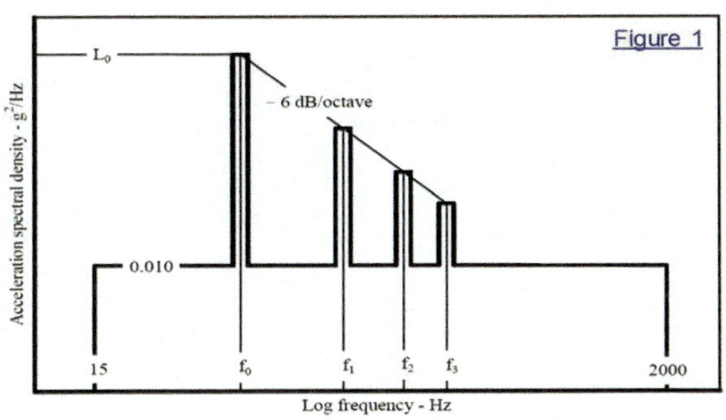

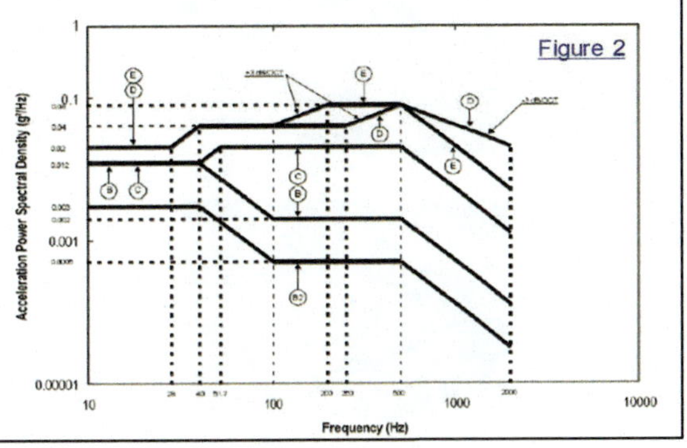

Figure 281. EQT – Random vibration – Functional(1)-1

1. Action Items for EQT

❑ **Random Vibration – Functional (1)** - MIL-STD-810F, method 514.5 figure 514.5C-9

(Vertical)

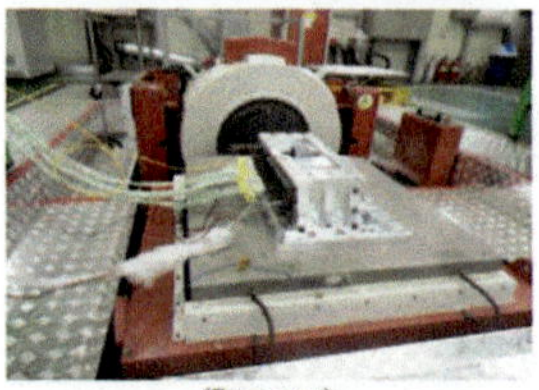

(Transverse)

(Longitudinal)

Vibration direction		Vertical	Transverse	Longitudinal
Test time (min)		30	30	30
Grms		4.45		
Floor Level	BW(Hz)	15 ~ 2 000		
	ASD Level(g^2/Hz)	0.010		
Narrow Band 1 [f_0]	Center Frequency(Hz)	113		
	ASD Level(g^2/Hz)	0.1		
	Sweep Bw(Hz)	-11.3	+ 11.3	
Narrow Band 2 [f_1]	Center Frequency(Hz)	226		
	ASD Level(g^2/Hz)	0.025		
	Sweep Bw(Hz)	-22.3	+ 22.6	
Narrow Band 3 [f_2]	Center Frequency(Hz)	339		
	ASD Level(g^2/Hz)	0.011		
	Sweep Bw(Hz)	-33.9	+ 33.9	

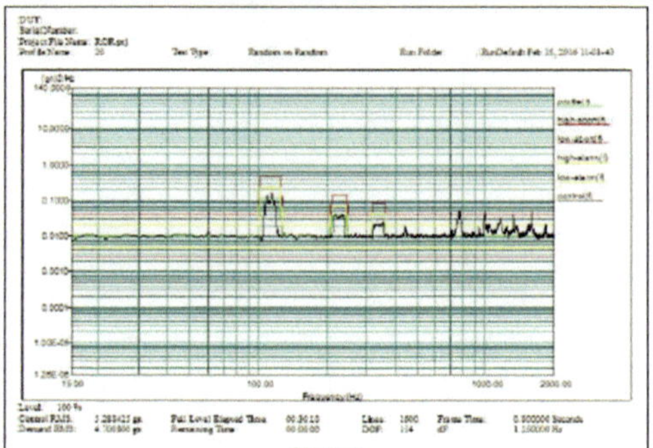

(Vertical)

Figure 282. EQT – Random vibration – Functional(1)-2

1. Action Items for EQT

❑ **Random Vibration – Functional (2)** - RTCA-DO/160D section B , curve C

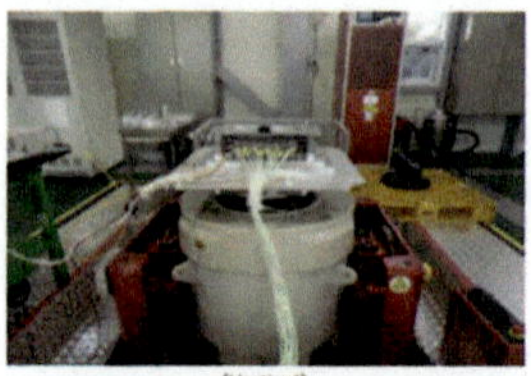

(Vertical)

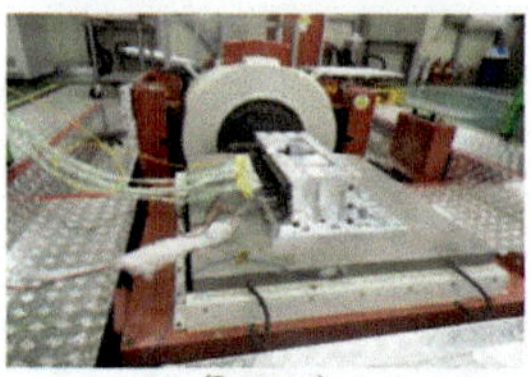

(Transverse)

(Longitudinal)

Vibration direction	Frequency range (Hz)	ASD Level (g^2)²/Hz	Slope (dB/octave)	Acceleration (RMS Value g^2)	Test time (min)
Vertical Transverse Longitudinal	10	0.012	-	4.12	30
	40	0.012	-		
	51.7	0.02	-		
	500	0.02	-		
	2 000	0.002	-		

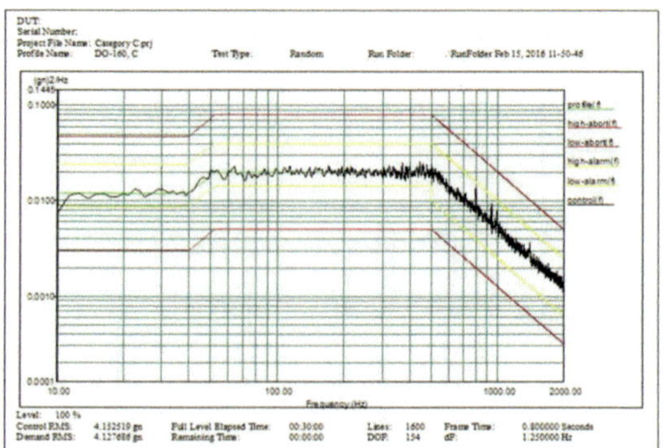

(Vertical)

Figure 283. EQT – Random vibration – Functional(2)

1. Action Items for EQT

❑ **Random Vibration – Endurance(지구력)**

✓ Test Procedure : The test shall be conducted MIL-STD-810F,method 514.5
It is same with functional (1) but with a test level of 135%.

✓ Objective : Use the same procedure as in functional (1), except the test duration is 1 hours in each axis and the unit is not energized during the test, and no functional tests during vibration.

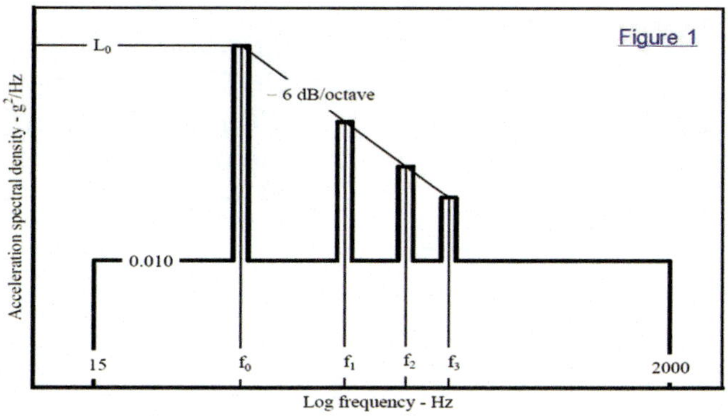

FIGURE 514.5C-9. Propeller aircraft vibration exposure.

Figure 284. EQT – Random vibration – Endurance

1. Action Items for EQT

❑ **Issues for Random Vibration – Functional (1,2) & Endurance**

✓ The purpose of test is to verify if module can get through airborne environment by using vibration test.

✓ To succeed vibration test, they should follow as a below item.

- Assembly status based on chip & wire process
- Connection tolerance status between sub-module based on plug-in type
- Method of DC and control line between modules

Figure 285. EQT – Random vibration – Issues

1. Action Items for EQT

❑ **Mechanical Shock**

✓ Test Procedure : MIL-STD-810F,method 516.5,Procedure I

✓ Objective : This test is conducted to verify the capability of the UUT to withstand exposure to shocks conditions without physical damage or deterioration in performance.

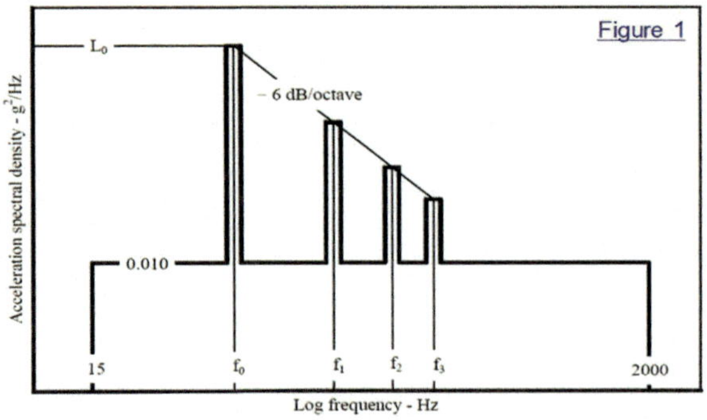

FIGURE 514.5C-9. Propeller aircraft vibration exposure.

Operational Shock - Energize the UUT and subject it to 3 shocks (20g,11 milliseconds, Saw-tooth) in the positive and negative directions of X-axis (total of 18 shocks).

Shock direction		Peak acceleration (G)	Nominal duration (ms)	Pulse	Number of pulses
Vertical	+	15	11	Half sine	3
	-				3
Transverse	+	15	11	Half sine	3
	-				3
Longitudinal	+	15	11	Half sine	3
	-				3

Figure 286. EQT – Mechanical shock

1. Action Items for EQT

❑ **Crash Safety Shock(충돌 안전 충격)**

✓ Test Procedure : MIL-STD-810F, method 516.5, Procedure V
(or) RTCA/DO-160D, section 7, test procedure 7.3.1

✓ Objective : The UUT shall be subjected to 1 shock in each direction. (total of 6 shocks)
Shock pulse shape : Saw-tooth, 40G, 11 milliseconds.
Axis orientation as in Figure 1

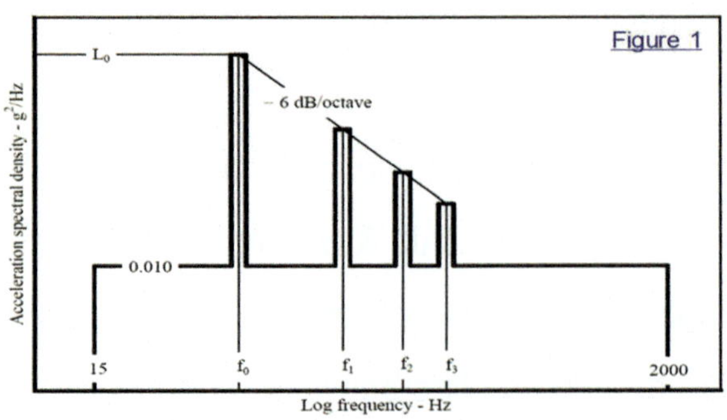

FIGURE 514.5C-9. Propeller aircraft vibration exposure.

Figure 287. EQT – Crash safety shock

1. Action Items for EQT

❑ **Temperature & Altitude**(온도와 고도시험)

- ✓ Test Procedure : IAW MIL-STD-810F, method 520.2,Proc III, 5 cycles
- ✓ Objective : This test is conducted to verify the capability of the UUT to withstand exposure to combined temperature-altitude conditions without physical damage or deterioration in performance.

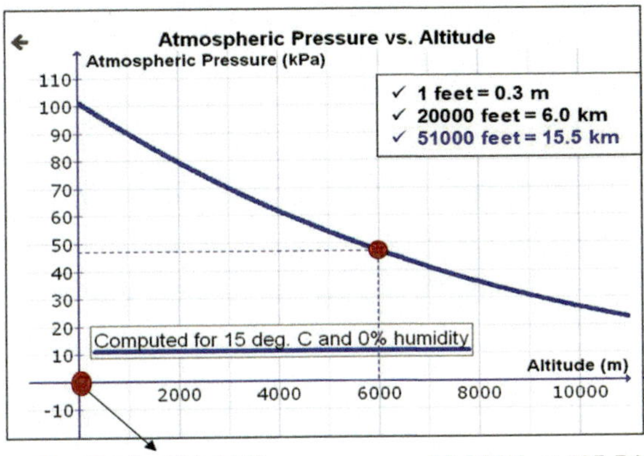

Site(0 M)=101.3 kPa

51,000 feet (15.5 Km)=11.09 kPa

✓ To succeed temp. & altitude test, they should follow as a below items.

1. Cavity height of RF path should be continuously maintained (ex, absorber)
2. Alumina PCB with big size should be carefully assembled

Figure 288. EQT – Temperature & Altitude

1. Action Items for EQT

❑ **Salt Fog**(염수 안개? → 염수 시험)

- ✓ Test Procedure : MIL-STD-810F,method 509.4
- ✓ Objective : The samples defined in para 4.8.1 shall be placed in salt fog chamber and exposed to the salt fog for a period of 48 hours.
  Salt fog (5% ± 1% NaCl)
  The items shall then be stored in an ambient atmosphere for 48 hours and inspected again for corrosion.

✓ To succeed Salt Fog test, they should follow as a below items.

1. Guide pin should be used with stainless steel material
2. Thickness of nickel coating should be more than 20um if exposed outside.

※ NaCl : 염화 나트륨

Figure 289. EQT – Salt Fog

1. Action Items for EQT

❑ Drip test

- ✓ Test Procedure : MIL-STD-810F,method 506.4
- ✓ Objective : The UUT shall be subjected to water droplets falling vertically from the dispenser at a height of 1 meter. The water shall be dispensed at an overall rate of 280 l/m^2 h for a period of 15 minutes. (Raindrops distance : No less than 1 meter)

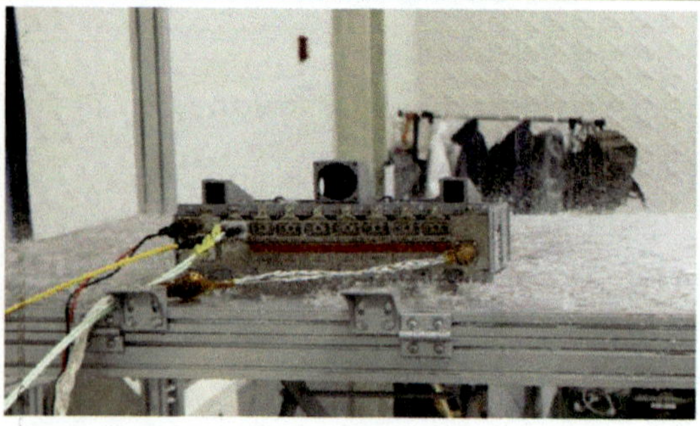

e. During the test

- ✓ To succeed Drip test, they should follow as a below items.

1. Sub module should be sealed with O-ring or Epoxy

Figure 290. EQT – Drip test

2. Action Items for EMI

❑ General Specification

MIL-STD	Test Mode		UUT
MIL-STD-461E	CE102	Conducted Emissions, Power Leads, 10 kHz to 10 MHz	As Figure CE102-1, Basic Curve
	CS101	Conducted Susceptibility, Power Leads, 30 Hz to 150 kHz	As Figure CS101-1, Curve #2
	CS114	Conducted Susceptibility, Bulk Cable Injection, 10 kHz to 200 MHz	As Figure CS114-1, 10 kHz to 2 MHz - Curve #3, 2 MHz to 200 MHz - Curve #5
	CS115	Conducted Susceptibility, Bulk Cable Injection, Impulse Excitation	As Figure CS115-1, Imax=5A
	CS116	Conducted Susceptibility, Dumped Sinusoidal Transients, Cable and Power Leads, 10 kHz to 100 MHz	As Figure CS116-1 and Figure CS116-2, Imax=10A
	RE101	Radiated Emissions, Magnetic Field, 30 Hz to 100 kHz	As Figure RE101-2
	RE102	Radiated Emissions, Electric Field, 10 kHz to 18 GHz	As Figure RE102-4, Navy Fixed & Air Force
	RS101	Radiated Susceptibility, Magnetic Field, 30 Hz to 100 kHz	As Figure RS101-1
	RS103	Radiated Susceptibility, Electric Field, 2 MHz to 18 GHz	As Table VII. 200 V/m 2 MHz to 18 GHz

- ✓ Emission : 방사
- ✓ Susceptibility : 자화율

Figure 291. EMI – General Spec

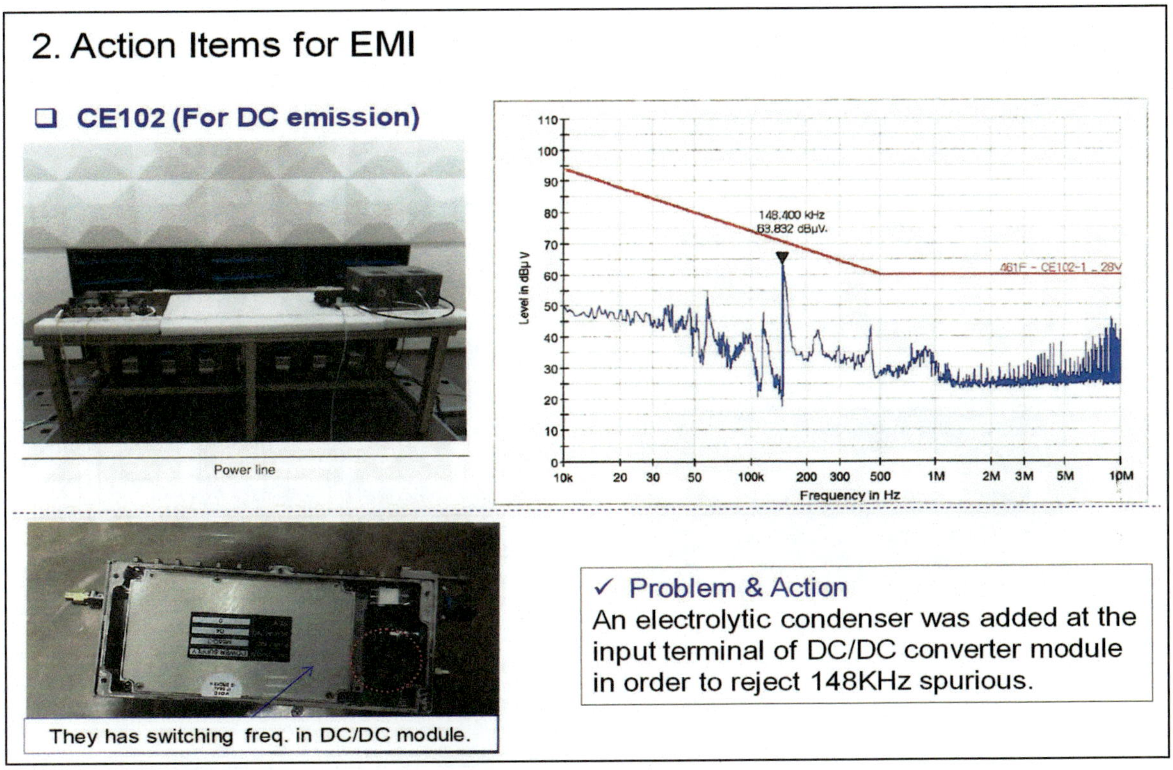

Figure 292. EMI – CE102

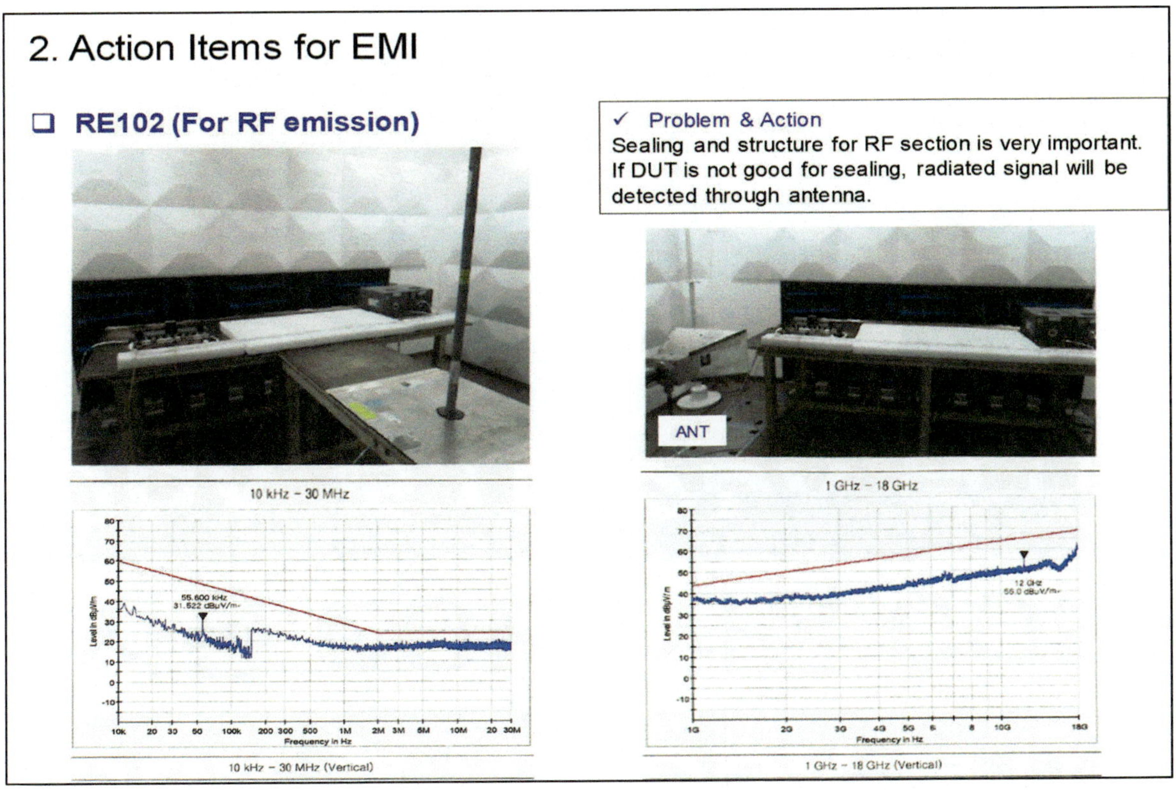

Figure 293. EMI – RE102

2. Action Items for EMI

❑ CS101 (For DC susceptibility)

CS101 : Conducted susceptibility, power leads

✓ Spec

Frequency [kHz]	Limit for all applications [dBµV]	
	Application	Nominal EUT source voltage : 28 Votls or below / Curve #2
0.03 – 5	126	
5 – 150	126 – 96.5	

1) 위 규격의 크기를 DC 입력 단자에 인가함
2) 이때, 출력 신호에 이상이 없는지 확인

✓ Value through monitor port

[단위 : V]

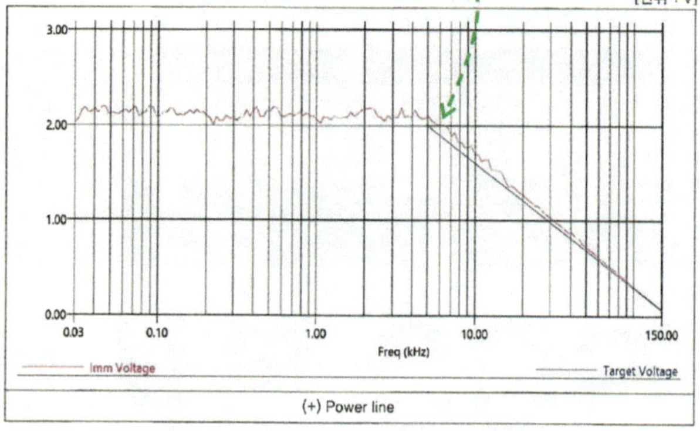

* Volt to dBµV : $dB\mu V = 20\log(V) + 120$

Figure 294. EMI – CS101

2. Action Items for EMI

❑ CS116

CS116 : Conducted susceptibility, damped sinusoidal transients

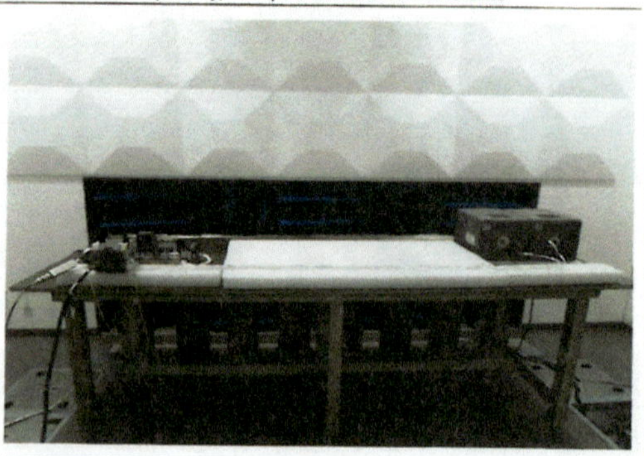

1) Damped sine generator를 DC 입력 단자에 인가함
2) 이때, 출력 신호에 이상이 없는지 확인

✓ Spec

Frequency [MHz]	Limit for all applications [A]	
	Application	Air Force / I_{MAX} = 5 A
0.01	0.05	
0.1	0.5	
1	5	
10	5	
30	5	
100	1.5	

✓ Value through monitor port

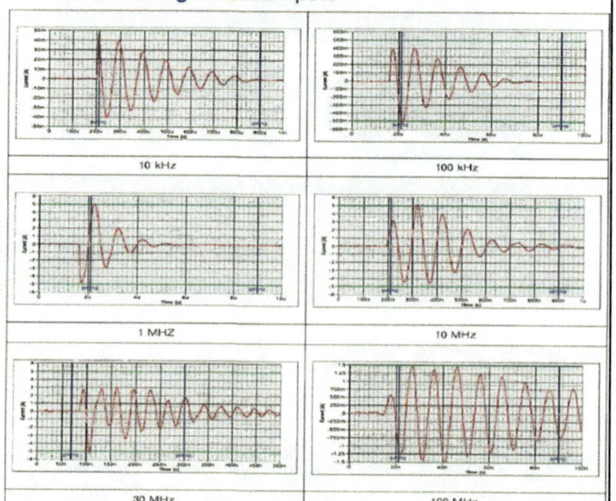

Figure 295. EMI – CS116

2. Action Items for EMI

❑ RS103 (For RF susceptibility)

FREQ. RANGE \ PLATFORM		LIMIT LEVEL (VOLTS/METER)							
		AIRCRAFT (EXTERNAL OR SAFETY CRITICAL)	AIRCRAFT INTERNAL	ALL SHIPS (ABOVE DECKS) AND SUBMARINES (EXTERNAL)*	SHIPS (METALLIC) (BELOW DECKS)	SHIPS (NON-METALLIC) (BELOW DECKS)	SUBMARINES (INTERNAL)	GROUND	SPACE
2 MHz ↓ 30 MHz	A	200	200	200	10	50	5	50	20
	N	200	200	200	10	50	5	10	20
	AF	200	20	-	-	-	-	10	20
30 MHz ↓ 1 GHz	A	200	200	200	10	10	10	50	20
	N	200	200	200	10	10	10	10	20
	AF	200	20	-	-	-	-	10	20
1 GHz ↓ 18 GHz	A	200	200	200	10	10	10	50	20
	N	200	200	200	10	10	10	50	20
	AF	200	60	-	-	-	-	50	20
18 GHz ↓ 40 GHz	A	200	200	200	10	10	10	50	20
	N	200	60	200	10	10	10	50	20
	AF	200	60	-	-	-	-	50	20

KEY: A = Army
N = Navy
AF = Air Force

* For equipment located external to the pressure hull of a submarine but wi... SHIPS (METALLIC)(BELOW DECKS)

1) 신호 세기 규격 값을 갖고 18GHz 까지 안테나를 통해서 DUT로 방사 시킴
2) 이때, DUT 출력 주파수 대역 내에서 방사된 신호가 나타나는지 확인

Figure 296. EMI – RS103(1)

2. Action Items for EMI

❑ RS103 – Pass / Fail Criteria

Frequency [MHz]	Electric field [V/m]	Position	Test result		Remark
			Horizontal	Vertical	
2 - 30	200	Front	N/A	No degradation	
30 - 1 000	200	Front	No degradation	No degradation	
1 000 - 18 000	200	Front	Less than 0 dBm	Less than 0 dBm	
18 000 - 40 000	N/A	N/A	N/A	N/A	

※ Operating frequency : 6 -18GHz

합/부 규격 변경 필요 → 1) 2MHz – 6.0GHz : 200 V/m

(When monitoring with S/A, span of SA is 1ghz at 12ghz and first edge freq. is 11.5ghz.
if output freq. of S/G is 5.75ghz with 200V/m, it will affect within inband like 11.5ghz. Therefore,
we should avoid 2nd harmonic freq.)

안테나를 통해 방사되는 신호 세기 레벨 감소 필요 → 2) 6.0GHz – 18GHz : 70 V/m

3) The value of failure criterion is up to P1DB level at the output (about +1dBm)

Figure 297. EMI – RS103(2)

Chapter 7. 설계방법 for 비접촉 근접 센서(Proximity Sensor)

Chapter 7은 밀리미터파 RF 모듈과는 거리가 먼 근접 센서 분야이나, Application 또한 일상 생활에 밀접한 스마트 폰에 내장되어 작동하는 영역이다. 다만, 무선이라는 공통점과 동작원리 자체를 알아 두면 좋을 듯 같아 부가적으로 자료를 추가하였다.

순 서

0. 스마트 폰 각종 센서

1. 근접센서(Proximity Sensor) 정의 및 적용분야

2. 근접센서 종류

3. 근접센서 동작 이론

4. 근접센서 실제 동작 파형

5. 실제 적용을 위한 이용한 시뮬레이션 자료

0. 스마트 폰 각종 센서

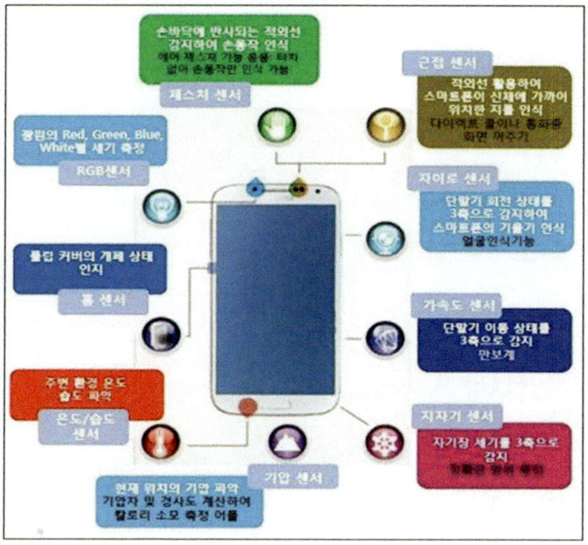

1.이미지 센서 : 사진 찍을 때
2.조도 센서 : 주변 밝기
3.터치 센서 : 정전방식의 터치 스크린
4.지문인식 센서
5.GPS 센서
6.지자기 센서(Geo-magnetic sensor) : 방위각을 탐지
7.중력센서 - 가로/세로 구별
8.가속도 센서 - 속도변화 / 충격
9.자이로센서: 단말기 회전상태를 3축으로 감지

10.근접센서(Proximity Sensor)
물리적인 접촉없이 전자계의 힘을 이용하여 물체의 존재 여부를 감지하는 기능으로서...
(실제 예)
전화를 걸고 나서 귀에 스마트폰을 가져다 대면, 화면이 저절로 꺼지는 현상

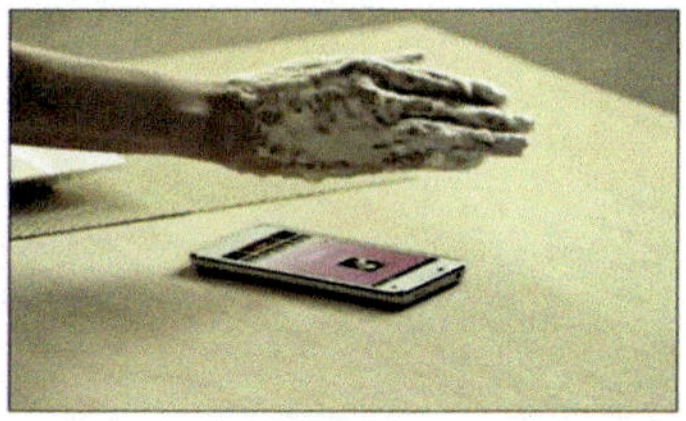

※ 이미지 출처 : www.google.co.kr

Figure 298. 스마트 폰 센서 종류

1. 근접센서 정의 및 적용 분야

▣ 정의
비접촉 방식으로 물체(대상물)의 유무를 판단하는 검출기

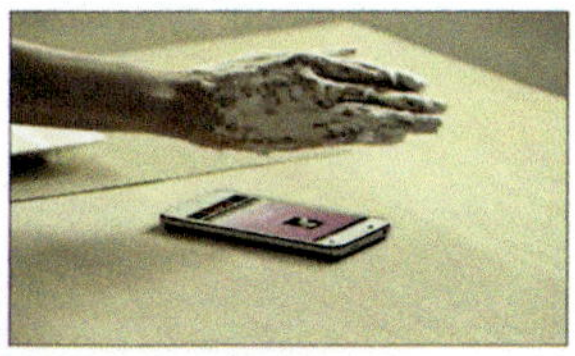

▣ 적용 분야

√ 스마트폰
전화기를 귀 쪽으로 가까이 들어 올릴 때(얼굴감지) 또는 사용자의 주머니 안에 넣을 때, 근접센서는 즉시 Display를 꺼서 전력을 절감하고 우발적 터치를 방지

√ 노트북
사용자가 자리를 비울 때 키보드 백라이트를 자동으로 끔으로써 배터리 수명을 연장하며, 노트북 컴퓨터의 개폐를 감지하고 절전모드를 활성화하는 데도 사용할 수 있음

▣ 장점

√ 비접촉 감지로 기계적 마모가 없다
√ 수명이 길고 신뢰성이 높다
√ 접점부의 밀봉으로 내구성이 우수하며, 설치가 용이하며 가격이 싸다

Figure 299. 근접센서 정의 및 적용 분야

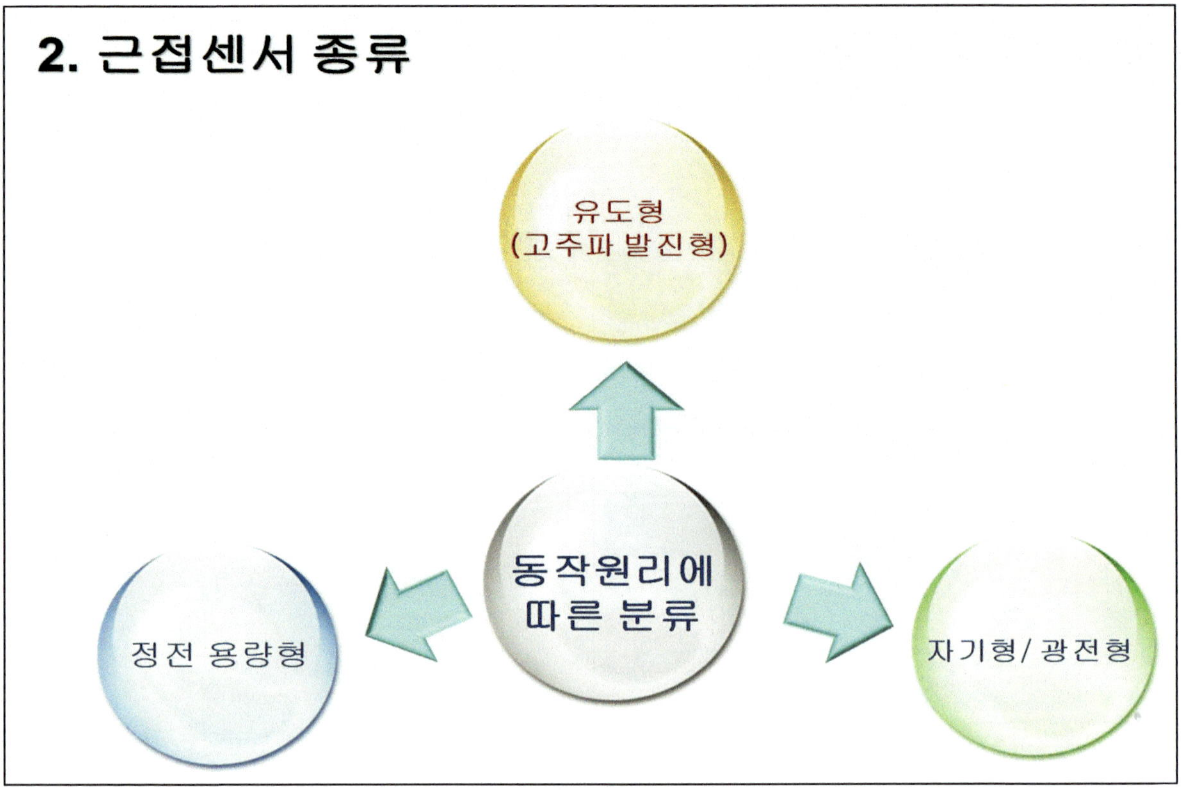

Figure 300. 근접센서 종류

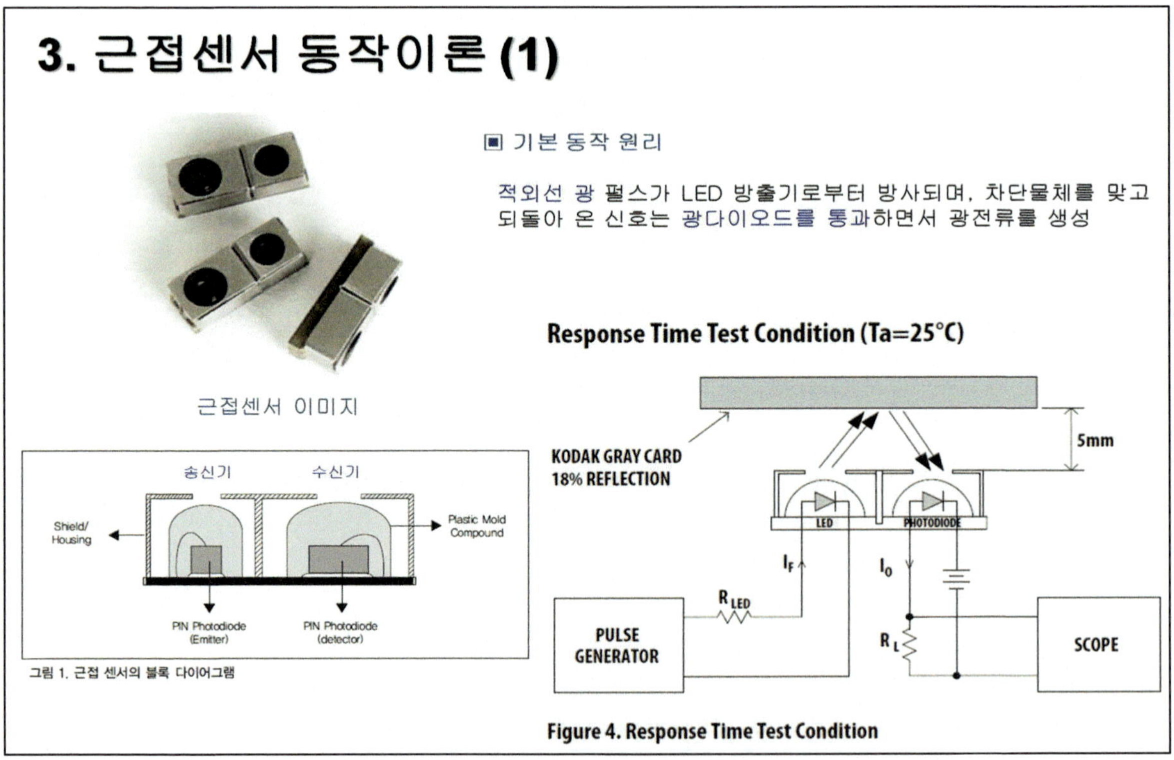

Figure 301. 근접센서 동작이론(1)

3. 근접센서 동작이론 (2)

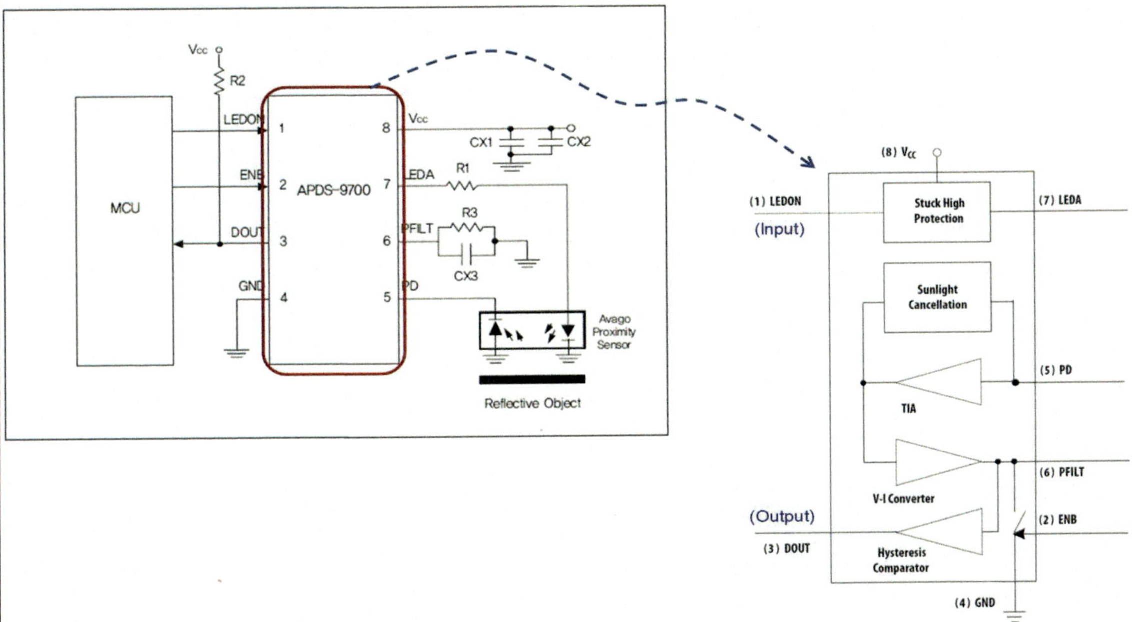

Source :
[Application Note 5375] Signal Conditioning IC for Proximity Sensors from AVAGO Technologies

Figure 302. 근접센서 동작이론(2)

3. 근접센서 동작이론 (3)

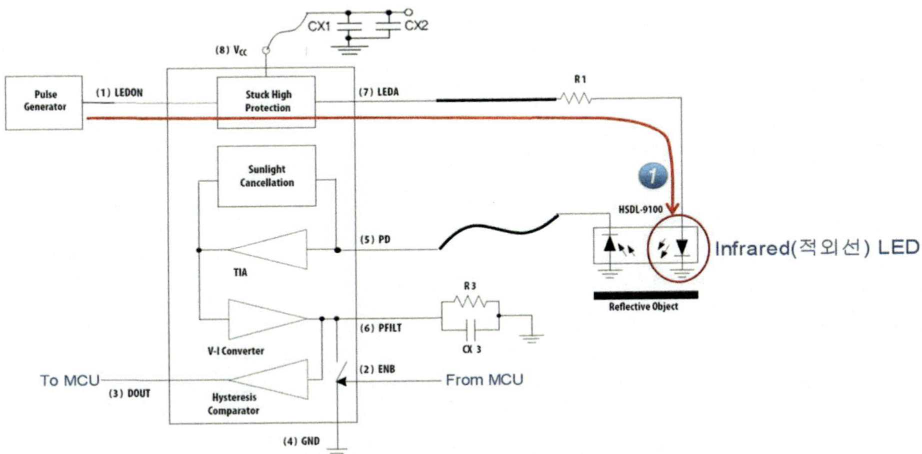

1 신호 흐름 설명

1) MCU에서 Pulsed signal은 LEDON(1)단자에 인가되고, 내부 Level shifter는 Vcc에 상응하는 출력전압을 LEDA(7)포트로 내 보낸다.
2) Stuck high protection 회로는 LED가 너무 오랜시간 동안 켜져 있어서 작동 수명이 단축되지 않도록 하기 위해서 보호 용도로 사용된다. 저항 R1은 LEDA(7)포트에 흐르는 높은 전류를 제어하기 위해서 사용한다.
3) Pulsed signal은 on/off하면서 발생되는 spike가 전원공급기(Vcc) 라인에 영향을 주게 되는데, spike를 decoupling 하기 위해서 CX1&CX2를 달아서 제거한다.

Figure 303. 근접센서 동작이론(3)

3. 근접센서 동작이론 (4)

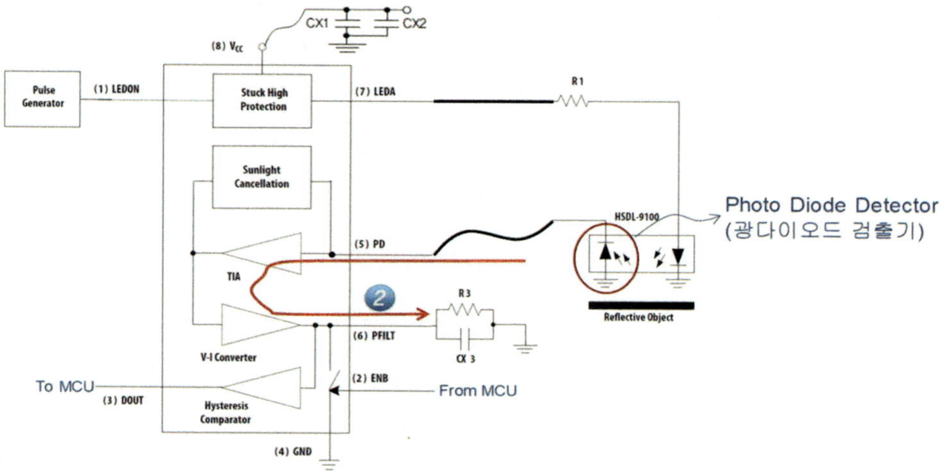

② 신호 흐름 설명

1) PD(5)는 광다이오드 검출기 입력단자로서, LED에서 방출된 "적외선 펄스신호"가 차단물체 및 표면으로부터 반사된 신호를 감지하게 된다. 감지된 신호가 광다이오드 검출기를 거치면 광전류로 변환된다.
2) Trans-Impedance amplifier(TIA)는 광전류를 전압으로 변환된 후에 전압/전류 변환기의 입력단자로 인가된다.
3) 출력단자에 연결된 PFILT(6) 단자에 연결된 R3&CX3는 적분기로서, 전류를 특정시간 상수의 시퀀스에서 충전 및 방전된다.
4) Sunlight Cancellation은 백열광 및 형광등의 일광으로 인하여 광다이오드 검출기의 감도에 영향을 줄 수 있기 때문에, 원치 않는 노이즈의 파장과 일치하는 매우 좁은 대역폭 특성을 갖는 필터회로를 일광 제거용으로 사용

Figure 304. 근접센서 동작이론(4)

3. 근접센서 동작이론 (5)

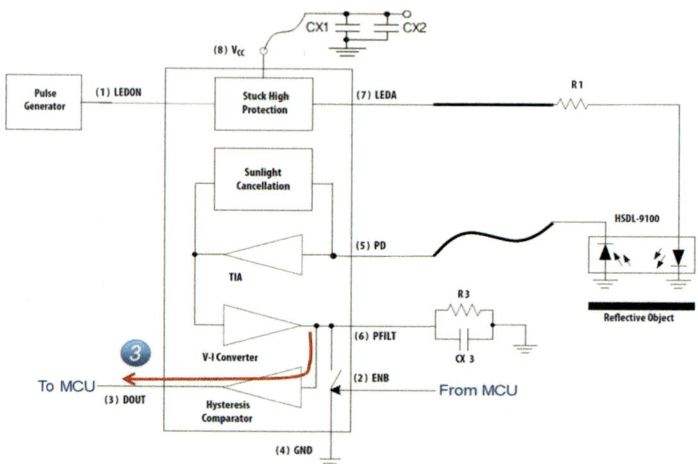

③ 신호 흐름 설명

PFILT(6)에서 적분된 전압은 히스테리시스 비교기(Hysteresis comparator)에 전달되어, 설정되어 있는 Ref. 임계전압(Threshold)에 도달하게 되면, DOUT(3) 포트로 LOW를 출력하고, Ref. 임계전압(Threshold)보다 작을 경우에는 HIGH를 출력한다.
즉, DOUT(3) 포트를 MCU에 연결하면 LOW일 경우 디스플레이 화면을 OFF하게 되며, LED에 연결하면 LOW일 경우 LED가 ON되게 된다.

Figure 305. 근접센서 동작이론(5)

4. 근접센서 실제 동작 파형(1)

LEDON input from the pulse generator:

Pulse Period = 100us (10k Hz), Pulse width = 20us (duty cycle 20%)

Number of pulses = 20

Interval time when no pulses = 500ms

Amplitude level of the pulse to LEDON is 3V

Note: It is recommended to use burst mode at LEDON as to have longer life-time operation and better performance

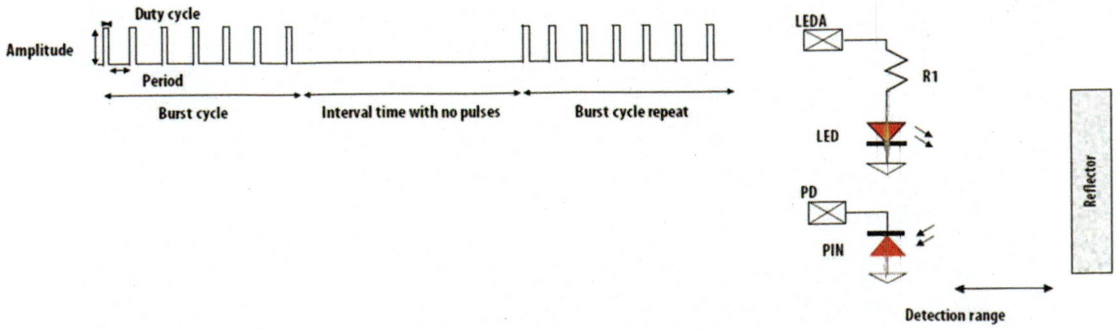

Figure 306. 근접센서 실제 동작 파형(1)

4. 근접센서 실제 동작 파형(2)

Waveform 1.

Output waveforms observed at PFILT and DOUT when the object has crossed the detection range. This is the range that PFILT has just exceeded the V_{TH} which triggers the DOUT becomes "LOW". Based on the testing condition, the detection range just exceeded the V_{TH} is about 7cm.

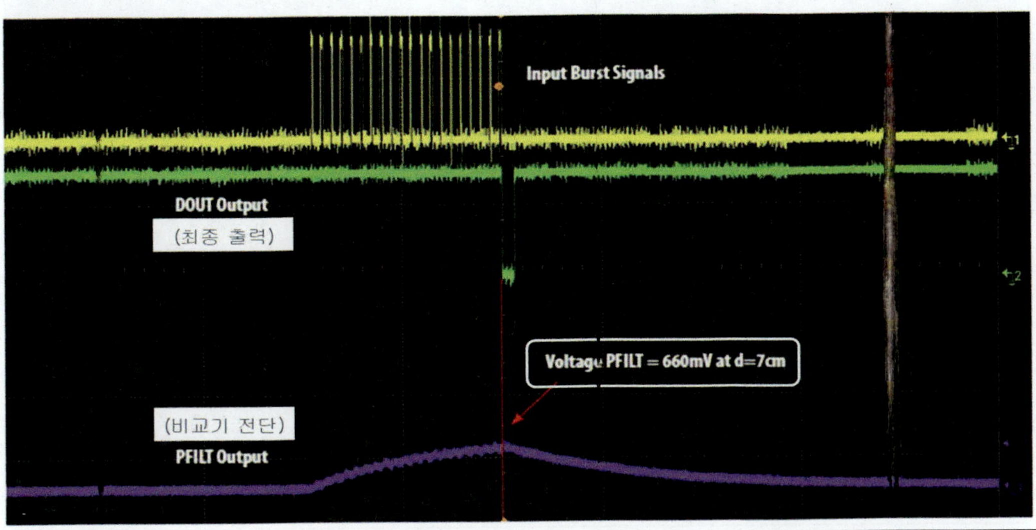

Figure 307. 근접센서 실제 동작 파형(2)

4. 근접센서 실제 동작 파형(3)

Waveform 2.

When the object is moved nearer to the proximity sensor, amplitude of PFILT and low pulse width of DOUT will increase accordingly until PFIL has reached and saturated at the supply voltage. (Waveforms 2 and 3)

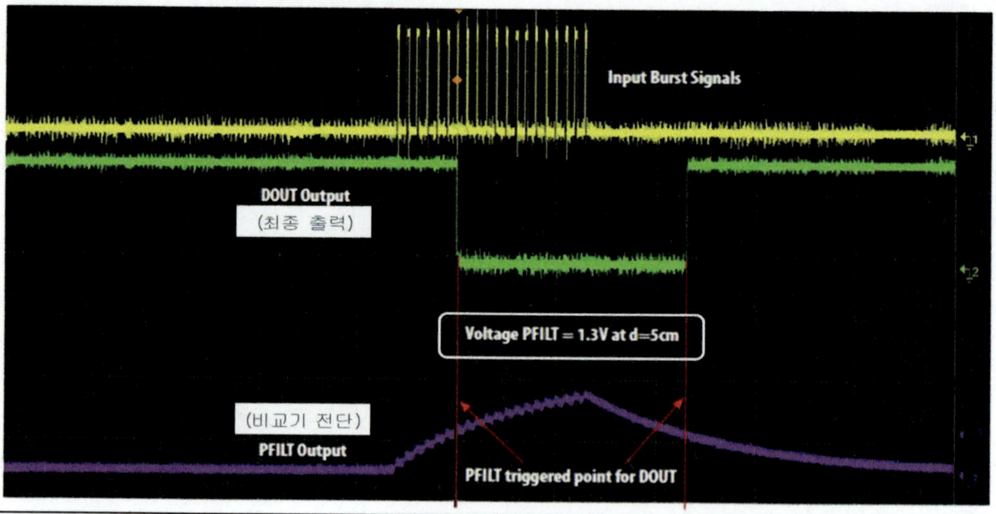

Figure 308. 근접센서 실제 동작 파형(3)

4. 근접센서 실제 동작 파형(4)

Waveform 3.

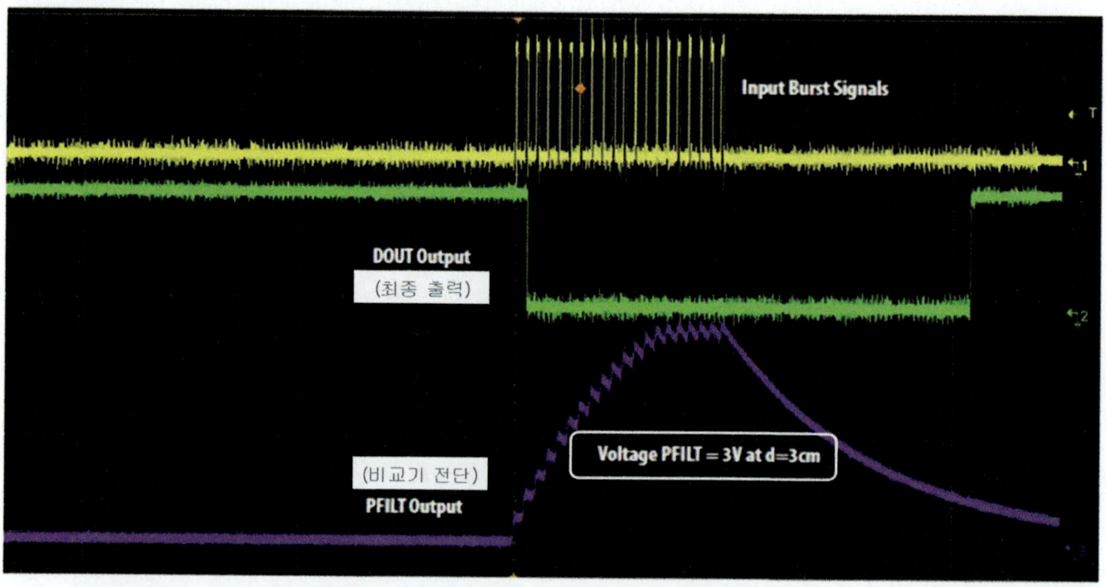

Figure 309. 근접센서 실제 동작 파형(4)

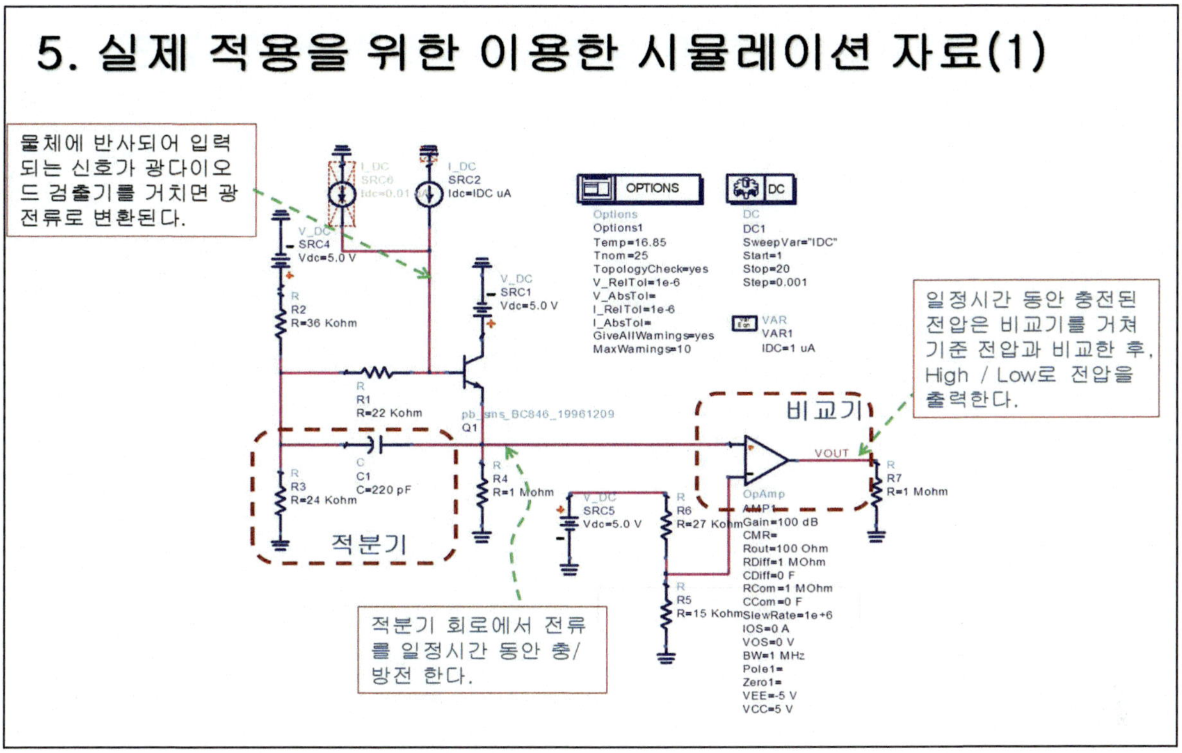

Figure 310. 실제 적용 가능성을 보기 위한 설계 자료(1)

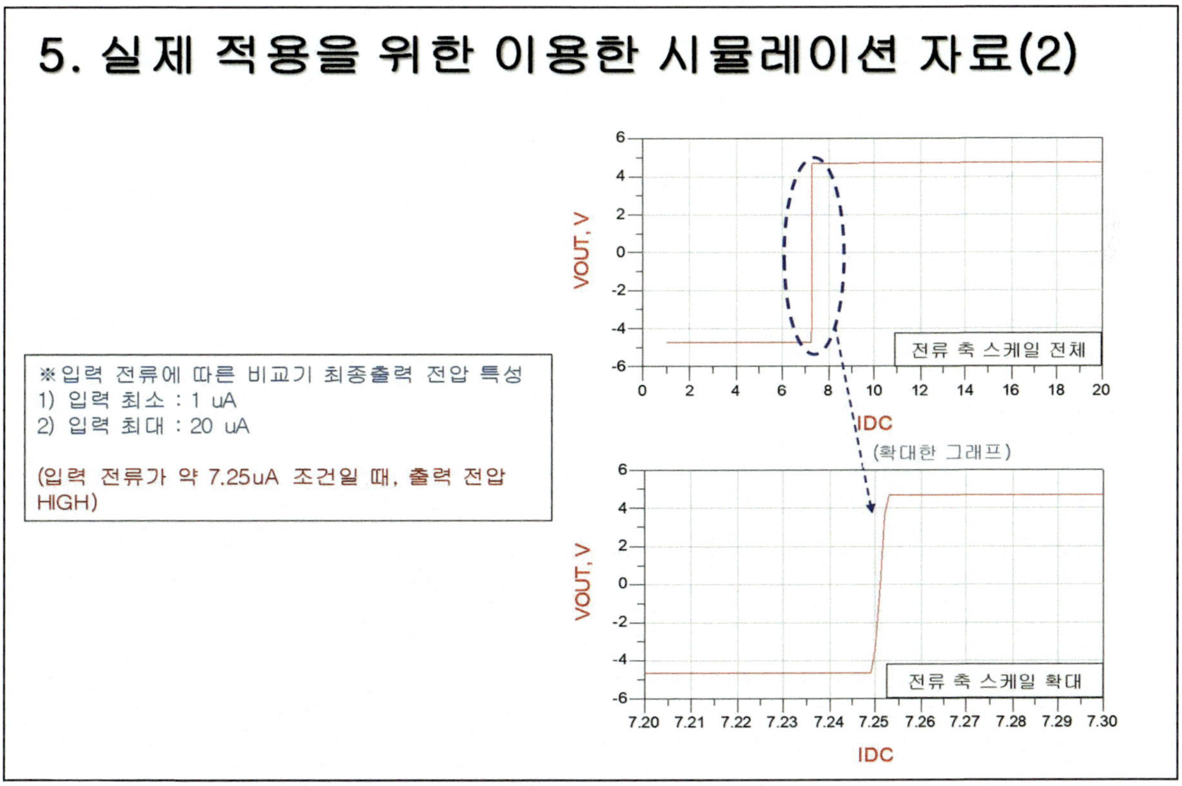

Figure 311. 실제 적용 가능성을 보기 위한 설계 자료(2)

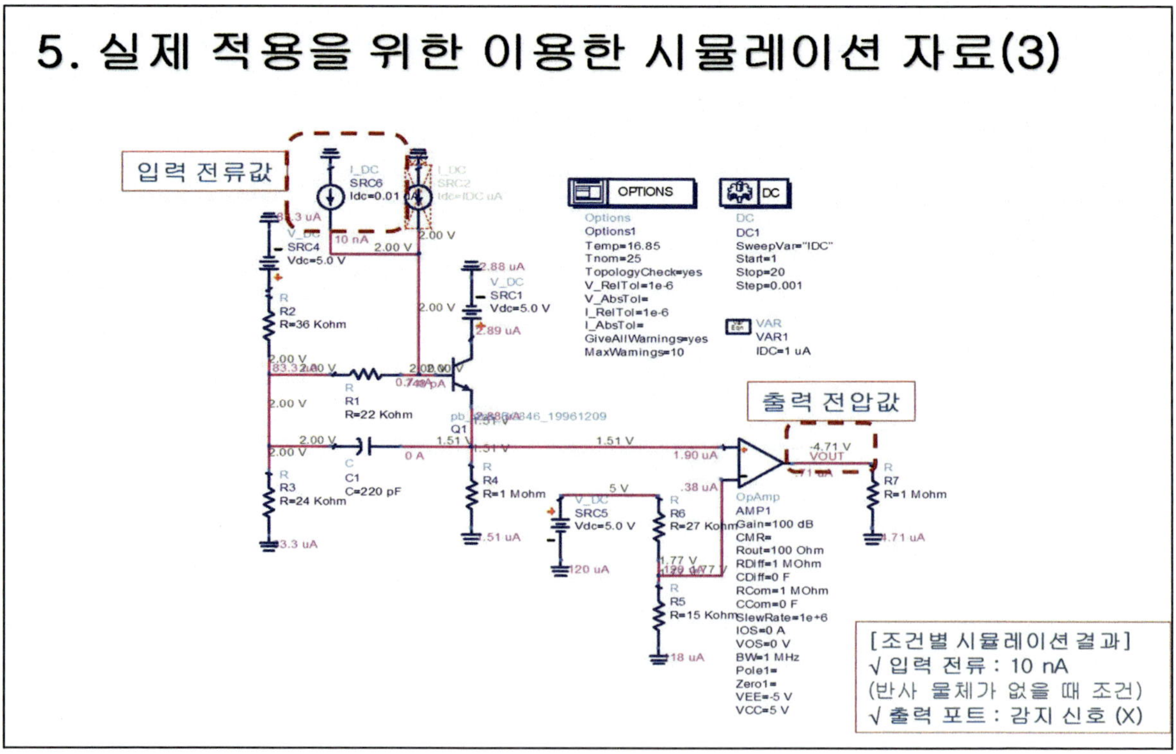

Figure 312. 실제 적용 가능성을 보기 위한 설계 자료(3)

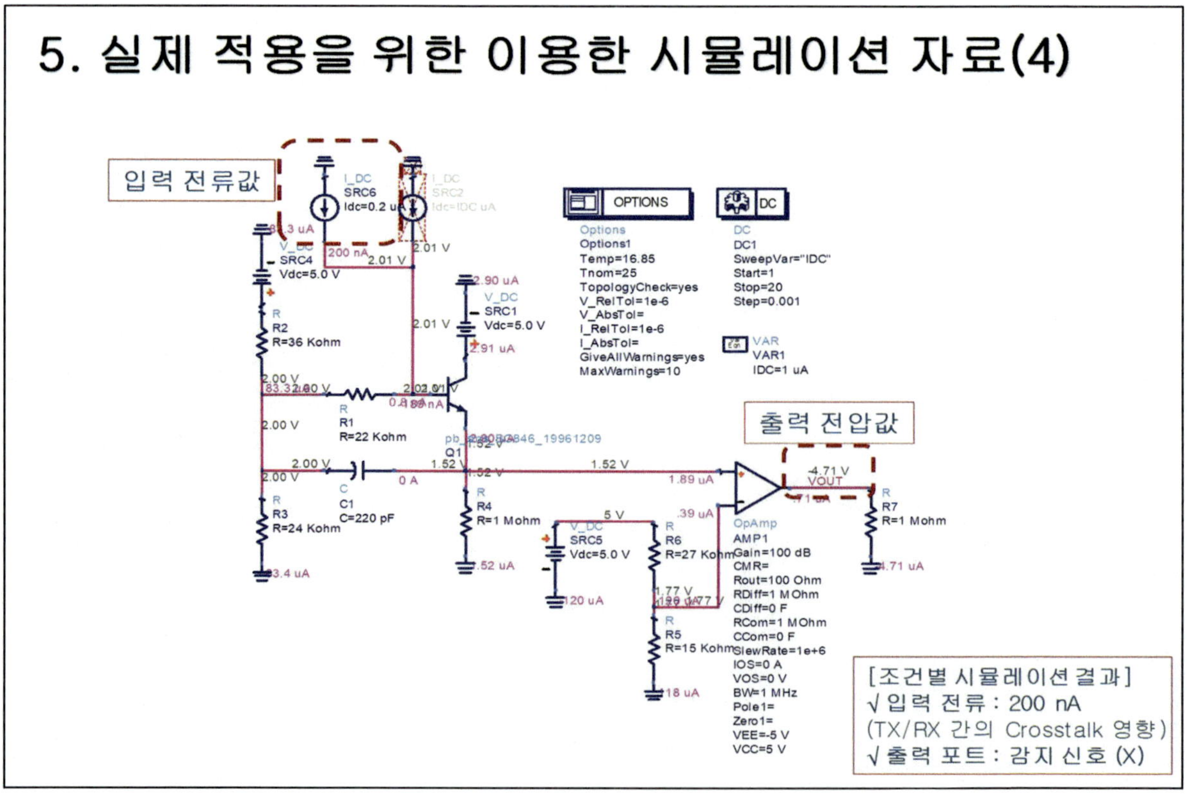

Figure 313. 실제 적용 가능성을 보기 위한 설계 자료(4)

5. 실제 적용을 위한 이용한 시뮬레이션 자료(5)

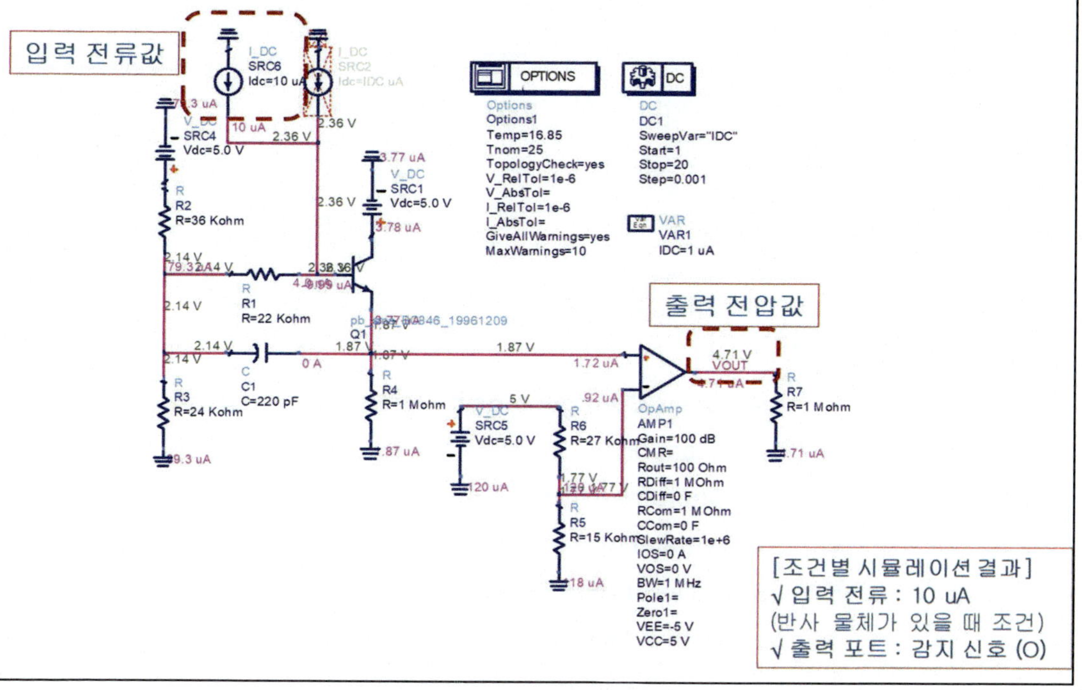

Figure 314. 실제 적용 가능성을 보기 위한 설계 자료(5)

Chapter 8. LNA Design(Example)

Chapter 8은 Active Component로 RF 모듈을 구현해야 할 경우, 특히 수신기 모듈에서도 우수한잡음지수 특성을 요구할 경우에는, 일반적인 50옴 매칭 증폭기를 사용하여 cascade 형태로 설계하는 것에는 한계가 있기 때문에, 매칭이 되어 있지 않은 부품을 사용하여 LNA를 설계하는 과정을 보여주고자 한다. 이는, 증폭기 설계(소신호 / 대신호 / 다단 증폭기 등)의 기초 단계인 동시에 어떤 절차로 설계가 되는지를 알 수 있기 때문이다.

LNA Design Contents

1.1 LNA Basic Configuration

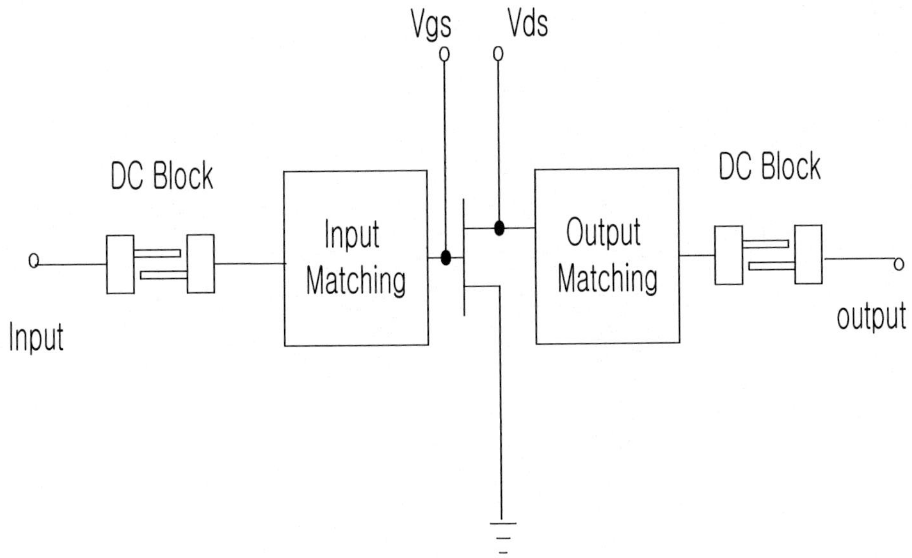

Figure 315. LNA 기본 구조

2. Specification

■ Frequency : 12.2 ~ 12.7GHz (LNA of the Ku-Band LNB)

- Remark : LNA Full Band : 10.7 ~ 12.775GHz

■ Noise Figure : 1.2dB Max.

■ Small Signal Gain : 13dB Min.

■ Input VSWR : 2.5 : 1 (Return Loss : about 7.5dB)

■ Output VSWR : 2.0 : 1 (Return Loss : about 9.5dB)

■ Input / Output Port : SMA Type

Figure 316. LNA 규격

3. FET Characteristics

■ Component : NE32584C _ Hetero Junction FET

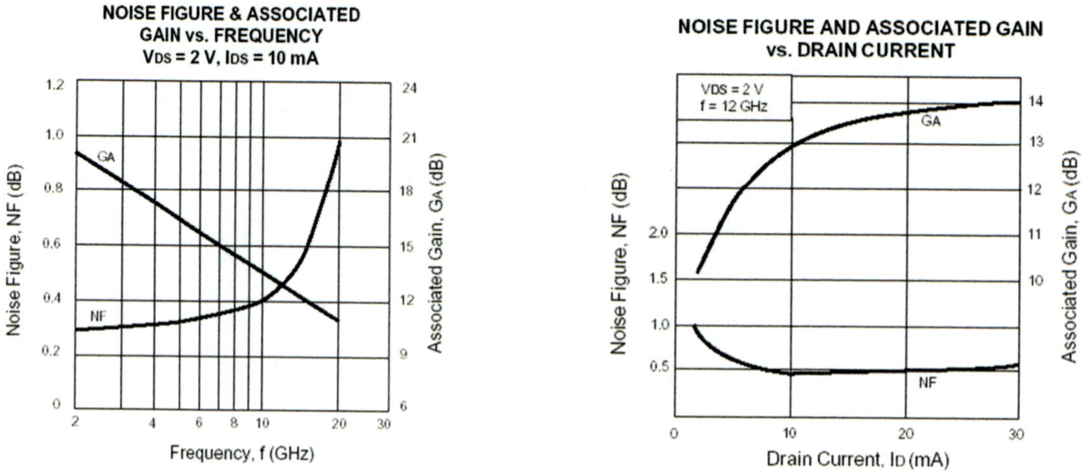

Figure 317. 사용될 소자(FET) 특성

4. S parameter of the FET using ADS Simulator

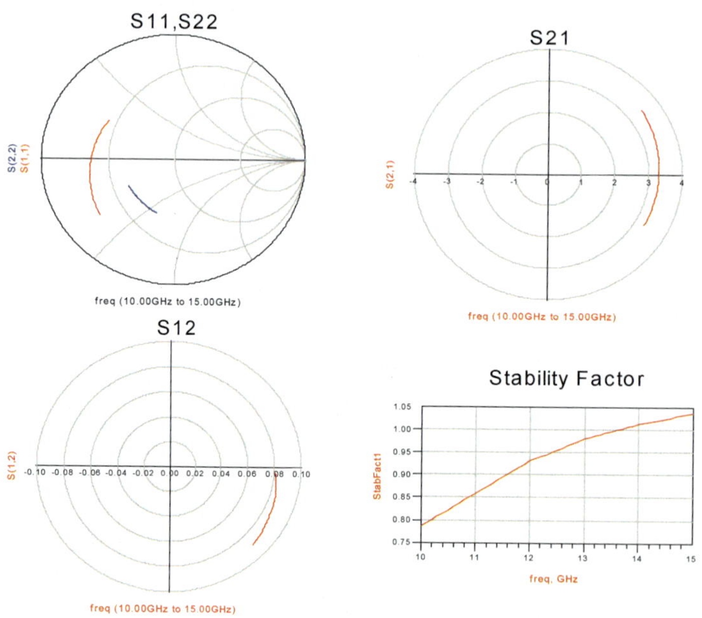

The K factor of this device is under "1" up to the frequency of 13.6 GHz.

This means that this device is NOT "unconditionally stable"

Remark _ Delta : 0.33

Figure 318. FET – S parameter

5. Input / Output Stability Circle

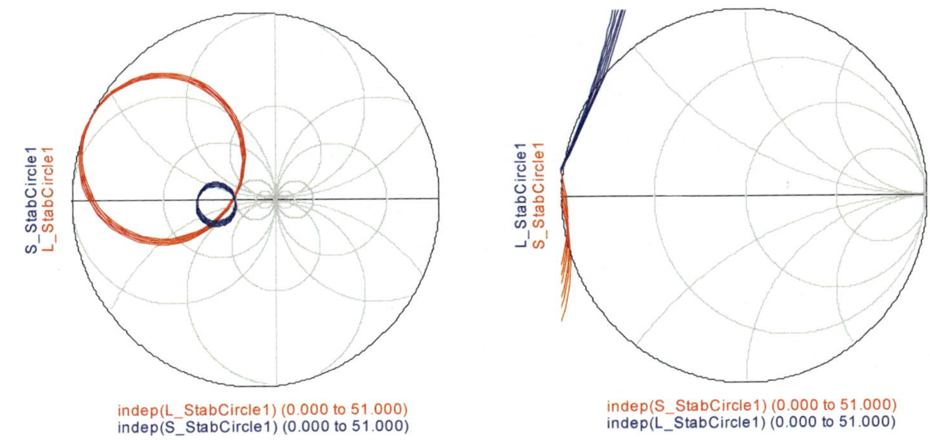

Figure 319. 입/출력 안정도 원

선정한 부품의 입/출력 안정도 원을 확인하여, 1보다 큰 값을 갖고 있는지 확인한다.

6. Max Gain & Min Noise

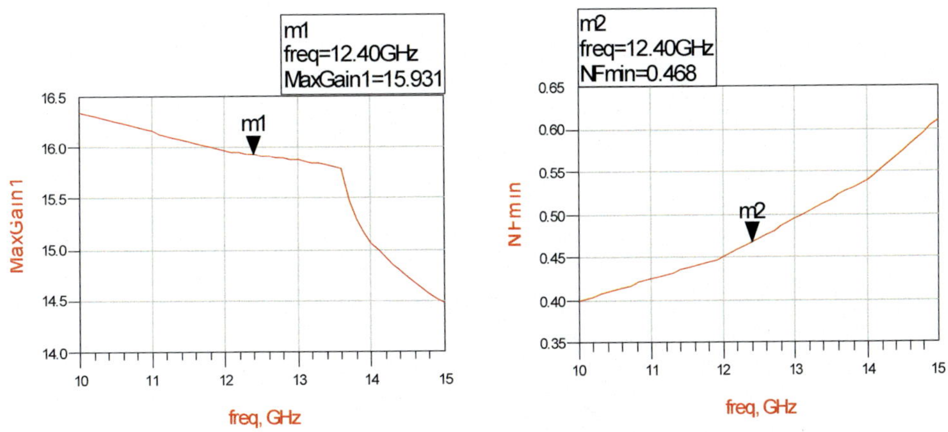

Figure 320. 최대 이득 및 최소 잡음지수

더불어, 최대 이득과 최소 이득을 확인하되 중요한 것은 입/출력 매칭을 아무리 잘 하더라도 이보다 높은 값을 얻을 수는 없다.

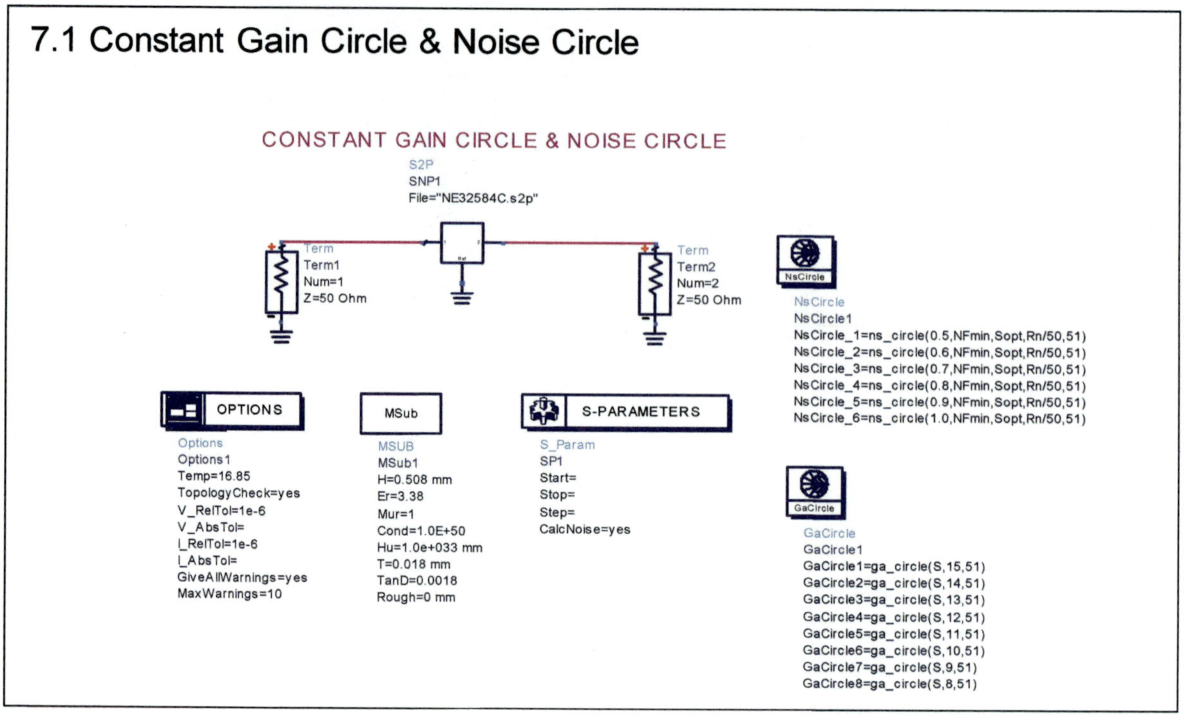

Figure 321. 이득 및 잡음원 - Schematic

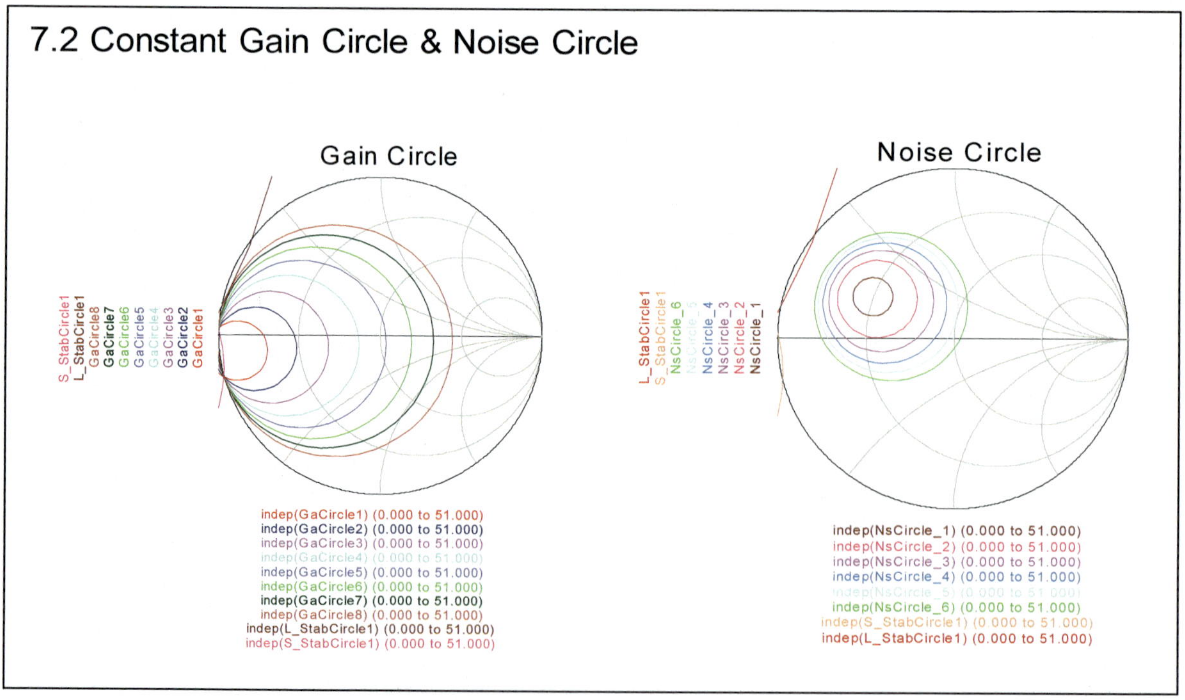

Figure 322. 이득 및 잡음원 - Circle

이득 원과 잡음 원을 경우의 수를 두어 그려보는 이유는 이득과 잡음지수 값의 중간값 (trade-off)에 매칭을 해야 하기 때문이다.

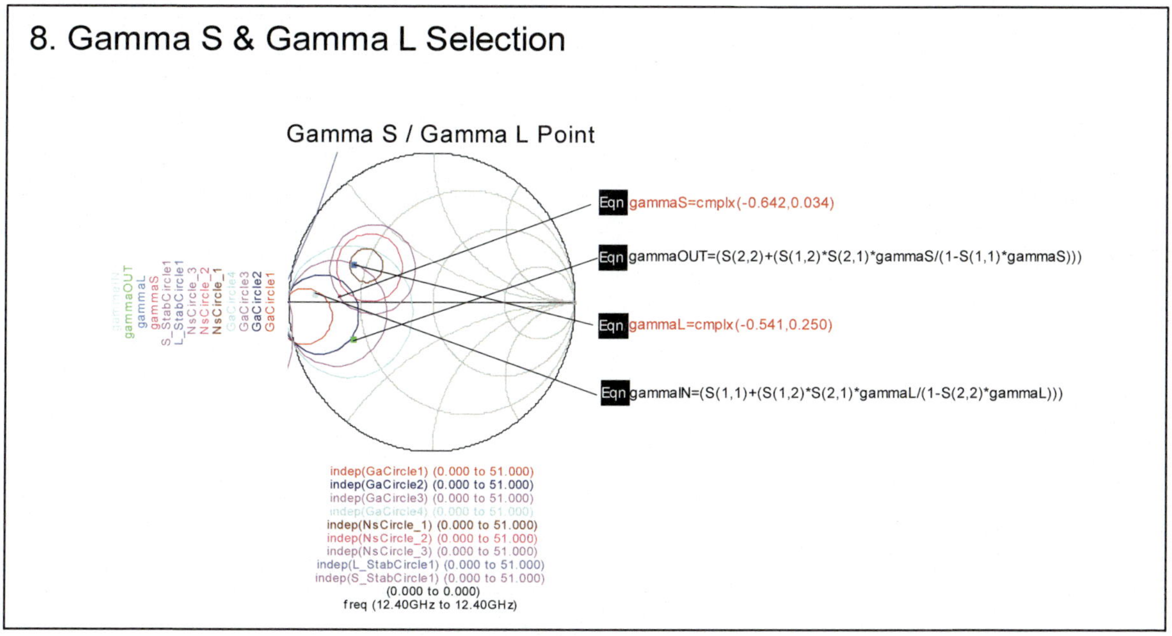

Figure 323. Gamma circule for Source and Load

매칭을 하고자 하는 포인트를 정한 후에, Gamma S(입력) 값과 Gamma L(출력)값에 매칭 회로를 차례로 설계한다.

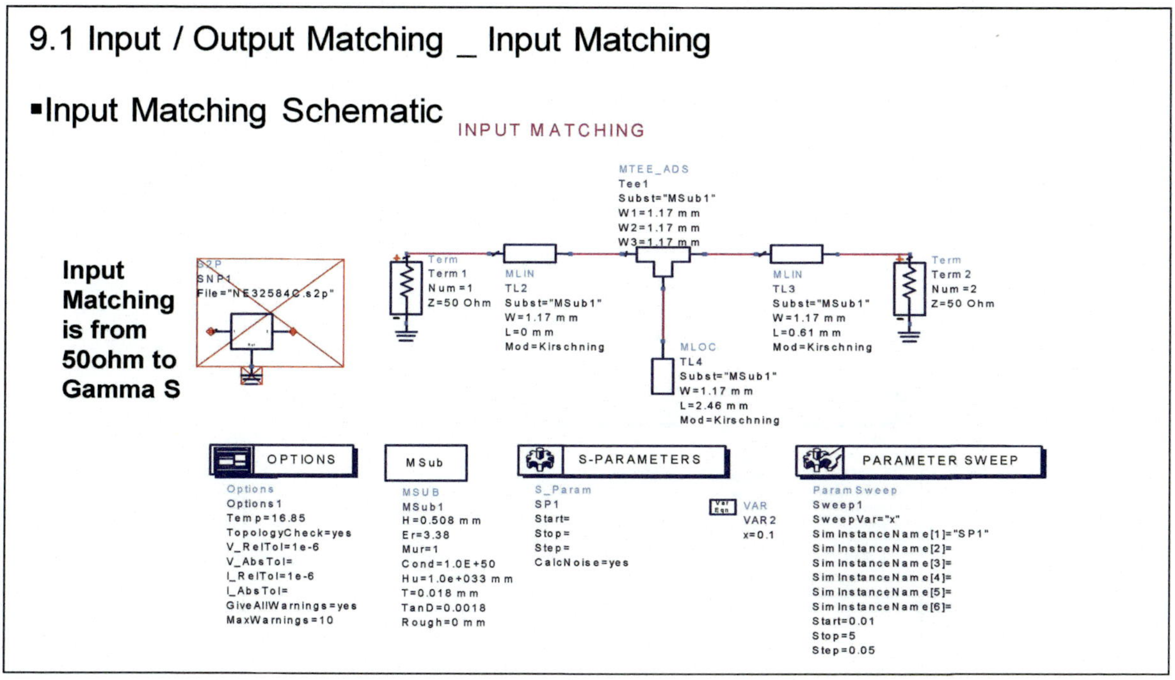

Figure 324. 입력 매칭회로(1)

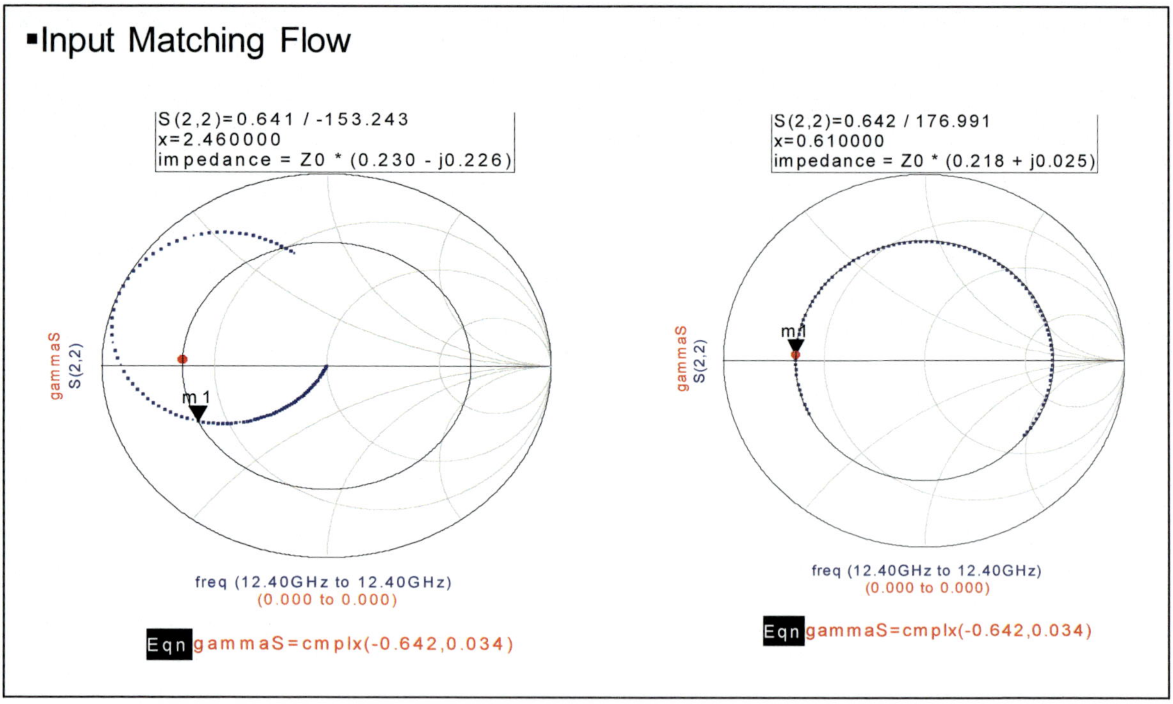

Figure 325. 입력 매칭회로(2)

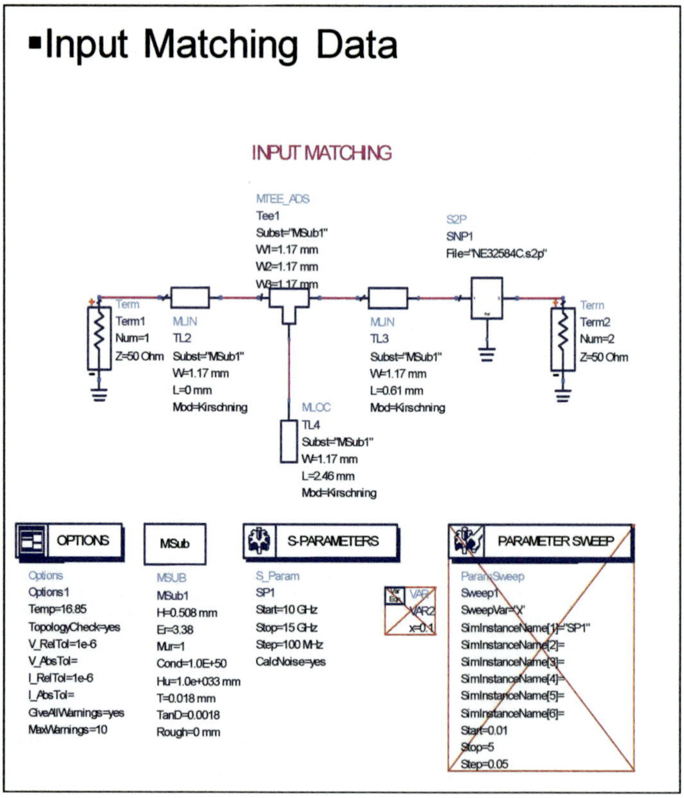

Figure 326. 입력 매칭회로(3)

9.2 Input / Output Matching _ Output Matching

▪Output Matching Schematic

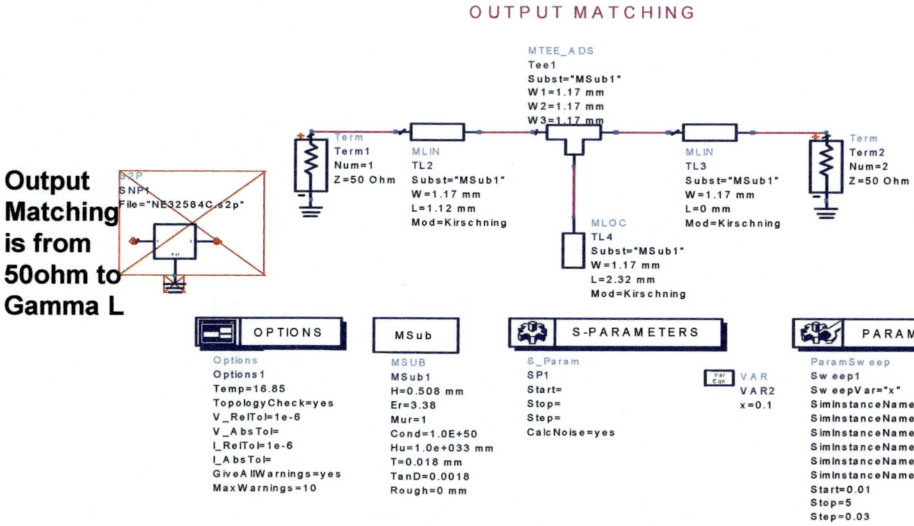

Figure 327. 출력 매칭회로(1)

▪Output Matching Flow

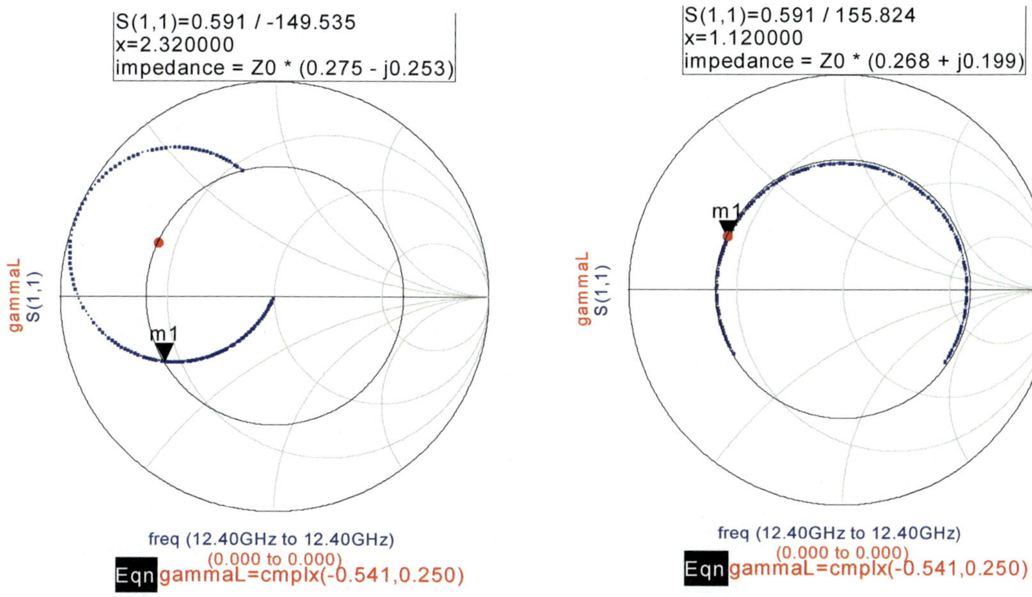

Figure 328. 출력 매칭회로(2)

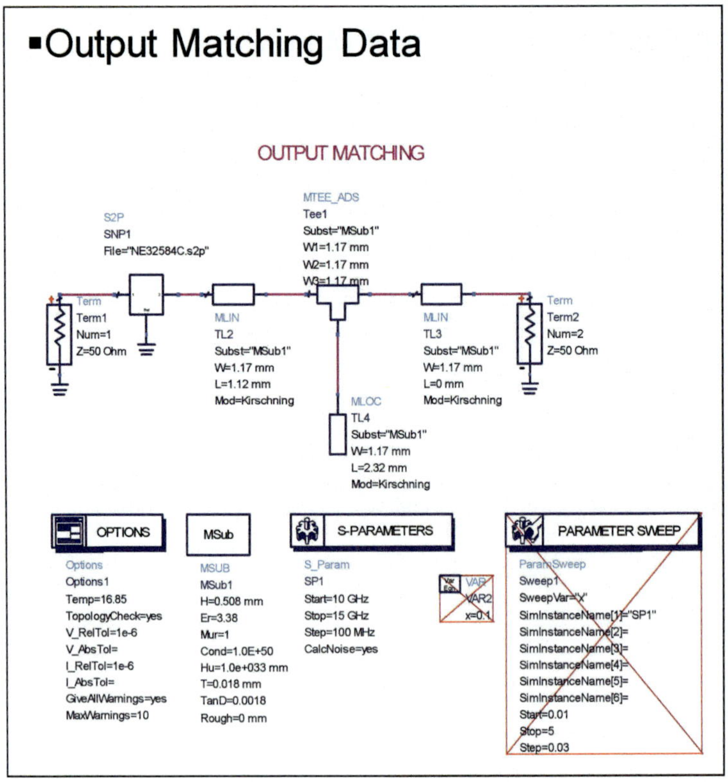

Figure 329. 출력 매칭회로(3)

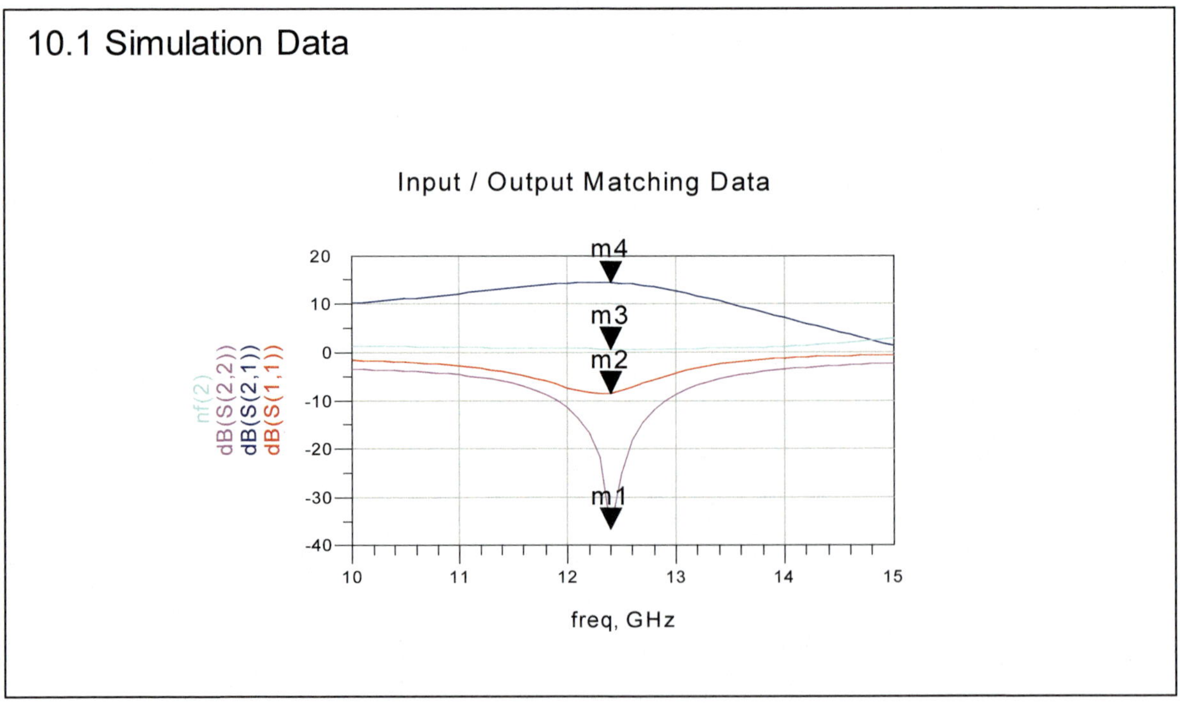

Figure 330. 시뮬레이션 결과

10.2 Schematic after Tuning

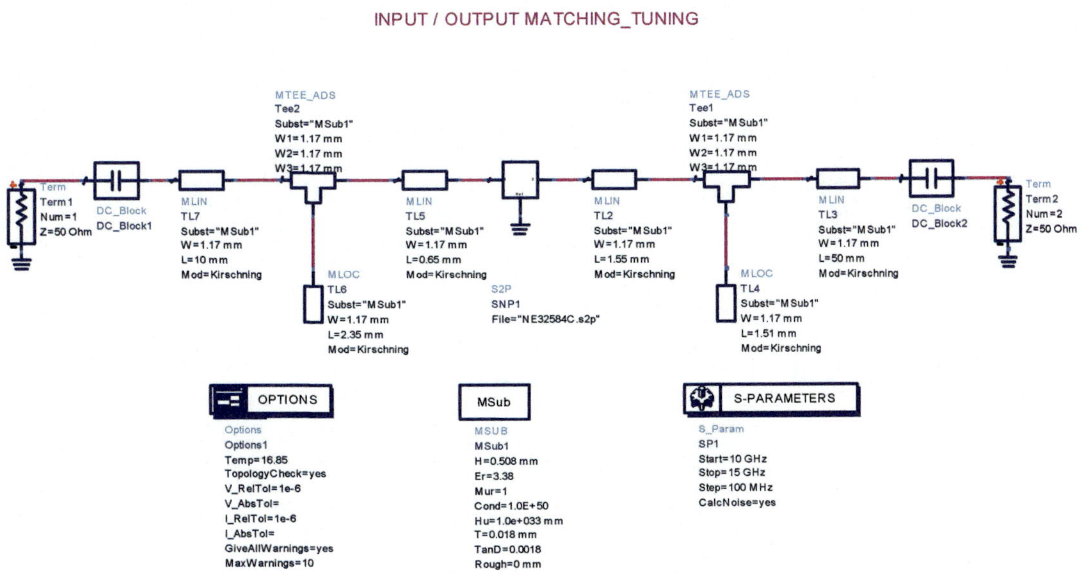

Figure 331. 튜닝과정

10.3 Simulation Data after Tuning

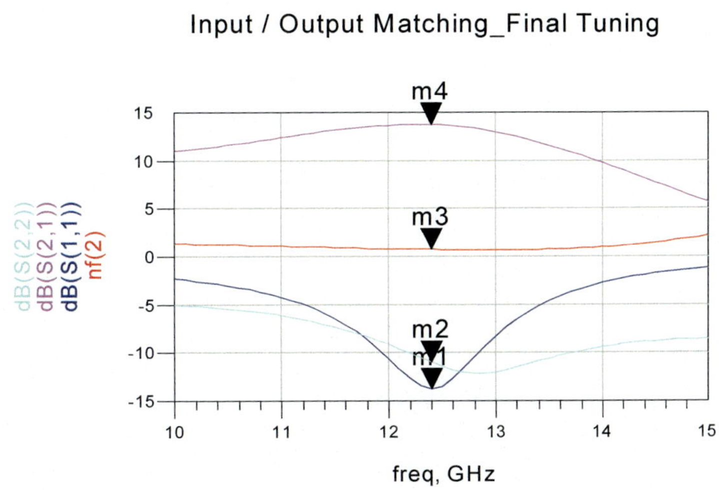

Figure 332. 튜닝 후 결과

11.1 RFC(Radio Frequency Choke) Design _ Schematic

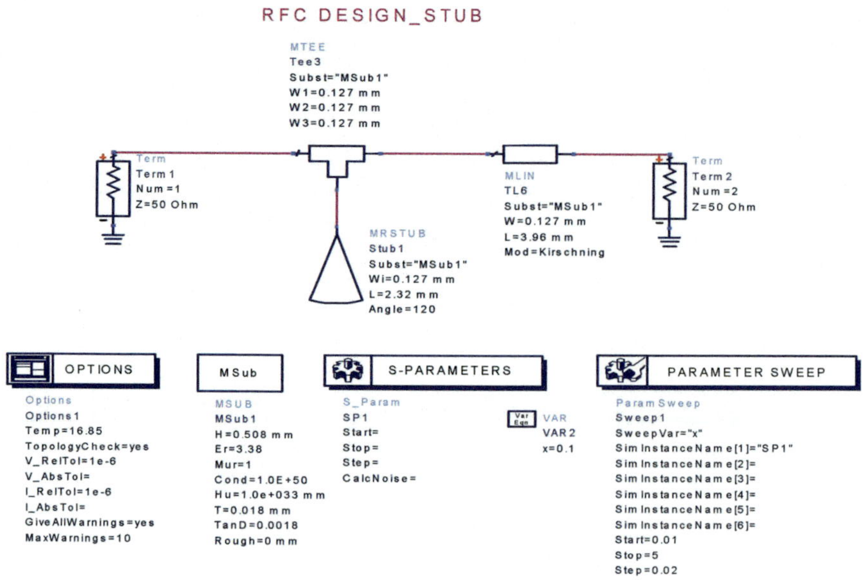

Figure 333. RFC 설계(1)

RF 관점에서 매칭을 완료한 후에, 능동 부품에 전원을 공급(Vd : 양전원 / Vg : 음전원) 하기 위해서는 RF 라인에 영향을 주어서는 안된다.

11.2 RFC(Radio Frequency Choke) Design _ Data

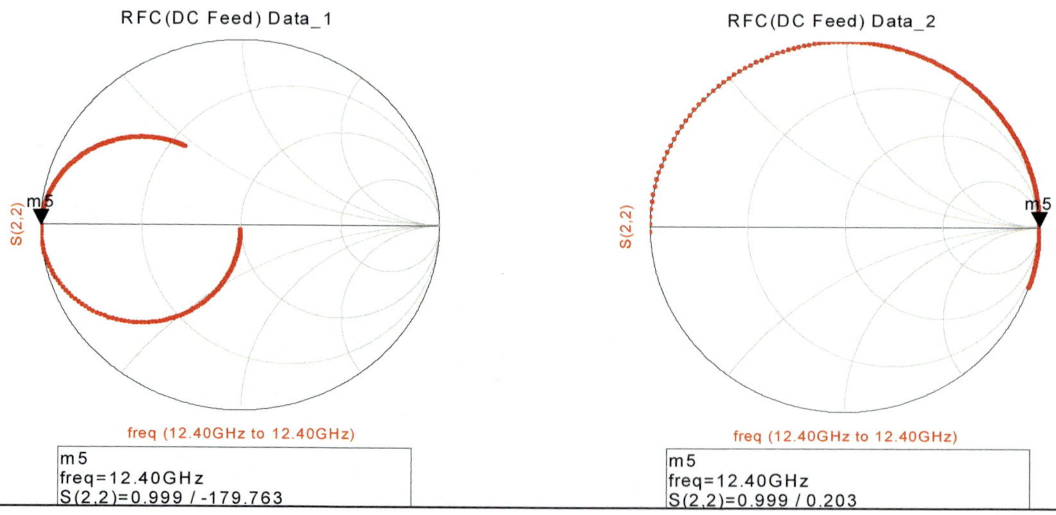

Figure 334. RFC 설계(2)

11.3 RFC(Radio Frequency Choke) Design _ Review

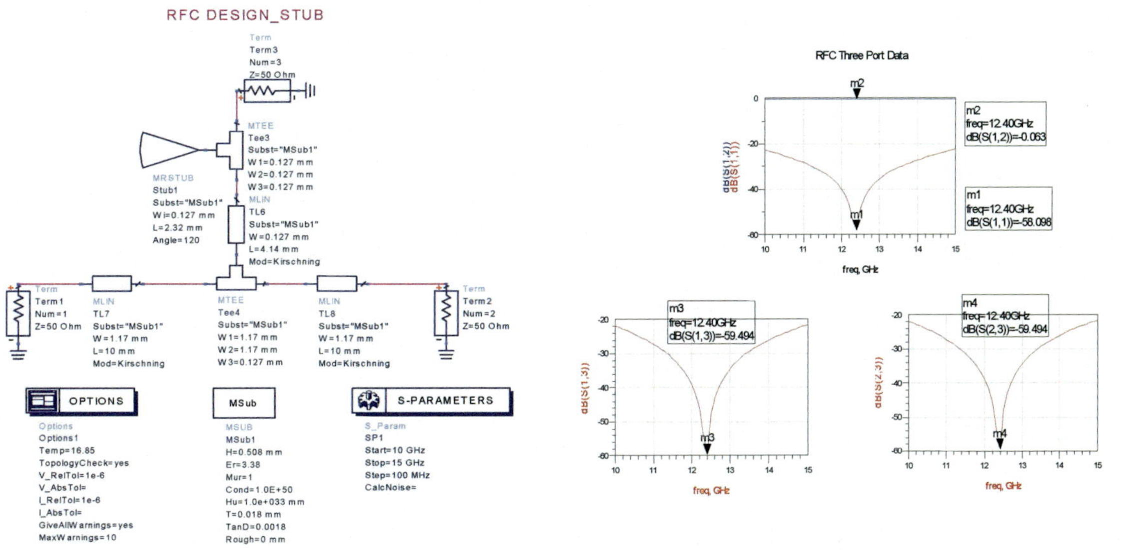

Figure 335. RFC 설계(3)

그래서, 입력 신호가 손실없이 무손실로 전달되어야 하는 **S21**은 손실 최소 및 **R/L**가 최대값이 되어야 하며, **DC** 공급 라인(**S31**)은 최대 손실 값인지 확인한다. (즉, 포트 **3**로 신호가 흘러가면 안됨)

12.1 Simulation Data with RFC _ Schematic

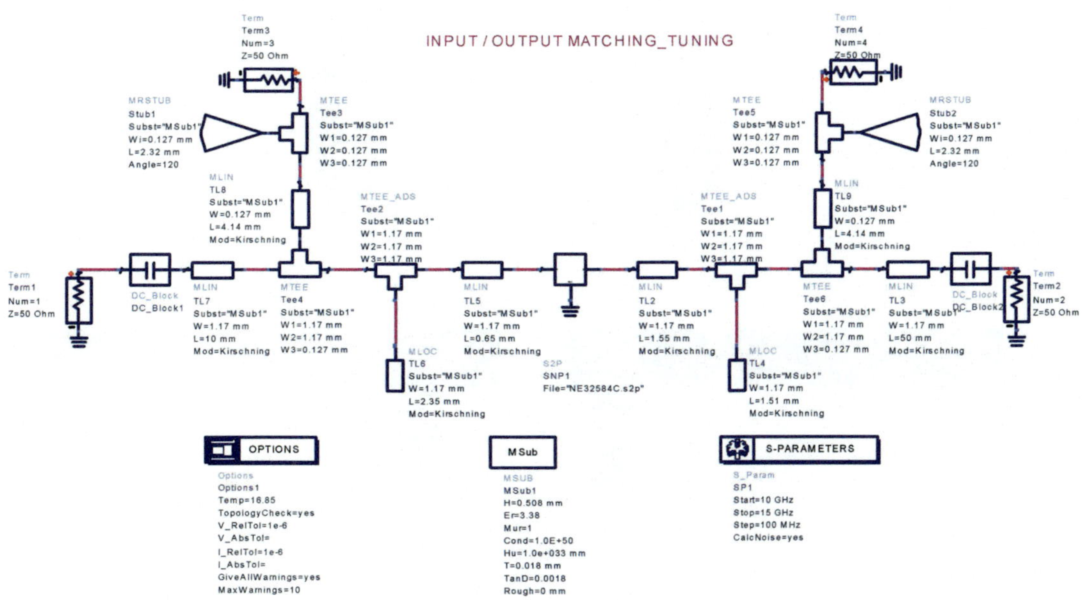

Figure 336. RFC 설계(4)

12.2 Simulation Data with RFC _ Data

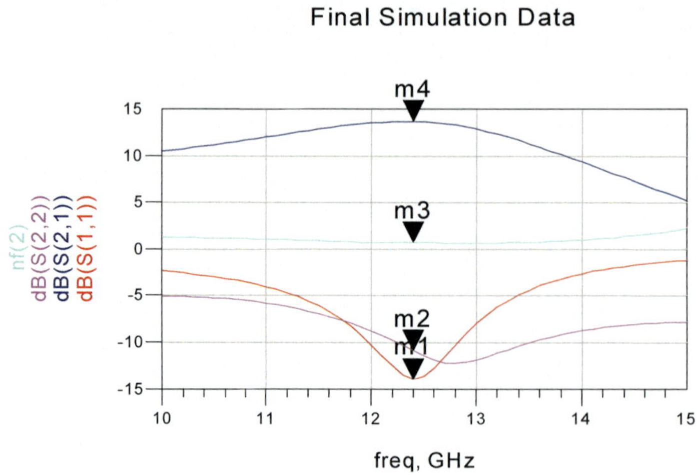

Figure 337. RFC 설계(5)

13.1 Layout

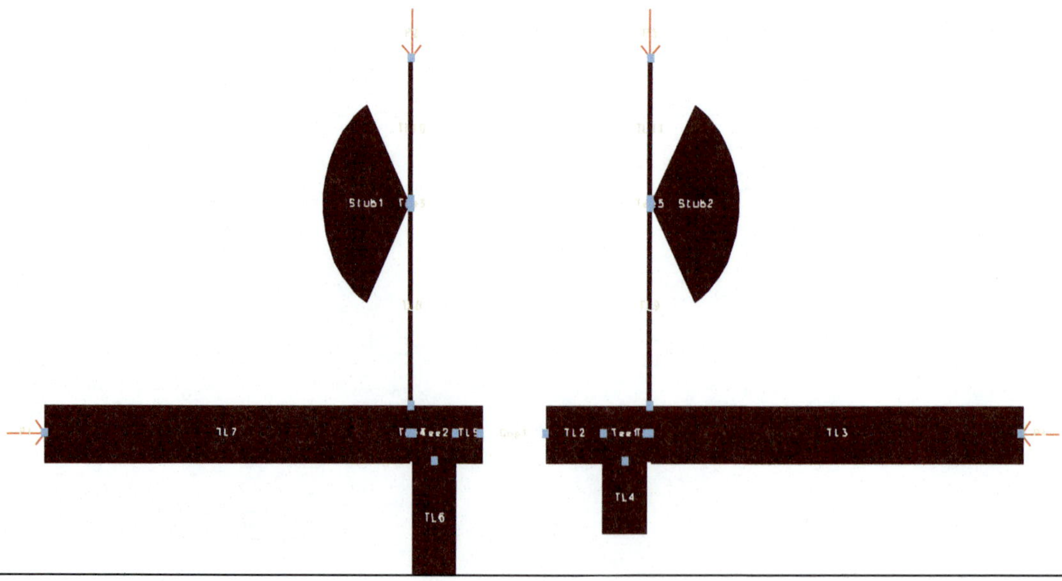

Figure 338. RFC 설계(6)

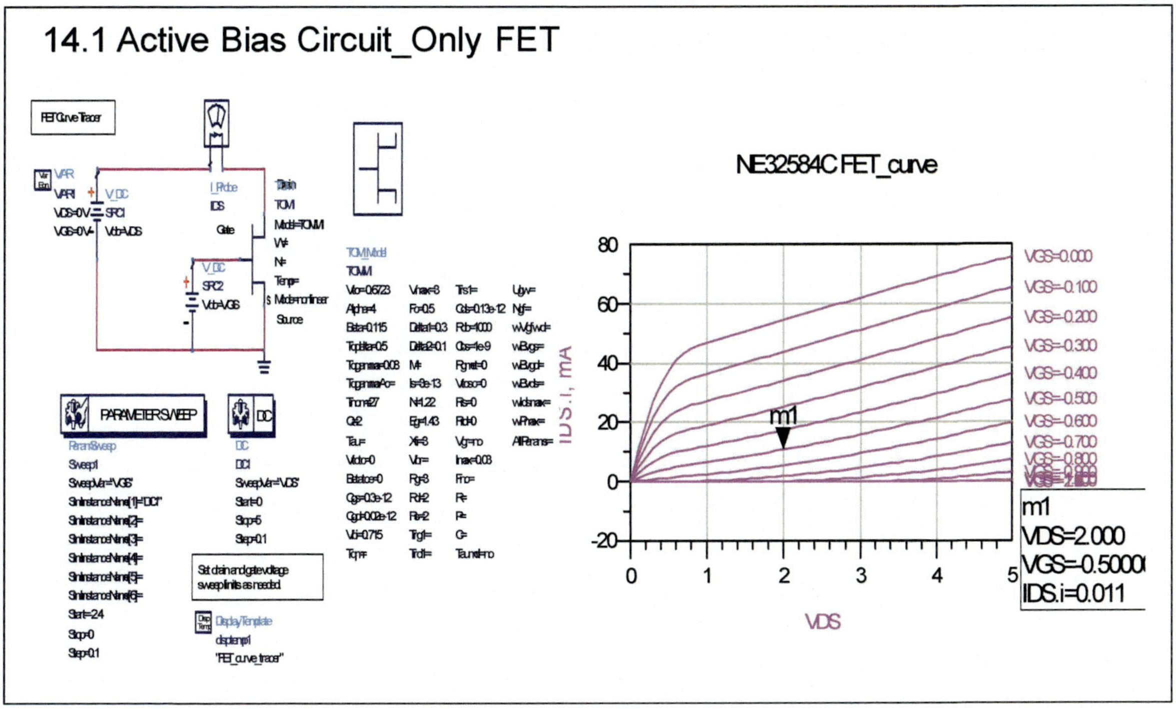

Figure 339. DC Active circuit 설계(1)

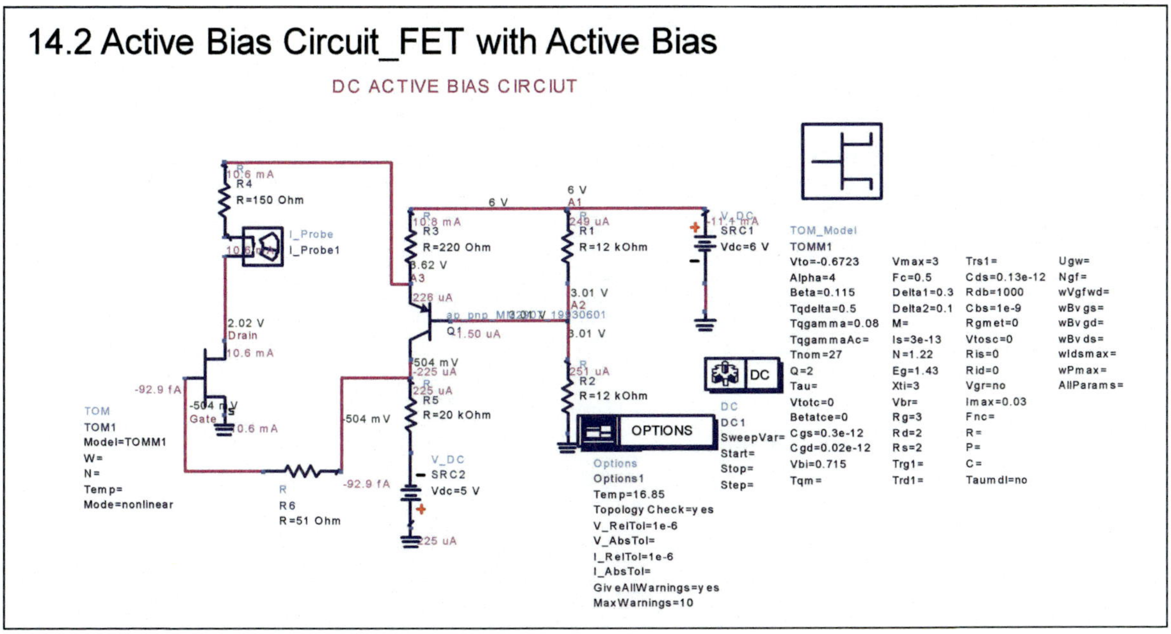

Figure 340. DC Active circuit 설계(2)

설계된 LNA를 구동 시키기 위해서는, 외부에서 DC 전원을 공급해 주어야 하는데 음전원이 먼저 공급된 후에 양전원이 인가될 수 있도록 BJT를 사용하여 "능동 바이어스 회로" 형태로 구현한다.

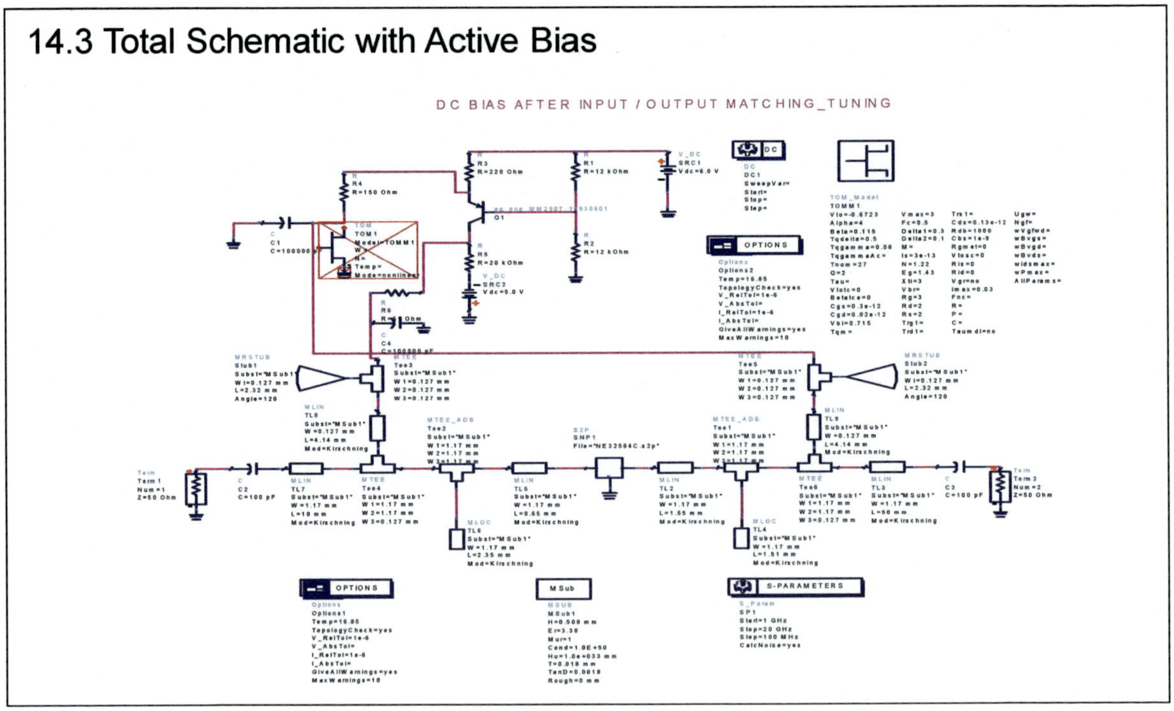

Figure 341. DC Active circuit을 포함한 LNA 전체 설계

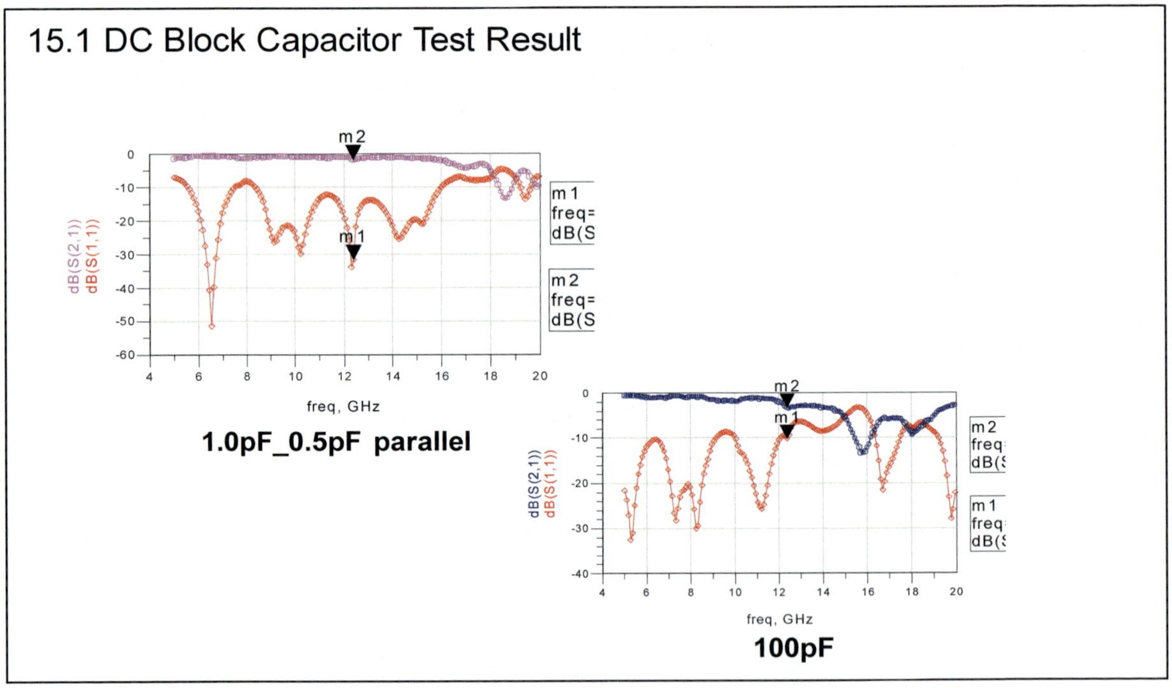

Figure 342. DC BLOCK 용량값에 따른 특성

시뮬레이션 상에서 사용된 DC block용의 캐패시터는 실제 해당 주파수에서 저손실로 동작되는 값을 얻어야 하기 때문에 RF 관점에서 적당히 동작하는 값을 선정하는 것이

중요하다. 위 그림에 100pF의 캐패시터를 사용할 경우에는 Ku band(12GHz)에서 삽입 손실 증가로 사용 불가함을 알 수 있다.

15.2 Test Result & Analysis

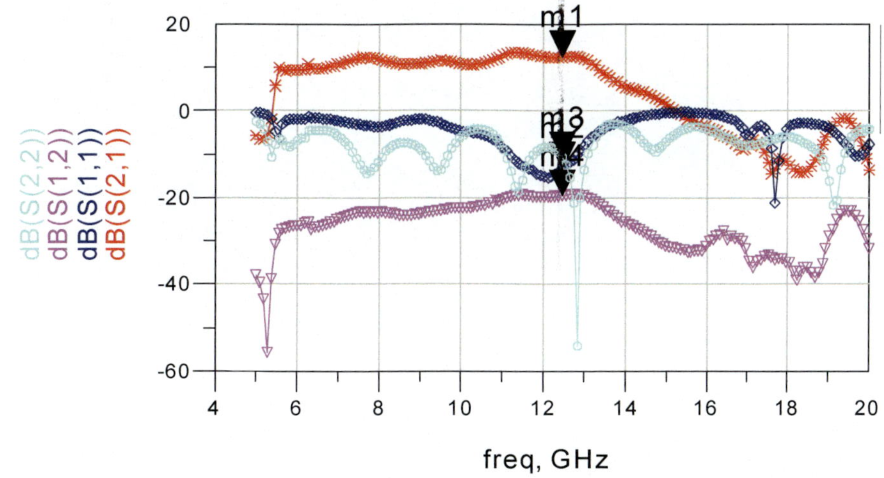

Figure 343. LNA 최종 측정 결과 – 시뮬레이션 자료

15.3 Test Result & Analysis

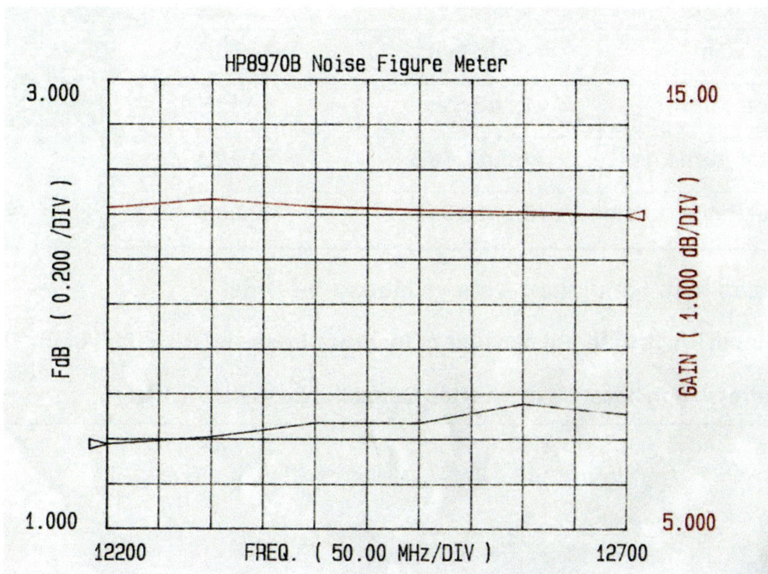

Figure 344. LNA 최종 측정 결과 – 측정 자료

15.4 Test Result & Analysis

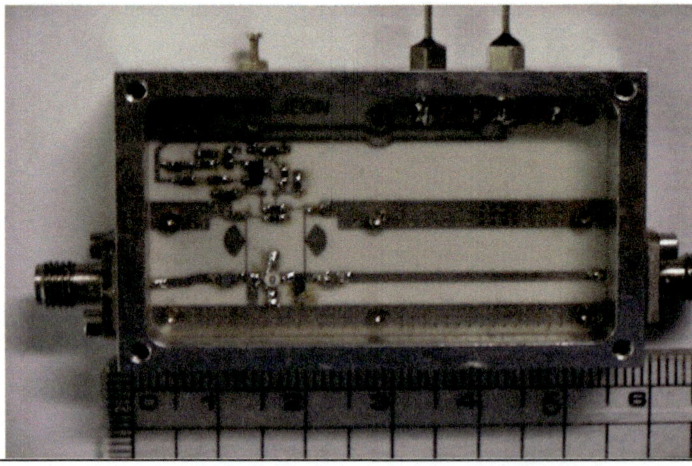

Figure 345. LNA 실제 제작 사진

16. Conclusion

▪Comparison with Spec and Simulation

	Specification	Simulation Result	Measured Data
Frequency	12.2 ~ 12.7(GHz)	12.2 ~ 12.7(GHz)	12.2 ~ 12.7(GHz)
Gain	13dB Min	13.7dB	13.1dB
Noise figure	1.2dB Max	0.71dB	1.40dB
Input Return Loss	About 7.5dB	13.9dB	13.1dB
Output Return Loss	About 9.5dB	10.9dB	10.7dB

▪In comparison with Simulation Data vs Measured Data

- **Gain,In/Output R/L is different because of Insertion Loss and R/L effect of the DC Block Capacitor**
- **Noise Figure is High because of inserted Capacitor Loss before LNA**

Figure 346. 결론(설계 예측값 VS. 측정결과)

Chapter 9.1 Practice using ADS Tool

주파수가 낮든, 매우 높든 간에 "RF 부품 및 기능(회로)"을 설계해야 할 때, RF/Microwave Tool을 사용하여 설계하고 실제 제작 후의 성능 결과를 예측해야 한다. 더욱 중요한 것은 설계 값 대비 측정 값의 차이점을 사전에 식별하여 설계 단계에서 반영함으로써 제작 이후에 발생할 수 있는 오차 범위를 줄이는 것도 초고주파 대역에서는 매우 중요하다. 이에, 9.1절(ADS TOOL)과 9.2절(SERENADE TOOL)에서는 시뮬레이션을 "어떤 형태로 & 어떤 방법으로" 설계하는지를 설명함으로서 이러한 툴들을 사용하여 설계하는 엔지니어들에게 도움이 되었으면 한다.

순 서

1. ADS TOOL 이해
2. 회로 설계 (Schematic drawing) - Linear
3. Layout 변환 방법 & Momentum Simulation
4. Symbol(Modeling) 만들기 - Nonlinear
5. RF Circuit Total Layout Example

1 ADS TOOL 이해

1.1 ADS 정의

1.2 ADS Project 만드는 방법

1.3 ADS Main Window

Figure 347. ADS TOOL 이해

1.1 ADS 정의

▣ ADS (Advanced Design System) 는 Agilent사의 RF/Microwave 회로 및 시스템 시뮬레이션 TOOL

▣ ADS는 간단한 것에서부터 가장 복잡한 것에 이르기까지, RF/마이크로웨이브 모듈에서부터 통신 및 항공우주/방위 산업용 통합 MMIC까지 모든 유형의 RF 설계를 개발하는 시스템 및 RF 설계 엔지니어들을 지원

▣ 주파수 및 시간 영역 회로 시뮬레이션에서부터 전자기장 시뮬레이션에 이르기까지 전체 시뮬레이션 기술을 통해 ADS는 설계자들이 설계를 완전하게 특성분석 및 최적화할 수 있도록 합니다. 이 통합된 단일 설계 환경이 시스템 및 회로 시뮬레이터들에게 회로도 Capture, 레이아웃 및 검증 기능 제공

Figure 348. ADS 정의

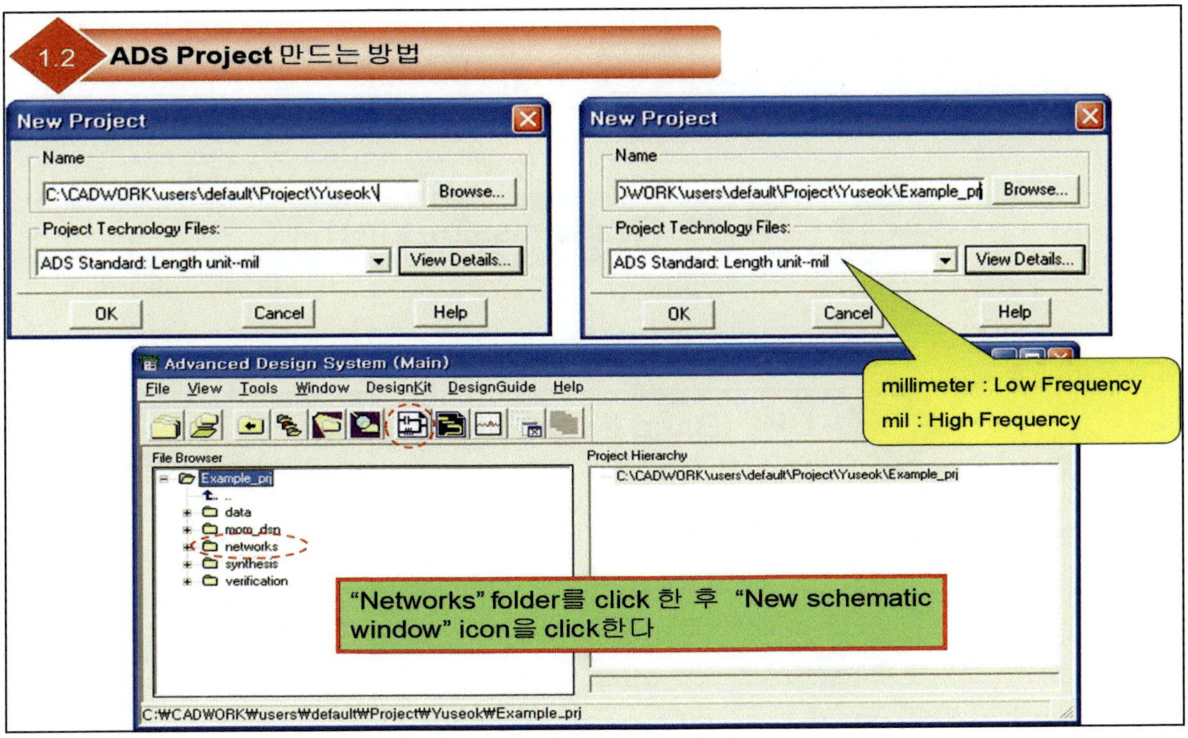

Figure 349. ADS 프로젝트 생성 방법

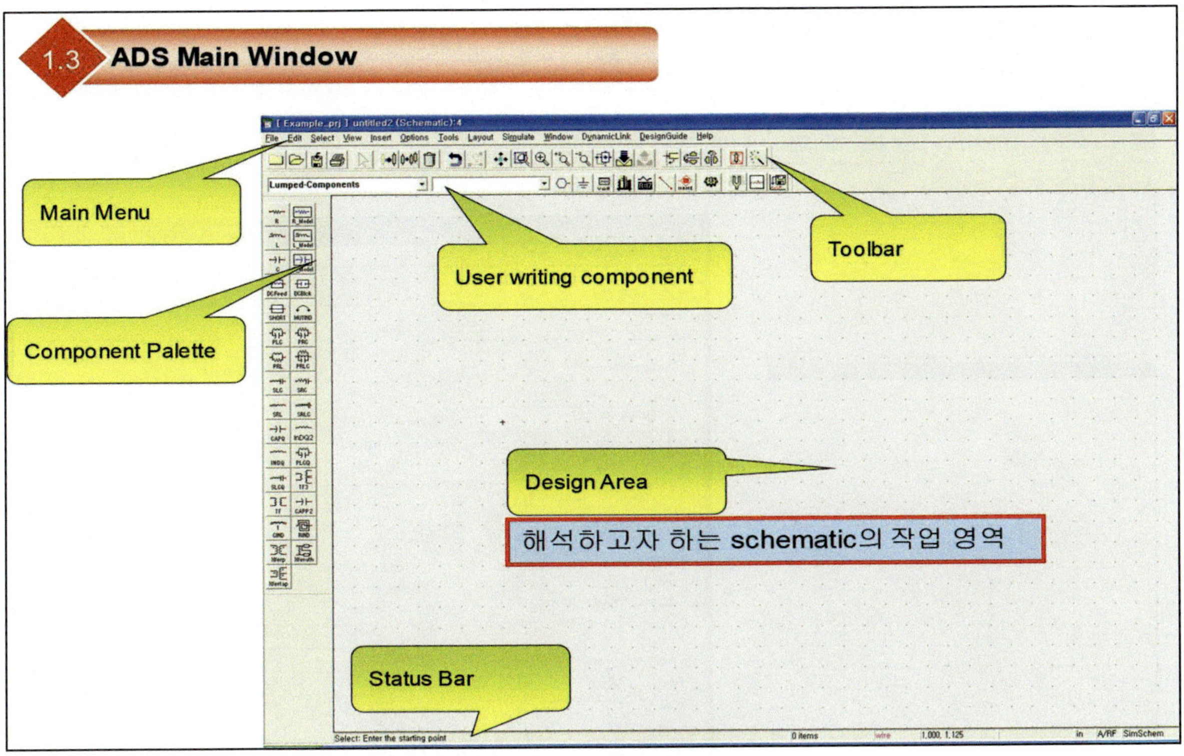

Figure 350. ADS 메인 창

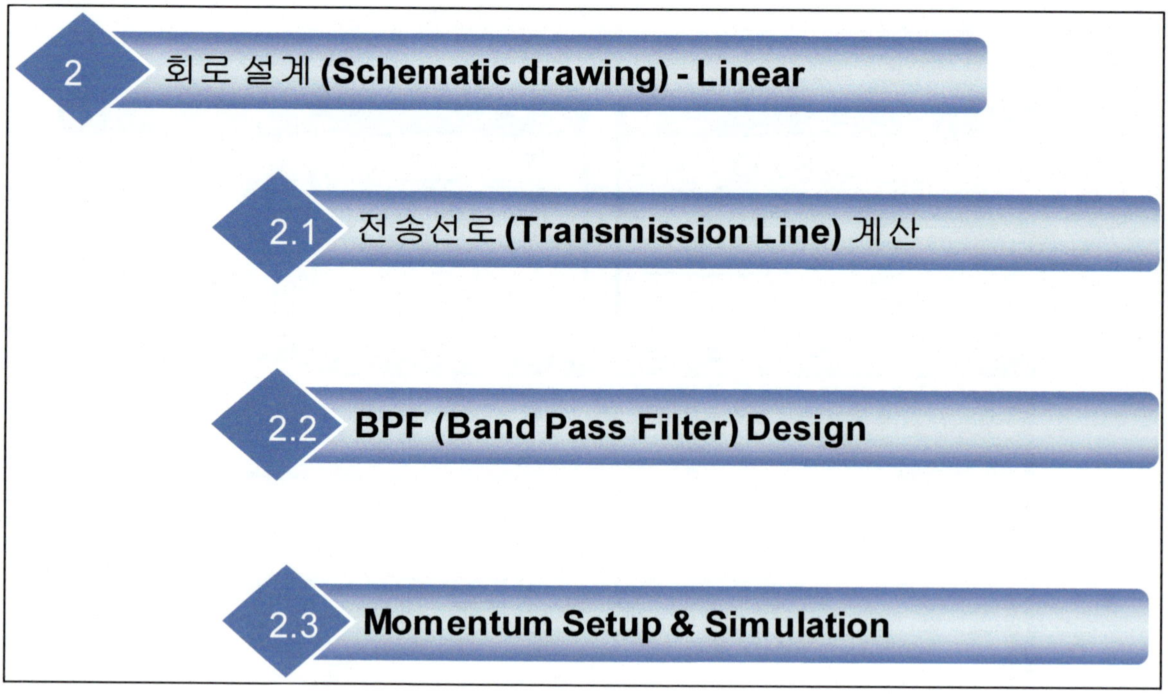

Figure 351. 회로설계 시작

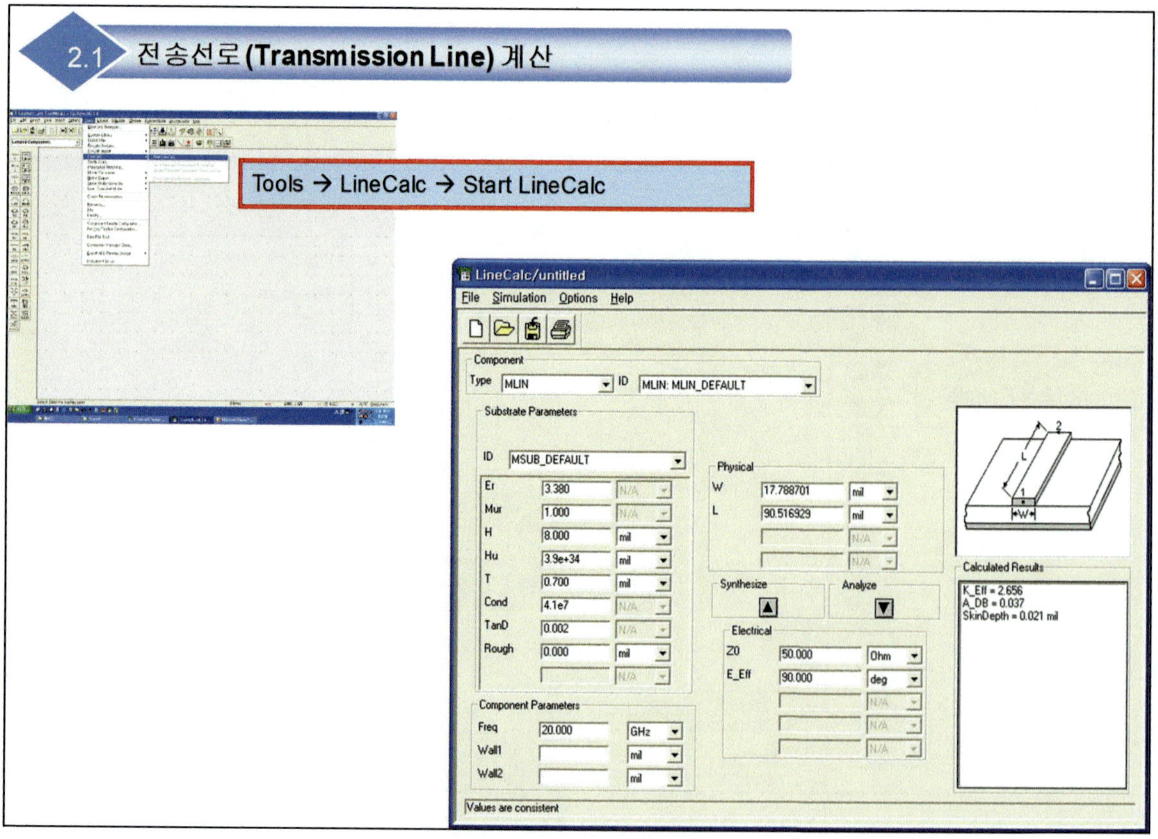

Figure 352. 회로설계 – 전송선로

2.2 BPF (Band Pass Filter) Design(1) - 기판정의

■ 사용하고자 하는 기판 정보 입력

1. 유전율(Er) : 3.38
2. 높 이 (H) : 8 mil
3. 손실탄젠트 : 0.0027
4. 도체 두께 : 17 um (½ ounce)

■ Conductivities for some materials

1. Copper (Cu) : 5.813 x e7
2. Gold (Au) : 4.098 x e7
3. Solder (Sn) : 7.0 x e6
4. Aluminum (Al) : 3.816 x e7

RO4000® Series Laminate Product Information:

PROPERTY	TYPICAL VALUES		DIRECTION	UNITS	CONDITION	TEST METHOD
	RO4003 (1)	RO4350B (1)				
Dielectric Constant ε_r	3.38 ± 0.05	3.48 ± 0.05	Z	–	10 GHz/23°C	IPC-TM-650 2.5.5.5
Dissipation Factor, tan (δ)	0.0027	0.0040	Z	-	10 GHz/23°C	IPC-TM-650 2.5.5.5

Standard Thicknesses and Tolerances:

RO4003 Materials:
0.0080 ± 0.0010 (0.20 ± 0.03 mm)
0.0200 ± 0.0015 (0.51 ± 0.04 mm)
0.0320 ± 0.0020 (0.81 ± 0.05 mm)
0.0600 ± 0.0040 (1.52 ± 0.10 mm)

RO4350 Materials:
0.0066 ± 0.0007 (0.17 ± 0.07 mm)
0.0100 ± 0.0010 (0.25 ± 0.03 mm)
0.0200 ± 0.0015 (0.51 ± 0.04 mm)
0.0300 ± 0.0020 (0.76 ± 0.05 mm)
0.0600 ± 0.0040 (1.52 ± 0.10 mm)

Standard Claddings:

½ ounce (17 µm) electrodeposited copper.
1 ounce (35 µm) electrodeposited copper.

Figure 353. 회로설계 – 대역통과필터(1)

2.2 BPF (Band Pass Filter) Design(2)

"Simulation-S_Param" Item Selection

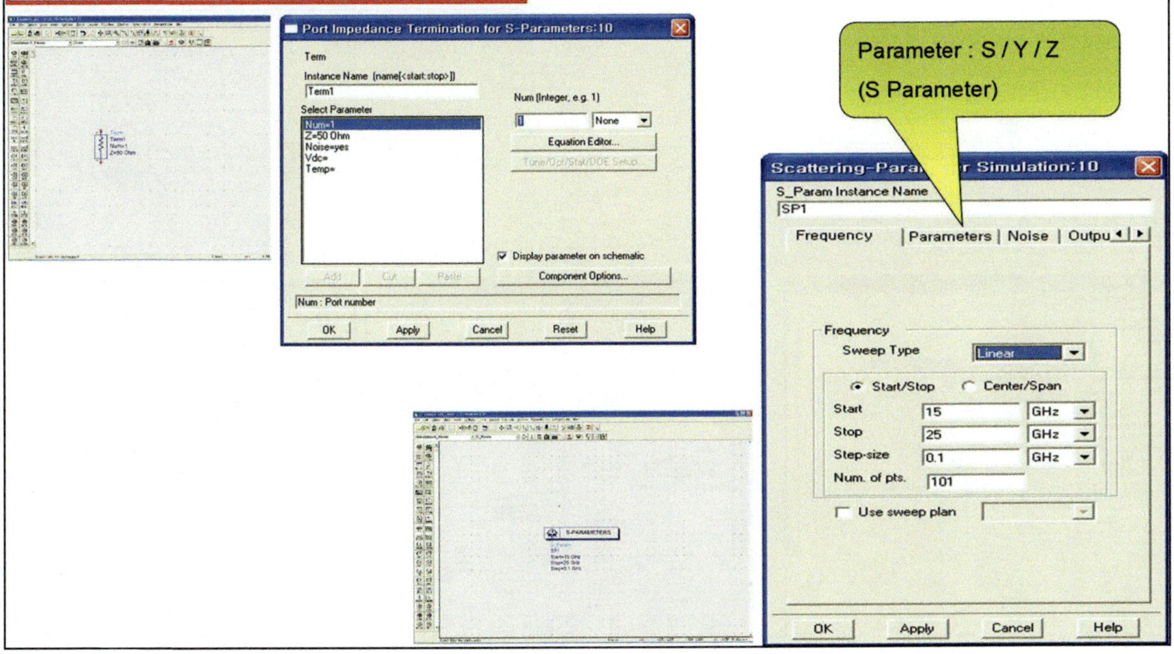

Figure 354. 회로설계 – 대역통과필터(2)

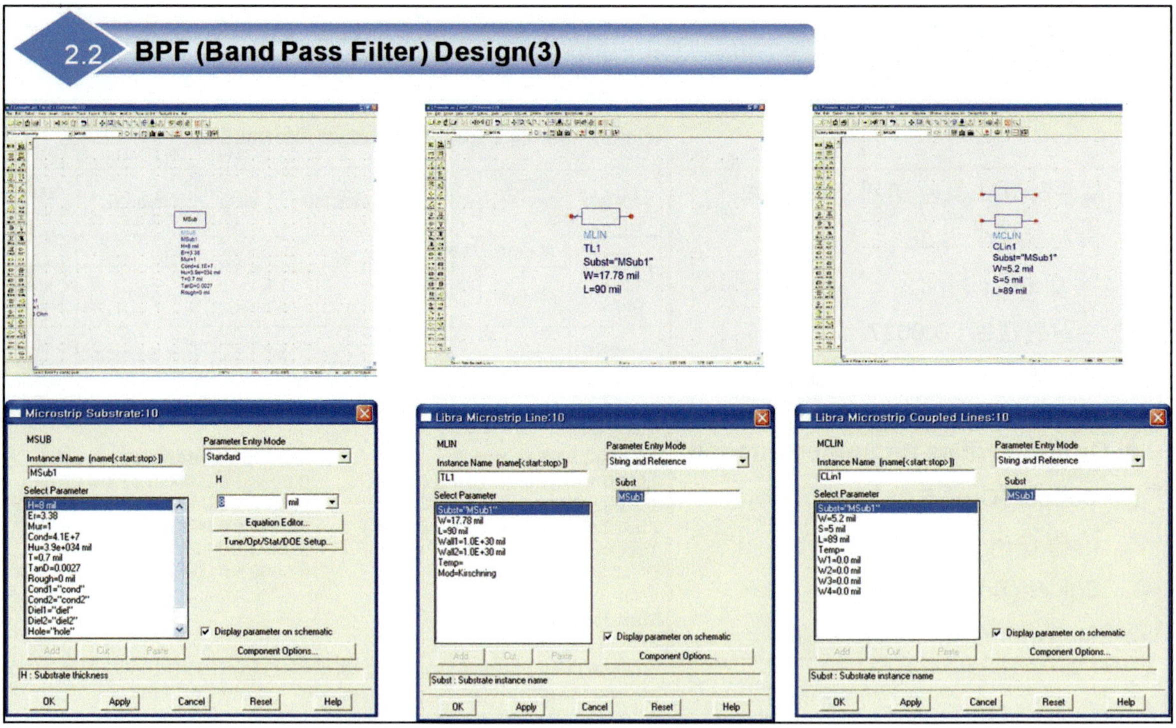

Figure 355. 회로설계 – 대역통과필터(3)

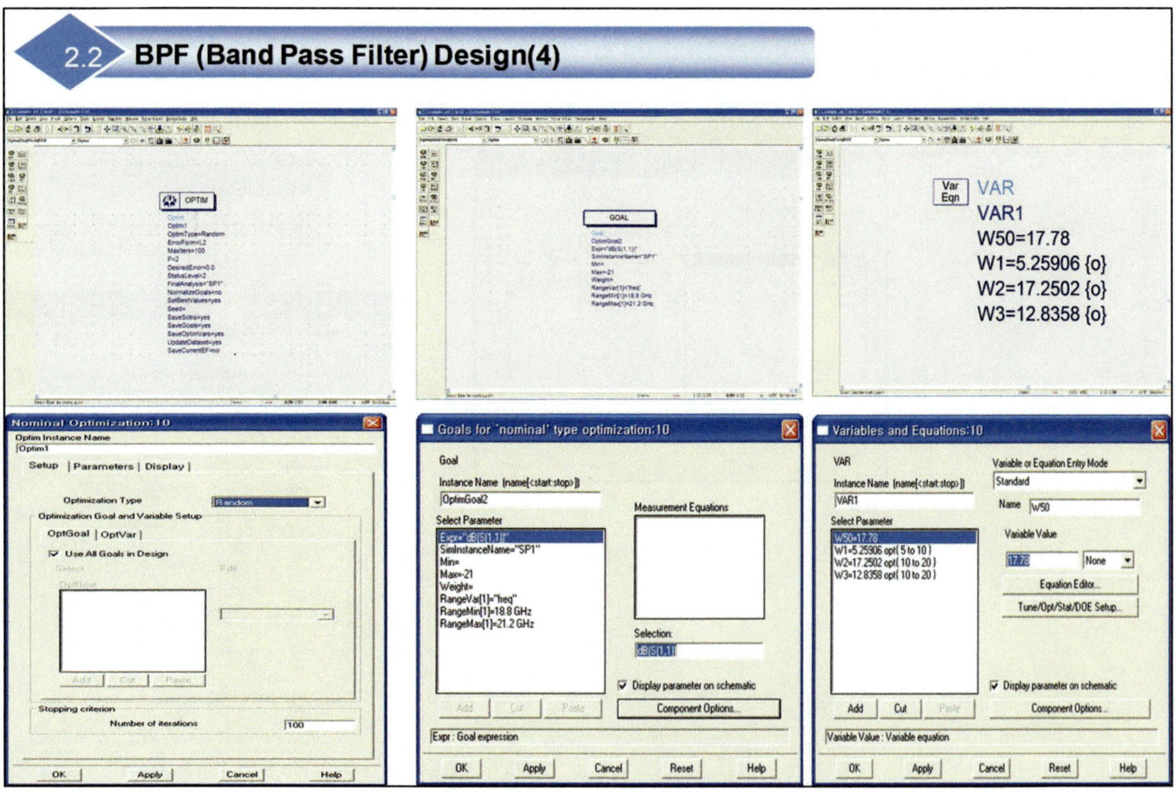

Figure 356. 회로설계 – 대역통과필터(4)

2.2 BPF (Band Pass Filter) Design(5)

19GHz ~ 21GHz BPF Design

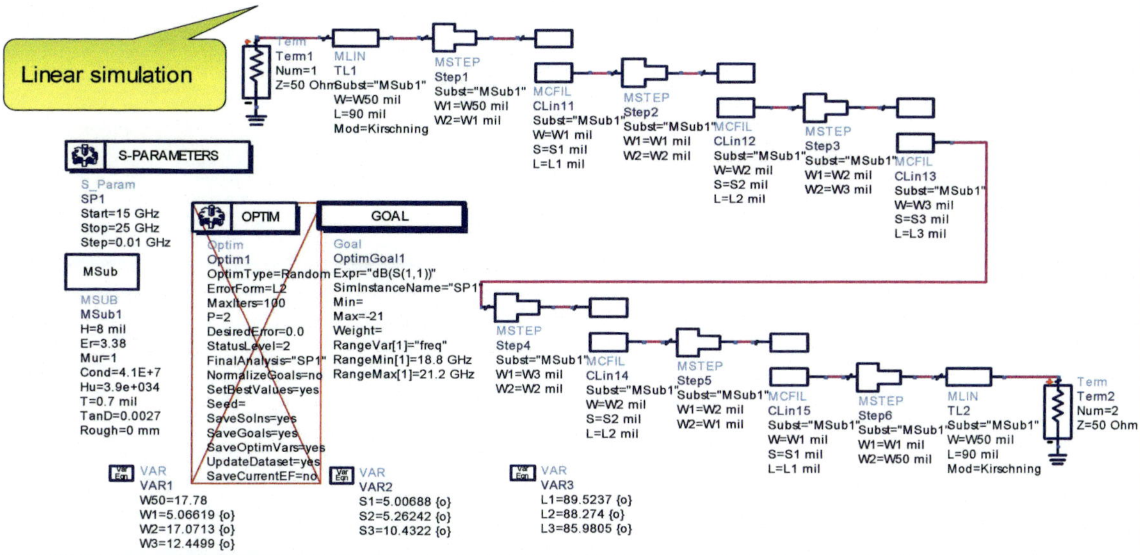

Figure 357. 회로설계 – 대역통과필터(6)

2.2 BPF (Band Pass Filter) Design(6)

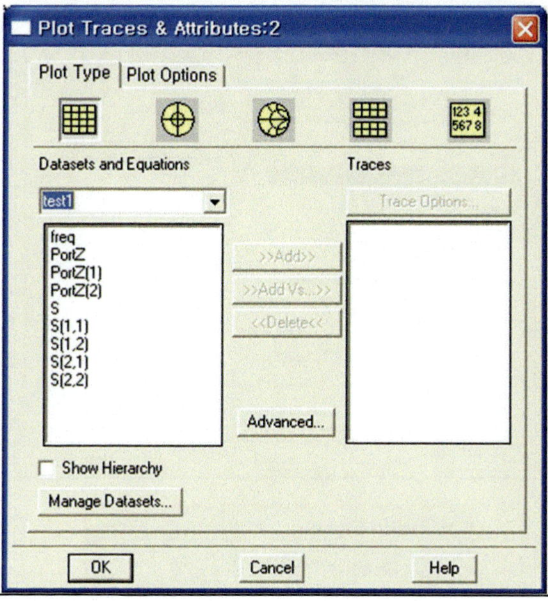

▣ Simulation Method

1. Simulate icon Click

   @ Schematic window

2. S-parameter selection → Add icon click

   → dB / dBm / Mag / Phase etc selection

3. Function : Mag / Ang / dB / dBm etc

4. Graph type : Rectangular / Polar / Smith chart etc

Figure 358. 회로설계 – 대역통과필터(7)

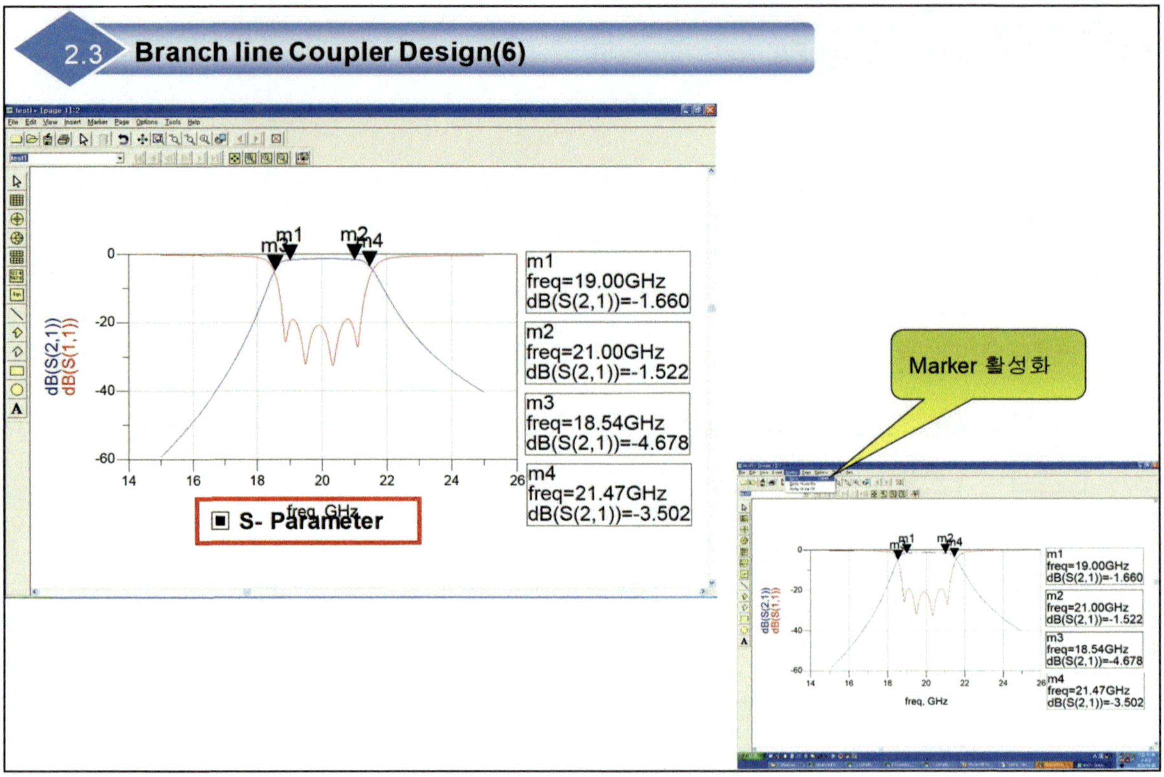

Figure 359. 회로설계 – 대역통과필터(7)

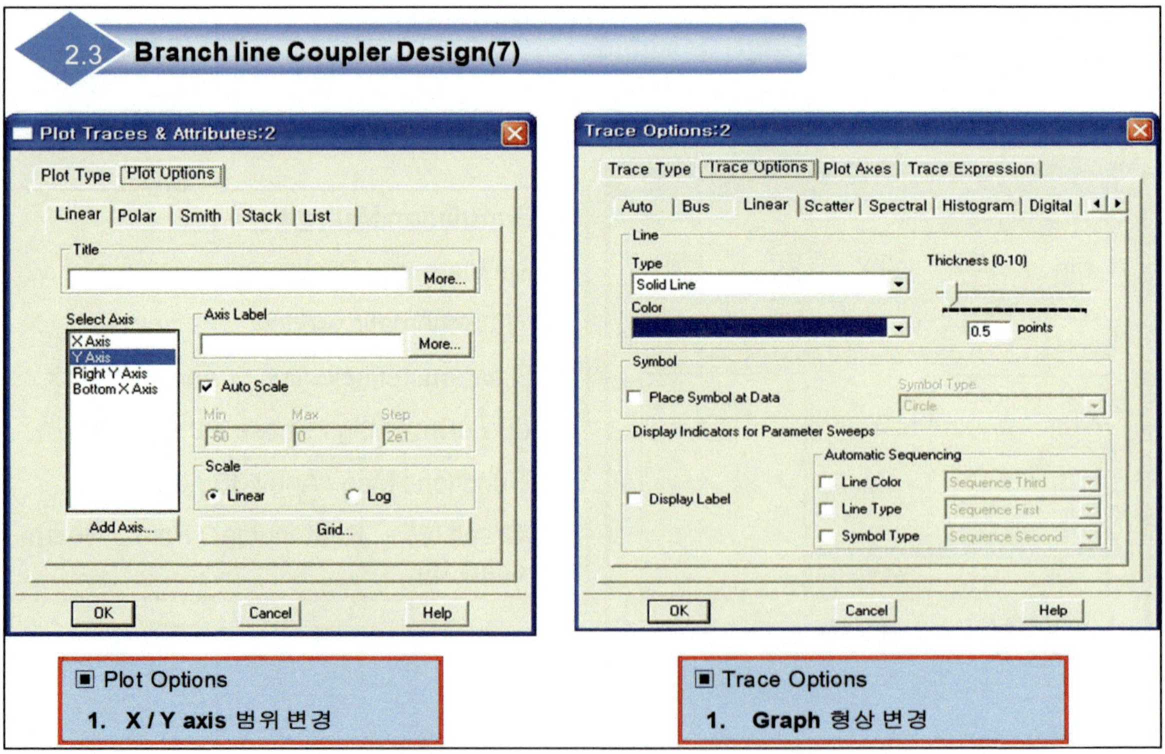

Figure 360. 회로설계 – 대역통과필터(8)

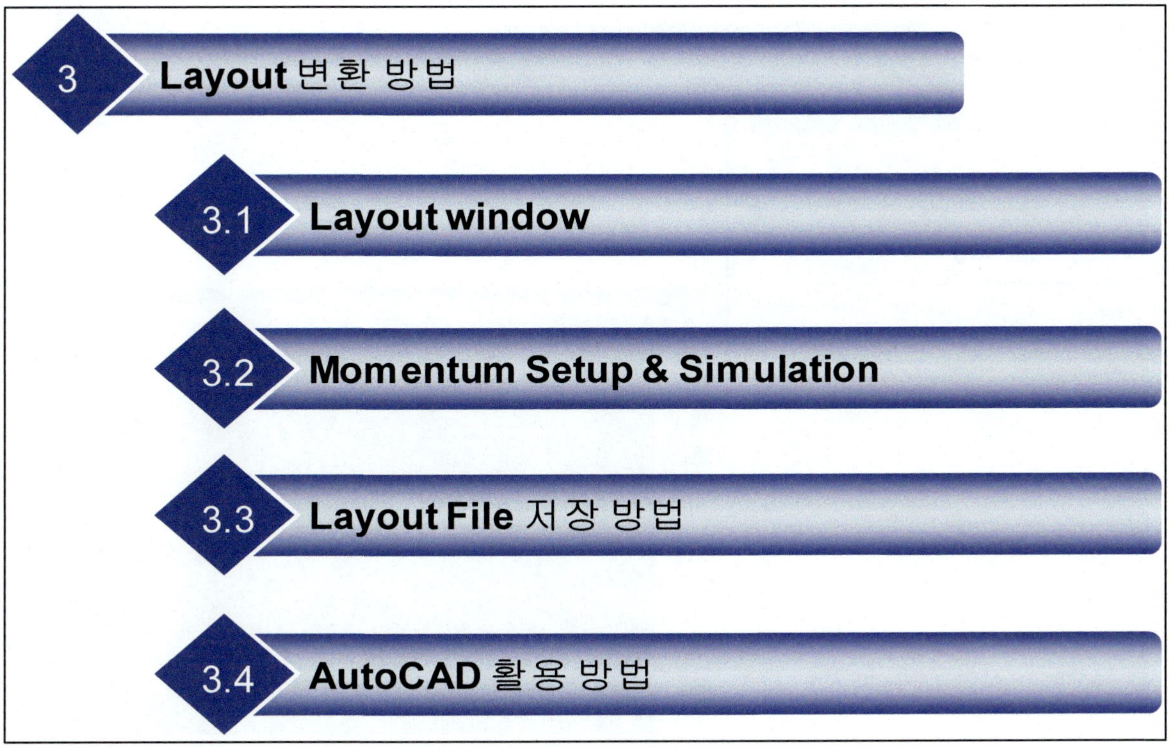

Figure 361. ADS – Layout 변환 방법

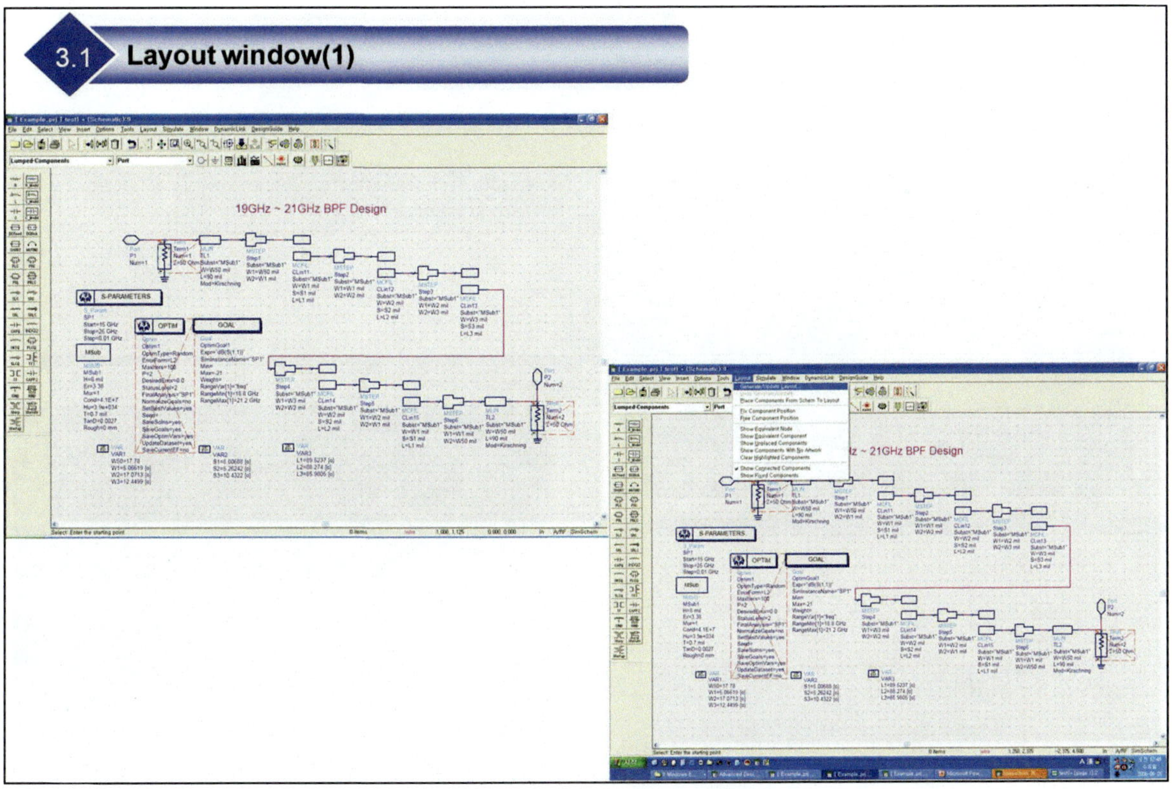

Figure 362. Layout window - Schamatic

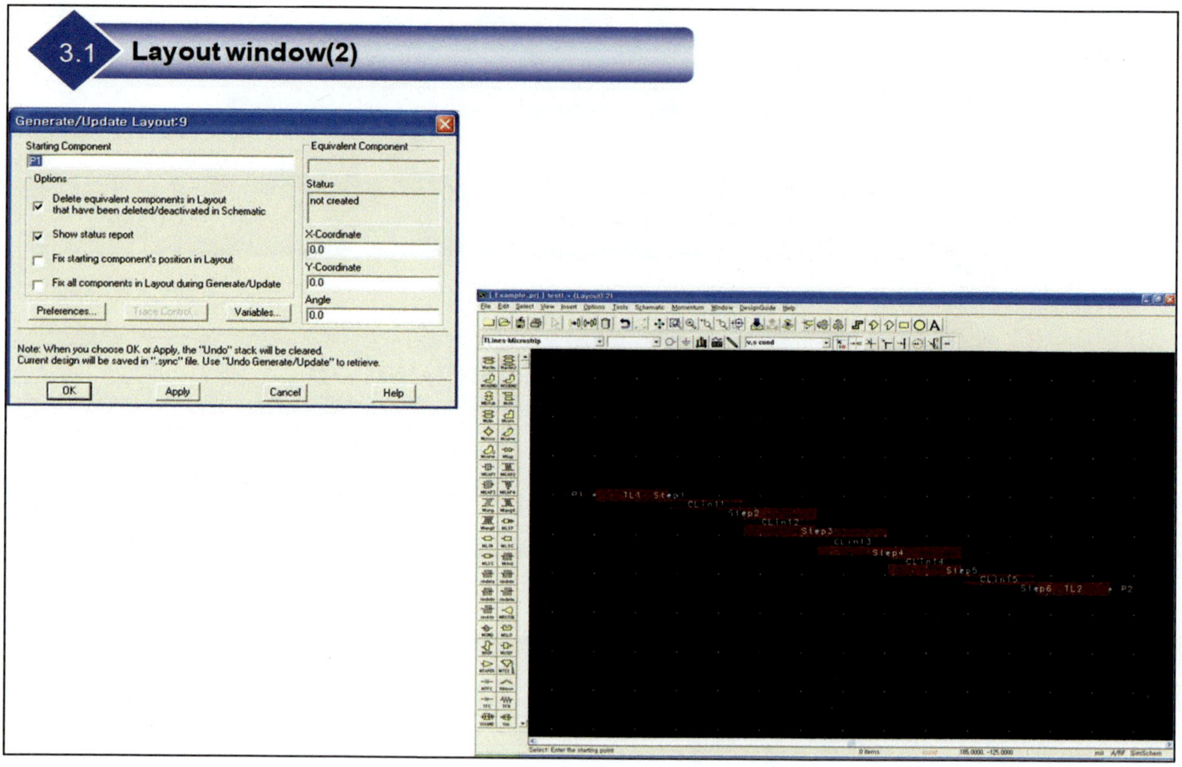

Figure 363. Layout window – Momentum setup

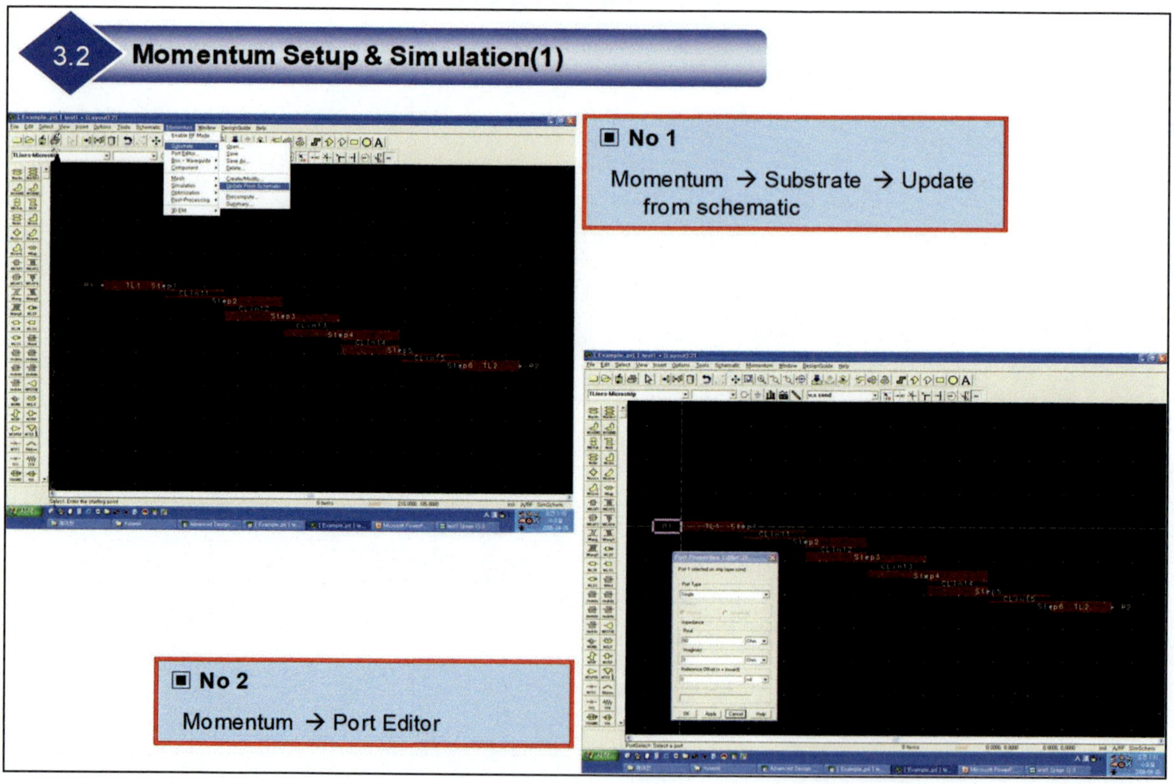

Figure 364. Momentum – Simulation(1)

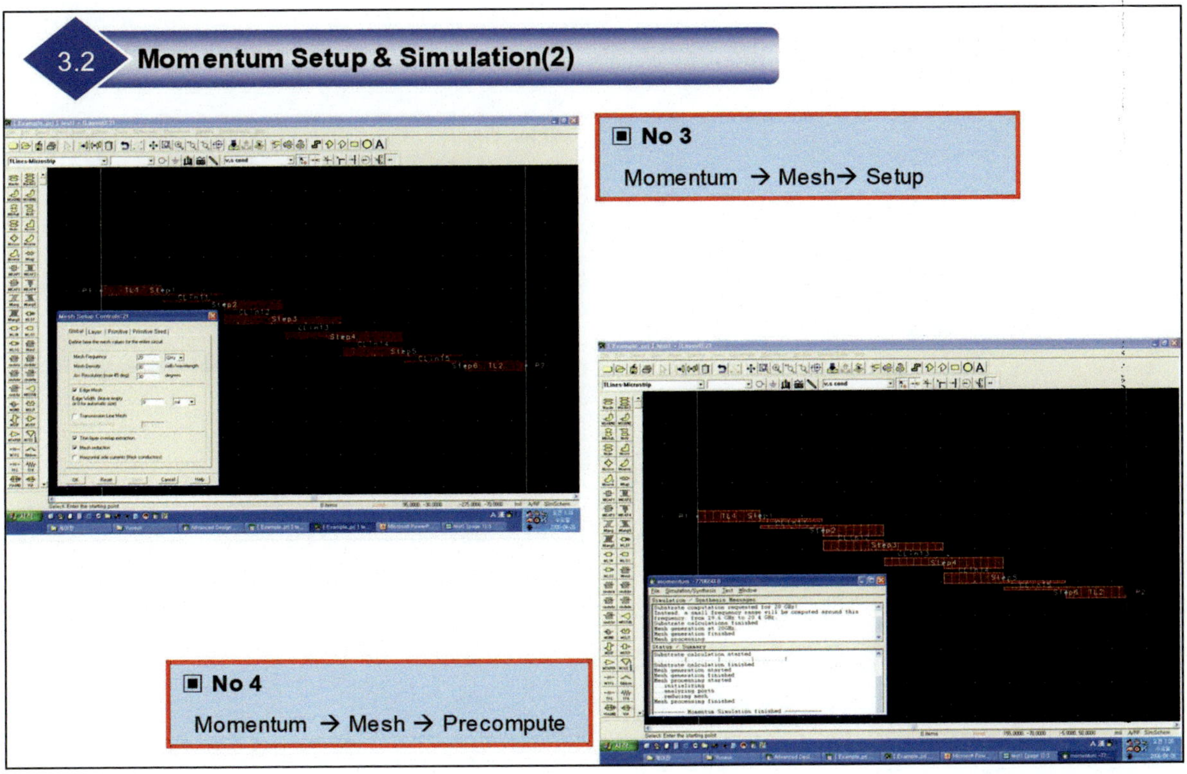

Figure 365. Momentum – Simulation(2)

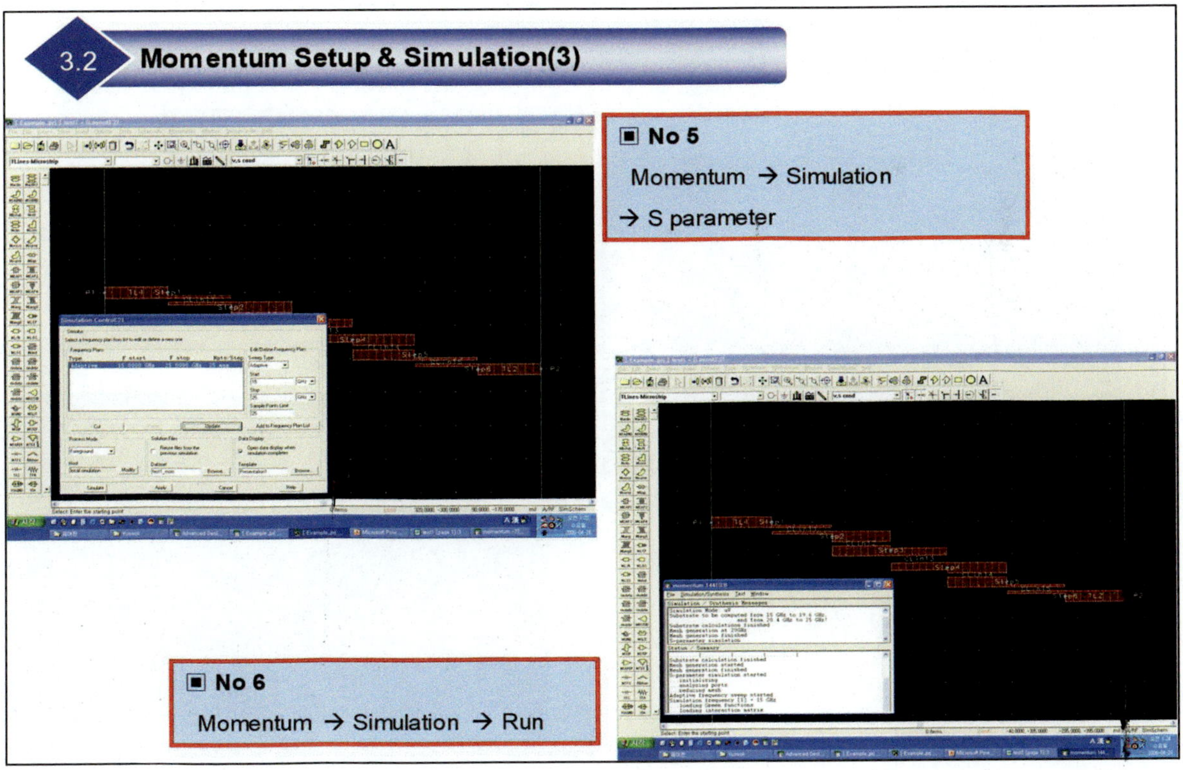

Figure 366. Momentum – Simulation(3)

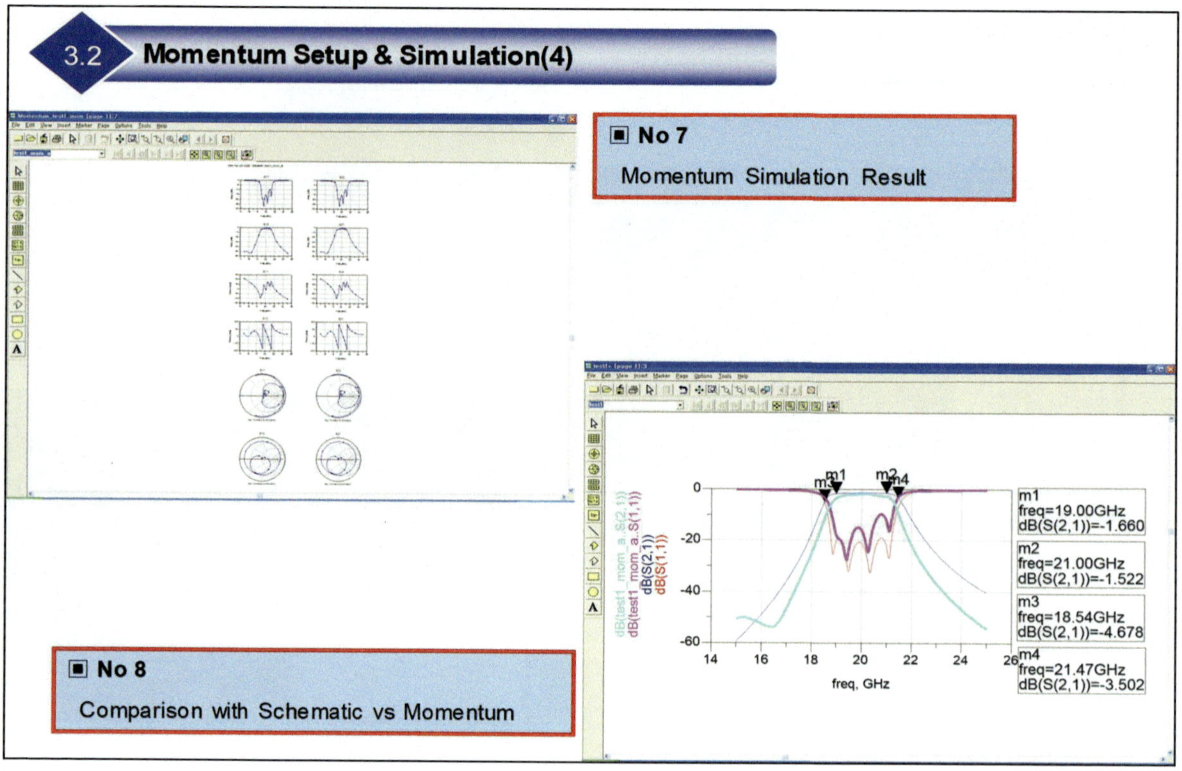

Figure 367. Momentum – Simulation(4)

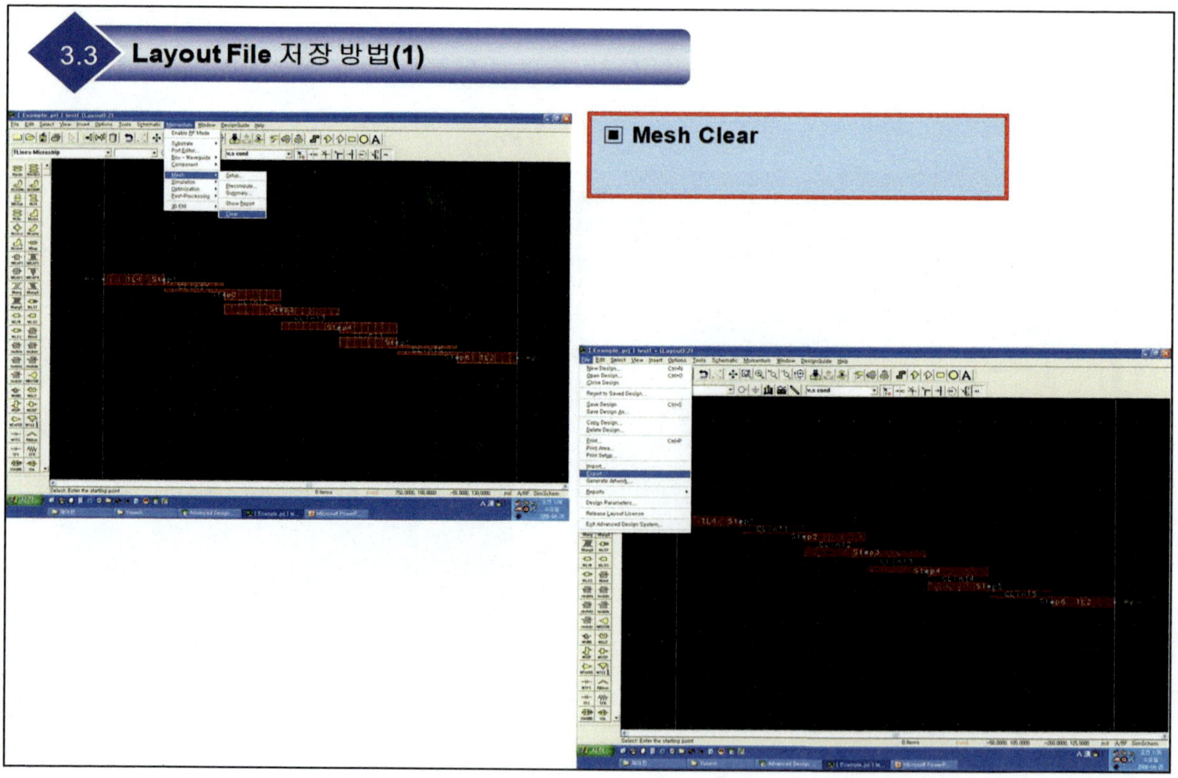

Figure 368. Layout 저장 방법(1)

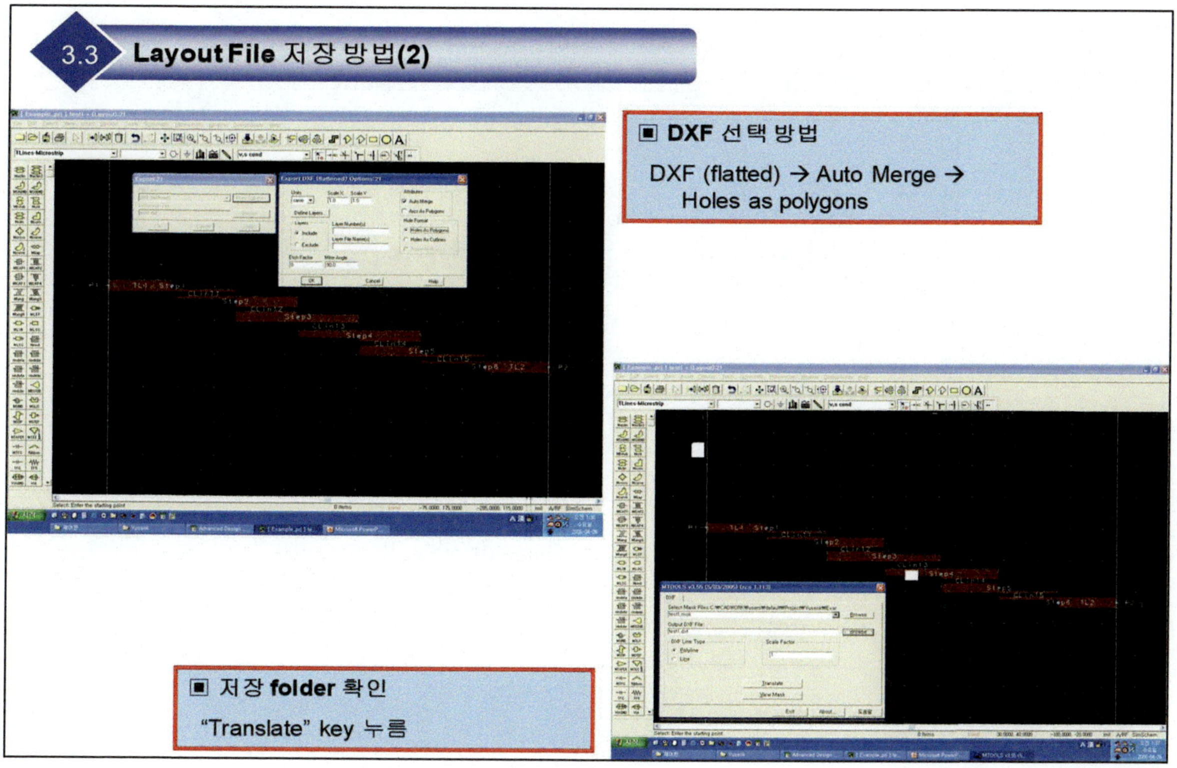

Figure 369. Layout 저장 방법(2)

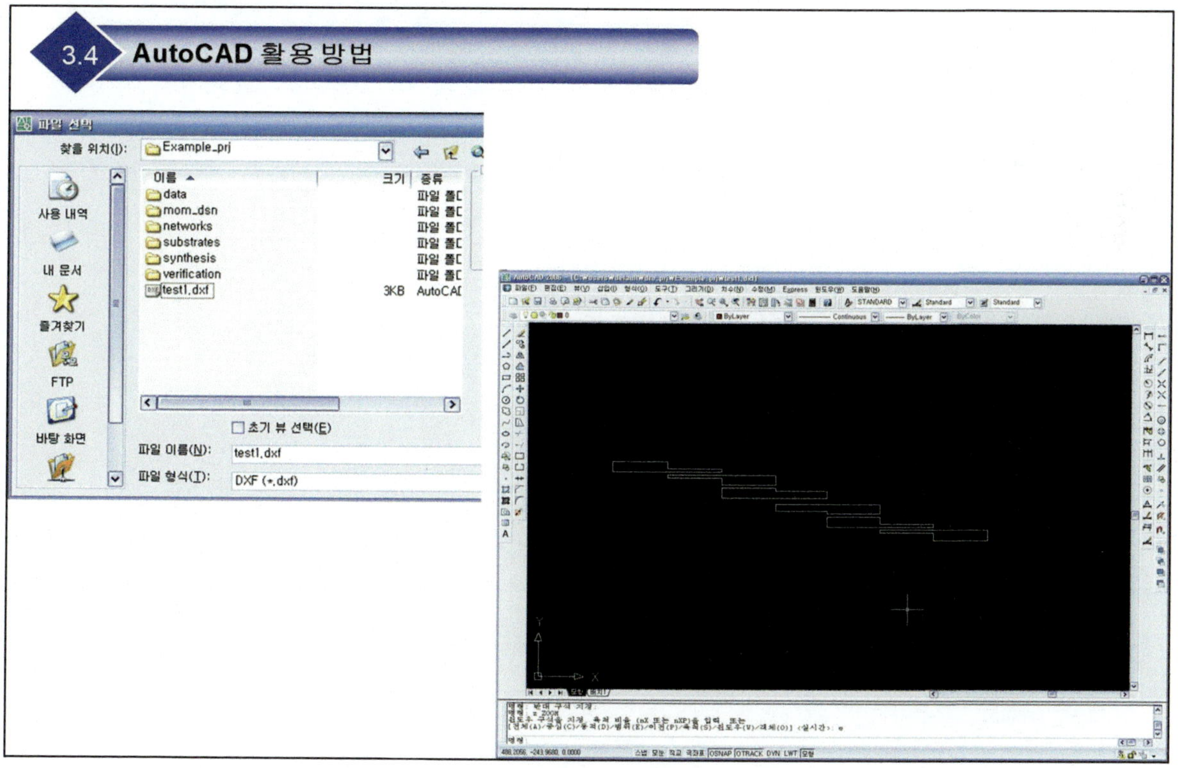

Figure 370. Layout 저장 방법(3)

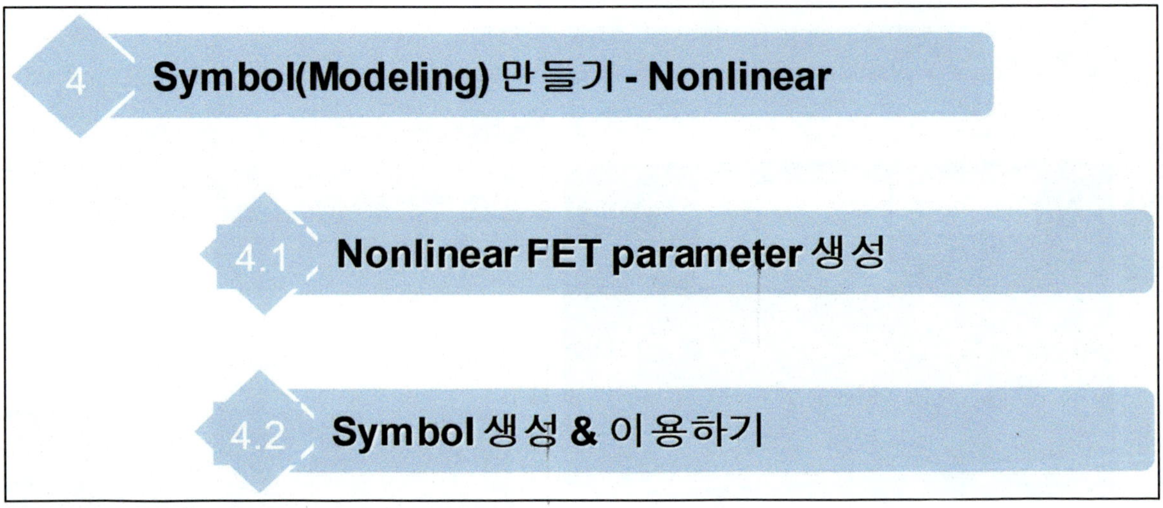

Figure 371. ADS – Symbol 만들기

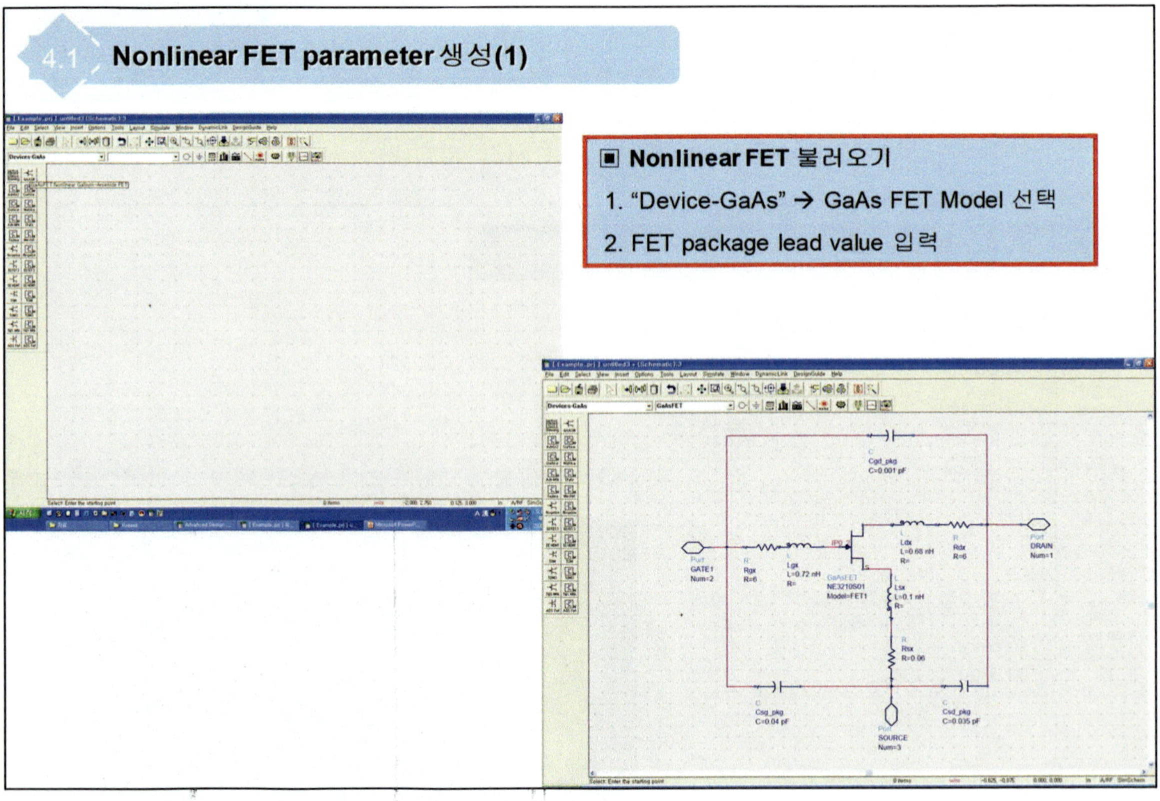

Figure 372. Nonlinear FET(1)

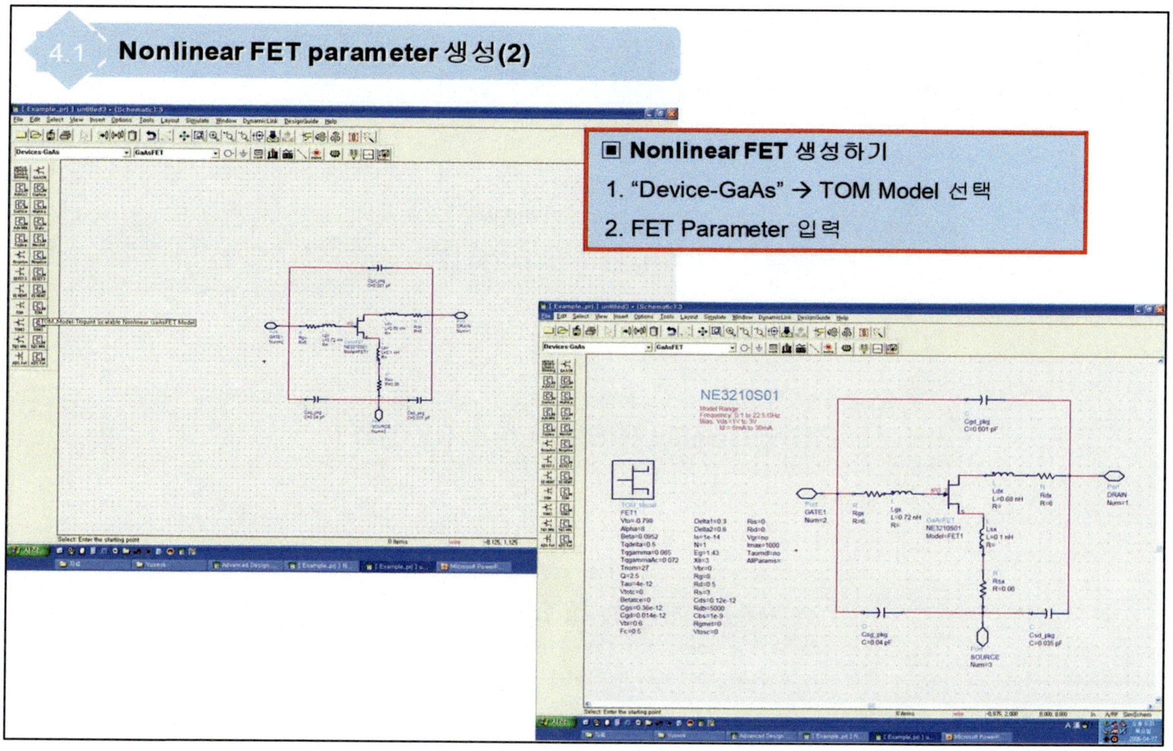

Figure 373. Nonlinear FET(2)

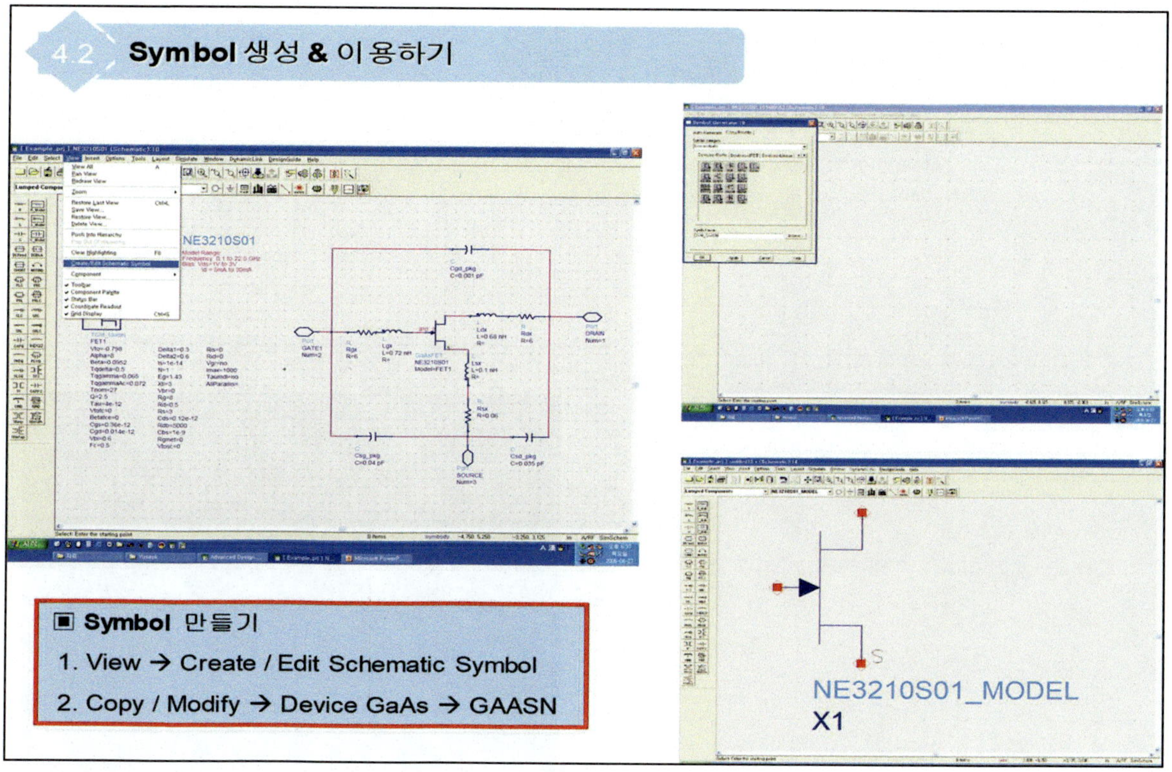

Figure 374. Nonlinear FET(3)

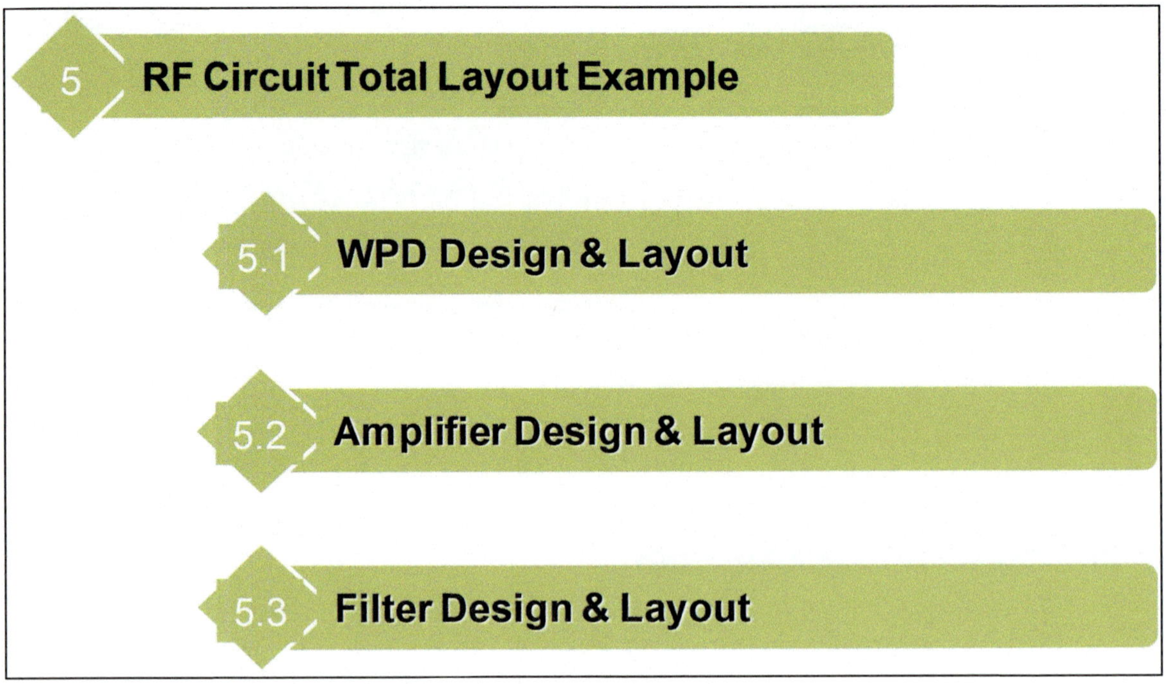

Figure 375. ADS – RF total Layout

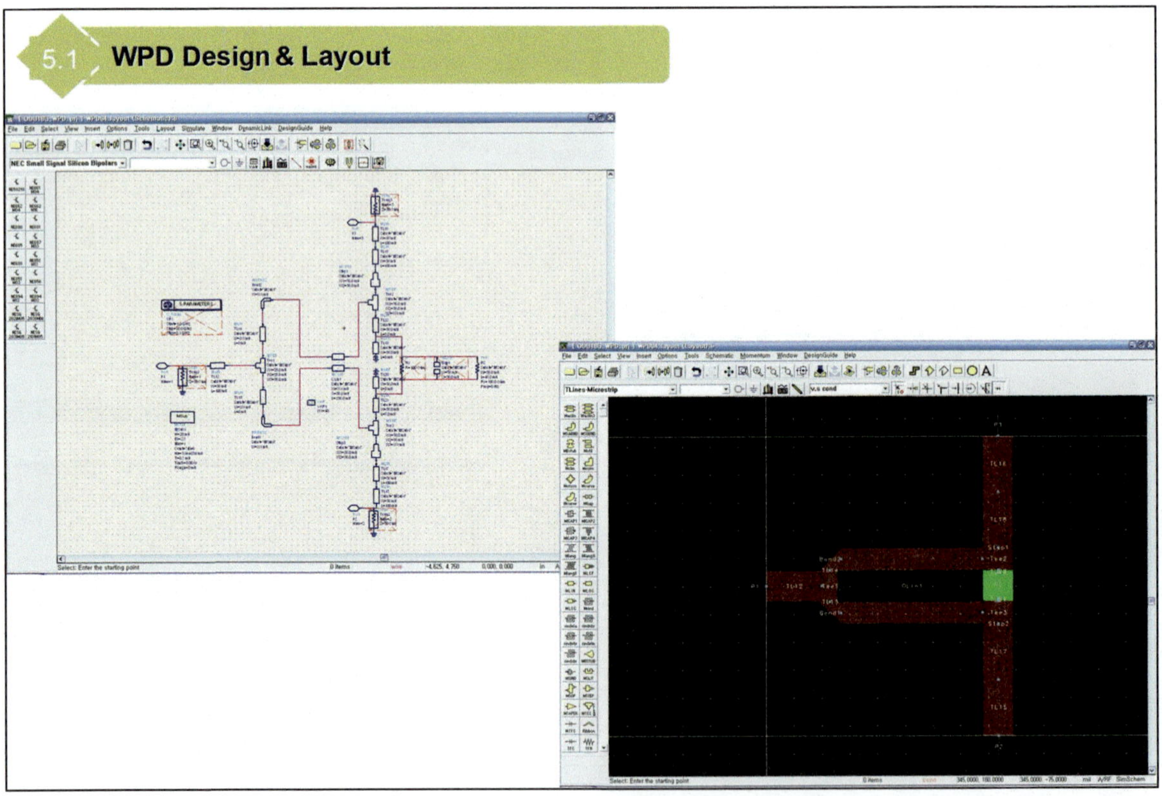

Figure 376. WPD

5.2 Mixer Design & Layout

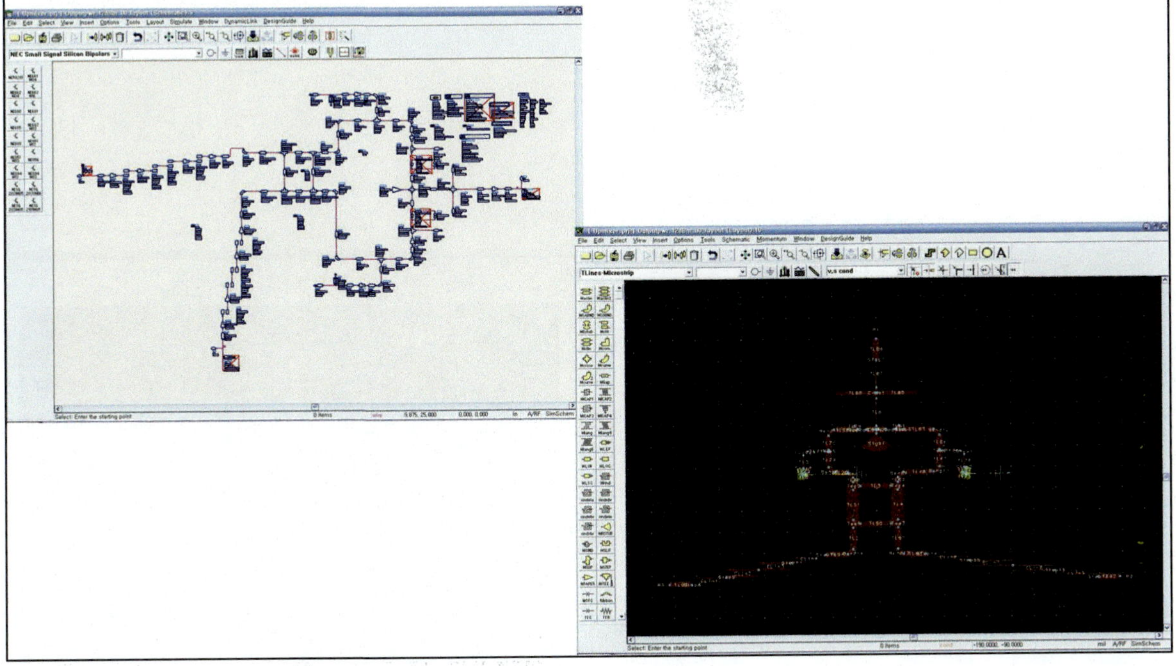

Figure 377. MIXER

5.3 Detector Design & Layout

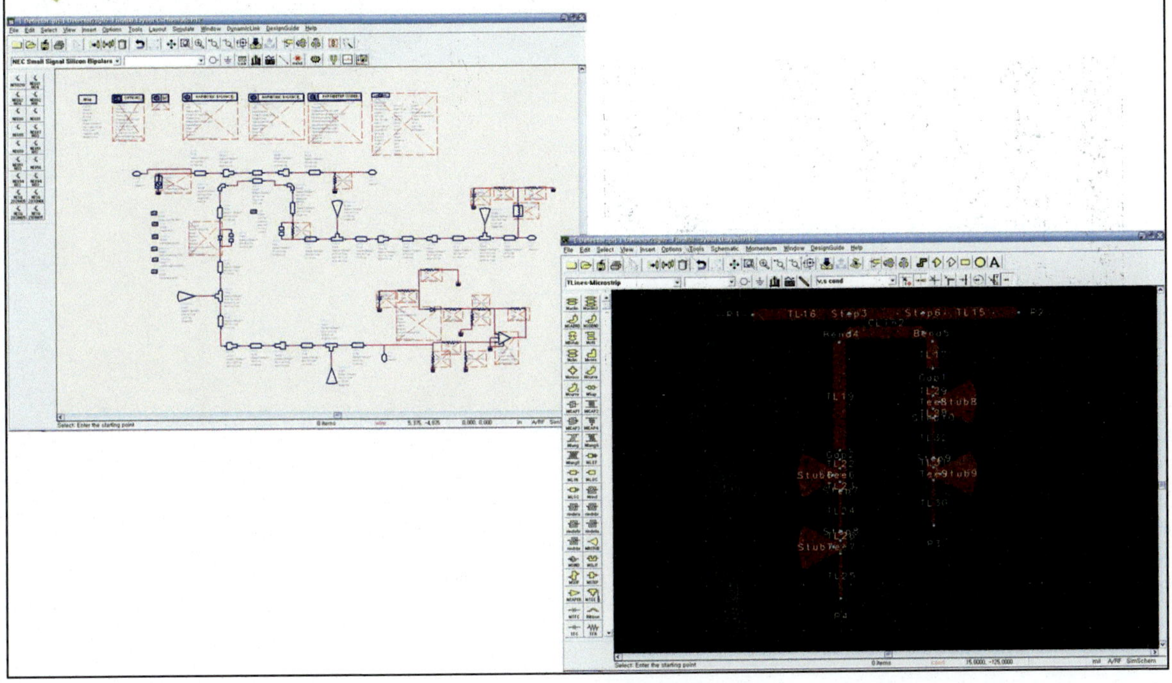

Figure 378. DETECTOR

5.4 LNA Design & Layout

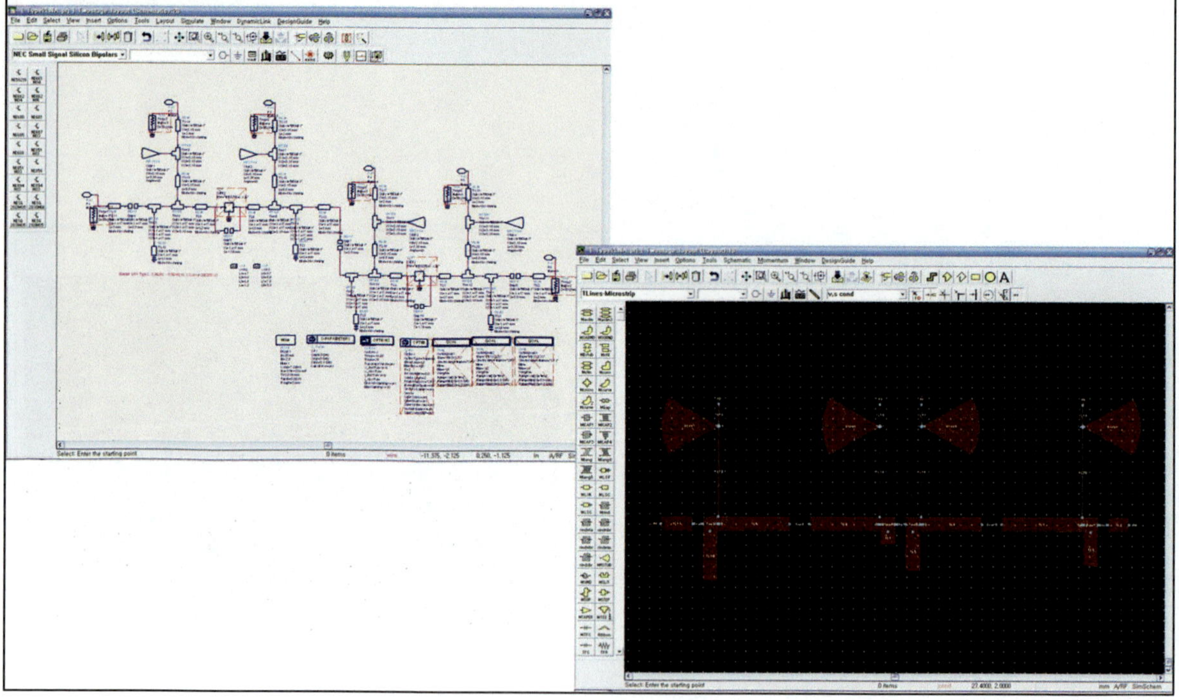

Figure 379. LNA

Chapter 9.2 Practice using SERENADE Tool

9.1절(ADS TOOL)과 동일한 형식이되, 툴만 다른 SERENADE TOOL을 "어떤 형태로 & 어떤 방법으로" 설계하는지를 설명하고자 한다. 다만, 엔지니어에 따라 선호하는 툴이 다르기 때문에 선택폭을 넓히고자 하는 바램에서 작성하였으며, 개개인마다 차이점은 있겠으나, "발진기 설계"에 있어서는 보다 유용한 툴이 아닌가 싶다.

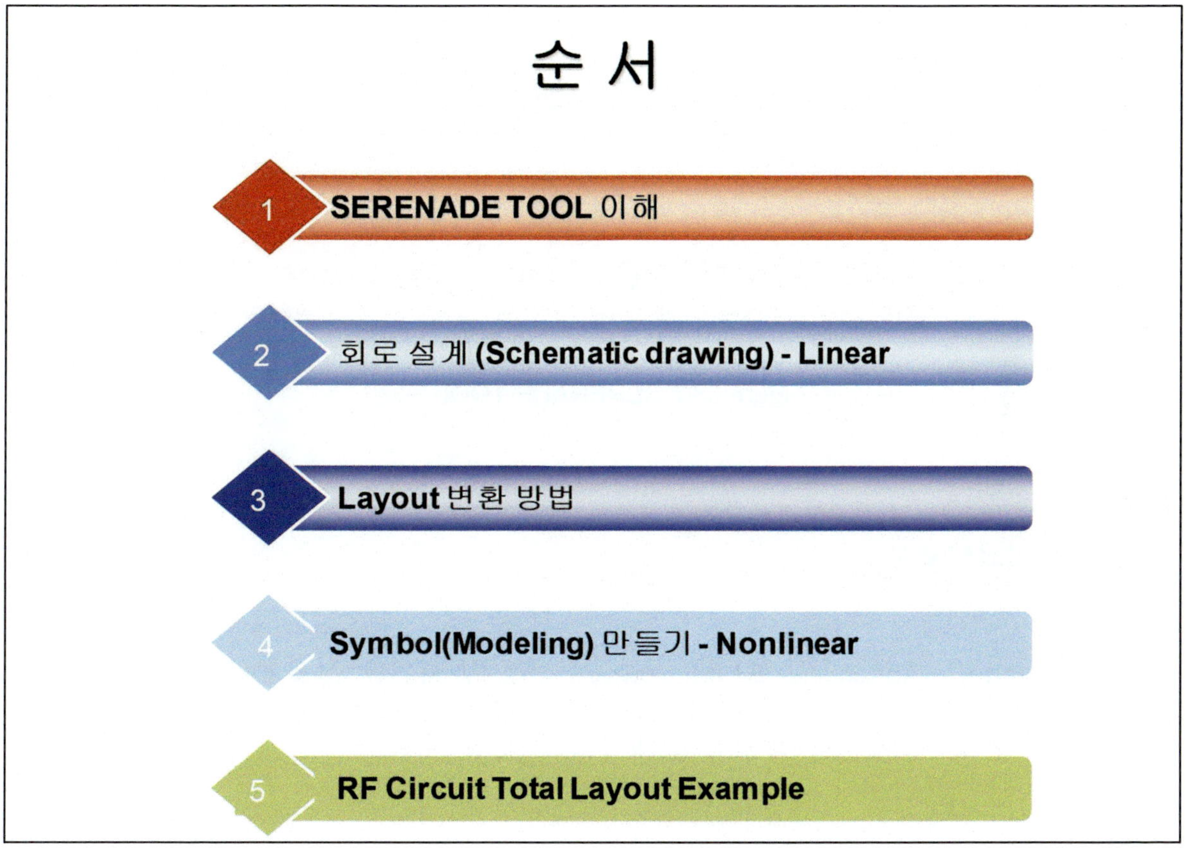

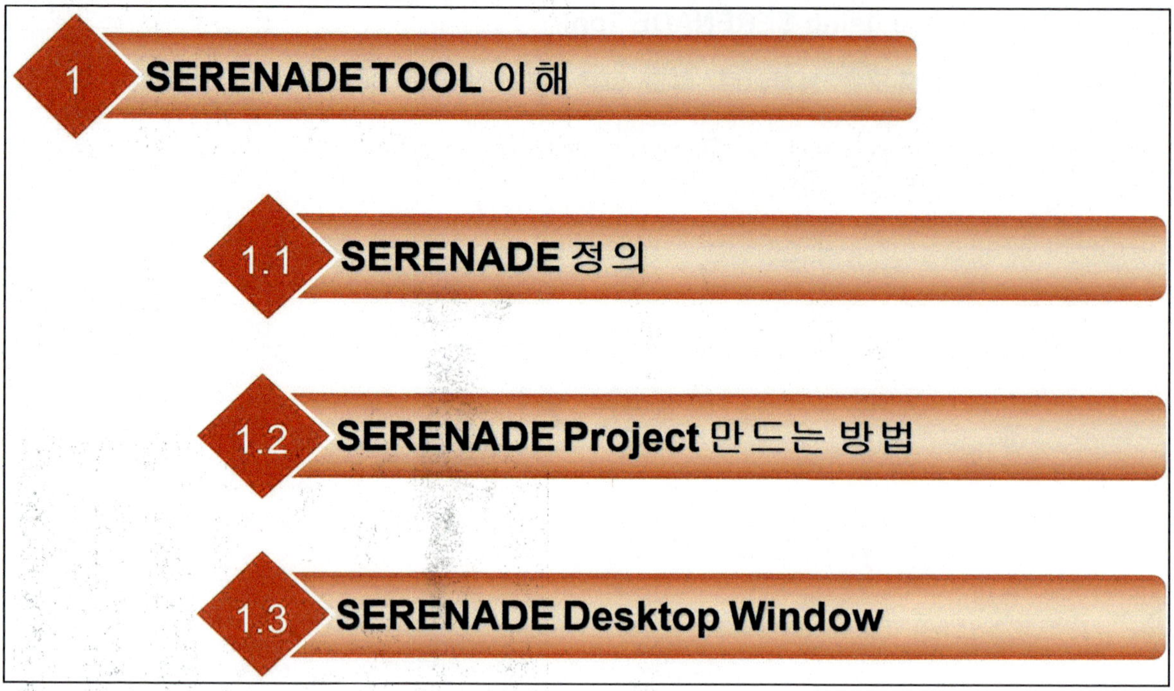

Figure 380. SERENADE TOOL 목자

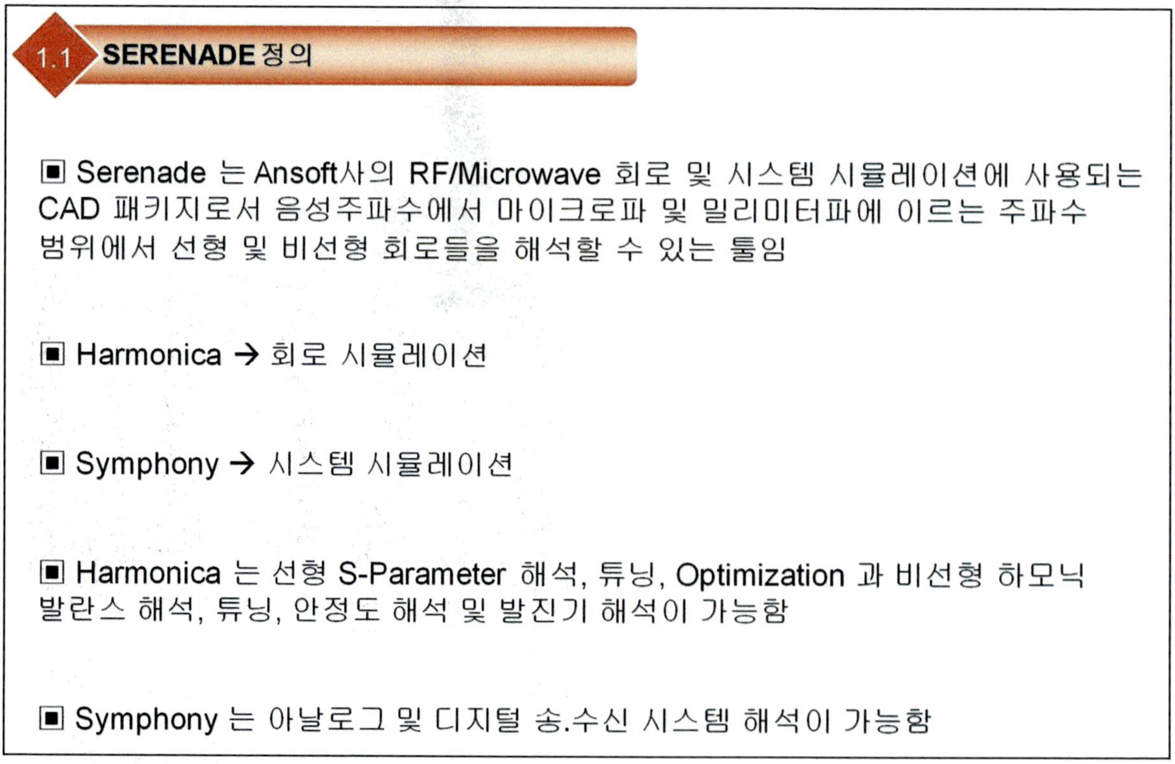

Figure 381. SERENADE 정의

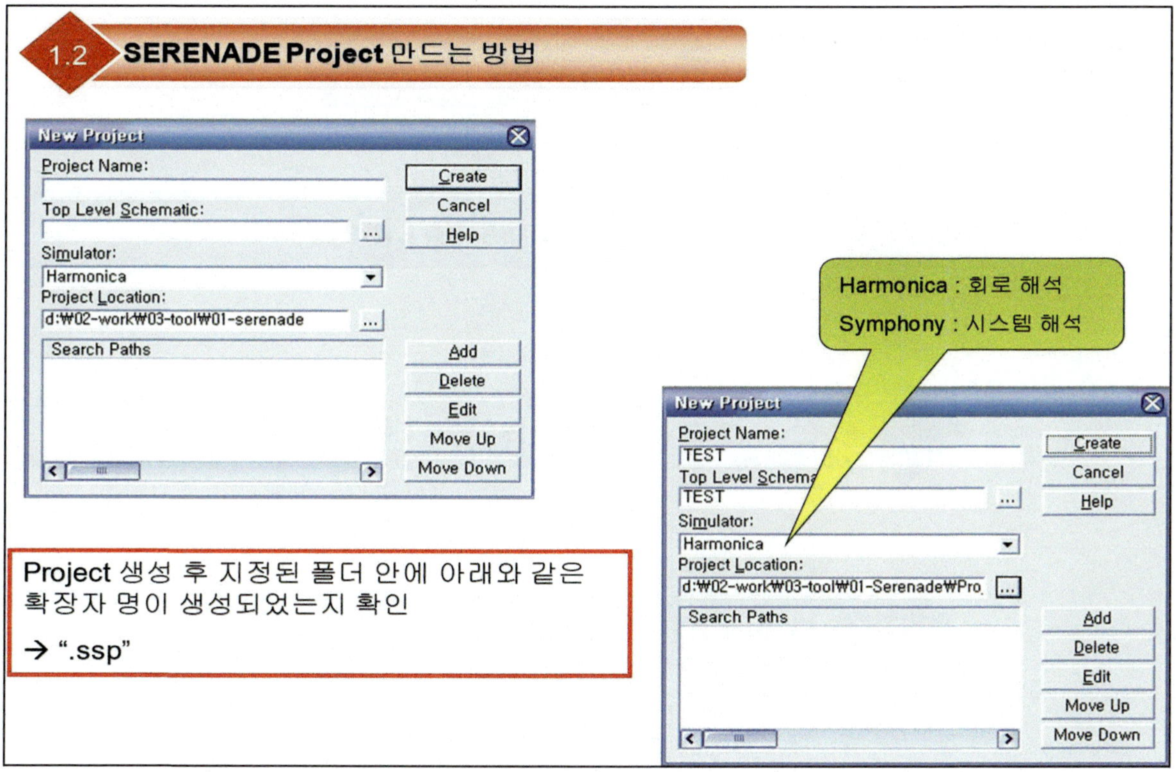

Figure 382. 프로젝트 생성 방법

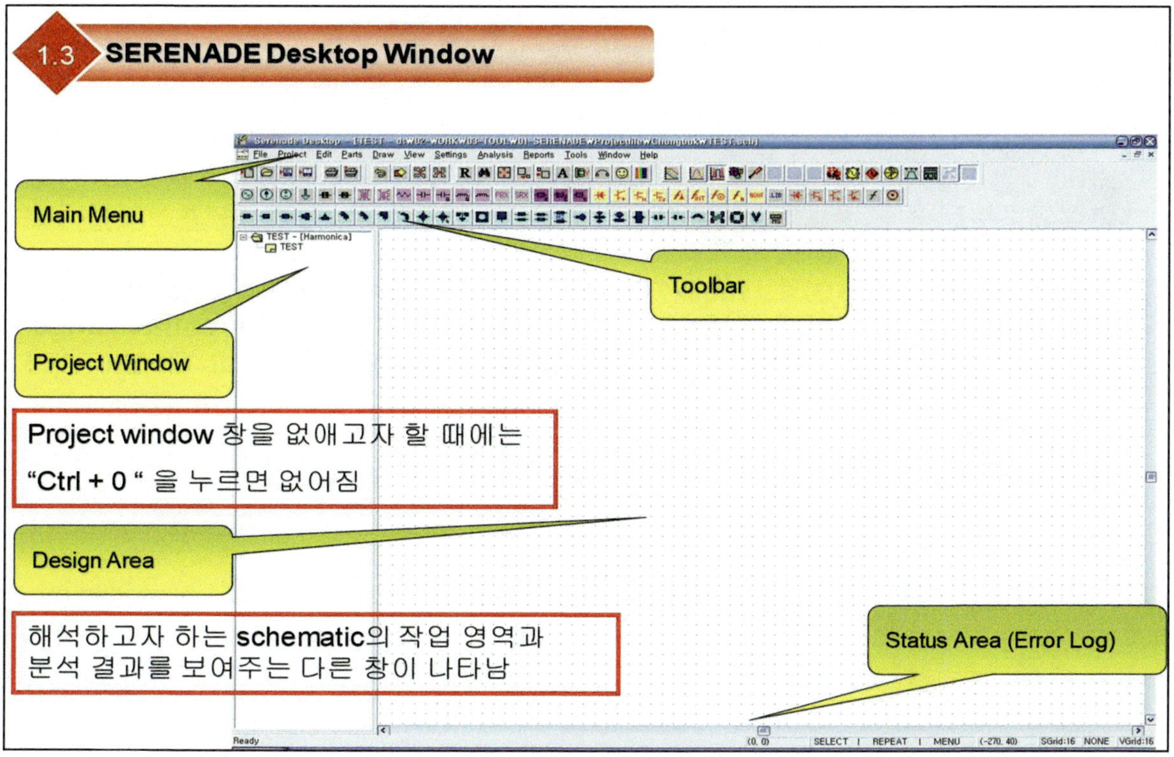

Figure 383. 첫 페이지 창

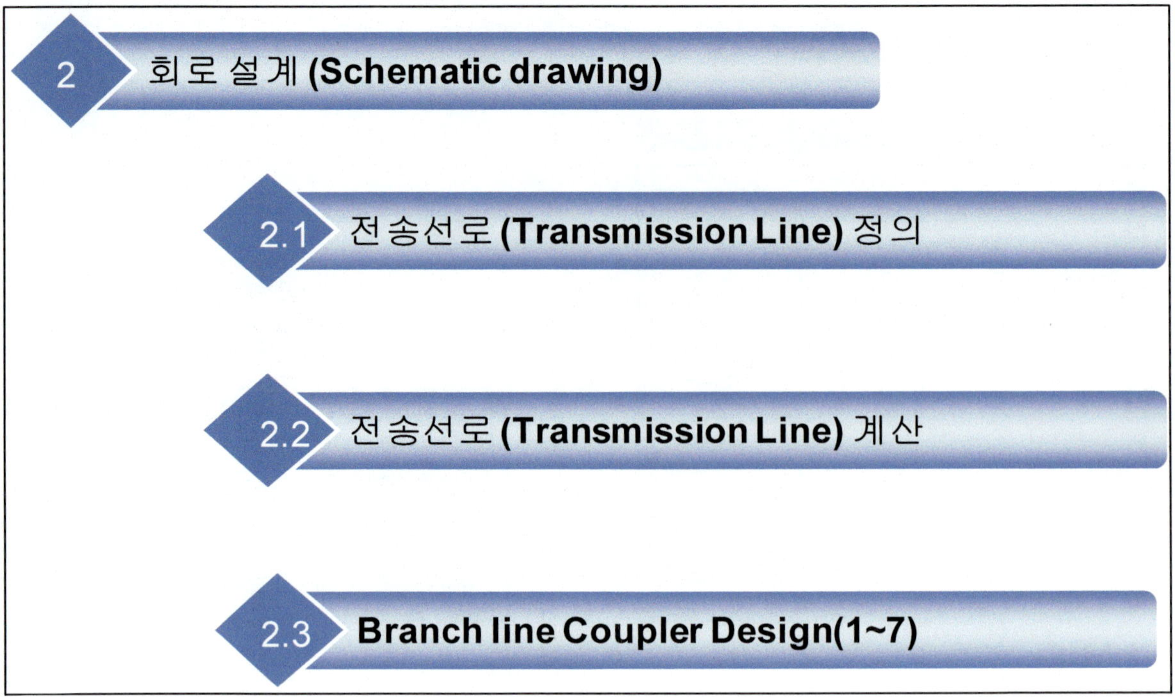

Figure 384. 회로설계 목차

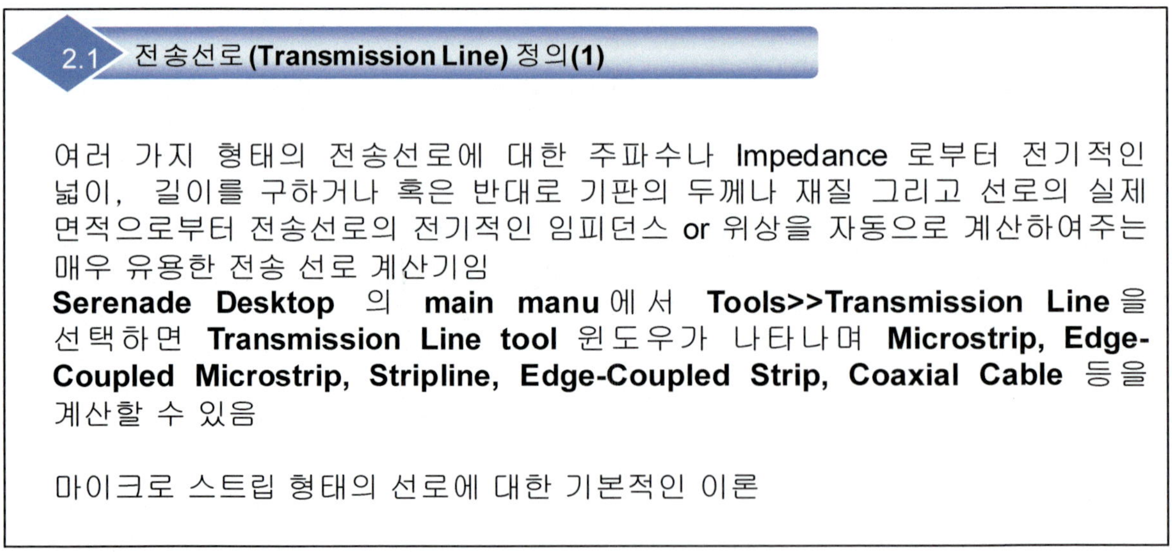

Figure 385. 전송선로 정의(1)

2.1 전송선로 (Transmission Line) 정의(2)

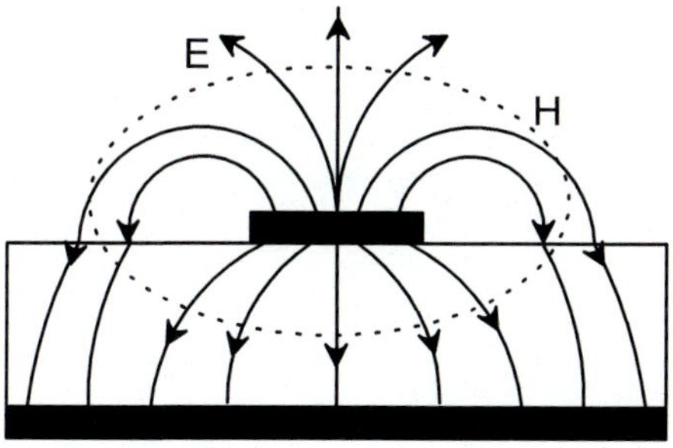

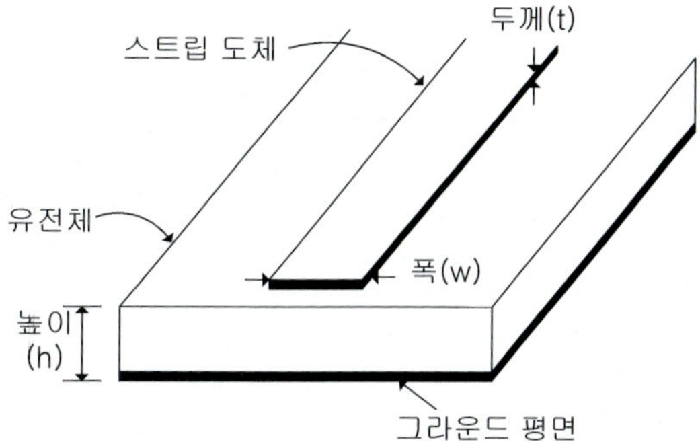

얇은 접지 도체판 위에 높이가 h 이고, 비유전율이 Er 인 유전체가 있으며,
그 위에 두께가 t 이고, 폭이 W인 도체 스트립을 프린트한 것으로,
스트립 선로와 그라운드간에는 Capacitor가 병렬로, Inductor가 직렬로 연속적으로 분포하고 있는 있음
마이크로 스트립 선로는 quasi-TEM 으로 공기를 하나의 매질로 간주함

Figure 386. 전송선로 정의(2)

2.2 전송선로 (Transmission Line) 계산(1)

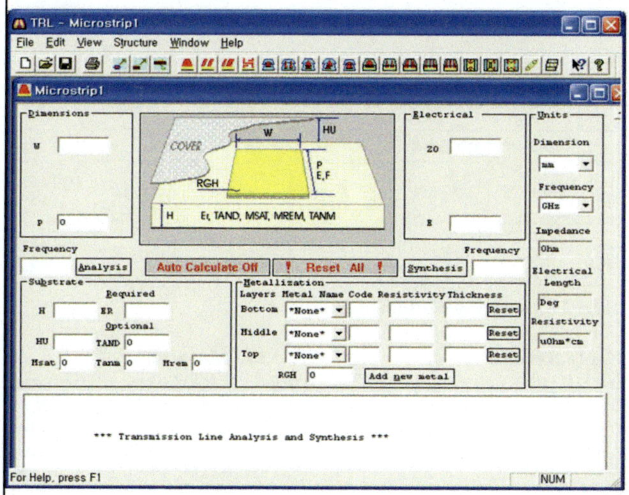

■ **Transmission Line window 생성**

1. Main Menu → Tools → Transmission Lines click하면 옆에 보이는 window 활성화 됨

Figure 387. 전송선로 계산(1)

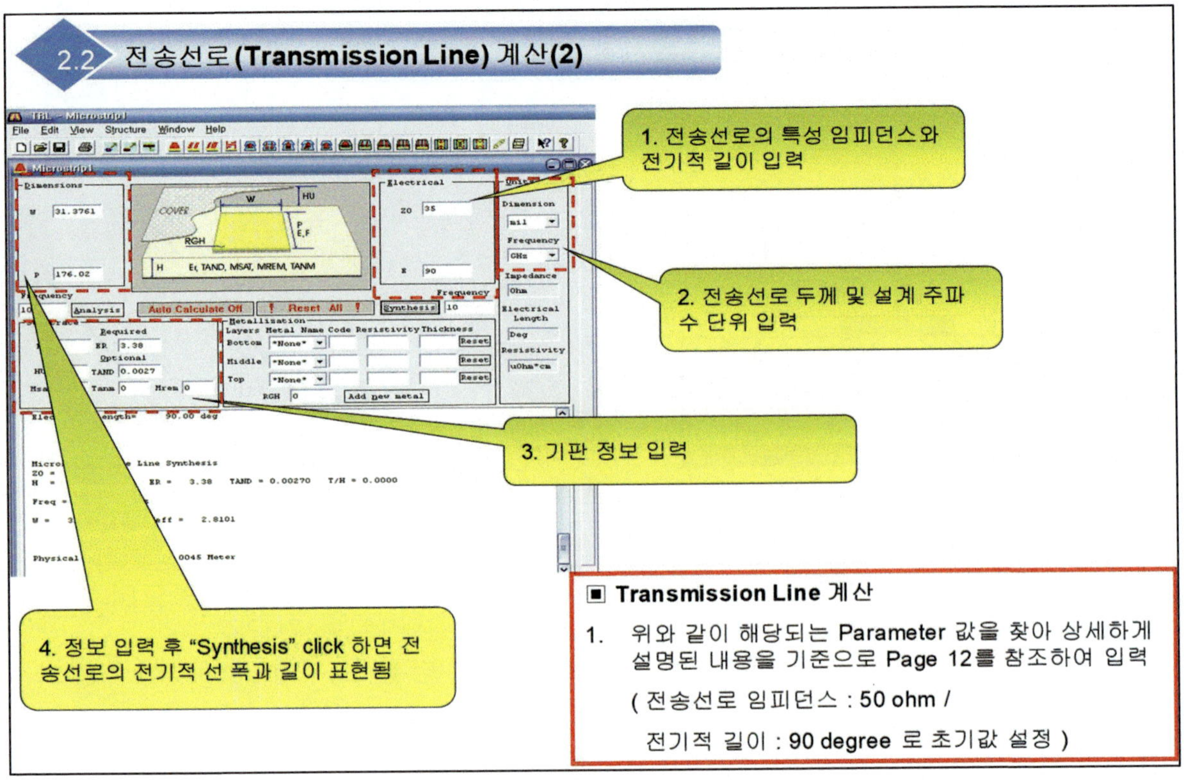

Figure 388. 전송선로 계산(2)

2.3 Branch line Coupler Design(1) - 기판정의

■ 사용하고자 하는 기판 정보 입력

1. 유전율(Er) : 3.38 [1]
2. 높 이 (H) : 8 mil [2]
3. 손실탄젠트 : 0.0027 [3]
4. 도체 두께 : 17 um (½ ounce) [4]

■ Conditivities for some materials

1. Copper (Cu) : 5.813 x e7
2. Gold (Au) : 4.098 x e7
3. Solder (Sn) : 7.0 x e6
4. Aluminum (Al) : 3.816 x e7

RO4000® Series Laminate Product Information:

PROPERTY	TYPICAL VALUES RO4003 (1)	RO4350B (1)	DIRECTION	UNITS	CONDITION	TEST METHOD
Dielectric Constant ε_r	3.38 ± 0.05 [1]	3.48 ± 0.05	Z	–	10 GHz/23°C	IPC-TM-650 2.5.5.5
Dissipation Factor, tan (δ)	0.0027 [3]	0.0040	Z	-	10 GHz/23°C	IPC-TM-650 2.5.5.5

Standard Thicknesses and Tolerances:

RO4003 Materials:
0.0080 ± 0.0010 (0.20 ± 0.03 mm) [2]
0.0200 ± 0.0015 (0.51 ± 0.04 mm)
0.0320 ± 0.0020 (0.81 ± 0.05 mm)
0.0600 ± 0.0040 (1.52 ± 0.10 mm)

RO4350 Materials:
0.0066 ± 0.0007 (0.17 ± 0.07 mm)
0.0100 ± 0.0010 (0.25 ± 0.03 mm)
0.0200 ± 0.0015 (0.51 ± 0.04 mm)
0.0300 ± 0.0020 (0.76 ± 0.05 mm)
0.0600 ± 0.0040 (1.52 ± 0.10 mm)

Standard Claddings:

½ ounce (17 µm) electrodeposited copper. [4]
1 ounce (35 µm) electrodeposited copper.

Figure 389. 커플러 설계(1)

2.3 Branch line Coupler Design(2)

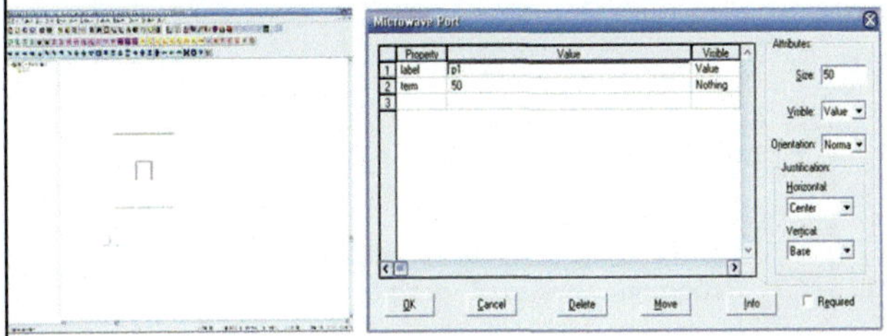

▣ Port 불러오기

1. Toolbar 에서 "Microwave Port" click 후 Schematic window로 drag or
2. Main menu → Parts → Schematic Connectors → Microwave Port 선택
3. Microwave Port icon을 double click 하면 오른쪽 화면과 같은 window 생성됨

   3.1 Label → P1 입력 (Port 1 의미)

   3.2 Term → 50 입력 (특성 임피던스 의미)

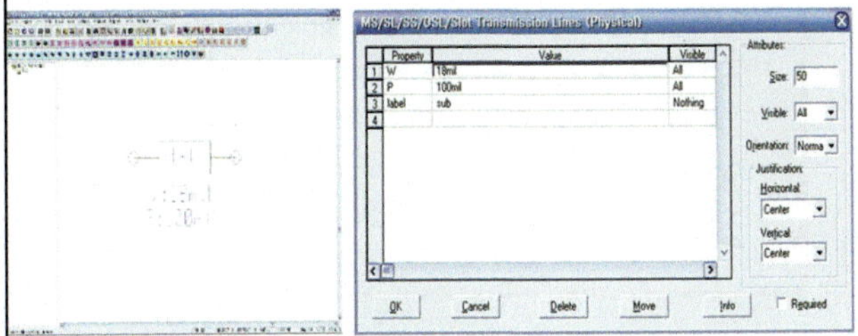

▣ Transmission (MS) Line 불러오기

1. Toolbar 에서 "MS Transmission Lines" click 후 Schematic window로 drag or
2. Main menu → Parts → Distributed → Microstrip → Transmission Lines → Physical Length 선택
3. MS Line icon을 double click 하면 오른쪽 화면과 같은 window 생성됨

   3.1 W → 18mil 입력 (전송선로의 전기적 선폭 의미)

   3.2 P → 100mil 입력(전송선로의 전기적 길이 의미)

   3.3 Label → sub 입력 (Substrate 의미)

Figure 390. 커플러 설계(2)

2.3 Branch line Coupler Design(2)

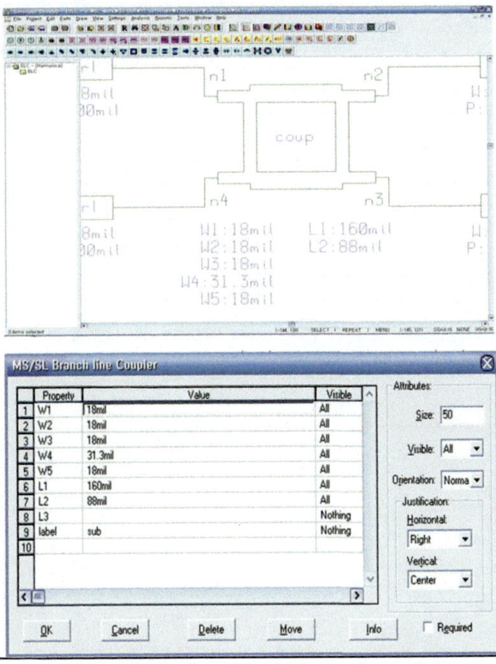

▣ Branch Line Coupler 불러오기

1. Toolbar 에서 "MS Branch Line Coupler" click 후 Schematic window로 drag or
2. Main menu → Parts → Distributed → Microstrip → Couplers → Branch Line Coupler 선택
3. Branch Line Coupler icon을 double click 하면 아래 화면과 같은 window 생성됨

   3.1 W1~3,W5 → 18mil 입력 (50 ohm 선 폭 의미)

   3.2 W4 → 31.3mil 입력(35.5 ohm 선 폭 의미)

   3.3 L1 → Lamda/4 전기적 길이 입력

   3.4 L2 → Lamda/4 전기적 길이의 반 입력

   3.5 Label → sub 입력 (Substrate 의미)

Figure 391. 커플러 설계(3)

2.3 Branch line Coupler Design(3)

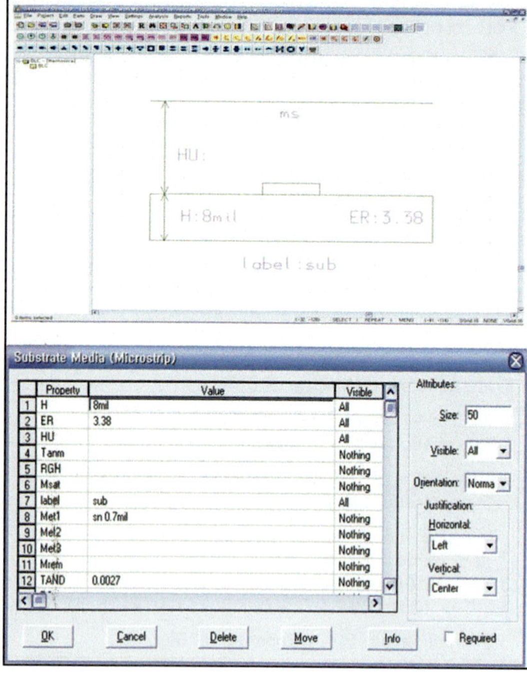

■ **Substrate Media 불러오기**

(Page 12 " 기판 정의 " 참조)

1. Toolbar 에서 "Substrate Media(Microstrip)" click 후 Schematic window로 drag or
2. Main menu → Parts → Substrate Media → Microstrip 선택
3. Substrate Media icon을 double click 하면 아래 화면과 같은 window 생성됨
   3.1 H → Substrate 높이
   3.2 Er → Substrate Dielectric Constant (비유전율)
   3.3 Met1 → 도체 두께 (Conductivity)
   [sn 0.7mil ← sn : solder를 의미]
   3.4 TAND → Dissipation Factor (손실 탄젠트)
   3.5 Label → sub 입력 (Substrate 의미)

Figure 392. 커플러 설계(4)

2.3 Branch line Coupler Design(3)

■ **Linear Frequency 불러오기**

1. Toolbar 에서는 선택하지 못함
2. Main menu → Parts → Control Blocks → Linear Frequency 선택
3. Linear Frequency icon을 double click 하면 아래 화면과 같은 window 생성됨
   3.1 Freq → Step 8GHz 12GHz 100MHz

   (Simulation 하고자 하는 start / stop / step을 입력 이때, 맨 처음에 step 명령어 입력)

Figure 393. 커플러 설계(5)

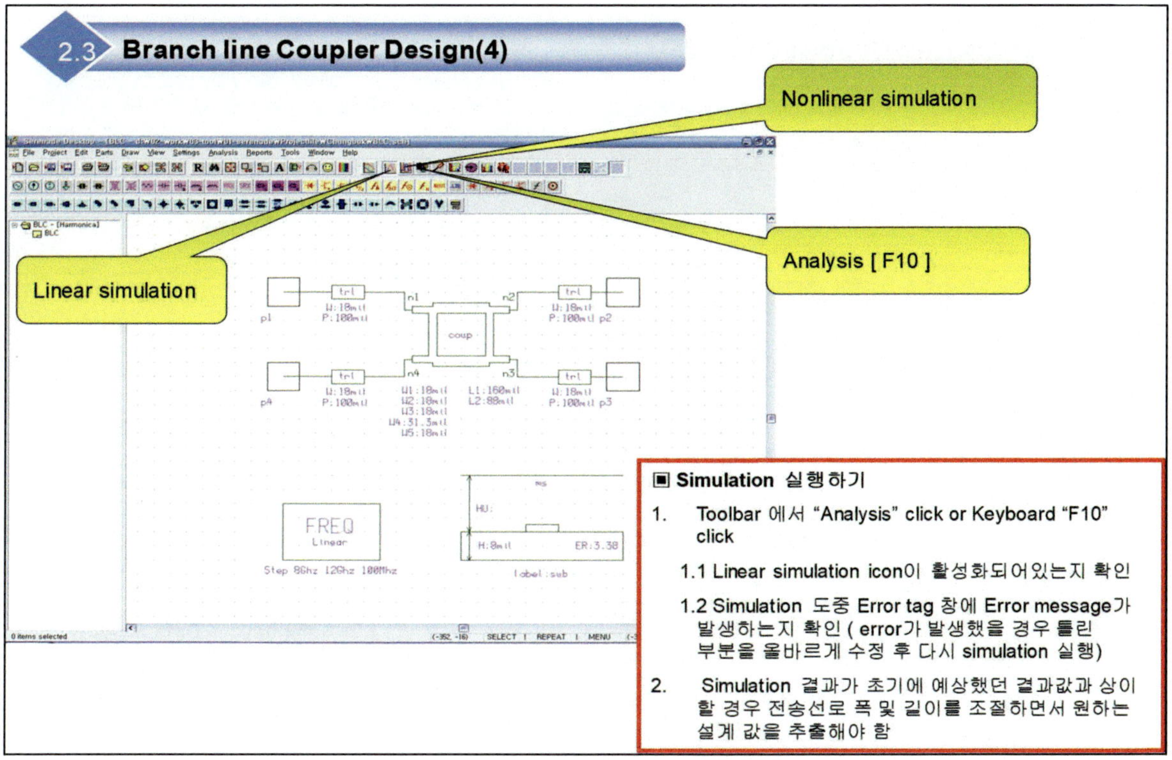

Figure 394. 커플러 설계(6)

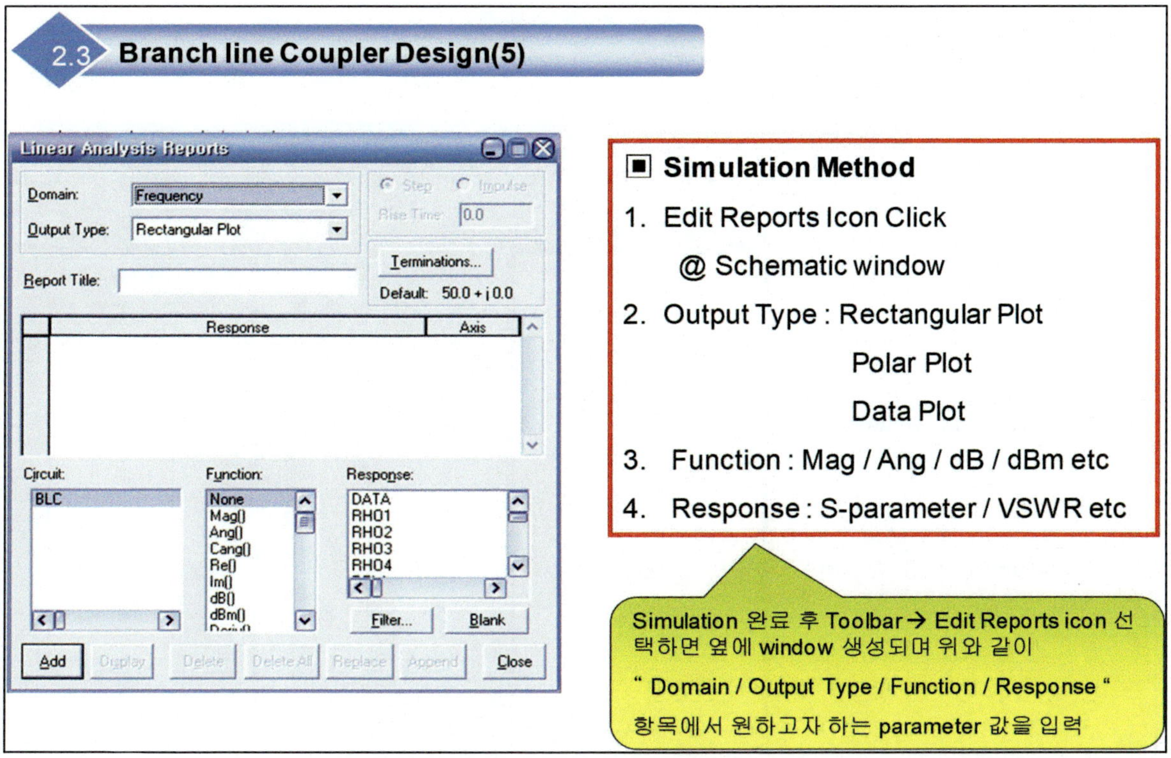

Figure 395. 커플러 설계(7)

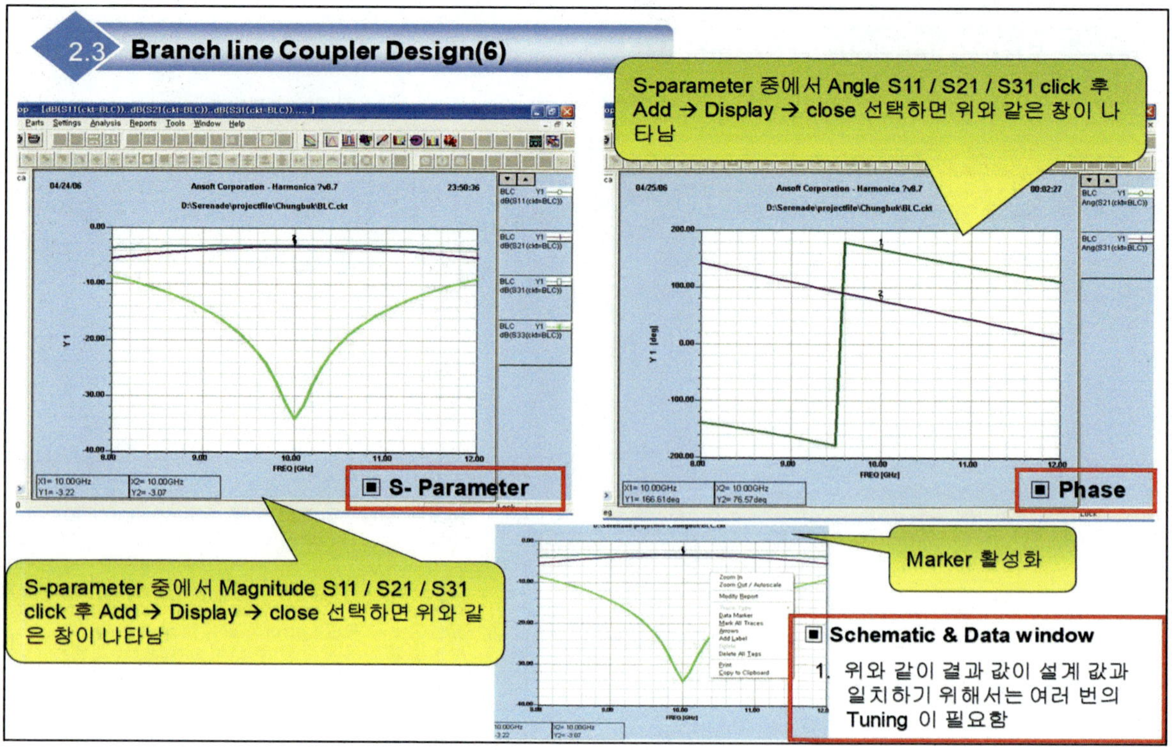

Figure 396. 커플러 설계(8)

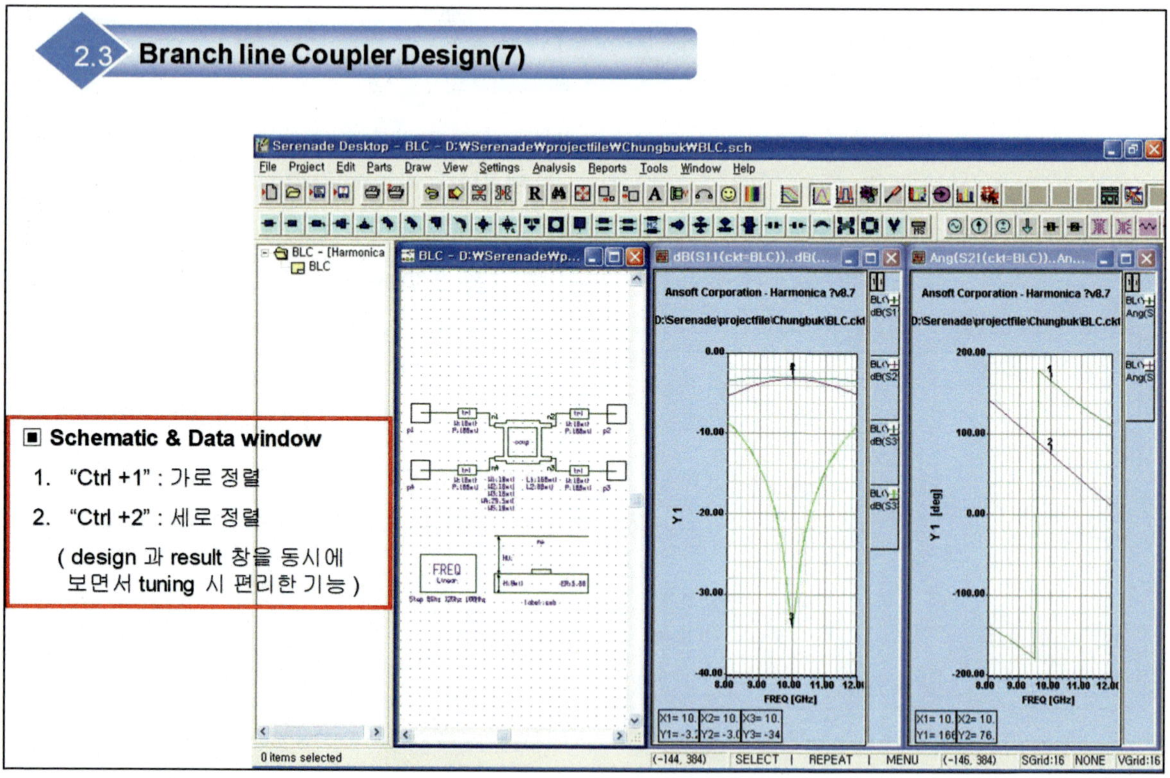

Figure 397. 커플러 설계(9)

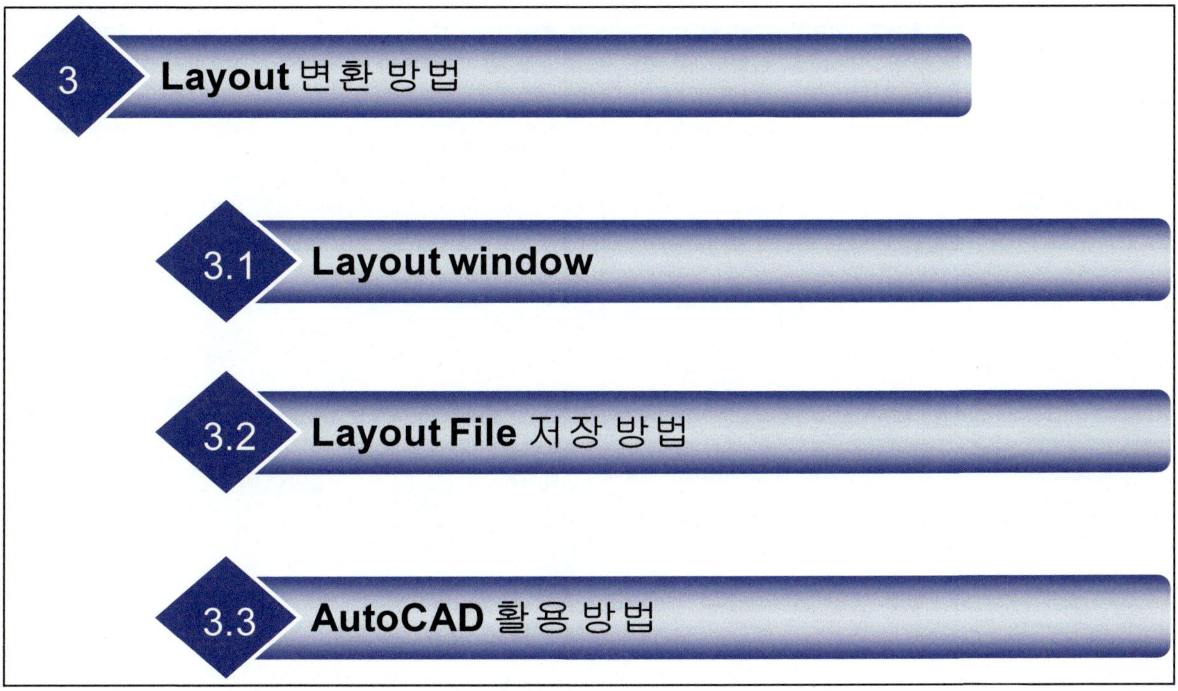

Figure 398. SERENADE – Layout 변환

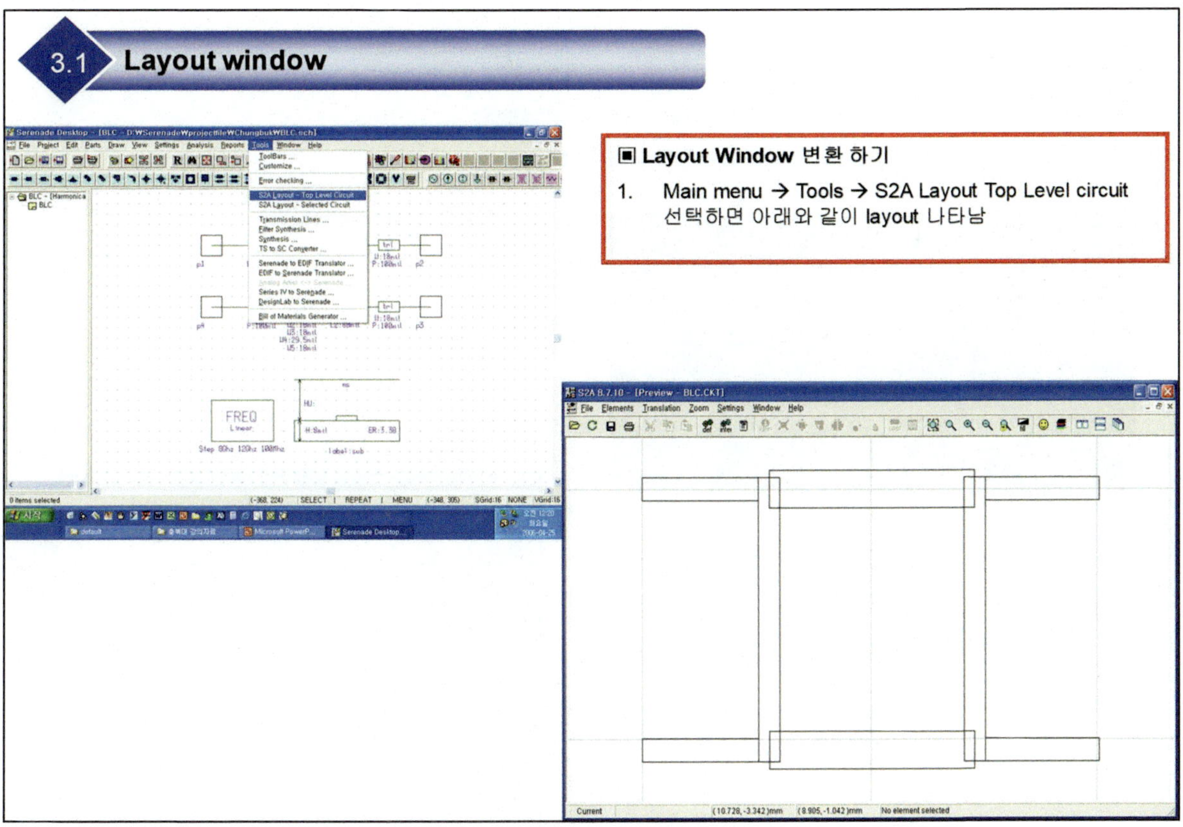

Figure 399. Layout 창

3.2 Layout File 저장 방법

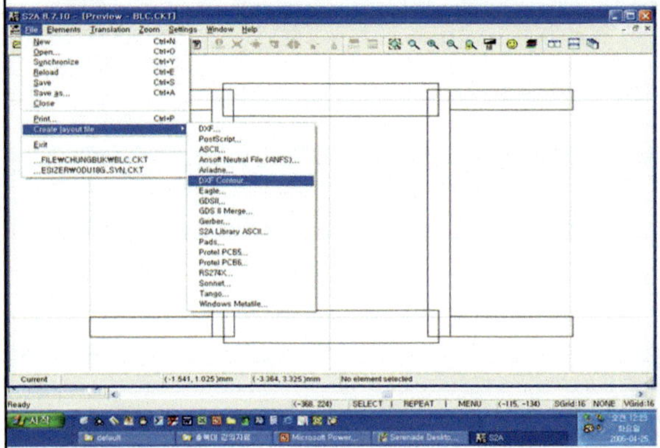

■ **Layout Window 저장 하기**

1. File → Create layout → DXF contour click 후 저장하고자 하는 folder 하위에 임의의 이름 입력 후 저장

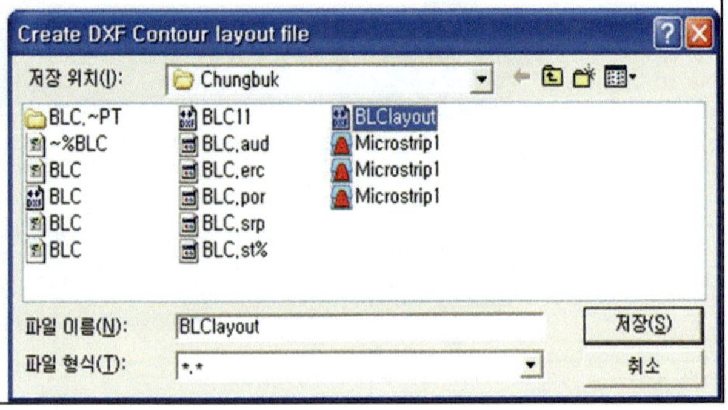

Figure 400. Layout 저장 방법

3.3 AutoCAD 활용 방법

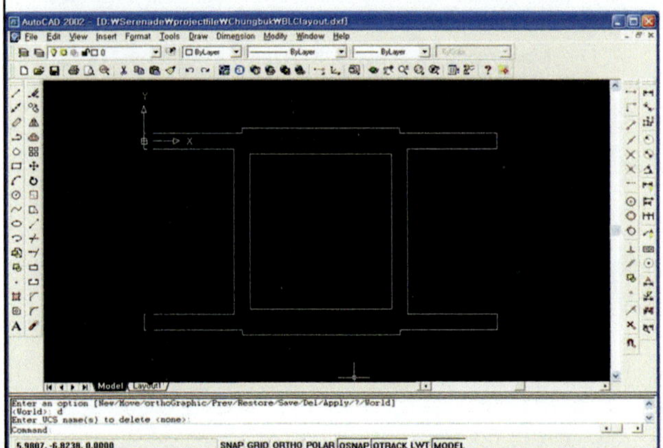

■ 저장된 **Layout** 불러오기

1. AutoCAD 창에서 저장된 DXF file 선택 후 Open

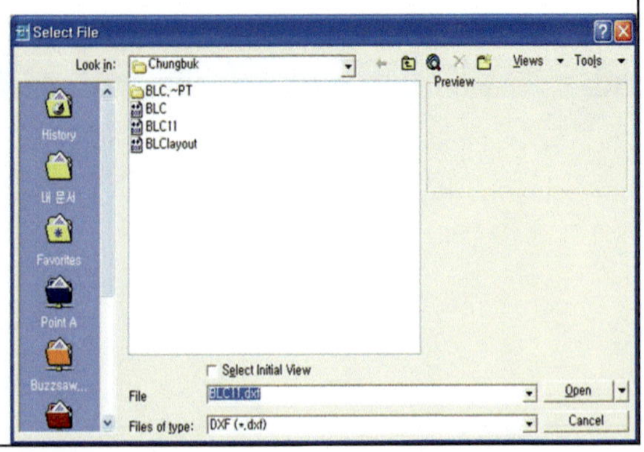

Figure 401. Layout → Autocad로 저장 방법

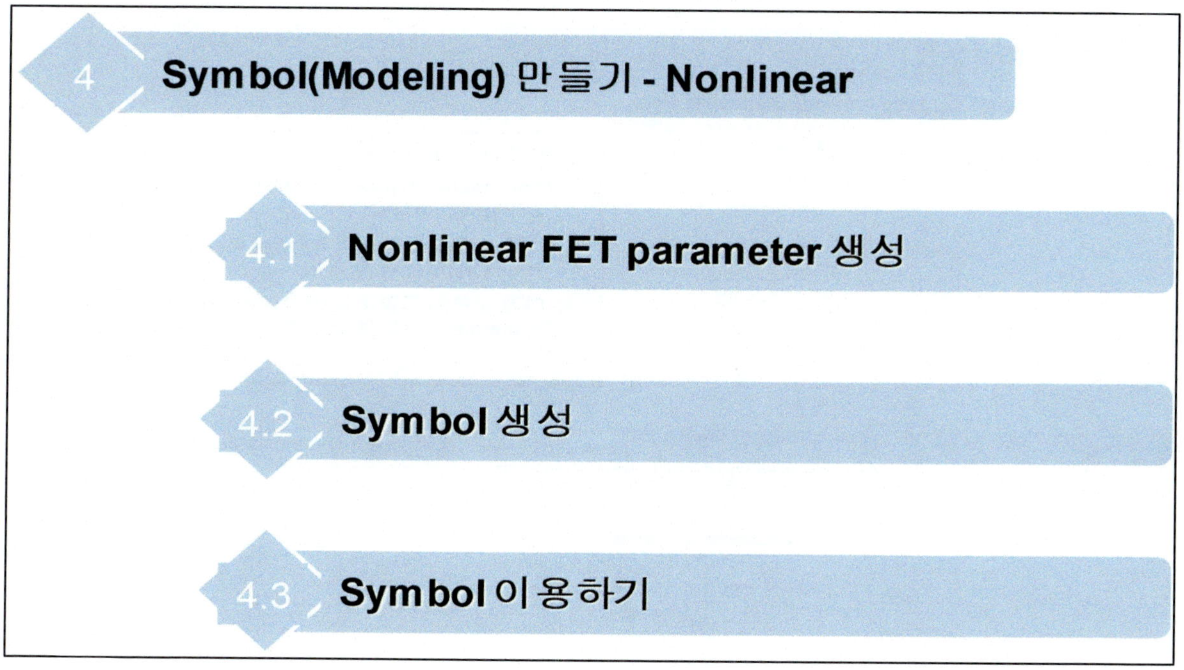

Figure 402. 심벌 만들기

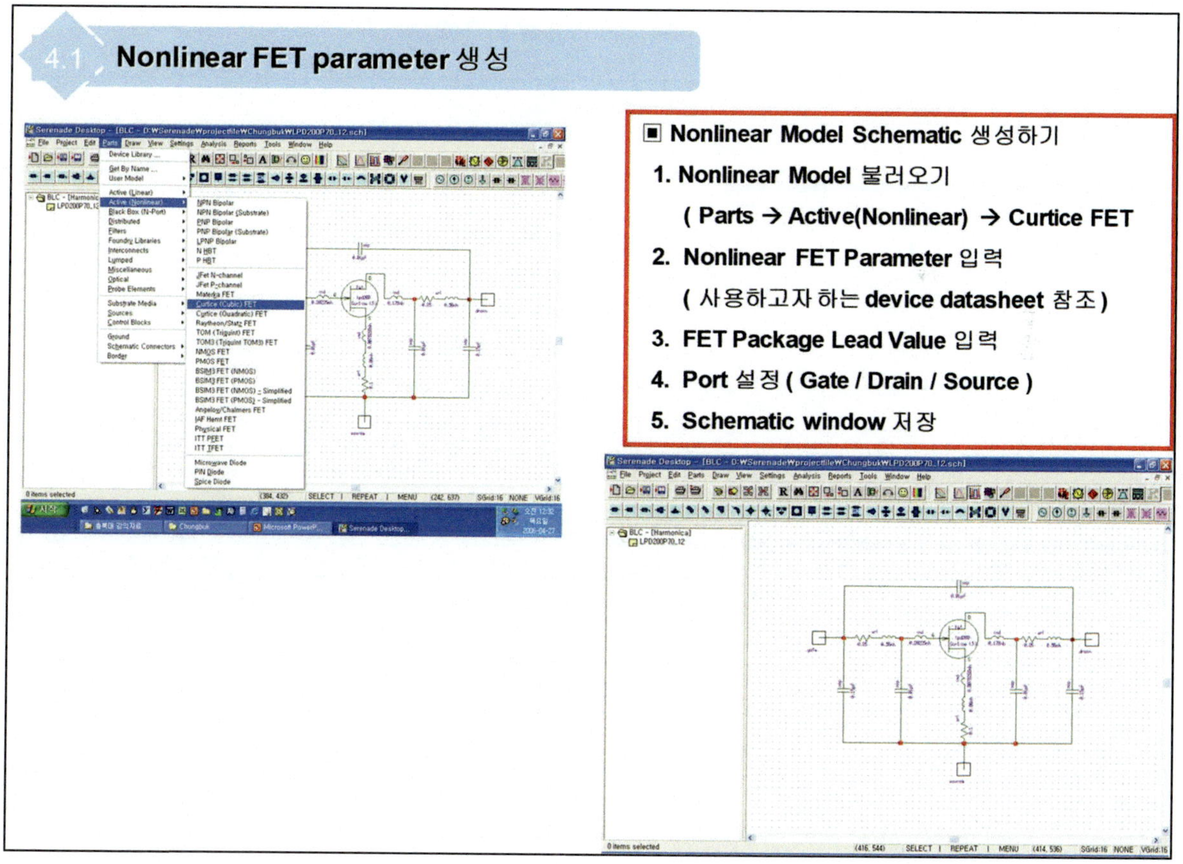

Figure 403. Nonlinear FET(1)

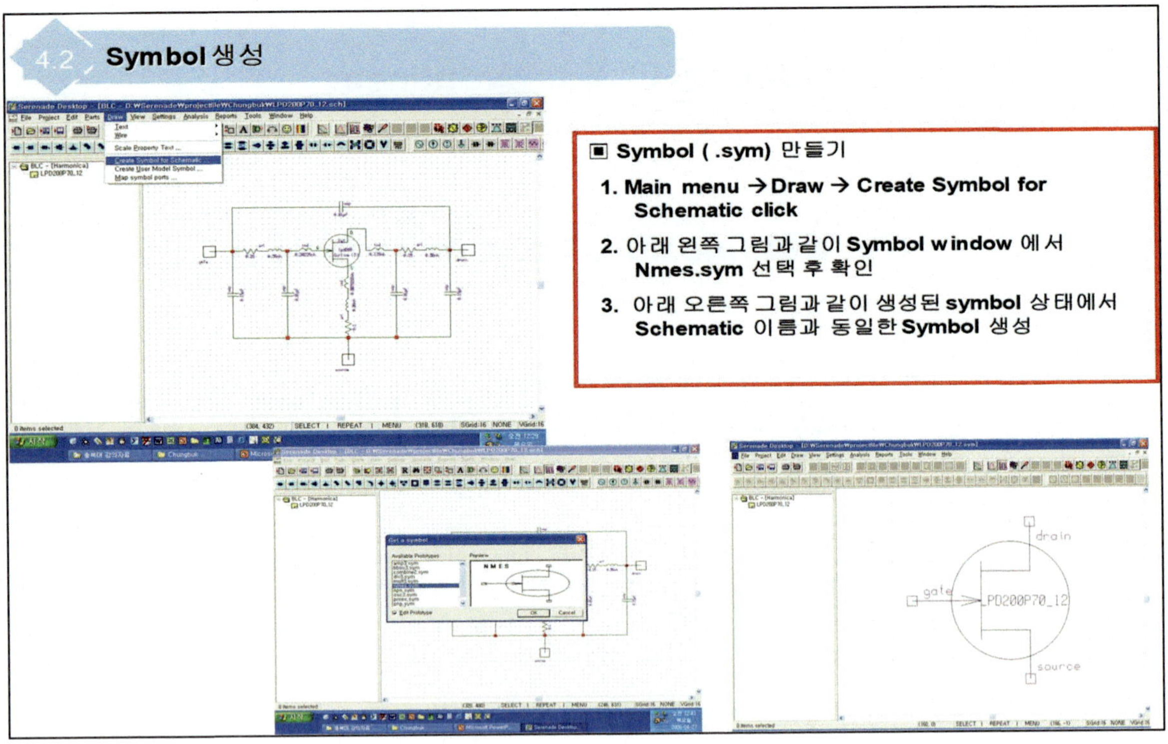

Figure 404. Nonlinear FET(2)

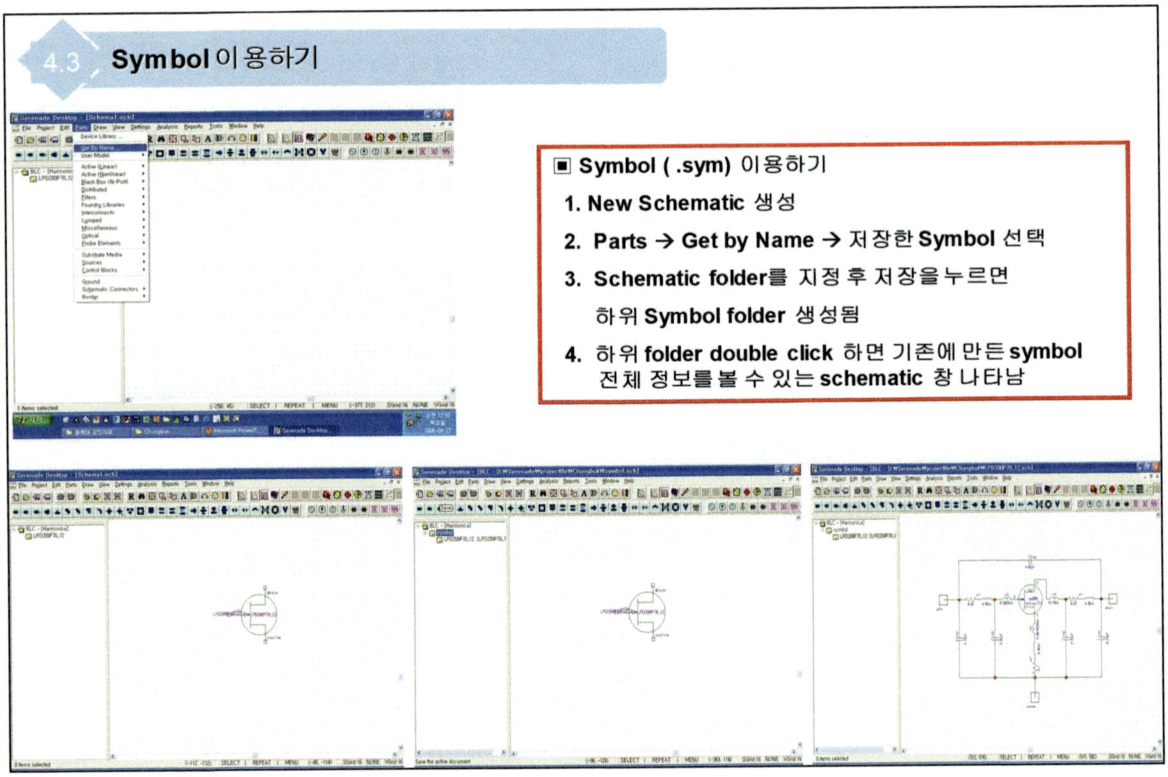

Figure 405. Nonlinear FET(3)

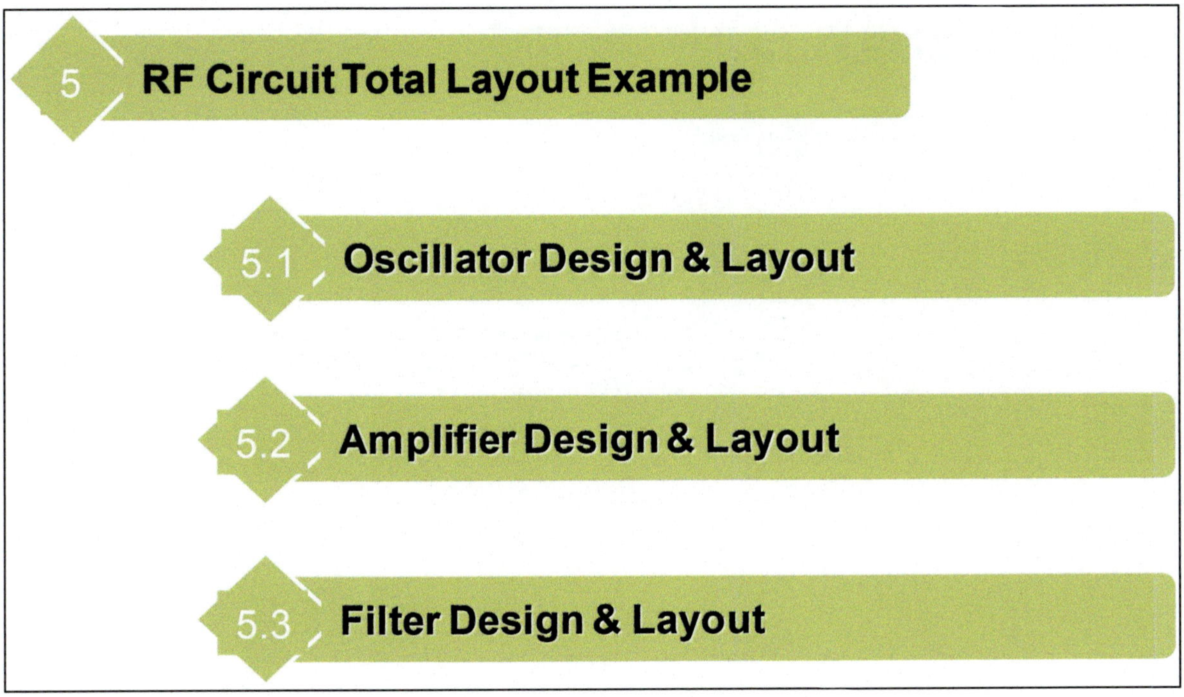

Figure 406. RF Circuit – Total Layout

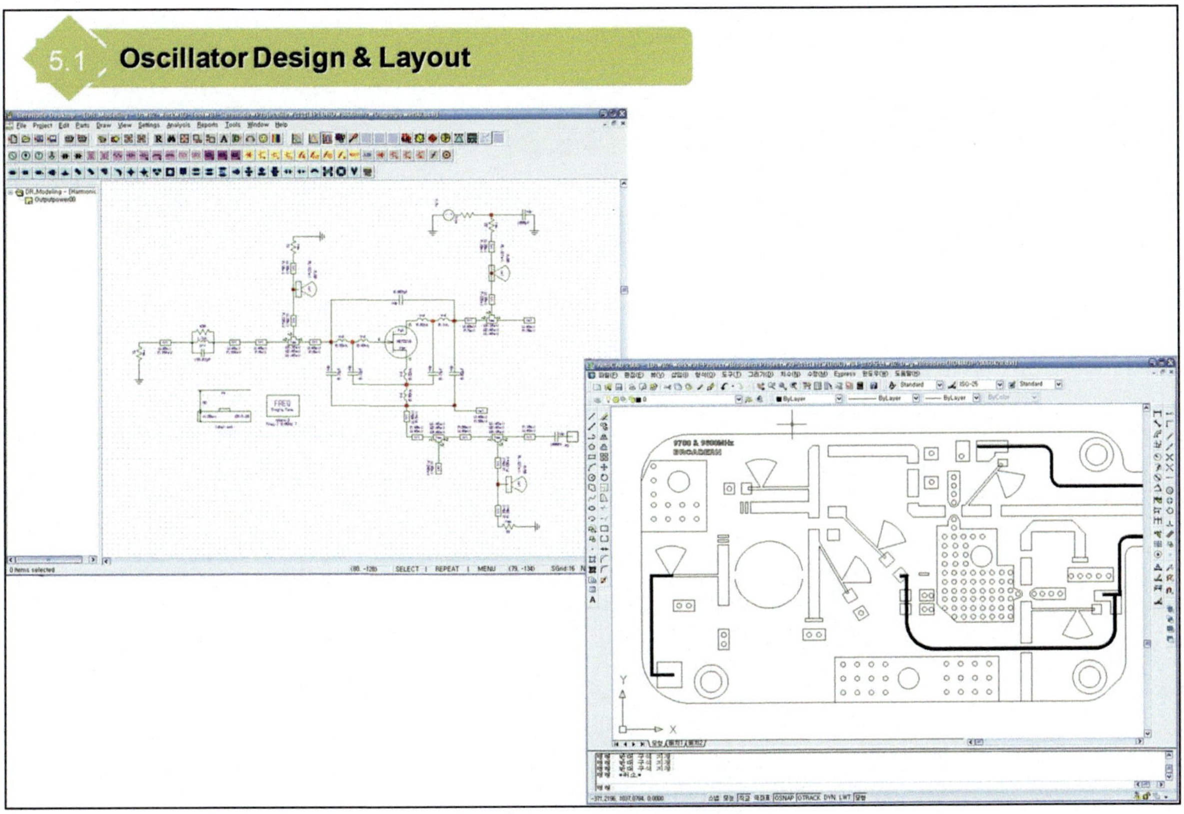

Figure 407. Oscillator Layout

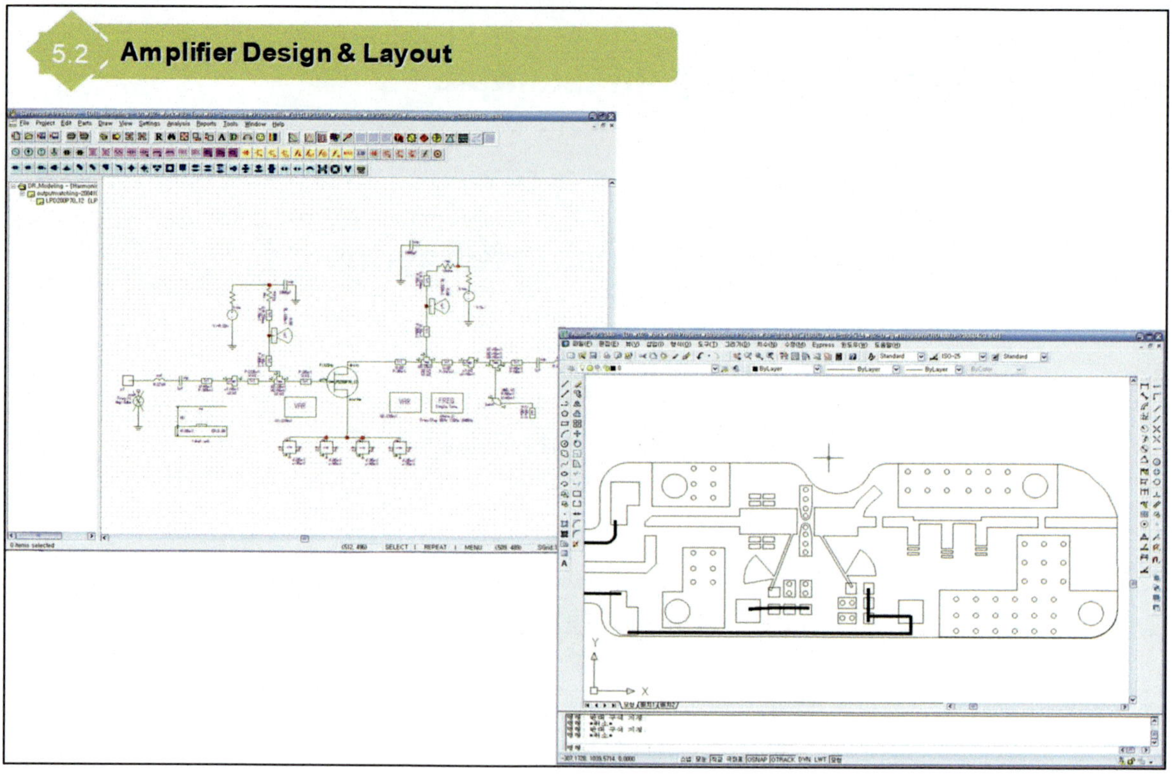

Figure 408. Amplifier Layout

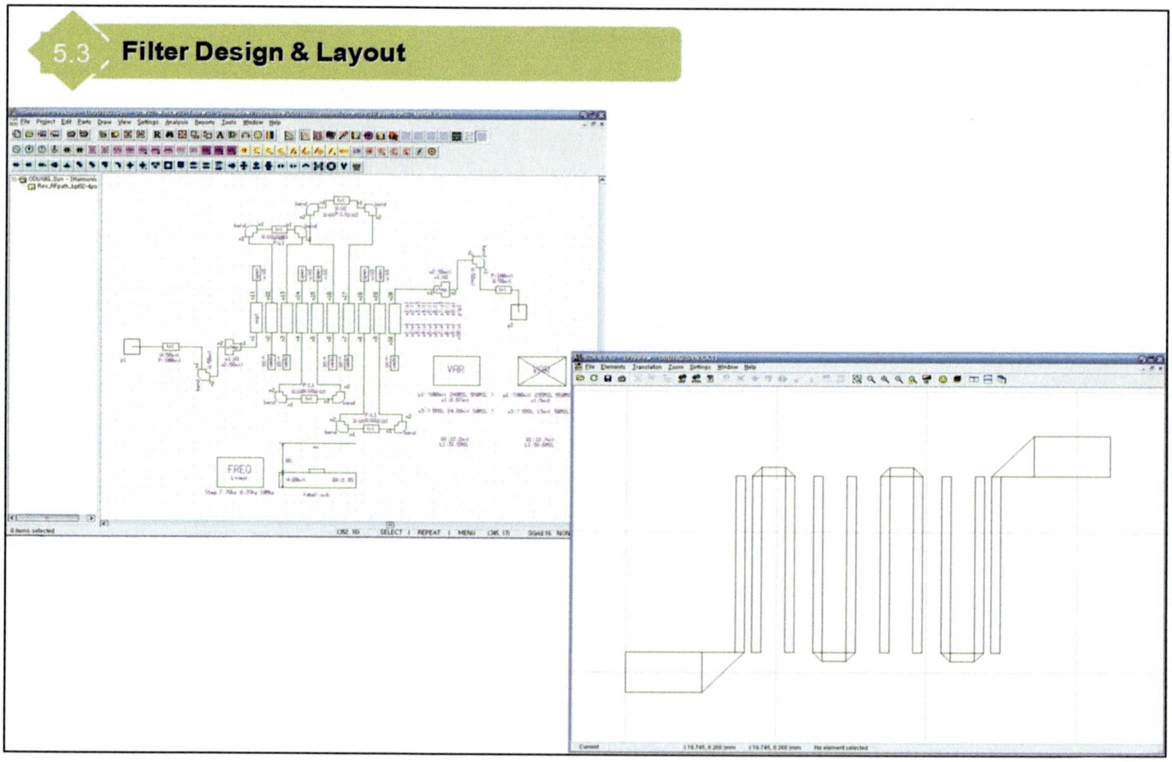

Figure 409. Filter Layout

Chapter 10.1 Appendix

Appendix 1. 전자기학 개념

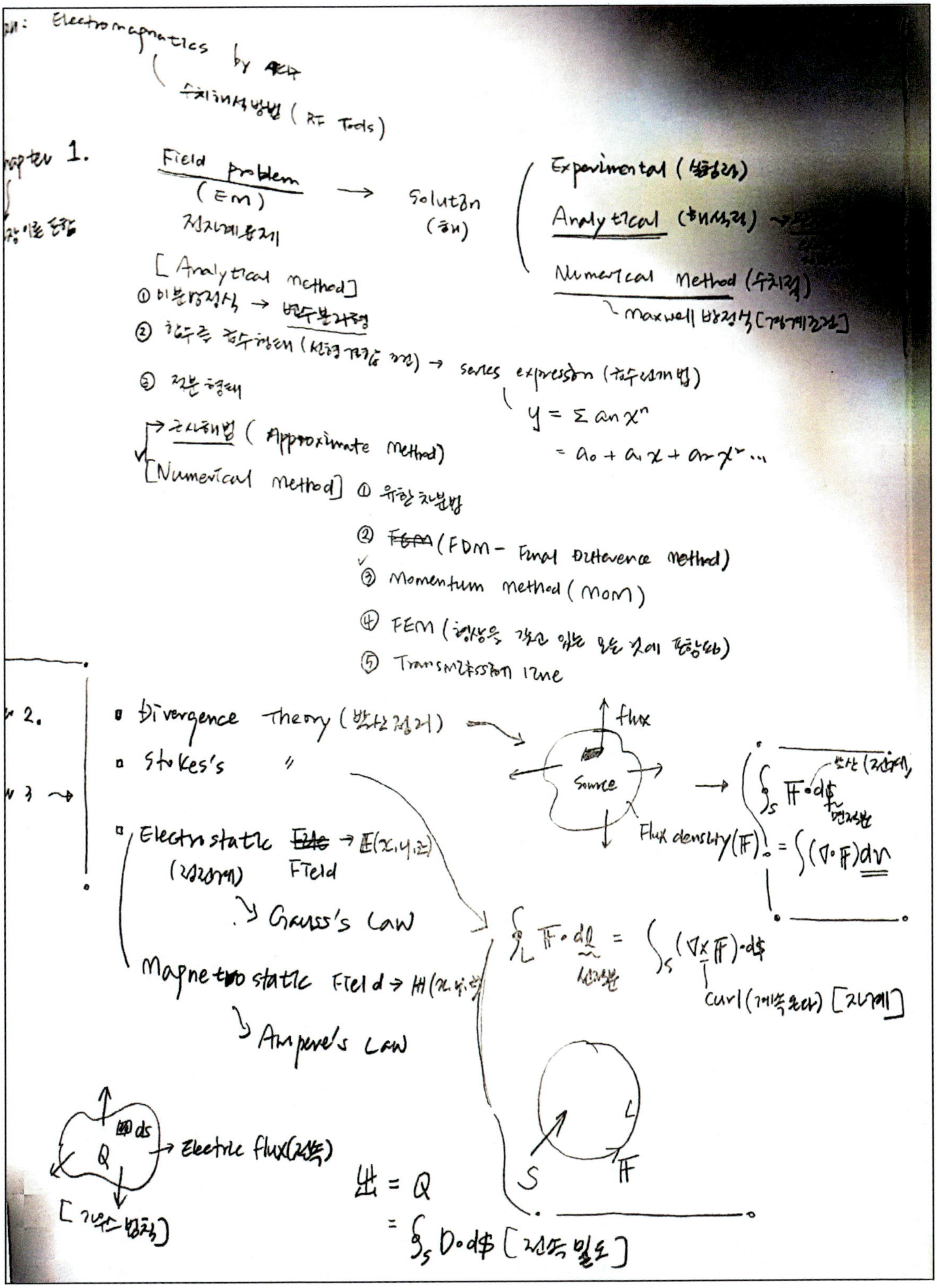
Electromagnetics by
수치해석방법 (RF Tools)
Chapter 1.
Field problem (EM) 전자계문제 → Solution (해)
Experimental (실험값)
Analytical (해석적)
Numerical Method (수치적)
Maxwell 방정식 [경계조건]
[Analytical method]
① 미분방정식 → 변수분리형
② 함수를 급수형태 (선형 계수 ...) → series expression (급수전개법)
$y = \Sigma a_n x^n = a_0 + a_1 x + a_2 x^2 \ldots$
③ 적분 형태
근사해법 (Approximate method)
[Numerical method] ① 유한 차분법
② (FDM - Final Difference method)
③ Momentum method (MoM)
④ FEM (형상을 갖고 있는 모든 것에 통용됨)
⑤ Transmission line
2.
Divergence theory (발산정리)
Stokes's
Electrostatic Field → $E(x, y, z)$
Gauss's Law
Magnetostatic Field → $H(x, y, z)$
Ampere's Law
flux
Source
Flux density (F)
$\oint_S F \cdot dS = \int (\nabla \cdot F) dv$
$\oint_L F \cdot dl = \int_S (\nabla \times F) \cdot dS$
curl [자계]
Electric flux (전속)
[가우스 법칙]
$= Q$
$= \oint_S D \cdot dS$ [전속 밀도]

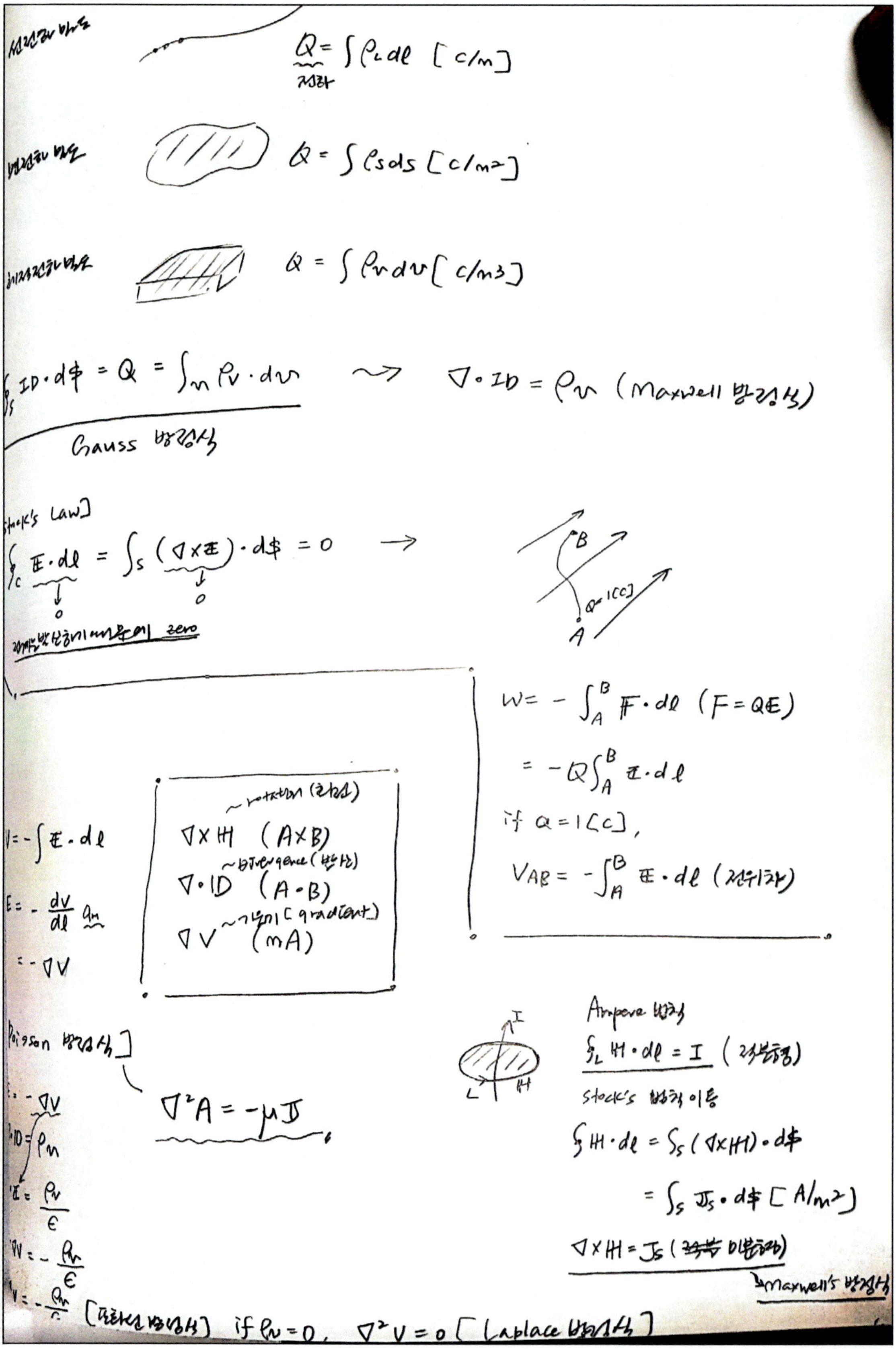

선전하 밀도: $\underset{\text{전하}}{Q} = \int \rho_L dl$ [C/m]

면전하 밀도: $Q = \int \rho_s ds$ [C/m²]

체적전하 밀도: $Q = \int \rho_v dv$ [C/m³]

$\oint_s D \cdot dS = Q = \int_v \rho_v \cdot dv \rightsquigarrow \nabla \cdot D = \rho_v$ (Maxwell 방정식)

Gauss 방정식

[Stock's law]

$\oint_c E \cdot dl = \int_s (\nabla \times E) \cdot dS = 0 \rightarrow$ (both terms ↓ 0)

[illegible] 발산하기 때문에 zero

$W = -\int_A^B F \cdot dl \quad (F = QE)$

$= -Q\int_A^B E \cdot dl$

if $Q = 1$[C],

$V_{AB} = -\int_A^B E \cdot dl$ (전위차)

$V = -\int E \cdot dl$

$E = -\frac{dV}{dl} a_n$

$= -\nabla V$

$\nabla \times H$ $(A \times B)$ ~ rotation (회전)

$\nabla \cdot D$ $(A \cdot B)$ ~ divergence (발산)

∇V (mA) ~ 기울기 [gradient]

Ampere 법칙

$\oint_L H \cdot dl = I$ (적분형)

Stock's 법칙 이용

$\oint H \cdot dl = \int_s (\nabla \times H) \cdot dS$

$= \int_s J_s \cdot dS$ [A/m²]

$\nabla \times H = J_s$ (~~적분형~~ 미분형)

→ Maxwell's 방정식

[Poisson 방정식]

$\nabla^2 A = -\mu J$

$E = -\nabla V$

$\nabla \cdot D = \rho_v$

$\nabla \cdot E = \frac{\rho_v}{\epsilon}$

$\nabla \cdot \nabla V = -\frac{\rho_v}{\epsilon}$

$\nabla^2 V = -\frac{\rho_v}{\epsilon}$ [포아송 방정식] if $\rho_v = 0$, $\nabla^2 V = 0$ [Laplace 방정식]

$\mathbb{D} = \epsilon \mathbb{E} \rightarrow$ Electric field
([illegible])

$\mathbb{B} = \mu \mathbb{H} \rightarrow$ magnetic field

$\{\varepsilon, \mu, \sigma\}$ 특히 구성요소

$\oint_s \mathbb{D} \cdot d\mathbb{S} = Q$

$\oint_s \mathbb{B} \cdot d\mathbb{S} = 0 \Longrightarrow \int_v (\nabla \cdot \mathbb{B})\, dv = 0 \rightarrow \underline{\nabla \cdot \mathbb{B} = 0}$

$\Phi = \int_s \mathbb{B} \cdot d\mathbb{S}$
([illegible])

Maxwell's Equation

미분방정식

$$\oint_s \mathbb{D} \cdot d\mathbb{S} = Q \longleftrightarrow \nabla \cdot \mathbb{D} = \rho_v$$

$$\oint_c \mathbb{E} \cdot d\mathbb{l} = 0 \longleftrightarrow \nabla \times \mathbb{E} = 0$$

$$\oint_s \mathbb{B} \cdot d\mathbb{S} = 0 \longleftrightarrow \nabla \cdot \mathbb{B} = 0$$

$$\oint_c \mathbb{H} \cdot d\mathbb{l} = I \longleftrightarrow \nabla \times \mathbb{H} = J$$

$[\mathbb{D} = \epsilon \mathbb{E},\ \mathbb{B} = \mu \mathbb{H}]$

EM problem

Source J, ρ_v $\longrightarrow$ $\mathbb{E}, \mathbb{H}$

Source $\rightarrow$ Potential $\longrightarrow$ Electric Field

ρ_v $\qquad \nabla^2 V = -\frac{\rho_v}{\epsilon}$ $\qquad E = -\nabla V$

$J \longrightarrow A$ (magnetic potential) $\longrightarrow H$

$$\begin{cases} \mathbb{E} = -\nabla V & \text{(Electric potential)} \\ \mathbb{B} = \nabla \times A \end{cases}$$

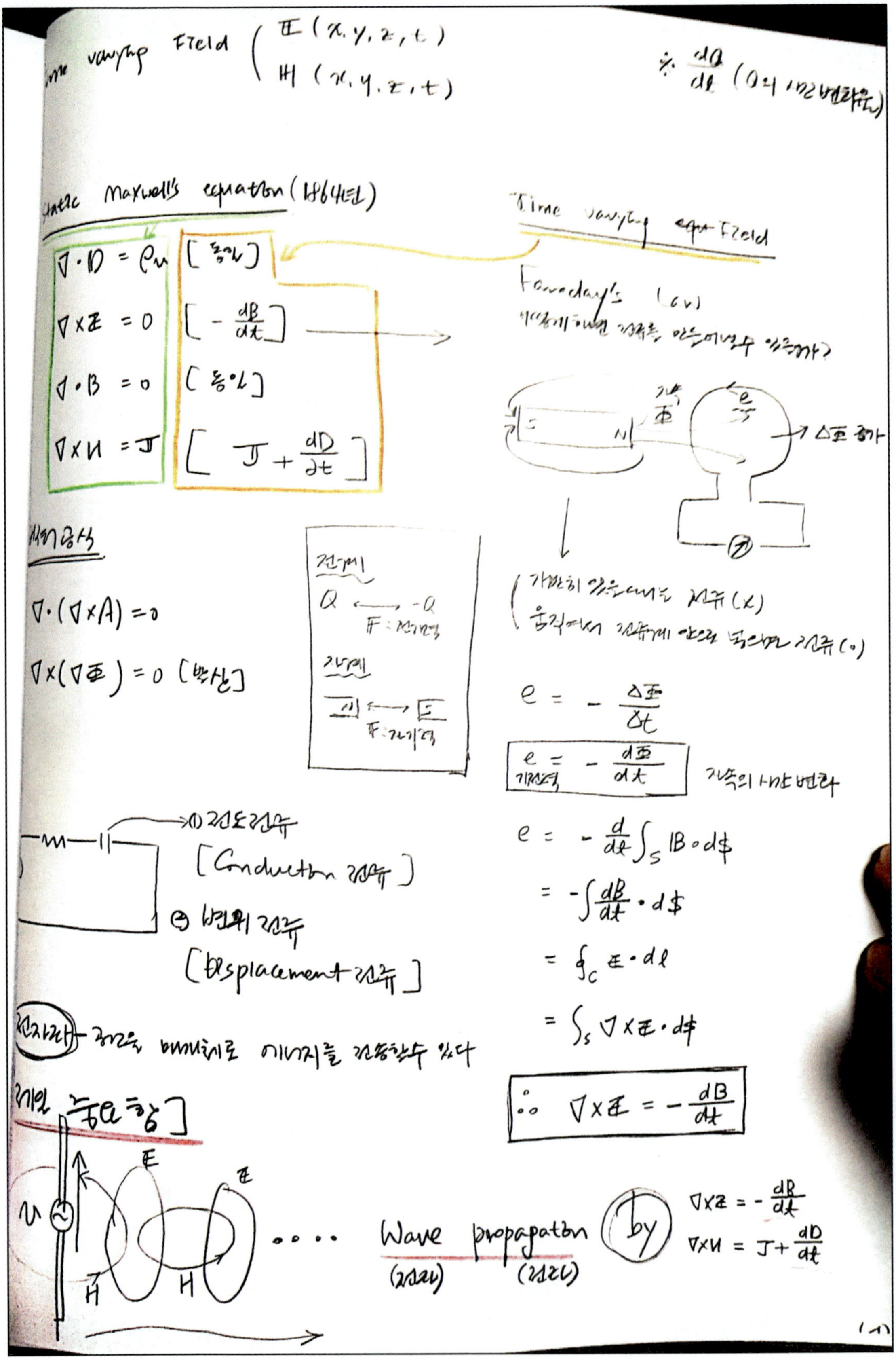

Time varying Field ($E(x, y, z, t)$, $H(x, y, z, t)$)

※ $\frac{d\Phi}{dt}$ (Φ의 시간 변화율)

Static Maxwell's equation (1864년)

Time varying em Field

Static	Time varying
$\nabla \cdot D = \rho_v$	[동일]
$\nabla \times E = 0$	$[-\frac{dB}{dt}]$
$\nabla \cdot B = 0$	[동일]
$\nabla \times H = J$	$[J + \frac{dD}{dt}]$

Faraday's law

어떻게 하면 전류를 만들어낼 수 있을까?

자속 Φ, e, $\Delta\Phi$ 증가

가만히 있을 때는 전류(X)
움직여서 자속에 따라 흐르면 전류(O)

$$e = -\frac{\Delta\Phi}{\Delta t}$$

$$e = -\frac{d\Phi}{dt}$$ (기전력) 자속의 시간 변화

$$e = -\frac{d}{dt}\int_S B \cdot dS = -\int \frac{dB}{dt} \cdot dS = \oint_C E \cdot dl = \int_S \nabla \times E \cdot dS$$

$$\therefore \nabla \times E = -\frac{dB}{dt}$$

벡터공식

$\nabla \cdot (\nabla \times A) = 0$

$\nabla \times (\nabla \Phi) = 0$ [발산]

전계: Q ←→ −Q, F : 전기력
자계: N ←→ S, F : 자기력

① 전도전류 [Conduction 전류]
② 변위전류 [Displacement 전류]

전자파 - 공간을 매개체로 에너지를 전송할 수 있다

[기억 중요함]

E, H … Wave propagation (전자파) (전파) by $\nabla \times E = -\frac{dB}{dt}$, $\nabla \times H = J + \frac{dD}{dt}$

Chapter 10.2 Appendix

Appendix 1. SCIE

JOURNAL OF ELECTROMAGNETIC ENGINEERING AND SCIENCE, VOL. 18, NO. 3, 188~198, JUL. 2018

https://doi.org/10.26866/jees.2018.18.3.188
ISSN 2234-8395 (Online) · ISSN 2234-8409 (Print)

Front-End Module of 18–40 GHz Ultra-Wideband Receiver for Electronic Warfare System

Yuseok Jeon[1,*] · Sungil Bang[2]

Abstract

In this study, we propose an approach for the design and satisfy the requirements of the fabrication of a small, lightweight, reliable, and stable ultra-wideband receiver for millimeter-wave bands and the contents of the approach. In this paper, we designed and fabricated a stable receiver with having low noise figure, flat gain characteristics, and low noise characteristics, suitable for millimeter-wave bands. The method uses the chip-and-wire process for the assembly and operation of a bare MMIC device. In order to compensate for the mismatch between the components used in the receiver, an amplifier, mixer, multiplier, and filter suitable for wideband frequency characteristics were designed and applied to the receiver. To improve the low frequency and narrow bandwidth of existing products, mathematical modeling of the wideband receiver was performed and based on this spurious signals generated from complex local oscillation signals were designed so as not to affect the RF path. In the ultra-wideband receiver, the gain was between 22.2 dB and 28.5 dB at Band A (input frequency, 18–26 GHz) with a flatness of approximately 6.3 dB, while the gain was between 21.9 dB and 26.0 dB at Band B (input frequency, 26–40 GHz) with a flatness of approximately 4.1 dB. The measured value of the noise figure at Band A was 7.92 dB and the maximum value of noise figure, measured at Band B was 8.58 dB. The leakage signal of the local oscillator (LO) was –97.3 dBm and –90 dBm at the 33 GHz and 44 GHz path, respectively. Measurement was made at the 15 GHz IF output of band A (LO, 33 GHz) and the suppression characteristic obtained through the measurement was approximately 30 dBc.

Key Words: Down Converter, Dual Input, EW System, Front-End, Local Oscillator, Ultra-Wideband Receiver.

I. Introduction

To penetrate enemy air defense networks protected by overlapping weapon systems and successfully carry out missions, combat aircraft should be installed with electronic warfare (EW) weapon systems, which require electronic support (ES) equipment that enables the aircraft to detect and analyze the enemy's electromagnetic wave signals and locate the signal sources precisely [1].

In particular, as the range of frequencies used by various threatening weapon systems such as radar missiles has increased from microwave bands to millimeter wave bands, ultra-wideband receivers (18–40 GHz) are necessary to receive signals that have very high frequencies [2–4]. Therefore, numerous studies on the design of ultra-wideband receivers for millimeter-wave bands suitable for EW systems are underway. However, there are many constraints for the design and fabrication of such wideband receivers [5, 6].

As currently existing wideband receivers made of single modules can only receive signals in bands up to 2–18 GHz, they are insufficient for high-frequency signals in millimeter-wave bands. In addition, as the local oscillator (LO) necessary for frequency

Manuscript received February 13, 2018 ; Revised April 10, 2018 ; Accepted June 2, 2018. (ID No. 20180213-019J)
[1]Research and Development Department, Broadern Inc., Hwaseong, Korea.
[2]Division of Electronic and Electric Engineering, Dankook University, Yongin, Korea.
*Corresponding Author: Yuseok Jeon (e-mail: halsuida@naver.com)

conversion is not implemented in their receiver modules [7], but provided separately with converted frequencies from ES system devices, the phase noise characteristics of the entire receivers are dependent on the performance of other devices, and the size of the entire system increases owing to the separate LO module.

Therefore, the dynamic range (minimum detection level) that can be accepted by the signal processing unit is narrowed, limiting the application of the receivers to the front-end terminals of actual EW systems. In addition, sealing structures are also necessary to avoid signal interference due to other devices in the system environment where the receivers are installed [8, 9].

In this paper, a design approach is proposed to overcome the disadvantages of the existing methods and satisfy the requirements of the ultra-wideband receiver for millimeter-wave bands.

First, the ultra-wideband input frequency range of 18–40 GHz were divided into two bands using 18–26 GHz (Band A) and 26–40 GHz (Band B) band pass filters and these were applied to the frequency mixer input. The designed frequency spectra were such that there was no secondary harmonic component in each band, thereby preventing spurious signals from appearing in the intermediate frequencies (IF, 4–18 GHz).

After applying the external reference frequency of 1 GHz to the LO circuit, common 11 GHz signals were generated to implement 33 GHz (signals of three times of 11 GHz) and 44 GHz (signals four times of 11 GHz) LO frequencies in the receiver module so that the phase noise characteristics are not affected by other devices and the complexity of the circuit was minimized to reduce the size.

Third, a switch was applied to the front-end of the first-end LNA of the ultra-wideband receiver to secure two input ports capable of selectively receiving signals from two antenna paths so that signal incoming from a certain direction can be received more precisely. In addition, since signals coming in from other directions should be blocked to collect only those from a particular direction, single pole double throws (SPDT) were implemented in two layers so that the isolation between ports was at least 60 dBc. In this case, to obtain the targeted isolation characteristics, a wall was mechanically formed along the RF path so that the signals that go over to free spaces other than the transmission line can be blocked.

Fourth, since an EW system is composed of many devices such as antennas, a receiver, downconverter, signal processing unit, and power supply unit, which are connected to each other and installed in the aircraft, a directional coupler (D/C), which is not a switch part is designed and incorporated so that the built-in test (BIT) signals necessary to identify the malfunctioning device after installation can be injected into the front-end of the LNA. This enables the system to check itself for minimizing the deterioration of noise factor characteristics by reducing the losses in RF lines.

Ⅱ. Ultra-Wideband Receiver Structure

In an ultra-wideband receiver, the very weak signals received from the antenna are low-noise amplified in the LNA and transmitted through a high pass filter (HPF) to suppress spurious signals other than the signals to be received and an image reject filter to suppress image signals. These signals are then applied to the frequency mixer and mixed with LO signals so that their frequencies are converted into IF. These resulting signals are transmitted through various kinds of filters, amplifiers, linearizers, and temperature compensation circuits, and finally applied to the signal processing unit. In this case, since the bands of the RF frequencies and the IF frequencies input to the receiver are very wide, the characteristics such as gain flatness, noise factor, and dynamic ranges deteriorate, and since a large number of components are integrated in the receiver and connected to each other, performance deteriorations frequently occur due to the occurrence of mismatch between the parts.

1. RF Section

Super heterodyne receivers (SHRs) use a time multiplexing scheme and are divided into narrow band (NB) SHRs and large band (LB) SHRs according to frequency bands. NB SHRs are used in ELINT systems to receive radiation signals in the surroundings without interference from other signals and LB SHRs are used in detecting or monitoring threatening emitters in high-density pulse environments. Advantages of SHRs include higher sensitivity than crystal video receivers, ability to detect minimum discernable signals from receiver inputs, easy removal of image signals as the image frequencies are far away from each other, and easy suppression of spurious waves [10]. Fig. 1 shows the block diagram of an SHR.

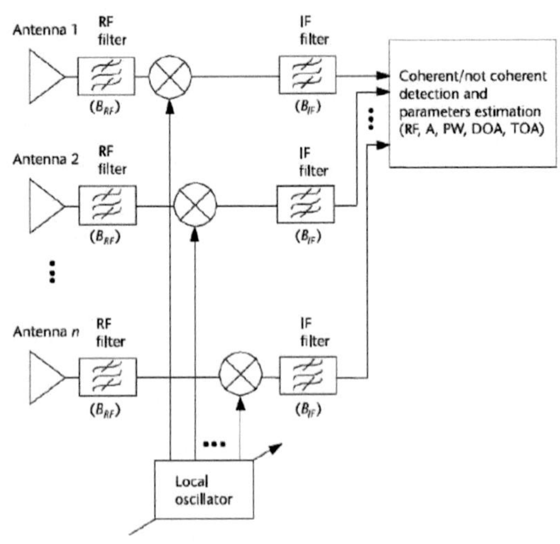

Fig. 1. Typical block diagram of a super heterodyne receiver.

An SHR with excellent sensitivity and dynamic range characteristics, which are the main characteristics required for the millimeter-wave wideband receiver of EW equipment, was selected.

2. LO Section

LOs are circuits necessary to convert the frequency of the wideband receiver. The circuit and mechanical structure of the LO unit determine the performance of the entire receiver because the LO signals not only determine the phase noise characteristics of the entire receiver path, but the leakage signals and spurious signals (external reference signals, multiplied signals, mixed signal, etc.) included in the LO signals also affect the performance of the entire system through the frequency mixer [11]. The comb generator structure with excellent phase noise characteristics and little difficulty in the implementation of the circuit was selected. The harmonic component of input signals is output, while the input signals pass through the step recovery diode (SRD).

The harmonic appears as integer multiples of the input frequency at the output, and band pass filters are used to obtain the desired frequencies [12].

The phase noise of the *N*-multiplied frequency from external reference will be deteriorated by as much as the multiplying factor as per Eq. (1) below.

$$Phase\ Noise = 20LOG10(N) \quad (1)$$

Table 1. Analyzed values of the phase noise (PN) for the comb generator method (dBc/Hz)

	Offset frequency				
	10 Hz	100 Hz	1 kHz	10 kHz	100 kHz
External ref. PN	-70	-100	-130	-140	-155
PN after multiplier (x11)	-49	-79	-109	-119	-134

Fig. 2 shows the block diagram of a comb generator. In particular, it is very important to design the signal generator so that it is not sensitive to the changes in ambient conditions its operation is very sensitive to external factors such as temperatures and vibrations [13]. Therefore, the above-mentioned factors should be considered when designing common sources.

Table 1 showed the analyzed values of the final phase noise of the comb generator method, which were –109 dBc/Hz at 1 kHz offset and –119 dBc/Hz at 10 kHz offset.

III. DESIGN AND SIMULATION

As shown in Fig. 3, the input frequency band was divided into Band A and Band B such that the secondary harmonic component does not exist in the band at the frequency mixer input terminal, thereby enabling the advance removal of mixed components in the band that may occur after down-conversion.

To compensate for such problems, the frequency conversion in the ultra-wideband receiver proposed in this paper was designed to minimize the complexity of the LO unit circuit and to output the LO frequency as a fixed frequency instead of variable frequencies to prevent the deterioration of the characteristics of phase noises and to enable spurious signal suppression to obtain an advantageous frequency spectra as the LO frequency is a single frequency. In addition, individual parts are connected with each other for fabrication and tests using microstrip lines or short RF cables and to reduce the mismatch in this case, additional tuning is also necessary.

1. RF Section

Fig. 4 shows the block diagram of the RF unit of the ultra-wideband receiver designed in this study, with the two input ports of the receiver indicated using a dotted line on the upper part. The lower part indicated with a blue dotted line shows the block diagram of an LO circuit designed in this study, for which

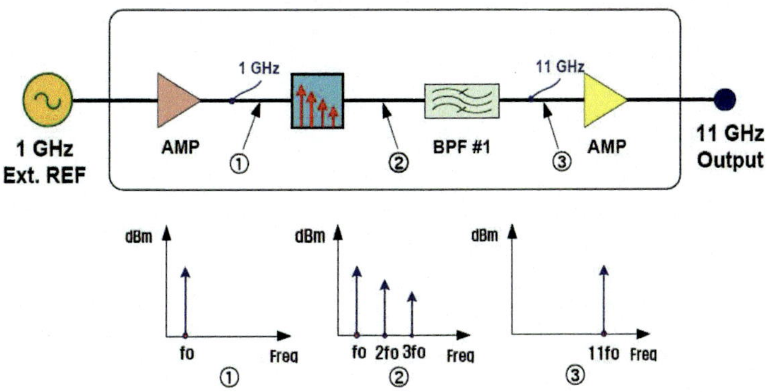

Fig. 2. Block diagram of a general comb generator method.

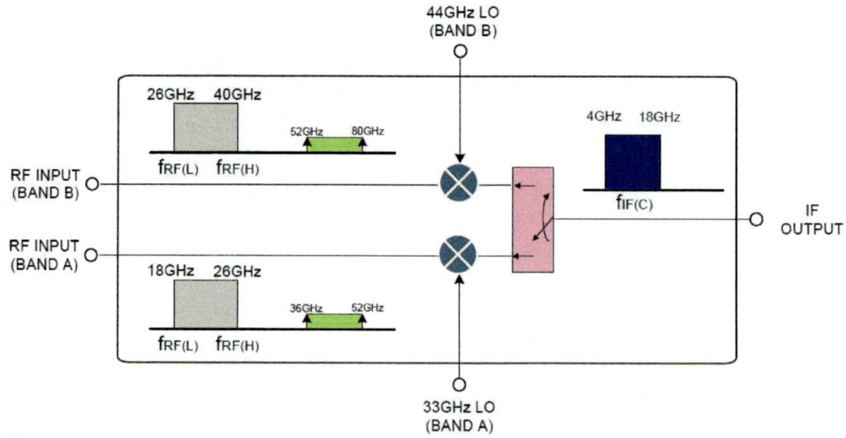

Fig. 3. Block diagram of the mixed signals in the IF band for 18–40 GHz ultra-wideband receiver.

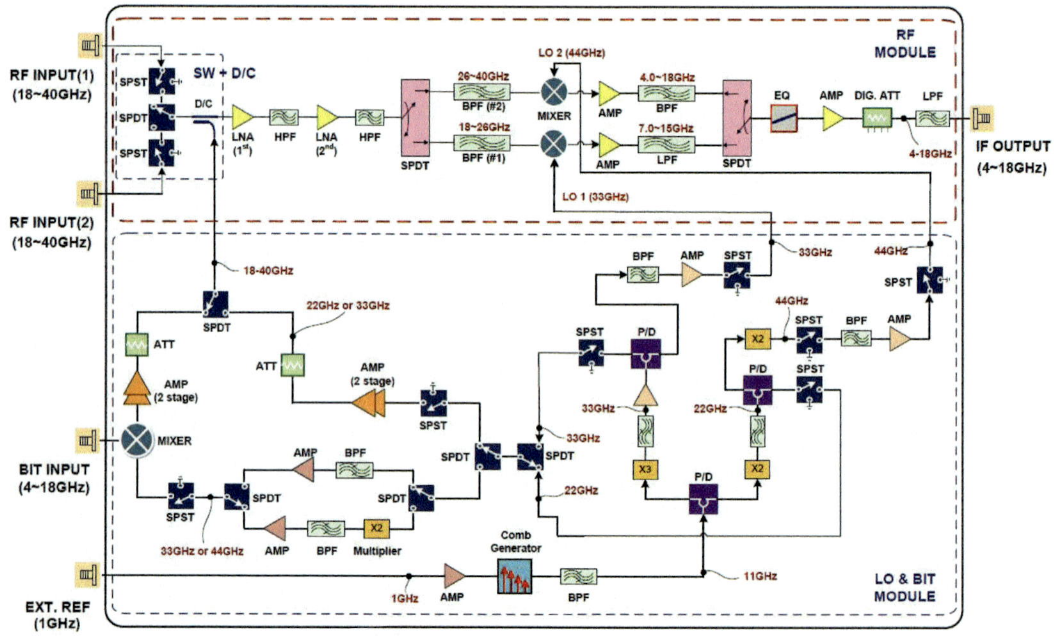

Fig. 4. Block diagram of RF unit of wideband down converter.

only the 1-GHz external reference frequency was supplied, and the LO frequency and BIT signals were internally implemented.

1.1 Noise figure analysis

The designed first-end LNA is installed at the rear end of the SPST, SPDT, and D/C, as it should structurally secure the two input ports to satisfy the future requirements of EW systems. As the frequency increased, the noise factor of the LNA device was 3.5 dB, indicating poor characteristics and if the deterioration of 4.80 dB due to the loss at the front-end is added, the noise figure until the first-end of the LNA can be expected to be approximately 8.30 dB.

1.2 Spurious analysis

As can be seen in Fig. 5, unwanted frequencies outside the band intrude into the signals received by the antenna. In this case, after passing the signals through the LNA, an HPF is used to suppress spurious signals in low frequency bands at point B.

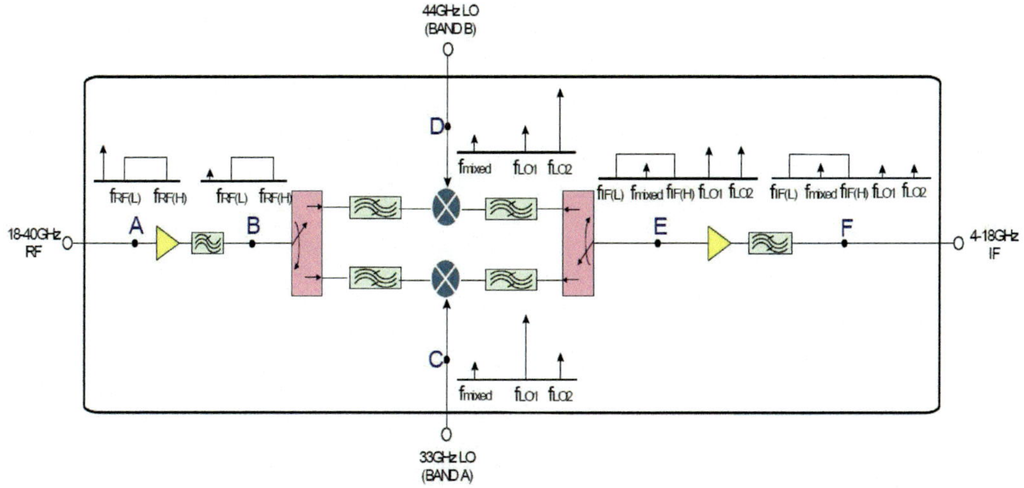

Fig. 5. Block diagram of frequency spectrum of the entire RF.

Point C (33 GHz) and point D (44 GHz) are the spectra of LO signals for frequency conversion, and it can be seen that spurious signals other than the desired signals are generated by many components such as the multiplier and filters after phase synchronization with the 1-GHz external reference frequency, until the signals obtain the final output frequency. When these frequencies have gone through the mixer, as with point E, in addition to the desired IF frequency band, LO signals (f_{LO1}, f_{LO2}) and 11 GHz signals, which are mixed signals of two LO frequencies become to exist in the band. At point F where the signals have passed through the low pass filter, LO signals (33 GHz, 44 GHz) can be removed.

1.3 Feed thru design

In general, the impedance is well matched in plane structures, as the direction of progression of the electric field is the same as the transmission line. In the case of vertical structures, impedance mismatching is not common on the side where the core of the feed thru is connected as air spaces can be made mechanically; however, impedance matching through the adjustment of surroundings via holes and tuning is necessary on the opposite side due to weak 50 Ω. In addition, the assembly process is more important than the design. To fix the feed thru to the instrument, an epoxy material is used. The epoxy is hardened for approximately 15 minutes at high temperatures of around 120°C. In this case, if the hardening conditions are not satisfied or fine cracks occur, losses rapidly grow in the ultra-high-frequency band so that the LO signal power supplied to the mixer is reduced [14].

Fig. 6 shows the side view of the structure to which the feed thru is connected. Fig. 7 is the result of simulation of feed thru in a vertical structure, which shows the 33 GHz signal applied from the LO module to the mixer of the RF module. The insertion loss was shown to be not larger than approximately −1.1 dB and the reflection was shown to be not larger than −19 dB.

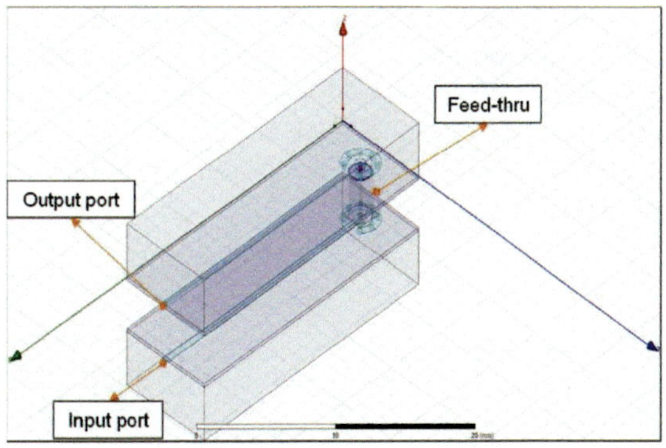

Fig. 6. Vertical structure simulation (3D) using the feed thru.

2. LO Section

Fig. 4 shows a block diagram of an LO circuit designed in this paper, of which only the 1 GHz external reference frequency was licensed, and the LO frequency and external BIT signals were internally implemented as the part marked with a red dotted line (square box on the lower part).

2.1 Comb generator design

To synthesize the LO signals (33 GHz, 44 GHz) using the external reference signal of 1 GHz, the 11 GHz frequency should first be designed using the harmonic component of the comb generator. A step recovery diode (Aeroflex Inc., Plainview,

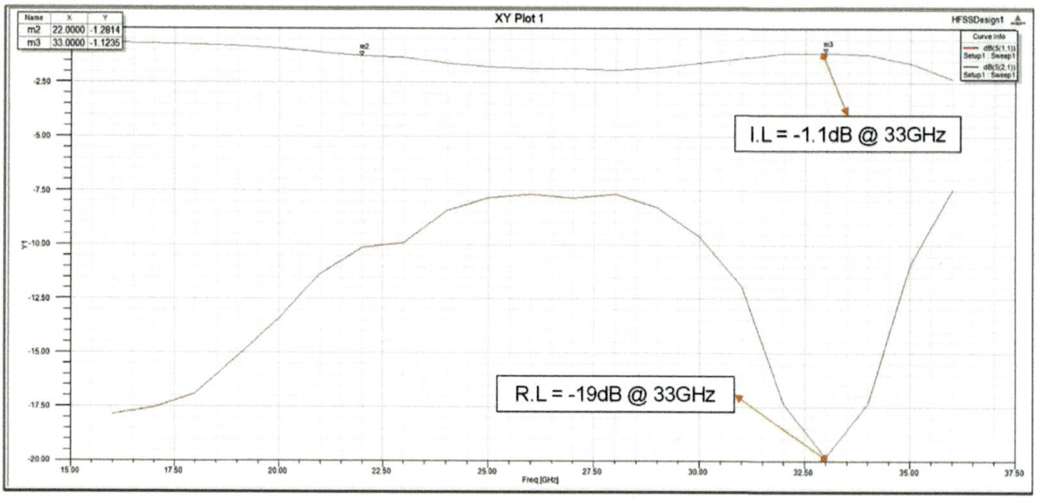

Fig. 7. Result of vertical structure simulation using the feed thru.

NY, USA) was used, while matching was induced using an inductor and capacitor in order to match the low impedance of the SRD input with 50 Ω. A TQP3M9009 amplifier (Triquint, Hillsboro, OR, USA) was used to amplify the low reference signal input power (0 dBm) while driving the SRD. Figs. 8 and 9 show the design and result of the simulation to generate the 11 GHz frequency.

2.2 LO leakage analysis

In Fig. 10, point A is the external reference frequency of 1 GHz provided by the EW system, and at point B, the frequency that remains after passing through the comb generator circuit and band pass filter, which is 11 GHz among the harmonic frequencies that are integer multiple of 1 GHz, can be seen. In this case, suppressing harmonic components other than the 11

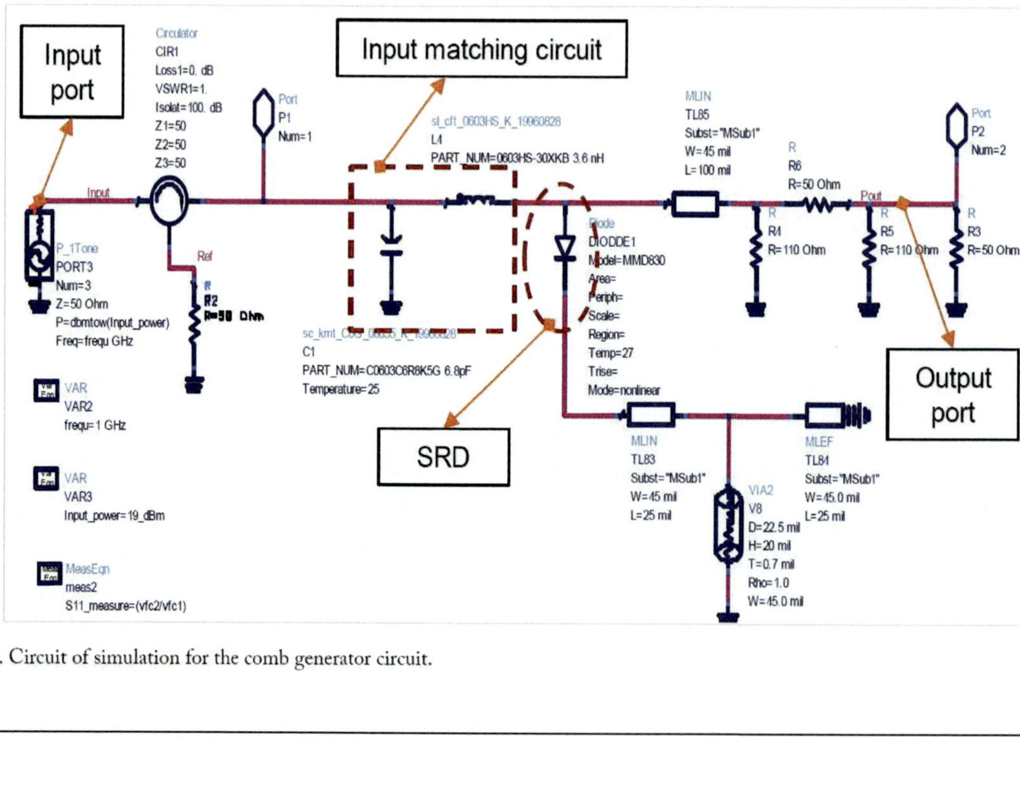

Fig. 8. Circuit of simulation for the comb generator circuit.

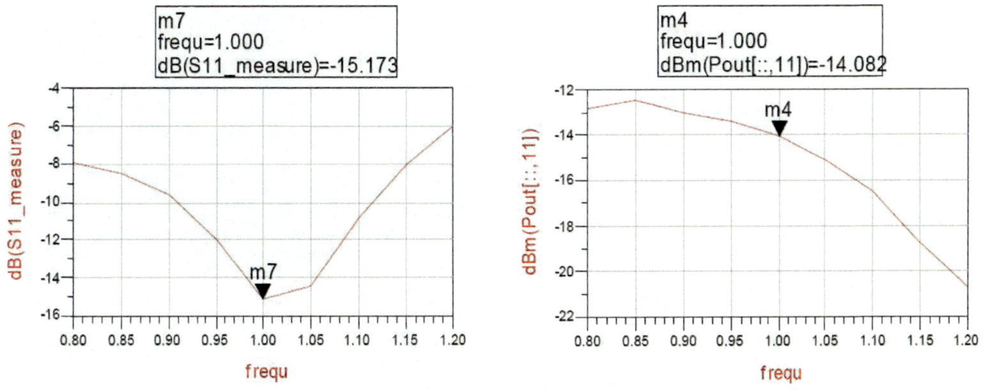

(a) (b)

Fig. 9. Result of the simulation for the comb generator circuit. (a) Reflection coefficient of 11 GHz harmonic signal and (b) output power of the 11th order harmonic signal.

GHz signal is very important. Point C (33 GHz) and point D (44 GHz) are the LO signal spectra for frequency conversion, generated using many components such as the multiplier, filter, and amplifier.

2.3 HPF design

The structure of the 13-pole HPF in the microstrip structure is shown in Fig. 11. The designed HPF PCB information shows that the dielectric constant of the alumina substrate is 9.8 and the height is 0.254 mm.

Fig. 12 shows the design, in which the reflection coefficient is not higher than −12.7 dB and the insertion loss is about −0.6 dB at an LO frequency of 33 GHz. In addition, the rejection value at 22 GHz is about 34 dBc, which was designed so that 22

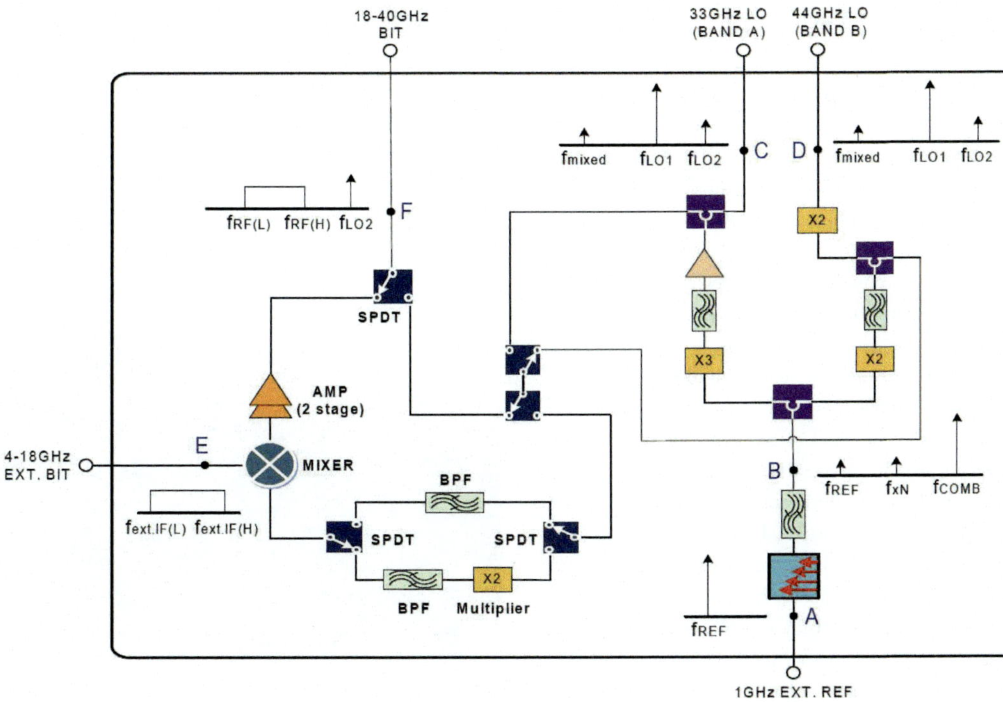

Fig. 10. Block diagram of frequency spectrum for the LO circuit.

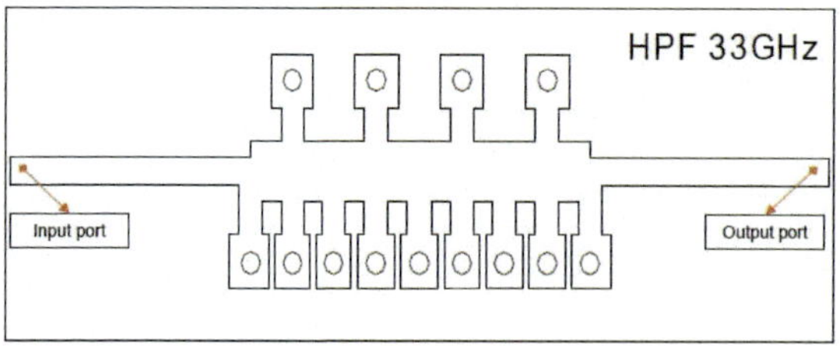

Fig. 11. HPF layout.

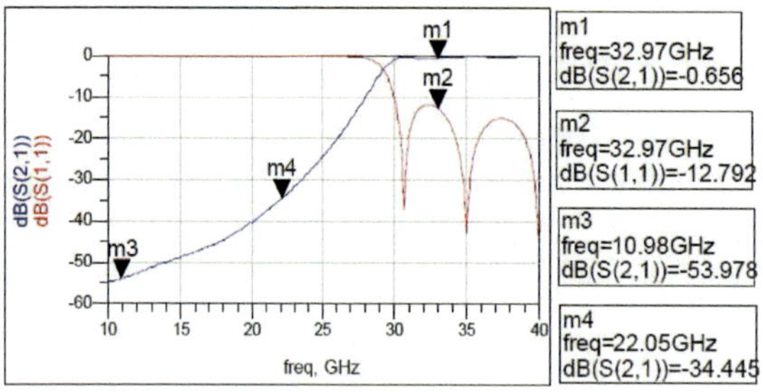

Fig. 12. Results of HPF (33 GHz) simulation.

GHz spurious signals can be sufficiently suppressed when they exist in the 33 GHz path.

IV. Fabrication and Measurement

To design the wideband receiver module having two RF input ports (18–40 GHz), one IF output port (4–18 GHz), a 1-GHz reference port to match the phase of the internal signal source with that of external reference signal sources, and an external BIT input port (4–18 GHz), the RF area and the LO were first designed to be mechanically separated. Sub-module units were assembled in each area and each sub-module was assembled using bare MMIC and Rogers RT/duroid 5880 (thickness, 0.127 mm) PCB to achieve downsizing and weight reduction. When connecting the sub-module units with each other, adaptors such as connectors or bullets were used to minimize losses in ultra-high-frequency bands and the cover was made using an epoxy material so that it can be attached to the body of the instrument. From assembly point of view, RF modules in the very high-frequency 40 GHz range must be assembled using bare MMICs instead of packaged components due to impedance mismatch. After attaching MMIC parts and high-frequency PCB to the mechanical housing, 1 mil wire bonding is used to connect parts and transmission line. This assembly process is called chip-and-wire process.

The entire circuit was implemented, reflecting the values of the sub-unit circuits constituting the RF module verified through simulations. Fig. 13 shows a photo of the actually fabricated module based on the drawing of the finally designed RF artwork in which the RF input module, the band pass filter, and the IF output module are combined.

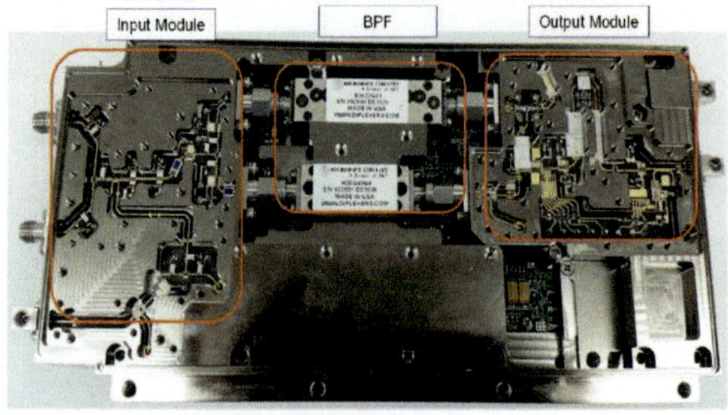

Fig. 13. Photo of the fabricated RF module.

The entire circuit was implemented reflecting the values of the sub-unit circuits constituting the LO module verified through simulations. Fig. 14 shows a photo of an actually fabricated LO module based on the design in which a 1-GHz REF module, an LO module, and a BIT module are combined.

1. *Gain Measurement Result*

Fig. 15 shows gain graphs for Band A (input frequency, 18–26 GHz) and Band B (input frequency, 26–40 GHz). Fig. 15(a) shows the results for input port 1 in which the gain was between 22.22 dB at the minimum and 28.55 dB at the maximum with a gain flatness of approximately 6.33 dB. Fig. 15(b) shows the results for input port 1 in which the gain was between 21.9 dB and 26.1 dB with an approximate gain flatness 4.1 dB.

2. *NF Measurement Result*

The RF input frequencies of 18–40 GHz are values converted with IF frequencies of 4–18 GHz by 33 and 44 GHz LO signals. As shown in Fig. 16, the noise factors are the results of measurement of the noise factors for Band A (input frequency, 18–26 GHz) and Band B (input frequency, 26–40 GHz) and showed values ranging from 7.92 dB at Band A to 8.58 dB at

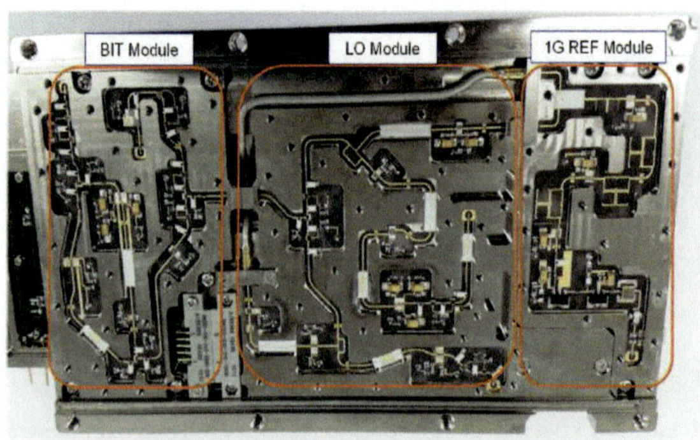

Fig. 14. Photo of the fabricated LO module.

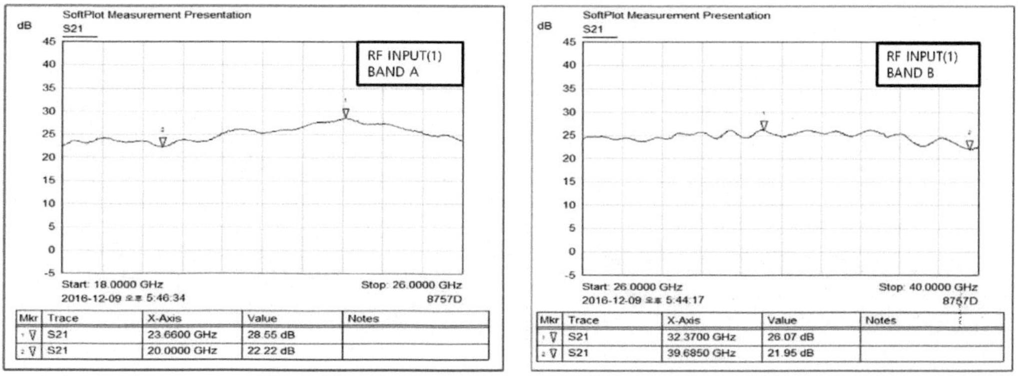

(a) (b)

Fig. 15. Results of measurement of gains by band of antenna paths. Gains of Band A (a) and Band B (b) for RF input (1) path.

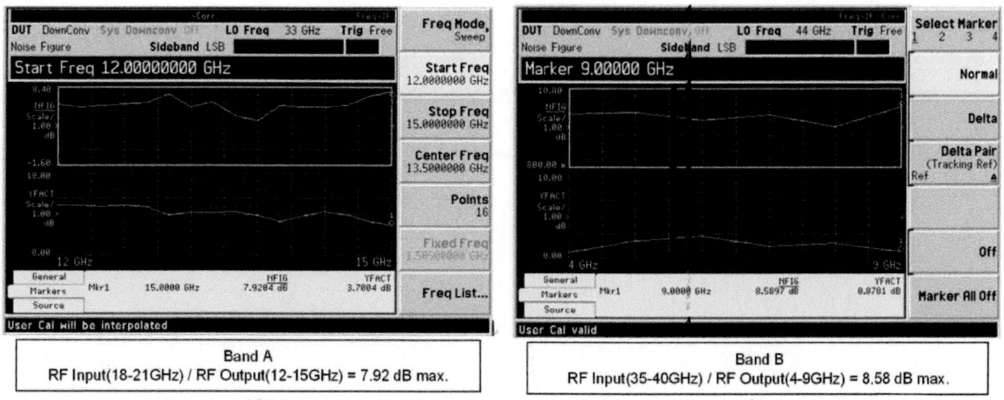

(a) (b)

Fig. 16. Results of measurement of gains by bands of antenna paths. Noise figures of Band A (a) and Band B (b).

Band B within each band.

3. Second Harmonic Measurement Result

The second harmonic component at the IF output port, which is different from the intermodulation distortion signals, is a characteristic output due to the active component (amplifier) used inside the wideband receiver, and affects the sensitivity depending on the suppressed quantity in the signal processing area because it cannot be suppressed even with filters within the band. After inputting –17 dBm (almost the maximum input power) into the input port, the harmonic component was measured at the IF output port using a spectrum analyzer.

Fig. 17 shows the result of measurement of the harmonic. Fig. 17(a) is the result of measurement at the 15 GHz IF output of band A (LO, 33 GHz) and the suppression characteristic obtained through the measurement was approximately 30 dBc. Fig. 17(b) is the result of measurement at the 4 GHz IF output of band B (LO, 44 GHz) and the suppression characteristic obtained through the measurement was approximately 36 dBc.

Fig. 18 shows the measured value of the 33 and 44 GHz LO leakage power, which showed suppression characteristics between –97.3 and –90.1 dBm, approximately. Since the LO leakage signals do not exceed –80 dBm, which is lower than the threshold for signal processing, it can be expected that the LO leakage signals have no effect.

V. CONCLUSION

In this paper, we designed and fabricated a small, lightweight, reliable, and stable receiver with low noise figure, flat gain characteristics, and low noise characteristics by applying the chip-and-wire process for the assembly and operation of a bare MMIC device. In order to compensate for the mismatch between many components used in the receiver, an amplifier, mixer, multiplier, and filter suitable for the wideband frequency characteristics were designed and applied to the receiver. To

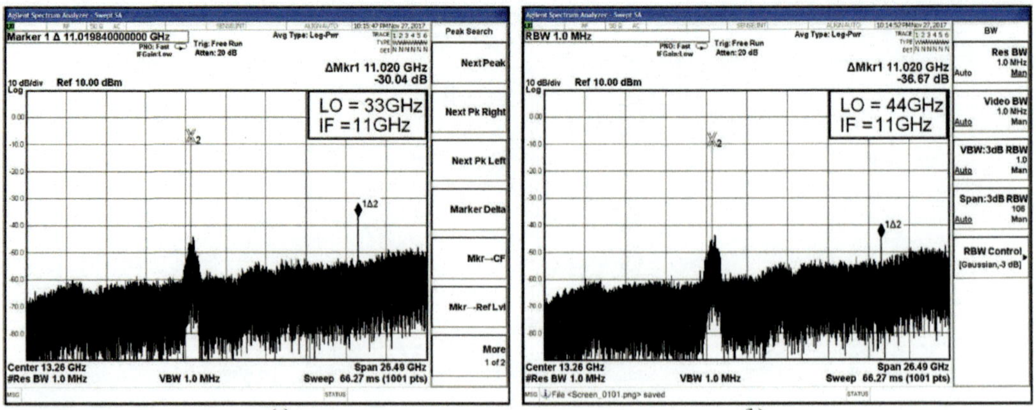

(a) (b)

Fig. 17. Results of measurement for secondary harmonics at IF frequency of 11 GHz: (a) Band A and (b) Band B.

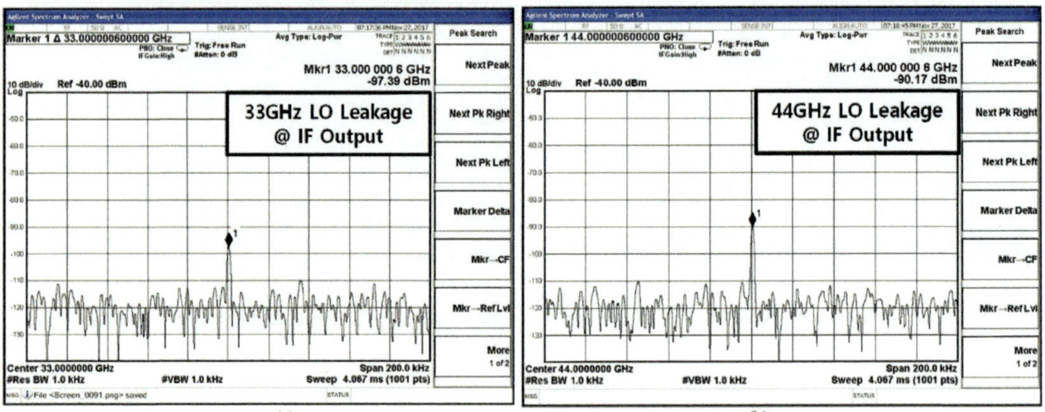

(a) (b)

Fig. 18. Results of measurement of 33 and 44 GHz spurious signals @ IF: (a) Band A and (b) Band B.

improve the low frequency and narrow bandwidth of existing products, mathematical modeling of the wideband receiver was performed and based on this, spurious signals generated from complex LO signals were designed so as not to affect the RF path.

In the ultra-wideband receiver, the gain was between 22.2 dB and 28.5 dB at Band A (input frequency, 18–26 GHz) with a flatness of approximately 6.33 dB while at Band B (input frequency, 26–40 GHz), the gain was between 21.9 dB and 26.0 dB with a flatness of approximately 4.1 dB. The measured value of noise figure at Band A was 7.92 dB and at Band B was 8.58 dB with a maximum value. The leakage signal of the LO was –97.3 and –90 dBm at the 33 and 44 GHz paths, respectively. Measurement was conducted at the 15 GHz IF output of band A (LO, 33 GHz) and the suppression characteristic obtained through the measurement was approximately 30 dBc.

The 18–40 GHz band ultra-wideband receiver proposed in this paper satisfied the strict performance requirements (wide bandwidth, flat gains, low noise factor, wide dynamic range, and low spurious signals) necessary for EW systems and is suitable for application to the front-end module of an EW that must receive high-frequency band signals.

REFERENCES

[1] B. S. Kim, "The present situation and development trend of EW equipment technology for installation in aircraft," 2011.

[2] W. B. Sullivan, "Receivers reach new thresholds," *Journal of Electronic Defense*, vol. 17, no. 12, pp. 52-52, 1994.

[3] R. Sarath and C. Viswanadham, "Receiver processor for controlling ESM systems," *International Journal of Engineering Trends and Technology*, vol. 4, no. 9, pp. 3805-3808, 2013.

[4] S. T. Winnall and D. B. Hunter, "A fibre Bragg grating based scanning receiver for electronic warfare applications," in *Proceedings of 2001 International Topical Meeting on Mi-*

crowave Photonics, Long Beach, CA, 2002, pp. 211-214.

[5] D. E. Allen, "Channelised receiver: a viable solution for EW and ESM systems," *IEE Proceedings F (Communications, Radar and Signal Processing)*, vol. 129, no. 3, pp. 172-179, 1982.

[6] R. T. Logan and R. D. Bynum, "Millimeter wave optical link/frequency converter system," Tracor Aerospace Electronic Systems Inc., Lansdale, PA, *Report No. AFRL-SN-RS-TR-1998-160*, 1998.

[7] L. M. Devlin, G. A. Pearson, A. W. Dearn, P. D. L. Beasley, and G. D. Morgan, "A 2-18 GHz ESM receiver front-end," in *Proceedings of 32nd European Microwave Conference*, Milan, Italy, 2002, pp. 1-4.

[8] M. S. Rao, "EMI/EMC effects on EW receiver systems of military aircraft," in *Proceedings of the 10th International Conference on Electromagnetic Interference & Compatibility*, Bangalore, India, 2008, pp. 63-67.

[9] W. R. Brinlee, A. M. Pavio, C. L. Goldsmith, and W. J. Thompson, "A monolithic multifunction EW broadband receiver converter," in *Proceedings of the 15th Annual Gallium Arsenide Integrated Circuit (GaAs IC) Symposium*, San Jose, CA, 1993, pp. 207-210.

[10] S. R. Bullock, *Transceiver and System Design for Digital Communications*. Atlanta, GA: Noble Publishing, 1995.

[11] H. Fudem, G. Dietz, R. Haubenstricker, R. Hargis, and S. Moghe, "A high performance 6 to 18 GHz MMIC converter chip for EW systems," in *Proceedings of the 12th Annual Gallium Arsenide Integrated Circuit (GaAs IC) Symposium*, New Orleans, LA, 1990, pp. 113-116.

[12] Picosecond Pulse Labs., "A new breed of comb generators featuring low phase noise and low input power," *Microwave Journal*, vol. 49, no. 5, pp. 278-280, 2006.

[13] Y. S. Jeon, B. C. Kim, and J. M. Jeong, "Phase locked Oscillator using a comb generator," KR Grant KR101255-231B1, Apr. 2013.

[14] Thunderlinez, "Top ten soldering pitfalls and how to avoid them," [Online]. Available: https://climate.emerson.com/documents/soldering-pitfalls-how-to-avoid-them-en-us-1620698.pdf.

Yuseok Jeon

obtained his B.S. in electronic communication engineering from Cheongju National University, Cheongju, Korea, in 2000, his M.S. in electronic engineering from Chungbuk National University, Cheongju, Korea, in 2004, and his Ph.D. in electronic and electric engineering from Dankook University, Yongin, Korea, in 2018. He worked at Broadern Inc., Hwaseong, Korea, from 1999 to 2018. His research interests include the development of transceivers, receivers, and synthesizers using chip-and-wire processes for EW and radar system applications.

Sungil Bang

obtained his B.S. in electronic engineering from Dankook University, Seoul, Korea, in 1984, his M.S. in electronic engineering from Dankook University, Seoul, Korea, in 1986, and his Ph.D. in electronic engineering from Dankook University, Seoul, Korea, in 1992. From 1994 to 1997, he worked as the director of the research division at LC Tech Inc., Anyang, Korea. Since 1994, he has been a Professor of Electronic and Electric Engineering at Dankook University, Yongin, Korea. His research interests include RF Amp, UWB, OFDM, and RFID for telecommunication applications.

JOURNAL OF ELECTROMAGNETIC ENGINEERING AND SCIENCE, VOL. 20, NO. 4, 293~301, OCT. 2020

https://doi.org/10.26866/jees.2020.20.4.293
ISSN 2671-7263 (Online) · ISSN 2671-7255 (Print)

Design of a 0.5–18 GHz Wideband Switching Matrix Box for Electronic Support Measurement

Yuseok Jeon* · Jaejin Koo

Abstract

In this paper, we design and fabricate a broadband switching matrix box with low-noise figure, flat gain characteristics, and reliability by applying the chip-and-wire process using a bare-type MMIC device. To compensate for the mismatch among many components, the limiter, switch, amplifier, and power divider, which are suitable for sub-band frequency characteristics, are designed and applied to the matrix box. The matrix box has three submodules that are phase-matched for each frequency band and one built-in test (BIT) submodule to select the BIT path for calibration. Phase-matched RF semi-rigid cables of different lengths are used to connect to the external interface of the matrix box. The main RF line is a dielectric substrate, RT/Duroid 5880, with a relative dielectric constant of 2.2 and a dielectric thickness of 0.127 mm. The BIT path is a dielectric substrate, ceramic alumina (Al_2O_3), which has a relative dielectric constant of 9.8 and a dielectric thickness of 0.254 mm. In the wideband switching matrix box, the gain is from -1.71 dB to -2.69 dB at LB (input frequency, 0.5–2 GHz), with a flatness of 1.0 dB. The gain is from +14.8 dB to +12.4 dB at MB (input frequency, 1–6 GHz), with a flatness of 2.4 dB. The gain is from +12.6 dB to +9.4 dB at HB (input frequency, 6–18 GHz), with a flatness of 3.2 dB. The measured values of the noise figure are 2.69 dB at low band, 4.4 dB at medium band, and 5.95 dB at high band with a maximum value. The measured value of phase matching at high band is 7° with a maximum value.

Key Words: Chip-and-Wire, ESM System, Front End, Low-Noise Receiver, Noise Figure, Wideband Switching.

I. Introduction

Electronic warfare is largely classified into three categories: electronic support, electronic attack, and electronic protection. The electronic support field of electronic warfare is a function that identifies the electromagnetic energy emitted by the enemy, such as search, tapping, and direction detection. To detect the fine signal of the target, all frequencies should be received and analyzed as much as possible. In other words, it is necessary to search for and analyze all the frequencies used in the satellite frequency and the group from the mobile communication frequency that is used commercially. In the future, electronic support equipment will be developed into various platforms, such as portable and remote control. This is expected to change such characteristics as frequency use, digital modulation, and data coding. Therefore, techniques such as miniaturization, weight reduction, and broadband search processing are required [1].

Electronic support (ES) equipment for electronic intelligence requires receivers with a multi-octave bandwidth, and the receivers required for most electronic warfare system (EW systems) have very strict performance requirements.

In addition, each component is connected using a microstrip line or a short RF cable for fabrication and testing. Additional tuning is also required to reduce mutual mismatching [2–4]. As

Manuscript received March 16, 2020 ; Revised May 7, 2020 ; Accepted August 11, 2020. (ID No. 20200316-036J)
Department of Research and Development, Broadern Inc., Hwaseong, Korea.
*Corresponding Author: Yuseok Jeon (e-mail: ysjeon@broadern.co.kr)

previously discussed, the broadband switching matrix module connected to the rear end of the antenna in the electronic support equipment system is a key element determining the overall system performance.

In this paper, we designed and implemented a sub-unit module in which the frequency of 0.5–18 GHz is divided into three bands of LB (low band, 0.5–2 GHz), MB (medium band, 1–6 GHz), and HB (high band, 6–18 GHz). The design approach and contents proposed in this paper are as follows.

First, the switching matrix module for receiving multiple antenna signals individually consists of four channels in each band. Each channel is designed to have three input ports and one output port; therefore, each channel needs 12 antenna connections.

Second, to improve the overall noise figure characteristics through a low-noise amplifier (LNA) for MB and HB except LB, we used a bare-type switch and low-loss PCB to minimize loss to the LNA front end.

Third, a broadband distributor (1:4) was designed to select the first switch to check whether each channel is operating normally. In this case, the distributor is located at the center of the module so that the built-in test (BIT) signal can be supplied to the same position in each channel. To secure high reliability in a high-frequency band, alumina material was used having a high permittivity ($\varepsilon_r = 9.8$).

The direction of arrival is determined using a point in which a received signal has a phase difference according to a distance from a reference antenna. In this case, self-phase matching in a

Table 1. Comparison table between the ESM system and the proposed system

	ESM requirement (°)	Proposal value (°)
LB (0.5–2 GHz)	±3.0	±2.0 (PTP = 4)
MB (1–6 GHz)	±4.0	±3.0 (PTP = 6)
HB (6–18 GHz)	±5.0	±4.0 (PTP = 8)

EMS=electronic support measurement, PTP=peak to peak.

plurality of channels existing in a receiver should be performed [5]. The requirements of the electronic warfare system and the specifications proposed in the paper are shown in Table 1.

II. WIDEBAND SWITCHING MATRIX STRUCTURE

Fig. 1 shows the configuration of a broadband switching matrix box required for ES systems, including switches, limiters, and LNAs. As shown in the diagram, it is designed to collect radio waves from low band to high band, and it is possible to correct the RF line and the box part (BIT PATH) to separately secure the built-in test equipment port [6].

The product to be studied is a broadband switching matrix box, which is designed and implemented by dividing the frequency of 0.5–18 GHz into three submodules (LB, MB, and HB). Each submodule is connected to the back of an antenna. Each port is defined as follows:

1) All J ports are connected to the antenna.

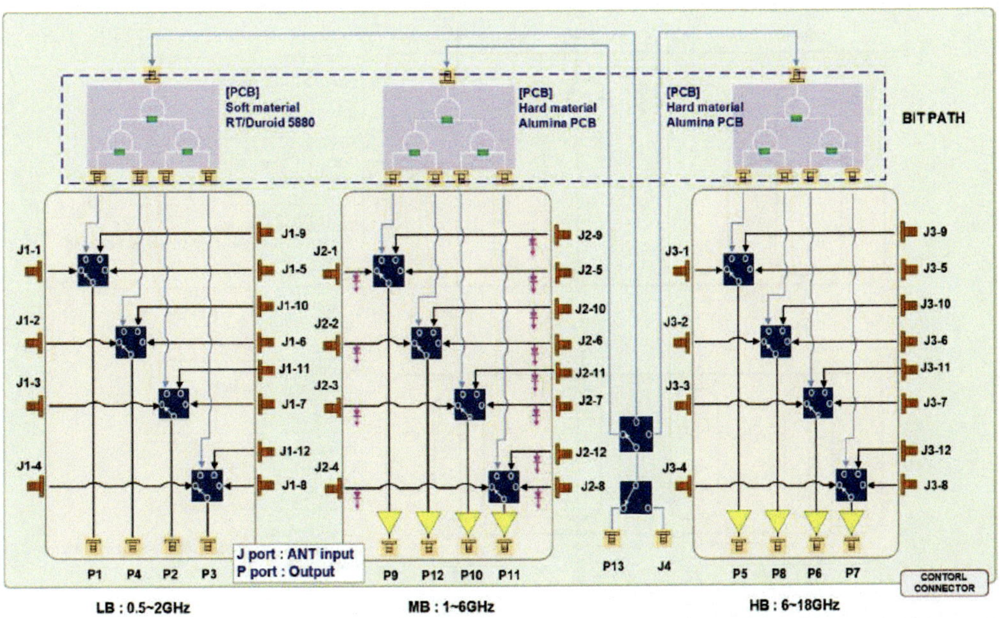

Fig. 1. Block diagram of the switching matrix box.

2) All P ports are connected to a filter bank except for P13 and J4.
3) The ports of P13 and J4 are for receiving signals from an external synthesizer.

Each submodule operates according to an external control command. For example, when a command to select an antenna path is received, all bands move equally.

It is necessary to amplify and select a path, and the phase-matching characteristic should be excellent for each path. Each submodule has four RF channels, and each channel has three RF input ports and one BIT port.

The reason for separating the submodules (LB, MB, and HB) in the box is that the antennas connected in the system units are divided into sub-bands rather than into designing and manufacturing broadband (0.5–18 GHz). In addition, phase matching is required for each channel until the analog-to-digital converter is taken by the corresponding path in addition to the front-end (FE) module in the ES system. Fig. 2 shows the phase-matching calculation between the FE module for the four paths on the system side and each corresponding path (matrix box) on the downstream side, including the RF cable required for connection. What is important here is that even if the system phase matching can be adjusted to 4° or less, the phase matching of the antenna path itself must also be matched within 5° (matrix box; a 20° difference is not acceptable).

III. Design and Simulation

1. Feed-thru Design for the H Structure

In the module form of an H structure (upper layer is RF line; lower layer is power supply circuit), a glass bead (signal connector) is used to prevent loss and impedance mismatch in the upper layer (RF path). The signal should be supplied vertically [7]. Fig. 3 shows the design of the feed-through in the vertical structure for the simulation. As a result of the simulation in Fig. 4, the insertion loss is 0.13 dB at 18 GHz, and the return loss is 23.9 dB or less.

2. Limiter Design for the MB (1–6 GHz) Frequency

Among the RF signals received from the antenna, a limiter is designed and applied to the MB (1–6 GHz) submodule to protect the LNA part located at the beginning of the module when a high signal is applied. The limiter circuit, including the inductor and the PIN diode, uses the inductor to remove the minute current while operating the PIN diode when the PIN diode (MG20T47) receives high power. Figs. 5 and 6 show the simulation circuit, including the PCB artwork and a graph of the leakage power, according to the input power of the limiter circuit. The input power increases linearly up to the input of +10 dBm, and the output power is suppressed little by little from the input power. When the input power is +30 dBm, the output leakage amount is about +16.6 dBm. The results show that the internal LNA components can be protected even if unwanted

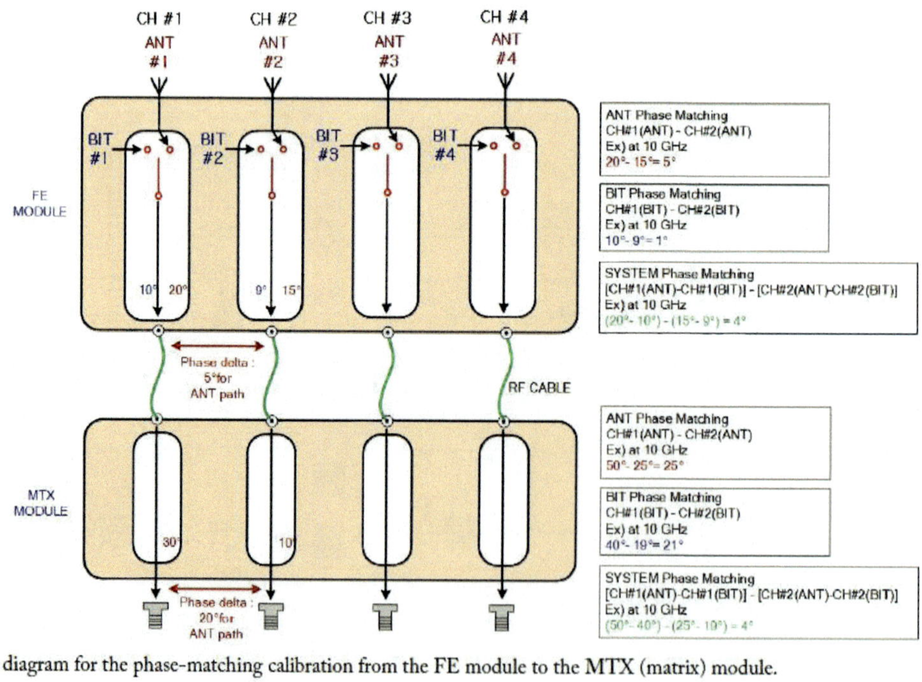

Fig. 2. Block diagram for the phase-matching calibration from the FE module to the MTX (matrix) module.

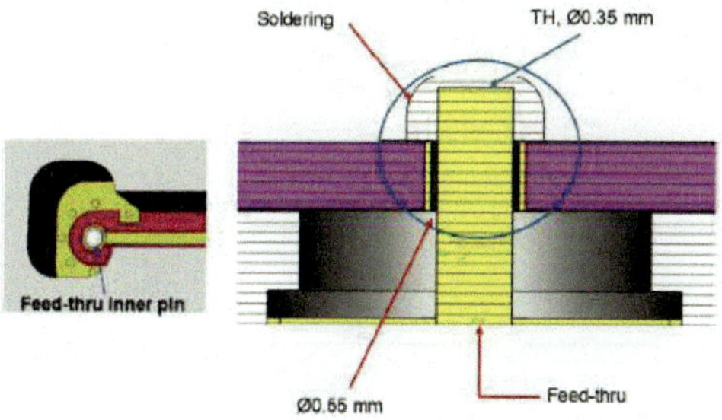

Fig. 3. Side image of the vertical structure using feed-through.

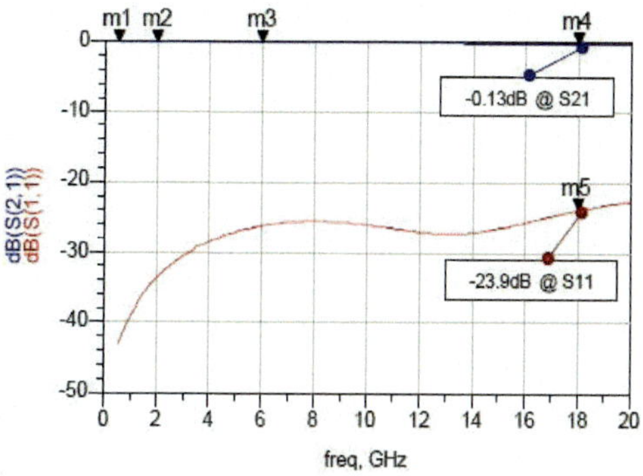

Fig. 4. Simulation results in the vertical structure using feed-thru.

external signals are introduced up to +30 dBm.

3. Wideband Power Combiner Design

A broadband two-way power combiner is needed to branch the BIT signal from the box to multiple channels. This is necessary to obtain normal RF presence and calibration. In addition to using a typical 3-dB Wilkinson power divider, a multistage circuit is used to operate the wideband frequency [8].

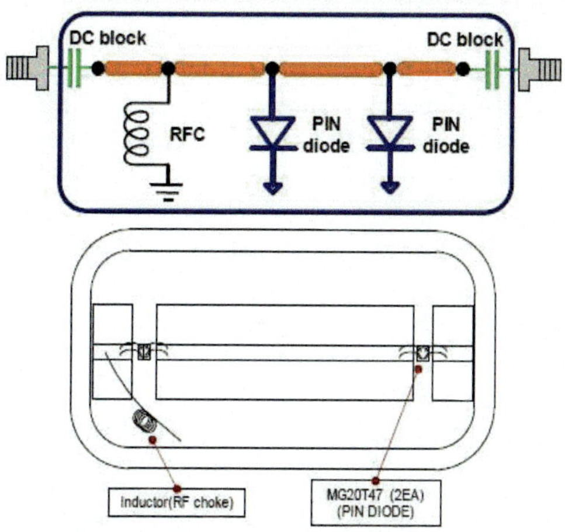

Fig. 5. Simulation circuit (top) and PCB artwork (bottom) including the inductor and the PIN diode.

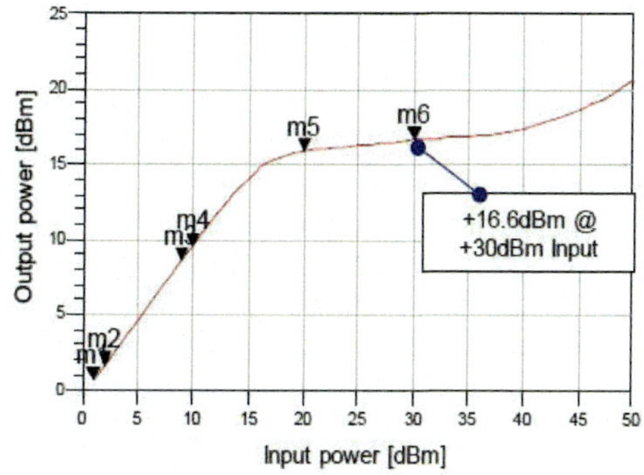

Fig. 6. Simulation result for the limiter circuit.

In the MB (1–6 GHz) frequency, the quarter wavelength is difficult to apply to a submodule with a limited size.

Therefore, a thin film resistor is designed as an R divider with 18 Ω, which can be applied to an alumina PCB. Fig. 7 shows the artwork designed with an alumina PCB—based on a ceramic alumina (Al_2O_3) of 0.508 mm with a specific inductive capacity of 9.8—to distribute one input to four using the three-stage power combiners. As shown in the simulation result of the power combiner structure in Fig. 8, the insertion loss is about 11.8 dB, and the return loss is less than 22.7 dB at the maxi-

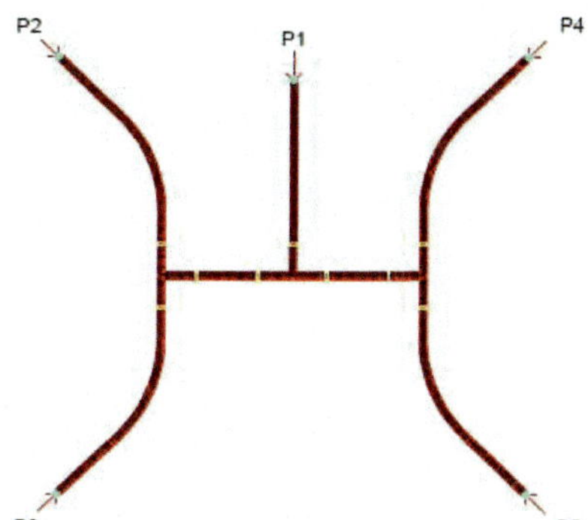

Fig. 7. PCB artwork for the three-stage power combiner.

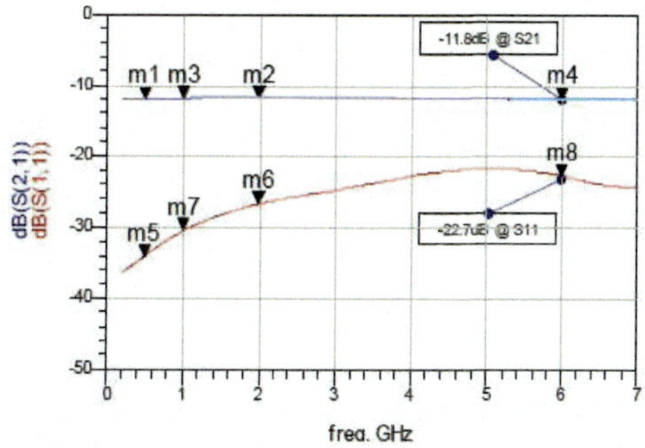

Fig. 8. Simulation results for the three-stage power combiner.

mum frequency of 6 GHz for MB.

4. Wire Bonding Analysis

To make mutual connections among numerous transmission lines and parts in the very wide ultra-high-frequency range up to 18 GHz without any loss or impedance mismatching, the design should meet the requirements for PCB spacing and the number and angles of wire bonding. As the PCB types required for wideband receiver modules are the RT/Duroid 5880 (Rogers Corp., Chandler, AZ, USA) 0.127 mm (specific inductive capacity = 2.2) and alumina-based ceramic alumina (Al_2O_3) 0.508 mm (specific inductive capacity = 9.8), the insertion loss and standing wave ratio characteristics vary within the operating frequency (0.5–18 GHz) band according to the spaces between the PCBs.

Fig. 9(a) shows a 3D structure modeling according to different PCB spacings (left side, 150 μm; right side, 380 μm) between the alumina and the Duroid PCB. Bonding is commonly applied to two places. Fig. 9(b) shows the results of a simulation conducted when the PCB spacing is 380 μm on the right side.

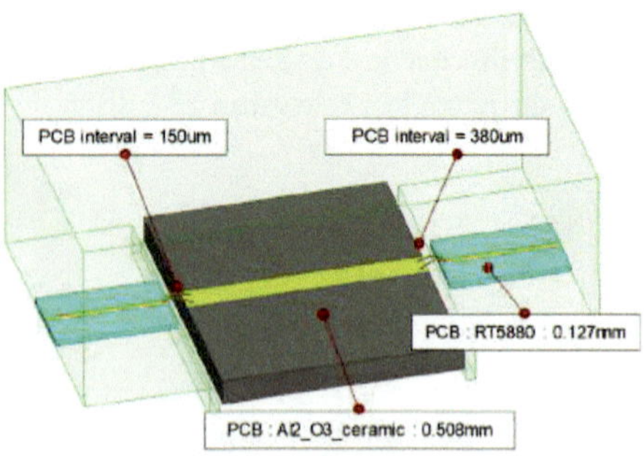

(a)

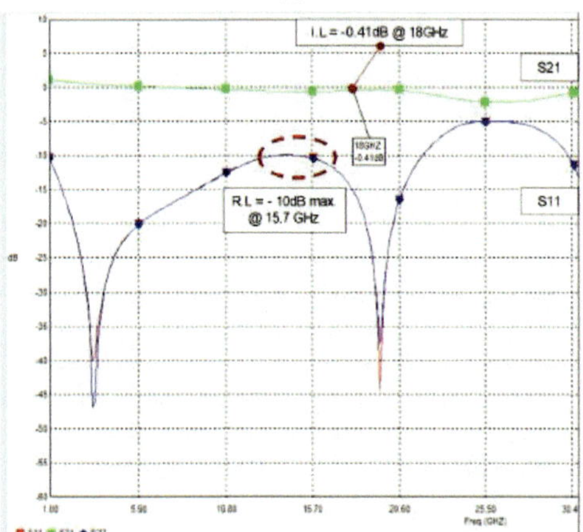

(b)

Fig. 9. (a) Different PCB spacing structures (380 μm on the right side). (b) Simulation results when the PCB spacing is 380 μm on the right side.

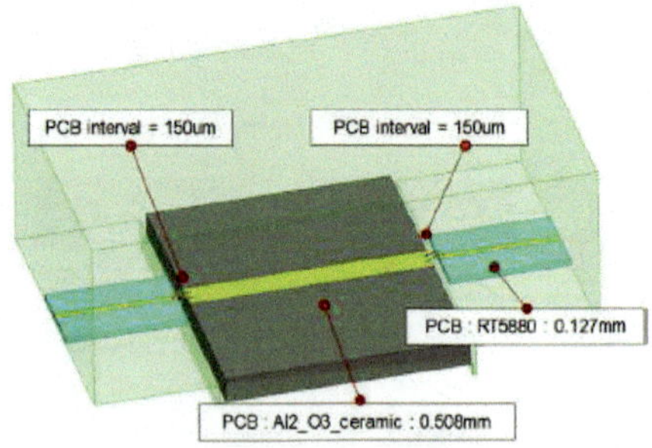

(a)

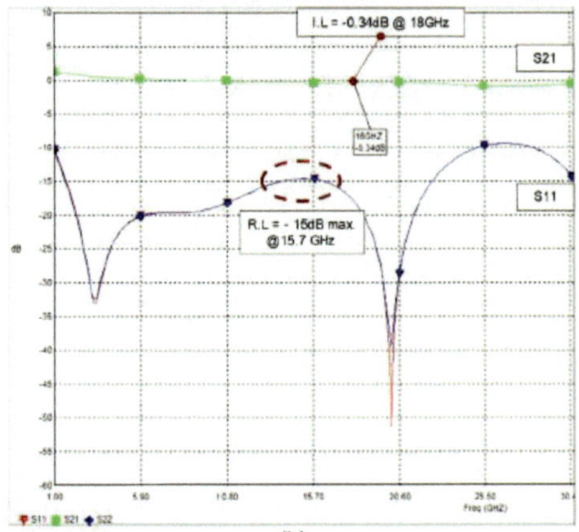

(b)

Fig. 10. (a) Different PCB spacing structures (150 μm on the right side). (b) Simulation results when the PCB spacing is 150 μm on the right side.

A maximum insertion loss of -0.41 dB is shown at 18 GHz and a maximum return loss of -10 dB at 15.7 GHz.

Fig. 10(a) and (b) illustrate the 3D structure and simulation that narrows the interval on the right side, with a low insertion loss (-0.34 dB at 18 GHz) and a good return loss (-15 dB at 15.7 GHz). Therefore, the signals can be transmitted within the band without a large signal loss. This result shows the minimum gap to secure the performance up to 18 GHz operated by checking the characteristic difference according to the PCB spacing when connecting PCBs of different materials using wire bonding.

IV. Fabrication and Measurement

A GaAs MMIC chip was mounted on a gold-plated substrate to provide good grounding. A high-frequency Duroid PCB was placed around the chip to connect the DC bias, and input and output lines were wire-bonded using the chip-and-wire process [9].

A broadband switching matrix box was made with 36 RF input ports (0.5–18 GHz), 12 output ports (0.5–18 GHz), and 1 external BIT input port. We also designed and manufactured an

RF cable (semi-rigid type) to transmit the submodules inside. Each submodule was assembled by submodule units. Each submodule used a bare-type MMIC and RT/Duroid 5880 (thickness, 0.127 mm) PCB to achieve miniaturization and weight reduction [8]. The frequency of the –18 GHz band was transferred through the transmission line so that the signal was transmitted without loss or distortion. To overcome the low frequency and narrow bandwidth limitations of existing products, instead of fabrication using general package components, bare-type MMIC devices with high operating frequency and wide bandwidth were used to directly mount the components to the housing. The chip-and-wire process was applied to minimize mismatch.

Fig. 11 shows the assembled inner figure of the whole box with four submodules (LB, MB, HB, and BIT), the control board, and the RF semi-rigid cable. Many cables are needed to connect the ports of the inner submodule to the interface of the outer box. Figs. 12–14 show the inner shape of each submodule.

To perform phase matching between the submodules, the corresponding paths were tuned individually using the tuning pad, the reference channel was normalized, and the phase difference of the other channels was determined. Fig. 15 shows a

Fig. 11. Photograph of the broadband switching matrix box (0.5–18 GHz).

Fig. 12. Photograph of the LB submodule (0.5–2 GHz).

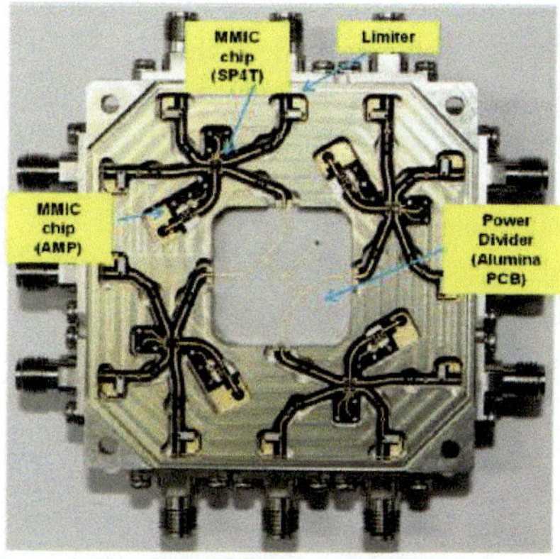

Fig. 13. Photograph of the MB submodule (1–6 GHz).

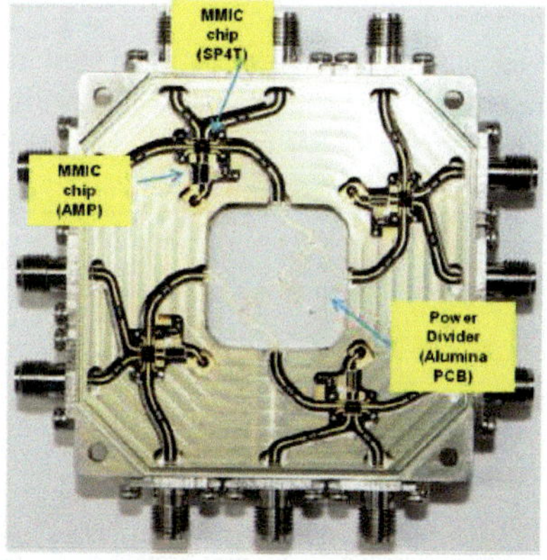

Fig. 14. Photograph of the HB submodule (6–18 GHz).

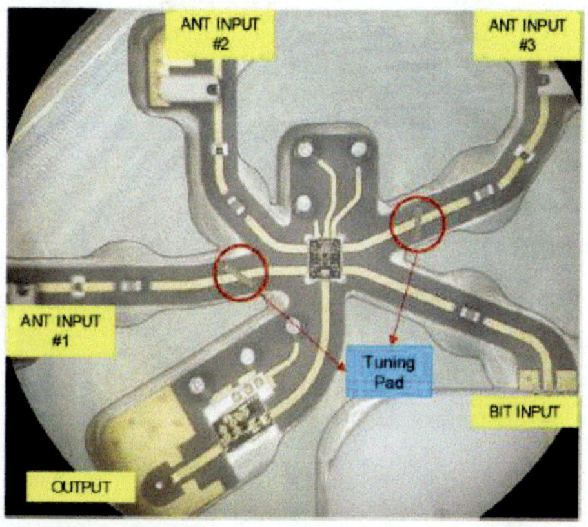

Fig. 15. Photograph of the tuned photos for the MB submodule (1–6 GHz).

photograph of the tuned form.

1. GAIN and Return Loss Measurement Results

Fig. 16 shows the gain and reflection coefficient graphs for the LB path (frequency, 0.5–2 GHz), with a gain of at least

-2.69 dB in the band, a gain flatness of 1.0 dB at maximum, and an input reflection coefficient of -15.8 dB.

Fig. 17 illustrates the gain and reflection coefficient graphs for the MB path (frequency, 1–6 GHz), with a gain of at least +12.4 dB in the band, a gain flatness of 2.4 dB at maximum, and an input reflection coefficient of -12.0 dB.

Fig. 18 shows the gain and reflection coefficient graphs for the HB path (frequency, 6–18 GHz), with a gain of at least +9.4 dB in the band, a gain flatness of 3.2 dB at maximum, and an input reflection coefficient of -13.8 dB.

Figs. 16–18 show the input R/L, gain and gain flatness, and output R/L characteristics in each band as a whole test result after mounting the submodules in the matrix box.

The measured results of each path are shown in Table 2.

2. NF Measurement Results

The noise figure of the receiver, which is the most important index, was measured as a pure insertion loss of 2.69 dB because there was no LNA in the RF line in the 0.5–2 GHz (LB) band.

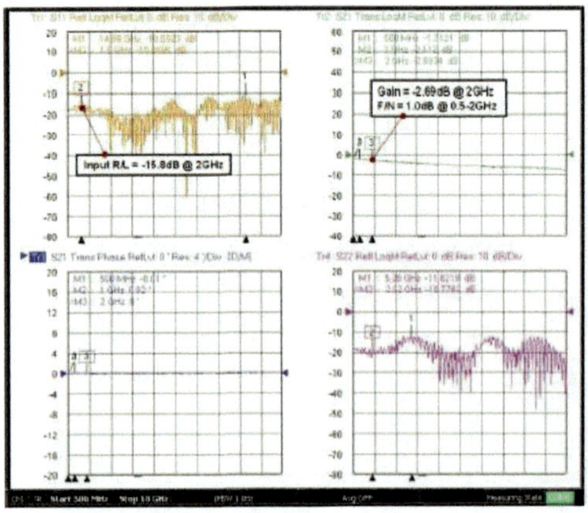

Fig. 16. Results of the measurement of gain and return loss (LB).

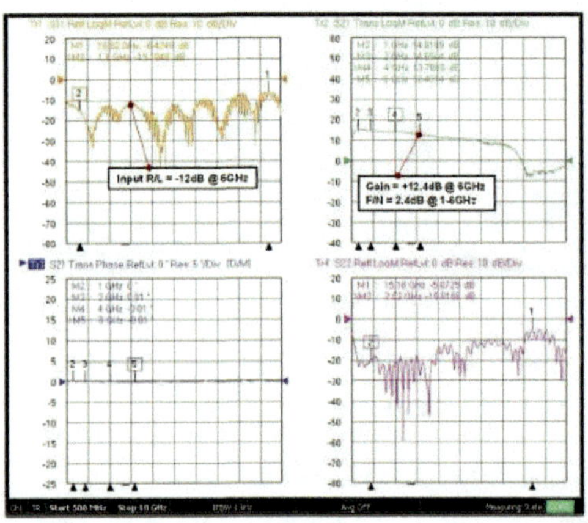

Fig. 17. Results of the measurement of gain and return loss (MB).

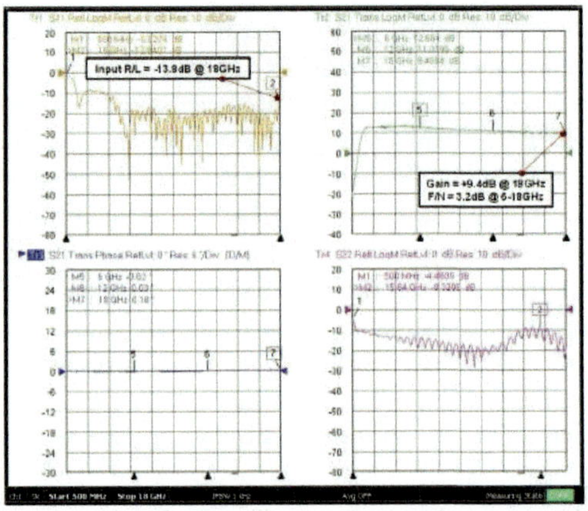

Fig. 18. Results of the measurement of gain and return loss (HB).

Table 2. Summarized values of the main items for each frequency band (unit: dB)

	Gain	Flatness	Input R/L
LB (0.5–2 GHz)	–2.69	1.0	–15.8
MB (1–6 GHz)	+12.4	2.4	–12.0
HB (6–18 GHz)	+9.40	3.2	–13.8

Figs. 19 and 20 show the noise figures of MB and HB at 4.4 dB in the 1–6 GHz band and 5.95 dB in the 6–18 GHz band.

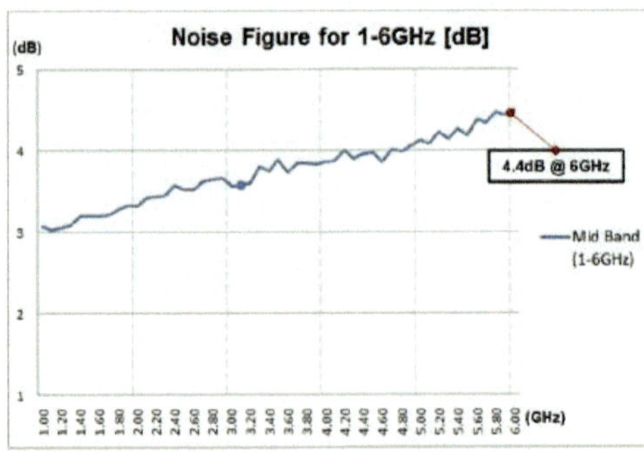

Fig. 19. Results of the measurement of noise figure (MB).

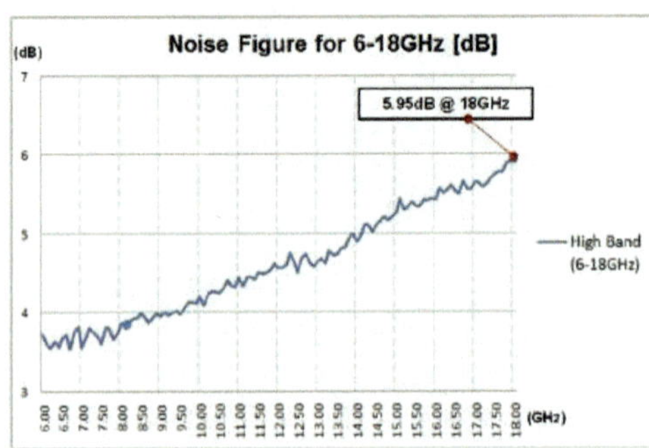

Fig. 20. Results of the measurement of noise figure (HB).

3. Phase Matching Measurement Results

Figs. 21–23 show the phase-matched measurements for each path for each sub-band. After normalizing antenna #1 to the reference path, the phase difference from the other paths (#2, #3, and #4) was measured. LB (0.5–2 GHz) was -2.3°, and MB (1–6 GHz) was from -2.2° to 5.0°. HB (6–18 GHz) showed the measurement results within 7°. This was the measurement result in the box unit, including the RF cable, which proved to be excellent in the broadband frequency.

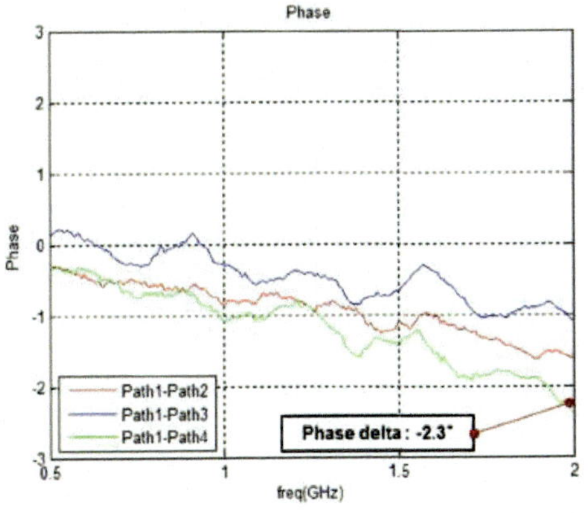

Fig. 21. Results of the measurement of phase matching (LB).

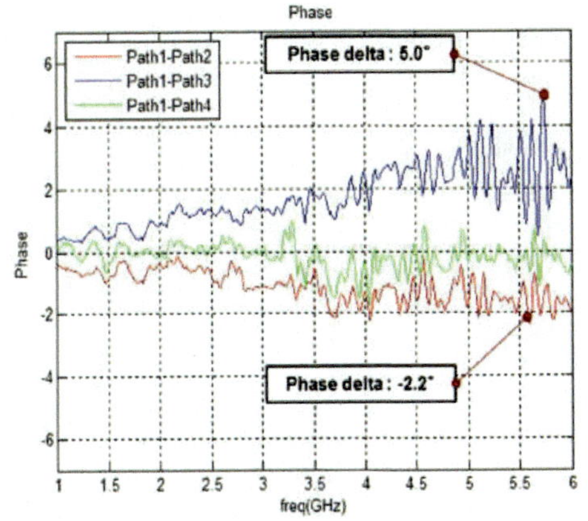

Fig. 22. Results of the measurement of phase matching (MB).

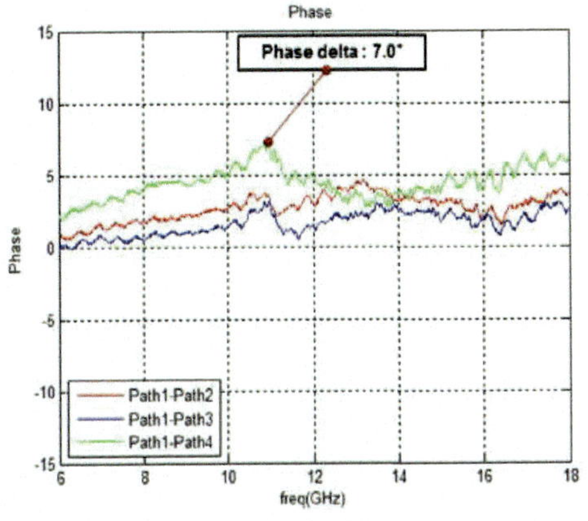

Fig. 22. Results of the measurement of phase matching (HB).

V. Conclusion

In this paper, we designed and fabricated a broadband switching matrix box with low-noise figure, flat gain characteristics, and reliability by applying the chip-and-wire process using a bare-type MMIC device. To compensate for the mismatch among many components, the limiter, switch, amplifier, and power divider suitable for sub-band frequency characteristics were designed and applied to the matrix box. The matrix box had three submodules that were phase-matched for each frequency band and one BIT submodule to select the BIT path for calibration. Phase-matched RF semi-rigid cables of different lengths were used to connect to the external interface of the matrix box.

The main RF line was a dielectric substrate (RT/Duroid 5880) with a relative dielectric constant of 2.2 and a dielectric thickness of 0.127 mm. The BIT path was a dielectric substrate, ceramic alumina (Al_2O_3) from ATC Co. (USA), and it had a relative dielectric constant of 9.8 and a dielectric thickness of 0.254 mm.

In the switching matrix box, the gain was from -1.71 dB to -2.69 dB at LB (input frequency, 0.5–2 GHz), with flatness about 1.0 dB. The gain was from +14.8 dB to +12.4 dB at MB (input frequency, 1–6 GHz), with flatness of 2.4 dB. The gain was from +12.6 dB to +9.4 dB at HB (input frequency, 6–18 GHz), with flatness of 3.2 dB.

The measured noise figure value was 2.69 dB with a maximum value at LB, 4.4 dB with a maximum value at MB, and 5.95 dB with a maximum value at HB.

The measured phase-matching value was -2.3° within the bandwidth at LB, from -2.2° to 5.0° within the bandwidth at MB, and 7° within the bandwidth at HB.

The proposed 0.5–18 GHz broadband switching matrix box can be applied to the switching matrix, which requires path selection at the back of the antenna of the ESM system.

References

[1] C. H. Guk, "Today and tomorrow of information and electronic warfare," *LIG Nex1 Magazine*, vol. 46, pp. 10-13, 2011.

[2] L. M. Devlin, G. A. Pearson, A. W. Dearn, P. D. L. Beasley, and G. D. Morgan, "A 2-18GHz ESM receiver front-end," in *Proceedings of 2002 32nd European Microwave Conference*, Milan, Italy, 2002, pp. 1-4.

[3] H. Fudem, G. Dietz, R. Haubenstricker, R. Hargis, and S. Moghe, "A high performance 6 to 18 GHz MMIC converter chip for EW systems," in *Proceedings of 12th Annual Symposium on Gallium Arsenide Integrated Circuit (GaAs IC)*, New Orleans, LA, 1990, pp. 113-116.

[4] R. Ramachandran, S. B. Moghe, G. Lizama, P. Ho, and A. F. Podell, "An 8-15 GHz GaAs monolithic frequency converter," *IEEE Transactions on Microwave Theory and Techniques*, vol. 35, no, 12, pp. 1471-1476, 1987.

[5] A. De Martino, *Introduction to Modern EW Systems*. Norwood, MA: Artech House, 2012.

[6] R. Sarath and C. Viswanadham, "Receiver processor for controlling ESM systems," *International Journal of Engineering Trends and Technology*, vol. 4, no. 9, pp. 3805-3808, 2013.

[7] Emerson Electric Co., "Top ten soldering pitfalls and how to avoid them," in *Hermetic Solutions: Aerospace and Defense*. Saint Louis, MO: Emerson Electric Co., 2018.

[8] Y. Jeon and S. Bang, "Novel new approach to improve noise figure using combiner for phase-matched receiver module with wideband frequency of 6-18 GHz," *Journal of Electromagnetic Engineering and Science*, vol. 16, no. 4, pp. 241-247, 2016.

[9] T. Tobana, T. Sasamori, and Y. Isota, "Analysis of electromagnetic coupling between microstrip line and ground slot on a printed circuit board," in *Proceedings of 2016 International Symposium on Electromagnetic Compatibility (EMC EUROPE)*, Wroclaw, Poland, 2016, pp. 123-128.

Yuseok Jeon

obtained his B.S. degree in electronic communication engineering from Chungju University, Chungju, Korea, in 2000, his M.S. degree in electronic engineering from Chungbuk National University, Cheongju, Korea, in 2004, and his Ph.D. in electronic and electric engineering at Dankook University, Yongin, Korea, in 2018. He worked as a director in the R&D division of Broadern Inc., Hwaseong, Korea, from 1999 to 2020. His research interests include the development of transceivers, receivers, and synthesizers using chip-and-wire processes for EW and radar system applications. He received the Korean Engineer Award in 2018 and the presidential citation for Science Day Government Rewards Science and Technology Promotion Section in 2020.

Jaejin Koo

obtained his B.S. degree in electronic engineering from Soonchunhyang University, Asan, Korea, in 2006 and his M.S. degree from the Department of Electrical and Communication Engineering, Soonchunhyang University, Asan, Korea, in 2008. He worked as a general manager in the R&D division of Broadern Inc., Hwaseong, Korea, from 2008 to 2020. His research interests include the development of transceivers and receivers using chip-and-wire processes for EW and radar system applications.

JOURNAL OF ELECTROMAGNETIC ENGINEERING AND SCIENCE, VOL. 16, NO. 4, 241~247, OCT. 2016

http://dx.doi.org/10.5515/JKIEES.2016.16.4.241
ISSN 2234-8395 (Online) · ISSN 2234-8409 (Print)

Novel New Approach to Improve Noise Figure Using Combiner for Phase-Matched Receiver Module with Wideband Frequency of 6–18 GHz

Yuseok Jeon* · Sungil Bang

Abstract

This paper proposes the design and measurement of a 6–18 GHz front-end receiver module that has been combined into a one- channel output from a two-channel input for electronic warfare support measures (ESM) applications. This module includes a limiter, high-pass filter (HPF), power combiner, equalizer and amplifier. This paper focuses on the design aspects of reducing the noise figure (NF) and matching the phase and amplitude. The NF, linear equalizer, power divider, and HPF were considered in the design. A broadband receiver based on a combined configuration used to obtain low NF. We verify that our receiver module improves the noise figure by as much as 0.78 dB over measured data with a maximum of 5.54 dB over a 6–18 GHz bandwidth; the difference value of phase matching is within 7° between ports.

Key Words: Amplitude Matching, Broadband Receiver, Front-End, EW System, Phase Matching.

I. Introduction

Electronic warfare support measures (ESM) systems are required to generate an electronic order of battle. For his purpose, an ESM receiver must intercept emissions from all nearby radars, and measure parameters such as frequency, time-of-arrival, and angle-of-arrival [1].

ESM for electronic intelligence (ELINT) applications places stringent demands on a receiver over a multi-octave bandwidth. Practical solutions must not only meet the electrical specifications but also be compact and immune to microphonic effects and thermal fluctuations. A wideband receiver module was designed to meet these requirements and to provide matching phase and amplitude [2]. A wideband receiver that is located next to an antenna requires low noise figures (NFs) because very low input signals are received by the antenna.

Unfortunately, a low-noise amplifier (LNA) is limited to NF characteristics. Studies have attempted to overcome this limitation by combining two channels. In this case, phase matching between two channels is very important because it can affect the NF.

Fig. 1 shows the block diagram of a wideband receiver with two input channels and one output channel.

A limiter, located in the first stage, is used to protect the receiver module against a high power input signal. If the components in the receiver module are damaged, the module will not operate. A switch between the limiter and the LNA can select the radiofrequency (RF) path or built-in test (BIT) path that

Manuscript received August 12, 2016 ; Revised September 1, 2016 ; Accepted September 6, 2016. (ID No. 20160812-025J)
Division of Electronic and Electric Engineering, Dankook University, Yongin, Korea.
*Corresponding Author: Yuseok Jeon (e-mail: halsuida@naver.com)

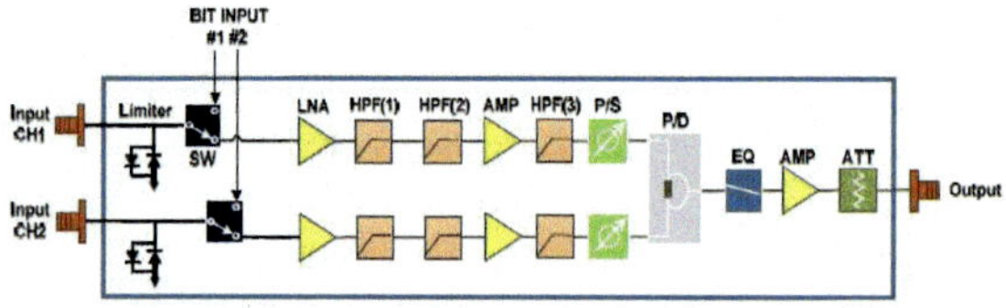

Fig. 1. Block diagram of a wideband receiver with two input channels.

might be used for calibration. A high-pass filter (HPF) is used to eliminate undesirable input signals from the bandwidth. A power combiner is used to combine the two input signals to improve the NF. The phase shifter is for beamforming.

Compared with other receivers, the proposed wideband receiver performs better in terms of NF and phase matching between ports. It was fabricated from 5-mil RT5880 and 10-mil alumina material with gold plating, which can easily be assembled using gap weld bonding.

II. CIRCUIT TOPOLOGY

To satisfy a system's requirements for the broadband receiver to be located in the front end behind the antenna, the NF, linear equalizer, power divider, and HPF have been considered in the design.

1. Noise Figure

To reduce the NF, a power combiner can be used to combine two input channels. Fig. 2 shows a block diagram for N input signals; the NF can be calculated using Eq. (1). The effective gain ($G_{RF,eff}$) and effective NF (NF_{eff}) are applied to an RF combiner with two N inputs, each having a gain (G_1) and an NF (NF_1) using the conventional two-port definition [3]. In the case of two inputs, the NF can be improved by as much as 0.85 dB using equation 1 if phase matching is perfect.

If there was perfect impedance matching in the combiner cascade, any mismatches would result in a loss of power that would be dissipated in the combiner network.

$$NF_{RF,eff} = \frac{1}{G_{RF,eff}} + \frac{NF_1}{N} - \frac{1}{N^*G_1} \approx \frac{1}{G_{RF,eff}} + \frac{NF_1}{N} \qquad (1)$$

Using Eq. (1), the effective NF ($NF_{RF,eff}$) in Fig. 2 can be calculated where the first term results from the thermal noise gene-

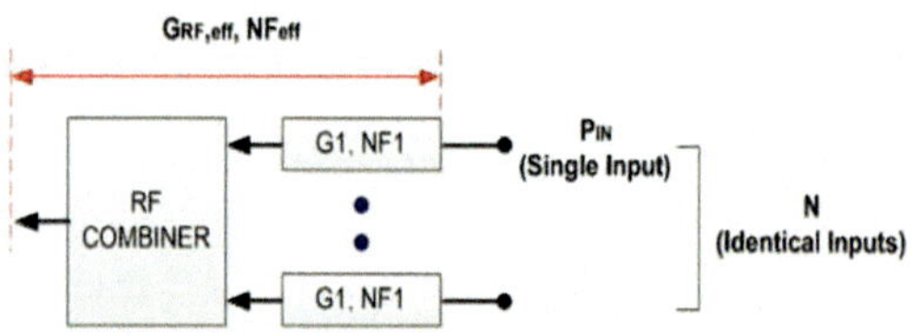

Fig. 2. Block diagram for combination structure of *N* input signal.

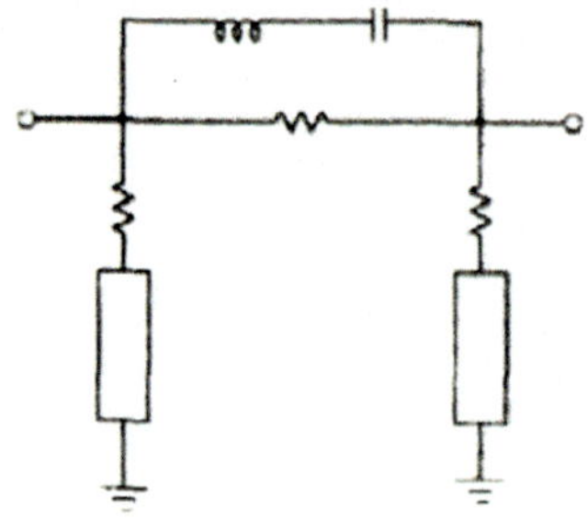

Fig. 3. Basic circuit of linear equalizer.

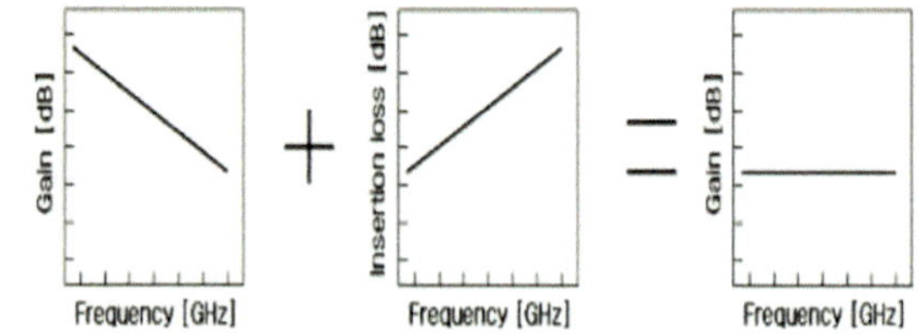

Fig. 4. Diagram showing gain compensation.

rated by the combiner, and the second and third terms result from the noise at the inputs. If the second term is greater than the third, then the NF after combining is reduced by *N* relative to the NF at the input.

2. Linear Equalizer

As shown in Figs. 3 and 4, if a transmission line with a serial resistor is open at a frequency equivalent to the resonance frequency of the inductor and capacitor, the insertion loss ideally becomes zero. The rest of the band is designed to undergo attenuation owing to the T-network of the three resistors, which determines the slope of the line [4].

The broadband receiver tends to end up with increasing overall insertion loss that is attributed to the cascaded placement of dissipative components such as the switch, filter, power divider, and coupler in the wide band RF channel. To achieve the desired quality performance, it is necessary to compensate for the insertion loss with flattening in the gain amplitude over the frequency band of interest. This produced uniform gain performance. The equalizer flattened the amplitude of the resultant insertion loss of the equalizer following the former component over the specified band [5].

3. Broadband Wilkinson Power Divider

The transmission line modeling (TLM) of a two-way equal split Wilkinson power divider (WPD) is shown in Fig. 5. This power divider contains one input port, two quarter-wave transmission lines, two output ports, and one isolation resistor across the output ports.

To increase the bandwidth of the input and output responses

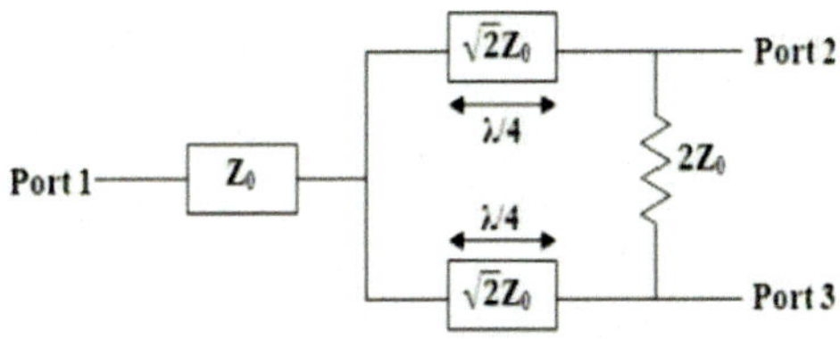

Fig. 5. Transmission line modeling of Wilkinson power divider.

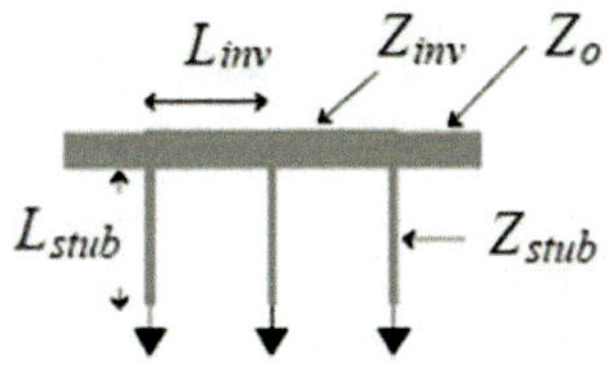

Fig. 6. Geometry of high-pass filter.

of the power divider, a binomial multisection matching transformer is used to minimize the ripple levels. To determine the characteristic impedance, Z_{n+1} of the multisection, beginning with $n = 0$, Eq. (2) is used [6].

$$ln\frac{Z_{n+1}}{Z_n} = 2^{-N} C_n{}^{*N}\, ln\frac{Z_L}{Z_O}, C_n{}^{*N} = \frac{N}{(N-n)n} \quad (2)$$

where N is the number of multisections, from 0 to $N-1$, and for a WPD $Z_L = 50\ \Omega$ and $Z_O = 100\ \Omega$.

4. High-Pass Filter

A spurious tone is very important because it a negatively influences signal processing in the total system when unwanted signals come into a broadband receiver. If a spurious tone affects the RF input at low frequency, it creates a harmonic frequency within the operating bandwidth. An HPF is necessary to cancel the spurious tone.

An HPF can be designed as a band-pass filter (BPF) where possible. For the HPF shown in Fig. 6, the ABCD parameters of the impedance inverters and stubs are given by Eqs. (3) and (4), where Z_{inv} and Z_{stub} are the characteristic impedances of the inverter and stub, respectively.

The stub length is determined by choosing $f_o = 12$ GHz, which gives a sufficiently wide passband for our particular design. The passband performance of the HPF depends on the Z_{inv} and Z_{stub} values [6].

The design data of the stub admittances for a maximally flat response can be found where $Z_{inv} = 50\ \Omega$. It is known that the 3 dB point of the HPF, f_{3dB}, is inversely proportional to Z_{stub}.

$$\begin{bmatrix} A & B \\ C & D \end{bmatrix}_{inv} = \begin{bmatrix} \cos\left(\frac{\pi}{2}\frac{f}{f_o}\right) & jZ_{inv}\sin\left(\frac{\pi}{2}\frac{f}{f_o}\right) \\ jY_{inv}\sin\left(\frac{\pi}{2}\frac{f}{f_o}\right) & \cos\left(\frac{\pi}{2}\frac{f}{f_o}\right) \end{bmatrix} \quad (3)$$

$$\begin{bmatrix} A & B \\ C & D \end{bmatrix}_{stub} = \begin{bmatrix} 1 & 0 \\ \frac{-j}{Z_{stub}}\cot\left(\frac{\pi}{2}\frac{f}{f_o}\right) & 1 \end{bmatrix} \quad (4)$$

III. Design and Simulation

The design of the broadband receiver should consider the NF, linear equalizer, power divider, and HPF. The receiver should have the same width to connect different materials and to prevent mismatch. The fabrication is based on the width of the microstrip line of an alumina PCB matched with a microstrip line of a 5-mil RT5880 substrate ($\varepsilon_r = 2.2$) so that they will be interconnected with the alumina and Duroid PCB.

1. Noise Figure

In the combined configuration, the NF was calculated using Eqs. (1) and (2). The combined NF could be improved by approximately 0.85 dB over the NF in a single path. Tables 1 and 2 show how the NF changes in terms of the input signal through a single or combined path.

2. Linear Equalizer

Fig. 7 is based on a PCB material having a dielectric constant of 9.8 and a 10-mil alumina substrate including a thin film resistor (TFR) to reduce the size of the two stages. A 6-18 GHz super-broadband microstrip equalizer was designed according to the resonance and transmission line theory. The transmission line with a serial microstrip line was opened at a frequency equivalent to the resonance frequency (λ/4).

Table 1. Noise figure budget analysis for single path

Broadband Receiver

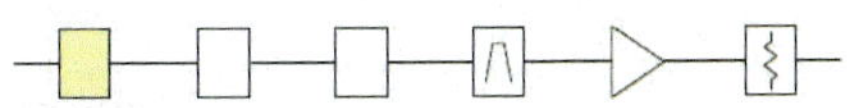

RF Path(18GHz)

	Before Combined	Combiner only line loss	EQ [2 Stage]	HPF (Alumina)	DRA (AMMC5618)	ATT (ATN3580)	Total
NF (dB)	4.37	6.00	3.00	1.00	4.30	4.20	5.49
Gain (dB)	15.15	-6.00	-3.00	-1.00	15.80	-4.20	16.75
OP1dB (dBm)	0.85	60.00	60.00	60.00	19.80	60.00	2.45
OIP3 (dBm)	11.69	60.00	60.00	60.00	28.00	60.00	12.92
Input Pwr (dBm)	-30.00	System Temp (K)		290.00			

Table 2. Noise figure budget analysis for combined path

Broadband Receiver

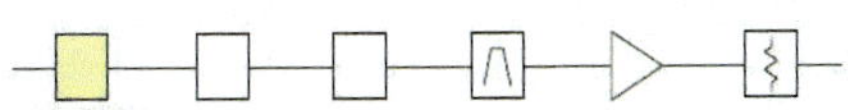

RF Path(18GHz)

	Before Combined	Combiner only line loss	EQ [2 Stage]	HPF (Alumina)	DRA (AMMC5618)	ATT (ATN3580)	Total
NF (dB)	4.37	0.00	3.00	1.00	4.30	4.20	4.64
Gain (dB)	15.15	0.00	-3.00	-1.00	15.80	-4.20	22.75
OP1dB (dBm)	0.85	60.00	60.00	60.00	19.80	60.00	8.45
OIP3 (dBm)	11.69	60.00	60.00	60.00	28.00	60.00	17.98
Input Pwr (dBm)	-30.00	System Temp (K)		290.00			

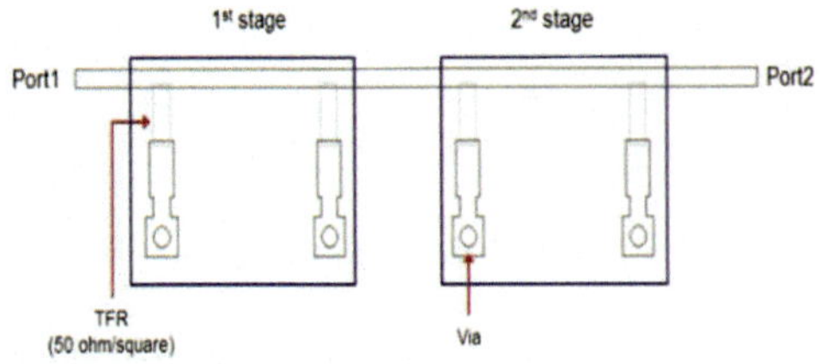

Fig. 7. Momentum of equalizer.

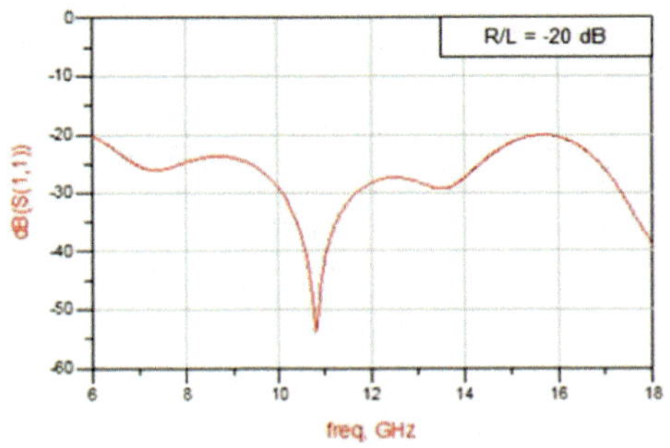

Fig. 8. Simulation result of return loss.

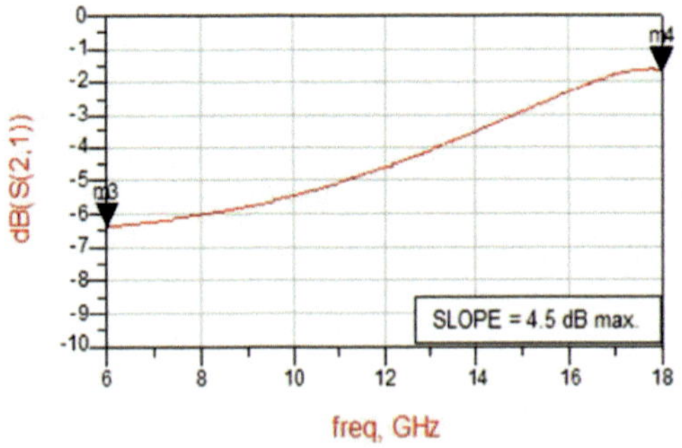

Fig. 9. Simulation result showing the gain slope.

Figs. 8 and 9 show that the input reflection coefficient is a maximum of −20 dB and the amplitude slope is approximately 4.5 dB. The slightly nonlinear behavior seen at 18 GHz arises from the parasitic capacitance of the TFR and transmission lines.

3. Broadband Wilkinson Power Divider

The geometry of a three-stage WPD with in microstrip configuration is shown in Fig. 10. P1 is used to feed the linear equalizer, and P2 and P3 connect RF channels 1 and 2 by gap weld bonding.

A PCB material with a dielectric constant of 9.8 was used with a 10-mil alumina substrate including a TFR that comprised three stages. The characteristic impedance of the λ/4 line at the center frequency of 12 GHz is determined using Eq. (2), where R1, R2, and R3 are the isolation resistors of the multisections as shown in Table 3.

Table 3. Resistor values of three-stage Wilkinson power divider

	R1	R2	R3
TFR value (Ω)	100	210	400

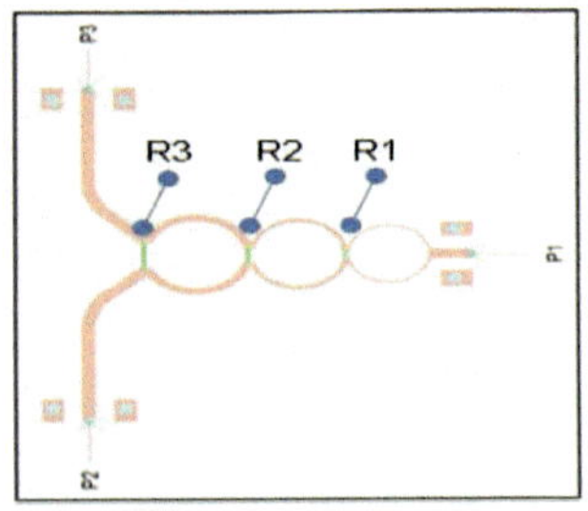

Fig. 10. Momentum of Wilkinson power divider.

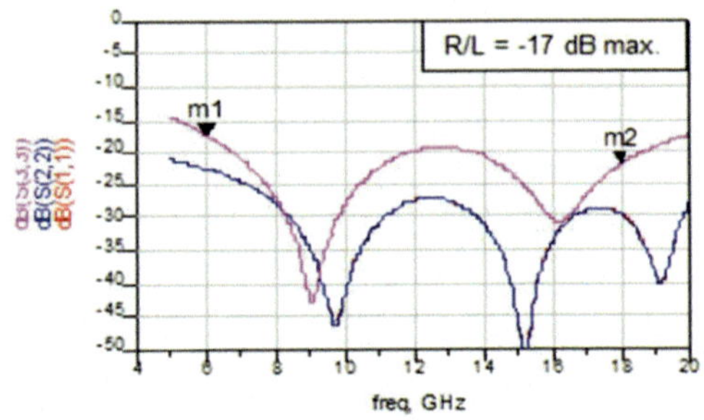

Fig. 11. Simulation result of Wilkinson power divider (return loss).

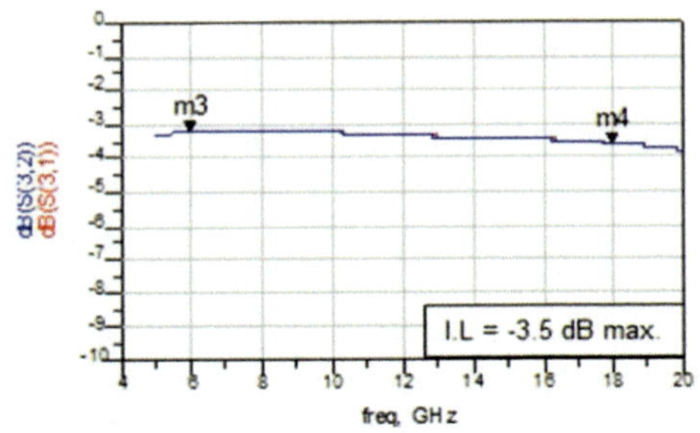

Fig. 12. Simulation result of Wilkinson power divider (insertion loss).

Fig. 11 shows that the input reflection coefficient at each port is a maximum of −17 dB, and Fig. 12 shows that the insertion loss is about around −3.5 dB.

4. High-Pass Filter

The HPF shows a periodic response owing to its distributive nature. It acts as a BPF from DC to $2f_o$. The center frequency f_o should be large enough for the passband performance of the composite BPF to not be destroyed by the notch of the HPF at $2f_o$. Fig. 13 shows the geometry of the HPF with seven poles in

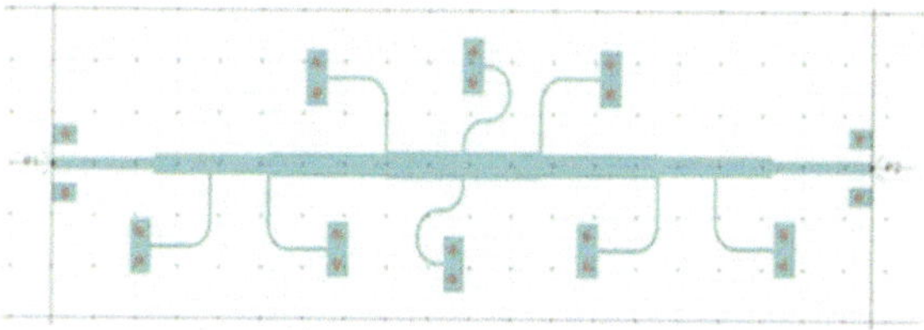

Fig. 13. Momentum of high-pass filter.

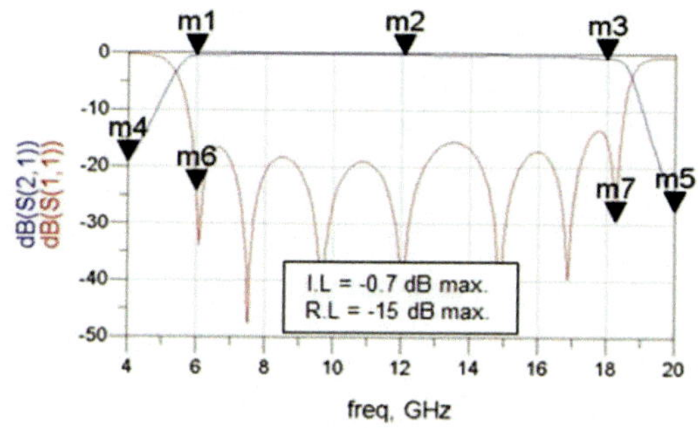

Fig. 14. Simulation result of high-pass filter.

the microstrip configuration. The designed HPF has two holes at each stub to reinforce the grounding effect. The alumina substrate has a dielectric constant of 9.8 and a height of 10-mil.

Fig. 14 shows the performance over a bandwidth where the return loss is −15 dB and the insertion loss is −0.7 dB over 6–18 GHz. The rejection value at 4 GHz is around −18 dB and it can be assumed to be −54 dB after cascading over three HPFs.

IV. Fabrication and Measurement

A GaAs MMIC chip was mounted on a gold-plated substrate to provide good grounding. A high-frequency Duroid PCB was placed around the chip to connect the DC bias, and input and output lines were wire bonded.

Special attention was paid to minimize the length of the wire bonds at the RF signal and ground line [7]. The manufactured wideband receiver comprised a limiter, HPF, power combiner, equalizer, and amplifier. Fig. 15 shows the fabricated module of

Table 4. PCB and active component lists

Section	Details
1. RF PCB material	RT5880 5-mil substrate (dielectric constant: 2.2)
2. Limiter	MMIC based on PIN-diode
3. SPDT and AMP component	GaAs MMIC (bare type)
4. HPF, power combiner and equalizer	Based on microstrip line, alumina 10-mil substrate (dielectric constant: 9.8)

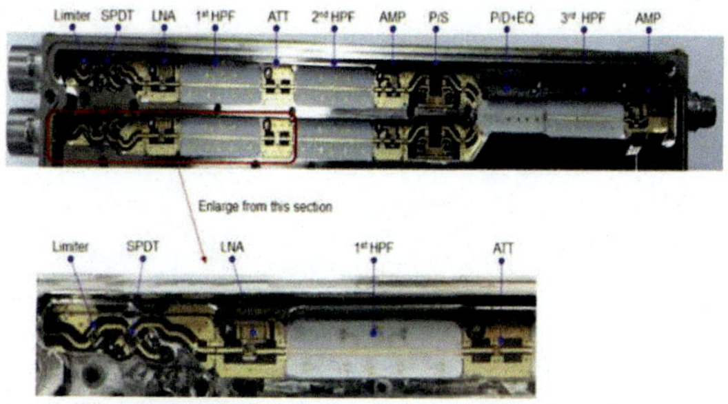

Fig. 15. Broadband receiver with two input channels and one output channel.

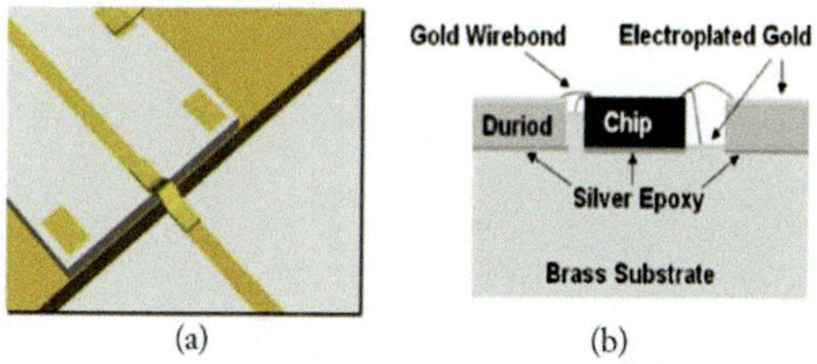

Fig. 16. (a) Gap weld bonding between alumina and alumina. (b) Wire bonding between MMIC and Duroid substrate.

the broadband receiver with two input channels and one output channel.

Table 4 summarizes the materials used in the receiver. The length of the wire bond needs to be considered when assembling the receiver to ensure phase matching.

Fig. 16(a) and (b) show how different PCBs are connected using gap weld bonding and the MMIC chip and Duroid substrate, by wire bonding.

Figs. 17 and 18 show the measured gain and noise figure in a single path. The gain is more than 17 dB and, the NF improves to a maximum of 5.54 dB in the 6–18 GHz band, respectively. In comparison with the simulated and measured result based on Table 1 and Fig. 18 in the single path, the measured result is approximately equal to the simulated result, being difference by

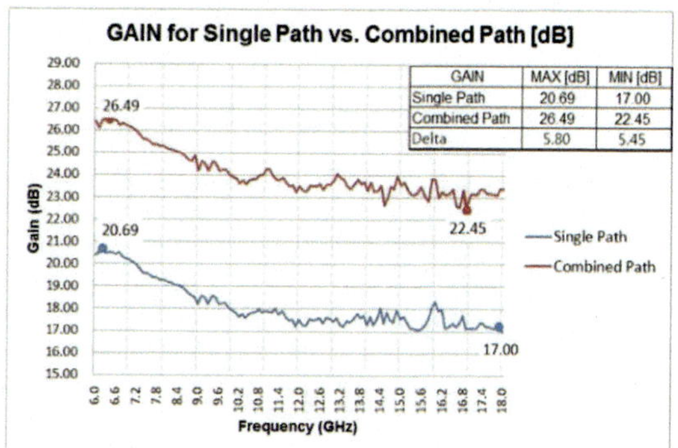

Fig. 17. Measurement result for gain.

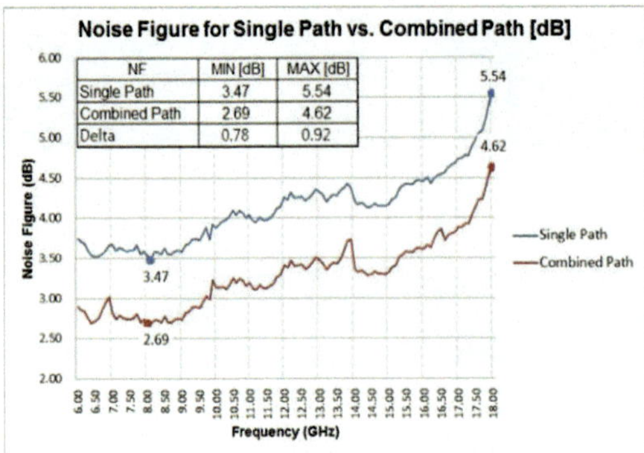

Fig. 18. Measurement result for noise figure.

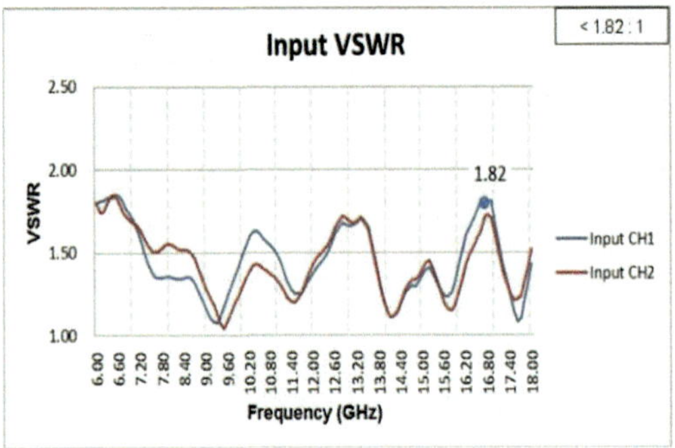

Fig. 19. Voltage standing wave ratio for input of each port.

only 0.05 dB.

A combined noise figure can be calculated using Eq. (1). The NF is approximately 0.78 dB less than that for a single path. A voltage standing wave ratio (VSWR) for the input of each port is shown in Fig. 19. The results are less than 1.82:1 over the 6–18 GHz bandwidth.

The rejection value for 4.5 GHz in the module is approximately 60 dB after cascading through three HPFs, as shown in Fig. 20. An HPF was designed to reject undesirable spurious tones at low frequency. Fig. 21 shows the value of phase match-

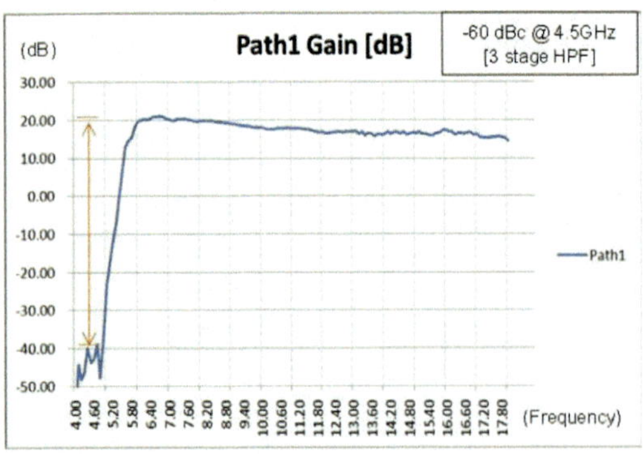

Fig. 20. Measurement of rejection value.

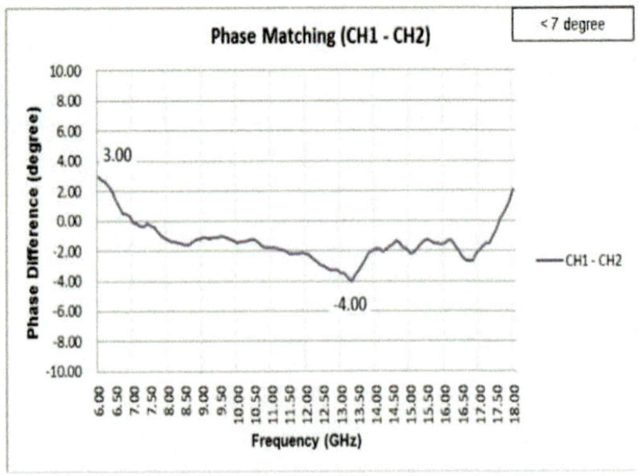

Fig. 21. Measurement result for phase matching.

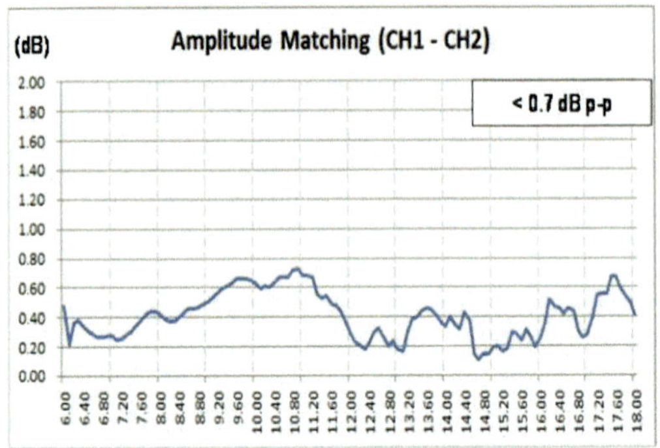

Fig. 22. Measurement result for amplitude matching.

ing (7°), and Fig. 22 shows the value of amplitude matching (0.7 dB p-p).

Figs. 21 and 22 prove that the components were operating properly and that the same bonding length, for both wire bonding and gap welding, was used in each RF channel.

V. Conclusion

This paper proposes a 6–18 GHz front-end broadband receiver module with two input channels and one output channel. This high-performance broadband receiver has low NF and good phase matching, making it ideal for ESM applications. A broadband receiver based on a combined configuration can be used to achieve low NF.

We conclude that our receiver module significantly improves the noise figure by as much as 0.78 dB over the measured data with a maximum value of 5.54 dB over the 6–18 GHz bandwidth. In addition, the difference value of phase matching is within 7° between ports.

In the future, this receiver module could be implemented for ESM applications to improve the NF and phase matching performance.

This work was conducted by the research fund of Dankook University in 2015.

REFERENCES

[1] T. N. Tuma, "High temperature superconductivity (HTS) and its role in electronics warfare," in *Proceedings of Avionics Panel Symposium*, Ankara, Turkey, 1993.

[2] L. M. Devlin, G. A. Pearson, A. W. Dearn, P. D. L. Beasley, and G. D. Morgan, "A 2-18 GHz ESM receiver front-end," in *Proceedings of the 32nd European Microwave Conference*, Milan, Italy, 2002.

[3] N. M. Froberg, E. I. Ackerman, and C. H. Cox, "Analysis of signal to noise ratio in photonic beamformers," *in Proceedings of the IEEE Aerospace Conference*, Big Sky, MT, 2006.

[4] B. Mishra, A. Rahman, S. Shaw, M. Mohd, S. Mondal, and P. P. Sarkar, "Design of an ultra-wideband Wilkinson power divider," in *Proceedings of 1st International Conference on Automation, Control, Energy and Systems (ACES)*, Hooghly, India, 2014.

[5] S. Kahng, "Developing the 150%-FBW Ku-band linear equalizer," in *Advanced Microwave and Millimeter Wave Technologies*. Croatia: InTech Europe, 2010.

[6] C. L. Hsu, F. C Hsu, and J. K. Kuo, "Microstrip bandpass filters for ultra-wideband (UWB) wireless communications," in *Proceedings of IEEE/MTT-S International Microwave Symposium Digest*, Long Beach, CA, 2005.

[7] H. Hashemi, X. Guan, A. Komijani, and A. Hajimiri, "A 24-GHz SiGe phased-array receiver-LO phase-shifting approach," *IEEE Transactions on Microwave Theory and Techniques*, vol. 53, no. 2, pp. 614-626, 2005.

Yuseok Jeon

received his B.S. in Electronic Communication Engineering from Cheongju National University, Cheongju, Korea, in 2000 and his M.S. in Electronic Engineering from Chungbuk National University, Cheongju, Korea in 2004. He is currently pursuing his Ph.D. degree in electronic and electric engineering at Dankook University, Yongin, Korea. From 1999 to 2015, he worked with Broadern Inc., Hwaseong, Korea. His research interests include the development of transceivers, receivers, and synthesizers using chip and wire processes for EW and radar system applications.

Sungil Bang

received his B.S. in Electronic Engineering at Dankook University, Seoul, Korea in 1984, his M.S. in Electronic Engineering at Dankook University, Seoul, Korea in 1986, and his Ph.D. in Electronic Engineering at Dankook University, Seoul, Korea in 1992. From 1994 to 1997, he worked as the Director of the research division at LC Tech Inc., Anyang, Korea. Since 1994, he has been a Professor of Electronic and Electric Engineering at Dankook University, Yongin, Korea. His research interests include RF Amp, UWB, OFDM, and RFID for telecommunication applications.

JOURNAL OF ELECTROMAGNETIC ENGINEERING AND SCIENCE, VOL. 17, NO. 3, 138~146, JUL. 2017

http://dx.doi.org/10.5515/JKIEES.2017.17.3.138
ISSN 2234-8395 (Online) · ISSN 2234-8409 (Print)

New Configuration of a PLDRO with an Interconnected Dual PLL Structure for K-Band Application

Yuseok Jeon[1,*] · Sungil Bang[2]

Abstract

A phase-locked dielectric resonator oscillator (PLDRO) is an essential component of millimeter-wave communication, in which phase noise is critical for satisfactory performance. The general structure of a PLDRO typically includes a dual loop of digital phase-locked loop (PLL) and analog PLL. A dual-loop PLDRO structure is generally used. The digital PLL generates an internal voltage controlled crystal oscillator (VCXO) frequency locked to an external reference frequency, and the analog PLL loop generates a DRO frequency locked to an internal VCXO frequency. A dual loop is used to ease the phase-locked frequency by using an internal VCXO. However, some of the output frequencies in each PLL structure worsen the phase noise because of the *N* divider ratio increase in the digital phase-locked loop integrated circuit. This study examines the design aspects of an interconnected PLL structure. In the proposed structure, the voltage tuning; which uses a varactor diode for the phase tracking of VCXO to match with the external reference) port of the VCXO in the digital PLL is controlled by one output port of the frequency divider in the analog PLL. We compare the proposed scheme with a typical PLDRO in terms of phase noise to show that the proposed structure has no performance degradation.

Key Words: Analog PLL, Digital PLL, Dual-Loop, Front-End, Phase-Locked PLL, PLDRO.

I. Introduction

In microwave communication systems that require high-capacity data transmission such as satellites' base station systems and electronic warfare (EW), the local oscillators at the transmitter/receiver terminals should maintain the characteristics of low phase noises and excellent spectral purity [1].

As the frequency resources of C, S, and Ku bands for such microwave communication systems have already been saturated, frequency resources should be developed in the K and Ka bands, which are quasi-millimeter wave bands (18–40 GHz) [2].

Digital modulation systems are used to transmit high-capacity data at high speeds using the K band. In particular, in the case of phase modulation systems, the oscillator characteristics of high-stability and low-phase noises are required because the frequency stability and phase noise characteristics have major effects on the beat error ratio characteristics [3]. In the fields of radars and electronic warfare, precise frequencies up to several MHz or several hundred kHz (e.g., 9.625xx GHz) are required for oscillators instead of integer multiples of the external reference frequency.

Satellite communication base stations and EW systems require the characteristics of the in-band phase noises of the local oscillators of microwave communication systems, which use the Ka-band or millimeter bands not to exceed –70 dBc/Hz at the offset frequency of 1 kHz and –90 dBc/Hz at the offset fre-

Manuscript received March 21, 2017 ; Revised June 7, 2017 ; Accepted July 11, 2017. (ID No. 170321-014J)
[1]Research and Development Department, Broadern Inc., Hwaseong, Korea
[2]Division of Electronic and Electric Engineering, Dankook University, Yongin, Korea.
*Corresponding Author: Yuseok Jeon (e-mail: halsuida@naver.com)

quency of 100 kHz according to the center frequency specified by IESS-308. Therefore, phase-locked dielectric resonator oscillators (PLDROs) are widely used to satisfy the required standards [4].

In the case of existing PLDROs, the internal voltage controlled crystal oscillator (VCXO) frequency is phase-locked at the external reference frequency in the primary digital phase-locked loop (PLL) circuit, and the phase-locked VCXO frequency and the DRO output frequency are phase-locked and used in sequence in the secondary analog PLL circuit. In this case, if the internal VCXO frequency is not an integer multiple (e.g., 96 MHz) of the external reference frequency (10 MHz) but a complicated frequency (e.g., 96.25 MHz), the comparison frequency will become smaller when the phase is compared in the phase detector (PFD) of the integer phase-locked loop integrated circuit (PLLIC). Accordingly, the divider ratio of the PLLIC increases, thus resulting in bad phase noise characteristics.

To output precise frequencies, two loops (digital PLL and analog PLL) are used together for each change in frequency. In this case, the divider ratio of the PLLIC of the digital PLL circuit for primary phase comparison with the external reference frequency (10 MHz) increases and leads to bad phase noise characteristics in the in-band loop bandwidth of the analog PLL circuit (final output frequency) [5–7].

The proposed PLDRO is in a new structure in which no phase noise deterioration occurs in the analog loop filter band, and the output frequency can be freely adjusted. Recently, precision to several hundred kHz (e.g., 9.625xx GHz) has been required as the center frequency of local oscillators in accordance with the requirements of communication systems.

A design equation for the proposed PLL structure was derived and presented in this study.

The output frequency of the DRO was coupled and made to pass through the frequency divider and the phase was directly compared with that of the external reference frequency (10 MHz) in the PLLIC. Then, the error voltage that corresponds to the phase difference was made to pass through the loop filter to control the voltage tuning (VT) terminal of the VCXO. To verify theprposed PLDRO, a new PLL with 9.625 GHz band was designed. The final output frequency was multiplied by two to become 19.25 GHz, and the result was experimentally verified. Fig. 1 shows the block diagram of the proposed PLDRO structure.

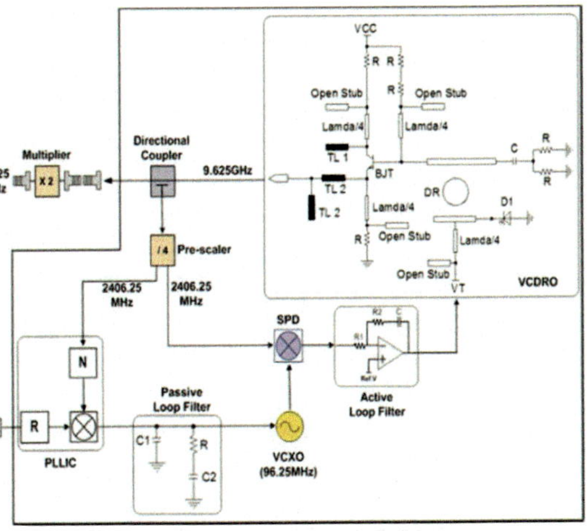

Fig. 1. Block diagram of the proposed total PLDRO.

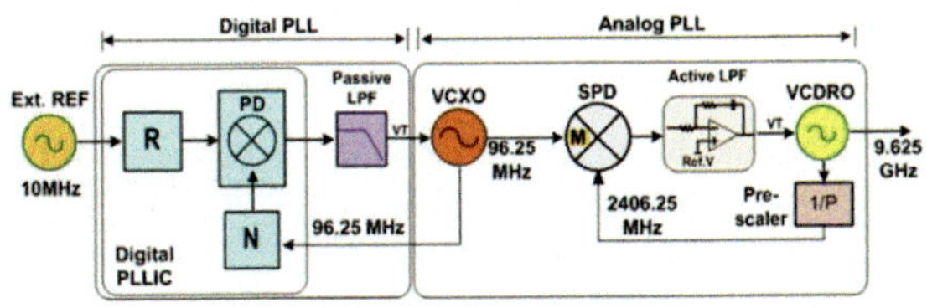

Fig. 2. Block diagram of the general PLDRO.

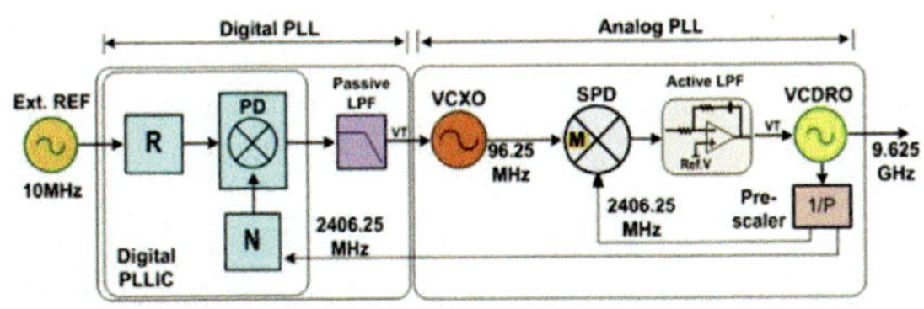

Fig. 3. Block diagram of the proposed PLDRO.

II. Circuit Topology

The concept of the proposed PLDRO is configured as an interconnected dual-loop PLL structure, in which a digital PLL and an analog PLL are interconnected. The proposed PLDRO is designed so that the phase error voltage resulting from the phase comparison between the reference frequency input and the output frequency of the VCDRO controls the VT terminal of the VCXO, which is not a subject of the direct comparison.

Fig. 2 shows the block diagram of the general PLDRO for the independent PLL loop flow. The increase in the N divider ratio is related to the complex frequency of the VCXO (96.25 MHz), as the phase should be compared with the external reference in the digital PLL configuration. Fig. 3 presents the block diagram of the proposed PLDRO for the PLL loop flow.

The phase of the output frequency of the VCDRO divided by four and that of the external reference frequency (10 MHz) are directly compared with the PFD to output the error voltage, which corresponds to the phase difference between the two signals. The error voltage controls the VT terminal of the VCXO, which is not a subject of direct phase comparison, through the secondary manual loop filter, which has the characteristics of low-pass filters. Thereafter, the controlled VCXO controls the

VCDRO, and the error voltage is obtained through the phase comparison with the harmonics multiplied 25 times in the sampling phase detector (SPD) through the analog loop filter.

Then, the output frequency of the VCDRO that corresponds to the phase error voltage is inputted into the phase detector of the PLLIC, and the above process is repeated until the VCXO comes under the in-phase condition. This way, as the phase is compared with the output frequency of the VCDRO instead of the integer multiple of the external reference frequency (10 MHz), only the VCXO, which is a subject of the PLL circuit, is followed, and the deterioration of phase noises resulting from the increase in the divider ratio does not occur within the analog PLL bandwidth. That is, by changing only the frequency of the VCXO, the output frequency of the PLDRO can be freely implemented to the precise frequencies of several hundred kHz.

As shown in Fig. 3, the output frequency is as follows:

$$f_{OUTPUT} = (PXM) f_{VCXO}, \tag{1}$$

where P is the divider ratio(4) of the pre-scaler, f_{VCXO} is the output frequency (96.25 MHz) of the internal VCXO, and M is the number of multiplication (25) of the SPD. The secondary passive loop filter of the digital PLL of the proposed PLDRO shown in Fig. 1 is presented in Fig. 4. The impedance transfer function is as follows:

$$Z(s) = \frac{1+s\tau_2}{sc_t(1+s\tau_1)},\ \tau_1 = \frac{RC_1C_2}{c_t},\ \tau_2 = RC_2 \tag{2}$$

$$C_t = \frac{K_\varphi K_{VCO}}{N\omega_C^2} \cdot \sqrt{\frac{(1+\omega_C^2\tau_2^2)}{(1+\omega_C^2\tau_1^2)}} \tag{3}$$

where $K_\emptyset$ is the phase detector gain (V/rad), K_{VCO} is the VCXO gain (Hz/V), ω_C is the loop bandwidth, and N is the divider ratio, which is a value obtained by dividing the VCXO frequency by the comparison frequency (PFD).

The secondary active loop filter of the analog PLL of the proposed PLDRO shown in Fig. 1 is presented in Fig. 5. The transfer function is as follows:

$$F(s) = \frac{\tau_2 s + 1}{\tau_1 s},\ \tau_1 = R_1C,\ \tau_2 = R_2C \tag{4}$$

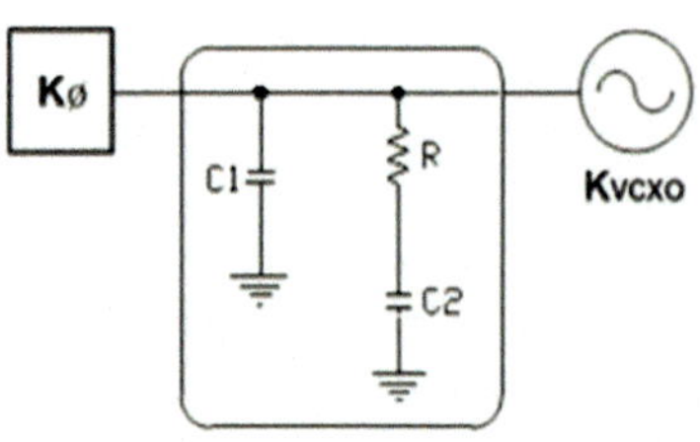

Fig. 4. Secondary passive loop filter of the digital PLL.

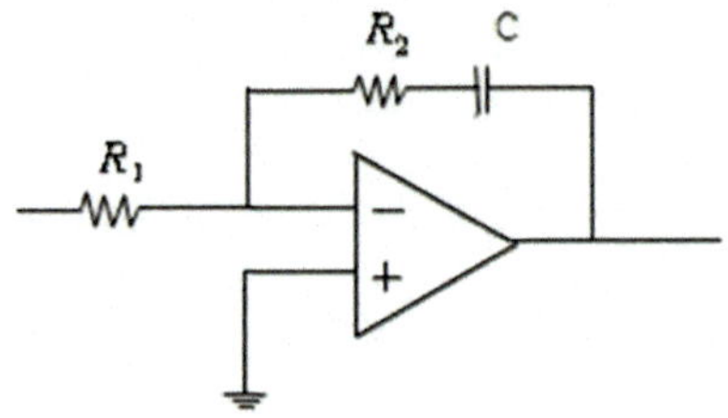

Fig. 5. Secondary active loop filter of the analog PLL.

III. Design and Simulation

The components that contribute to the noises inserted into the interconnected dual-loop PLLs of the proposed PLDRO structure are shown in Fig. 6. The noise term variables are as follows:

ϕ_{nR} : Reference VCXO phase noise

ϕ_{nM} : Reference divider or SRD phase noise

ϕ_{nO} : Total output phase noise

ϕ_{nN} : Pre-scaler divider phase noise

ϕ_{nDRO} : DRO phase noise

V_{nPD} : Phase detector phase noise

V_{nLPF} : Loop amplifier phase noise

The phase noise in the PLDRO final output is derived by Eq. (5):

$$\varphi_{nO} = \left\{\left[\left[\left(\frac{\varphi_{nR}}{M} + \varphi_{nM}\right) - \left(\frac{\varphi_{nO}}{N} + \varphi_{nN}\right)\right] \cdot K_{PD} + V_{nPD} + V_{nLPF}\right\} H(s)\right\} \cdot \frac{K_{DRO}}{s} \cdot \varphi_{nDRO}, \tag{5}$$

where

K_{DRO} is the VC-DRO modulation sensitivity(radians /second per volt)

K_{PD} is the PD or SPD output sensitivity (volts per radian)

$H(s)$ is the loop filter transfer function

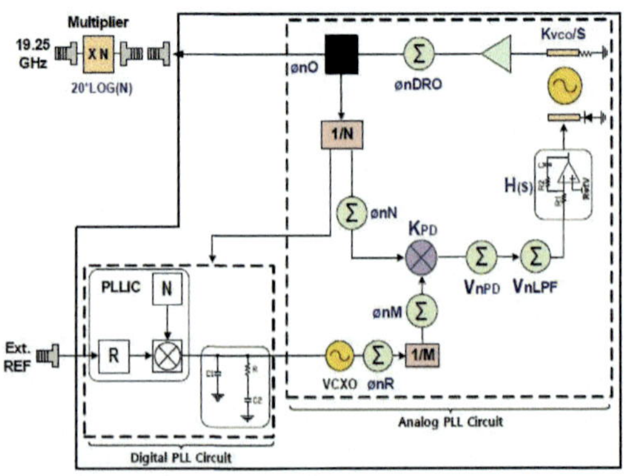

Fig. 6. Phase noise generator in the proposed PLDRO structure.

N is the DRO divider ratio

M is the reference divider ratio

Eq. (5) shows that the loop filter transfer function $H(s)$ is connected to individual noise sources in the analog PLL loop band except for the free-running phase noise of the DRO. In particular, the phase noise characteristics of the VCXO corresponding to the internal reference frequency in the analog PLL circuit directly affect the phase noises in the loop filter band. That is, if the phase noise characteristics of the VCXO are poor, the final output phase noise will be poor in the PLL loop band [8].

How the digital PLL circuit affects the phase noise of the VCXO, which is not a subject of direct phase comparison, is examined in Section III-1, and the phase noise of the final output (analog PLL circuit) is analyzed in Section III-2.

1. Analysis of the Phase Noise of the Digital PLL Circuit

The overall phase noise of the digital PLL is as follows (Table 1):

$$TotalPN = 10 * LOG(10^{\frac{VCXO sPN}{10}} + 10^{\frac{REF sPN}{10}} + 10^{\frac{PS'sPN}{10}} + 10^{\frac{PD sPN}{10}}). \quad (6)$$

Eq. (6) obtains the final output phase noise of the digital PLL circuit. The characteristics of the individual components are as follows:

The phase noise of the VCXO output under No. 1 is the value after passing the high pass attenuation of the passive loop filter. The phase noise of the reference output under No. 2 is the value after an increase by the N divider ratio. This value is one (3850) set in the PLLIC but a value (9.625) obtained by dividing the VCXO frequency by the external reference frequency followed by passing the low pass attenuation by the passive loop filter. The phase noise of the pre-scaler output under No. 3 is a value after passing the low pass attenuation by the passive loop filter. The phase noise of the phase detector output under No. 4 can be calculated by Eq. (7), followed by passing through the low pass attenuation by the passive loop filter.

Close-in phase noise =

$$PLLIC's\ noisefloor - 10 * LOG(PFD) - 20 * LOG(N), \quad (7)$$

where PFD is the phase frequency detector, and N is the divider and pre-scaler ratio of the digital PLLIC.

The results of the calculation of the above equation using Excel are as shown in Table 1.

As the VCXO in the digital PLL circuit is not included in the closed loop PLL route regardless of the increase in the number of N the divider ratio, the pure phase noise characteristics of VCXO can be maintained outside the loop filter band without affecting the phase noise. The phase noise values in the digital PLL circuit calculated as such are −138.6 dBc/Hz and −148.9 dBc/Hz at 1 kHz and 10 kHz offset frequencies for 96.25 MHz, respectively.

2. Analysis of the Phase Noise in the Final Output (Analog PLL Circuit)

The overall phase noise of the analog PLL (Table 2) is as follows:

$$TotalPN = 10 * LOG(10^{\frac{DRO sPN}{10}} + 10^{\frac{REF sPN}{10}} + 10^{\frac{PS'sPN}{10}} + 10^{\frac{PD sPN}{10}}). \quad (8)$$

The phase noise of the final output is calculated by Eq. (8). The characteristics of the individual components are as follows:

The phase noise of the DRO output under no.1 is the value after passing the high pass attenuation by the active loop filter. The phase noise of the reference output under No. 2 is the phase noise of the VCXO, which is the value after an increase

Table 1. Phase noise calculation for the proposed PLDRO (digital PLL)

Digital PLL (VCXO)	BW (kHz)	PFD (MHz)	F_O (GHz)	N		
96.25 MHz PLVCXO	0.1	10	0.09625	9.625		
Frequency [Hz] @ OFFSET	10	100	1,000	1.0E+04	1.0E+05	1.0E+06
VCXO phase noise	-88	-115	-140	-149	-160	-160
Reference phase noise	-108	-140	-150	-155	-155	-155
Pre-scaler phase noise	-135	-140	-145	-148	-148	-148
PD phase noise	-125.3	-125.3	-125.3	-125.3	-125.3	-125.3
High Pass Attenuation (LF)	20.0	0.0	0.0	0.0	0.0	0.0
Low Pass Attenuation (LF)	0.0	0.0	20.0	40.0	60.0	80.0
Reference multiply	-88.3	-120.3	-130.3	-135.3	-135.3	-135.3
No.1 VCXO output	-108.0	-115.0	-140.0	-149.0	-160.0	-160.0
No.2 Reference output	-88.3	-120.3	-150.3	-175.3	-195.3	-215.3
No.3 Pre-scaler output	-135.0	-140.0	-165.0	-188.0	-208.0	-228.0
No.4 Phase detector output	-125.3	-125.3	-145.3	-165.3	-185.3	-205.3
Total phase noise	-88.3	-113.6	-138.6	-148.9	-160.0	-160.0

Table 2. Phase noise calculation for the proposed PLDRO (analog PLL)

Analog PLL (DRO)	BW (kHz)	PFD (MHz)	F_O (GHz)	N		
9.625 GHz PLDRO	100	100	9.625	96.25		
Frequency [Hz] @ OFFSET	10	100	1,000	1.0E+04	1.0E+05	1.0E+06
DRO phase noise	-30.0	-50.0	-90.0	-100.0	-120.0	-130.0
Reference phase noise	-88.3	-113.6	-138.6	-148.9	-160.0	-160.0
Pre-scaler phase noise	-125	-130	-140	-150	-150	-150
PD phase noise	-125.0	-125.0	-125.0	-125.0	-125.0	-125.0
High Pass Attenuation (LF)	140.0	100.0	60.0	20.0	0.0	0.0
Low Pass Attenuation (LF)	0.0	0.0	0.0	0.0	0.0	20.0
Reference multiply	-48.6	-73.9	-98.9	-109.2	-120.3	-120.3
No.1 DRO output	-170.0	-150.0	-150.0	-120.0	-120.0	-130.0
No.2 Reference output	-48.6	-73.9	-98.9	-109.2	-120.3	-140.3
No.3 Pre-scaler output	-125.0	-130.0	-140.0	-150.0	-150.0	-170.0
No.4 Phase detector output	-125.0	-125.0	-125.0	-125.0	-125.0	-145.0
Proposed PDRO's phase nose	-48.6	-73.9	-98.9	-108.8	-116.5	-129.5
19.25G PLDRO PN (X2)	-42.6	-67.9	-92.9	-102.7	-110.5	-123.5

by the N divider ratio—a product of the number of multiplication (25) of the SRD in the SPD and the divider ratio (4) of division by four, followed by the low pass attenuation by the active loop filter. The phase noise of the pre-scaler output under No. 3 is the phase noise characteristic of the divider (1/4), which is the value after passing the low pass attenuation by the active loop filter, used separately. The phase noise of the phase detector output under No. 4 is the phase noise characteristic of the SPD, which is a value after passing the low pass attenuation by the active loop filter. The results of the calculation of the above equation using Excel are shown in Table 2.

The final phase noise values of 9.625 GHz calculated as such are −98.9 dBc/Hz and −108.8 dBc/Hz at 1 kHz and 10 kHz offset frequencies for 9.625 GHz, respectively.

If 9.625 GHz is changed into the K band (19.25 GHz) using a doubler, the phase noise values will change as follows (deteriorated by 20*log(N)): −92.9 dBc/Hz and −102.7 dBc/Hz at 1 kHz and 10 kHz offset frequencies for 9.625 GHz, respectively. Fig. 7 shows the results of the analysis of the phase noise of the K-band (19.25 GHz) after the multiplication of the proposed PLDRO by two. The values satisfy both the Intelsat Earth Station Standard and the IESS-308 standard. The actual results of the measurement are presented in Section IV. As shown by the results indicated in blue, in the case of the general PLDRO, if the digital PLL and the analog PLL are independently implemented, the IESS-308 standard will not be observed in the 1 kHz offset frequency because of the increase in the N divider of the digital PLL circuit.

As indicated by the blue line in the general PLDRO in Fig. 7, the results of the calculation using Excel are presented in Tables 3 and 4.

The results shown in Table 5 are indicated to be worse than

Table 3. Phase noise calculation for the general PLDRO (digital PLL)

Digital PLL (VCXO)	BW (kHz)	PFD (MHz)	F_O (GHz)	N		
96.25 MHz PLVCXO	0.1	0.25	0.09625	385		
Frequency [Hz] @ OFFSET	10	100	1,000	1.0E+04	1.0E+05	1.0E+06
VCXO phase noise	-88	-115	-140	-149	-160	-160
Reference phase noise	-108	-140	-150	-155	-155	-155
Pre-scaler phase noise	-135	-140	-145	-148	-148	-148
PD phase noise	-109.3	-109.3	-109.3	-109.3	-109.3	-109.3
High Pass Attenuation (LF)	20.0	0.0	0.0	0.0	0.0	0.0
Low Pass Attenuation (LF)	0.0	0.0	20.0	40.0	60.0	80.0
Reference multiply	-56.3	-88.3	-98.3	-103.3	-103.3	-103.3
No.1 VCXO output	-108.0	-115.0	-140.0	-149.0	-160.0	-160.0
No.2 Reference output	-56.3	-88.3	-118.3	-143.3	-163.3	-183.3
No.3 Pre-scaler output	-135.0	-140.0	-165.0	-188.0	-208.0	-228.0
No.4 Phase detector output	-109.3	-109.3	-129.3	-149.3	-169.3	-189.3
Total phase noise	-56.3	-88.2	-117.9	-141.5	-158.0	-160.0

Table 4. Phase noise calculation for the general PLDRO (analog PLL)

Analog PLL (DRO)	BW (kHz)	PFD (MHz)	F_O (GHz)	N	PD(PN)	
9.625 GHz PLDRO	100	100	9.625	96.25	-125	
Frequency [Hz] @ OFFSET	10	100	1,000	1.0E+04	1.0E+05	1.0E+06
DRO phase noise	-30.0	-50.0	-90.0	-100.0	-120.0	-130.0
Reference phase noise	-56.3	-88.2	-117.9	-141.5	-158.0	-160.0
Pre-scaler phase noise	-125	-130	-140	-150	-150	-150
PD phase noise	-125.0	-125.0	-125.0	-125.0	-125.0	-125.0
High Pass Attenuation (LF)	140.0	100.0	60.0	20.0	0.0	0.0
Low Pass Attenuation (LF)	0.0	0.0	0.0	0.0	0.0	20.0
Reference multiply	-16.6	-48.6	-78.3	-101.8	-118.3	-120.3
No.1 DRO output	-170.0	-150.0	-150.0	-120.0	-120.0	-130.0
No.2 Reference output	-16.6	-48.6	-78.3	-101.8	-118.3	-140.3
No.3 Pre-scaler output	-125.0	-130.0	-140.0	-150.0	-150.0	-170.0
No.4 Phase detector output	-125.0	-125.0	-125.0	-125.0	-125.0	-145.0
General PDRO's phase nose	-16.6	-48.6	-78.3	-101.7	-115.5	-129.5
19.25G PLDRO PN(X2)	-10.6	-42.6	-72.2	-95.7	-109.5	-123.5

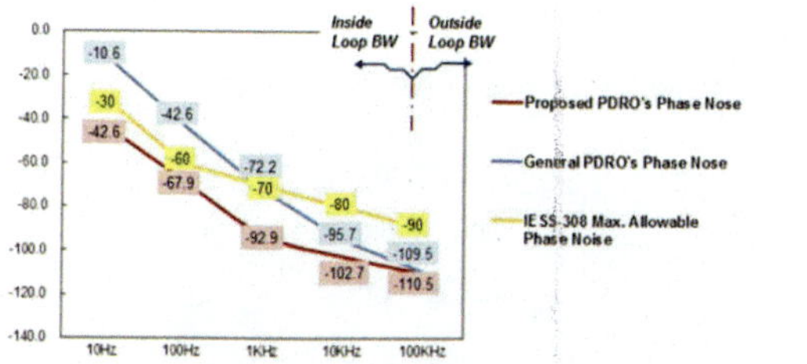

Fig. 7. Graph of the analysis of the phase noise of the proposed PLDRO (9.625 GHz X2 = 19.25 GHz).

Table 5. Summary of Tables 3 and 4

Offset freq.	10 Hz	100 Hz	1 kHz	10 kHz	100 kHz
Digital PLL	-56.3	-88.2	-117.9	-141.5	-158.0
Analog PLL	-16.6	-48.6	-78.3	-101.7	-115.5
After X2	-10.6	-42.6	-72.2	-95.7	-109.5

those of the proposed PLDRO.

IV. Fabrication and Measurement

A PLDRO of 9.625 GHz was implemented on the basis of the proposed PLDRO structure. The frequency is multiplied by two so that the final output frequency is 19.25 GHz. The final output frequency is applied to the local oscillator of the K-band microwave system. In this case, a crystal oscillator of 10 MHz is used for the external reference frequency to obtain the output frequency of 9.625 GHz from the VCDRO. The set values of the individual parameters of the PLLIC are R = 16, REF = 10, and N = 3,850.

The external reference frequency 10 MHz is directly entered into the PLLIC, and the output frequency 9.625 GHz of the VCDRO is divided by four into 2,406.25 MHz. Then, one of the divided frequencies is entered into the PLLIC and another one into the SPD. The phase detector in the PLLIC compares the phase with the VCDRO, and the relevant phase error voltage is connected with the VT terminal of the VCXO. The output frequency 96.25 MHz of the VCXO is multiplied by 25 in the SRD of the SPD to generate 2,406.25 MHz harmonic signals. The phase is compared with that of the output frequency 2,406.25 MHz divided by four of the VCDRO.

As shown in Fig. 8, the VCDRO is designed in the form of a series feedback. The 50-Ω line is connected to the input terminal of the active element to select the location of the DR. therefore, the resonance conditions are formed at the resonance frequency of the dielectric resonator to obtain excellent phase noise characteristics. The VCDRO is designed to oscillate at 9.625 GHz using the BJT element and the high-Q DR (dielectric

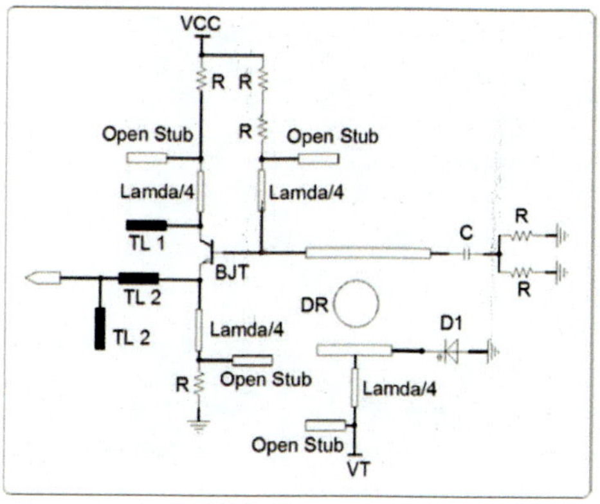

Fig. 8. Voltage-controlled DRO circuit.

resonator). The emitter TL2 of the BJT element is for making the transistor unstable and for output impedance matching. The collector TL1 of the BJT element determines the oscillation frequency and phase noise. The varactor diode (D1) is used to change the internal capacity value of the varactor diode using the phase error voltage output from the SPD through the active loop filter to tune the VT terminal (VT range, 0–12 V).

The analog PLL is implemented with secondary active filters and is designed to have a bandwidth of approximately 100 kHz to obtain optimum phase noise characteristics. To lock the phase, a Schmitt trigger comparator and an integrator are used as frequency acquisition and search circuits, respectively. The integer PLLIC and VCXO (96.25 MHz) with excellent phase noises are adopted for the digital PLL circuit. The doubler is multiplied using passive components, so that it can be operated in the K-band. A band pass filter is applied to remove spurious bands other than the operating frequency.

Fig. 9 shows the output power of PLDRO with +17.07 dBm at the 200 kHz span for 9.625 GHz before multiplication. Fig. 10 presents the output power of PLDRO with +14.43 dBm at the 5 GHz span for 19.25 GHz after multiplication.

The measurement results of the SSB phase noises (dBc/Hz) of the implemented PLDRO at the 9.625 GHz output frequency before multiplication by two and at the 19.25 GHz output frequency after multiplication by two are shown in Figs. 11 and 12, respectively.

The phase noises measured at a 19.25-GHz output frequency after multiplication by two are –96.5 dBc/Hz and –103.3 dBc/Hz at 1 kHz and 10 kHz offset frequencies, respectively. As shown in Table 6, the phase noises are improved by at least 22 dBc/Hz under IESS-308, which is a standard for Intelsat base stations, and the 19.25 GHz K-band after multiplication by two.

In addition, the measurement results are consistent with the

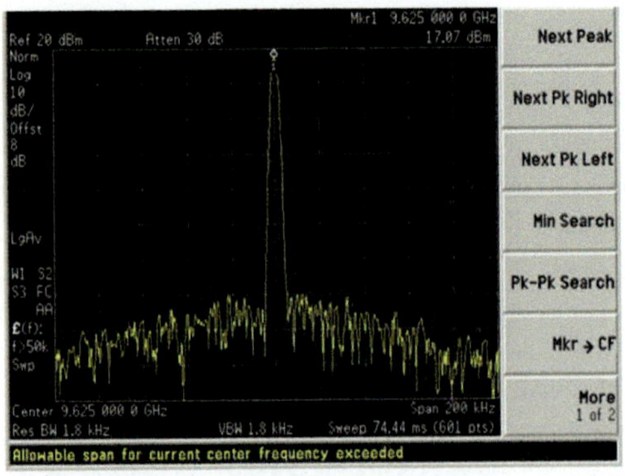

Fig. 9. Measurement results of the output power at the 9.625 GHz output frequency (before multiplication by two).

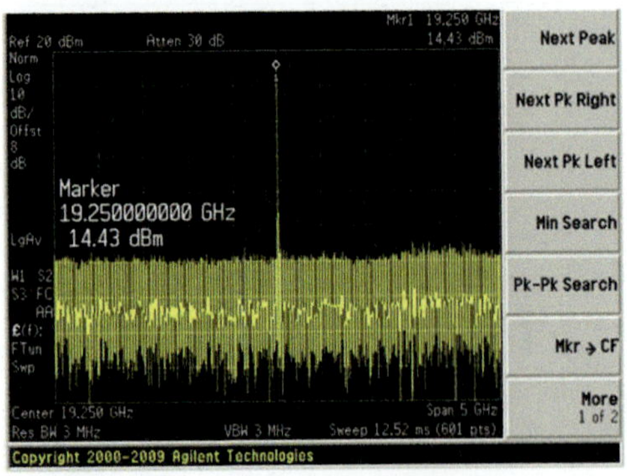

Fig. 10. Measurement results of the output power at the 19.25 GHz output frequency (after multiplication by two).

Table 6. Comparison of phase noises measured at 9.625 GHz, 19.25 GHz after multiplication, and IESS-308 standard

Offset freq.	100 Hz	1 kHz	10 kHz	100 kHz	1 MHz
9.625 GHz	-75.2	-99.9	-109.1	-117.8	-132
19.25 GHz	-69.4	-96.5	-103.2	-113.4	-127
IESS-308	-60	-70	-80	-90	-

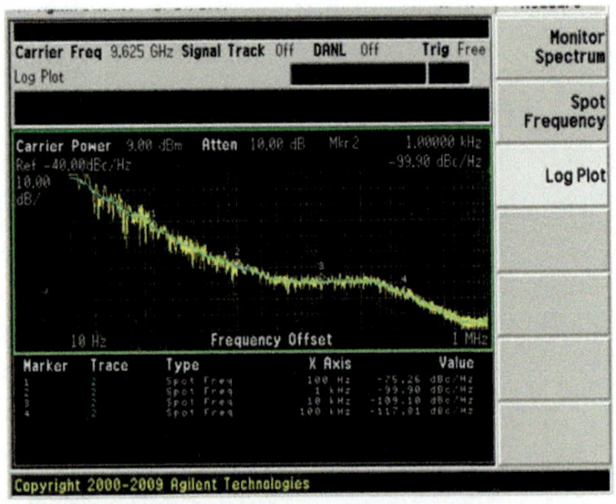

Fig. 11. Measurement results of the phase noises at the 9.625 GHz output frequency (before multiplication by two).

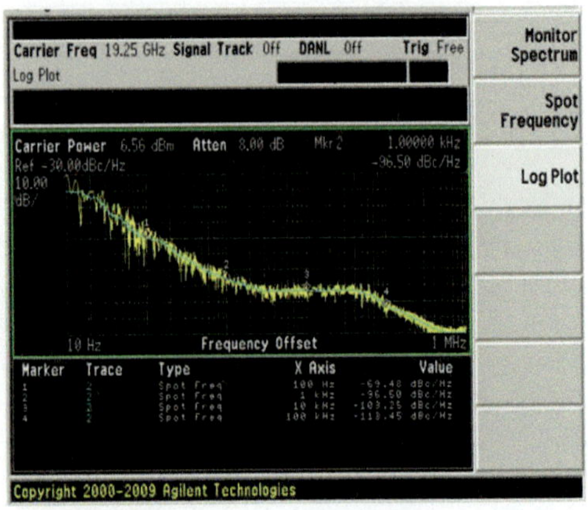

Fig. 12. Measurement results of the phase noises at 19.25 GHz output frequency (after multiplication by two).

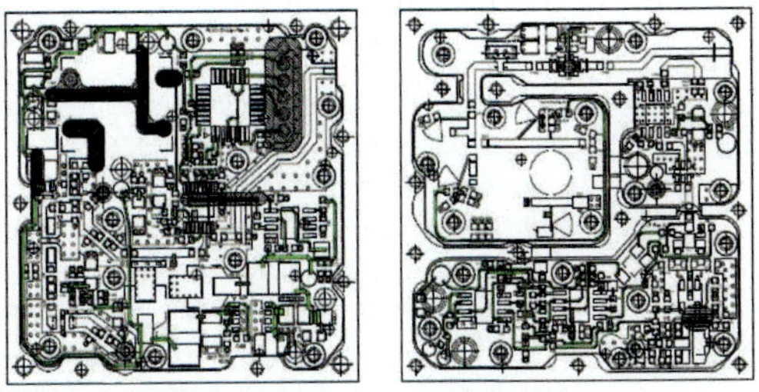

Fig. 13. CAD model of the proposed PLDRO.

Fig. 14. Real photos of the proposed PLDRO.

phase noise values analyzed and predicted in Section III. The results demonstrate that the proposed PLDRO structure is effective.

Figs. 13 and 14 show the CAD file and photos of the inside of the proposed PLDRO actually fabricated. The left figure illustrates the digital PLL circuit and the right one shows the analog PLL circuit.

V. CONCLUSION

In the present study, a new PLDRO structure with excellent phase noise characteristics is proposed. PLDROs with low phase noises have been developed to be used as local oscillators in the field of wireless communication, in which PLDROs are installed at the front end of devices.

Based on the proposed structure, the PLDRO in the new form is designed to be used as a local oscillator of transmitter/receiver modules of microwave communication systems, such as radars and EW, without any deterioration of phase noises despite increases in the *N* divider ratio.

The proposed PLDRO structure enables the free adjustment of output frequencies without any deterioration of phase noise characteristics. Moreover, it enables the phase locking at all frequencies regardless of the precision of the frequency of the internal VCXO.

The proposed PLDRO structure is designed in a way that the output frequency of the DRO is coupled and made to pass the divider. The phase is directly compared at the external reference frequency (10 MHz) in the PLLIC, and the error voltage corresponding to the phase difference is used to control the VT terminal of the VCXO. Therefore, the proposed structure does not cause any phase noise deterioration within the loop filter bandwidth in analog PLL circuits. The measured values of the phase noises at the K-band (19.25 GHz) after multiplying 9.625 GHz by two are –96.5 dBc/Hz and –103.3 dBc/Hz at 1 kHz and 10 kHz offsets frequencies, respectively.

This study paves the way for future studies on areas in which complicated (integer multiple of the reference frequency) output frequencies are required using the general external frequency of 10 MHz without causing phase noise deterioration.

REFERENCES

[1] X. Gai, G. Liu, S. Chartier, A. Trasser, and H. Schumacher, "A PLL with ultra low phase noise for millimeter wave applications," in *Proceeding of the 40th European Microwave Conference (EuMC)*, Paris, France, 2010, pp. 69–72.

[2] W. I. Chang and C. S. Park, "Implementation of a PLDRO with a fractional multiple frequency of reference," *Progress in Electromagnetics Research Letters*, vol. 46, pp. 13–18, 2014.

[3] A. Lazaro, D. Girbau, P. De Paco, and L. Pradell, "Low cost PLDROs for LMDS/MVDS applications for 40 GHz band," in *Proceedings of the 32nd European Microwave Conference (EuMC)*, Milan, Italy, 2002, pp. 1–4.

[4] *Performance characteristics for intermediate data rate digital carriers using convolutional encoding/Viterbi encoding and QPSK modulation (QPSK/IDR)*, Intelsat Earth Station Standards, IESS-308, 1998.

[5] S. Long, "Phase locked loop circuits," UCSB/ECE Department, 2008 [Online]. Available: http://www.ece.ucsb.edu/Faculty/rodwell/Classes/ece218b/notes/PLL_intro_FMD_FS.pdf.

[6] K. K. Kan, "A 2-V 1.8-GHz fully-integrated CMOS frequency synthesizer for DCS-1800 wireless systems," PhD dissertation, Hong Kong University of Science and Technology, 1999.

[7] B. Razavi, "A study of phase noise in CMOS oscillators," *IEEE Journal of Solid-State Circuit*, vol. 31, no. 3, pp. 331–343, 1996.

[8] A. Brillant, "Understanding phase-locked DRO design aspects," *Microwave Journal*, vol. 42, no. 9, p. 22, 2000.

Yuseok Jeon

obtained his B.S. in electronic communication engineering from Chungju National University, Chungju, Korea, in 2000 and his M.S. in electronic engineering from Chungbuk National University, Cheongju, Korea in 2004. He is currently pursuing his Ph.D. degree in electronic and electric engineering in Dankook University, Yongin, Korea. He worked at Broadern Inc., Hwaseong, Korea, from 1999 to 2017. His research interests include the development of transceivers, receivers, and synthesizers using chip and wire processes for EW and radar system applications.

Sungil Bang

obtained his B.S. in electronic engineering from Dankook University, Seoul, Korea in 1984, his M.S. in electronic engineering at Dankook University, Seoul, Korea in 1986, and his Ph.D. in electronic engineering at Dankook University, Seoul, Korea in 1992. From 1994 to 1997, he worked as the director of the research division at LC Tech Inc., Anyang, Korea. Since 1994, he has been a Professor of Electronic and Electric Engineering at Dankook University, Yongin, Korea. His research interests include RF Amp, UWB, OFDM, and RFID for telecommunication applications.

1. Introduction

Application

1. **Radar System using MW(Millimeter Wave)**
   - **Wave Oscillator / Frequency Synthesizer**
2. **Electronic Warfare System using MW(Millimeter Wave)**
   - **Wave Oscillator / Local Oscillator**
3. **External clock signal implementation having a excellent phase noise characteristic for operating of DDS component**

Production Procedure

1. **Using Device**
   - **Military Amp, Multiplier, Filter**
   - **External 100MHz OCXO**
   - **Substrate : FR4 PCB (Er : 4.6, H=0.8mm)**

2. Specification

PORT	Frequency	ITEM	SPEC
Clock Signal needed DDS	1GHz	Phase Noise	< -140dBc/Hz @ 100KHz Offset
DDS Output	261.568MHz	Phase Noise	< -150dBc/Hz @ 100KHz Offset
DDS Output	2MHz Span @ Carrier	Spurious	< - 90dBc

3. Block Diagram

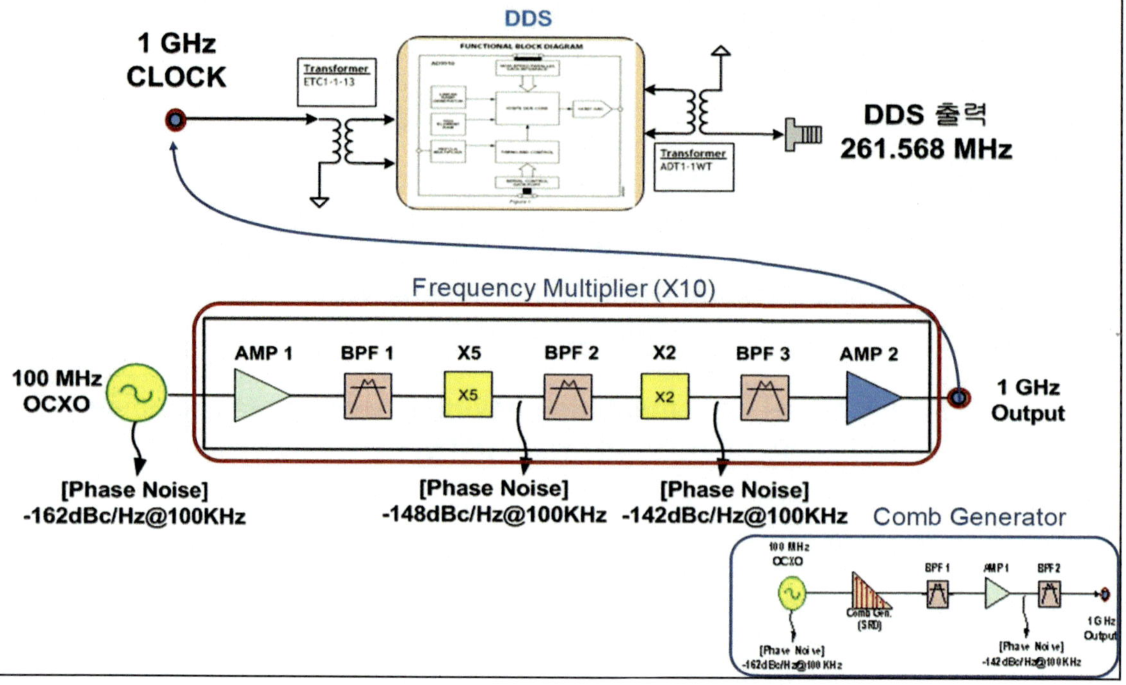

4. Calculation Principle for PN

- The output phase noise decrease 20logN dB in theory
  (But it is difficult to realize in practice), N =Fsys/Fout

- Formula of N
  DDS Output Frequency = 250MHz , SYSCLK = 1GHz
  N =4(Fsys/Fout)
  20LOG(N) = 20LOG(4) = 12dB ← about 7dB in practice

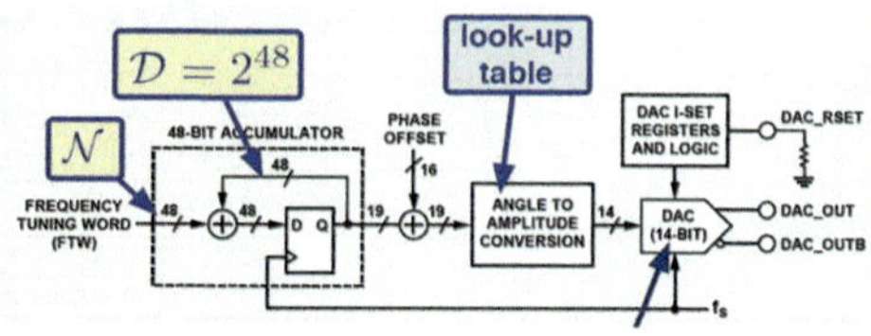

- Example
  The SYSCLK phase noise: -128dBc/Hz @ 1KHz offset
  The DDS output phase noise: -135dBc/Hz @ 1KHz offset
  [(-128dBc/Hz @ 1KHz offset)-7dB]

- It means the output phase noise performance is better than that of SYSCLK because of the divider factor.

※ Reference = Jouko Vankka, Direct Digital Synthesizers: Theory, Design and Applications, November 2000

In the DDS the close-in phase noise is determined by the purity of the clock source. The DDS divides the clock frequency by some real number. Therefore the close-in phase noise is reduced by $20\times\log_{10}(N)$ (5.52), where N is a division ratio between the DDS clock and output frequency. Of course, the DDS circuitry has a noise floor that, at some point, will limit this improvement.

5. Measured Data(1)

▣ 100MHz OCXO Output – Phase Noise

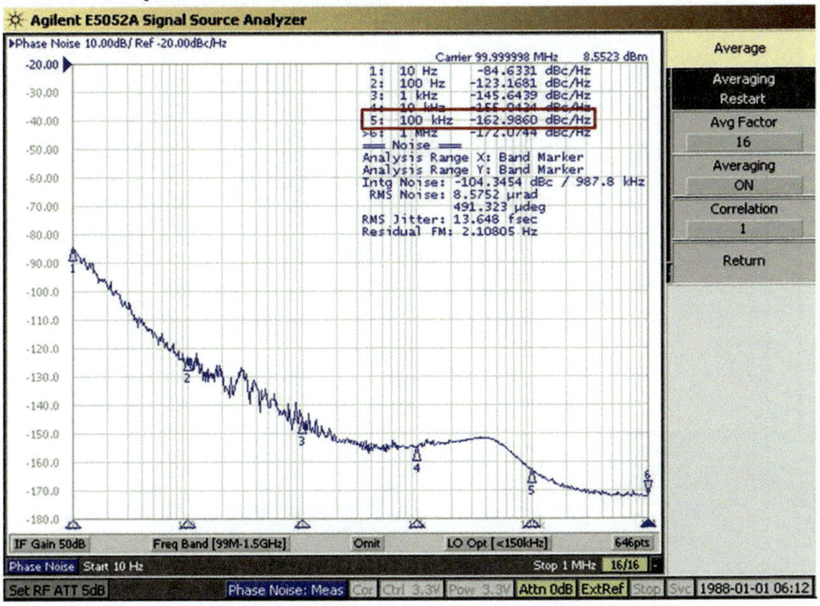

-162dBc/Hz @ 100KHz Offset

5. Measured Data(2)

▣ 1GHz Output [Multiplier - X10] – Phase Noise

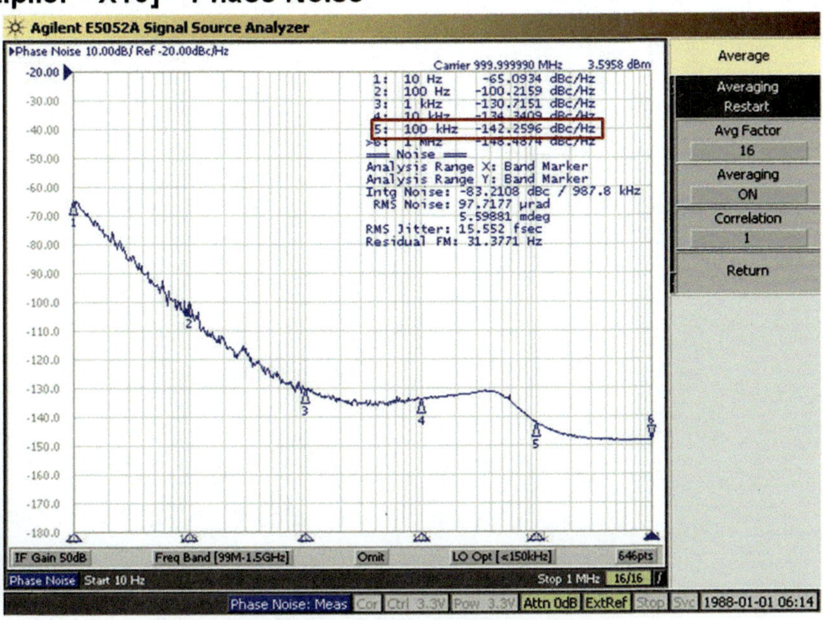

-142dBc/Hz @ 100KHz Offset

5. Measured Data(3)

■ **1GHz Output [Com Generator - X10] - Phase Noise**

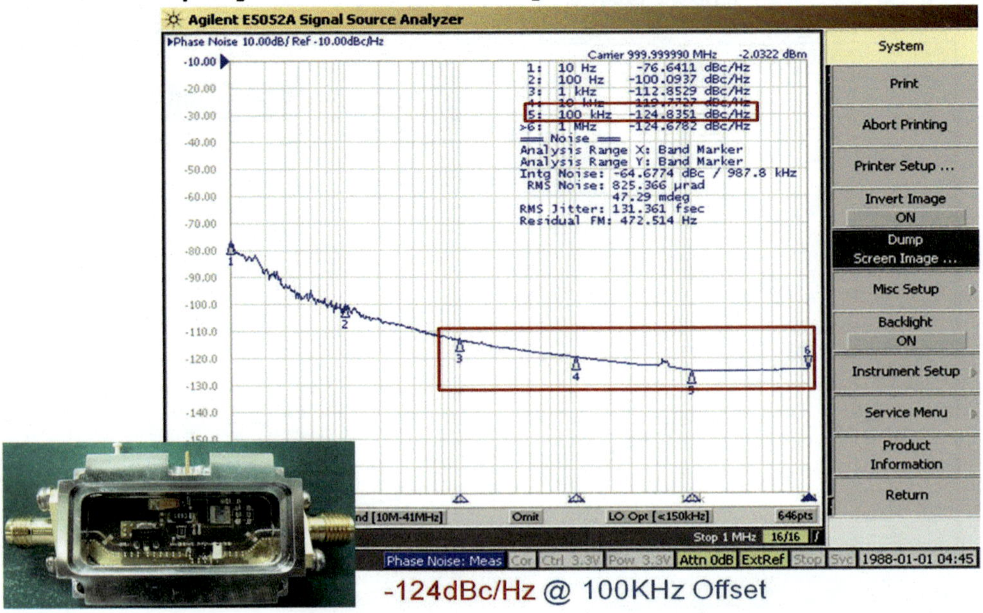

-124dBc/Hz @ 100KHz Offset

5. Measured Data(4-1)

■ **261.568MHz Output [From DDS] – Phase Noise**

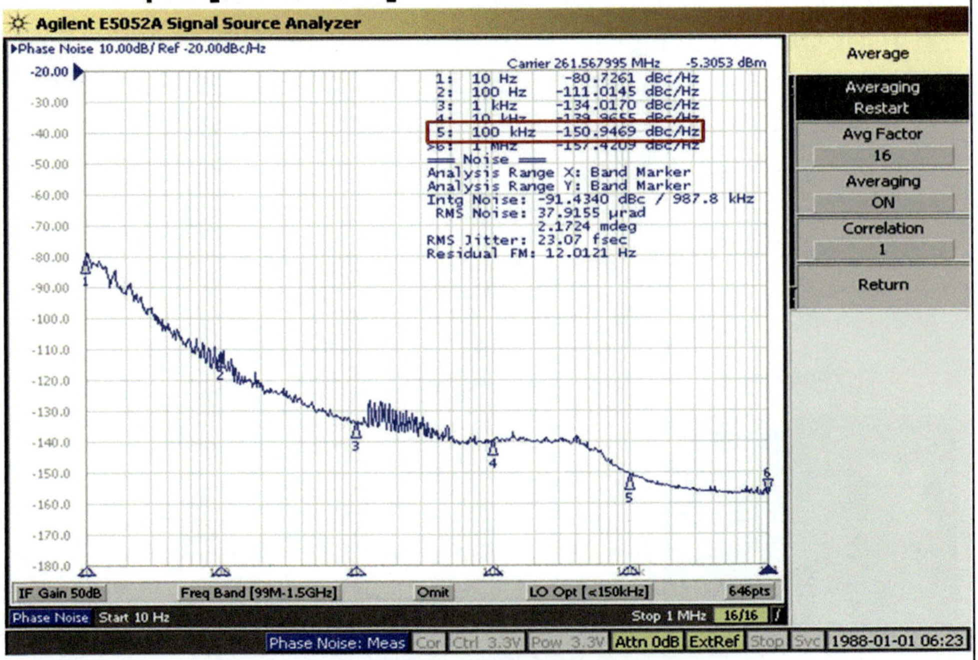

-150.94dBc/Hz @ 100KHz Offset

5. Measured Data(4-2)

■ **261.568MHz Output [From DDS] - Spurious**

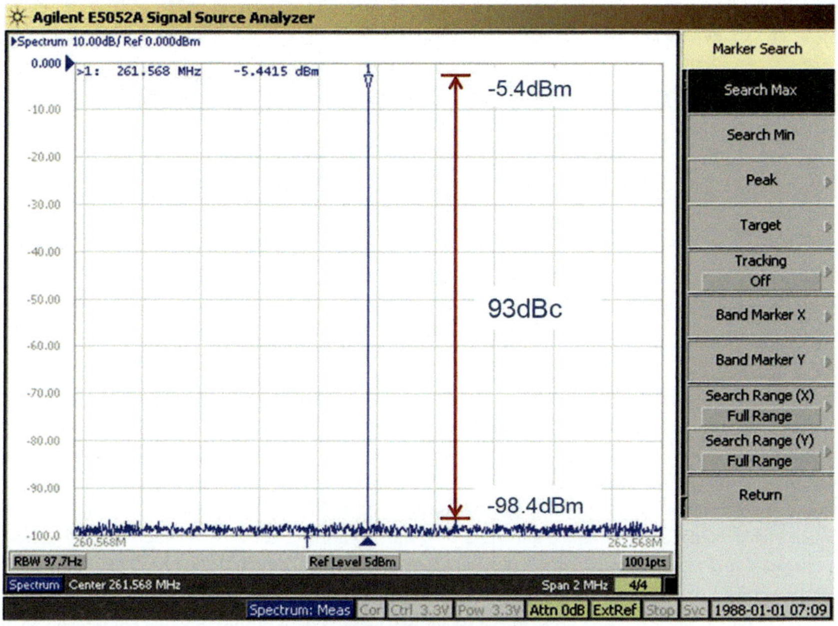

> -93dBc @ 2MHz Span

6. Spec. vs. Measurement Data

	Frequency	SPEC @ 100KHz Offset	Measurement @ 100KHz Offset
Clock Signal	1GHz	-140dBc/Hz	-142dBc/Hz
DDS Output	261MHz	-150dBc/Hz	-151dBc/Hz
DDS Output	2MHz Span @ Carrier	< - 90dBc	< - 93dBc

JOURNAL OF ELECTROMAGNETIC ENGINEERING AND SCIENCE, VOL. 19, NO. 3, 210~219, JUL. 2019

https://doi.org/10.26866/jees.2019.19.3.210
ISSN 2234-8395 (Online) · ISSN 2234-8409 (Print)

Design of a Ka Band Multi-Channel (25CH) Millimeter-Wave Downconverter for a Signal Intelligence System

Yuseok Jeon* · Jaejin Koo · Hyunkyu Kim

Abstract

In this study, we propose an approach for the design and satisfy the requirements of the fabrication of a reliable and stable high-frequency downconverter for the millimeter-wave (Ka band) and detail the contents of the approach. We design and fabricate a stable downconverter with a low noise figure, flat gain characteristics, and multi-channel characteristics suitable for millimeter-wave bands. The method uses the chip-and-wire process for the assembly and operation of a bare MMIC device into the RF path. To compensate for the mismatch among the many components used in the module, W/G transition, an image rejection mixer, a switch, and an amplifier suitable for millimeter-wave frequency characteristics are designed and applied to the downconverter. To reject the spurious signals generated from the complex local oscillation signals, the downconverter is designed to not affect the RF path. In the Ka-band downconverter, the gain is measured from 41.89 dB to 42.83 dB at 33–35 GHz with flatness of about 0.94 dB. The measured value of the noise figure at CH1 is 4.936 dB with a maximum value in the 0.75–1.25 GHz intermediate frequency. The third intermodulation measurement result is 61.83 dBc under a -50 dBm input power and above gain, and the switching to select a channel takes about 622 μs.

Key Words: Downconverter, Front-End, Ka Band, Low Noise Figure, Millimeter-Wave, SIGINT System.

I. Introduction

An aircraft signal intelligence (SIGINT) system is used strategically and tactically to gather signals from radars and communications systems. SIGINT systems are commonly divided into communications intelligence and electronic intelligence systems. As SIGINT systems require the ability to locate the source of enemy signals [1], direction finding (DF) to support this capability is an important requirement, and SIGINT systems generally operate in a wide frequency range of 20 MHz–40 GHz [2].

For electronic warfare (EW) requirements covering the Ka-band spectrum, a channelized receiver is highly desirable. The Future Combat Systems (FCS) radar and communications allocations exist in this band of the spectrum [3].

Broadband receivers with wide millimeter-wave bands are essentially required for electronic support systems. Millimeter-wave systems with at least 30 GHz millimeter-wave bandwidths with broad dynamic ranges, improved sensitivity, and front-end complexity are commonly required in the fields of communication, radar, and wireless communication. To satisfy such high requirements, general millimeter-wave systems include local oscillator (LO) and downconverter functions in their front-end receiver connected to an antenna. Moreover, the mixer, amplifier, and the many necessary components generally require multi-channels in which the frequencies have been converted into sub-octave bands to satisfy the system requirements because of their bandwidth and dynamic range limits. Channelized receivers divided into multiple channels can be optimized to satisfy the

Manuscript received March 17, 2019 ; Revised April 25, 2019 ; Accepted June 12, 2019. (ID No. 20190317-015J)
Research and Development Department, Broadern Inc., Hwaseong, Korea.
*Corresponding Author: Yuseok Jeon (e-mail: ysjeon@broadern.co.kr)

requirements of ESM receivers. The problems with this architecture include the fact that the multiplied local oscillation signals are fed back into the antenna path because of the low isolation between the RF and LO ports of the mixer and the reduced dynamic range due to the cascade structure that downconverts the frequencies [4–7].

Although numerous studies have been conducted to design millimeter-wave ultra-wideband receivers suitable for electronic support systems, many constraints remain on the design and manufacturing of such broadband downconverters. To make the receivers have low noise figures, flat gain characteristics in the band, wide dynamic ranges, and band-specific frequencies that can be selected with low-loss transmission lines, a local oscillator circuit necessary for frequency conversion should be incorporated in the module, and a closed structure is needed to avoid signal interference from other devices (IFF transponder, Doppler radar, communication system, etc.) in the system environment where the receivers are installed [8, 9].

In this paper, a design approach is proposed not only to improve the signal acquisition accuracy by maximizing the number of receiving input ports (25 input channels) but also to convert the signal frequencies of 33–35 GHz in the millimeter-wave Ka-band into the intermediate frequency (IF) 1 GHz (instantaneous frequency: 500 MHz) before the signals are delivered to the signal processing unit. The content of the design approach is as follows.

First, as the 33–35 GHz band received by an antenna through the free space medium has a waveguide structure, a transition structure should be designed to convert the channels into micro-strip transmission lines. To implement 25 channels in the form of grids in a limited space, the channels are designed using the Rogers RT/duroid 5880 5-mil PCB material for small insertion losses and better impedance matching.

Second, the signals are downconverted into IF signals with a center frequency of 1 GHz and a frequency band of 500 MHz through a low-noise amplifier (LNA) and a frequency converter (packaging type) including an image suppression function. At this time, the local oscillator signals necessary for frequency conversion are phase locked with the internal voltage-controlled oscillator (VCO) with an 8 GHz band using the external reference frequency of 1 GHz supplied by the system. As the voltage turning (VT) voltage of the VCO is high, the structure of the loop filter connected to the phase-locked loop (PLL) output terminal was designed as an active type instead of a passive type.

Third, as the RF lines must be designed considering the amplitude matching among multiple channels (25 channels), the RF lines of the individual channels are designed not only to be electrically the same but also to have the same component mounting positions and wire bonding length.

Fourth, to secure the degree of isolation between the input and output channels, the mechanism is designed to prevent signals from flowing into other channels using valley form equipment.

II. MILLIMETER-WAVE DOWNCONVERTER STRUCTURE

In this paper, a Ka-band multi-channel (25) millimeter-wave downconverter module mounted on the front-end terminal of an antenna is designed. This module has a complicated structure with 25 RF input (33–35 GHz) channels and 16 IF output (0.75–1.25 GHz) channels. The module is divided into module #1 and module #2 when it is mounted because of space restrictions for the entire system and to secure excellent noise figures. Module #1 is mounted near the antenna. A conceptual diagram of the entire system is shown in Fig. 1.

Fig. 2 is a detailed block diagram of the multi-channel down-

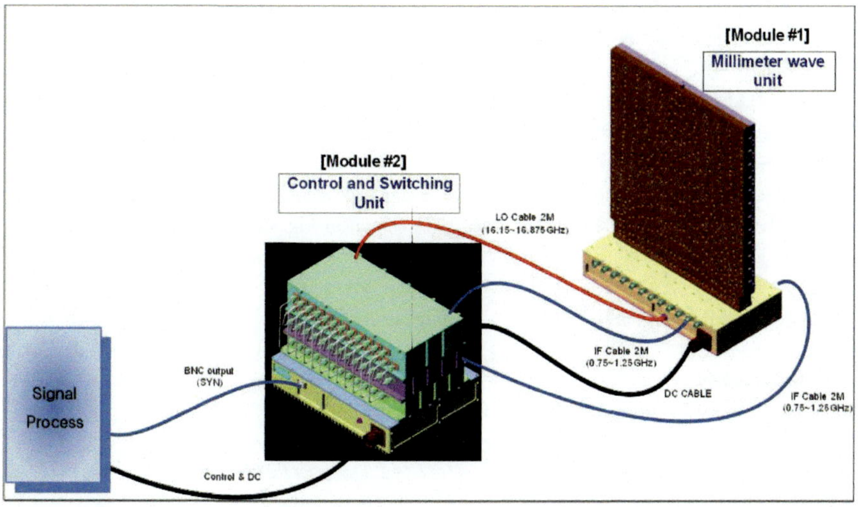

Fig. 1. Configuration of the entire millimeter-wave downconverter.

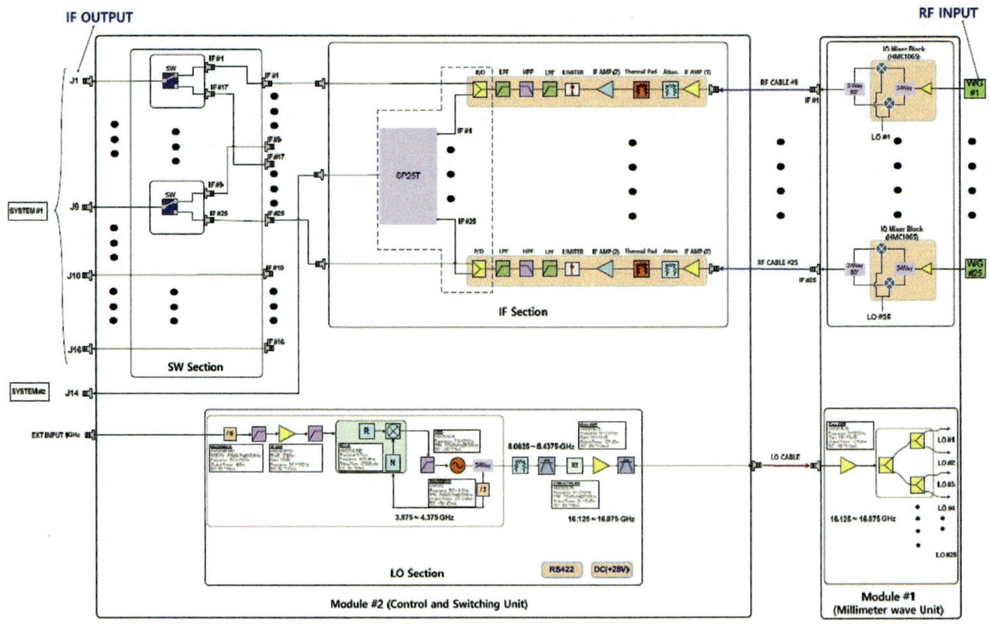

Fig. 2. Detailed block diagram of the millimeter-wave downconverter.

converter necessary for the SIGINT system. The multi-channel downconverter amplifies signals with a center frequency of 34 GHz (bandwidth 2 GHz) received from the antenna using an LNA and converts the amplified signals into IF signals with a center frequency of 1 GHz (RF bandwidth 2 GHz) through a frequency converter (MIXER), which includes an image suppression function. At this time, the local oscillator signals, which are necessary for frequency conversion having a frequency sweeping function with a 1 GHz bandwidth, are phase locked with the internal VCO with an 8 GHz band using the external reference frequency of 1 GHz supplied by the system, converted to have a 16 GHz band through a frequency doubler, and input into the LO port of the MIXER.

The frequency converter (MIXER) is a component that contains a doubler inside, and the 16 GHz band is converted into a 32 GHz bandwidth inside the MIXER. In this case, the frequency converter has a frequency variable function, so that the local oscillator signals have a bandwidth of about 1.5 GHz (after multiplying).

III. DESIGN AND SIMULATION

1. W/G to M/S Line Transition Simulation

In most millimeter systems, the waveguide and the microstrip are the two commonly used transmission lines. The waveguide is usually employed to connect the antenna and the millimeter receiver or transmitter because of its low insertion loss [10]. To transmit signals in the super high 34 GHz frequency band from the waveguide (W/G) form to the micro-strip line structure, the electric field mode must be converted through a transition design.

As shown in Fig. 3(a), a transmission line with a single-layer structure was placed at a point of the height of the Lambda/4 (about 1.7 mm) of the center frequency from the bottom surface of the instrument of the W/G structure. For fine impedance matching, signals were simulated in the form of patches at the end of the transmission line, where the electric field is propagated. As shown in Fig. 3(b), the design results indicated the insertion loss was not larger than 0.1 dB and that the reflection coefficient was not larger than -23 dB in the 32–36 GHz band.

To relieve the problems by comparing the design value and the actual measured value before installing on the module, a jig was fabricated to make back-to-back measurement possible using an Rogers RT/duroid 5880 PCB with permittivity of 2.2, as shown in Fig. 4(a). As a result of the measurement in Fig. 4(b), insertion losses not exceeding -1 dB and reflection coefficients not exceeding -13 dB were obtained. The reason why the measurement graph was wider by 1 GHz upward and downward from the band (33–35 GHz) was that the frequency drift was considered because of the errors that could occur in the actual fabrication.

2. PLL Design for the LO Section

To design the PLL local oscillation that is phase-synch-

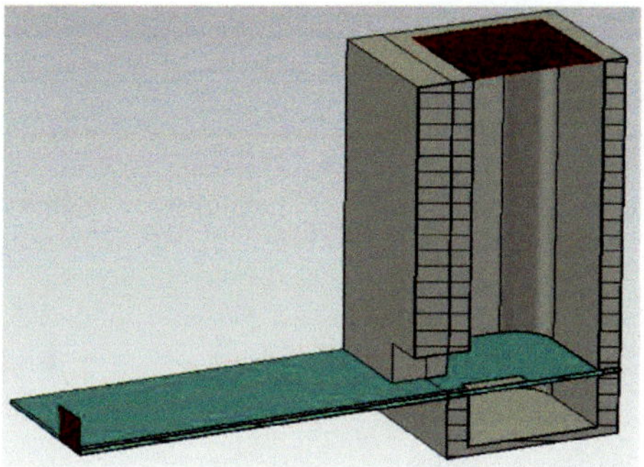

(a)

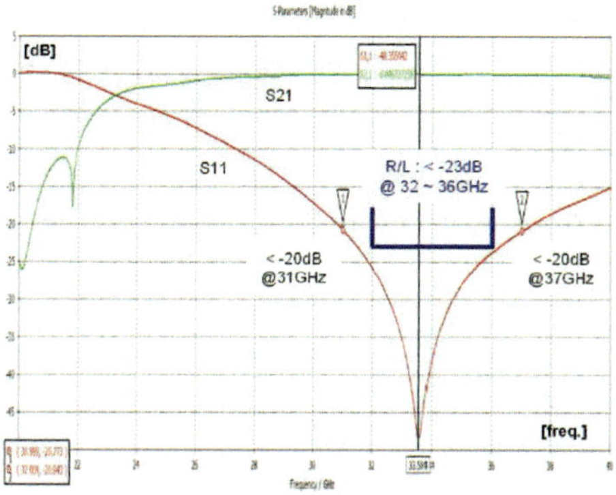

(b)

Fig. 3. (a) Transition structure to convert the waveguide form into the micro-strip line. (b) Result of the transition simulation to convert the waveguide form into the micro-strip line.

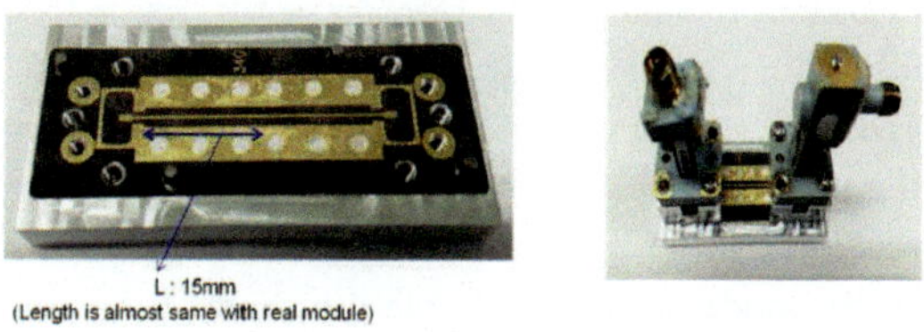

(a)

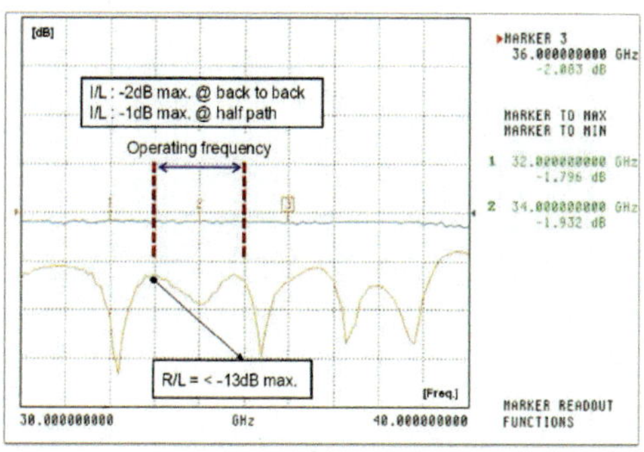

(b)

Fig. 4. (a) Photo of the evaluation jig to verify the transition structure. (b) Measurement results obtained with the evaluation jig.

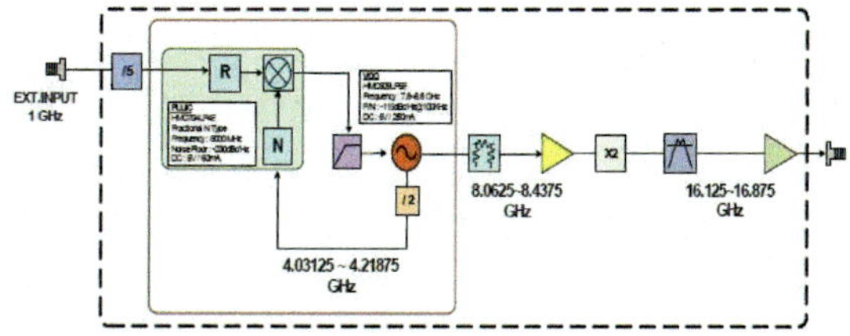

Fig. 5. Block diagram of the PLL for local oscillation.

ronized with the external reference frequency, the external REF applied to the REF port of the PLLIC was injected after converting it into 200 MHz using a five-divider, and the LO frequency in the 16 GHz band was created in the VCO output using a doubler.

As shown in Fig. 5, to synchronize the phase with the phase-locked external reference frequency, the output frequency of the VCO was N-divided in the PLLIC, the phase was compared with the reference frequency in the phase detector (PD), the error voltage corresponding to the phase difference between the two signals was outputted, and the VT terminal of the VCO was controlled through the secondary passive loop filter, which has the properties of a low-pass filter [11]. In this case, as the maximum frequency input into the RF port of the PLLIC is generally not higher than several GHz, although it may differ by PLLIC, the VCO output frequency should be made to be inputted after two or four divisions using a prescaler. Likewise, as the maximum frequency allowed to the RF port of the PLLIC is not higher than several hundred MHz even when the external reference frequency provided is high, the external reference frequency should be made to be inputted after five divisions using a prescaler [12].

The equation for the VCO frequency phase synchronized with the external reference frequency is expressed in Eq. (1).

$$f_{VCO} = [(P \times B) + A] \times \frac{f_{REFIN}}{R}, \quad (1)$$

where

f_{VCO}: Output frequency of the VCO,
P: Dual modulus prescaler (8/9 or 16/17),
B: Division ratio of the 13-bit counter,
A: Division ratio of the 6-bit counter,
f_{REFIN}: External reference frequency (here, frequency after the prescaler),
R: Division ratio of the external reference frequency.

The final analyzed phase noise values in the 16 GHz band were expected to be -78.5 dBc/Hz at 1 kHz offset and -81.5 dBc/Hz at 10 kHz offset, and the value of the reference phase noise was a five-divided value from a 1 GHz external reference.

The overall phase noise of the analog PLL (Table 1) is as follows:

Table 1. Analyzed values of the phase noises in the 16 GHz band for local oscillation

	BW (kHz)	PFD (MHz)	FO (GHz)		N	
Analog PLL (VCO)	10	10	8.05		805	
Frequency (Hz) @ OFFSET	10	100	1,000	1.0E + 04	1.0E + 05	1.0E + 06
VCO phase noise	-30.0	-30.0	-65.0	-88.0	-103.0	-125.0
Reference phase noise	-127	-137	-155	-165	-165	-165
Prescaler phase noise	0.0	0.0	0.0	0.0	0.0	0.0
PD phase noise	-97.9	-97.9	-97.9	-97.9	-97.9	-97.9
High pass attenuation (HF)	100.0	60.0	20.0	0.0	0.0	0.0
Low pass attenuation (LF)	0.0	0.0	0.0	0.0	20.0	40.0
Reference multiply	-68.9	-78.9	-96.9	-106.9	-106.9	-106.9
No. 1 VCO output	-130.0	-90.0	-85.0	-88.0	-103.0	-125.0
No. 2 Reference output	-68.9	-78.9	-96.9	-106.9	-126.9	-146.9
No. 3 Prescaler output	0.0	0.0	0.0	0.0	-20.0	-40.0
No. 4 Phase detector output	-97.9	-97.9	-97.9	-97.9	-117.9	-137.9
Total PLVCO's phase nose	-68.9	-78.5	-84.5	-87.5	-102.8	-124.8
16.1 GHz PLVCO PN (X2)	-62.9	-72.5	-78.5	-81.5	-96.8	-118.8

$$Total\ PN = 10 * LOG\left(10^{\frac{VCOsPN}{10}} + 10^{\frac{REFsPN}{10}} + 10^{\frac{PSsPN}{10}} + 10^{\frac{PDsPN}{10}}\right). \quad (2)$$

The phase noise of the final output was calculated by Eq. (2) [13].

The local oscillation signals in the 16 GHz band generated as such were inputted into the frequency mixer for frequency conversion. As the mixer included a doubler, the actual local oscillation signals were in the 32 GHz band.

3. Analysis of Noise Source in Low Dropout Regulators

The difference between insignificant noises and significant noises is the degree to which the noises affect the operation of the circuit in question. For example, a switching power supply has a significant amount of output voltage ripple at 3 MHz. If the circuit power by it has a bandwidth of only a few hertz, such as a temperature sensor, this ripple may be of no consequence.

Conversely, if the same switching power supply powers an RF PLL, the result can be quite different [14].

A low dropout (LDO) that shows excellent power supply rejection ratios (PSRR) in PLL circuits using VCO was applied. Fig. 6 shows the PSRR characteristics of LDOs with improved PSRR characteristics. The phase noise characteristic value expected at 10 kHz offset points was -81.5 dBc/Hz. Selecting and applying LDOs with lower characteristic values than the previous is important.

4. Design for the Synchronized Main Path versus Monitoring Port

A switch (SP25T) was designed so that when the signals received through 25 channels were converted into IF frequencies and transmitted to the signal processing area of system #1, a power divider was applied to each main path output to sequentially select the 25 paths. A switch was provided to a separate system #2 to design a monitoring port that could determine the signal intensity and the channels where the signals come in Figs. 7 and 8 illustrate the block diagram and simulation results.

In addition, a circuit was designed to supply the synchronized control signals that fit the monitoring port. As timing is important when selecting channels 1–25, the switching time should be considered when selecting the RF switch.

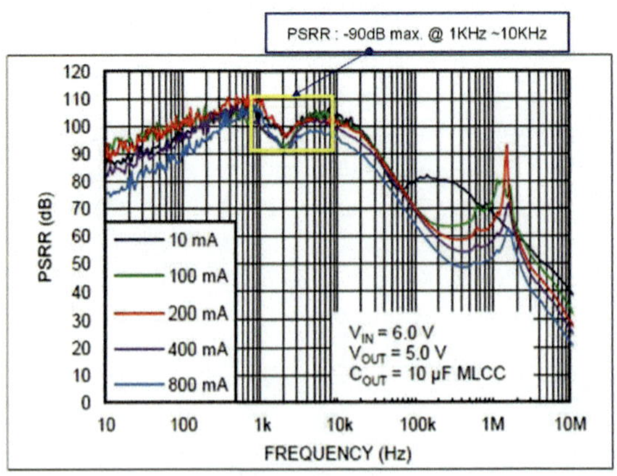

Fig. 6. Characteristic graphs by the frequency offset of LDOs with excellent PSRR characteristics.

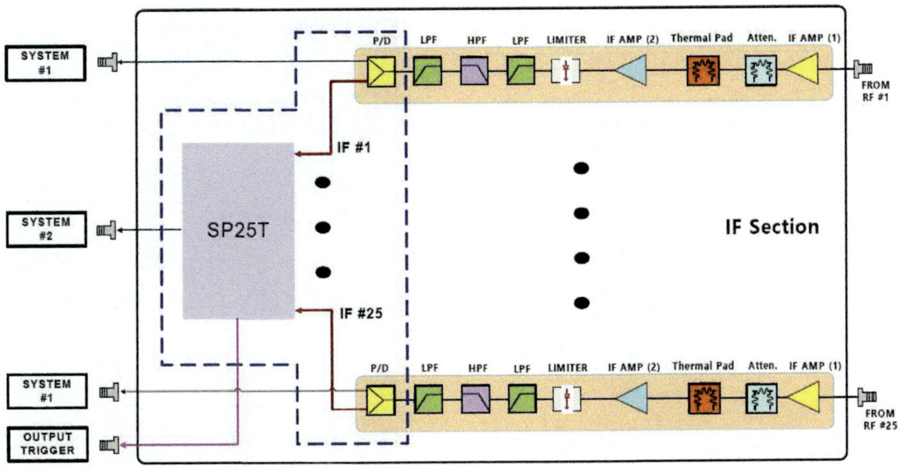

Fig. 7. Block diagram of the systems where one output trigger is designed for 25 channels.

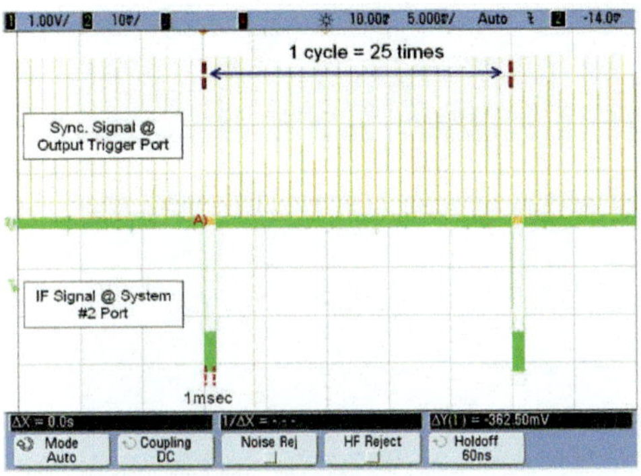

Fig. 8. Simulation results of the synchronizing signals and output signals when channel 1 is selected.

IV. FABRICATION AND MEASUREMENT

A millimeter-wave Ka downconverter, which has 25 RF input ports (33–35 GHz), 16 output ports (0.75–1.25 GHz), and one external reference frequency (1 GHz) input port, consisted of module #1 (millimeter-wave unit) and module #2 (control and switching unit). Module #2 was designed and fabricated in the form of four submodules. Fig. 9(a) illustrates the entire set-up in which the two modules are connected to each together.

Fig. 9(b) is a photograph of the inside of module #1, which is an area where the RF frequency is mixed with the LO frequency in the mixer (Hittite's HMC1065LP4E), which includes an image rejection function to output IF signals in the 1 GHz band. The PCB was designed to be installed using the epoxy on the entire bottom surface of the equipment, so that the frequency in the Ka-band could be transmitted through the transmission line without any loss or distortion.

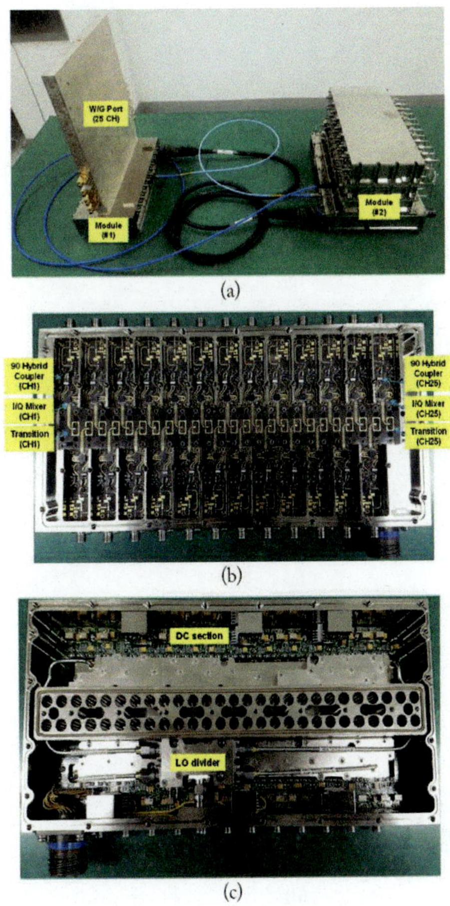

Fig. 9. (a) Photograph of the complete setup (from 33–35 GHz to 1 GHz). (b) Photograph of module #1 (RF section). (c) Photograph of module #1 (DC section).

RT/duroid 5880 5-mil PCB was used up to the mixer stage where the Ka band exists, and Rogers RO4003 20-mil PCB

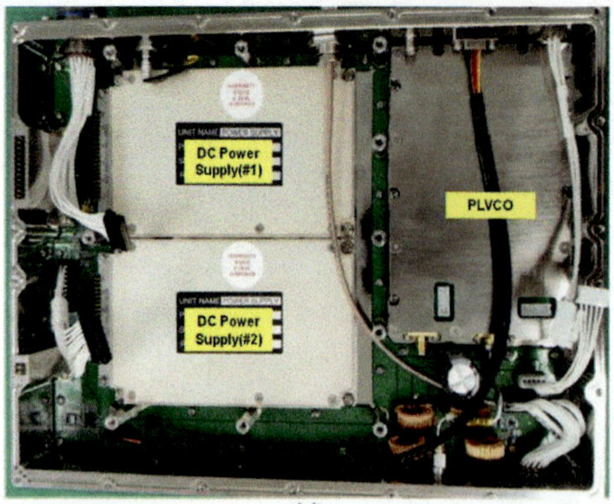

(a)

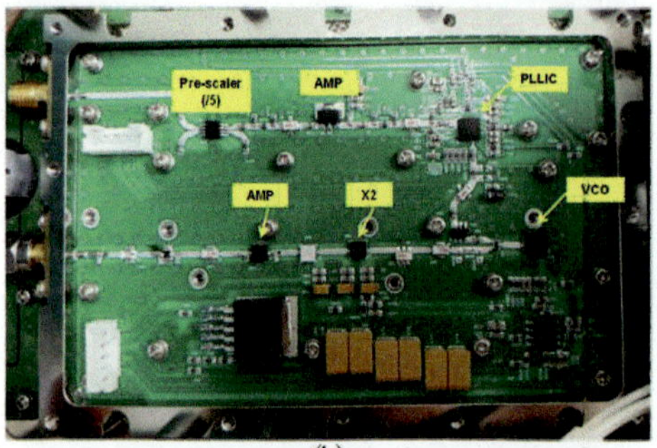

(b)

(c)

(d)

Fig. 10. (a) Photograph of module #2. (b) The PLL board including the PLLIC and VCO. (c) The IF board including the AMP and filter. (d) The switch module including the distribution board.

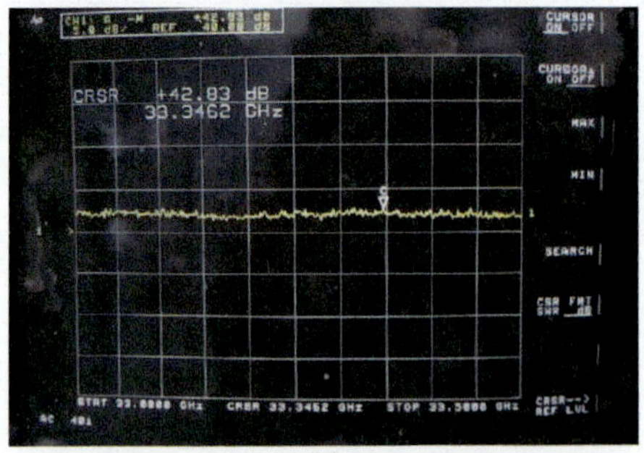

(a)

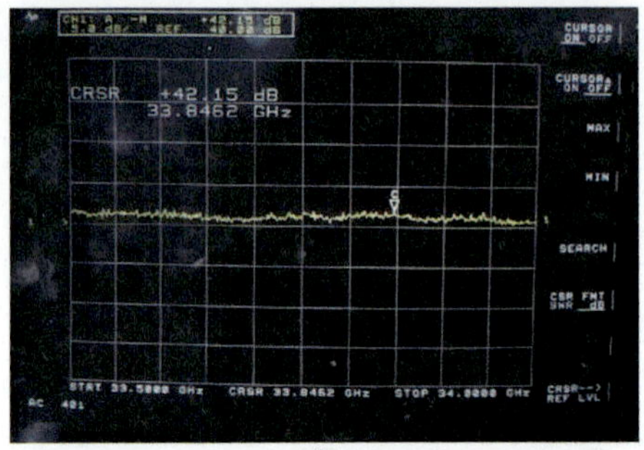

(b)

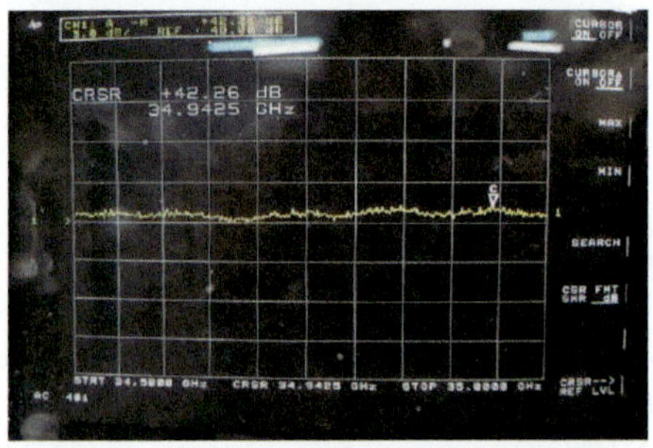

(c)

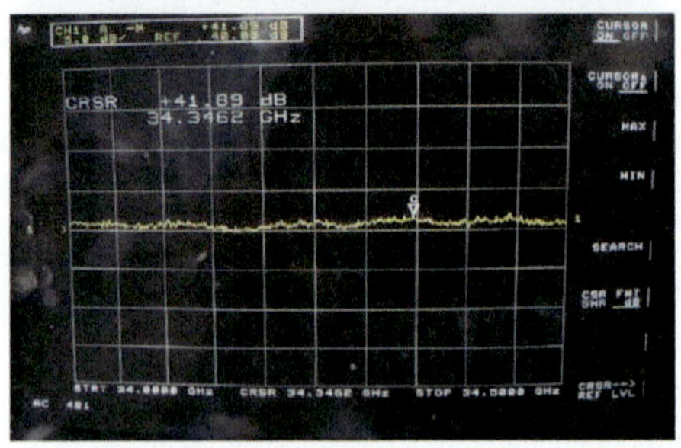

(d)

Fig. 11. Results of the measurement of gain using a Scalar Net Work Analyzer: (a) 33.0–33.5 GHz band, (b) 33.5–34.0 GHz band, (c) 34.0–34.5 GHz band, and (d) 34.5–35.0 GHz band.

was used at low frequencies in the L band converted into IF to make SMT possible.

Fig. 10(a) shows the inside of module #2, Fig. 10(b) the PLL board that generates the LO signal needed to convert the RF frequency into the IF frequency, Fig. 10(c) the IF board for amplifying and filtering the IF signal, and Fig. 10(d) the distribution board in which 25 paths are distributed and switched to 16 paths.

1. GAIN Measurement Results

Fig. 11(a)–(d) show the total gain of channel 1 from the RF input port to the IF output port. As the bandwidth of the IF frequency was about 500 MHz, the total gain was measured four times after changing the RF and LO frequencies to 500 MHz.

The total gains were as follows:

Up to 42.83 dB in the 33.0–33.5 GHz band
Up to 42.15 dB in the 33.5–34.0 GHz band
Up to 41.89 dB in the 34.0–34.5 GHz band
Up to 42.26 dB in the 34.5–35.0 GHz band

2. NF Measurement Results

As for the results of the measurement of noise figures at the IF frequency in the L band that was changed from the Ka band, which is a receiving frequency band, the value measured at the 0.75–1.25 GHz band was 4.936 dB with a maximum value. This result is mainly due to the noise figure characteristics from the W/G transition structure to the mixer in which the LNA is included. Therefore, the characteristics vary greatly depending on how much the insertion loss is minimized, as shown in Fig. 12.

3. Third Intermodulation Measurement Results

In channel #1, which is representative, the third-order IMD characteristics that show the linearity of the module measured at the center frequency of 1 GHz of the IF frequency was measured as 61.83 dBc (Fig. 13).

4. Switching Speed Measurement Results

Switching speed is important at the system level because the speed of the switch used to select the RF path determines how fast the signal can be received. It took 622 μs to switch to another channel and select the channel through which the signals came in Fig. 14.

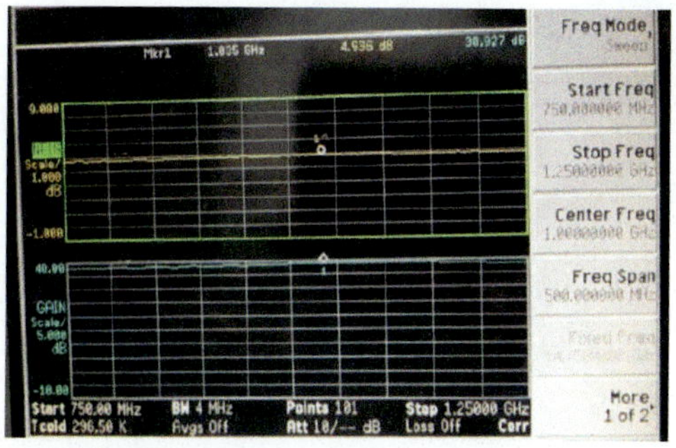

Fig. 12. Results of the measurement of noise figure (IF band).

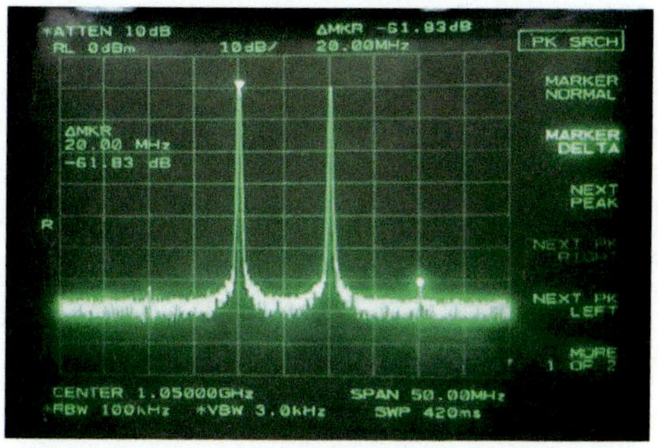

Fig. 13. Results of the measurement of IM3 (IF band).

V. CONCLUSION

In this paper, we designed and fabricated a Ka-band downconverter module with a 25-channel RF input port with a low noise figure, flat gain characteristics, and reliability by applying the chip-and-wire process for assembly into the RF path and operation of a bare-type MMIC device. To compensate for the mismatch among the many components used in the module, W/G transition, an image rejection mixer, a switch, and an amplifier suitable for millimeter-wave frequency characteristics were designed and applied to the downconverter.

The main RF line was a dielectric substrate (RT/duroid 5880), which had a relative dielectric constant of 2.2 and a dielectric thickness of 0.127 mm, and Al203 (ceramic, ATC Co.), which had a relative dielectric constant of 9.8 and a dielectric thickness of 0.254 mm. In the Ka-band downconverter module, the gain was 41.89–42.83 dB at 33.0–35 GHz, with flatness of about 0.94 dB. The measured value of the noise figure at CH1 was 4.936 dB, with a maximum value in the 0.75–1.25 GHz IF frequency. The third intermodulation measurement result was 61.83 dBc. The switch to selecting a channel took 622 μs.

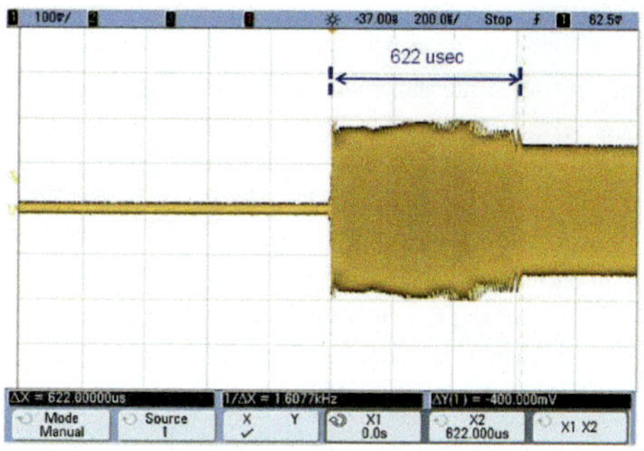

Fig. 14. Results of the measurement of the switching speed.

The millimeter-wave (Ka band, 33–35 GHz) 25CH down-converter module proposed in this paper is considered applicable to the modules that are installed at the rear end of the antenna of the SIGINT system in the field of EW to collect signals precisely. However, further studies on how to satisfy and increase the dynamic range still have to be conducted.

This work was funded by the technology development business fund of the Ministry of SMEs and Startups in 2019.

REFERENCES

[1] D. Adamy, *EW 102: A Second Course in Electronic Warfare*. Norwood, MA: Artech House, 2004.

[2] T. Macnamara, *Introduction to Antenna Placement and Installation*. Chichester, UK: John Wiley & Sons, 2010.

[3] J. T. Clark, A. K. Witcher, and E. D. Adler, "Ka band channelized receiver," US Army Research Laboratory, Report No. ARL-TR-7446, 2015.

[4] D. E. Allen, "Channelised receiver: a viable solution for EW and ESM systems," *IEE Proceedings F (Communications, Radar and Signal Processing)*, vol. 129, no. 3, pp. 172-179, 1982.

[5] R. T. Logan and R. D. Bynum, "Millimeter wave optical link/frequency converter system," Tracor Aerospace Electronic Systems Inc., Lansdale, PA, 1998.

[6] S. T. Winnall and D. B. Hunter, "A fibre Bragg grating based scanning receiver for electronic warfare applications," in *Proceedings of 2001 International Topical Meeting on Microwave Photonics Technical Digest (Cat. No. 01EX476)*, Long Beach, CA, 2002, pp. 211-214.

[7] I. B. Yun and C. M. Jeong, "Creation of search areas considering the receiver of the electronic warfare ES system," *Journal of the Korea Institute of Military Science and Technology*, vol. 14, no. 6, pp. 1091–1096, 2011.

[8] M. S. Rao, "EMI/EMC effects on EW receiver systems of military aircraft," in *Proceedings of 2008 10th International Conference on Electromagnetic Interference & Compatibility*, Bangalore, India, 2008, pp. 63-67.

[9] W. R. Brinlee, A. M. Pavio, C. L. Goldsmith, and W. J. Thompson, "A monolithic multifunction EW broadband receiver converter," in *Proceedings of the 15th Annual GaAs IC Symposium*, San Jose, CA, 1993, pp. 207-210.

[10] S. Sun and Y. Huang, "A wideband waveguide-to-microstrip transition via a substrate-integrated waveguide transformer," in *Proceedings of 2014 XXXI URSI General Assembly and Scientific Symposium (URSI GASS)*, Beijing, China, 2014.

[11] X. Gai, G. Liu, S. Chartier, A. Trasser, and H. Schumacher, "A PLL with ultra low phase noise for millimeter wave applications," in *Proceedings of the 40th European Microwave Conference*, Paris, France, 2010, pp. 69-72.

[12] Analog Device Inc., "PLL Frequency Synthesizer (ADF-4106) data sheet," 2015; https://www.analog.com/media/en/technical-documentation/data-sheets/ADF4106.pdf.

[13] Y. Jeon and S. Bang, "New configuration of a PLDRO with an interconnected dual PLL structure for K-band application," *Journal of Electromagnetic Engineering and Science*, vol. 17, no. 3, pp. 138-146, 2017.

[14] G. Morita, "Noise sources in low dropout (LDO) regulators (AN-1120 Application Note)," 2011; https://www.analog.com/media/en/technical-documentation/application-notes/AN-1120.pdf.

Yuseok Jeon

obtained his B.S. in electronic communication engineering from Chungju University, Chungju, Korea, in 2000, his M.S. in electronic engineering from Chungbuk National University, Cheongju, Korea, in 2004, and his Ph.D. in electronic and electric engineering at Dankook University, Yongin, Korea, in 2018. He worked as director in R&D division at Broadern Inc., Hwaseong, Korea, from 1999 to 2019. His research interests include the development of transceivers, receivers, and synthesizers using chip-and-wire processes for EW and radar system applications. He received the Korean Engineer Award in 2018.

Jaejin Koo

obtained his B.S. in electronic engineering from Soonchunhyang University, Asan, Korea, in 2006 and his M.S. from the Department of Electrical and Communication Engineering, Soonchunhyang University, Asan, Korea, in 2008. He worked as general manager in R&D division at Broadern Inc., Hwaseong, Korea, from 2008 to 2019. His research interests include the development of transceivers and receivers using chip-and-wire processes for EW and radar system applications.

Hyunkyu Kim

obtained his B.S. in electronic engineering from Sunmoon University, Asan, Korea, in 2009 and his M.S. in electronic and electric engineering, Dankook University, Yongin, Korea, in 2012. He worked as general manager in R&D division at Broadern Inc., Hwaseong, Korea, from 2009 to 2019. His research interests include the development of transceivers, receivers, RF amp, and GaN transistors using chip-and-wire processes for EW and radar system applications.